[日本文化女子大学服装讲座]

服装造型学

技术篇 Ⅰ

主编
●
[日] 中屋 典子 三吉满智子
●
编写
●
中屋 典子
大石君子
池田和子
高桥良子
渡部旬子
千葉悦子
横堀秀子
柴田早苗
●
翻译
●
孙兆全 刘美华 金鲜英
●
统稿
●
刘美华

中国纺织出版社

内 容 提 要

本书是“日本文化女子大学服装讲座”系列丛书中的一本，是以经典的《被服构成学》为基础，以最新修订过的日本文化原型为基准的最新版本图书。以日本图书最擅长的图示进行直观讲解，集日本文化讲座多年经验于此书。本书主要讲解上衣、裙、裤、连衣裙及相关部件的工艺制作，由浅入深，易于掌握。

本书读者对象为广大服装专业师生及技术人员。

图书在版编目(CIP)数据

服装造型学. 技术篇 I /(日)中屋　典子，(日)三吉满智子主编；孙兆全，刘美华，金鲜英翻译. —北京：中国纺织出版社，2004. 10
(2007. 7 重印)
(日本文化女子大学服装讲座)
ISBN 978－7－5064－3064－7

I. 服…　II. ①中…　②三…　③孙…　④刘…　⑤金…　III. 服装－造型设计　IV. TS941. 2

中国版本图书馆 CIP 数据核字(2004)第 079618 号

策划编辑：刘　磊　吴嘉云　　责任校对：俞坚沁
责任设计：李　歆　　责任印制：初全贵

中国纺织出版社出版发行
地址：北京市朝阳区百子湾东里 A407 号楼　邮政编码：100124
邮购电话：010-67004461　传真：010-87155801
http://www.c-textilep.com
E-mail:faxing@c-textilep.com
中国纺织出版社印刷厂印刷　三河永成装订厂装订
各地新华书店经销
2004 年 10 月第 1 版　2007 年 7 月第 3 次印刷
开本：787x1092　1/16　印张:23
字数：263 千字　定价：45.00 元

花纹的名称

1 细条纹

如铅笔线条粗细的竖条纹，比色地条纹细。

2 色地条纹

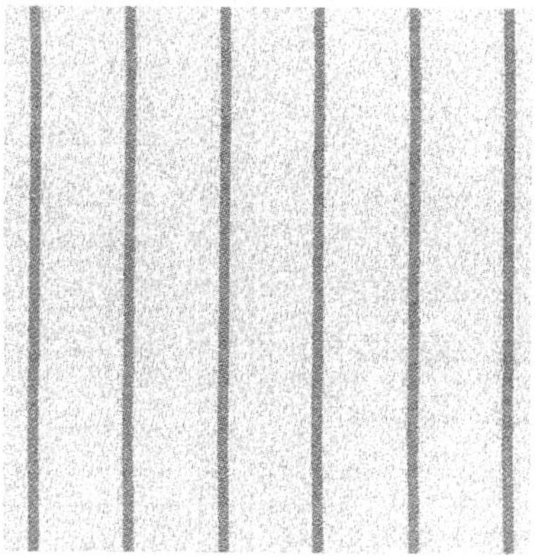

如同粉笔线条粗细的竖条纹。

3 阔条纹

间隔相同的粗竖条纹。

4 渐变条纹

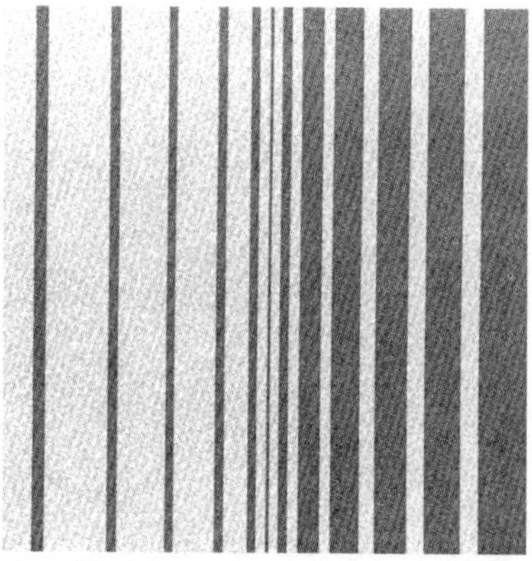

由三种以上不同粗细的竖条纹重复构成一个方向变化的条纹图案。

5 双色调条纹

由双色条纹交互排列的竖条纹图案。

6 艾维细直条纹

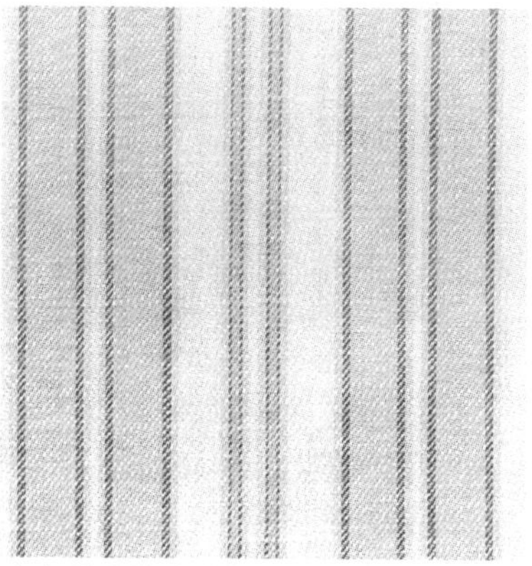

由各种中小竖条纹构成，没有特定的形状。

7 起棱竖条纹

棱纹是凸条，靠织出的凸条表现的竖条纹。

8 细点条纹

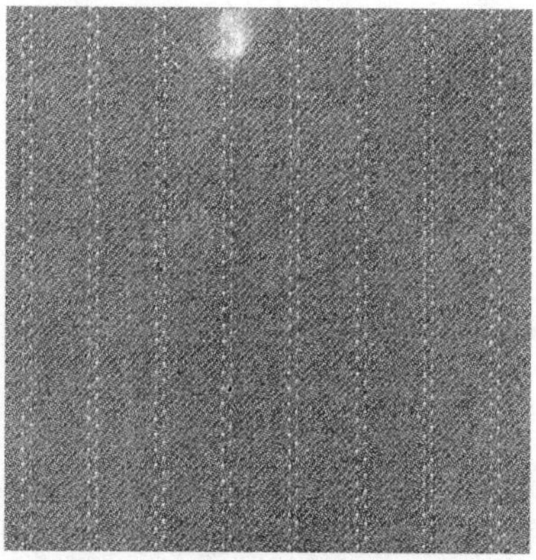

细点形成的条纹。以在经纱方向上连续的点织出的条纹图案为代表。

9 缎条纹

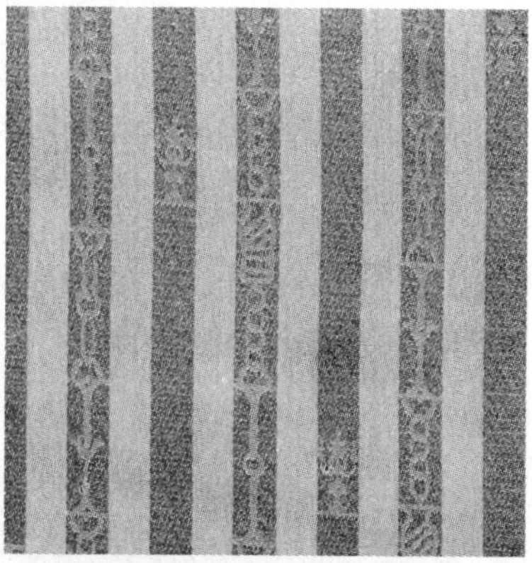

由平纹和缎纹构成的条状花纹。不是靠颜色而是靠织法表现出效果。

花纹的名称

10 犬牙花纹

锯齿形格子花纹，如犬牙般的尖形格子构成的花纹。

11 巨大犬牙花纹

非常大的锯齿形格子花纹。

12 星格花纹

如星星状的格子构成的花纹。

13 方格花纹

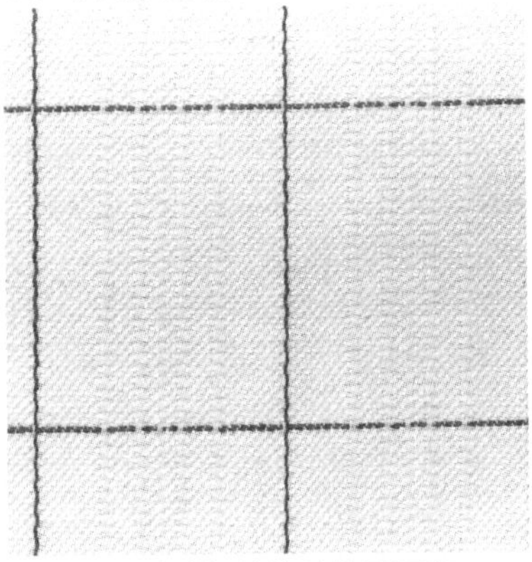

如同窗户玻璃框的简单格子图案。

14 苏格兰格子花纹

苏格兰人从古时就开始用的格子图案。各民族常有自己固有的图案。

15 格伦方格

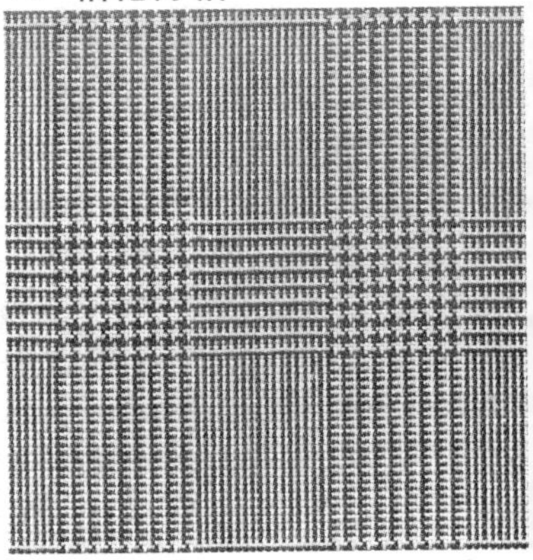

由小格子构成大格子的一种方格布。

16 格子花纹织物

小的同色调深浅双色格子，类似于锯齿形，但格子上没有锯齿状。

17 席纹格子花纹

筐状格子花纹，类似用竹席格子织成的格子花纹。

18 多彩格子花纹

用三色以上的有色纱织成的格子花纹。

花纹的名称

19 针点花纹

针头大小的、非常小的点状水珠图案。

20 大圆点花纹

约1.5cm硬币大小的水珠图案。

21 达尔马提亚花纹

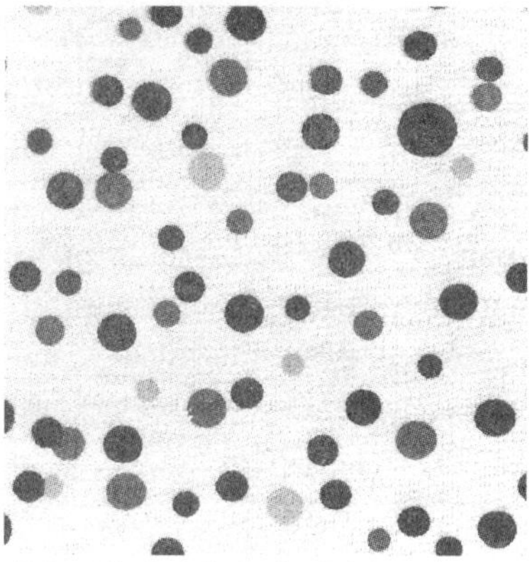

类似于能在南斯拉夫的达尔马提亚犬身上看到的斑点状水珠图案。

22 彩色印花纸图案

如同彩色印花纸图案般的印花图案。

23 几何图案花纹

由几何学的直线或曲线构成的图案。

24 佩兹利涡旋纹

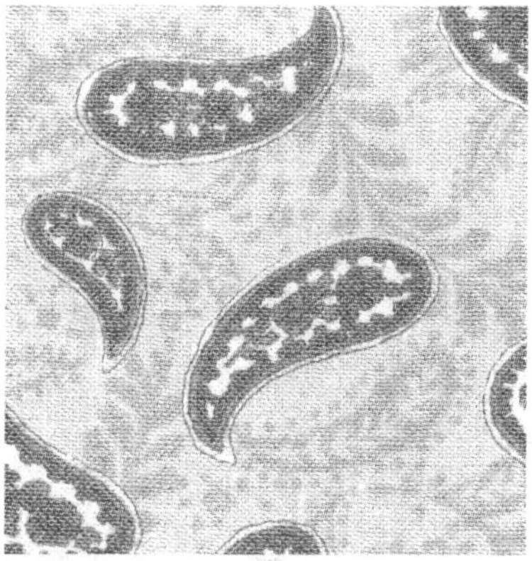

松塔纹，将日本古时的“勾玉”（日本古代的一种项链）图案化的花纹。

25 印花布图案

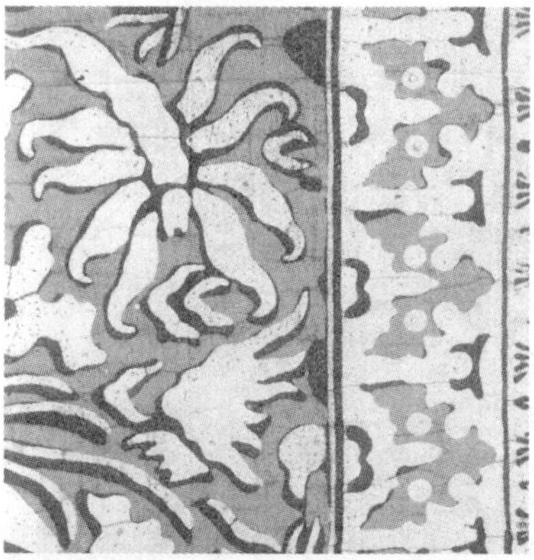

在棉布或丝绸布上印制人、花卉、几何图案等花纹，以印度印花布、爪哇印花布为代表。

26 边饰图案

边缘的意思，最初是指铺垫物的周围或边上的花纹。现在一般是指织物边缘的花纹或条纹。

27 转移印花

把转移印花纸与坯布对合在一起，用热辊子或热板加压，把图案转移到布上，可以制作出精密的、照片状的印花图案。也可以在裁剪或缝制后进行印花。

材料的名称

1 细平布

质地密、有光泽的柔软的平纹棉织物，采用了丝光加工。

2 色织条格布

用染色纱与漂白纱或者用双色的染色纱织出竖条纹或格子花纹的平纹布。

3 泡泡纱

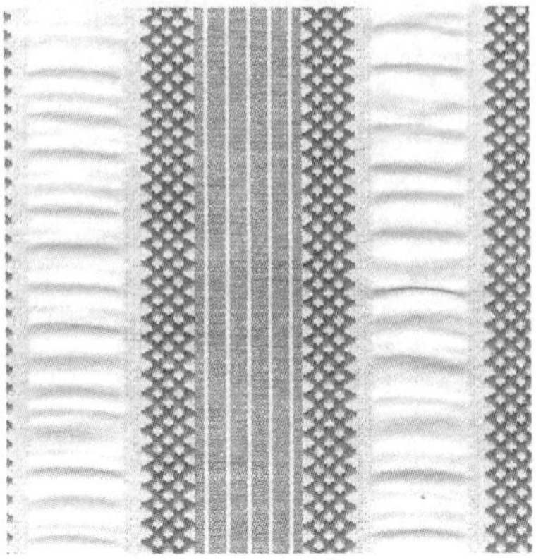

在竖条纹的条纹间有泡泡状绉纹的织物。质地滑爽，有凉爽感。

4 棉质蕾丝

在棉织物上机绣处理的织物。其做法是在布面上打孔，在其边缘做刺绣图案。

5 棉质上等细布

用细单纱织成的纱间可以透光的棉质平纹织物。仿麻手感，比巴里纱柔软。

6 青年布

经纱使用色纱、纬纱使用漂白纱来表现色点效果的平纹织物。

7 棉凹凸织物

在经纱方向织出了有立体感的棱纹的织物。棱纹的正面为平纹，芯线从棱纹下面穿过。

8 装饰凹凸织物

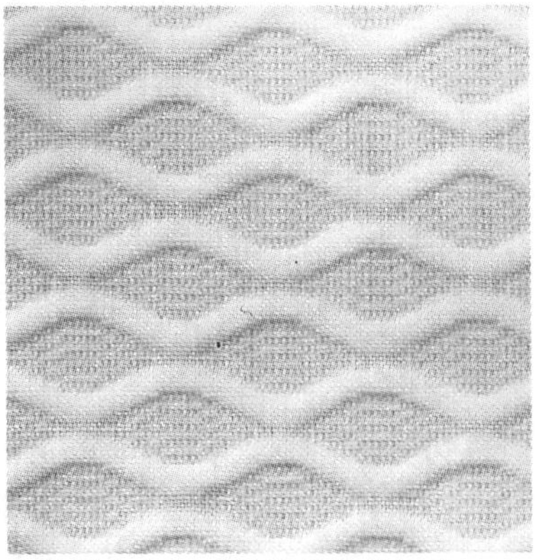

在纬纱方向织成波状棱纹的织物。

9 帆布

用极粗的棉线、亚麻线或者合成纤维纱线织成的细密平纹织物，质地厚实。

材料的名称

10 粗斜纹布(左边为正面、右边为反面)

斜纹织物，其特点是织物的正反面色调不同。因经纱使用粗的有色纱而纬纱使用细的漂白纱,具有色点效果。

11 起毛粗斜纹布(左边为正面、右边为反面)

正面进行了起毛加工，以显现柔软感的粗斜纹织物。

12 横贡缎

用棉纱织成的缎纹织物，其特点是富有光泽,手感光滑并且柔软。

13 棉伯贝里雨衣布

细密且倾斜度大的斜纹织物，进行了特殊防水加工。

14 平绒

短绒毛的横绒毛织物，具有厚实而柔软的手感。

15 轧花平绒

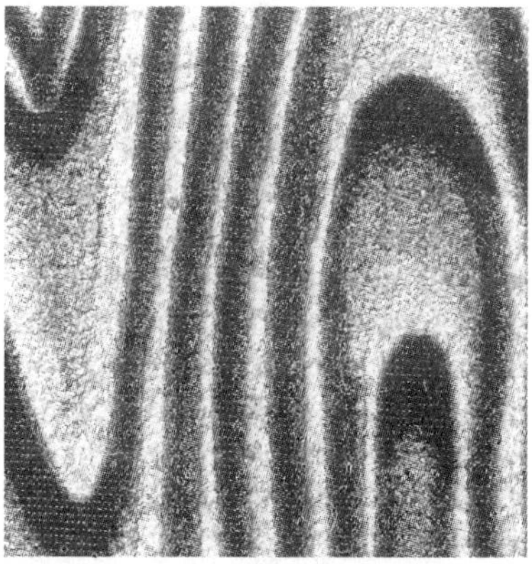

表面热轧、图案凸凹的平绒织物。

16 灯芯绒

正面起绒的、表现出竖棱纹的绒毛织物。

17 平纹细布

用细单纱平织的、柔软而薄的织物。富有弹力,不易起皱。

18 府绸

平纹织物,表面呈现细菱纹,手感好且结实。

19 哔叽

经纱与纬纱的粗细、密度近似，斜纹线为45°左右的2/2右斜纹织物，是结实而实用的精纺毛织物。

20 华达呢

斜纹线呈现大角度的斜纹织物，纵向密且具有光泽。

21 法国斜纹

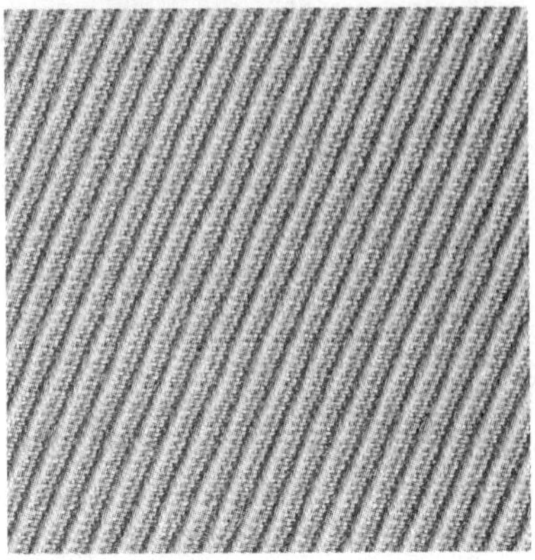

也叫变化斜纹，是粗斜纹与细斜纹以大角度织成的变化斜纹织物。

22 阿蒙增薄绉纹呢

变化斜纹的绉纹织物，织物表面具有褶皱效果。

23 精纺麦尔登呢

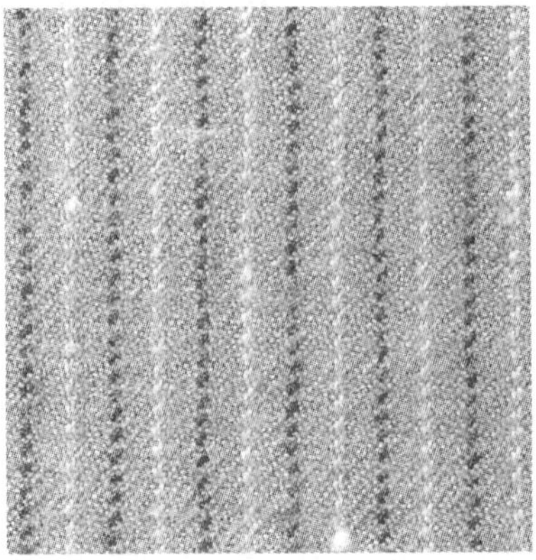

在斜纹组织的轻薄精纺毛织物上进行缩绒整理（轻缩绒起毛），给布面上带来少许绒毛。

24 萨克森法兰绒

用细而优质的毛纺纱织成的，斜纹或平纹的手感柔软的高级毛纺织物。因为最初是使用萨克森美利奴绵羊毛而得此名。

25 海力蒙人字呢

斜纹线以人字形表现出的山形斜纹织物，也叫杉绫纹。

26 粗花呢

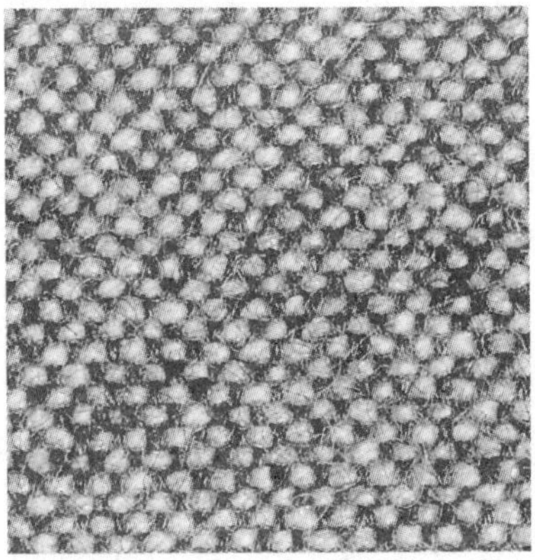

用粗羊毛织成平纹或斜纹组织，没有进行缩绒起毛的、具有手工纺织感的毛纺织物。

27 棉结粗呢

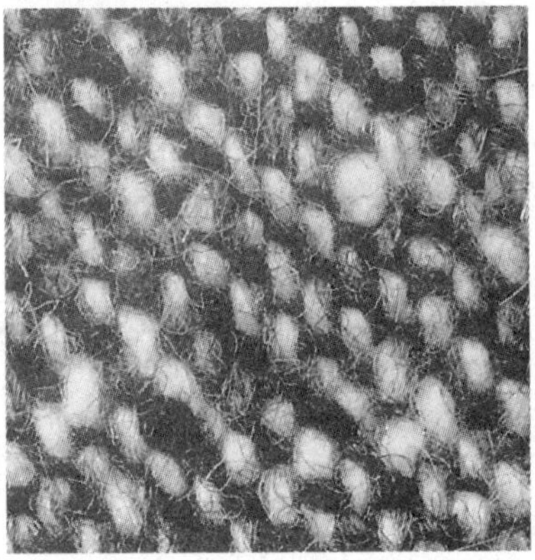

用纺入了红色或蓝色等不同染色纤维结的结纱织成的粗呢。

28 乔其纱

经纱、纬纱不同，左、右强捻纱的平纹织物。织物表面呈现绉效应。

29 双层乔其纱

双层组织的乔其纱。

30 法兰绒

平纹或者斜纹织物，进行轻微缩绒起毛加工的、比较有身骨的粗纺毛织物。

31 波拉呢

使用特殊强捻纱的平纹织物。有滑爽触感的凉爽夏季服装面料。

32 双面针织物

有身骨的、质地组织紧密的双面针织纬编织物。纬向的伸缩性大。

33 针织提花织物

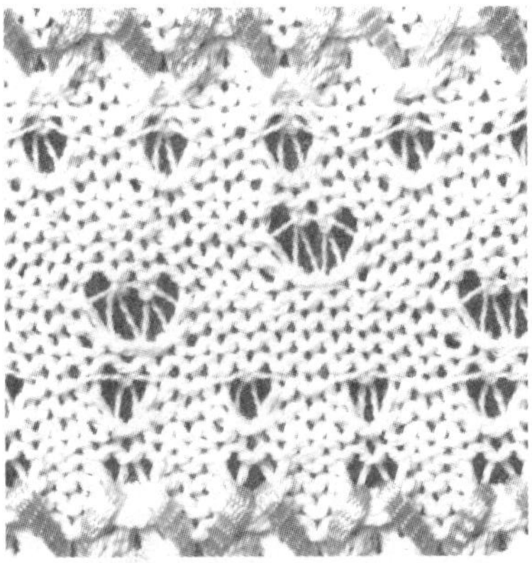

利用有色纱，根据平针和罗纹编织的花纹图案的针织品。

34 特里克经编织物

用特里克经编机编织的经编针织布的总称。其特点是织物的一面为纵向，另一面则为横向。

35 长丝绒

表面覆盖了较长的紧密直立的绒毛，是柔软而蓬松的经向起绒织物。

36 毛圈织物

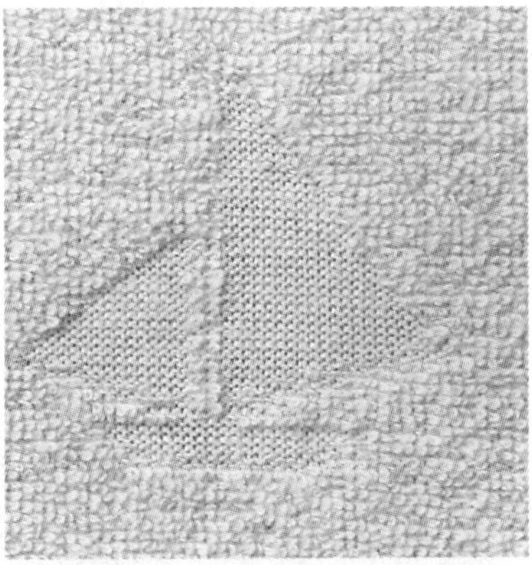

单面或两面有圆圈状的织物，也叫作毛巾织物。

表面加工与特殊织物的名称

1 褶皱加工

在布料上面做出皱纹的加工方法。用绳状处理可以得到纵褶，洗涤处理可以得到全面褶皱。

2 拷花加工

在织物表面覆盖薄薄的树脂层，用有凹凸的热辊子加压成型。

3 皱纹加工

利用棉纤维对烧碱的收缩性质，在布面上做出波状凹凸纹。

4 涂层加工

在底布涂上天然橡胶或合成树脂等材料，使布料带有防水性、疏水性，具有皮革状的外观。

5 云纹加工

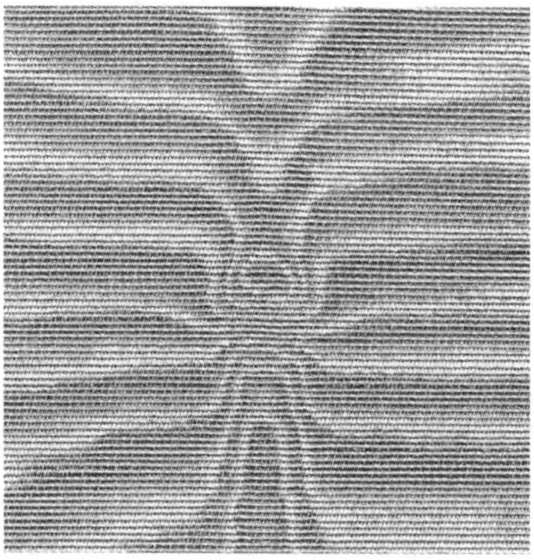

在织物上做出靠光反射表现年轮状图案的加工方法。有强压与成型两种方法。

6 绉缩加工

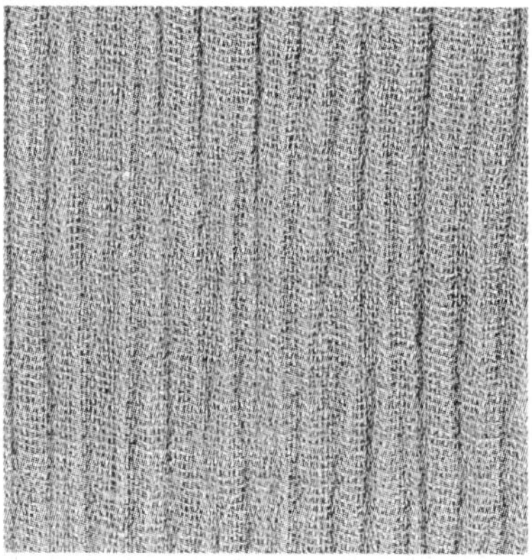

把用强捻纱织成的织物，用水或碱液进行处理，在织物表面做出褶皱的加工。

7 植绒加工

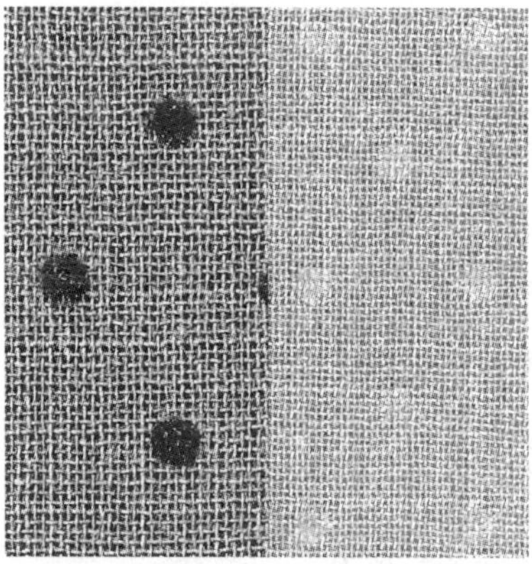

利用静电及粘合剂，把短的切断纤维（纤维屑）固着在织物的表面。

8 绗缝加工

在两片织物之间放入棉或毛等，用绗缝机缝制成各种图案的加工。

9 叠褶织法

在编织时用特殊的织法，在织物表面上织出褶裥的效果。

里料与衬布的名称

1 平纹里料

布面平坦、结实，有适度弹性与身骨，容易缝制。

2 斜纹里料

稍有光泽，比平纹里料厚，有弹性与身骨，手感柔软。

3 缎纹里料

具有非常美丽的光泽，表面光滑且手感柔软。

4 花纹里料

利用组织结构的变化构成图案的花纹织物。

5 针织品用里料

纬纱使用有伸缩性的弹力纱的平针织物。

6 绗缝里料

在里料间加上被褥用的芯，进行绗缝处理后的布，保温效果好。

7 坯布

平纹棉布，根据纱线的粗细和密度，有不同厚度和种类，如粗布、宽幅细布等。

8 电光棉缎

上厚浆后进行电光处理（上光加工），做出有光泽的平纹、斜纹棉布。

9 起绒电光棉缎

纬纱使用粗弱捻纱，使纬纱多在表面浮出，织后从纬纱拉出绒毛，在表面形成密绒毛。

衬布的名称

1 马尾衬

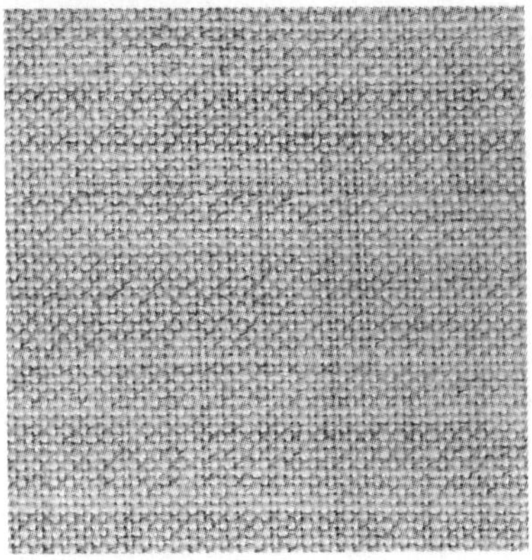

经纱使用精纺毛纱或棉纱，纬纱为了增加弹性使用马尾的平纹衬布。

2 麻衬

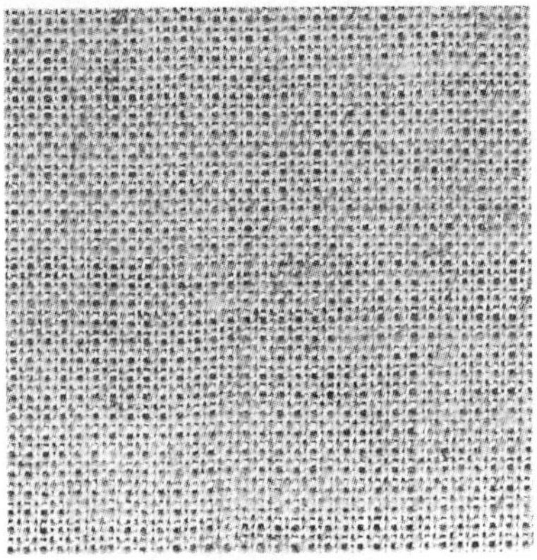

亚麻或苎麻纤维制作的衬布。

3 毛衬

精纺纱平纹组织的白色薄毛衬。

4 薄麻衬

100%铜氨纤维的平纹织物。作为下摆衬、衬里料、装饰布来使用。

5 有纺粘合衬

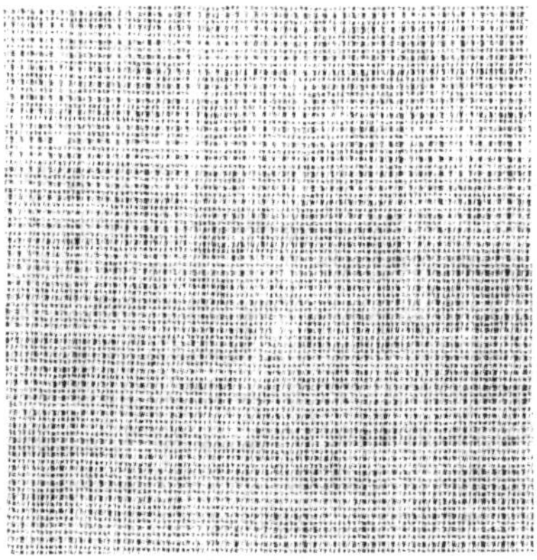

在衬布的反面涂粘合剂。底布为棉、毛、麻或化纤，一般是平纹织物。

6 无纺粘合衬

底布使用无纺布，与有纺布衬或编织布衬相比，非常轻。

7 针织粘合衬

底布使用特里克经编织物，适合用于有伸缩性的面料。

8 经编衬纬粘合衬

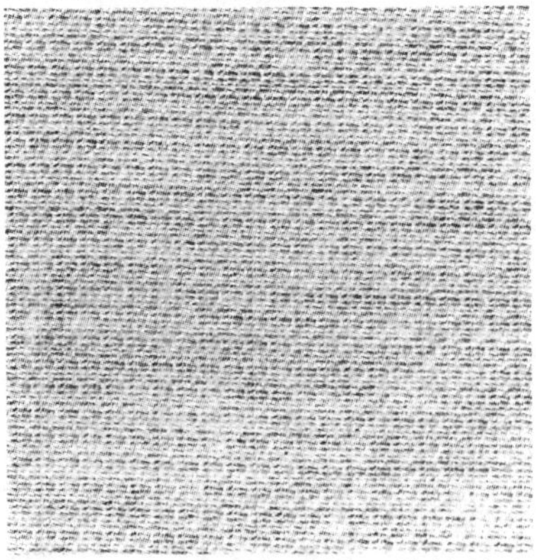

在特里克经编织物中插入纬纱的底布。纵向有悬垂性，横向有弹性。

9 无纺衬

做衍缝制品时放在里面的棉，合成纤维，有弹性。厚度有厚的、中等的和薄的。

牵条的名称

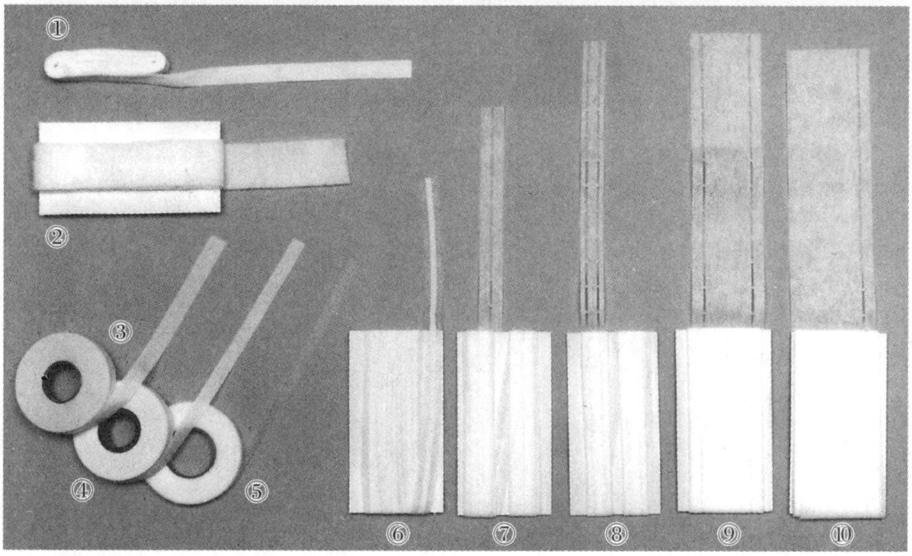

①棉牵条
②绒牵条
③直纱粘合牵条
④斜纱粘合牵条
⑤双面粘合牵条
⑥、⑦防止拉伸用牵条
⑧～⑩标准规格牵条（FL 牵条）

拉链的名称

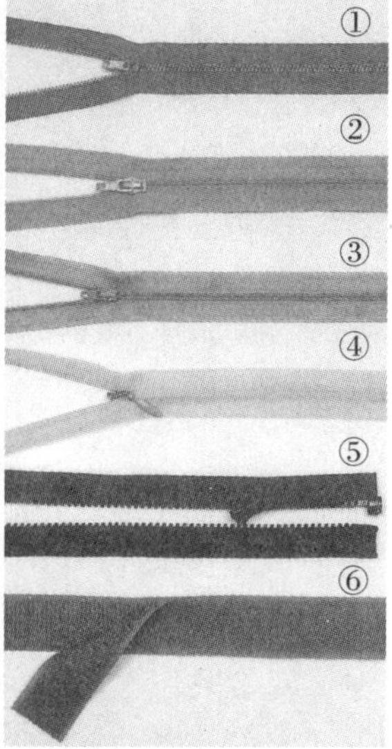

①金属拉链（锌白铜）
②半隐形拉链
③窄棱拉链
④隐形拉链
⑤开式拉链
⑥搭扣（魔术贴）

衬垫的名称

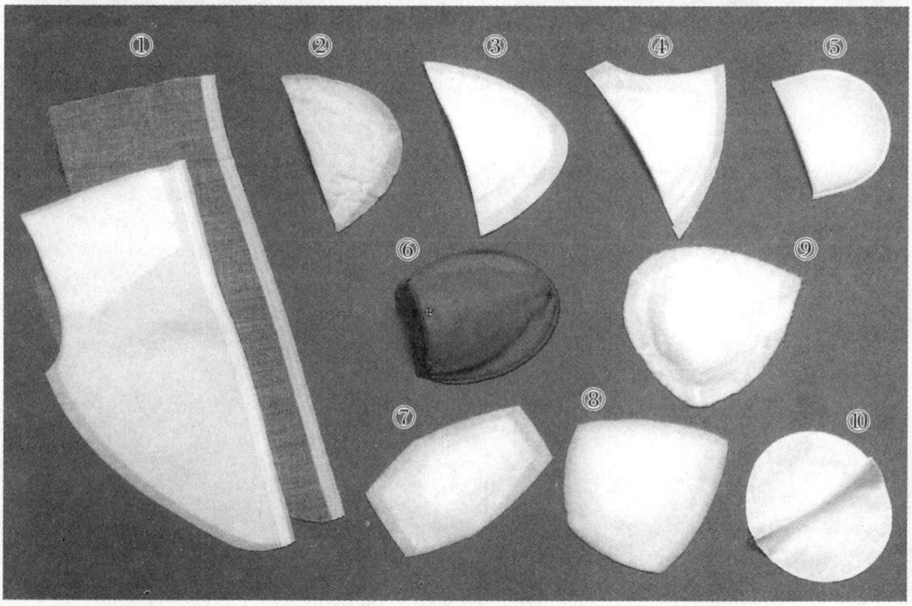

①胸衬
②～⑥垫肩（装袖用）
⑦～⑨垫肩（插肩袖、落肩袖等用）
⑩吸汗衬垫

裙腰衬带的名称

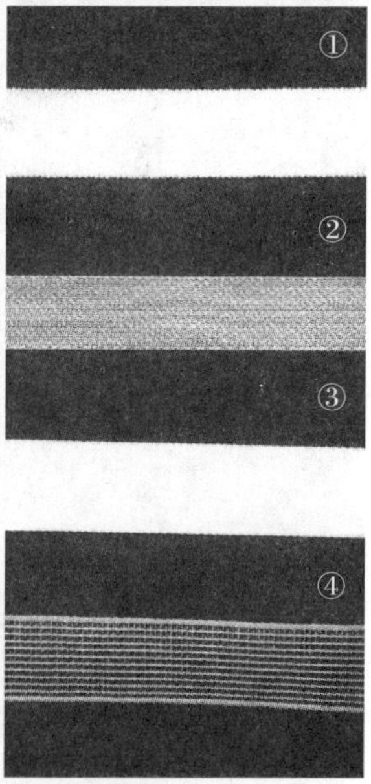

①棉裙腰衬带
②尼龙裙腰衬带（粘合类）
③加大裙腰衬带
④有伸缩性的裙腰衬带

固定件的名称

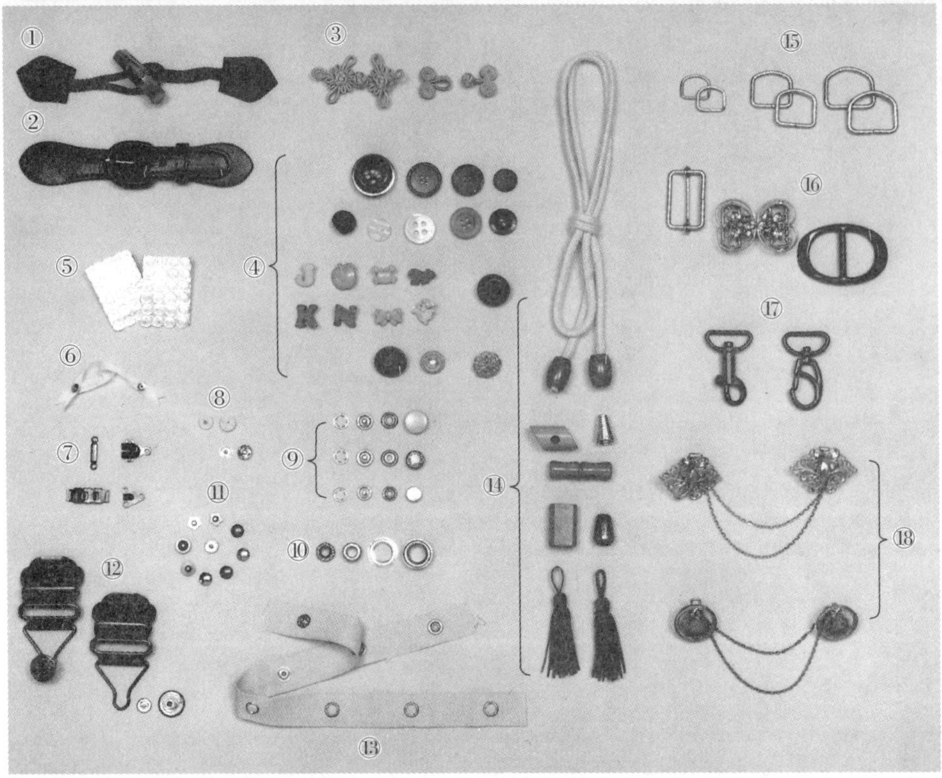

①粗呢用扣
②粗呢用带
③中式扣
④纽扣
⑤花式扣
⑥肩挂钩
⑦挂钩
⑧子母扣
⑨揿扣
⑩扣眼钮
⑪铆钉
⑫吊带用固定件
⑬长摁扣
⑭线绳端固定件
⑮ D 形环
⑯带扣
⑰挂环
⑱礼服链扣

装饰带的名称

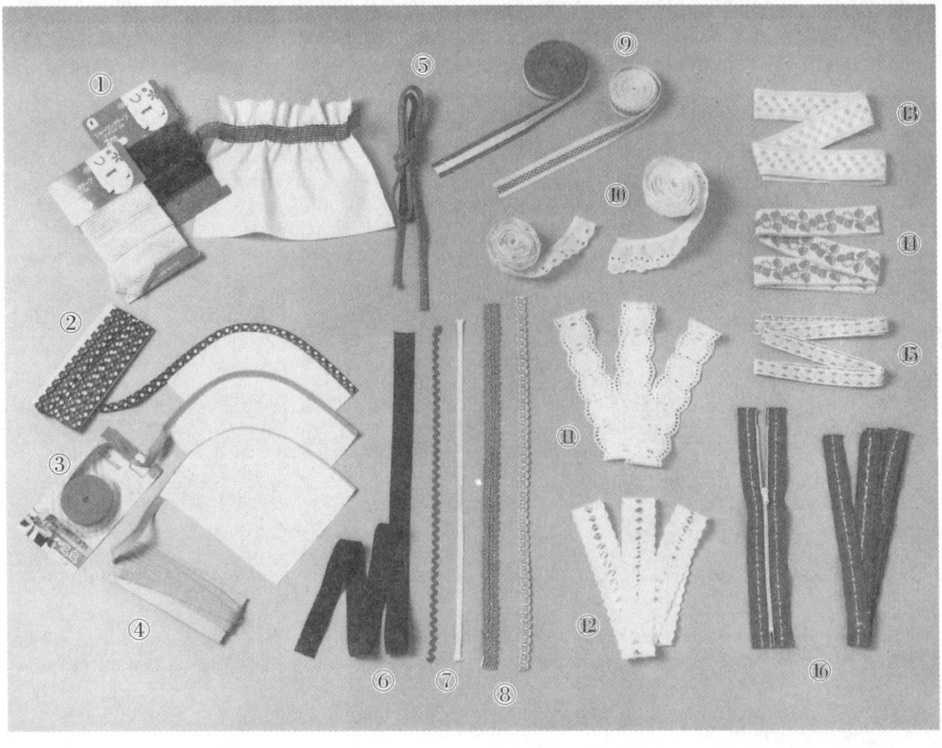

①抽褶带
②、③镶边带
④滚边带
⑤皮绳
⑥皮条
⑦海军装饰带
⑧编带
⑨装饰带
⑩荷叶边花边
⑪、⑫花边
⑬～⑯嵌花饰带

序　言

以2000年为契机，文化女子大学对文化式女装原型进行了修订，与此同时，我们将1985年发行的《被服构成学》修订为《服装造型学》理论篇Ⅰ、Ⅱ和技术篇Ⅰ、Ⅱ、Ⅲ共5册，并重新装订出版，其中技术篇接在理论篇之后，针对技术方面进行说明。现今的社会是计算机的时代，对于服装造型领域也绝非例外。

对于服装造型的计算机化来说，首先需要输入数据，并由此形成正确的纸样，所以充分收集有用的资料，并能够在此基础上灵活应用的能力是必不可少的。要达到这样的要求，学习服装造型技术基础原理以及制作技术是十分重要的。

从以上的考虑出发，本丛书将技术篇分为3篇，从基础到应用阶段逐步展开，循序渐进，以满足服装造型技术方面的不同需要。而且在内容的安排上尽量做到易懂，使读者能够带着兴趣去学习。以下是对技术篇Ⅰ、Ⅱ、Ⅲ内容的简介。

《服装造型学技术篇Ⅰ》通过照片和文字的形式介绍了用于服装制作的用具及材料。同时以上衣(衬衫)、裙子、裤子、连衣裙为例，对其纸样的作图、裁剪、假缝、修正、缝制、加工顺序等依次进行了说明，并通过详细而精致的图解向初学者进行了简单易懂的解说。

《服装造型学技术篇Ⅱ》主要是针对套装和大衣的制作进行讲解，其中的重点是女西服。此外还对立体裁剪的纸样技术和工业用纸样进行了说明。

《服装造型学技术篇Ⅲ》主要是针对社交服、礼服的制作进行讲解，同时还对蕾丝、皮革等材料的使用方法进行了说明，本书适用于在服装制作方面有一定基础的学习者。

希望大家通过技术篇Ⅰ、Ⅱ、Ⅲ与理论篇Ⅰ、Ⅱ的学习，掌握服装造型技术，并能够在日后灵活应用。

中屋　典子
2000年春

目录

插图
矢岛　功
长泽幸子

照片
狩野　弘
石桥重幸

制图说明

- 轮廓线(粗线)
- 辅助线(细线)
- 缝纫针脚线
- 过面位置线
- 连裁线
- 折叠线

等分线，有时会加上表示尺寸相等的符号，如○或●等

表示布丝方向，箭头的方向为经纱方向

表示裁剪时的顺丝方向

拔的符号

吃缝符号

归拔符号

抽褶记号

斜纱方向

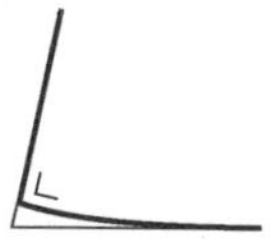
直角记号，水平线、垂直线对应的直角原则上不用做直角标记

纸样的重叠记号

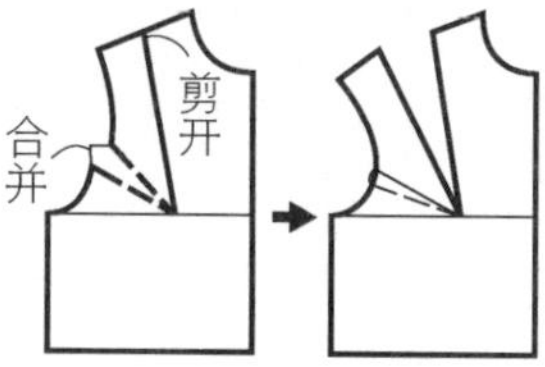

省道的合并转移记号

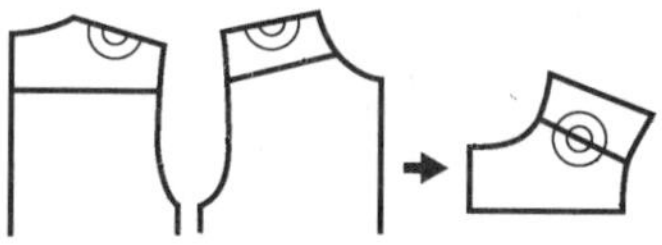
纸样的合并连裁记号

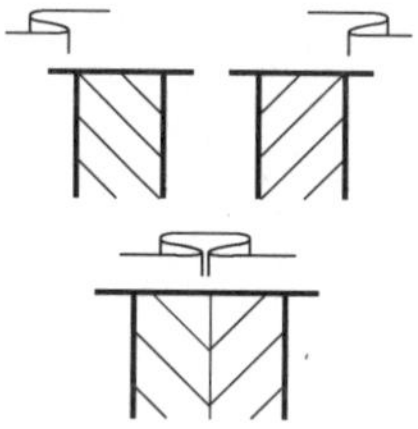
褶裥。斜线的方向表示褶裥的方向

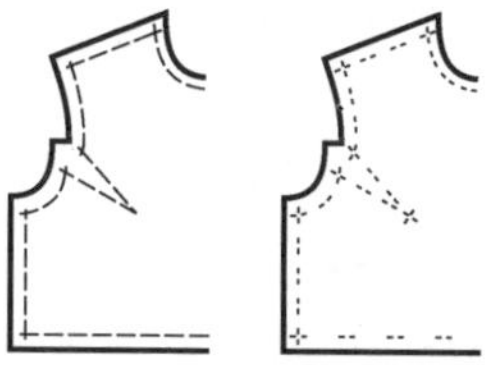
缝制图中的断续线是完成线(轮廓线)的记号

B —— Bust(胸围)的缩写
UB —— Under Bust(乳下围)的缩写
W —— Waist(腰围)的缩写
MH —— Middle Hip(腹围)的缩写
H —— Hip(臀围)的缩写
BL —— Bust Line(胸围线)的缩写
WL —— Waist Line(腰围线)的缩写
MHL —— Middle Hip Line(中臀线)的缩写
HL —— Hip Line(臀围线)的缩写
EL —— Elbow Line(肘位线)的缩写
KL —— Knee Line(膝位线)的缩写
BP —— Bust Point(胸高点)的缩写
SNP —— Side Neck Point(颈侧点)的缩写
FNP —— Front Neck Point(前颈点)的缩写
BNP —— Back Neck Point(后颈点)的缩写
SP —— Shoulder point(肩点)的缩写
AH —— Arm Hole(袖窿)的缩写
HS —— Head Size(头围)的缩写

上身原型

利用胸围和背长尺寸进行制图。女装原型的制图状态为人体的右侧着装状态。

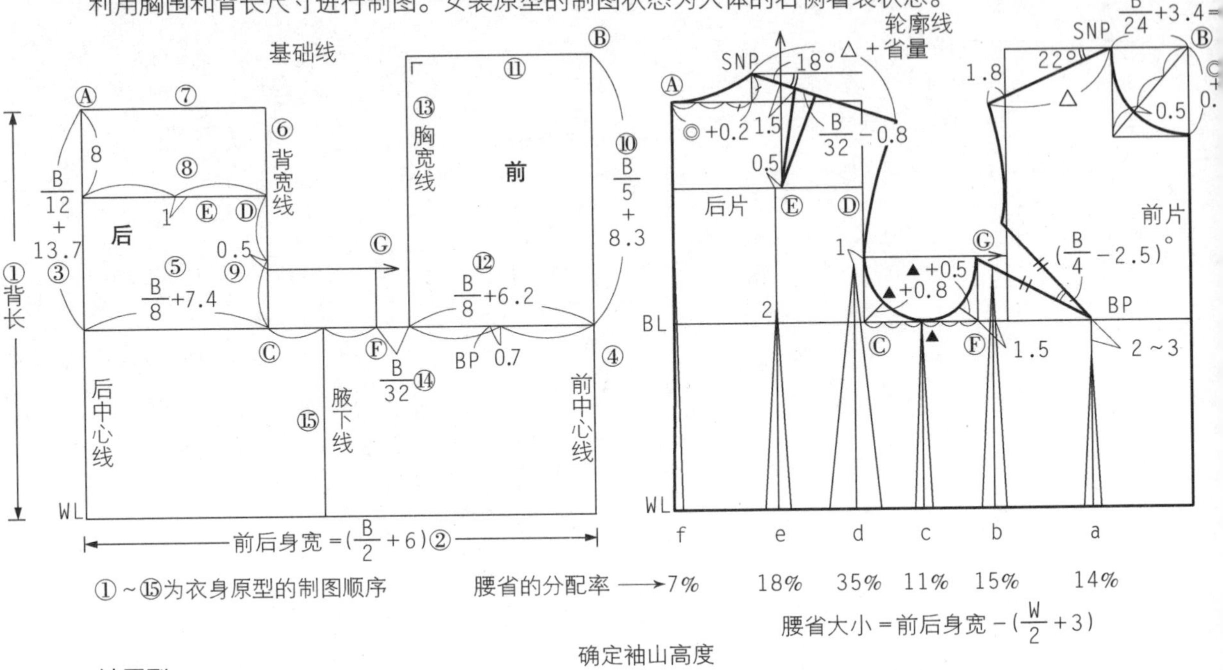

袖原型

袖子的制图需要根据衣身袖窿的形状另外用图纸制作

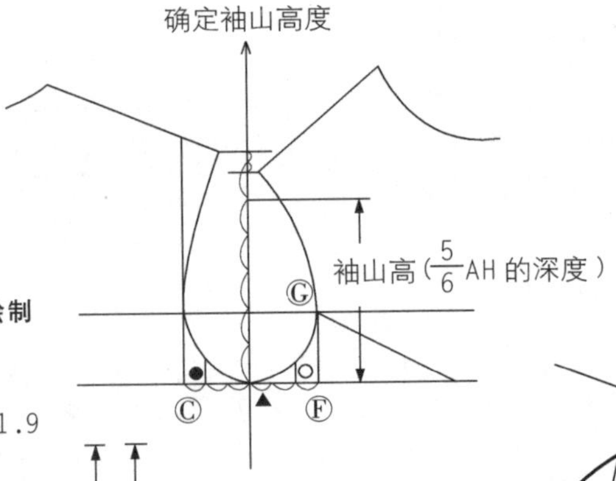

基础辅助线和袖山弧线的绘制

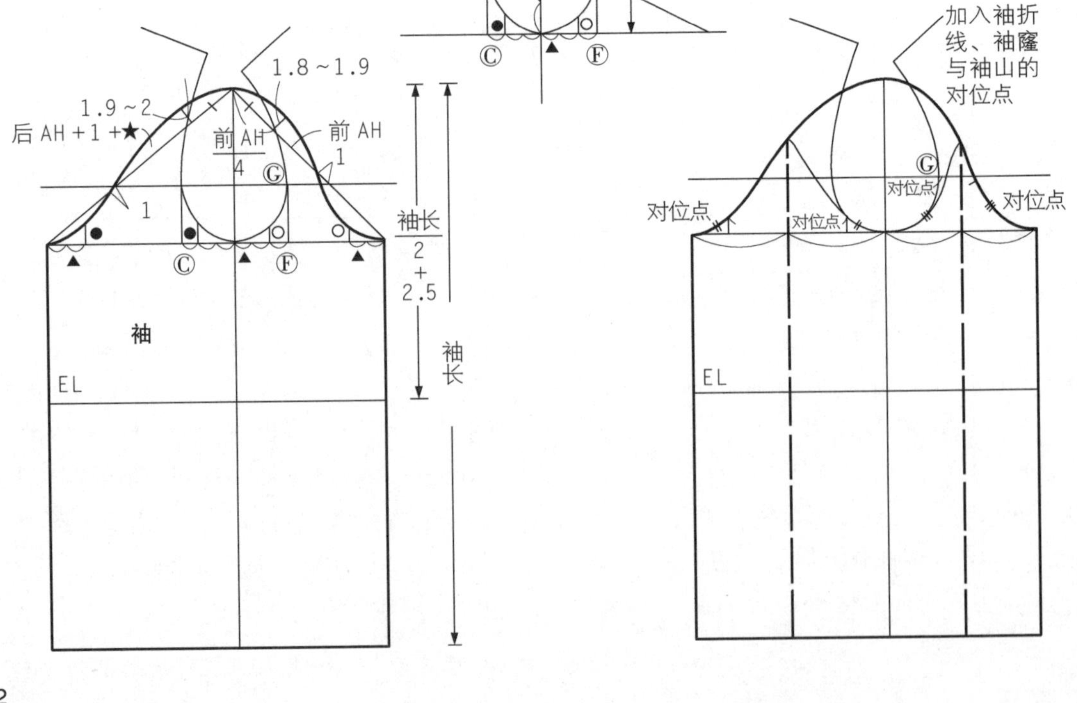

原型各部位尺寸一览表

单位：cm

项目 \ B	前后身宽	Ⓐ～BL	背宽	BL～Ⓑ	胸宽	B/32	前领口宽	前领口深	胸省		后领口宽	后肩省	★
	B/2＋6	B/12＋13.7	B/8＋7.4	B/5＋8.3	B/8＋6.2	B/32	B/24＋3.4＝◎	◎＋0.5	度 (B/4－2.5)	cm B/12－3.3	◎＋0.2	B/32－0.8	★
77	44.5	20.1	17.0	23.7	15.8	2.4	6.6	7.1	16.8	3.1	6.8	1.6	0.0
78	45.0	20.2	17.2	23.9	16.0	2.4	6.7	7.2	17.0	3.2	6.9	1.6	0.0
79	45.5	20.3	17.3	24.1	16.1	2.5	6.7	7.2	17.3	3.3	6.9	1.7	0.0
80	46.0	20.4	17.4	24.3	16.2	2.5	6.7	7.2	17.5	3.4	6.9	1.7	0.0
81	46.5	20.5	17.5	24.5	16.3	2.5	6.8	7.3	17.8	3.5	7.0	1.7	0.0
82	47.0	20.5	17.7	24.7	16.5	2.6	6.8	7.3	18.0	3.5	7.0	1.8	0.0
83	47.5	20.6	17.8	24.9	16.6	2.6	6.9	7.4	18.3	3.6	7.1	1.8	0.0
84	48.0	20.7	17.9	25.1	16.7	2.6	6.9	7.4	18.5	3.7	7.1	1.8	0.0
85	48.5	20.8	18.0	25.3	16.8	2.7	6.9	7.4	18.8	3.8	7.1	1.9	0.1
86	49.0	20.9	18.2	25.5	17.0	2.7	7.0	7.5	19.0	3.9	7.2	1.9	0.1
87	49.5	21.0	18.3	25.7	17.1	2.7	7.0	7.5	19.3	4.0	7.2	1.9	0.1
88	50.0	21.0	18.4	25.9	17.2	2.8	7.1	7.6	19.5	4.0	7.3	2.0	0.1
89	50.5	21.1	18.5	26.1	17.3	2.8	7.1	7.6	19.8	4.1	7.3	2.0	0.1
90	51.0	21.2	18.6	26.3	17.5	2.8	7.2	7.7	20.0	4.2	7.4	2.0	0.2
91	51.5	21.3	18.8	26.5	17.6	2.8	7.2	7.7	20.3	4.3	7.4	2.0	0.2
92	52.0	21.4	18.9	26.7	17.7	2.9	7.2	7.7	20.5	4.4	7.4	2.1	0.2
93	52.5	21.5	19.0	26.9	17.8	2.9	7.3	7.8	20.8	4.5	7.5	2.1	0.2
94	53.0	21.5	19.2	27.1	18.0	2.9	7.3	7.8	21.0	4.5	7.5	2.1	0.2
95	53.5	21.6	19.3	27.3	18.1	3.0	7.4	7.9	21.3	4.6	7.6	2.2	0.3
96	54.0	21.7	19.4	27.5	18.2	3.0	7.4	7.9	21.5	4.7	7.6	2.2	0.3
97	54.5	21.8	19.5	27.7	18.3	3.0	7.4	7.9	21.8	4.8	7.6	2.2	0.3
98	55.0	21.9	19.7	27.9	18.5	3.1	7.5	8.0	22.0	4.9	7.7	2.3	0.3
99	55.5	22.0	19.8	28.1	18.6	3.1	7.5	8.0	22.3	5.0	7.7	2.3	0.3
100	56.0	22.0	19.9	28.3	18.7	3.1	7.6	8.1	22.5	5.0	7.8	2.3	0.4
101	56.5	22.1	20.0	28.5	18.8	3.2	7.6	8.1	22.8	5.1	7.8	2.4	0.4
102	57.0	22.2	20.2	28.7	19.0	3.2	7.7	8.2	23.0	5.2	7.9	2.4	0.4
103	57.5	22.3	20.3	28.9	19.1	3.2	7.7	8.2	23.3	5.3	7.9	2.4	0.4
104	58.0	22.4	20.4	29.1	19.2	3.3	7.7	8.2	23.5	5.4	7.9	2.5	0.4

内衣的知识

如今，有关内衣的研究也有了很大的发展，无论是在穿着感和穿着后的体型修正方面，还是在针对质地柔软并具有塑身功能的材料开发及制作方面都取得了进展。如何从各式各样的制品中选择适合的内衣是达到好的着装效果的重要因素。

●选择内衣的要点

- 符合着装目的。
- 了解自身尺寸及适合于体型的内衣尺寸。
- 贴身内衣应该试穿后再购买（见下表）。

内衣		
普通内衣	由于直接接触身体，所以在材料方面，以具有吸湿性、保温性、肌肤触感良好且具有伸缩性的材料（如针织品）为佳。	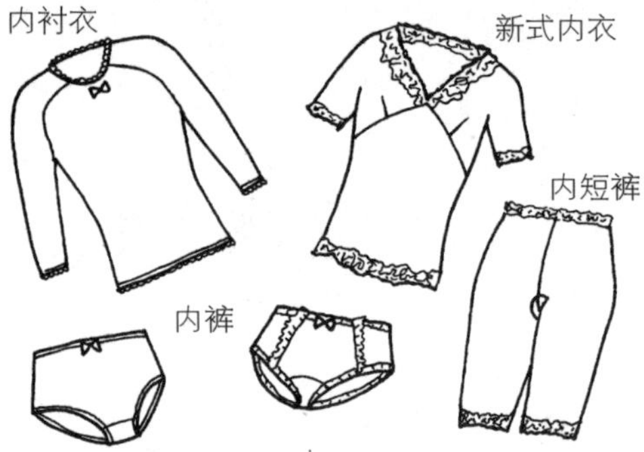
调整内衣	为矫正体型而穿的内衣，种类很丰富，重要的是选择适合于自身体型的产品。	
装饰内衣	为了使礼服穿着更顺滑、轮廓更漂亮而穿着的内衣，通常穿在调整型内衣之外。材料选择以丝绸触感的面料为宜。	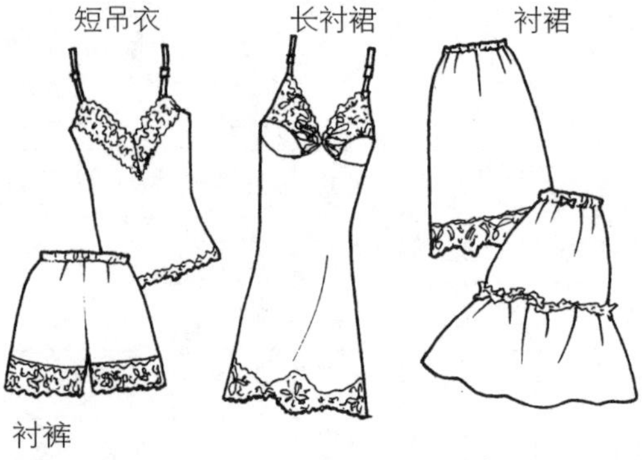

内衣的JIS尺寸表

文胸

单位:cm

下胸围(乳下围)	胸　围	型　号
65	75	A　65
	78	B　65
	80	C　65
70	80	A　70
	83	B　70
	85	C　70
75	85	A　75
	88	B　75
	90	C　75
80	90	A　80
	93	B　80
	95	C　80
85	95	A　85
	98	B　85
	100	C　85
90	100	A　90
	103	B　90
	105	C　90
95	105	A　95
	108	B　95
	110	C　95
100	110	A　100
	113	B　100
	115	C　100
105	115	A　105
	118	B　105
110	120	A　110

注　此外还有AA、D、E、F、G、H、I罩杯

连体衣

单位:cm

下胸围	胸　围	臀　围	型　号
70	80	82～90	A 70S
	80	87～95	A 70M
	83	82～90	B 70S
	83	87～95	B 70M
75	85	87～95	A 75M
	85	92～100	A 75L
	88	87～95	B 75M
	88	92～100	B 75L
80	90	87～95	A 80M
	90	92～100	A 80L
	93	87～95	B 80M
	93	92～100	B 80L
85	95	92～100	A 85L
	95	97～105	A 85•LL
	98	92～100	B 85L
	98	97～105	B 85•LL
90	100	92～100	A 90L
	100	97～105	A 90•LL
	103	92～100	B 90L
	103	97～105	B 90•LL
95	105	97～105	A 95•LL
	108	97～105	B 95•LL

注　S、M、L、LL的设定以臀围尺寸为基准

罩杯尺寸表

罩杯分类	说　明
AA罩	下胸围与胸围之差为　7.5cm左右
A罩	下胸围与胸围之差为　10cm左右
B罩	下胸围与胸围之差为　12.5cm左右
C罩	下胸围与胸围之差为　15cm左右
D罩	下胸围与胸围之差为　17.5cm左右
E罩	下胸围与胸围之差为　20cm左右

制品的尺寸表示范例(文胸)

下胸围	70
胸围	80
A 70	

制品的尺寸表示范例(连体衣)

下胸围	70
胸围	80
臀围	87～95
A 70M	

腹带

单位:cm

腰　围	臀　围	型　号
55～61	79～89	58
61～67	83～93	64
67～73	86～96	70
73～79	89～99	76
78～86	91～103	82
86～94	94～106	90
94～102	97～109	98
102～110	100～112	106

成人女子用服装尺寸——A 体型及参考人体尺寸

单位:cm

<table>
<tr><td colspan="4">型　号</td><td>3AR</td><td>5AR</td><td>7AR</td><td>9AR</td><td>11AR</td><td>13AR</td><td>15AR</td><td>17AR</td><td>19AR</td></tr>
<tr><td rowspan="3">基本人体尺寸(JIS)</td><td colspan="3">身　高</td><td colspan="9">158</td></tr>
<tr><td colspan="3">胸　围</td><td>74</td><td>77</td><td>80</td><td>83</td><td>86</td><td>89</td><td>92</td><td>96</td><td>100</td></tr>
<tr><td colspan="3">臀　围</td><td>85</td><td>87</td><td>89</td><td>91</td><td>93</td><td>95</td><td>97</td><td>99</td><td>101</td></tr>
<tr><td rowspan="16">参考人体尺寸</td><td rowspan="4">腰围</td><td rowspan="4">年龄段区分</td><td>20</td><td>58</td><td rowspan="2">61</td><td>61</td><td>64</td><td>67</td><td>70</td><td>73</td><td>76</td><td>80</td></tr>
<tr><td>30</td><td rowspan="2">61</td><td rowspan="2">64</td><td rowspan="3">67</td><td rowspan="3">70</td><td rowspan="3">73</td><td rowspan="3">76</td><td rowspan="3">80</td><td rowspan="3">84</td></tr>
<tr><td>40</td><td rowspan="2">64</td></tr>
<tr><td>50</td><td>64</td><td>67</td></tr>
<tr><td colspan="3">头　围</td><td>55.5</td><td>55.5</td><td>56.0</td><td>56.0</td><td>56.0</td><td>56.5</td><td>56.5</td><td>56.5</td><td>56.5</td></tr>
<tr><td colspan="3">颈根围</td><td>38.0</td><td>38.0</td><td>38.5</td><td>38.5</td><td>38.5</td><td>39.0</td><td>39.0</td><td>40.0</td><td>40.5</td></tr>
<tr><td colspan="3">颈侧点至胸高点长</td><td>23.5</td><td>24.0</td><td>24.5</td><td>25.0</td><td>25.5</td><td>26.0</td><td>26.5</td><td>27.5</td><td>28.5</td></tr>
<tr><td colspan="3">臂根围</td><td>34.0</td><td>35.0</td><td>36.0</td><td>37.0</td><td>38.0</td><td>39.0</td><td>40.0</td><td>41.5</td><td>43.0</td></tr>
<tr><td colspan="3">上臂围</td><td>23.5</td><td>24.5</td><td>25.5</td><td>26.5</td><td>27.5</td><td>28.5</td><td>29.5</td><td>30.5</td><td>31.5</td></tr>
<tr><td colspan="3">手腕围</td><td>14.5</td><td>14.5</td><td>15.0</td><td>15.0</td><td>15.0</td><td>15.5</td><td>15.5</td><td>16.0</td><td>16.5</td></tr>
<tr><td colspan="3">大腿最大围</td><td>50.0</td><td>51.0</td><td>52.0</td><td>53.0</td><td>54.0</td><td>55.5</td><td>56.5</td><td>58.0</td><td>59.5</td></tr>
<tr><td colspan="3">背　长</td><td>37.5</td><td>37.5</td><td>37.5</td><td>37.5</td><td>37.5</td><td>37.5</td><td>37.5</td><td>37.5</td><td>37.5</td></tr>
<tr><td colspan="3">袖　长</td><td>51.0</td><td>51.0</td><td>51.0</td><td>51.0</td><td>51.5</td><td>51.5</td><td>52.0</td><td>52.0</td><td>52.5</td></tr>
<tr><td colspan="3">腰长(臀高)</td><td>18.0</td><td>18.0</td><td>18.0</td><td>18.0</td><td>18.0</td><td>18.0</td><td>18.0</td><td>18.0</td><td>18.0</td></tr>
<tr><td colspan="3">立裆长</td><td>24.0</td><td>25.0</td><td>25.0</td><td>25.0</td><td>26.0</td><td>26.0</td><td>26.0</td><td>27.0</td><td>27.0</td></tr>
<tr><td colspan="3">下裆长</td><td>72.0</td><td>71.0</td><td>71.0</td><td>71.0</td><td>70.5</td><td>70.5</td><td>70.5</td><td>70.0</td><td>70.0</td></tr>
</table>

注　作图尺寸使用成人女子参考尺寸 9AR,且使用量也由此来估算。

第一章

服装制作的常用工具

为了得到漂亮而形态良好的作品，需要了解各种工具的基本知识，并要做到：(1) 选择适合的工具；(2)准备好必要的工具；(3)工具要慎重使用，保管好，经常保持良好的状态。在本章中分别对服装制作的必要工具按照使用目的不同进行说明，分成测量和作图工具、裁剪工具以及缝制和整理工具进行讲解。

测量和作图工具

为了把服装做得适身合体，首先需要正确测量身体以把握体型。测量人体时使用的工具叫作测量工具，平面绘制纸样时使用的工具叫作作图工具(见照片图)。

尺子

用于确定尺寸以及划直线或曲线。有的尺子也可以测定曲线的长度。

●直尺 ①~④

材质有竹子、硬塑料、金属等，长度有20cm、30cm、50cm、60cm、100cm等。

因竹制的长尺有竹节，请选择尺面平坦且薄的。金属尺因有重量，所以对制作容易滑动的乔其纱等面料的服装还可以起到压重的作用。

●L尺 ⑤

硬塑料制，兼有弯尺与直角尺的功能，内侧可以用作H弯尺。L尺轻且柔软，所以长期使用会产生尺寸误差。

●方眼尺 ⑥

塑料制，标有5mm方眼的透明尺子。便于划平行线和直角线，是做窝边缝份和细褶标记时的重要工具。方眼尺的长度有30cm、40cm、50cm、60cm，因常用于推板，所以也叫作推板尺。

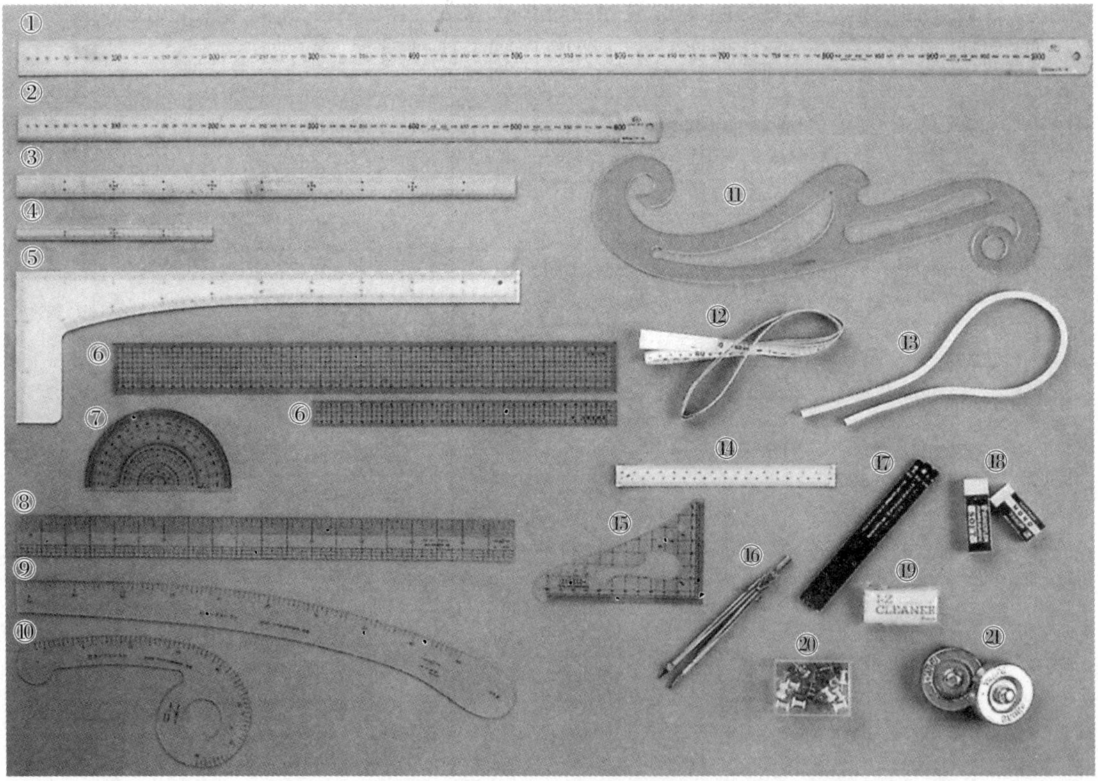

①、②金属尺　③、④竹尺　⑤L尺　⑥方眼尺　⑦量角器　⑧推板尺　⑨H弯尺　⑩D弯尺　⑪曲线板　⑫软尺　⑬自由弯尺　⑭自由缩尺　⑮缩尺　⑯圆规　⑰铅笔　⑱橡皮　⑲易擦橡皮　⑳图钉　㉑文镇

●量角器 ⑦

测定角度用。

●推板尺 ⑧

用于推板的尺子，有把英寸方式换算成厘米的刻度。与方眼尺一样是塑料制成的并且透明。

●H 弯尺 ⑨

“H”是英文单词 Hip(腰围)的第一个字母。在绘制省道和腋下缝线等较为缓和的曲线时比较便利。

●D 弯尺 ⑩

“D”是英文单词 Deep(深)的第一个字母。D 弯尺用于袖口、领口等挖深曲线作图时使用,同时也可用于测量曲线的长度。

●曲线板 ⑪

绘制曲线的塑料透明尺。绘制过程中会形成各种各样不同曲度的曲线,可以正反颠倒、上下移动来使用。

●软尺 ⑫

为测定人体尺寸和测量作图曲线所使用的带状尺。软尺有塑料制和钢制的等，有的附带盒子。

●自由弯尺 ⑬

画曲线或测量曲线时使用的弯尺，因中间有铅，所以尺子有一些厚度。由于可以自由弯曲并且保持其形状，因此可以测到人体曲线的形态。

●自由缩尺 ⑭

自由缩尺是 2cm 宽的尺子，有 1/4 和 1/5 缩比的刻度。因具有柔软性，所以可以沿着曲线自由弯曲来测定曲线长度。

●缩尺 ⑮

缩尺为将实际尺寸缩小为 1/4 或 1/5 刻度的三角尺。用于在笔记本上进行作图，中间因挖成云形，所以可以用来绘制缩图的曲线。透明并带有刻度,使用十分方便。

纸

●作图纸

在做实物大小的图时使用的纸。一般使用牛皮纸,光滑面为正面。

●作图笔记用纸

绘制缩图纸样时使用的纸。A4 大小的白色纸张容易使用。

●描图纸

对缩图纸样进行操作或拷贝设计图时使用的纸,是有张力的半透明薄纸。

其他

●圆规 ⑯

在笔记本上作图时，用于画圆或弧线以及求出线的交点或相同尺寸时用。

●铅笔 ⑰

如果把作图的基础线画得淡，而把轮廓线画得浓，则显得整洁而清楚。比如同实物大小作图的基础线用 F 或 HB 的笔，整理线用 HB 或 B 的笔,缩图作图的基础线用 2H 或 H 的笔,整理线用 F 或 HB 的笔。

●橡皮、易擦橡皮 ⑱、⑲

橡皮常呈条状，柔软的易于使用。易擦橡皮是精制橡皮,因不产生渣滓,所以不污染画面,使用更方便。

●图钉 ⑳

在拷贝作图纸样或裁布时，为了防止纸或布的移动而使用的固定件。

●文镇 ㉑

把同实物大小的制图转移至另一张纸时，或者在裁剪时，为了防止纸或布的移动而使用的镇压工具。

裁剪工具

裁剪工具是裁剪布料时使用的工具。

裁剪工具(见照片图)

●裁剪台 ①

用于实物大小的纸样作图或布的裁剪、做标记等,还可用于整件衣服的缝制过程。大小为长 180~200cm、宽 90~95cm、高 72~75cm,以没有刷涂料的为佳。近年来,合成板制的裁剪台因容易折叠且价格合理而受到人们的喜欢。另外,也可以使用大的方形垫板代替裁剪台使用。

① 裁剪台

●小剪子 ②

用于细窄处或切线的握在手中的剪子。选择以用手握后有弹性,并且刀刃尖的咬合状态好的为宜。

●剪纸剪刀 ③

专门用于剪纸的剪子,18cm 长的容易使用。

●裁剪剪刀 ④、⑤

裁剪布料时使用的长 30cm 左右的剪刀,如果想在缝制过程中也能使用,可以选择 24~28cm 的。选择要点为刀刃尖、刀刃咬合状态好及握持状态好。应注意日常保管,可以涂上缝纫机油,以免生锈。

照片中⑤的剪子对握持部分、刀刃的角度进行了改良,这样,刀刃可以在台上以紧密接触的状态进行裁剪,布的浮动会少一些。

●花剪 ⑥

用于容易脱丝的布料的缝份处理以及需要把布料剪成装饰性效果时使用。因刀刃为锯齿形,所以也叫作锯齿剪刀。

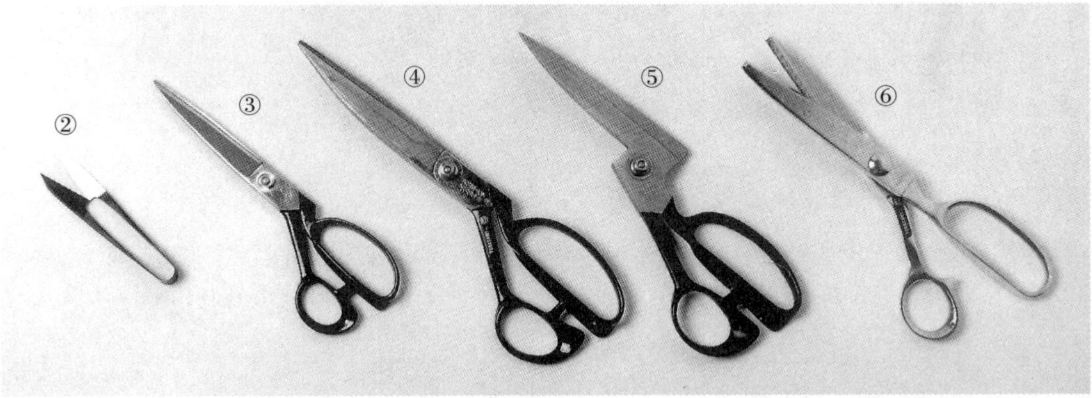

② 小剪子 ③ 剪纸剪刀 ④、⑤ 裁剪剪刀 ⑥ 花剪

缝制和整理工具

缝制工具是为了缝制而使用的工具，整理工具是为了对衣服进行整理而使用的工具，很多工具是可以通用的。

标记工具(见下图)

●竹刀 ①

在棉质等面料上划记号使用的工具，材料有牛骨、合成树脂等。以容易滑动、有适当圆弧的为好。如果太薄会划伤布，如果太厚不容易划出清晰的印迹，所以可选择稍微薄点的。

●划粉 ②、③

划粉用于毛织物等用刮刀不容易画印的织物，在裁剪前画的净缝印标记。划粉有棒状的，但以三角形的更容易使用。颜色有白、蓝、黄、粉色等，最好是选择用手拿后不在手上留下粉末的。因划粉容易断，所以需要小心使用。

此外，也有用水或使用熨斗后自然消失的划粉，或在塑料容器内装上划粉粉末来使用的。

●笔式划粉 ④

铅笔状，中间部分为划粉，另一面有用于削除划粉的尼龙制刷子。笔式划粉有白、蓝、粉等五六种颜色，是画细线及刺绣时用的重要工具。

●复写纸 ⑤

用于棉及以棉为主的布料的画印，有单面用与两面用两种。颜色除了白色还有几种，使用时选择不显眼的颜色。最近出现了遇水后能马上消失的复写纸，对刺绣等需要致密完成线的情况尤其便利。

●打口钳 ⑥

在纸样上标注合印位置或折边印时使用。插到纸间，像使用剪子般握住使用，形成三角形切口。

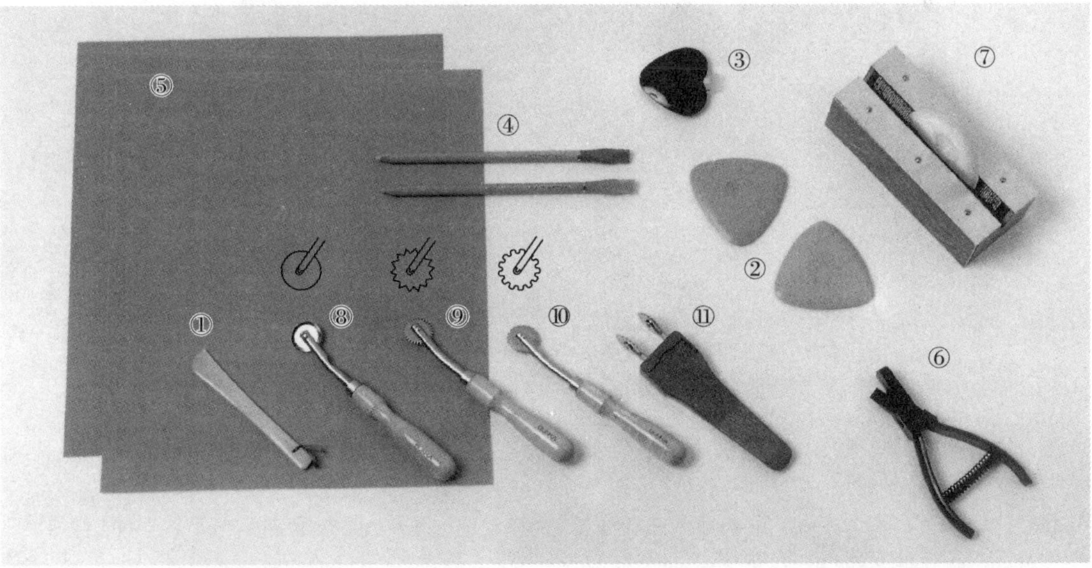

① 竹刀　②、③ 划粉　④ 笔式划粉　⑤ 复写纸　⑥ 打口钳　⑦ 削划粉器　⑧～⑪滚轮

●削划粉器 ⑦

通过移动划粉来削划粉的器具。为了画清晰的线，必须把划粉端削得始终保持细的状态以便使用。

●滚轮 ⑧~⑪

直齿 ⑧ 齿上没有刻纹，为圆形。用于画直线，能当刮刀使用。

硬齿 ⑨ 齿尖尖锐，把作图纸样转移到其他纸上时使用。

软齿 ⑩ 齿尖圆滑、柔软，用于在复写纸上的拓印。

双滚轮 ⑪ 可以用来同时画两条距离 0.5~3cm 的平行线。齿是软齿的，两个齿间的宽度以 0.5cm 的齿距改变。可以同时画成衣净缝线(完成线)和毛缝线(裁剪线)，效率较高。

手缝工具(见下图)

●顶针 ⑫

顶针为手缝时不可缺少的工具。套在中指上，紧紧顶住针鼻儿推针（参照第 47 页）。顶针有金属制、皮制等。环状顶针容易使用，有 6~8 号等不同的尺寸，适合于不同粗细的手指。此外还有盖在指尖上的帽子型顶针和盘状顶针。

●锥子 ⑬

延伸指尖的锥子有多种用途，如挑出领尖的角，压住细小的部分，或者拆开线迹等。选择

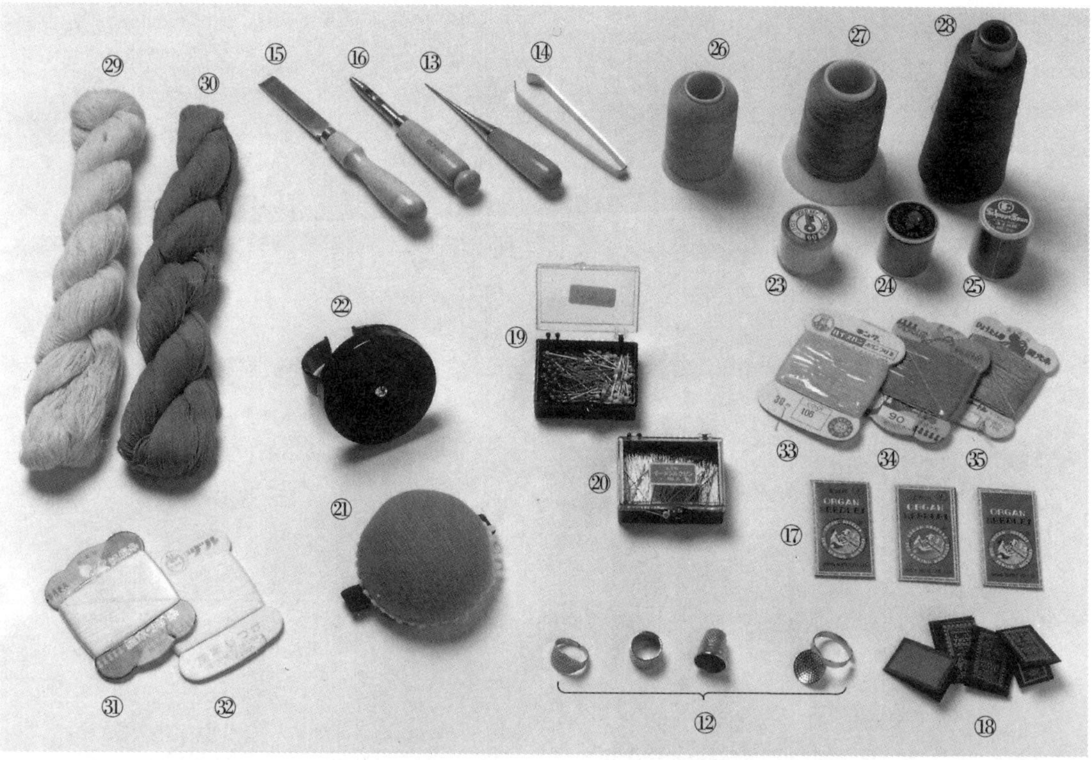

⑫ 顶针 ⑬ 锥子 ⑭ 镊子 ⑮ 挖孔刀 ⑯ 圆眼挖孔刀 ⑰ 机针 ⑱ 手缝针 ⑲ 圆头大头针 ⑳ 大头针 ㉑ 针插 ㉒ 磁铁针插 ㉓ 棉线 ㉔ 丝线 ㉕ 合成纤维线 ㉖ 包缝线(棉线) ㉗ 包缝线(涤纶线) ㉘ 包缝线(毛线) ㉙ 白棉线 ㉚ 彩色棉线 ㉛ 丝绷缝线(单捻线) ㉜ 棉绷缝线(烧毛线) ㉝ 钉扣线 ㉞ 固缝线 ㉟ 锁扣眼线

锥子时锥尖的尖锐牢固比较重要。

●**镊子** ⑭

切断绷缝线或拉出绷缝线时使用。因为用于精细作业，所以要选择咬合准确且有弹性的镊子。

●**挖孔刀** ⑮

挖纽扣孔时使用。应选择刀尖尖锐,并且烧制工艺好的。挖孔刀使用时需铆足劲儿一次完成切割才能得到漂亮的切口。刀尖有9mm、12mm、15mm三种尺寸,也叫挖扣孔器。

使用挖孔刀或圆眼挖孔刀等挖孔工具时，需要在下面垫上厚纸或塑料板等作为垫子，以避免损伤裁剪台。

●**圆眼挖孔刀** ⑯

挖纽扣圆眼孔时使用。

针

●**机针** ⑰

现在的机针是用高碳钢制造的，也有镀了铬或镍铬合金的。机针种类较多,大体上可以分为家庭用、职业用、工业用和特殊用。

家庭用机针叫作角针，针尖部的一部分呈平坦状,但职业用机针是圆针,使用时应多加注意。职业机针有7～25号等不同粗细分号，号码越小针越细,针眼也越小。一般多使用9号、11号、14号、16号(参照第45页)。还有,如果针尖被磨细或弯曲，会成为脱针或断线的起因，应多加注意。

●**手缝针** ⑱

做西式服装时手缝用的针，针鼻儿（针孔）为椭圆形。有1～9号五种粗细,号码越小针越粗。一般多使用6～9号(参照第45页),各号码还有长针与短针之分。

●**圆头大头针** ⑲

制作西式服装时所用的别针，用于缝制之前把两个裁片对齐固定的时候。此外，还用于假缝时的修正以及假缝绱袖等场合。对于圆头大头针，针尖细的容易使用。

●**大头针** ⑳

大头针有时与别针一样用于假缝，但主要是用于立体裁剪或（针绣花边的）细小凸出饰纹。大头针分为1～8号，号码越大，针越粗越长。以5号、6号、7号使用得最多，也有适用于薄布和丝绸的细大头针，挑选时要根据布料来选择合适的粗细。

●**针插** ㉑、㉒

针插也叫插针包或针山，是用于插手缝针或大头针的用具，里面装入羊毛或毛线等能防止针生锈的材料为宜。假缝中使用的针插，里侧带有半圆形松紧带或手镯形塑料套，能套在手腕上使用。另外，也有针山部分为平坦磁铁的磁铁针插。

缝纫线

●**棉线** ㉓

棉线是指棉制的缝纫线，也用于手缝。线的粗细有8～80号七种，数字越大，线越细。缝纫机用的是进行过上光加工（上蜡）的40号、50号、60号、80号的左捻线，手缝用的是柔软加工（没有上蜡）的8号、20号、30号、40号的右捻线。

●**丝线** ㉔

丝线是指主要用于丝绸和毛料的缝纫线，用三根生丝左捻制得，有50号、100号两种粗细,颜色种类较多。

●**合成纤维线** ㉕

有涤纶、尼龙等材料的合成纤维缝纫线，适合于化纤、交织、混纺、棉等布料的缝制。有30号、40号、60号、80号、90号等种类，颜色较多。30号也用于缉明线或锁扣眼。

●明线用线

用于缝纫机缉明线和锁扣眼。

●包缝线 ㉖～㉘

包缝机用线，要满足耐高速缝纫、结实等条件（参照第 44 页）。

●其他缝纫线

随着包缝机的普及以及图案缝纫机的开发，线的种类也变得丰富起来，从以前单一的普通缝纫线发展为多种多样的包缝线、明线用线等装饰线。例如，金、银等金属效果的包缝线，尼龙制的适合于任何颜色的透明线，抗静电加工的涤纶线等。

手缝线

●绷缝（假缝）线 ㉙～㉜

用于打线钉、假缝、缝纫前的准备等场合，可以根据布料来选择合适的线（参照第 45 页）。一般来说，白棉线用的最多，但薄布料与丝绸布料上还是以棉绷缝线（烧毛线）或丝绷缝线（单捻线）为宜。彩色棉线是指把白棉线染成红、绿、黄等颜色。

●钉扣线 ㉝

涤纶钉扣线的耐摩擦和耐张力强度高，适合用于钉扣。另外，对于男装或工作服，钉扣时也可采用结实的麻制线。此外，钉扣时也可使用 8 号、20 号的棉线和锁扣眼线。

●固缝线 ㉞

固缝下摆或袖口时使用的，需要比缝纫线更结实的手缝用线，材料为真丝或合成纤维。由于固缝线为右捻（S 捻），因此不用于缝纫机。

●锁扣眼线 ㉟

用于毛料等厚面料的钉扣、拉线袢、锁扣眼等情况。是左捻（Z 捻）线，有光泽，颜色种类也多，也可用于缝纫机缉明线。

缝纫机

缝纫机是制作服装不可缺少的缝制机械。按用途的不同分为家庭用、职业用、工业用；按使用形式的不同分为脚踏式缝纫机、电动缝纫机，现在以电动缝纫机为主。缝纫机的种类据说有三千余种。为提高作业效率，应定期拆卸清洁和加油，保持良好的使用状态。

普通缝纫机

●职业用缝纫机

从下图照片中可以看到，这种缝纫机机轮大，梭子也完全旋转，旋转速度快，不太考虑外观，以性能为主。从厚质地的毛料到皮革，都可以轻松缝制。有缝直线的专用缝纫机（下图㊱）与能切换为之字缝纫的缝纫机。

●家庭用缝纫机

家庭用缝纫机使用简单，转速适当。除了直线缝纫机外，还有靠杠杆操作可以做之字缝纫

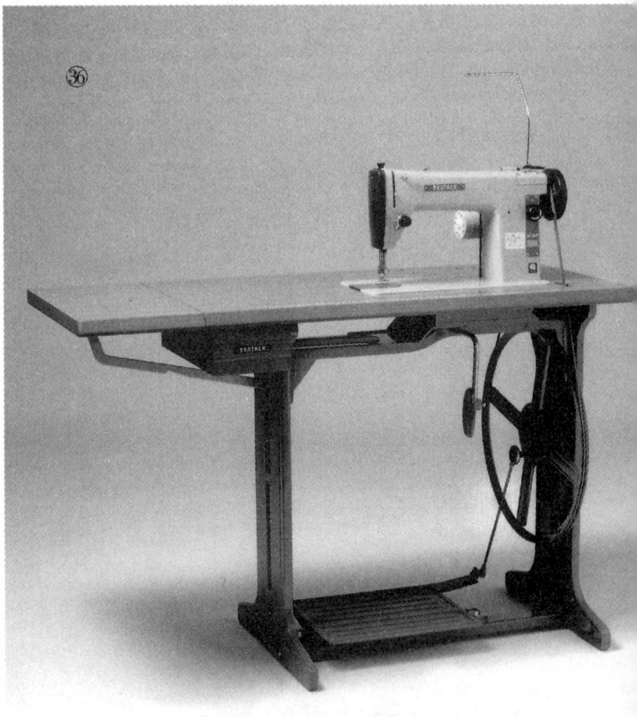

㊱直线专用缝纫机（职业用）

㊲电脑缝纫机(家庭用)

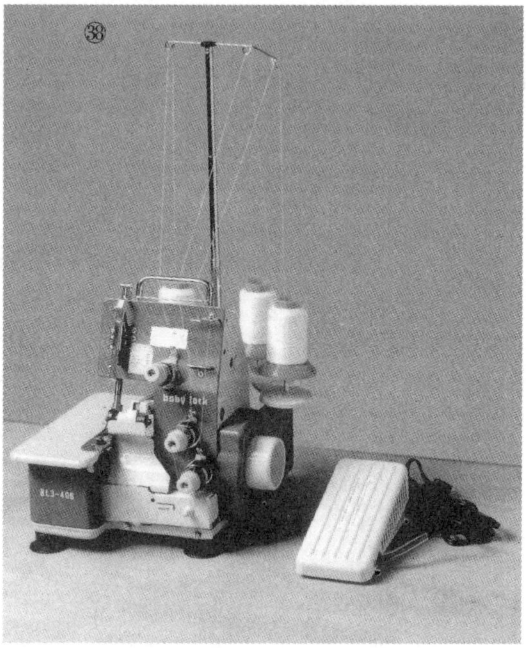

㊳包缝机(家庭用)

和图案缝纫的多用缝纫机，并且开发出了可以出声(说话)的电脑缝纫机(上图㊲)。

●差动缝纫机

带差动性运动的送齿工业用缝纫机。有差动下送齿缝纫机与兼有上推、下推机构的差动上下送齿缝纫机。前者可以做伸长缝纫和收缩缝纫(打褶裥),适合于针织材料的缝制。后者缝制中布料的滑动小，主要用于厚面料、毛皮、塑料、皮革等的缝制。

包缝机

●内包缝机

在做环缝缝合的同时，可以锁边的缝纫机，效率非常高,在产业界使用。在针对一片布包缝时，锁边的同时进行环缝缝纫，所以比外包缝缝纫机结实。

●外包缝机

把布边用双重环缝锁边的缝纫机，是做缝份处理时不可缺少的机械。除了工业用外还有家庭用(上图㊳)，也有在卷边的同时包缝的卷包缝缝纫机等，有不少新品种正在开发中。

缝纫机配件(见下页图)

用于缝纫机的附属品，通过使用配件不仅可以提高缝纫机的性能，还能增加缝制方法。这里举例说明一些经常使用的配件，此外还有卷边器、两厘米压脚、包缝压脚、自由褶裥器等。

●拉链压脚 ㊴、㊵

照片㊴是通常叫作拉链压脚的配件。压脚两侧有落针孔，两侧都可以贴近缝纫机针，以方便避开拉链的金属件压住布料。照片㊵是隐形拉链用的压脚，拉链的金属件可以通过压脚的沟槽。

●塑料压脚 ㊶

用于毛皮或运动衫等滑动性不好的布料的缝纫。

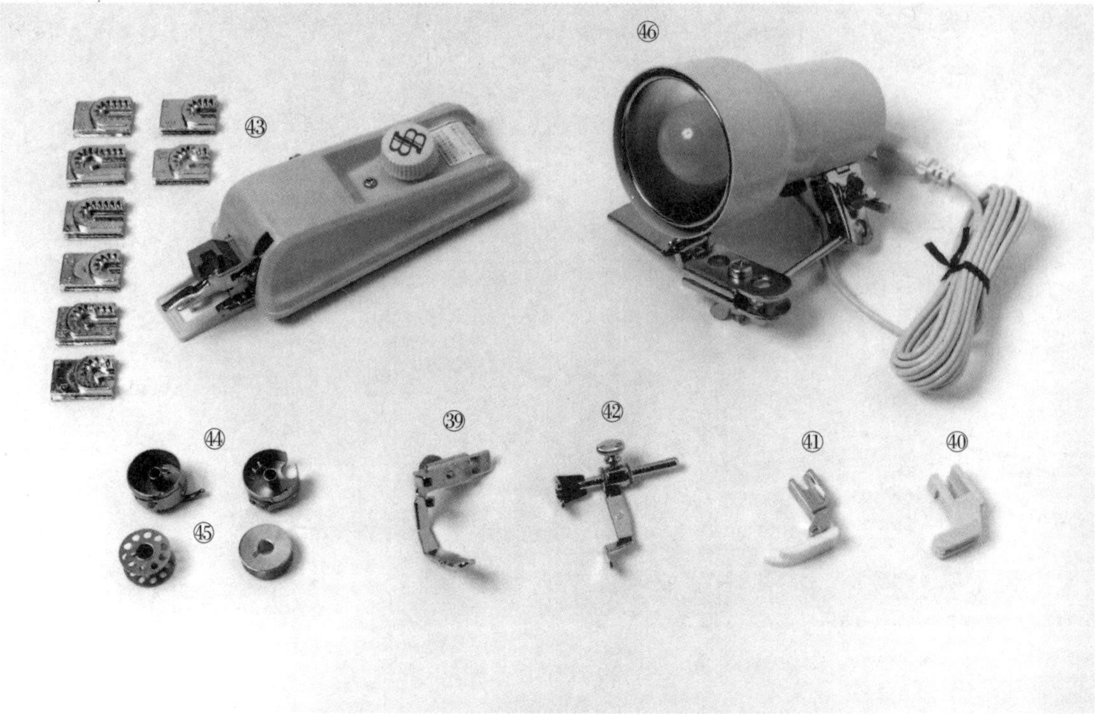

㊴ 拉链压脚　㊵ 隐形拉链压脚　㊶ 塑料压脚　㊷ 针迹尺　㊸ 锁扣眼器　㊹ 梭皮　㊺ 梭芯　㊻ 缝纫机灯

●针迹尺 ㊷

为了保证明线宽度整齐划一而使用。也可以用来对齐裁剪边缘，使缉缝幅度整齐漂亮。

●锁扣眼器 ㊸

用于锁扣眼的器具。如果按照扣眼尺寸切换样板块，可以锁出平头扣眼及圆头扣眼。根据直线缝、之字缝、职业用等缝纫机种的不同有不同的配套种类。

●梭皮、梭芯 ㊹、㊺

缝纫机有半旋转式与全旋转式，每个机器种类有各自的梭皮、梭芯。应根据家庭用、职业用、工业用的不同，选择适合缝纫机的梭皮、梭芯。另外，如果备有多个梭芯会更方便。

●缝纫机灯 ㊻

虽然也有很多带有照明设施的缝纫机，但如果没有，需要安装该器具，使灯对着落针部分。

压烫机

压烫机是安装有熨斗与烫台的压烫用机器，可以很均匀地接触布。使用时根据布料来选择合适的温度、压力和时间，主要在工业生产中使用。

●平板式压烫机 ㊼

把粘着物铺放在压烫机的烫台上之后打开操作开关，面料和粘合衬被压烫在一起。

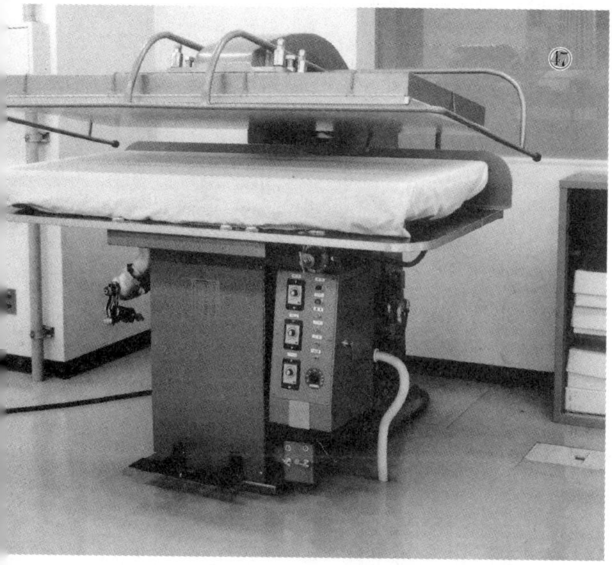

㊼ 平板式压烫机

●辊式压烫机 ㊽

下面照片㊽中的压烫机是粘着物在机器内滚动接触的类型。由于面料与粘合衬直接通过机器后粘着，所以效率很高，通常用于成衣工厂。

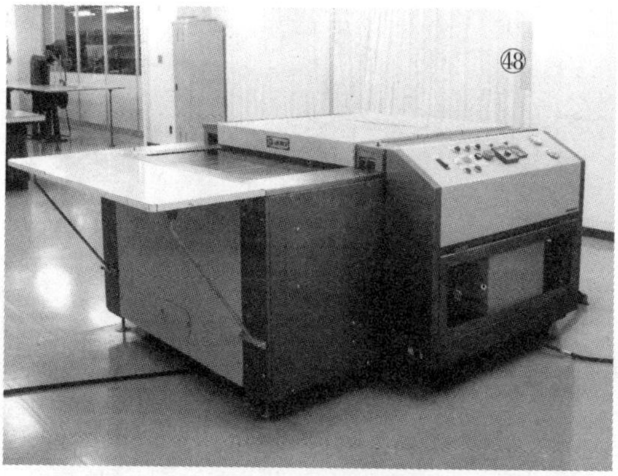

㊽ 辊式压烫机

●简易压烫机

简易压烫机的粘着力与熨斗相同，但可以做到大面积的接触，所以比熨斗效率高。

熨斗 ㊾～52(下页图)

熨斗除了能够烫平褶皱外，还可用来修正面料纱向、做归拔、恢复纤维弹力等，是缝制和整烫过程中的必要工具。热源主要是靠电，但作为职业用，也有使用煤气的。

熨斗的选择原则是尖端较尖、把手牢固、容易握、底厚且平滑。以加热快、不易凉的为好。家庭用的以400～600W、稍微有重量感的1.7～2.5kg重量的为宜。熨斗种类除了干式、蒸汽式以外，还有干式与蒸汽式兼有的。另外还有标着适合不同布料、带有自动调温功能、前端带着喷雾器等各种类型的熨斗。蒸汽熨斗对毛料的纱向修正与整理是很方便的。此外，还有60～100W的小型蒸汽熨斗。使用后要擦拭熨斗底的污物。蒸汽熨斗还应把水倒出，要勤于保养。

使用熨斗的要点是选择适合于布料的温度、蒸汽及压力等。

熨烫整理台

●真空式熨烫台 53、54

多余的热与水蒸气会同时被熨烫台吸收，使布料迅速成为干燥状态。下页照片53是小型真空式熨烫台，与蒸汽熨斗组合使用。下页照片54是真空式熨烫台。

●熨烫垫布 55

熨烫垫布是保证熨烫效果的辅助工具。平面用熨烫垫布应选择具有适当弹性、吸收蒸汽好、速干及透气性好的，大小以长度60～90cm、宽度50cm左右为宜。也可以自己做烫垫，把毛毡或用旧了的毛巾作为芯，套上过水脱浆后的棉布而成。也有带腿的熨烫垫。

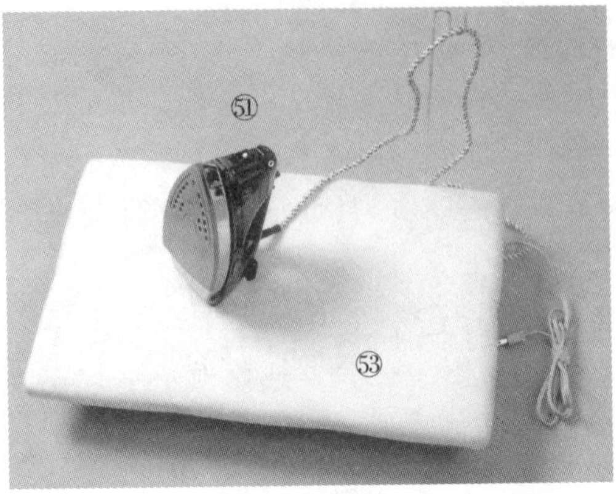

(53)小型真空式熨烫台

●整烫馒头 (56)

因类似馒头的形状而得名，里面是紧密抱团的锯木屑，是熨烫过程中立体性塑造肩、胸、腰等弧度部分的重要工具。有五种不同的尺寸。

●袖馒头（袖凳） (57)

材料与整烫馒头一样，因类似袖子的形状而得名。在绱袖时，用于分烫缝份或缩缝袖山等，还可以用于压烫西装的翻驳领。

●烫凳 (58)、(59)

熨烫圆筒形短裤或裙子以及西装的重要工具。一端细而圆，可以用于做袖山吃缝、分烫肩部的缝份等。烫凳有六种尺寸，也有用铁做的小型烫凳，即铁凳，但这主要是专业人员使用。

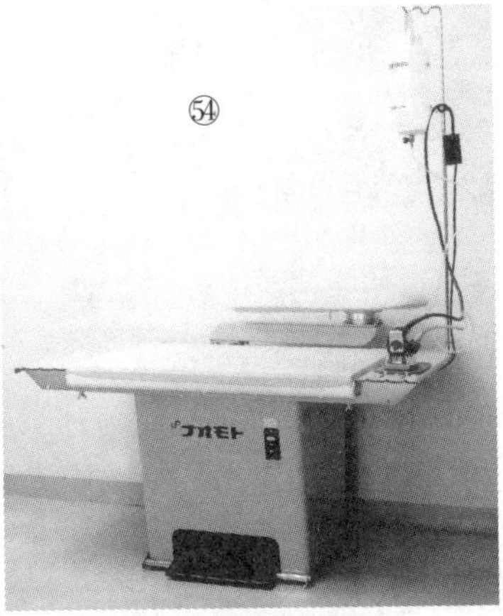

(54)真空式熨烫台

●圆馒头（圆凳）

圆馒头与整烫馒头相比，表面的曲度较大，用于服装弯势较大部分的假缝和熨烫。

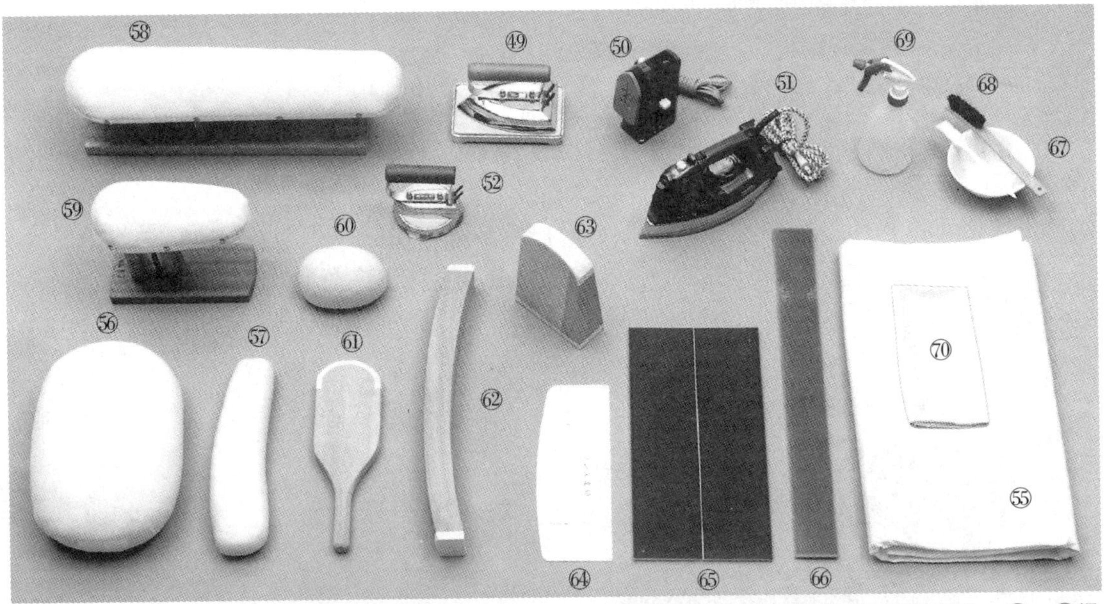

(49)干式熨斗　(50)蒸汽熨斗　(51)干、湿兼用熨斗　(52)小熨斗　(55)熨烫垫布　(56)整烫馒头　(57)袖馒头　(58)、(59)烫凳　(60)肩馒头　(61)压板　(62)木桥　(63)分缝凳　(64)压烫尺　(65)、(66)丝绒烫板　(67)盛水碗　(68)水刷　(69)喷雾器　(70)熨烫垫布

●肩馒头(肩凳) 60(上页图)

肩馒头用于肩部的熨烫，塞到西服和外套的肩内侧进行操作，或是做领口或袖的假缝，甚至可以当作烫台来使用。

●压板 61

压板在熨烫毛料时使用。在尚留着湿气时用压板压住面料，这样能使扣边处薄一些，这是因为热与蒸汽膨胀交叉后纤维会收缩。用压板还能防止熨斗烫出亮痕，是能够得到更好的整烫效果的工具。

●木桥 62

木桥是像椅子扶手的弯曲木料。主要用于厚面料的袖子熨烫以及分烫肩、领、腋下缝等处的缝份。

●分缝凳 63

分缝凳是形状类似于棋子的、具有 4～5cm 厚度的板。用上方的圆弧部分分烫袖窿、领口的缝份和裤子裆部等部位。平坦的部分还可以用作压板。

●压烫尺 64

压烫尺在用熨斗烫折下摆或布边时使用。可以省去测量折边宽度的时间,很方便。

●丝绒烫板 65、66

丝绒烫板为有绒毛的布料（丝绒、棉绒、灯芯绒等）的熨斗台，也叫作大头针板。烫板上插着细的大头针，其插入角度和长度都是经过研究的，一般是 60cm×6.3cm 的，但也有更宽的，应选择大头针的密度高、镀金好的。此外，最近也有用合成树脂做的，与以前的大头针板相比，具有不留下大头针痕迹、便宜、大等优点。

另外，可以用丝绒布作为绒毛布料的熨斗垫布，也可以用基布为网眼组织，有绒毛(1.5mm)的布作垫布。

熨烫用辅助品

●盛水碗 67

盛水的容器。直径 15～16cm 的容易使用，同时应选择形状稳定的。

●水刷 68

熨烫时,用于把水刷在细窄的部位。一般使用带把的小型刷子，油画笔使用起来也会非常得心应手。

●喷雾器 69

喷雾器在矫正布料或大面积喷水时使用。喷出的雾水以均匀细致,不落水滴的为好。

●熨烫垫布 70

用于直接熨烫时会损伤的毛料、丝绸和化纤织物的熨烫。使用脱过浆的纱织紧密的棉布，如电光棉缎或白坯布会较为适合，可以将宽 90～100cm，长 50～60cm 的布折成双折或三折放在需要熨烫的部位来使用。

人台(模型架)

●人台 ⑪、⑫

人台是用于衣服制作过程中的人体模型。除了（下图）照片⑪、⑫外，还有各种各样的形状。

其他

●镜子 ⑬

镜子主要用于假缝后的试穿。最好能使用全身镜子，因为能够感受衣服的整体感觉，很方便。

⑪裸体人台　⑫带腿人台　⑬镜子

●**挂衣架 ⑭**

在缝制过程中或完成后挂衣服用的衣架。

●**裙长测定器 ⑮**

测量裙子离地尺寸的器具。

●**刷子 ⑯**

打扫线屑或灰尘用的工具。有西服刷子、常规刷子、扫帚型刷子等。

●**标记带、重锤 ⑰、⑱**

标记带是立体裁剪过程中确定设计线，或是在人台上加入基本标记线时使用的工具。标记带通常使用 0.3～0.4cm 宽的胶带，重锤则用于垂直线的确定、调整。

●**翻袢器 ⑲**

翻袢器是把布纽袢翻到正面时使用的工具。使用方法参照第 68 页。

●**穿松紧带器 ⑳**

穿松紧带或细绳时使用的工具。

●**拆线器 ㉑**

拆线器为拆开缝纫线或绷线时使用的工具。

●**磁铁 ㉒、㉓**

用磁铁捡掉在地上的针会很方便。

●**垫板 ㉔**

垫板是木屑制成的板，从榻榻米大小到 A4 纸大小，有各种各样的尺寸。小的可以用作开孔台，大的可以用作裁剪台。

●**手缝用蜡 ㉕**

通常在丝线手缝过程中使用，当蜡接触锁扣眼线后，滑动性会变好，而且会变得结实。

●**假缝胶带 ㉖**

代替绷缝的双面胶带。对于容易留下针迹的材料的假缝或是皮革面料底摆的固定来说十分便利。

●**服装制作用钉书器 ㉗**

钉书器主要用于毛皮的假缝。

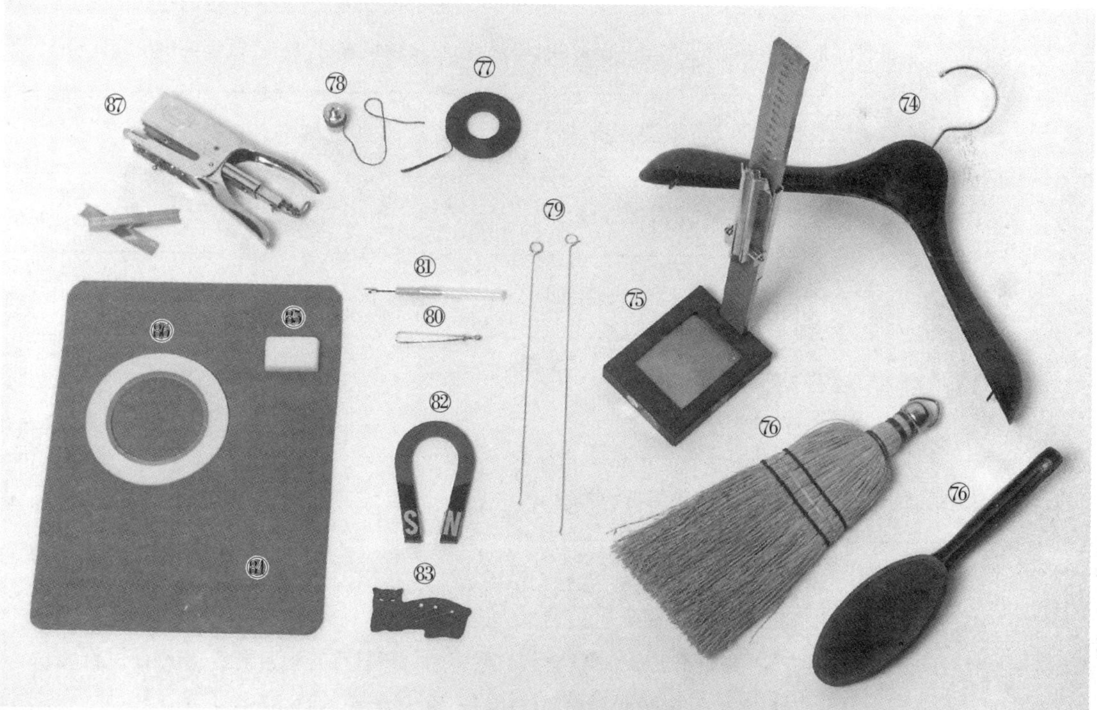

⑭挂衣架 ⑮裙长测定器 ⑯刷子 ⑰标记带 ⑱重锤 ⑲翻袢器 ⑳穿松紧带器 ㉑拆线器 ㉒磁铁（标准型） ㉓磁铁（缝纫机用） ㉔垫板 ㉕手缝用蜡 ㉖假缝胶带 ㉗服装制作用钉书器

工具一览表		
测量、作图	尺子	金属尺、竹尺、角尺、L 尺、方眼尺、推板尺、曲线板、H 弯尺、D 弯尺、量角器、软尺、弯尺、自由弯尺、自由缩尺、1/4 或 1/5 缩尺
	纸	作图纸、作图笔记用纸、描图纸
	其他	圆规、铅笔、橡皮、易擦橡皮、图钉、文镇
裁剪	裁剪	裁剪台、小剪子、剪纸剪刀、裁剪剪刀、花剪
缝制、整烫	标记工具	刮刀、划粉、笔式划粉、复写纸、打口钳、削划粉器、滚轮
	手缝	顶针、锥子、镊子、挖孔刀、圆眼挖孔刀
	针	机针 、手缝针、圆头大头针、大头针、针插
	缝纫线	棉线、丝线、合成纤维线、明线用线、包缝线、其他线
	手缝线	白棉线、彩色棉线、丝绷缝线、棉绷缝线、钉扣线、固缝线、锁扣眼线
	缝纫机	职业用缝纫机、家庭用缝纫机、差动缝纫机、内包缝机、外包缝机、毛皮用缝纫机
	缝纫机配件	拉链压脚、隐形拉链压脚、塑料压脚、针迹尺、锁扣眼器、梭皮、梭芯、缝纫机灯
	压烫机	平板式压烫机、辊式压烫机、简易式压烫机
	熨斗	干式熨斗、蒸汽熨斗、干湿兼用熨斗、小熨斗
	熨烫整理台	真空式熨斗台、熨烫垫布、整烫馒头、烫凳、袖馒头、肩馒头、压板、木桥、分缝凳、丝绒烫板、压烫尺
	熨烫用辅助品	盛水碗、水刷、喷雾器、熨烫垫布
	人台	裸体人台、加入松量的人台、女性用人台、男性用人台、儿童用人台、带腿人台
	其他	挂衣架、裙长测定器、刷子、标记带、重锤、翻袢器、穿松紧带器、拆线器、磁铁、垫板、手缝用蜡、假缝胶带、服装制作用钉书器、镜子

第二章

缝制基础

只有逐一正确掌握各种面料的使用及缝制方法，并通过实际应用，才能够制作出漂亮的服装。要反复练习直到熟练，这对于掌握服装构成的基础是十分重要的。

◇ 按照面料差别选择针和线 ◇

样式再好的服装，若发生缝线皱缩的现象也无法穿着。因此，要想了解多数织物的性质，巧妙地使用布料所具有的特性，制作出缝线不皱缩的衣服，就不能忽视线、针、针脚与布料的关系。针对不同的材料使用适当的线和针，可以提高工作效率。请参考下页表格，尽可能多地进行实践，经过努力一定能取得优良成果。

基础缝

做记号

指在裁剪好的布料上，为完成线（净缝线）做标记。做记号时要选择适合于材料性质的方法。另外，不要忘记拐角和两块布料缝合时的对位记号。

●用竹刀做记号

可用于棉布、合成纤维等面料。用竹刀做记号的时候，要特别注意不要划伤布料。

●用复写纸做记号（图 2－1－1）

适合于棉布和化纤等划印的颜色透不到衣片正面的布料。将裁下来的布料反面相对，把双面复写纸放在两层衣片之间，从正面用滚轮拓印出记号。

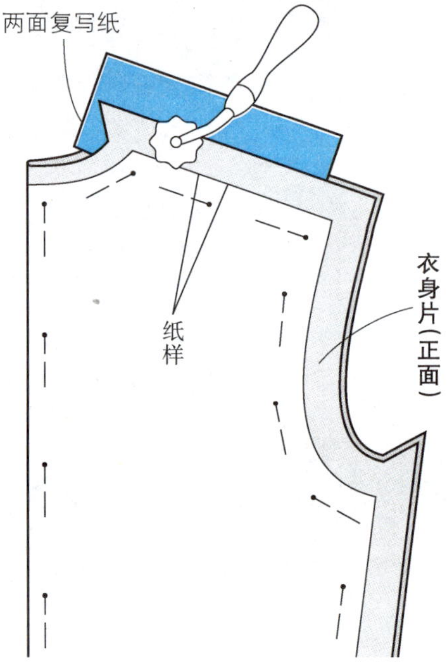

使用两面复写纸时，布的正面朝外

图 2－1－1　用复写纸做记号

包缝机的线和针

线的种类	线的支数①	用　　途	针
棉线	50,60,80	锁棉布边	DC×1 9,11,14
丝线	50,100	锁毛、丝、合成纤维的布边	
尼龙线	50	锁针织布边	
涤纶线	50,60,90	用于大部分布料的包缝	BL×1 11,14
高质细纱精纺包缝线	90	用于一般的包缝，并适用于厚料、薄料等布料	
羊毛包缝线	相当于 50	用于弹性面料的包缝，如果是普通布料，想让包边线醒目时，也可使用该包缝线，该线也可用于套口机	DC×1F 11,14
卷边包缝线	100	多用于极薄面料的布边装饰及卷边缝，也可用于极薄面料的缝制及机绣等	

①按法定计量单位规定应改为线密度（Tt）表示（Tt＝583.1/英制支数；Tt＝1000/公制支数），单位为 tex。

根据面料选择针与线

布料		线、针、针距	机缝：缝线	机缝：针	机缝：针距（针/3cm）	手缝：缲缝线	手缝：锁扣眼线	手缝：绷缝线	手缝：针
棉、麻	薄↑	丝纱 巴里纱 细麻布、上等细布	机用棉线 81 号、100 号 涤纶线 90 号	9 号	13～15	机用棉线 80 号 涤纶线 90 号	机用棉线 50 号、60 号 涤纶线 60 号	棉绷缝线	8 号、9 号
	普通	平纹的薄毛织品 条格花布、条格平布 被单料子、宽幅平布	机用棉线 60 号、80 号 涤纶线 60 号	11 号	14～16	机用棉线 60 号、80 号 涤纶线 60 号	机用棉线 40 号、50 号 涤纶线 60 号	棉绷缝线 疏缝用白棉线	7 号、8 号
	↓厚	凸纹布、灯芯绒 粗斜纹布、劳动布 华达呢	机用棉线 50 号 涤纶线 60 号	11 号、14 号	14～16	机用棉线 40 号、50 号 涤纶线 60 号	机用棉线 20 号、30 号 涤纶线 30 号	疏缝用白棉线	6 号、7 号
丝	薄↑	薄绉纱、乔其纱 丝纱	机用丝线 50 号、100 号 涤纶线 90 号	7 号、9 号	13～15	机用丝线 50 号、100 号 涤纶线 90 号	机用丝线 50 号 缲缝线	单捻丝线 棉绷缝线	9 号
	普通	双绉 缎子、丝织缎纹织物 绉纱、绉纹绸、绉布	机用丝线 50 号、100 号 涤纶线 90 号	7 号、9 号	14～16	机用丝线 50 号、100 号 涤纶线 90 号	缲缝线	单捻丝线 棉绷缝线	9 号
	↓厚	柞蚕丝 林香双宫绸 锦缎	机用丝线 50 号	9 号、11 号	14～16	机用丝线 50 号 缲缝线	缲缝线 丝制锁扣眼线	单捻丝线 棉绷缝线	8 号、9 号
毛	薄↑	法兰绒 巴里纱 薄毛织品	机用丝线 50 号、100 号	11 号	13～15	机用丝线 50 号 缲缝线	缲缝线 丝制锁扣眼线	疏缝用白棉线	8 号
	普通	精纺缩绒毛织物 条子法兰绒、斜向绒布 华达呢	机用丝线 50 号	11 号	14～16	机用丝线 50 号 缲缝线	丝制锁扣眼线	疏缝用白棉线	7 号、8 号
	↓厚	苏格兰呢料、粗花呢、长毛呢织品 鱼鳞状织物丝绒 麦尔登呢	机用丝线 50 号	11 号、14 号	14～16	机用丝线 50 号 缲缝线	丝制锁扣眼线	疏缝用白棉线	6 号、7 号
化纤、交织、混合织物		仿棉型织物	机用棉线 50 号、60 号 涤纶线 60 号、90 号	11 号	14～16	机用棉线 50 号、60 号 涤纶线 60 号、90 号	机用棉线 50 号、60 号 涤纶线 30 号、60 号	疏缝用白棉线 棉绷缝线	7 号、8 号
		仿丝绸织物	机用丝线 50 号 涤纶线 60 号、90 号	9 号	14～16	机用丝线 50 号 涤纶线 60 号、90 号	缲缝线	单捻丝线 棉绷缝线	8 号、9 号
		仿毛型织物	机用丝线 50 号 涤纶线 60 号、90 号	11 号	14～16	机用丝线 50 号 缲缝线	缲缝线 丝制锁扣眼线	疏缝用白棉线	7 号、8 号
针织衣服	薄↕	光滑针织物 平针织物	针织用机缝线	7 号、9 号针织专用针	14～16	针织用机缝线	缲缝线	棉绷缝线	8 号、9 号
	厚	安哥拉平针织物	针织用机缝线	11 号针织专业针	14～16	针织用机缝线 缲缝线	丝制锁扣眼线	疏缝用白棉线	8 号
皮革		天然皮革 人工皮革	机用丝线 50 号 皮革用捻线 40 号、60 号 涤纶线 30 号、60 号	14 号、16 号皮革专用针	11～12	缲缝线 皮革用捻线 40 号、60 号 涤纶线 30 号、60 号	丝制锁扣眼线 涤纶线 30 号	固定胶带 皮革用粘合剂(胶水) 装订器 夹子	皮缝针

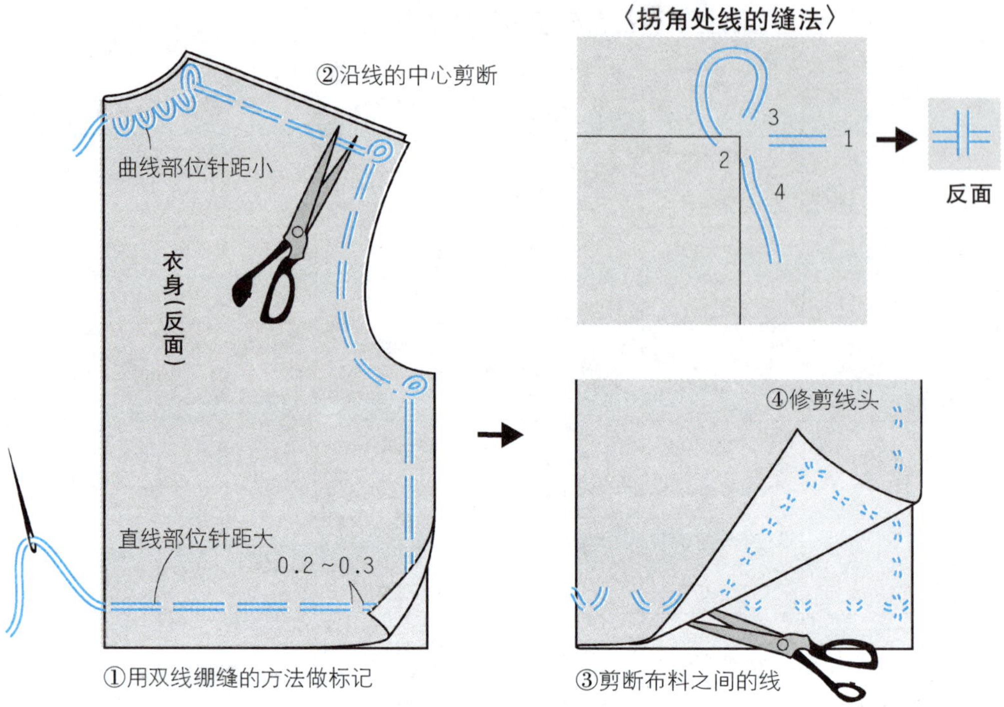

图 2－1－2　打线钉

●线钉记号(打线钉)(图 2－1－2)

复写纸和竹片做记号的方法不能用于毛织物、化纤等面料。此时要用两根绷缝线进行绷缝(参照第 48 页)做记号。打线钉的过程中两层面料不能错位，针要垂直扎入，挑起 0.2～0.3cm 的面料。绷缝结束后，在上面沿长浮线的中间剪断，然后稍微掀起上层面料，在两层布的中间用剪刀把线剪断。注意不要剪到布，不要拔掉线钉。因为长线容易脱落，上面的线钉要齐着线根剪断。剪刀使用的要点是平放在水平台面上，使用剪刀尖进行操作。线容易碰掉的时候，用熨斗熨烫一下为好。

●缝线记号(图 2－1－3)

从布的正面，用手针在每一片布上缝出净缝记号的方法，用于轻薄、容易滑动的丝织物和薄型面料。

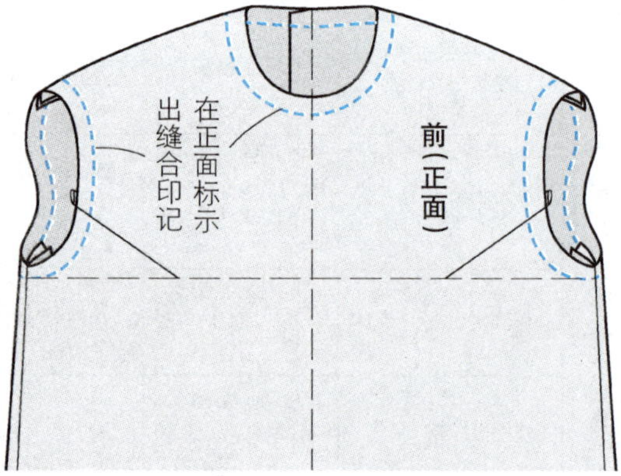

图 2－1－3　缝线记号

手缝

顶针是手缝不可缺少的用具。掌握顶针的正确使用方法，能使手缝更快(照片 1)。

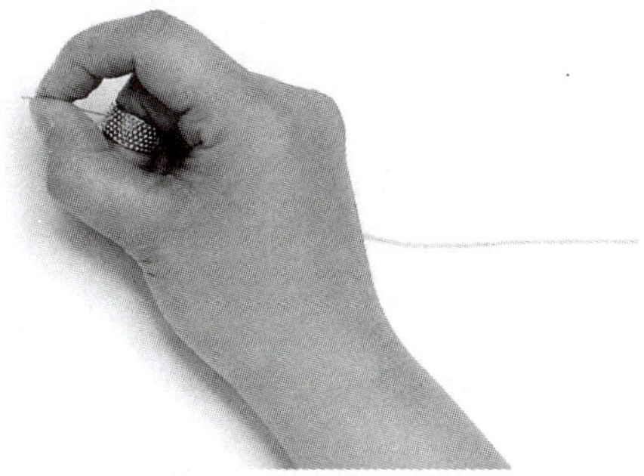

照片 1 使用顶针的方法

●平针缝(图 2－1－4)

平针缝是手缝中最基本的缝法，用于把比较薄的双层布料缝合在一起。

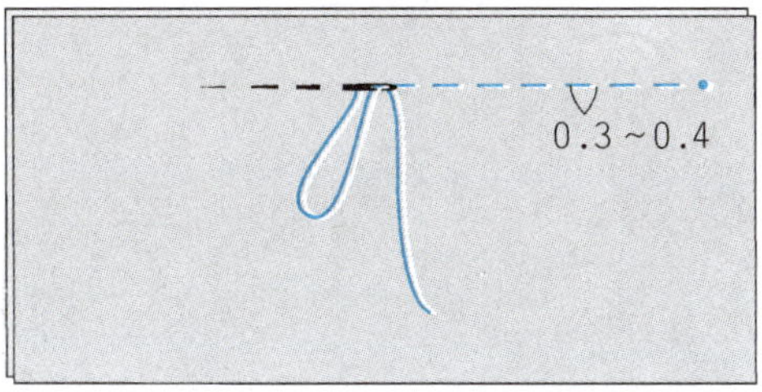

图 2－1－4 平针缝

●回针缝(图 2－1－5)

针尖后退式的缝法。为了防止面料开线，在起始或终止以及希望缝得结实时所使用的方法。有返回到前一个针眼的全回缝，还有返回到前一个针距一半的半回缝（图 2－1－5），其中半回缝经常被使用。

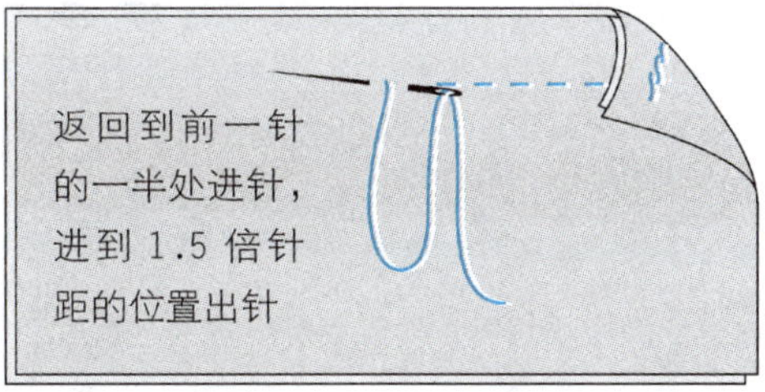

图 2－1－5 半回针缝

●回针绷缝(图 2－1－6)

根据回针缝的要领，使用两根绷缝线大间隔手缝的方法。用于内部缝份联结在一起的场合。

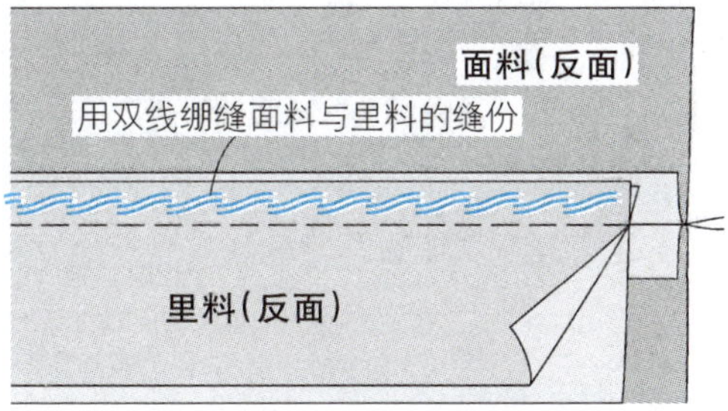

图 2－1－6 回针绷缝

●吃缝(图 2－1－7)

只动针尖、针脚极密（0.1～0.2cm）的缝法。用于袖山和裙子的腰线等需要做吃势的位置。为了使吃势均匀，缝两条平行线并将两条线一起抽缩，然后用熨斗整理出鼓起来的立体效果。

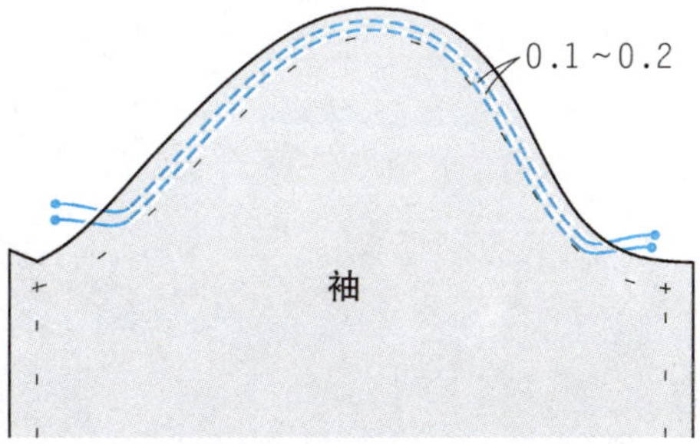

图 2－1－7 吃缝

●绷缝(照片 2)

用于防止机缝时上、下两层布出现错位和假缝时固定缝头。左手顶住放在操作台上的布，用顶针将针垂直推入，针与针的间距为 0.2～0.3cm(①)，用小指挑起线向后拉(②)。注意操作中应避免布的错位和线的抽缩。

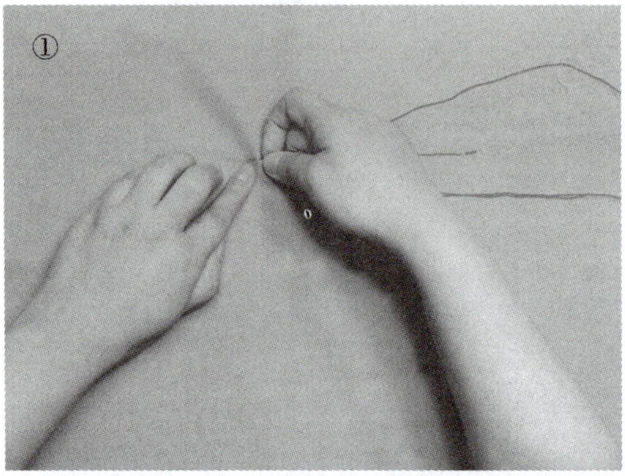

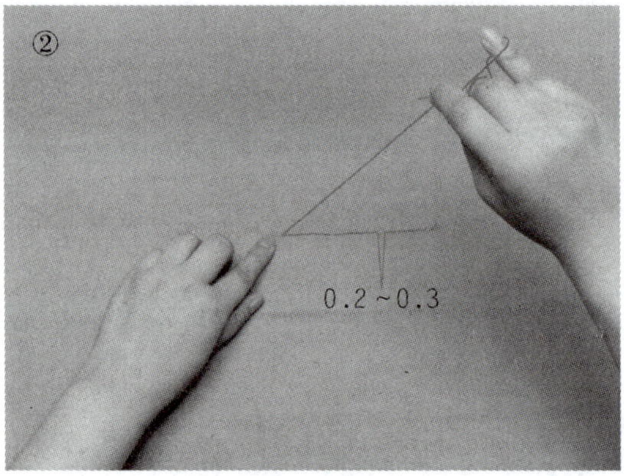

照片 2　绷缝

●斜扎缝(图 2－1－8)

为使两层以上的布不错位而斜着走线的缝法。

A 过面的针迹相对于完成线（止口）成直角，衣身正面呈现斜向的针脚。一般用于防止西装的止口和翻领外口等处缝口外吐。要使做好的针脚线迹相对于止口呈直角，针要垂直扎入布料，一边控制外侧止口的里外拥量一边进针操作。

B 用于使袖面和袖里服帖时的临时固定针法，表面针脚倾斜进针。

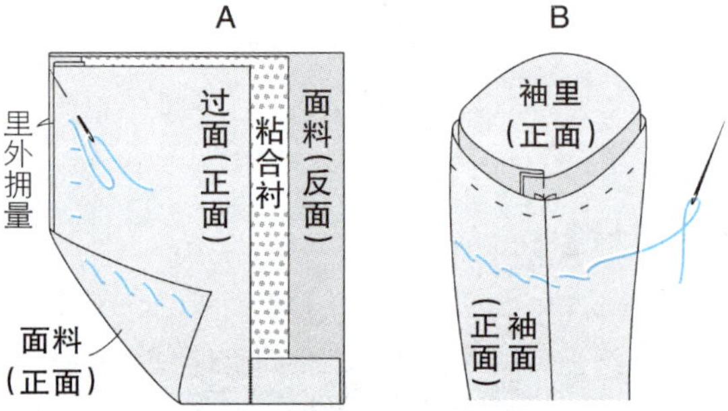

图 2－1－8　斜扎缝

●环缝(图 2－1－9)

倾斜环绕绷缝的缝法。用于驳头和领子的翻折线处，以保证外层留出一定的余量。注意把布翻成直角，绷缝线不要拉得过紧。

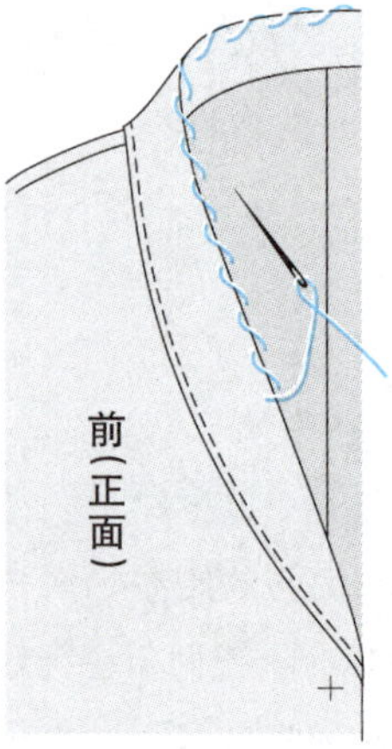

图 2－1－9　环缝

机缝

机缝的针脚是服装造型的基础，针脚线必须结实、漂亮，因此调整面线和底线的状况是非常重要的。

●针脚线迹的调整方法(图 2－1－10)

底线均匀地绕在梭芯上、装入梭壳，拿着线头轻轻地抖一抖，调节到线从梭壳中刚一出来就立即停止，修剪线头。正确穿好面线并试缝。针脚线的状态如图 2－1－10 所示，A 表示面线和底线正好在布的厚度的正中间互相套结，从正面和反面看见的针脚相同，这种线况是调整完好的针脚。B 是在布的里侧浮着一条线，针脚不漂亮，线迹状态调得不好。这是由于底线过紧、面线过松所导致的结果。C 与 B 相反，是面线过紧、底线过松的结果。遇到 B 或 C 的情况，按照前面所说的，先调整底线状况，再调整面线状况。面线状况是通过调节螺母来完成的，向右拧面线变紧，向左拧面线变松。

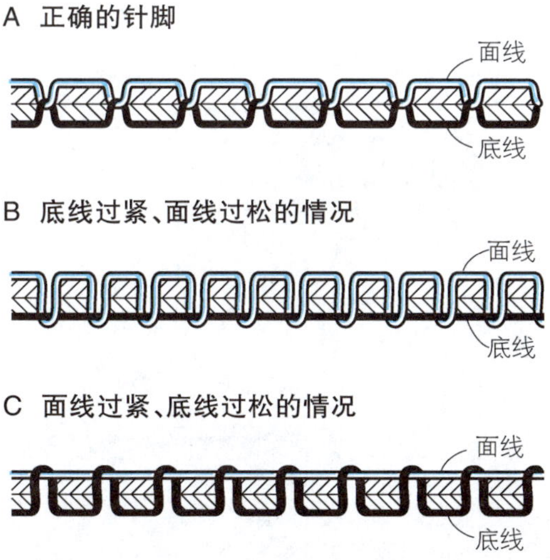

图 2－1－10 针脚线的调整方法

●缝直线

用手扶着布以防止两层布错开，一直向前方推进。

●缝曲线

最好稍微放松线和压脚，让布自然行进缝制。

●缝角

要正确地缝角，应在机针到达角的部位时，务必在机针刺入布的状况下，再抬起压脚、转换方向。

●装饰线迹

装饰线迹也称明线。出现在止口、领外口、袖口、口袋的周围等处，大多用于缉住缝头并起到装饰的作用。使用粗线、大针脚、彩色线可达到一定的效果。

为了使线迹宽度一致，最好在缝纫机上安装明线定规(图 2－1－11)。

●花样缝

使用电脑缝纫机，能缝出想要的花样或是刺绣。

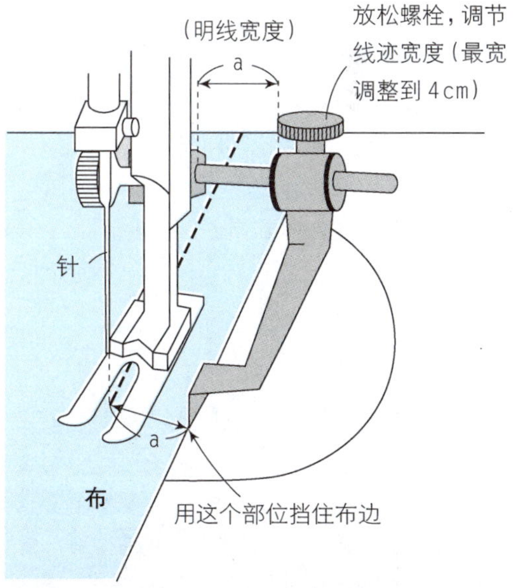

图 2－1－11 明线定规的使用方法

缝边的处理

缝边的处理需要配合材质来进行。

●**包缝机**(图 2－1－12～图 2－1－14、照片 3、照片 4)

包缝机为剪切布边的同时锁缝住布边的专用缝纫机，线迹为链式。随着技术的进步，现在几乎所有的材质都能使用包缝机，使快速缝纫成为可能。起针的时候，把线头放在压脚的下面，并从对面拉出，在不夹布的情况下操作包缝机，调好包缝线迹的成型效果之后，将布平滑地推入包缝机。开始包缝和缝到末尾时让包缝机空转时间略长些，长出的缝线像图 2－1－14 那样处理。另外，细致地包缝装饰用的薄布料时，最好采用卷边包缝机(照片 4)。

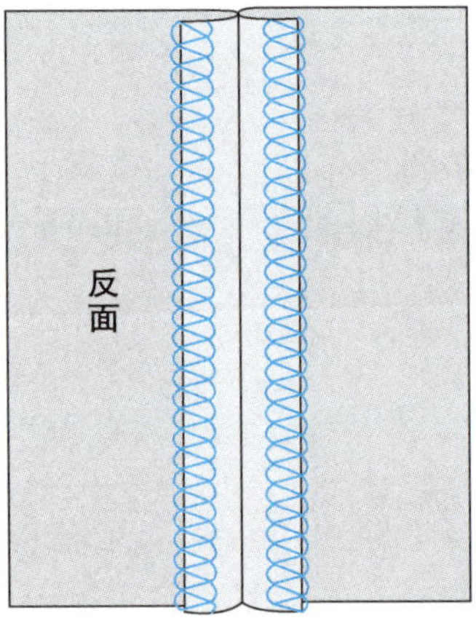

图 2－1－12　包缝

照片 3　3 线包缝

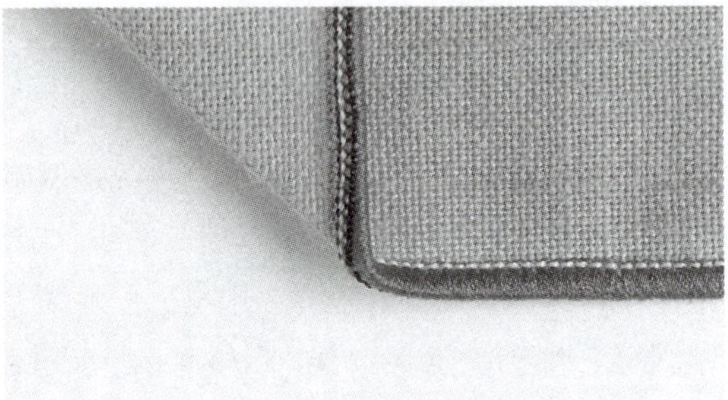

照片 4　卷边包缝

①用锥子挑线。

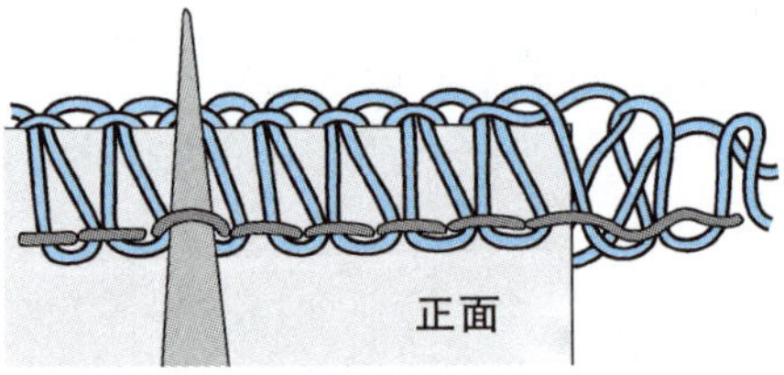

②拉出该线后上层套线与下层套线自然解开。

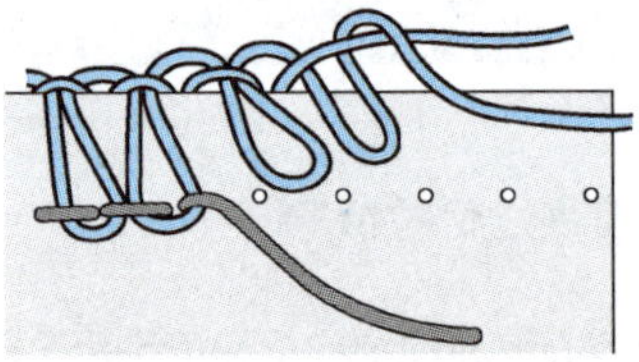

图 2－1－13　包缝线的拆法

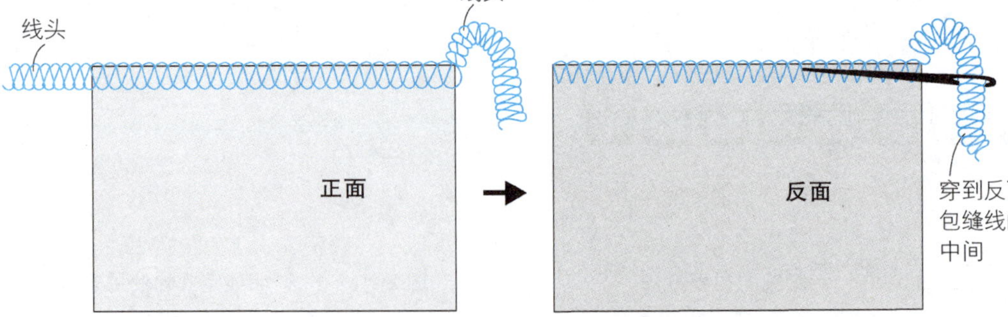

图 2－1－14　包缝机的线头处理

●分缝缉缝(图 2－1－15)

适用于经常强力洗涤的厚衣料、运动装和希望明线效果明显的情况。扣折劈好的缝份缉两条明线。

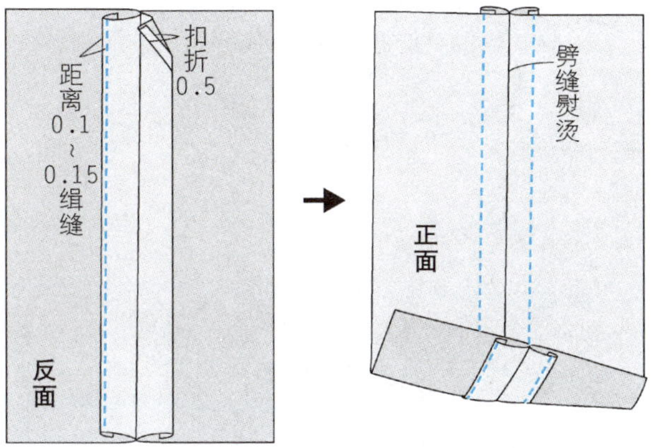

图 2－1－15　分缝缉缝

●压倒缝(图 2－1－16)

用包缝机处理布的边缘，缝份倒向一侧，从正面缉缝明线。厚面料用 A 方法，缝份错开，从而使完成效果较薄。薄料用 B 方法，两层一起包缝。

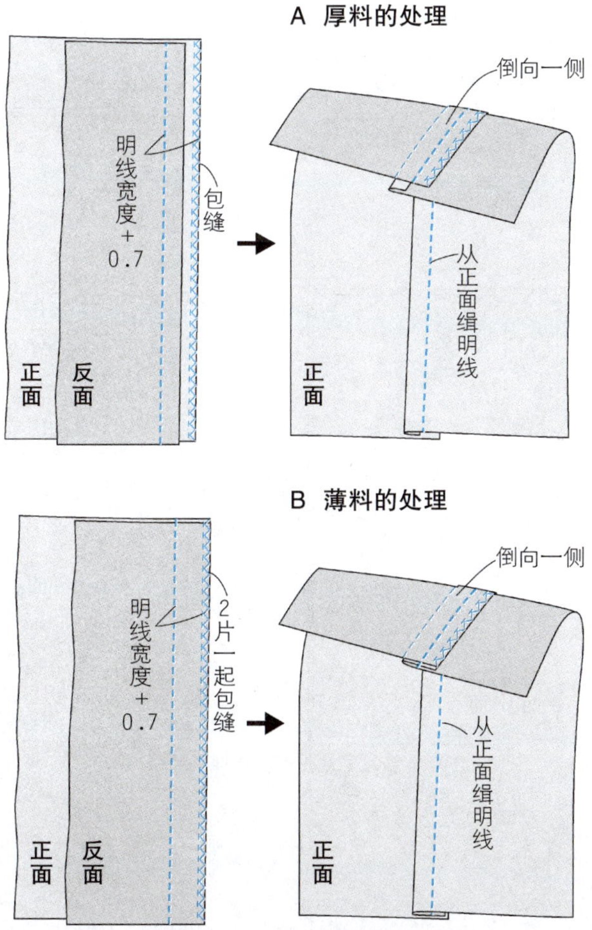

图 2－1－16　压倒缝

●包边压缝(图 2－1－17)

将两层布的正面相对缉缝，用宽缝头包住窄缝头，把上层布掀开，绷住缝头，然后缉明线。用于缝制童装、工作服等希望结实的服装。

●来去缝(图 2－1－18)

首先，将布的反面相对，沿着缝头缉缝第一条线，修剪缝头后用熨斗熨烫，将面料折至反面，缉缝第二条线。注意在缝第二条线的过程中应避免漏出毛茬。来去缝一般用于透明布料和睡衣等经常洗涤的纯棉、化纤布料的缝制。

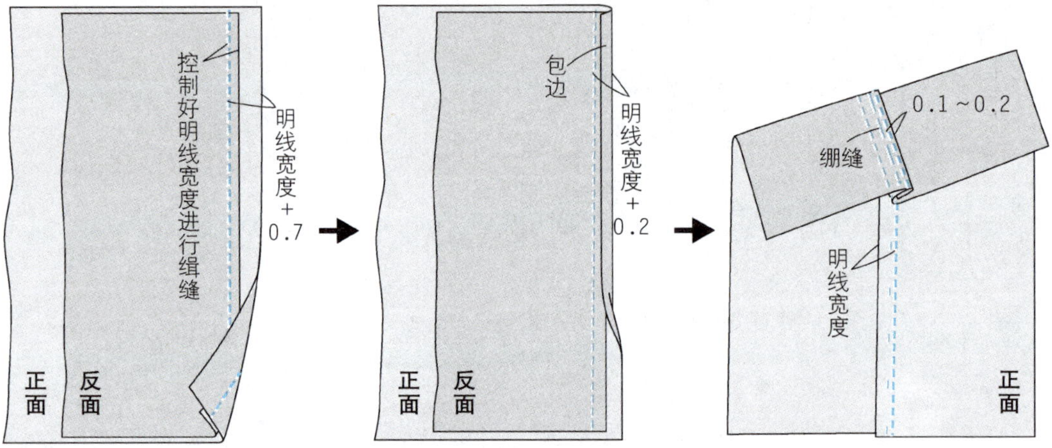

图 2－1－17　包边压缝

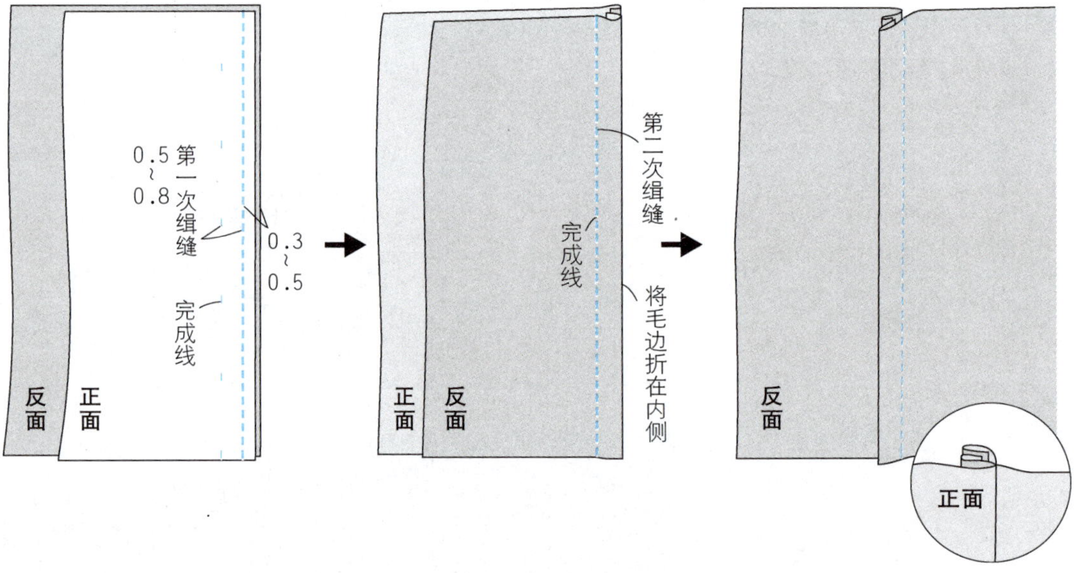

图 2－1－18　正反缝

●之字缝(图 2－1－19)

用于棉、化纤等裁片边缘的处理。

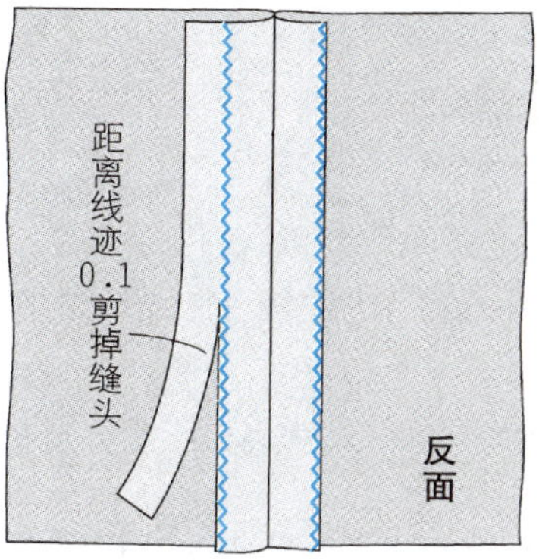

图 2－1－19　之字缝

●折边缉缝(图 2－1－20)

布边折回，缝住边缘。用于棉、麻、化纤等面料的缝头处理。

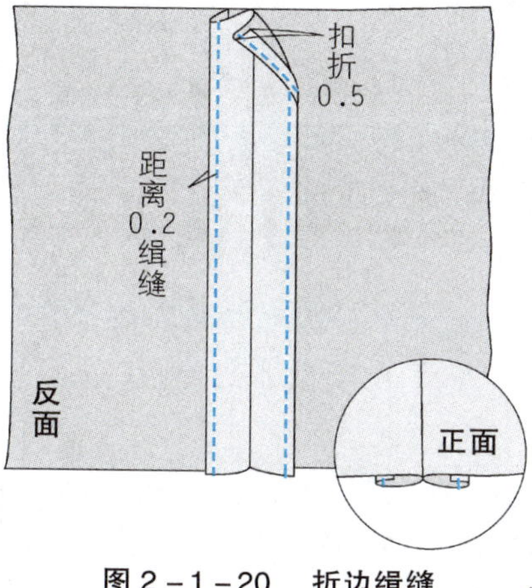

图 2－1－20　折边缉缝

●缝边(图 2－1－21)

不折回布边，在缝头边缘直接缉缝。一般用于防止脱线，或缝于卷边缝等衣服的底边上。

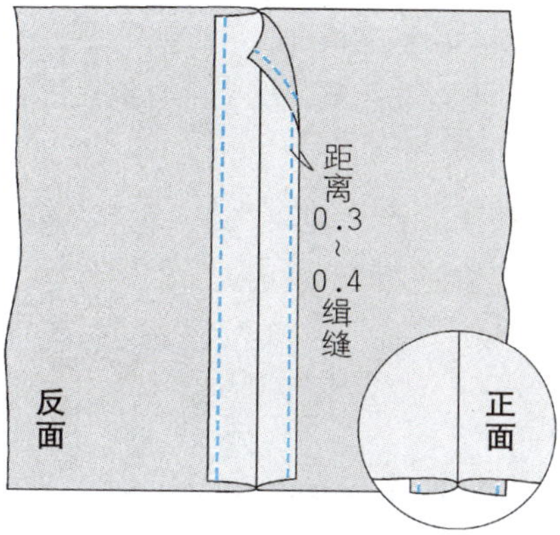

图 2－1－21　缝边

●将布边剪成锯齿型(图 2－1－22)

用花剪将布边剪成锯齿型的方法，适用于不容易脱丝的布料。因为被剪成山形，裁剪的一端变成斜线而不容易脱丝。可以像 B 图那样将该方法用在正面的设计上，适用于不易脱丝的人造皮革和毡制品。

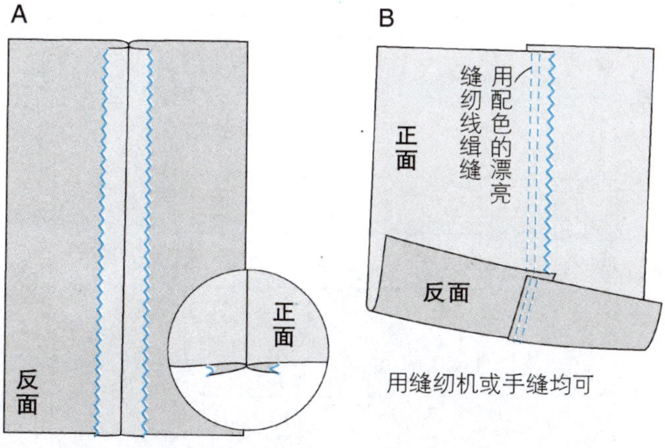

用缝纫机或手缝均可

图 2－1－22　将布边剪成锯齿型

●手工锁缝(图 2－1－23)

用手缝处理缝头边缘的方法。从左向右一针一针均匀地斜着缝。根据使用目的不同有三种处理手法。

A 针对缝头边缘锁边，用于不容易脱丝的布和希望成品柔软的情况。

B 为防止脱丝先用缝纫机缝边，然后进行手工锁缝。

C 往复锁缝，用于特别容易脱丝的布料，也可结合缝纫机缝边同时使用。

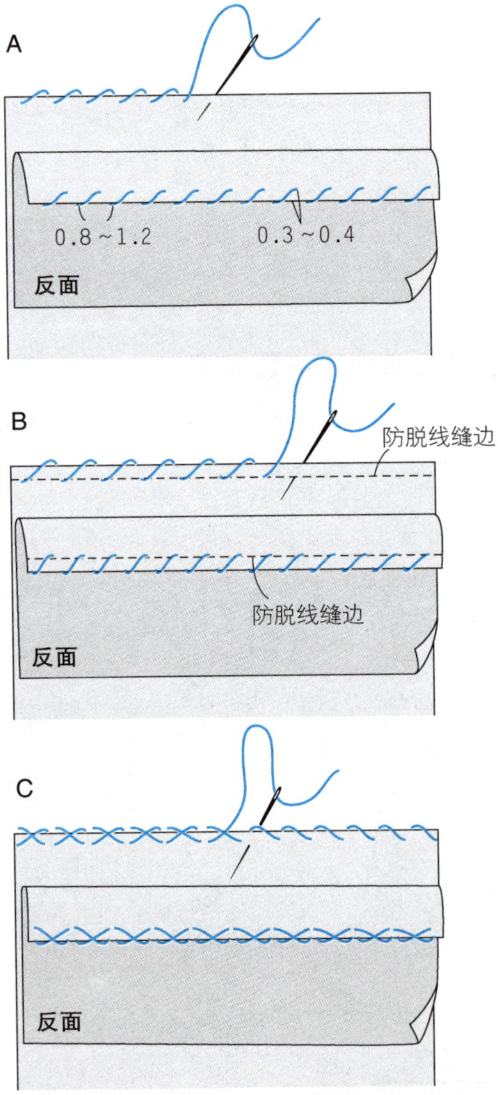

图 2－1－23　手工锁缝

布边的处理

布边多与装饰结合使用，所以要根据设计选择合适的处理方法。

●卷边缝(图 2－1－24)

将布边折成三层，用缝纫机缉缝。根据材质的不同有两种处理方法。

A 用于平纹薄毛织物等面料的底摆和袖口等处。

B 用于透明布料，缝边扣折成完全相同的尺寸。

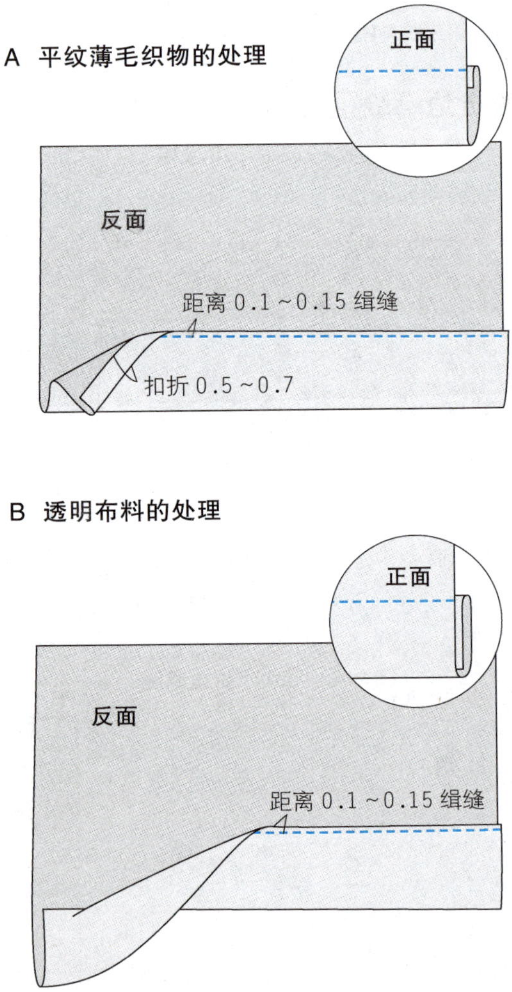

图 2－1－24　卷边缝

●卷边机缝（图 2－1－25）

用于荷叶边、布边、下摆、带子等窄边的处理。

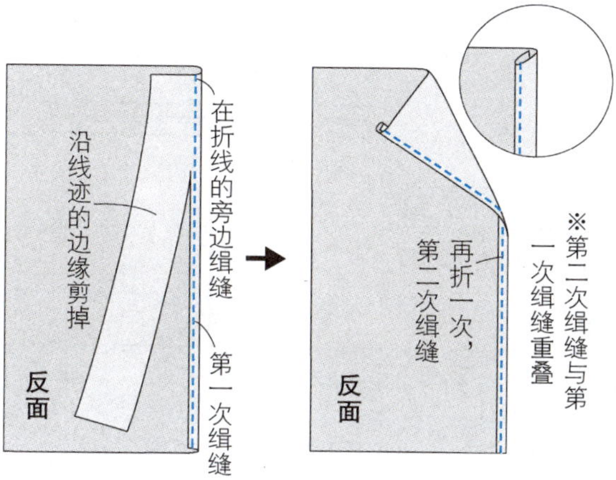

图 2－1－25　卷边机缝

●折边之字缝（图 2－1－26）

适用于薄料的处理，之字缝的幅度较小。

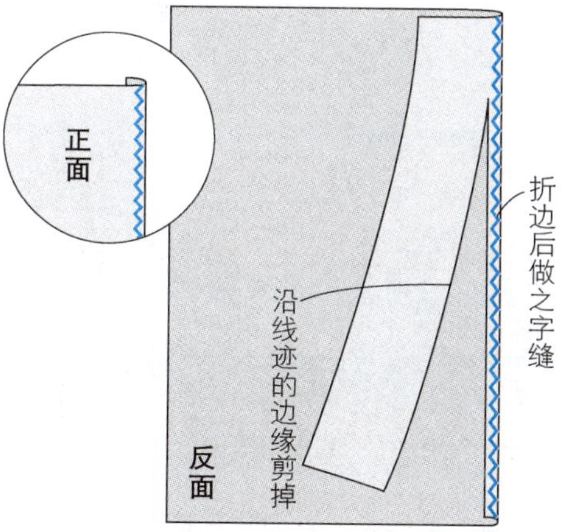

图 2－1－26　折边之字缝

●使用带子的处理（图 2－1－27）

折叠布边、放上带子，用机器压明线的方法。可以将带子放在正面进行变化设计。

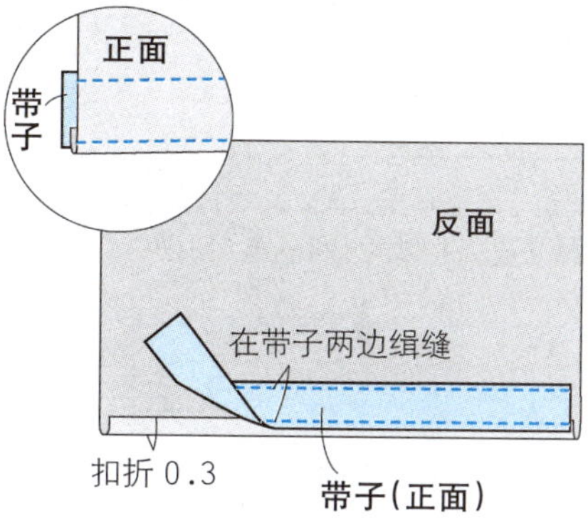

图 2－1－27　使用带子的处理

●绲边（图 2－1－28～图 2－1－30）

用斜裁布或带子等包裹裁边的方法，用于窝边的处理和装饰布边的情况。作为装饰处理时，可以选择颜色相配的斜裁绲边条、嵌花装饰布、皮革、合成皮革等材料来体现设计效果。在这里介绍用相同面料的斜丝条来制作绲边的方法。

绲边的方法　里侧的处理方法有三种。

A　**缭缝法**　将面料与绲边条正面相对，缉缝绲边宽度，扣折出绲边条的绲边宽度，在里侧沿着缉缝针脚的边缘用手针缭缝。该方法多用于纯棉、麻、薄毛织物、丝织物等面料的领口、袖口的处理。

B　**漏落缝法**　在里侧折出的绲边宽度比正面稍宽，从正面沿绲边边缘缉明线。与缭缝法相比，制作的绲边显得较硬。

C **夹入法** 用熨烫扣折好的绲边条包住布边后缉缝，由于两面都能看见明线，多用于轻便装的设计。

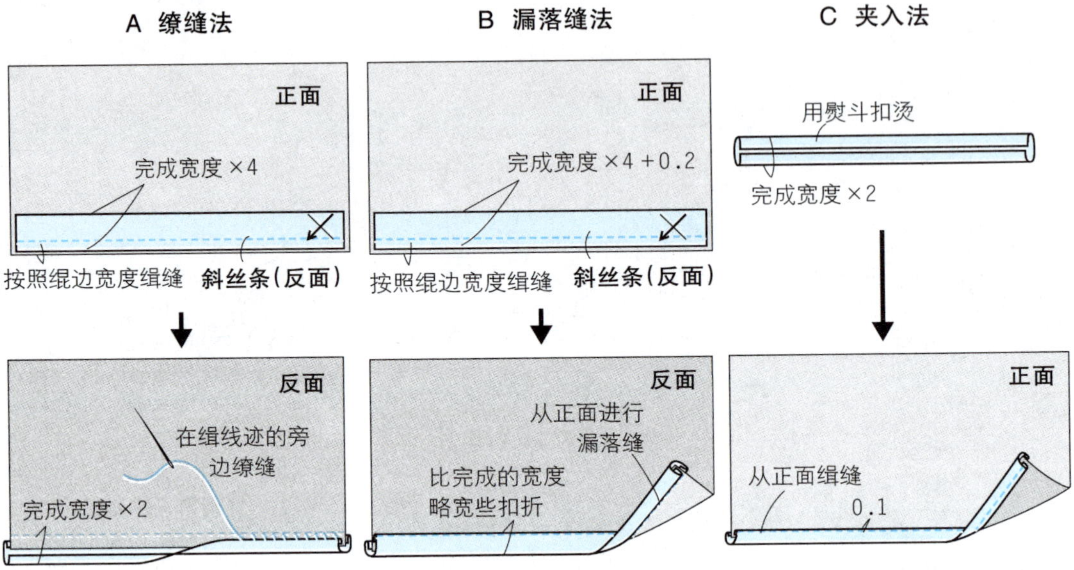

图 2－1－28　绲边的方法

斜丝条的裁剪方法

斜丝条按45°斜丝进行裁剪。裁剪时一定要沿着正斜纱，如果不是正斜纱，做完的绲条容易扭曲、不漂亮。因为斜丝条剪下来后宽度会自然变细，所以应注意在裁剪时把宽度多加宽一点儿。

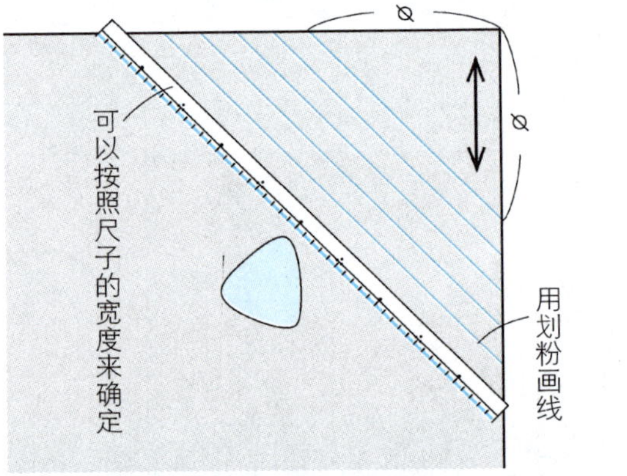

斜丝条的拼接方法

将两根斜丝条正面相对，拼接时要注意布纹的连续性。使用斜丝条之前用熨斗轻轻熨烫一下。

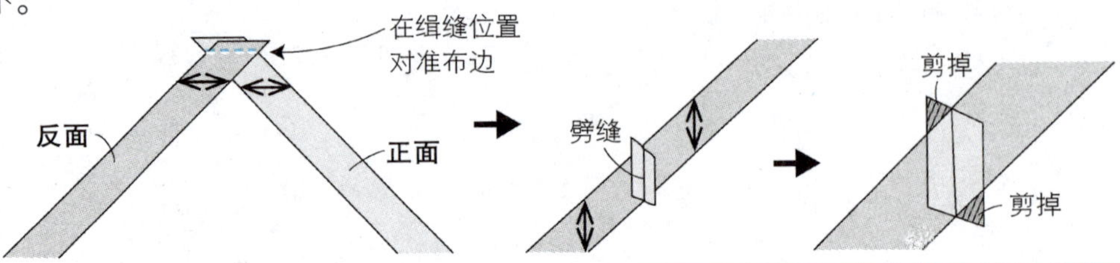

曲线绲边 曲线有内曲线和外曲线两种。在做绲边之前，先把绲边条与面料曲线相吻合，再预先进行热固定，这样处理的效果会更好。

A 内曲线的情况

①用熨斗将斜丝绲条拉伸成与面料边缘一致的曲度，然后用缝纫机沿内曲线缉缝。

②拉伸斜丝绲边条，一边按制成的绲边宽度扣折，一边斜缭缝固定，或是用缝纫机漏落缝固定。

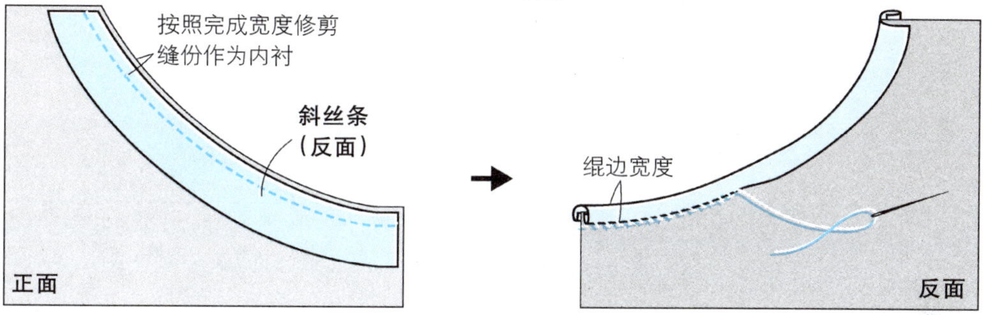

B 外曲线的情况

①用熨斗将斜丝绲边条略归缩成与面料边缘一致的曲度，然后用缝纫机沿外曲线缉缝。

②按制成的绲边宽度一边扣折一边斜缭缝固定，或是用缝纫机漏落缝固定。

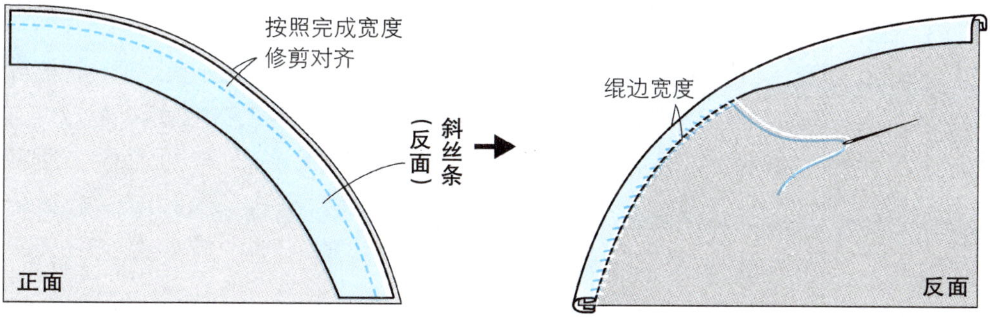

图 2-1-29 曲线绲边

透明布料的绲边 为了不透出布边，要用双层绲条布绲边。

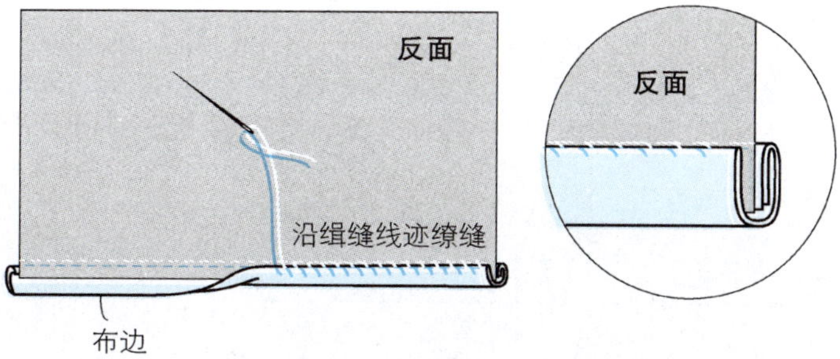

图 2-1-30 透明布料的绲边

缭缝

用于下摆和袖口的处理，或是用于把里料缝头固定在衣身贴边上。无论是哪一种情况，缭缝时引线松一些都是很重要的。

●普通缭缝(图 2－1－31)

在折痕处出针，挑住该位置面料的 1～2 根布丝。如果是厚布料，挑住面料厚度的一半即可。

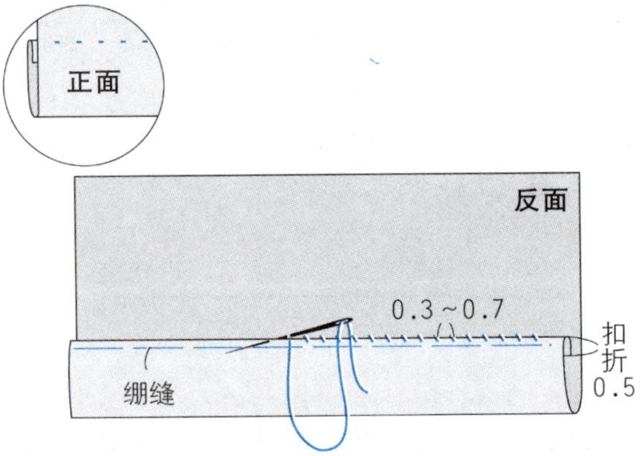

图 2－1－31　普通缭缝

●斜缭缝(图 2－1－32)

用小针同时挑住面料和折痕边，缝出来的线迹是倾斜的。用于丝绸和里料等柔软的布料，活动时有松量，静止时保持原状。

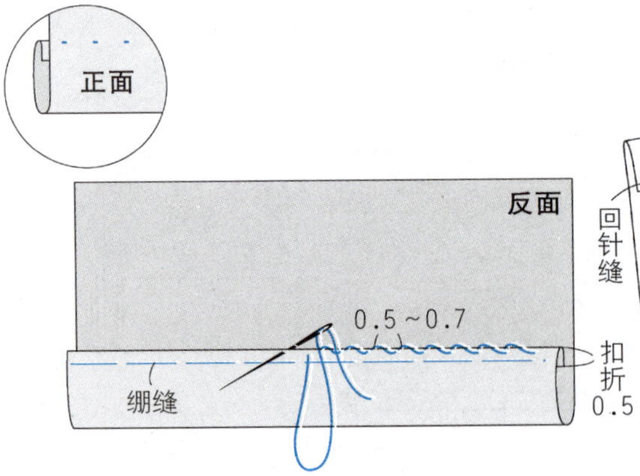

图 2－1－32　斜缭缝

●内缭缝(图 2－1－33)

先用包缝机锁好布边，沿着布边临时绷缝，掀开绷缝位置的缝头，按照斜缭缝的要领在内侧缭缝，表面的针迹很小，是一种漂亮的完成方法。

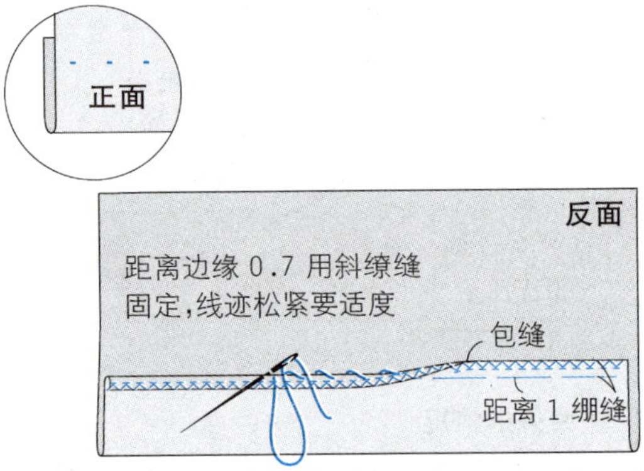

图 2－1－33　内缭缝

●缲缝(图 2－1－34)

用于西服和大衣的下摆处理，使里料顺应面料的伸展。在距离里料底摆折边 2cm 左右的地方临时绷缝固定面料与里料后，在距离里料折边 1cm 处如图中所示在折边的内侧缲缝。1cm 的浮出量用于防止因面料的移动而产生变形。

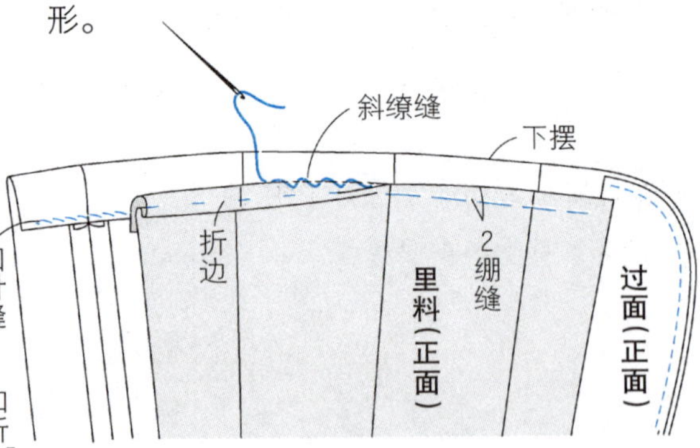

图 2－1－34　缲缝

●卷边缭缝(图 2－1－35)

用切割缝纫机缉缝面料的缝边，一边用左手将缉缝缝边向内扣折作为内芯，一边用右手细密地缭缝。此做法具有柔和感，可用于薄织物的折边和下摆等处。

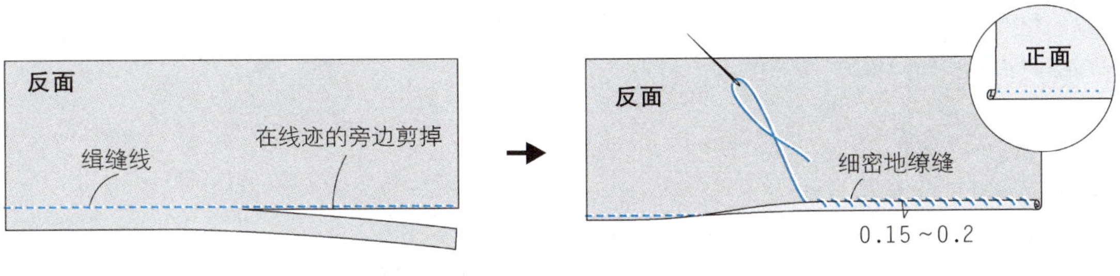

图 2－1－35　卷边缭缝

三角缝

用于毛织物布边的固定，布边不用作其他处理。

●普通三角缝针迹(图 2－1－36)

如图所示从左向右进行，缝线要松一些。

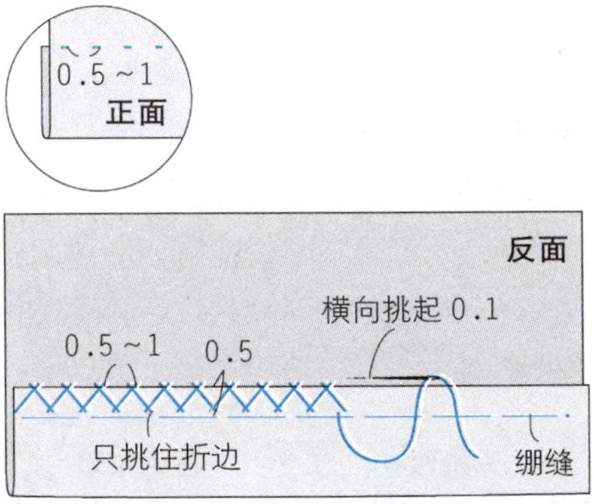

图 2－1－36　普通三角缝

●简略三角缝(图 2－1－37)

用于固定防止面料拉伸的牵条，与普通三角缝相反，从右向左进行。缝线要松一些，在正面尽量不露痕迹。

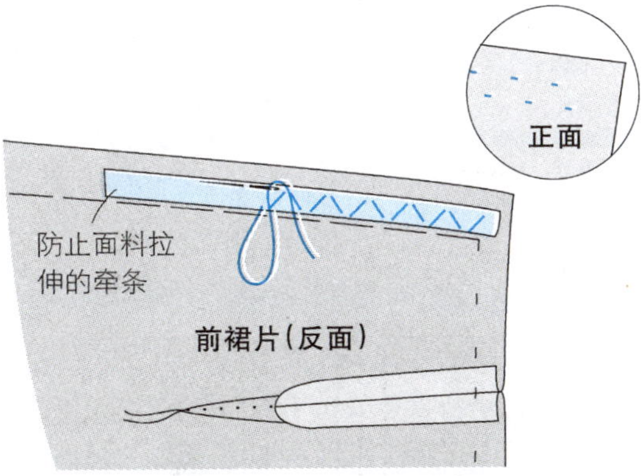

图 2－1－37　简略三角缝

锁扣眼(图 2－1－38)

扣眼的制作方法包括用线锁眼和用布镶边两种方法。扣眼的大小等于纽扣的直径加上纽扣的厚度。遇到四角纽扣时，按对角线方向量取直径。在前中心钉纽扣时，以前中心作为基点，分成纵向扣眼和横向扣眼。

扣眼的大小＝◉

◉＝纽扣直径＋纽扣厚度

〈方形纽扣的直径〉

A 横向扣眼

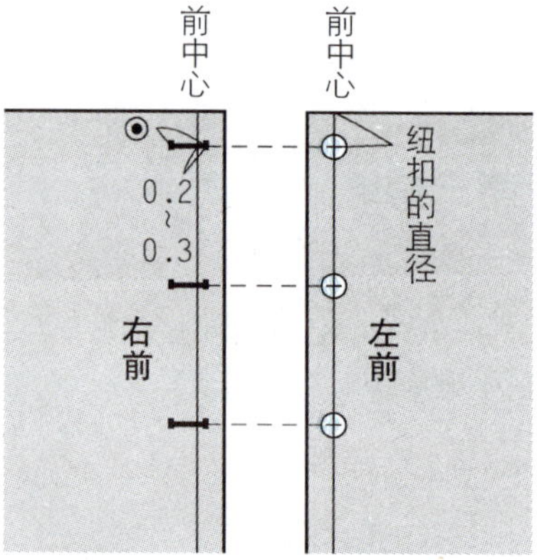

B 纵向大扣眼

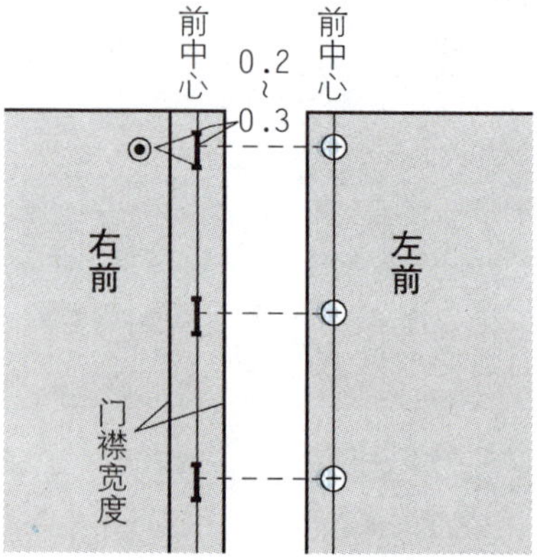

C 纵向小扣眼

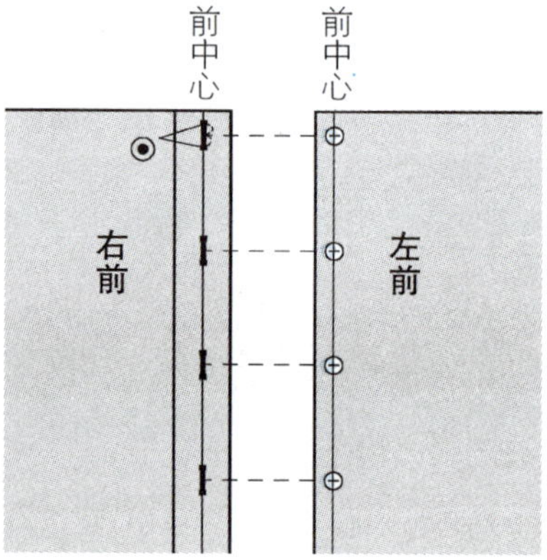

图 2－1－38　扣眼的大小与位置

●锁扣眼(照片 5)

锁扣眼使用的线应与面料相配合（参照第 45 页）。锁线长度是扣眼长度的 25～30 倍比较合适。对于男式女衬衫等服装，用机器锁扣眼的效率会更高。

平头扣眼　　**圆头扣眼**

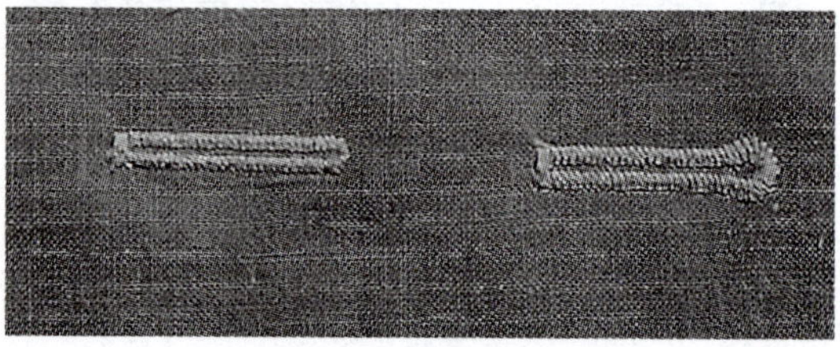

照片 5　机器锁扣眼

一端平头扣眼 最常用的一种锁扣眼方法，一般情况下多用于横向的扣眼(图 2－1－39)。

①为防止脱落要用缝纫机缝出扣眼位置，在中间剪开。

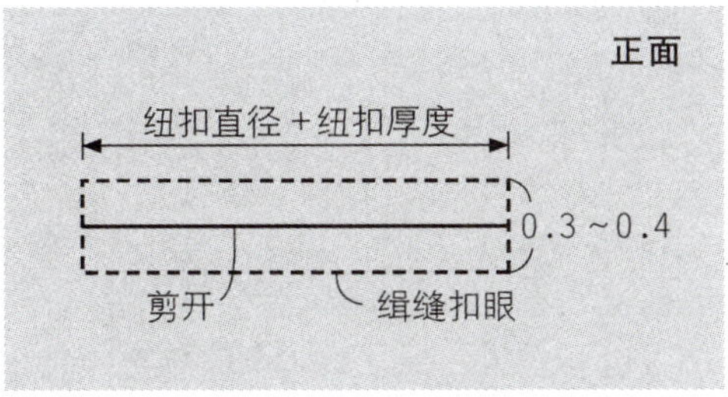

②为了做出立体感，沿着扣眼缉线缝上衬线。

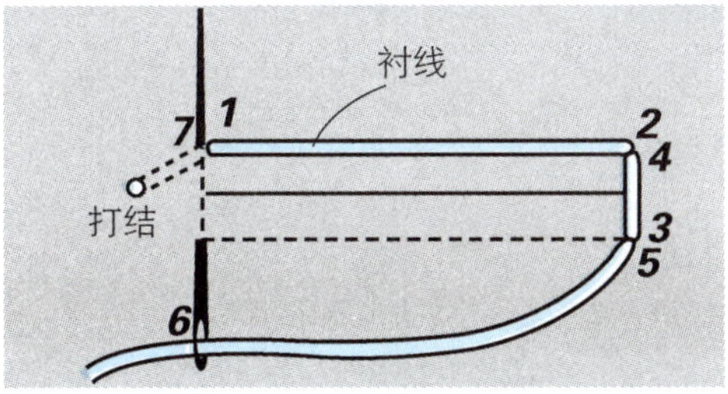

③针尖穿过线环，与布面成 45°向上斜向拉线，为了避免结头不整齐，针从扣眼洞中插入，从扣眼衬线旁边穿出，要保持整齐。

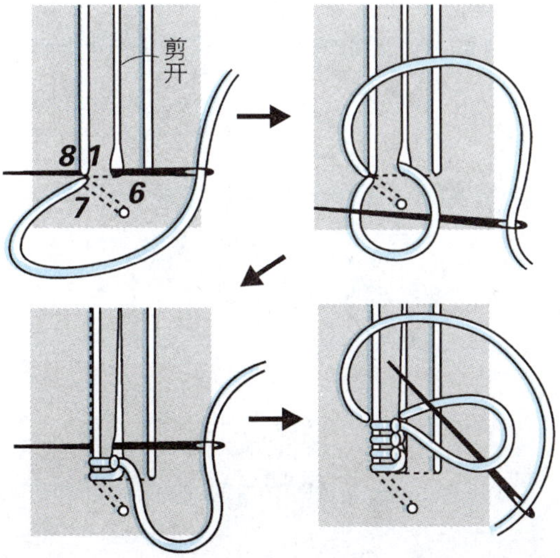

④扣眼头部要锁缝成短的放射状，缝 4～5 针左右。

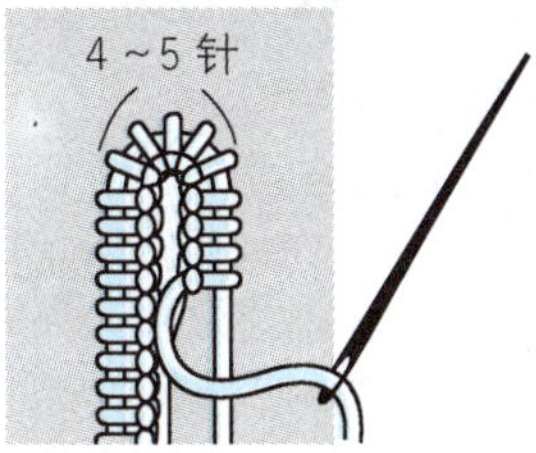

⑤扣眼尾部的最后处理：将锁线穿入最初一针的线套中拉紧，横向和竖向分别缝两针。

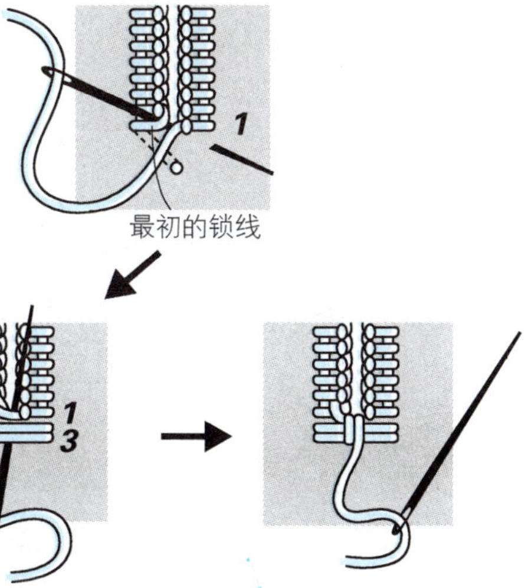

⑥将线尾穿过里侧锁扣眼线的中间，返回一针后剪断。

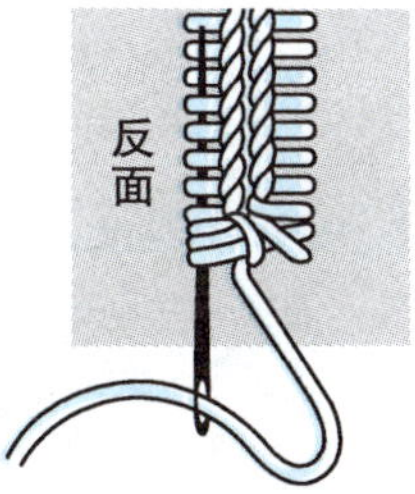

⑦完成。剪断最初的打结线头。

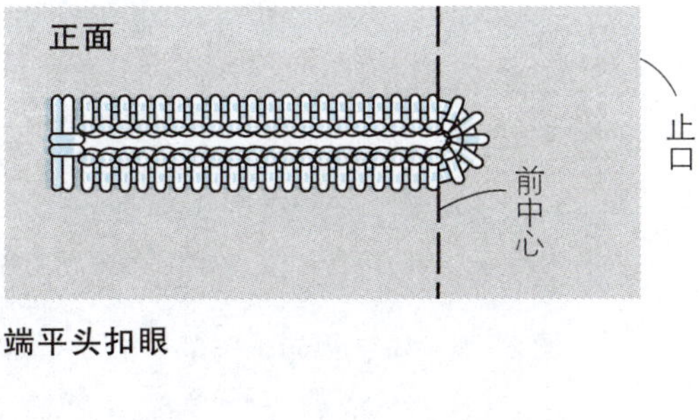

图 2－1－39 一端平头扣眼

两端平头扣眼 扣眼的锁法与一端平头扣眼的方法相同，只是两端都做成平头。多用于衬衫等纵向扣眼(图 2－1－40)。

①绢缝扣眼位置，并缝好衬线。

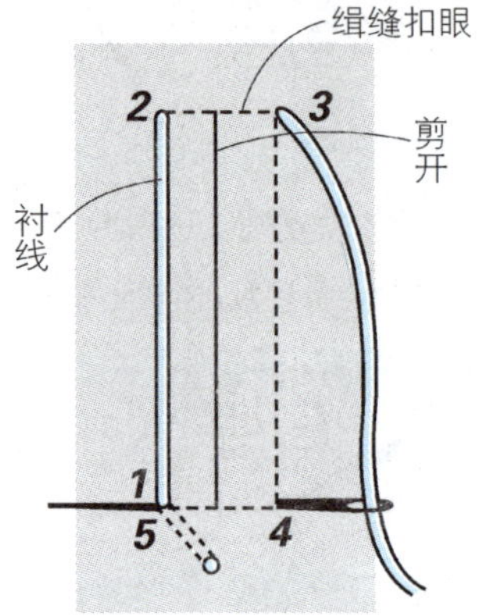

②在一侧缝出平头。

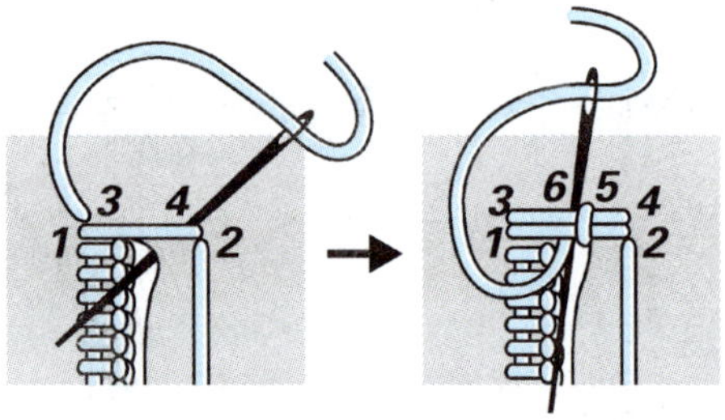

③穿入最后的线套儿，再从平头竖线的下面出针。

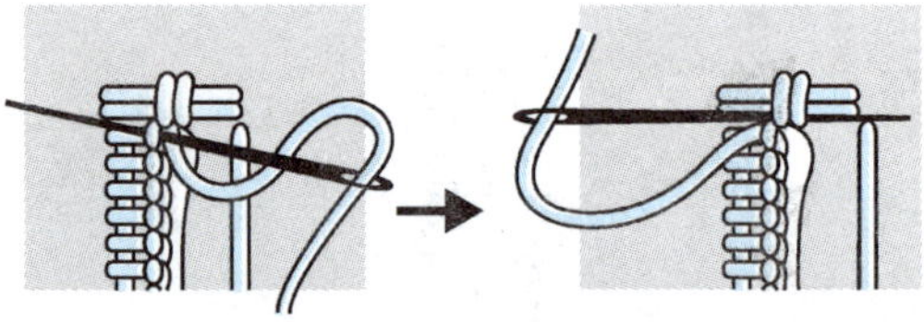

④做相对的另一侧。

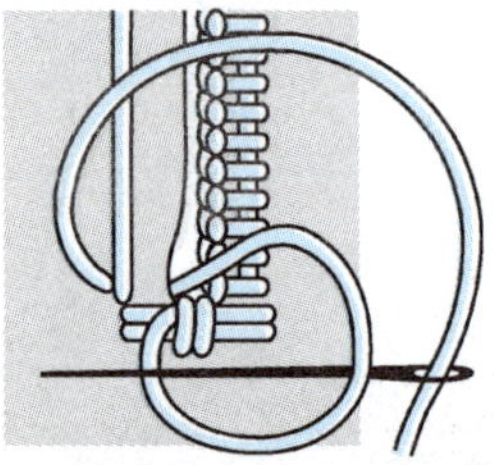

⑤完成。

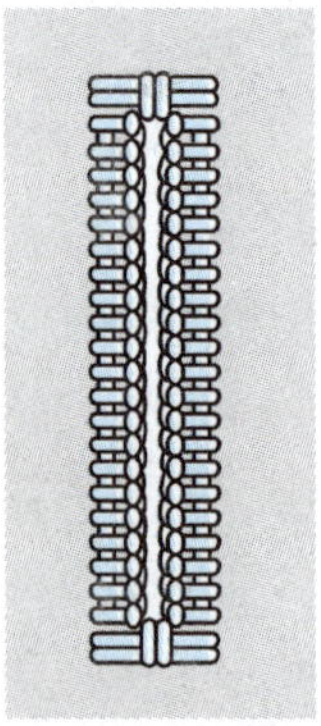

图 2－1－40　两端平头扣眼

圆头扣眼 用于质地厚的面料。首先用圆孔凿子开出扣眼的圆头，再沿圆孔剪开扣眼中间，然后剪掉扣眼圆头与切线之间多余的角，以使扣眼孔自然流畅。把扣眼的圆头处锁成放射状(图 2－1－41)。

①绢缝扣眼位置，用圆孔凿子开出扣眼的圆头，并沿圆孔剪开扣眼中间。

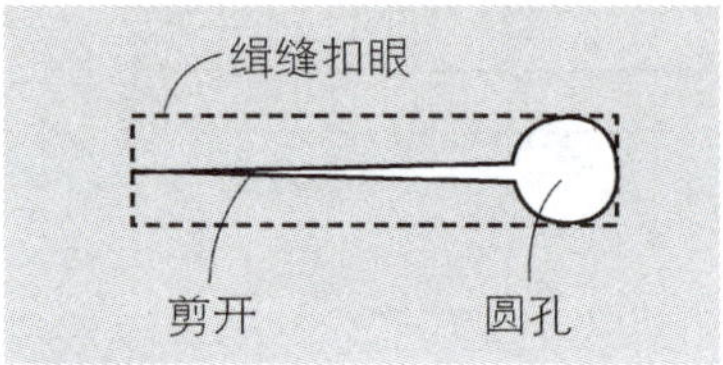

②剪掉扣眼圆头与切线之间多余的角。

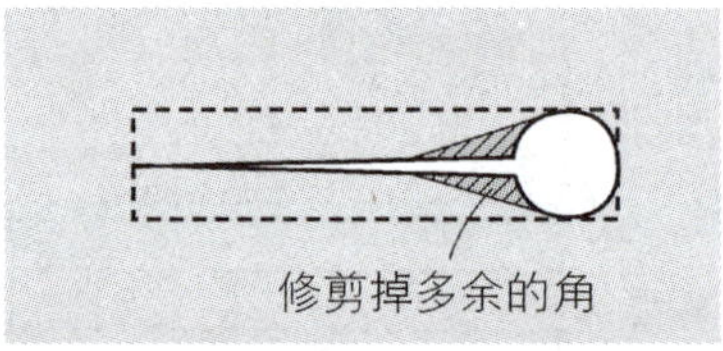

③缝好衬线，扣眼圆头周围要细缝。

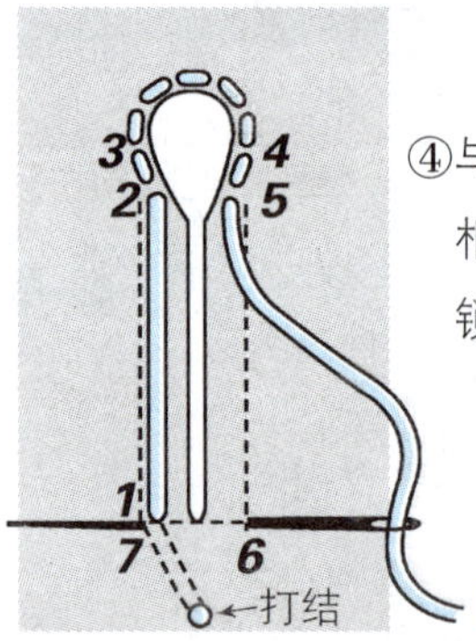

④与一端平头扣眼的锁法相同，扣眼的圆头处要锁成放射状。

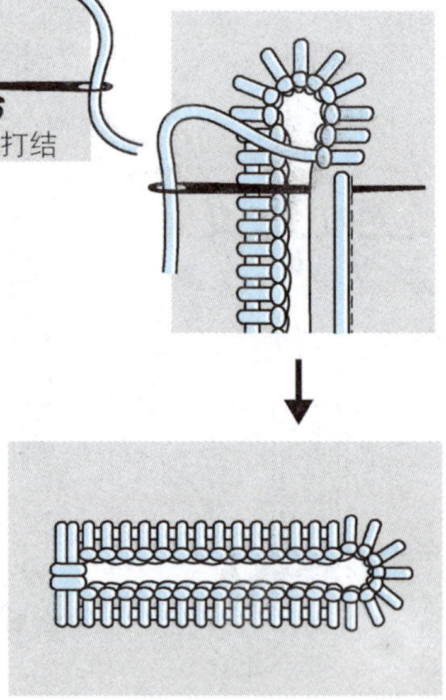

图 2－1－41　圆头扣眼

锁圆孔 用于穿带孔和腰带扣的穿孔等部位。用圆孔凿子凿开圆孔，缝好衬线，用锁眼线细密地沿着圆孔转着锁缝（图 2－1－42）。另外，在轻便装上也可以使用市场上出售的小五金圆孔。

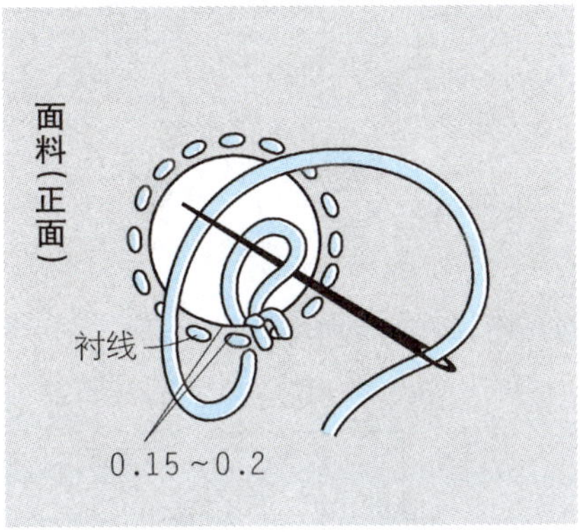

图 2－1－42 锁圆孔

锁一字形扣眼 用于装饰的扣眼，可以锁成不剪透的一端平头式扣眼，也可以用链式针迹缝出。用于驳头和袖口开衩（图 2－1－43）。

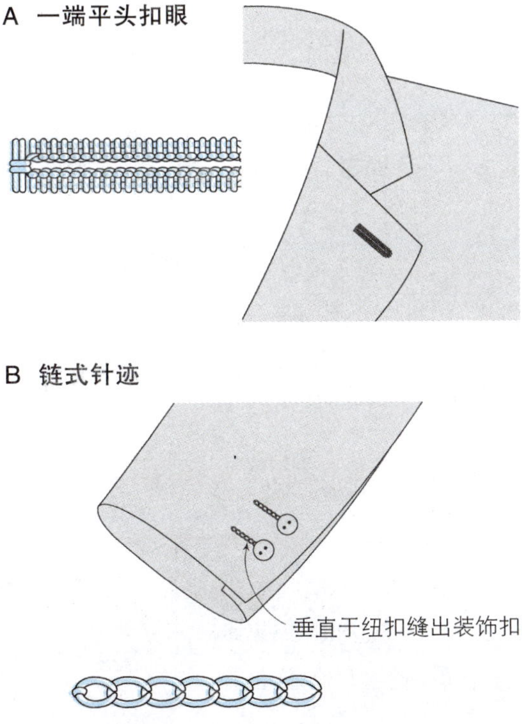

图 2－1－43 一字形扣眼

●挖扣眼（图 2－1－44、图 2－1－45）

使用与衣身相同的面料或使用其他相配的面料做细绲边的方法。在采用薄料的情况下，扣眼的宽度为 0.3～0.4cm 左右；厚料时，扣眼的宽度为 0.4～0.5cm 左右。扣眼大小的决定方法与锁扣眼相同（图 2－1－38）。厚料时挖圆头扣眼，制作方法与图 2－1－44 的挖扣眼相同，但前端做成圆孔状（图 2－1－45）。

①将扣眼布的中间与面料挖扣眼的位置正面相对，绷缝固定。

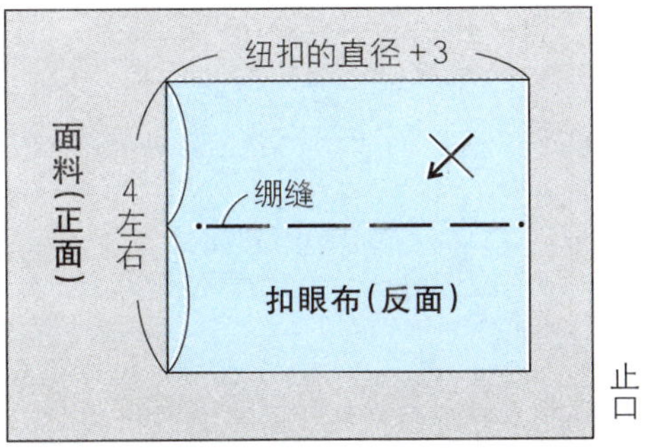

②缉缝扣眼。为了能在扣眼的中间表现出布的厚度，缉缝时稍微向内侧缝出曲线会更好些。然后剪成箭羽形。

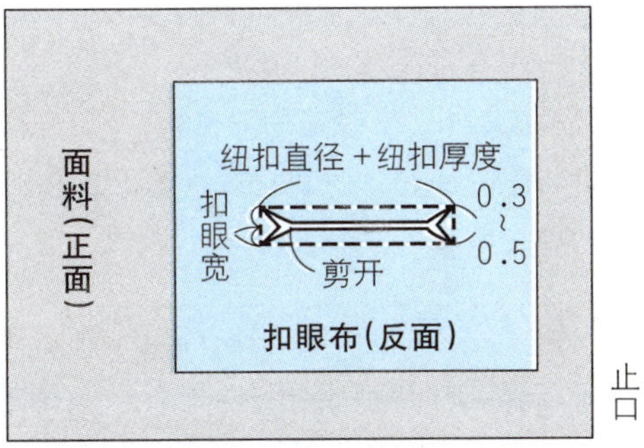

图 2－1－44(a)

③将扣眼布翻到反面，从正面只看到完成之后的扣眼布，用熨斗尖整理。

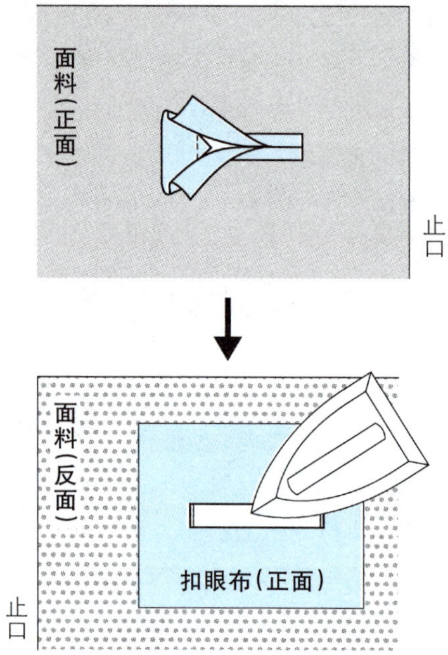

④用熨斗尖分开面料和扣眼布的缝份。

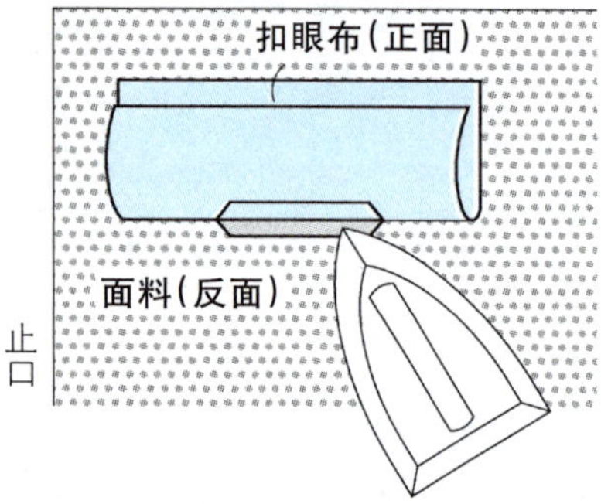

⑤折叠扣眼嵌线，整理扣眼布，注意正面的扣眼嵌线宽度要整齐一致。

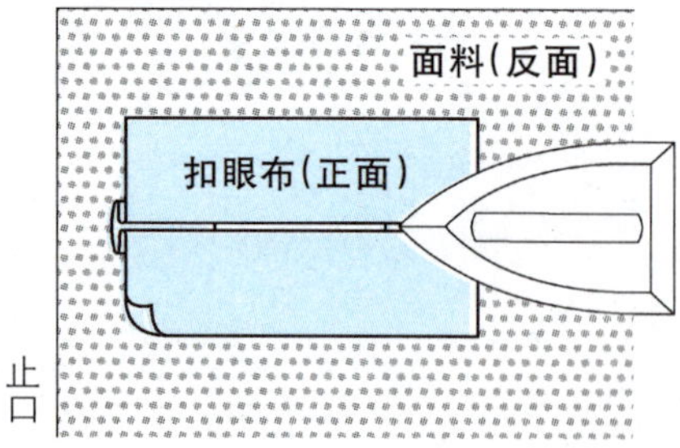

⑥在保证扣眼嵌线不偏离原有位置的前提下，从正面漏落缝。

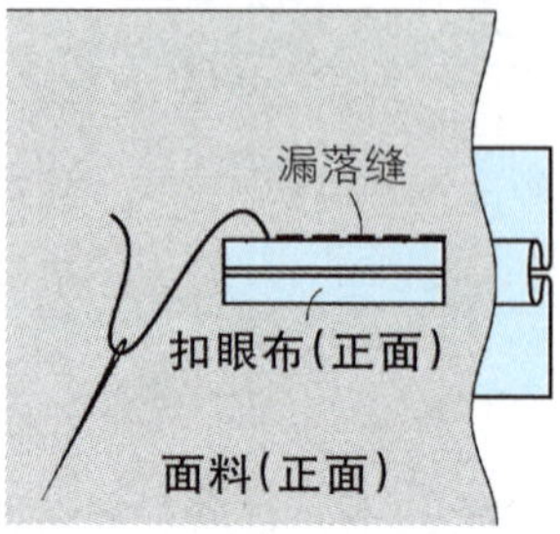

⑦掀起面料，用缝纫机缉住缝头。缝纫机难于操作的时候，用回针缝固定。

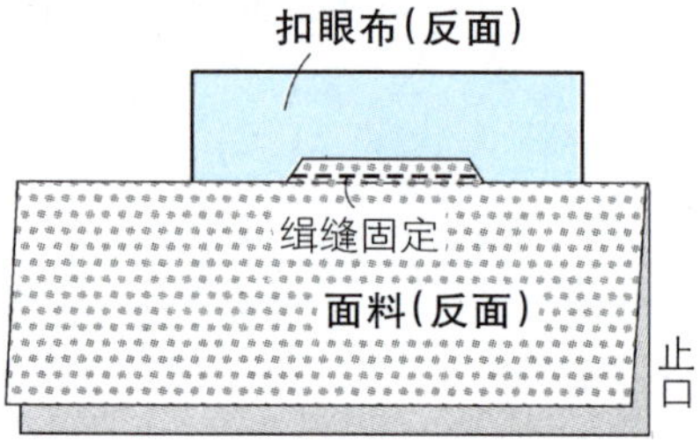

⑧两端的三角与⑦相同，用缝纫机缉住缝头。

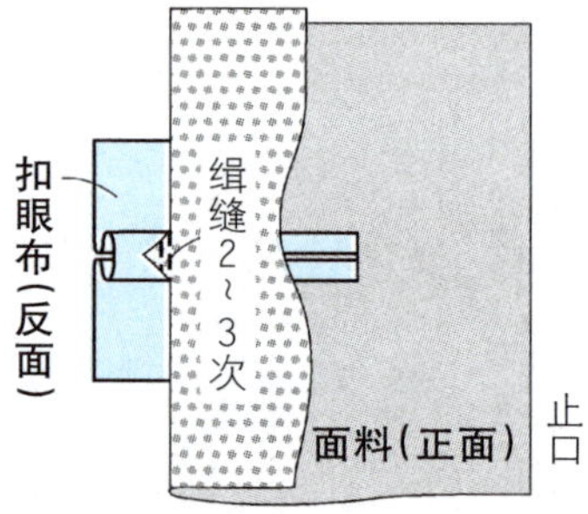

⑨剪掉扣眼布周围多余的布。

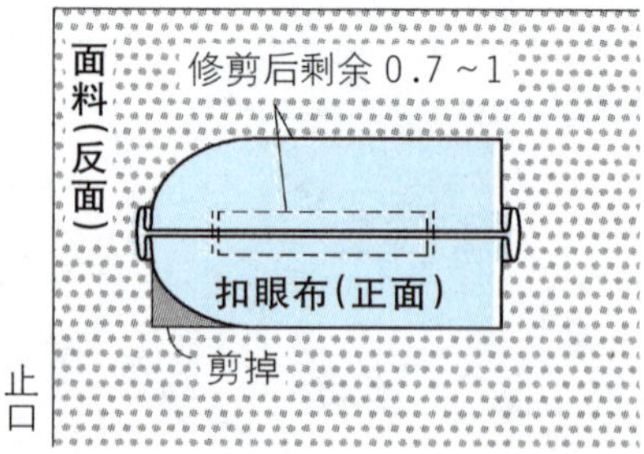

图 2－1－44(b)

⑩整理扣眼布折到反面的部分、绷缝固定，如图所示用大头针在扣眼的周边位置做标记。

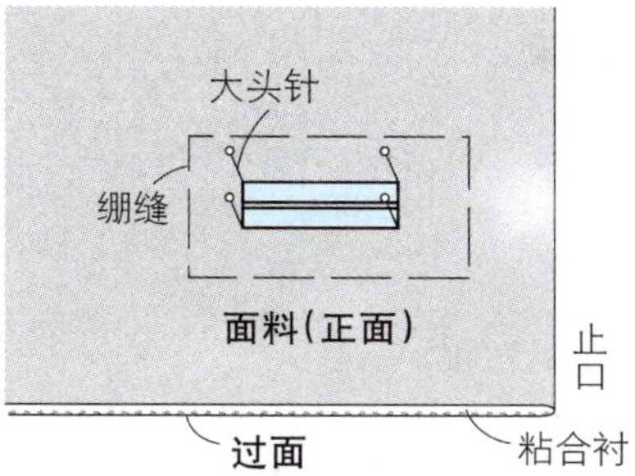

⑪在过面一侧剪开扣眼的对应位置，注意不要剪到扣眼布。先将中间剪开，再剪出扣眼根部的箭羽形，折入缝头。

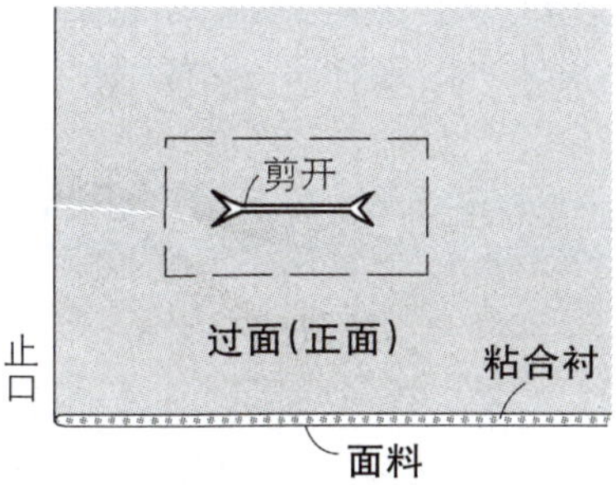

⑫在过面上，将折到里面的缝头细密地缝在扣眼布上。

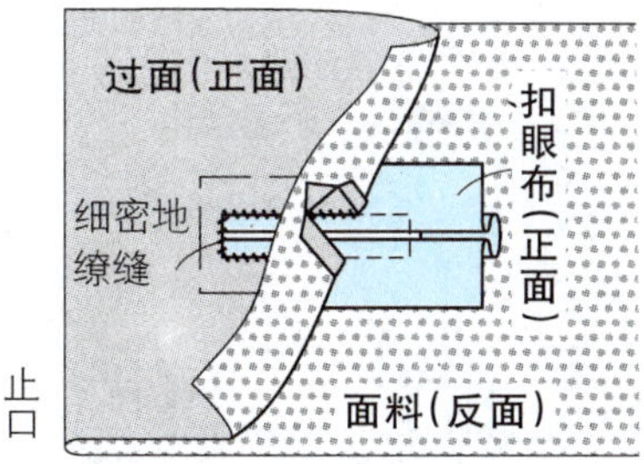

⑬扣眼的完成图。

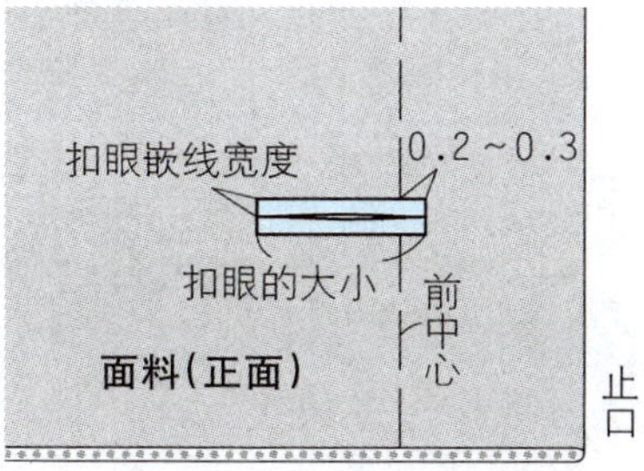

图 2-1-44(c)

挖圆头扣眼

①与图 2-1-44 中①～⑥相同整理扣眼的宽度，在扣眼布的前侧打剪口，并将扣眼的前端位置剪成三角形，然后从正面做漏落缝。

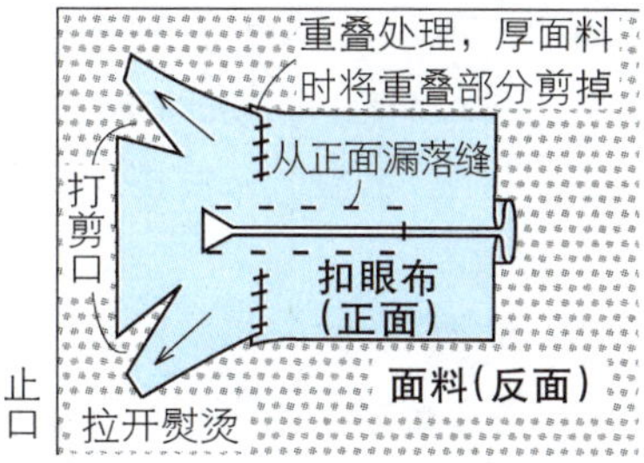

②掀起面料，用缝纫机缉住扣眼布和缝头。沿着扣眼布留出 0.7～1cm 剪裁。

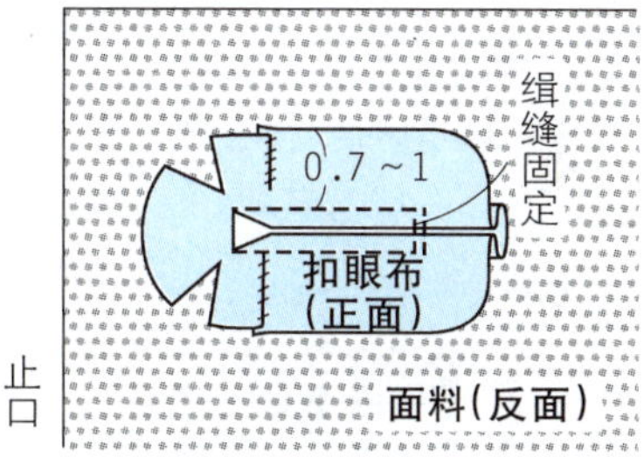

③在过面上对照扣眼位置剪开切口，将折到里面的缝头细密地缝好。

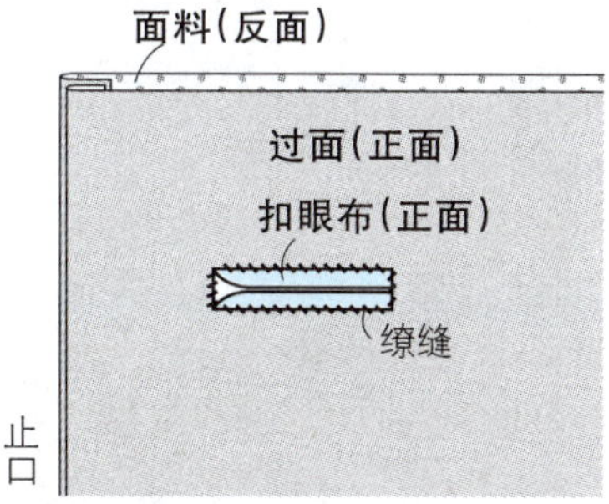

④ 圆头扣眼的完成图。

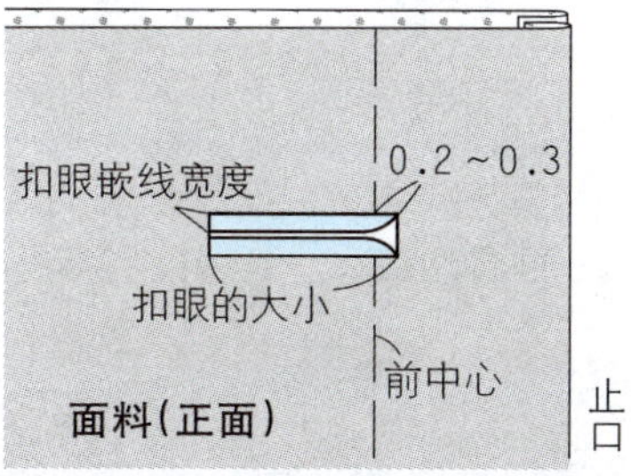

图 2-1-45　挖圆头扣眼

钉纽扣的方法

钉纽扣的线要与锁扣眼的线相当，在布和纽扣适合的范围内选择结实的线。也可选择与纽扣相配的专用线。

钉纽扣的时候，如图 2－1－46A 所示，在布和纽扣之间处理线柱。绕线柱时，为了更好地使纽扣系着时平服，线柱的长度应比门襟的厚度稍长，牢固缠紧。

西服和大衣需要钉大纽扣的时候，由于布的负担加重，要在里侧缝上垫扣，以使其结实(图 2－1－46B)。

带腿的纽扣，由于纽扣有腿，不需要线柱(图 2－1－46C)。

装饰纽扣由于不用扣上或解开，不需要线柱(图 2－1－46D)。

A 处理线柱

①结头放在表面，挑布。

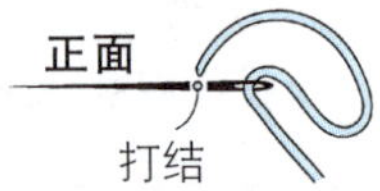

②在布和纽扣之间留出线柱，来回缝两三次。

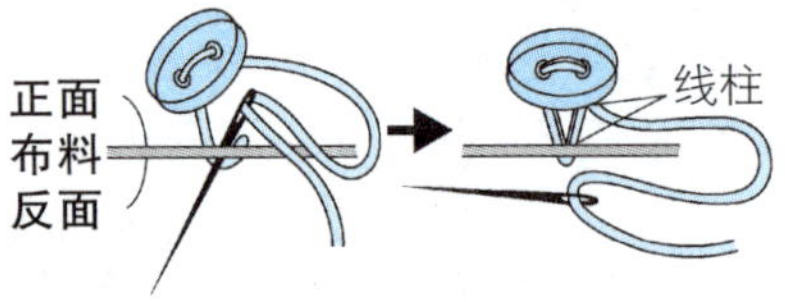

③在线柱上，从上向下绕线。

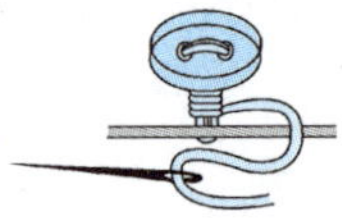

④为了使绕的线不松开，下部要固定结实。

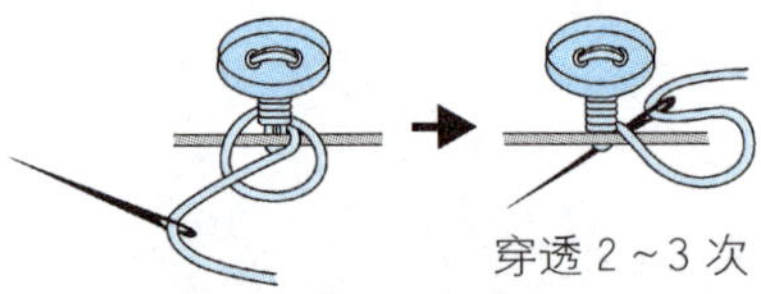

⑤最后在里面打结头，把线拉到布的正面后剪断。

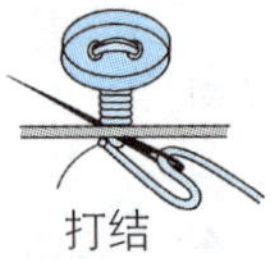

⑥完成。

B 缝垫扣

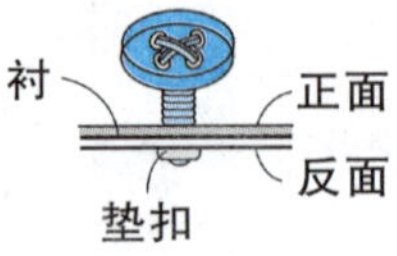

C 带腿的纽扣

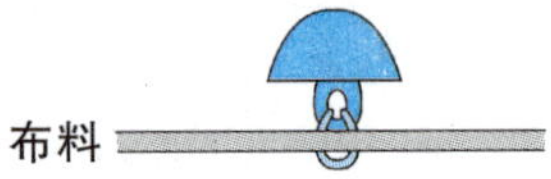

D 装饰纽扣

图 2－1－46 钉纽扣的方法

包扣的制作方法

用布或皮革包住塑料、金属等纽扣，就形成了包扣。如图所示可以通过平缝来实现。另外，也可以直接利用市面上出售的带有附属金属底钩的包扣，既简单又漂亮。

① 把布裁成圆形，沿着边缘平缝。

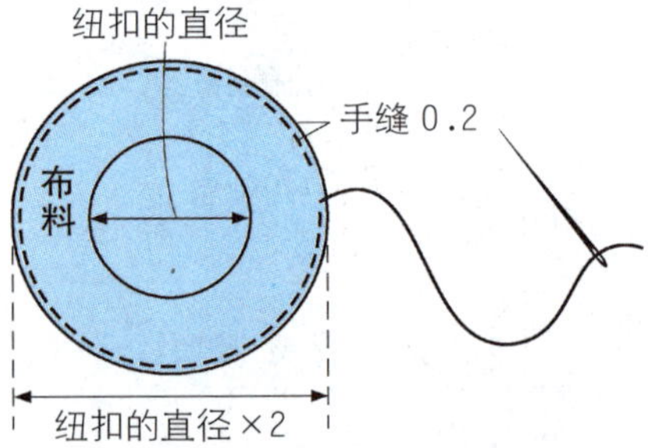

②将纽扣放在中央，在纽扣的里侧抽缝线。

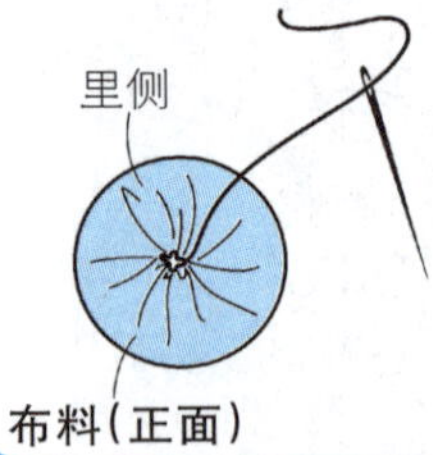

③在里侧挡上相同的布，周围细密地缝好。

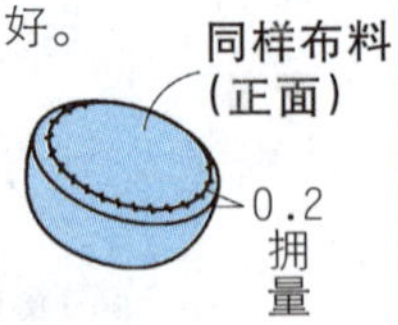

按扣、挂钩的处理方法

与纽扣相比，按扣和挂钩可以简单地扣和解，很方便。

●按扣的处理方法(图 2－1－47)

按扣根据大小、颜色的不同有不同的种类，可以根据位置和材料选择合适的按扣。凸按扣用于衣服的门襟，凹按扣用于衣服的里襟。缝的时候，线的使用方法与锁扣眼的穿线要领相同，将最初和最后的线结藏于按扣的下面。另外，使用面料包裹按扣的时候，如图所示选择与面料布同色的里料或薄料来包。

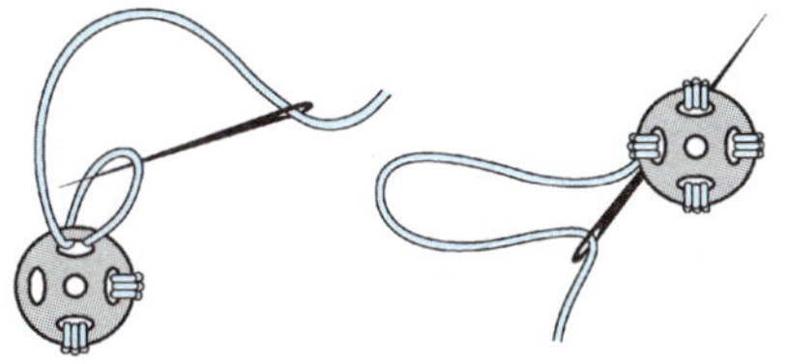

按扣的钉法与锁扣眼的方法相同，拉线时要向下拉

最后的线结藏于按扣的下面后剪断

图 2－1－47　按扣的处理方法

●揿扣(尼龙搭扣)的处理方法

可简单解开的揿扣在市场上有售，揿扣与锁扣眼和钉纽扣相比既快又方便。与按扣相反，凹的在门襟、凸的在里襟。遇到薄布料时，要在缝揿扣的位置贴上无纺衬以加强牢度。另外，缝的时候要避开有明线和缝头落差的地方。

●挂钩的处理方法(图 2－1－48)

挂钩有大小、形状、颜色等不同的种类，使用时要考虑位置和机能而分别使用。挂钩有金属丝制成的、处理拼接缝儿用的小型挂钩；有用于女裙和裤腰的金属板制成的大型挂钩。门襟一侧的钩控制在完成线以内，里襟一侧的袢让出控制量。对于小型挂钩，有在里襟做线环的。缝线的方法与锁扣眼的方法相同。

A　金属丝制成的挂钩

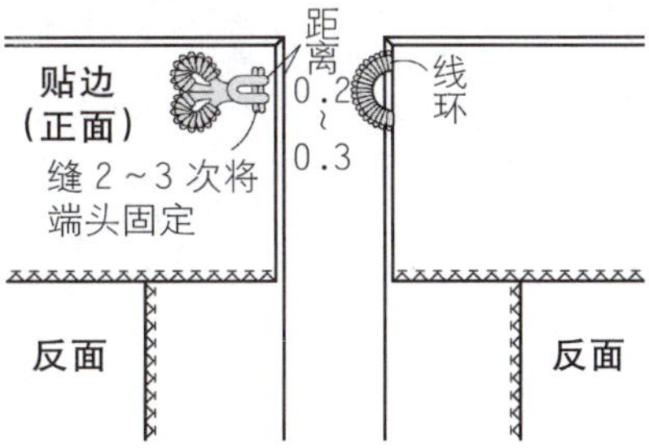

B　金属板制成的挂钩

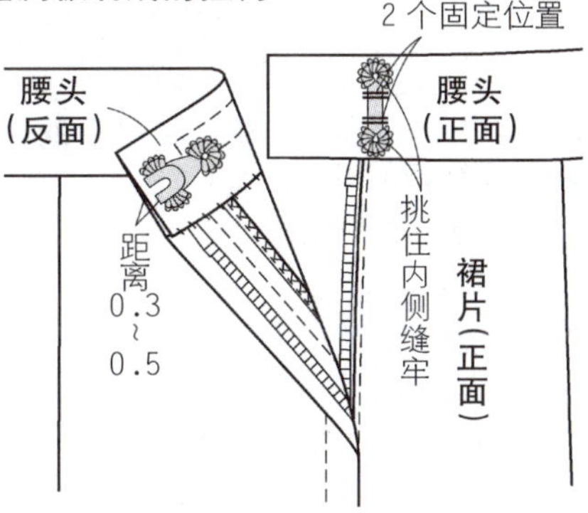

图 2－1－48　挂钩的处理方法

按扣的包法

①将布裁成圆形，用锥子在凸按扣的中间开孔。

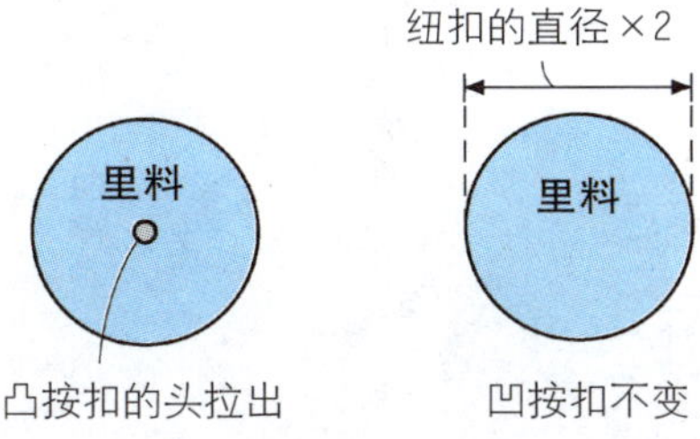

②在按扣的里侧放上布，拉紧平缝的线，打结止住。

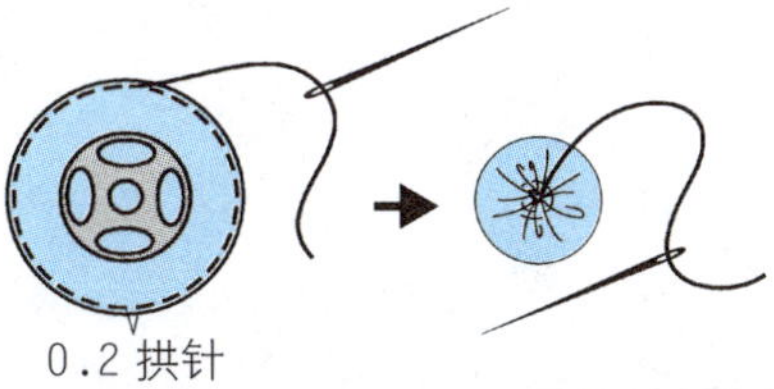

③钉扣固定的时候，孔眼方位的缝法与锁扣眼的方法相同。

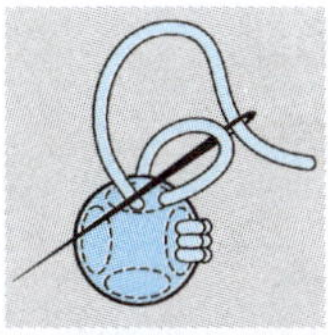

纽袢

用线或布做成的用于穿腰带和系纽扣的纽袢,大衣也使用。这里讲解线袢和布袢的做法。线袢有根据锁扣眼的要领制作的，也有用套结法制作的(图 2－1－49)。布袢是用斜条布缝完之后翻过来而制作的(图 2－1－50)。

A 根据锁扣眼的要领制作线袢的方法

①衬线来回缝 2～5 次。

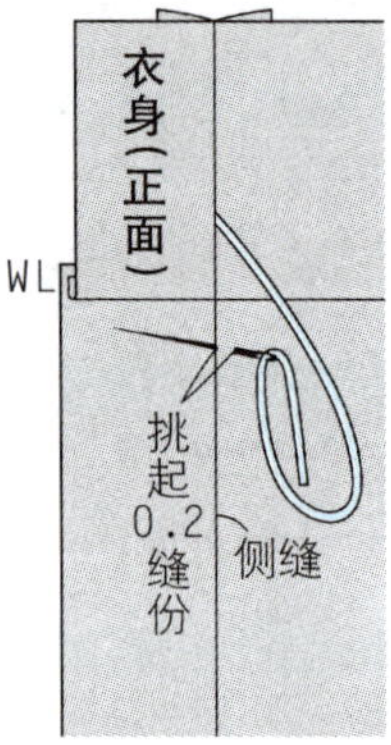

②用与锁扣眼相同的方法缝住衬线。

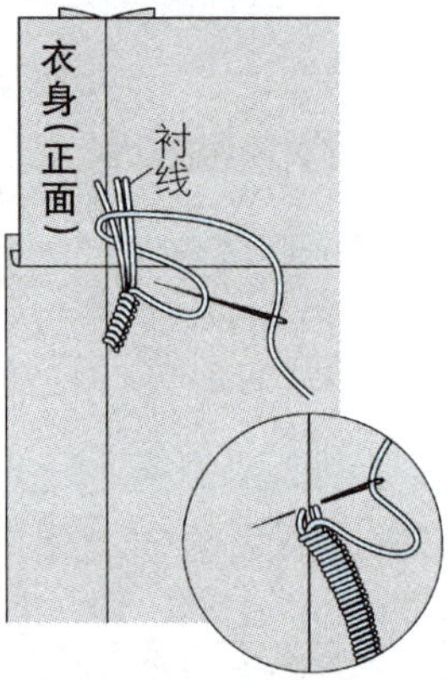

〈最初和最后的固定方法〉

B 套结制作线袢的方法

①线头牢固地缝在衣片上。

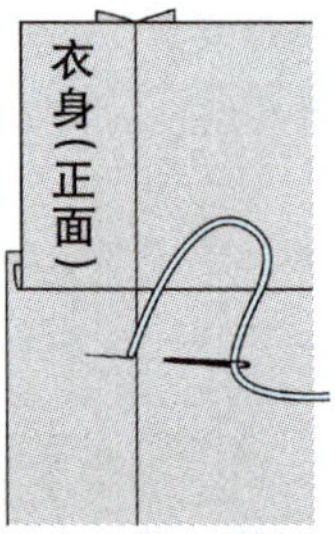

②编锁链。

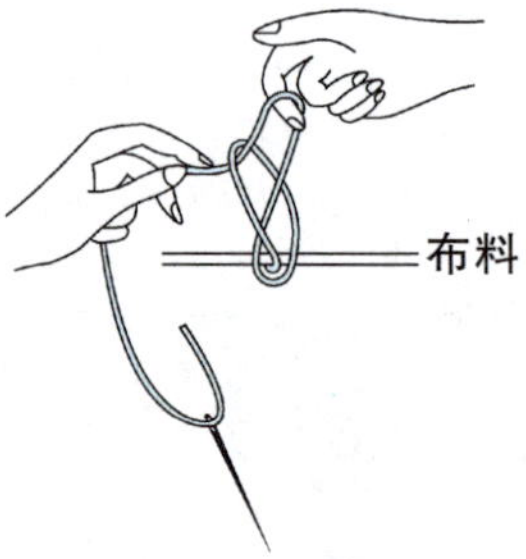

③锁链的终端缝在衣片上。

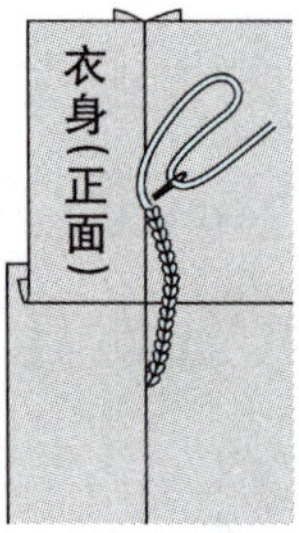

图 2－1－49　线袢

C 布袢的制作方法

①正面相对后用缝纫机缉缝，将多余的缝份剪掉。翻出口要缝得宽一些。

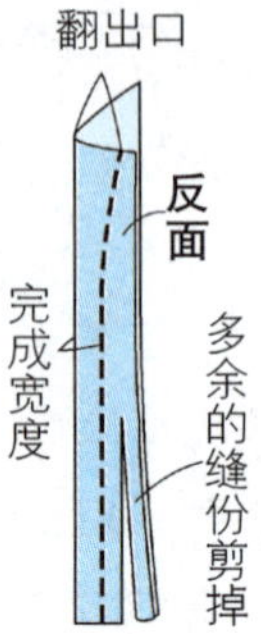

②翻出口用结实的线缝住。

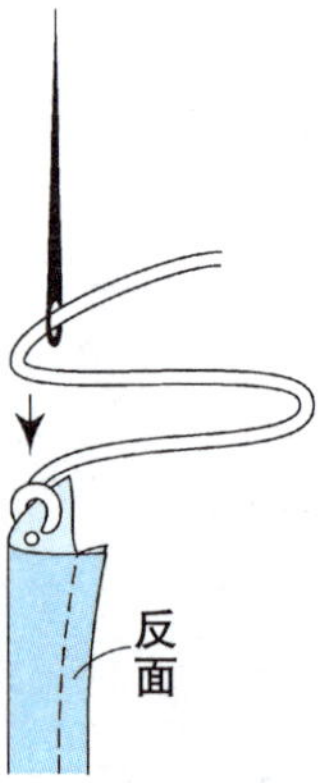

③将针鼻儿一侧插到里面,拉线后翻到表面。

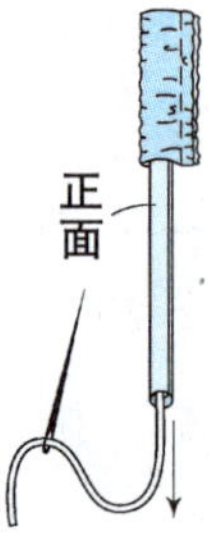

④将缝线用熨斗整理到纽袢的内侧。

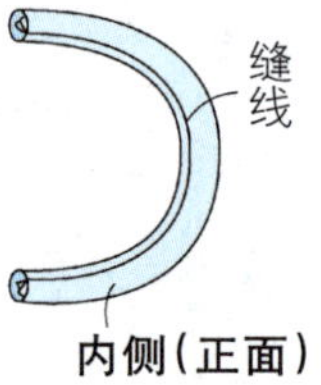

〈使用翻袢器的情况〉

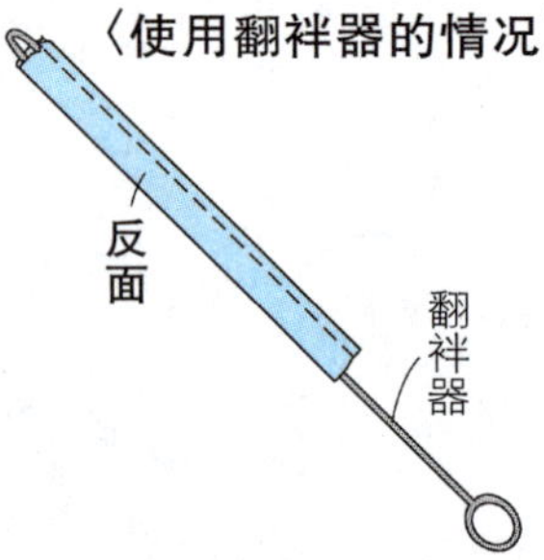

图 2－1－50　布袢

止缝的种类

绱拉链时不希望在正面出现缉缝针脚，或是希望压住贴边的浮面时，通常会采用星点缝。另外，为了让承力的打结等更结实，多采用加固缝。

●星点缝(图 2－1－51)

所谓星点缝是指像星星那样的、能看得见小针脚的缝法。方法是用极小的针做回针缝。根据使用情况，分为从里侧缝和表侧缝的方法。从表侧缝的时候，线不要拉得过紧。

A 从里侧缝的方法

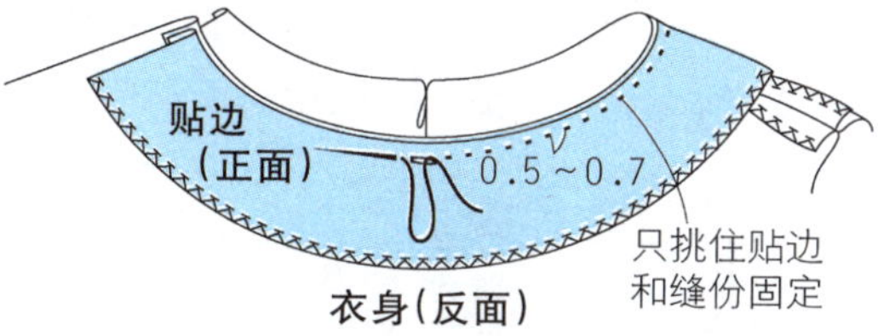

B 从表侧缝的方法

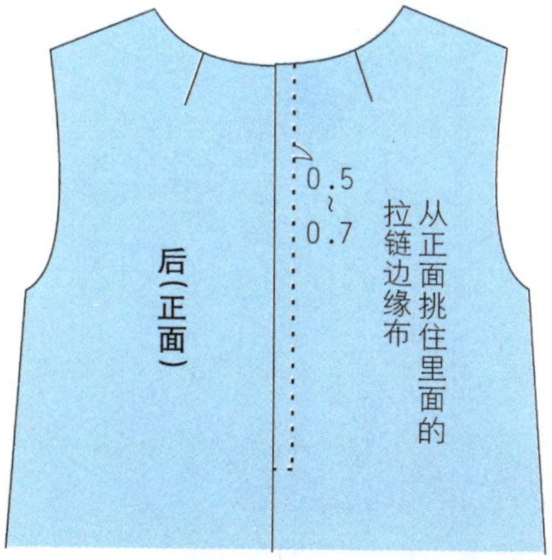

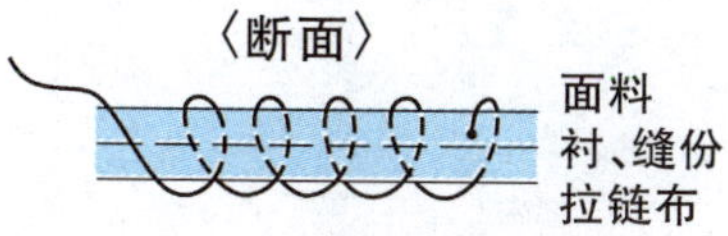

图 2－1－51　星点缝

●隔针打结缝(图 2－1－52)

在面料和里料上缝上衬线，一边用线绕缝衬线一边锁缝，在表侧隔一针单独缠绕一次衬线。

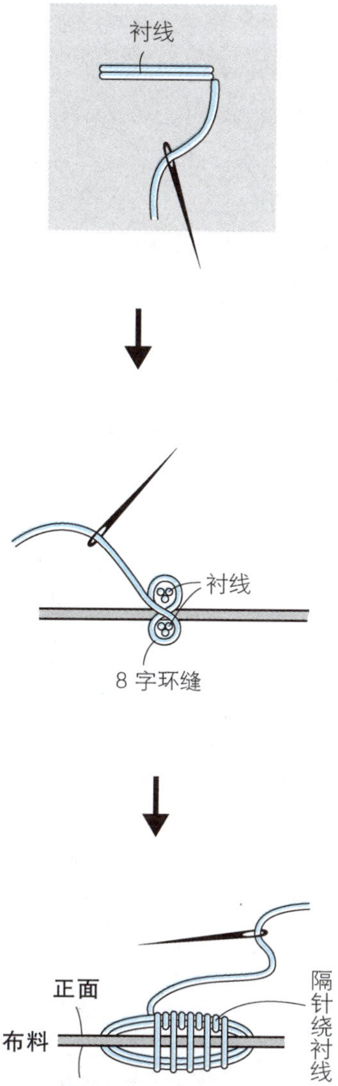

图 2－1－52　隔针打结缝

布料的整理

布料会产生布纹不正，或因水分子原因而抽缩的现象。因此，如果直接制作的话，常常会因为熨斗的蒸汽、温度的变化，或者因为洗涤抽缩及穿着而产生走形等现象。只有事先彻底进行布纹纠正和预缩，才可达到穿着满意的效果。

这样的布料整理过程叫作整烫。

●纠正布纹（见图）

首先确认布边是否抽缩，如有抽缩现象，可斜向稍打剪口后抻拉。确认横向的裁剪边缘是否为一根贯通的纬向纱，若不是，找到一根贯通的纬向纱后用剪刀剪齐。让竖线和横线达到垂直、水平，如图所示。首先双手把布料向想改正的方向斜着抻拉，纠正布料上所有的歪斜。然后，在烫台上把布纹调整正确，用大头针固定，再用适当温度的熨斗压烫整理，使布纹横平竖直。这样的整烫过程兼带了缩绒的作用，下面叙述缩绒。

●缩绒

所谓缩绒也叫作衣料的预缩，即预先利用湿气和热量使应收缩的部分收缩。为了不损伤布料原有的手感，应选择适合材料的方法，先在布头上试验，再正式操作为好。

1. 干烫。不加水分，从背面熨烫。适用于经过防缩加工的布、丝和合成纤维。
2. 使用蒸汽熨斗。适用于毛织品及以毛为主的纺织品。
3. 真空熨烫平台。带有供给蒸汽，同时可去除水分装置的熨烫平台。几乎适用于一切材料。
4. 浸水后弄干，再用蒸汽熨斗熨烫。适用于棉、毛衬等。

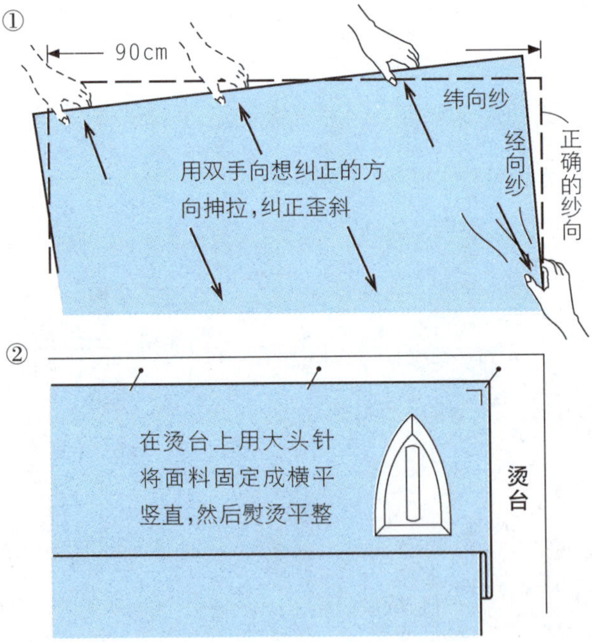

整烫

关于粘合衬

粘合衬是使缝制合理化、效率化及简略化所不可缺少的材料。目前，由于粘合衬质量的提高和种类的多样化，可适用于各种柔软和硬挺面料的缝制。衬在缝制衣服中起着主导作用，所以必须选择符合目的的品种。

●粘合衬的种类

粘合衬主要依据基布和粘着树脂分类，还可分为完全粘着类型和临时粘着类型。

●粘合衬的选择方法

粘合衬具有以下特征，所以在粘着前，务必先用剩布试粘。

- 粘着前见到的衬的质地，触摸到的手感，未必与粘着后的一致。
- 粘着树脂在加热时熔化，并且随着热度下降而变硬。
- 即使基布厚，但当厚基布树脂涂层分量少或是点纹状时，仍可制作出手感柔软的效果。
- 试粘后，应检查粘着力、有无污迹、手感、收缩、变色以及垫布等等。另外，粘着前也可参照各厂商提供的用途分类表，即便如此也必须试粘（见下表）。

树脂的粘合形状

种　　类	平面图	侧面图	特　　征
点状粉末	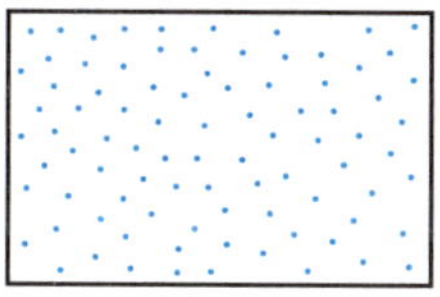	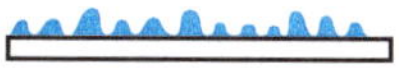	・粘着树脂粉状分布 ・由于粘着力较弱，所以主要作为临时粘合衬使用 ・颗粒越大粘着力越强。但容易漏胶和变硬
旋转纤维网（蜘蛛网）	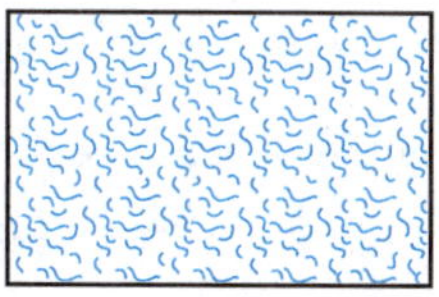	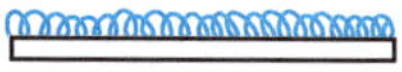	・粘着树脂呈蜘蛛网状分布
小圆点	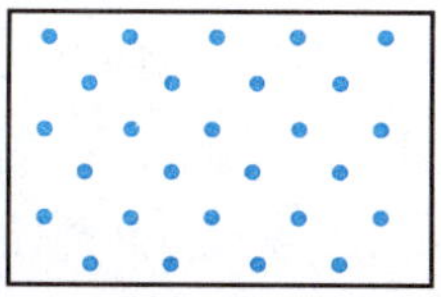		・粘着树脂按一定的大小，点状、有规则地排列分布 ・厚面料用点大、数量少的，薄面料用点小、数量多的 ・由于点状粘着在布上能产生融通性，粘着后的手感柔软 ・小圆点大时，容易出现漏胶

完全粘着类型和临时粘着类型的特征

	基　布	粘着树脂	特　　征
完全粘着类型	织　布 非织造布 编织质地	聚酯类 聚氯乙烯类	・具有强粘着力(1kg 剥离测试合格) ・用于部分粘着、全面粘着 ・反复干洗或水洗后,仍可保持粘着力
临时粘着类型	织　布 非织造布 编织质地	聚酯类 乙酸乙烯类	・粘着力弱,洗涤后常脱落 ・用于部分粘着 ・目的在于使缝制工作简单化或缝制出柔软感觉 ・用缉缝或明线固定

●裁剪的要点

基布是织布、编织质地的粘合衬,原则上裁剪时采用与本料布相同的布纹方向。非织造布及无方向性粘合衬,可考虑不依照本料布的布纹方向进行裁剪。

裁剪时,把树脂面朝向中间对折,若边缘抽缩时,将边缘剪掉。

在不缉明线的地方贴衬时,留出比净缝印多 0.5cm 的缝头,然后裁剪。缉明线的部位,粘合衬按净缝印的大小裁剪。缝份较厚时,用缝纫机暗缝后,从针脚的旁边剪掉衬的缝份。

●粘着方法

粘着时应注意以下几点:

- 作为粘合衬的粘着条件,有温度、压力及粘着时间三条,根据本料布的材质和衬的种类,要采用适应各自条件的搭配组合。
- 粘着前要除去本料布上的线头、碎布片等。
- 本料布的里面与衬的树脂面粘合在一起。
- 基布是织布的粘合衬,常出现布纹倾斜的现象,可先沿着布纹粗裁,然后把衬放置到被裁剪过的本料布(裁片)上,喷洒雾状水珠,等到衬柔软后,用手抻拉布纹,待平直后再粘着(图 2－3－1 ①~③)。
- 使用熨斗时,垫上纸(牛皮纸)。熨斗不要滑行,要从上端开始一下挨一下压烫,使布整体均匀受热(图 2－3－2)。粘着时间为蒸汽三四秒钟之后,转换成干烫。
- 粘着后,以平整状态放好,等到布料自然冷却。

●缝制

关于缝制的注意事项有如下几点:

- 面料的归拔要在衬布粘着后进行。把贴有衬的本料布作为一个整体来处理。
- 缉缝、压明线、做混边,无论用哪一个方法固定粘合衬时,都应防止因粘着力不足或因洗涤而产生的剥离现象。
- 长时间使用缝纫机的情况下,由于机针上粘有树脂,成为跳线、断线的原因。应在硅酮树脂未渗入布料之前,不时地擦掉附着在针上的树脂。

●处理粘合衬时的注意事项

- 已错误粘着

再次用熨斗熨烫，趁热慢慢地将粘合衬剥离。本料布上残留粘着树脂时，在料布上垫上剩布或牛皮纸，然后多次用熨斗熨烫，可使树脂转移到剩布或牛皮纸上。

- 粘着树脂粘在熨斗上

用熨斗清洁剂可使树脂完全脱落。

- 粘合衬起褶

对于细小的褶不必介意，仍可使用。但是，对于明显起褶的部分最好让开。喷水并向水平方向抻拉，褶或多或少会平展一些。

①沿着衬的布纹粗裁。

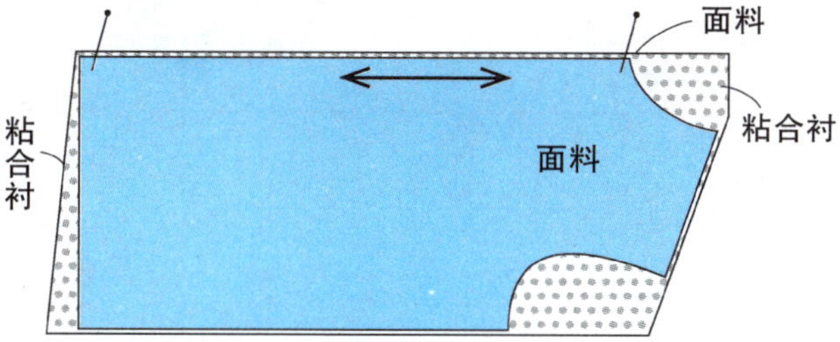

②给衬喷水，布纹正确之后裁剪。

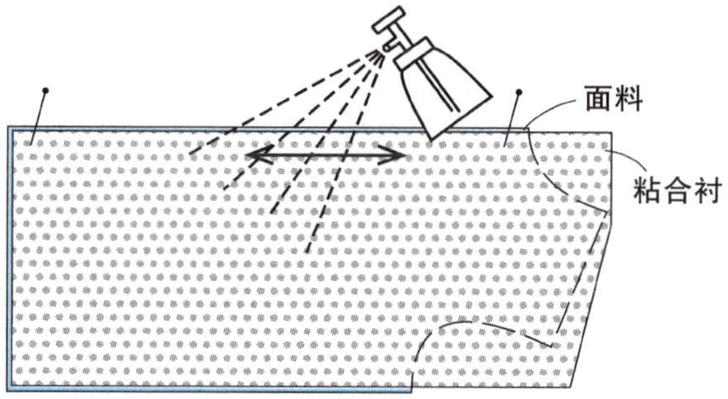

③垫上纸粘着。

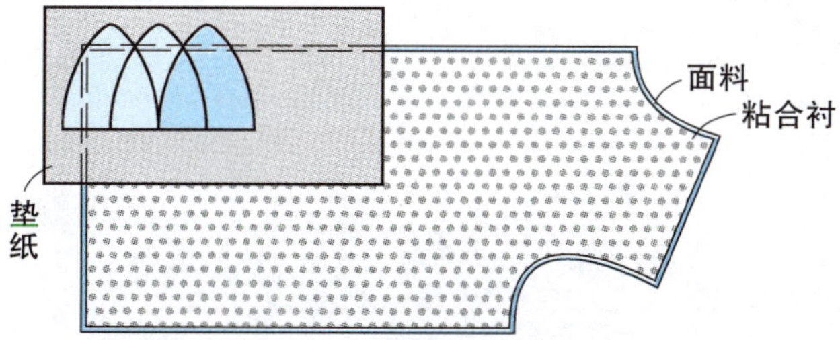

图 2－3－1　粘着方法

正确的方法

错误的方法

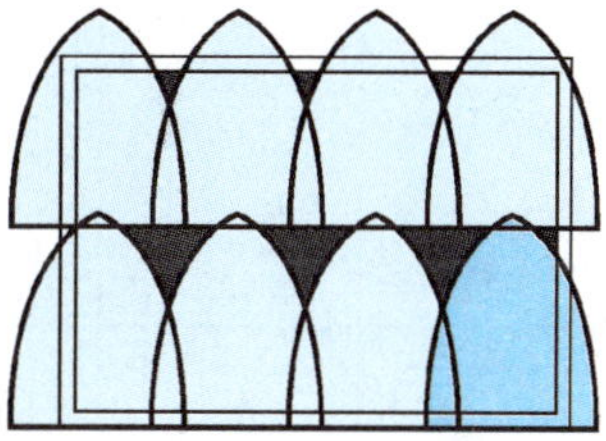

图 2－3－2　熨斗的压烫法

●使用压烫机

用熨斗粘着粘合衬时，在保持一定粘着条件的前提下会因大面积粘着而花费很长的时间，因此最近开始普及一种带有自动压力，一次即可完成大面积粘着的压烫机。下面的表格归纳了本书中所用材料，利用压烫机针对完全粘着类型粘合衬的粘着条件（进行了和熨斗粘着同样的试验）。

标准粘着条件

粘合衬基布	整烫机						耐干洗	耐洗涤（洗衣机用）
	平板式压烫机			滚轴式压烫机				
	温度(℃)	压力①(kg/cm^2)	压力(s)	温度(℃)	压力(kg/cm^2)	压力(s)		
织布	140~150	0.25~0.35	7~12	140~150	2.5~3.5	7~10	特优	优
非织造布	130~150	0.20	7~10	130~150	3.0	7~10	特优	优
针织质地	120~130	0.30	12~14	120~130	3.0	12~14	特优	优

①按法定计量单位规定，压力单位应为Pa，换算公式：$1kgf/cm^2=98.2kPa$。

第三章

上衣(衬衫)

上衣概述
翻领上衣
平领上衣
衬衫领宽松式女上衣
小翻驳领上衣

上衣概述

什么是上衣

上衣是覆盖人体躯干，即由肩部至腰围线或至臀围线附近的覆着物、妇女和儿童穿着的宽松上装的总称。此外，还包括T恤衫、毛衣、罩衫等妇女、儿童穿的服装都叫上衣。

上衣的起源很早，可追溯到最初遮盖上半身的服装，人类把它称之为衣服。据服装史记载，10世纪前后，上衣已被很多男性劳动者穿着。历史学家认为这是上衣与下装按照性能上下分离而产生的。女性上衣具有了清晰的形体轮廓则出现于20世纪初。随着妇女解放运动的发展，女性也开始参加体育运动，上衣逐渐变得与女性的生活紧密相关。但是直至不久前人们依然认为不管多么漂亮的上衣，与裙子配套穿着出现在正式场合是没有礼貌的，因为普遍的印象是只有在工作时才能如此穿着。然而在社会生活方式已变得多样化的今天，这种印象已经消除了。使用新材料、设计独特的各式上衣正在生活的许多方面发挥着作用，为很多人所喜爱。

第二次世界大战后，社会结构有了很大的变化与发展，生活水平也显著提高。同时随着服装领域的飞速发展，人们从自身出发有了要创造流行的强烈愿望，乐于对服装进行自由创造及穿着。现在，上衣除了穿着范围愈来愈广外，款式也涵盖了从日常便服到正式场合穿的礼服等多种样式。对于上衣着装来说，根据穿着场合的不同，如能设计出功能合理并能张扬个性的外衣，则可通过穿着上衣体验日常着装的乐趣（图3－1－1）。

图3－1－1　上衣款式示例

上衣的材料

上衣的材料根据穿着目的或穿着状态的不同，选择的标准也不同。作为一般日常穿时，最好选用耐热和耐水性强、吸湿性好、容易吸汗、耐洗涤且耐磨损的棉布用于贴身穿着会比较舒适。但是棉布有缩水、容易出褶等缺点，因此可选用洗后易干、不爱出褶、耐磨并且比较结实的涤纶或其他化纤材料。不过，它们的缺点是吸湿性差、带静电，所以可使用同时具备棉布与化纤优点的混纺材料。

使用同一样式的纸样进行制作时，既可使用轻便、柔软、有光泽的丝绸或仿丝绸加工成礼服类上衣，也可用薄毛织品或薄灯芯绒加工成秋冬季穿的上衣。另外，可用透气性好的棉、麻织物加工成夏季穿着的短袖上衣。综上所述，通过材料的变化可以适应不同的穿着用途和范围是上衣的长处。

另外，也可根据衣身、衣领、袖子和口袋等的式样变更选材的标准。比如，荡领可以使用悬垂性好的材料，带领座的衬衫领则可在立领的面与里之间夹入薄而挺括的材料。

总之，材料的选择影响到上衣的款式与缝制，从而关系到加工的好与坏，因此在选择中要充分考虑到穿着目的与体型等因素。

上衣的名称与分类

上衣的名称按穿着方式区分，可分为内穿式（将衣襟下摆放入下装内）和外穿式（将上衣放在下装外面）。

按上衣款式、种类或形象分，可分为线条优美的礼服式上衣和由便装式男上衣演变成的活动方便的衬衫式上衣。另外，也可以根据形态、造型、穿着目的与用途、衣领与袖子的款式、装饰细节等进行名称的细划。即便是同一种款式，有可能也有若干种名称。

下表为具有代表性的上衣分类，图 3－1－2 和图 3－1－3 归纳了本章提到的上衣领子的分类，其中包括了一般性用途、形态名称（☆）、衣领名称（◇）、袖名称（◆）、款式、装饰名称（◎）。图 3－1－4 为设计变化举例。

上衣的名称

按穿着区分
内穿式上衣、外穿式上衣（上衣放在裤或裙子的里面或外面）
按形象、要素区分
女性化上衣、便装 夏威夷衫、猎装 牛仔衬衫、军服式上衣 带褶的宽松式上衣、中式上衣 轻便装、风衣式上衣
按目的、用途区分
礼服、便装
按形态、款式区分
套头衫、不对称式上衣 女衬衫与裙子套装、蝶形领 结衫、围裹式上衣 T 恤衫、短袖上衣 露肩式上衣、宽松衫上衣 收腰式上衣、肥大上衣 双塔克上衣、暗门襟上衣

◎双塔克上衣
◆插肩袖
☆长方领开门襟上衣
◆卷袖口
☆暗门襟上衣
◆郁金香形袖
◆喇叭袖
◇海军领
◇双层领
◆灯笼袖
◆育克连肩袖
领子分类
I
翻领
平翻领
带领座的衬衫领
敞开衣领
◆过肩袖
◆育克连肩袖
◆卷袖口
◆肩章袖
◇长方领
◎肩章
☆猎装款式
☆抽褶式上衣
☆带领扣的上衣
☆按照用途、形态分类
◇领子的名称
◆袖子的名称
◎款式、装饰的名称

图 3－1－2　领子分类 I

◆连肩袖
◎褶裥连袖衫
◇方形领
◇船形领口
◆翻袖口
◇立领
◆超短袖
◎加褶上衣
◇圆领
◇V 形领
☆套头衫
◇中式领
◆连身式和服袖
◇连立领
☆民俗风情上衣
其他款式的领子
领子分类
Ⅱ
◇荷叶边领
◇领结领
◎育克
◎褶
◎荷叶边
◇褶皱式领
◆和服袖
◇喇叭式领
◇披肩领
◆意大利式领
◆对接袖
◎双排扣
☆围裹式上衣
◆土耳其袖

图 3－1－3　领子分类Ⅱ

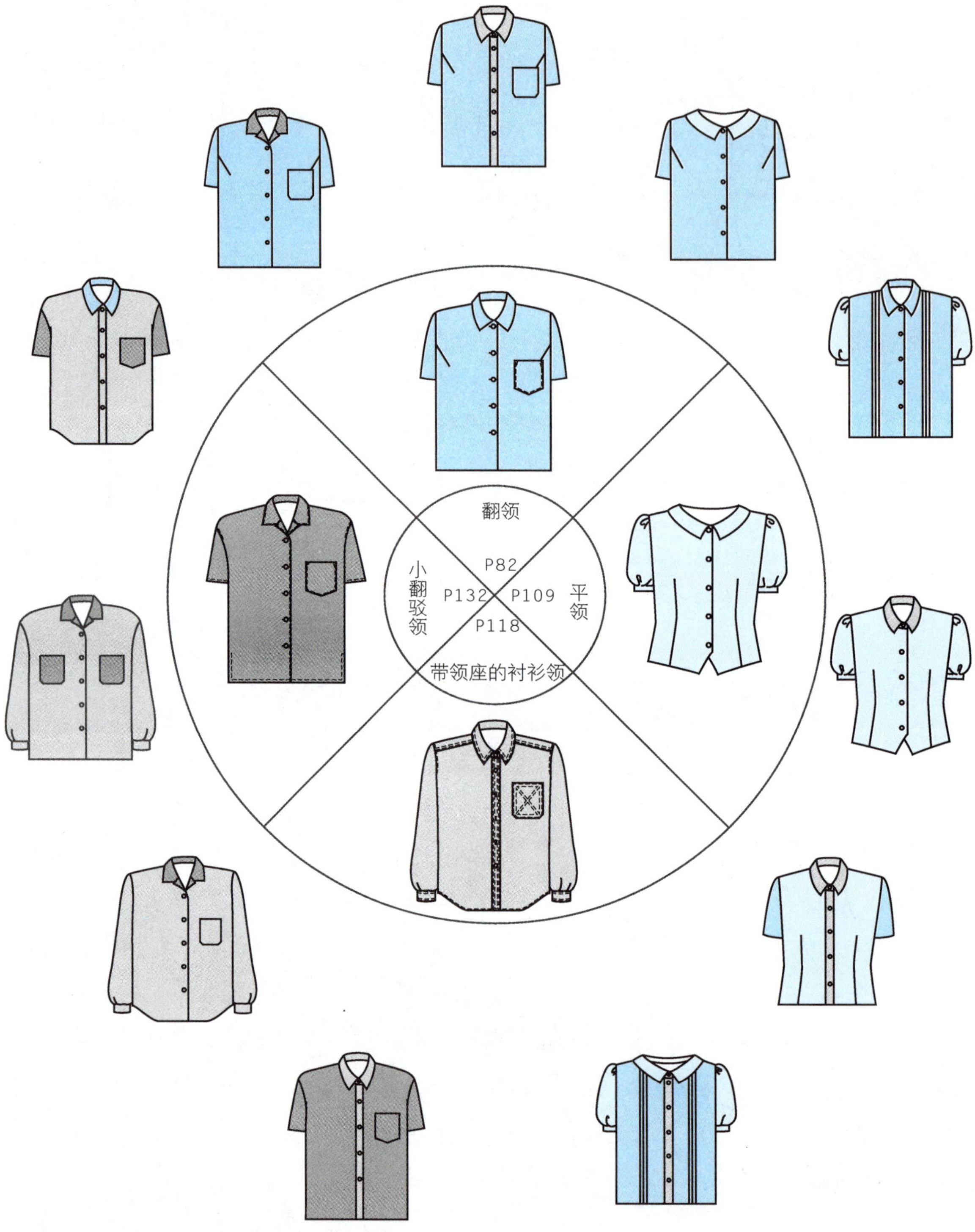

图 3－1－4　设计变化举例

上衣制图中原型的使用方法

文化式成人女装原型的基本形态是腰线呈水平的半紧身型，为了贴近人体形成立体化，腰线处含有腰省。原型放开腰省后形成箱型外形，但此时的后片腰线会稍微下落，因此在上衣的制图中最好将原型后片在胸围线（BL）向上 8～10cm 处折叠减短 0.7cm 左右。胸省可作为袖窿省(AH)处理。由于胸省的大小是根据胸围尺寸换算得到的，因此胸围越大则胸省就越大。根据具体款式的不同，袖窿省可以转移或作服装的松量，也可结合垫肩的有无进行相应处理。教材范例是较宽松的造型，根据上述原理，将原有省量的 1 /2 作为袖窿省，剩下 1 /2 作为袖窿的松量。另外，后肩省也同样，留下 1 /2 作为肩省，剩余部分可作为吃缝量或松量进行处理。

根据以上的考虑，先做原型操作准备，然后再进行纸样的制图(图 3 －1 －5，图 3 －1 －6)。

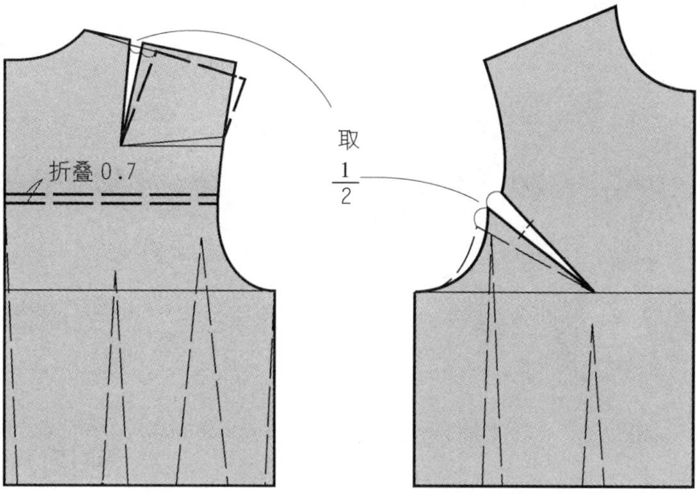

图 3 －1 －5　原型操作的方法

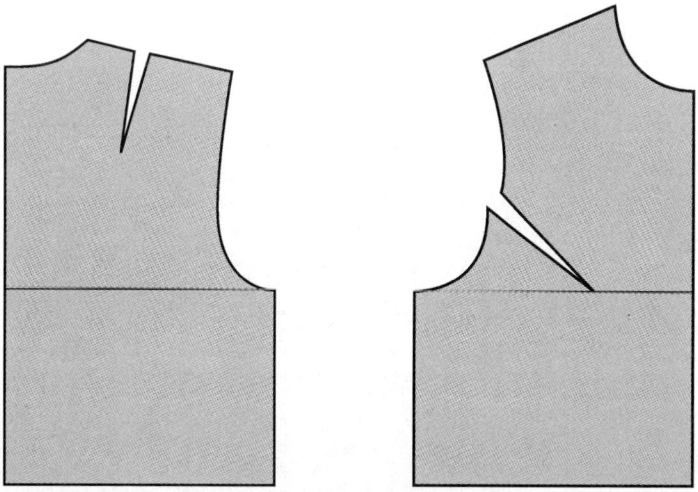

图 3 －1 －6　上衣制图用基样

翻领上衣

设计

与翻领配合使用的半袖上衣式样简单，可作为内穿式上衣，也可作为外穿式上衣。它可以针对配套穿着的裙子或裤子考虑适合的材质、色彩和图案，穿着范围比较广(图 3－2－1)。

使用量

面　料:幅宽 90cm,160cm
　　(上衣长 +7cm)×2 ＋ 衣领量 30cm
粘合衬:幅宽 90cm,60cm
　　上衣长 +10cm

制图(图 3－2－2、图 3－2－3)

●衣身

前后衣片的衣长都由上衣原型的腰线放出 20cm,腋下缝线从袖窿深线垂直向下,因此需要确认臀围尺寸是否足够。原型操作后留下的肩省与肩胛骨位置对应做吃缝，如果面料无法做吃缝则直接收省。由前中心放出叠门尺寸为 1.5cm,钉五粒扣,胸省按原型操作后确定的量收省,省尖要稍稍向侧面移动并减短一些。还要考虑口袋的形状、大小、位置等,比例要得当,由止口向里 6cm 画贴边线。

●领

画基础直角线,沿垂直线向上 3cm 处,画水平线并量出后领口尺寸☒cm，终止点为颈侧点(SNP)，再由该位置将前领口尺寸◎cm 与基础水平线相交,将颈侧点区域画圆顺,呈曲线,形成绱领线。然后在垂直线上，取后底领宽 2.5cm、后领宽 3.5cm。在前绱领线处做垂直线,长度为 1cm,作为前底领,参照绱领线画圆顺翻领线。前

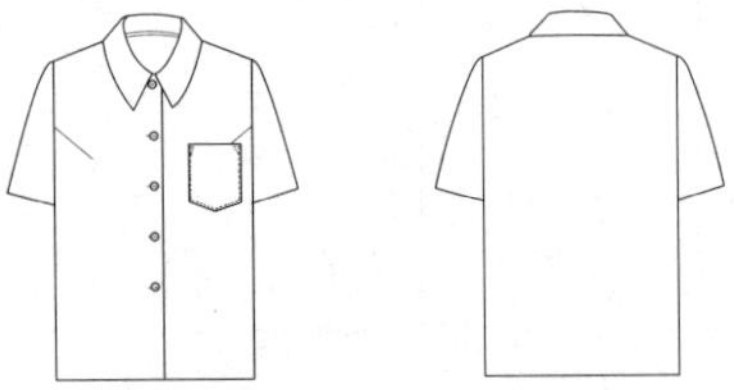

图 3－2－1　翻领上衣

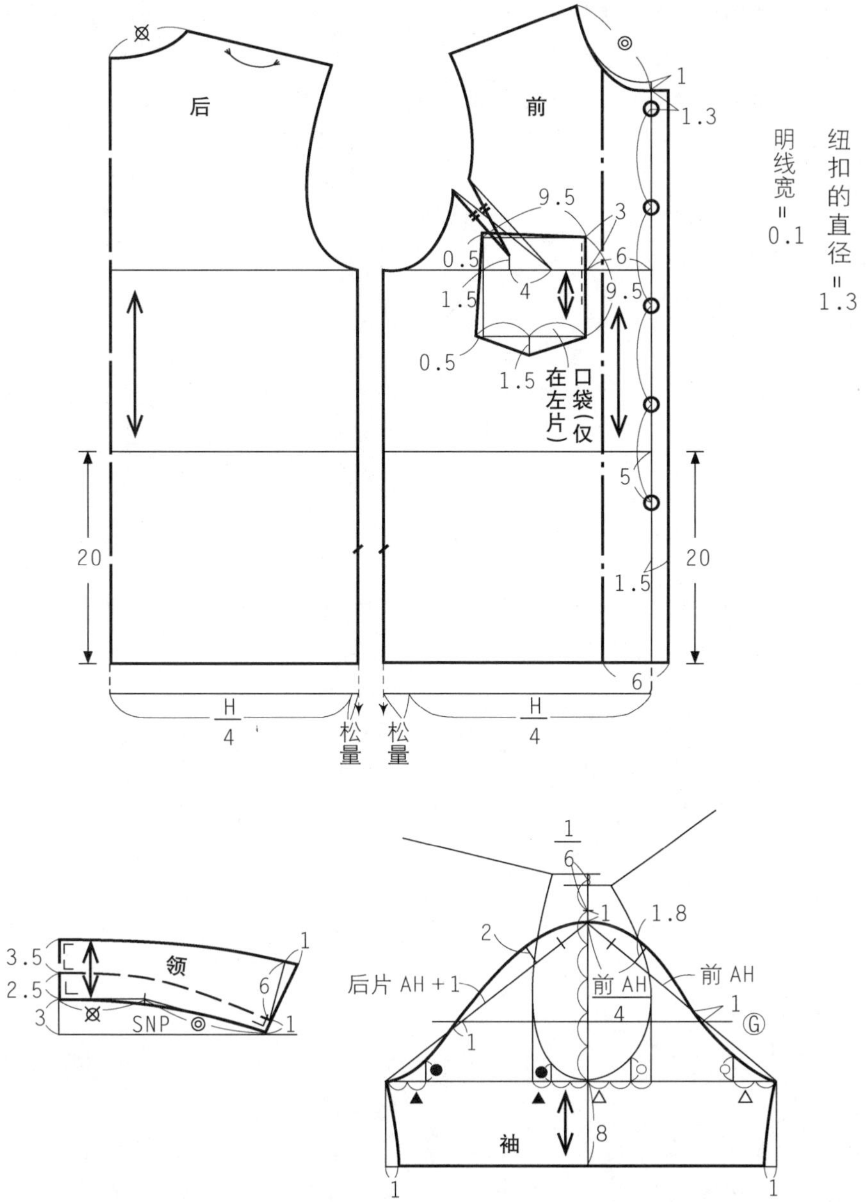

图 3－2－2　作图

领宽可根据脸型及喜好，考虑衣领大小和形状画领外口线。

●袖

在量取前后袖窿弧线的基础上，用与袖原型相同的方法制图，如果考虑到袖子的机能性，制图时可将袖山降低 1cm 左右。

●衬衫领的制图

按照衬衫领的制图设想进行讲解。

①在前后领口弧线上画出想要的衣领形状。

②画直角线，在水平线上取前后领口弧线的尺寸（⊠+◎），在后垂直线上取后底领和后翻领宽的尺寸，由绱领终点取前底领和前翻领宽。

③量取①的领外口弧线长度（▲+●），参照尺寸在颈侧点前后剪开纸样，由此决定垂直线上的领翘尺寸χ。

④仔细画出绱领线、翻领线（领翻折线）和领外口弧线，领外口尺寸越长，χ尺寸越大。

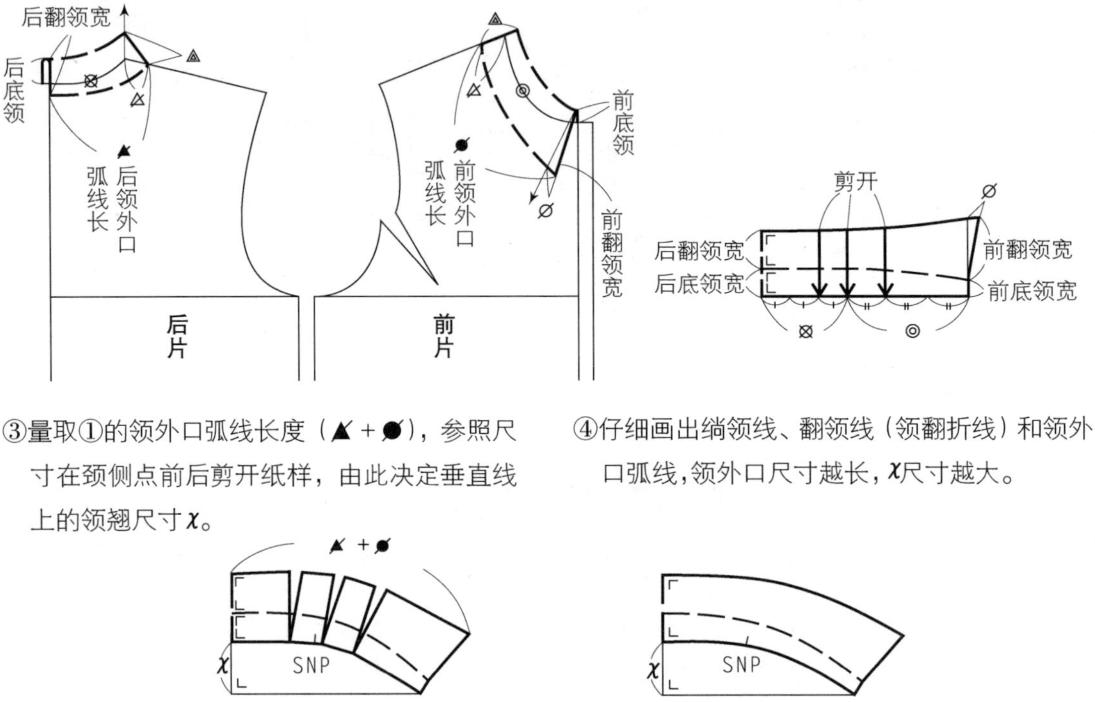

图3－2－3　翻领的制图方法

制作纸样（图3－2－4、图3－2－5）

●复制纸样

为了保留修改记录，将原制图留下，另外复制纸样板。复制时若用软铅笔，铅可能会弄脏纸样的轮廓线，所以要使用2H～4H的铅笔。贴边要沿着前止口连续画，领子最好沿后中心画出左右片。另外，为了裁剪需要，在纸样上要做以下标记。

(1)前后身衣片

止口线、前中心线、纽扣位置、省道（终点用十字记号标出）、胸围线、腰围线、臀围线、贴边位置、对位记号、口袋位置、经纱方向线、部位名称。

(2)领子

领底线、后中心线、颈侧点（SNP）、经纱方向线、部位名称。

(3)袖子

袖山线、袖肥线、袖肘线（EL）、经纱方向线、部位名称。

(4)口袋

经纱方向线、部位名称。

＊另外，所有纸样上应记录服装名称、尺寸、注意事项等。

●纸样的修正

为了防止缝制时发生问题，要对复制后的纸样进行检查。将领口、肩、袖山、袖口、底摆画在另外的纸上，将领口线、肩线、袖山弧线、袖口线、底摆线的连接部位修改圆顺。将肩省、胸省叠成缝合状态，对线进行修改。

图3－2－5是修改后的纸样。

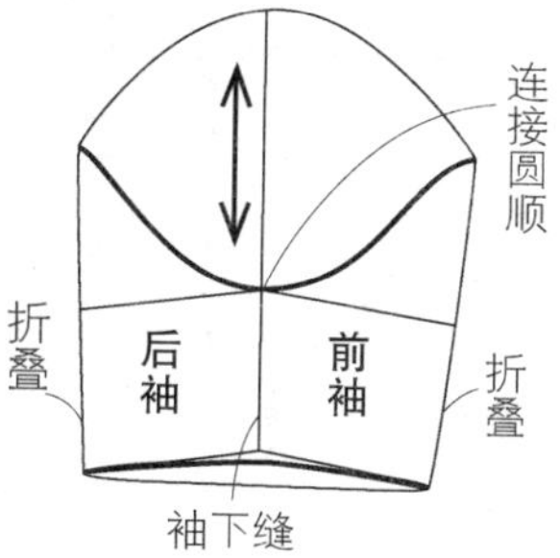

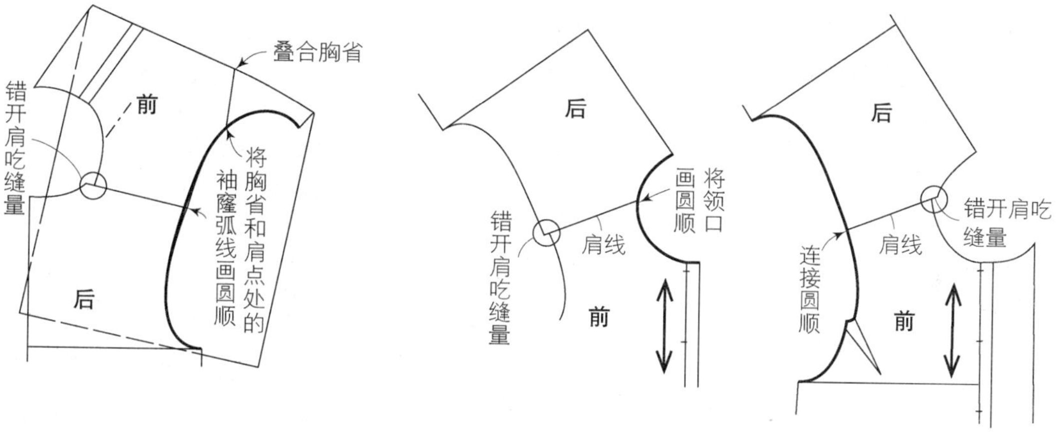

图3－2－4　纸样的修正

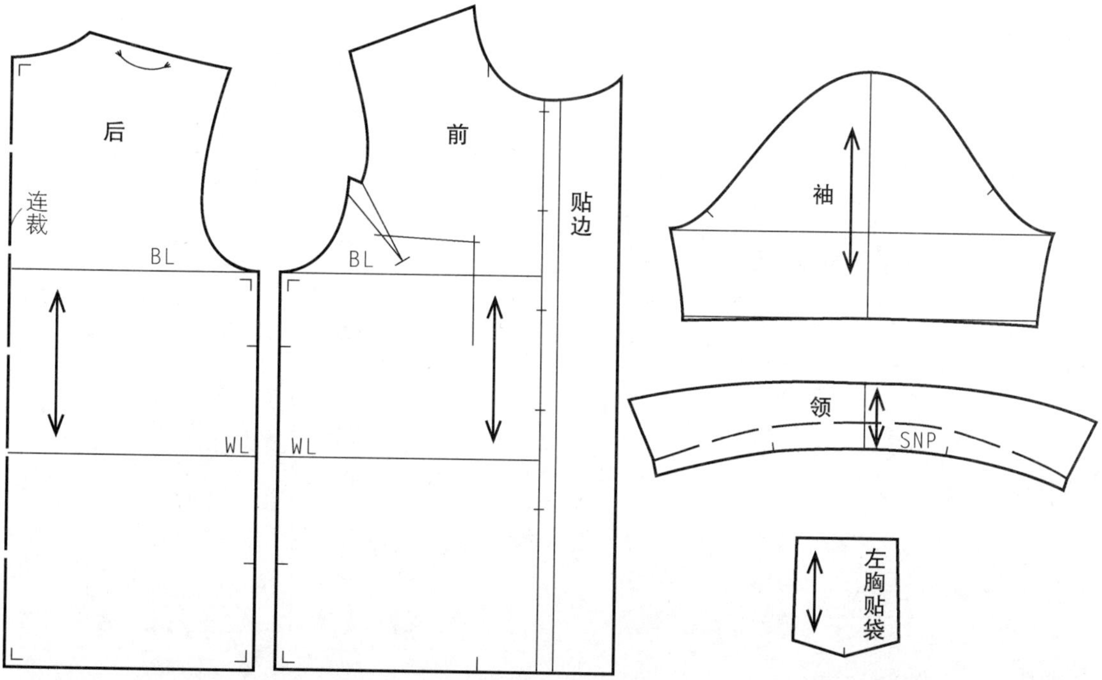

图3－2－5　完成后的纸样

裁剪要点

●裁剪准备

(1)面料的确认

确认面料的正反面、有无方向性及疵点、印染是否均匀等，在反面标记净缝印。

(2)纱向修正、缩绒

针对面料纱向倾斜的修正叫纱向修正。另外，将未经防缩加工、易收缩的面料预先缩水的过程叫缩绒。棉、麻等面料可以在反面用蒸汽熨斗进行经、纬纱向修正的同时进行缩绒处理（参照第 70 页）。

●裁剪

采用两面复写纸做净缝标记线时，将面料的正面相对，沿直纱折叠或沿幅宽对折后放置纸样。试穿修改时，将改变后的领子、口袋用白坯布进行裁剪，并要在纸样上进行确认。

〈素色面料的情况〉

①面积大的裁片优先摆放，方向尽量相同。如果面料没有倒顺，也可以穿插裁剪（图 3－2－6、图 3－2－7）。

②将纸样用大头针固定，用方眼尺正确量出折边和缝份部分，用白色划粉做记号。

③裁剪时注意不要裁过量，但要留有足够的缝份量。

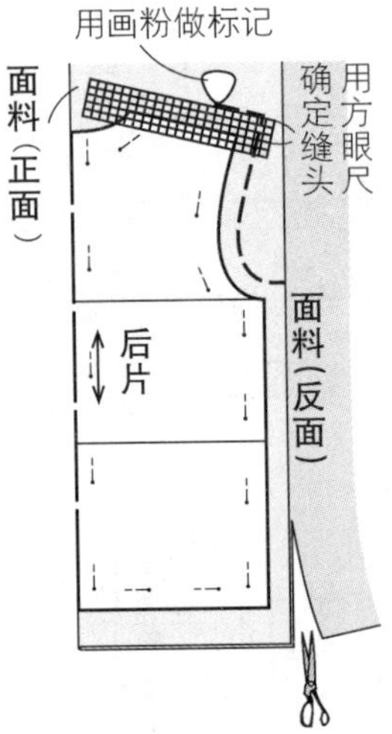

图 3－2－6　裁剪方法

〈幅宽 90cm 对折的情况〉

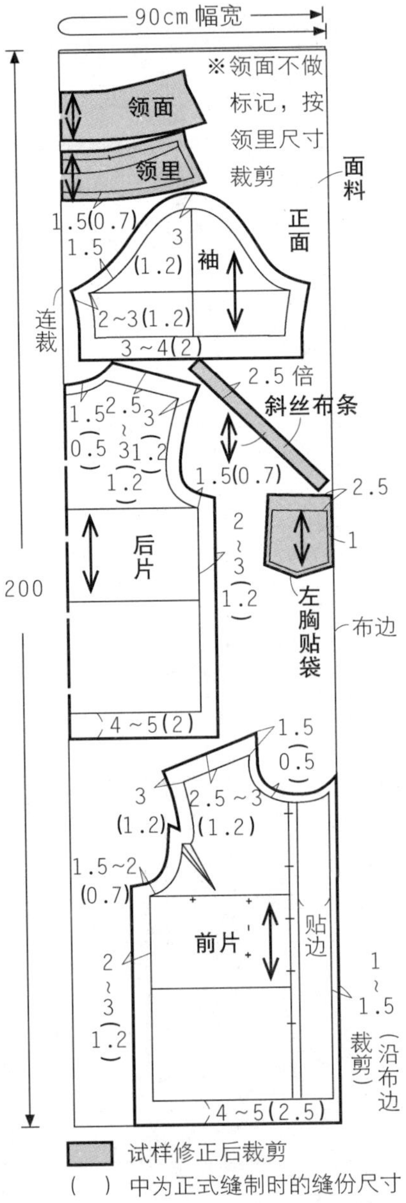

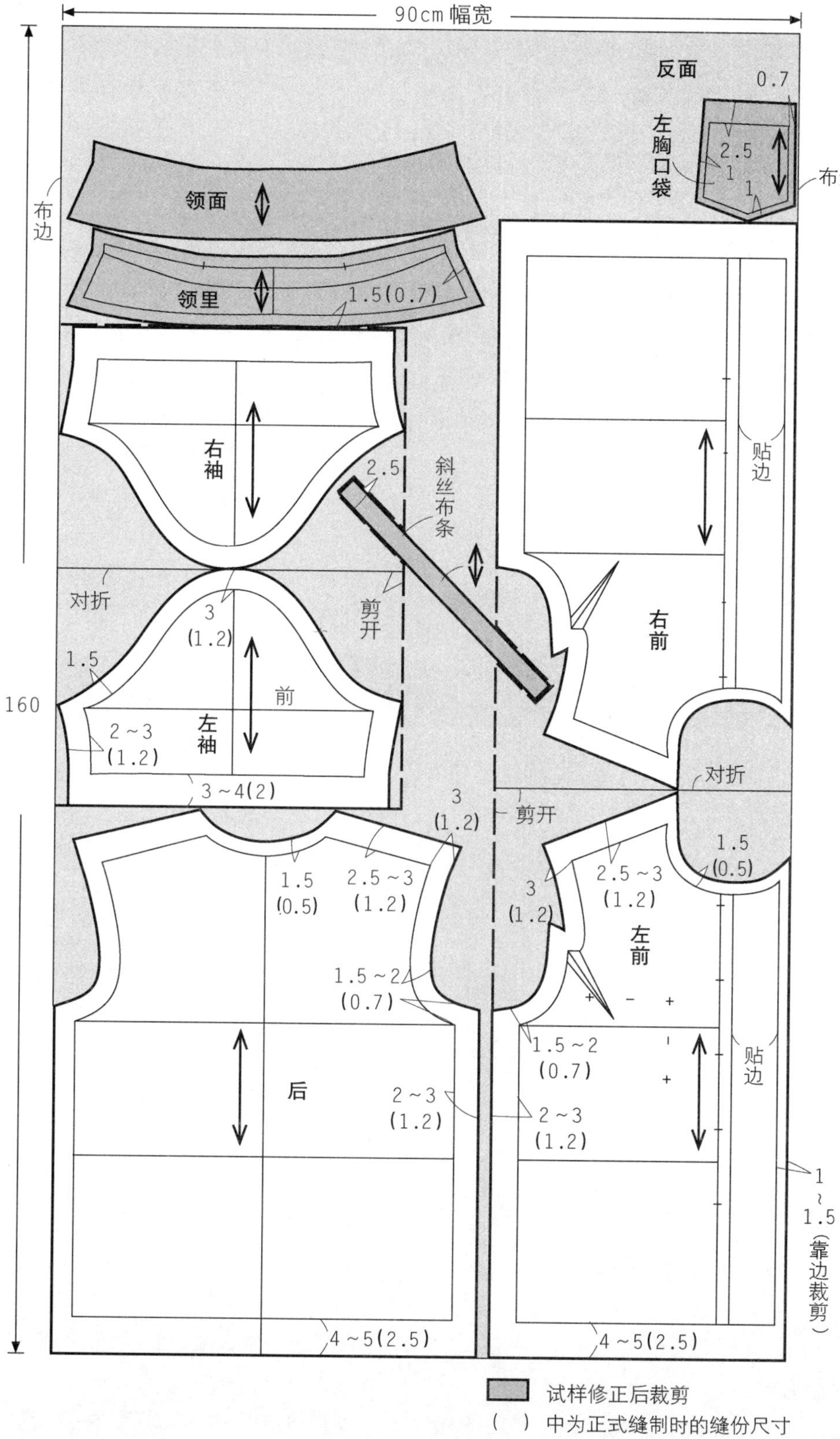

90cm幅宽
反面
0.7
左胸口袋
2.5
1
1
布边
布边
领面
领里
1.5(0.7)
右袖
2.5
斜丝布条
贴边
对折
剪开
3
(1.2)
1.5
前
左袖
2~3
(1.2)
3~4(2)
160
右前
对折
剪开
3
(1.2)
1.5
(0.5)
1.5
(0.5)
2.5~3
(1.2)
2.5~3
(1.2)
3
(1.2)
左前
1.5~2
(0.7)
1.5~2
(0.7)
贴边
后
2~3
(1.2)
2~3
(1.2)
1
~
1.5
(靠边裁剪)
4~5(2.5)
4~5(2.5)
试样修正后裁剪
（ ）中为正式缝制时的缝份尺寸

图 3-2-7 排料图

●做记号

①拿大头针将纸样固定，将两面复写纸（白色）夹在布中间，用滚轮（软齿）做记号，拐角、纽扣等处做十字记号，省终止处和对位记号（胸围线、腰围线、臀围线等）在缝份侧轻轻地做T字记号(图3-2-8)。

②领口线、袖口线处为斜纱，容易抻长，因此从净缝印向外0.2cm在缝份上用白棉线做缩缝。另外，在前后中心线、纽扣位置、口袋位置也要用缝线做记号。比较容易看到针眼的面料，针迹要尽量少(参照第91页图3-2-10②和③)。

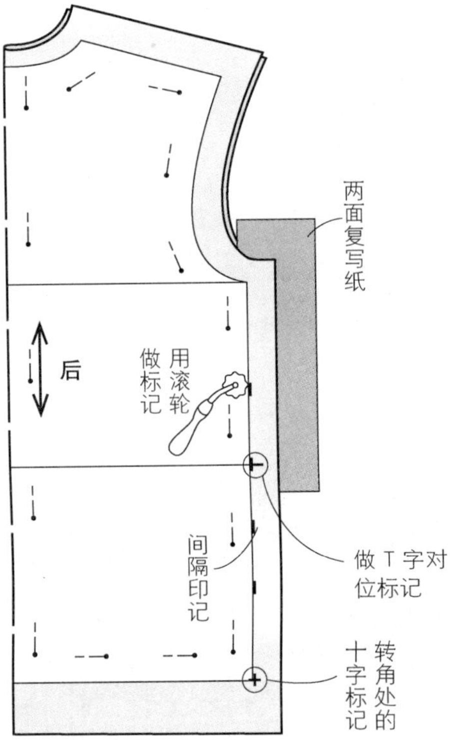

图3-2-8　做记号

●对接花纹

上衣中使用较多的有格纹（格子纹）、条纹（竖条纹、横条纹、重叠纹）、水珠纹、花纹、涡旋纹、几何纹等，不论是机织物还是印染布，都需要对花纹。

下面对需要左右对称的花纹面料和前中心需要保持完整图形的花纹面料进行裁剪说明。

(1)左右花纹对称裁剪

①衣身的花纹配置要确认前后中心线、胸围、腰围、臀围、下摆的花纹形状，然后再决定到底在哪里裁剪。另外大花纹布料要避免将图案放在左右胸点位置上。

②袖中线的花纹要和前片中心线处的相同，袖肥线的花纹要与胸围线处的一致（图3-2-9①），或保证袖子与衣身从肩点向下8~10cm的范围内条纹对接（图3-2-9②）。无论是哪种情况，在假缝袖子时可以使用白坯布试穿修改，然后用修改后的纸样进行裁剪。

③对领子花纹时，要考虑将翻折线翻好之后，在后中心线处与后身对合花纹的状况，同时还要注意左右领尖的花纹要一致。

(2)前中心花纹不对称的裁剪(图3-2-9③)

①前中心的花纹需要在观察上下、整体的花纹布局的基础上决定，用一根白棉线在面料表面绗缝，做出前中心标记线。同时在前颈点(FNP)、腰围线(WL)、底摆线的位置上还要做横向记号。

②放上纸样，用大头针固定，粗裁右前身衣片。

③寻找左前身衣片上连接花纹的位置，在前中心线、前颈点(FNP)、腰围线(WL)、底摆线等位置做对位记号。

④取下右身纸样，将左右前片的中心线、前颈点(FNP)、腰围线(WL)、底摆线对齐，将粗裁的右衣身片放在面料上，裁左片。

⑤确认后身片的左右腋下缝线花纹对接状况，然后检查腰围线、底摆线的花纹高度，观察后身片整体花纹后裁剪后片。

⑥衣袖假缝时，用白坯布进行缝制，在修改后的后身与假缝袖上做对位记号，在考虑与衣身的对称关系后裁剪左右袖。

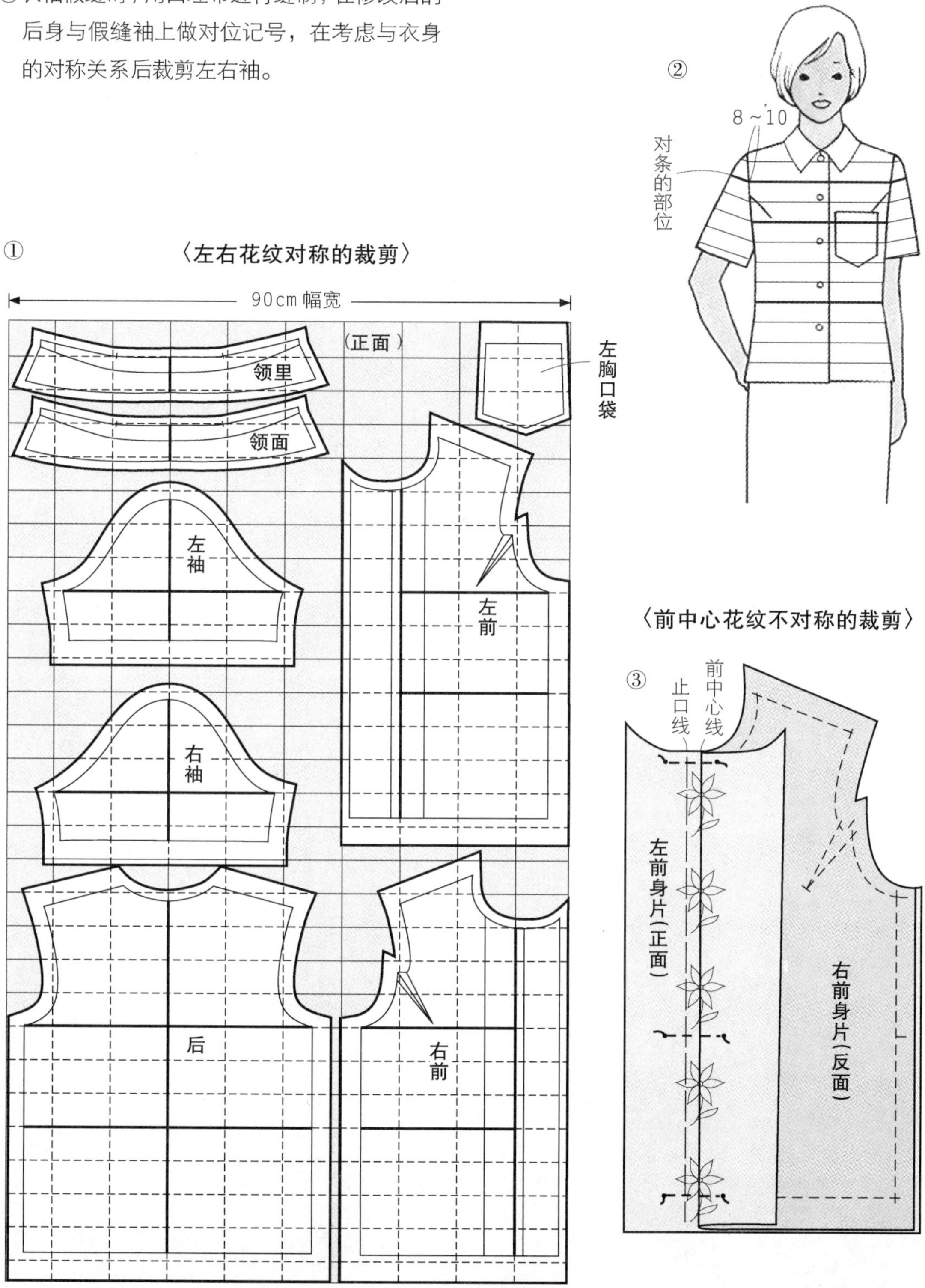

图3-2-9　对花纹

假缝（图 3－2－10）

●假缝顺序

假缝时，用一根白棉线手缝完成，开头缝一针打回针，缝完后不打结，同样一针打回针。假缝由平缝、拱针吃缝和绷缝等针法组成，假缝顺序见下表。

假缝顺序表

(1)	缝胸省
(2)	整理前止口，把贴边烫好
(3)	绱贴袋
(4)	缝肩缝
(5)	缝腋下缝
(6)	折底摆
(7)	扣净领外口，绷缝
(8)	绱领面
(9)	做袖子
(10)	绱袖子
(11)	钉纽扣

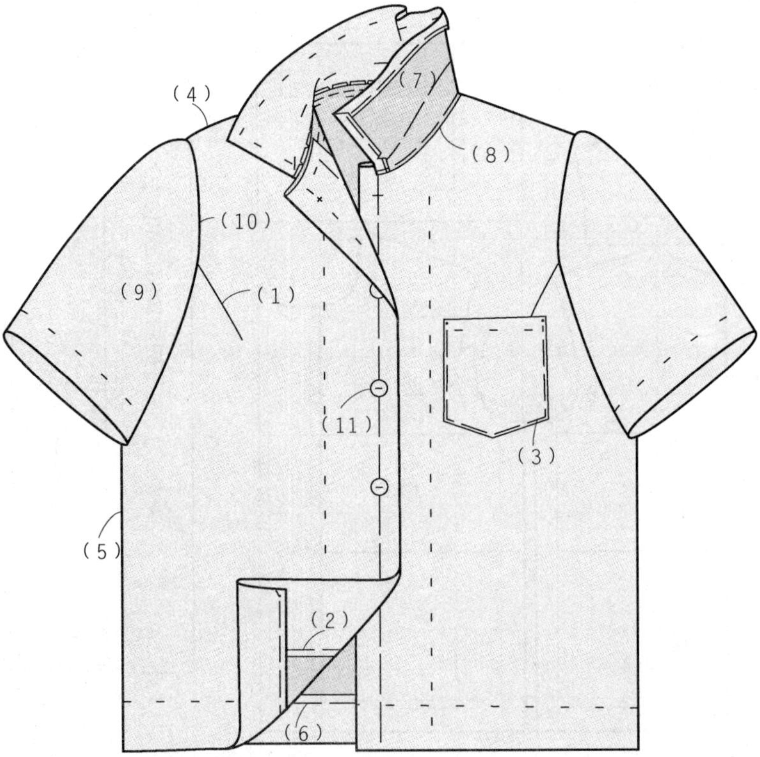

图 3－2－10　假缝顺序

（1）缝胸省

按照缝合记号用大头针固定，不要错位，沿净缝线缉缝，一直缝到超过袖窿弧线的净缝线两针（0.5cm 左右）为止，最后一针打回针。胸省道倒向上方（图 3－2－10 ①和② ）。

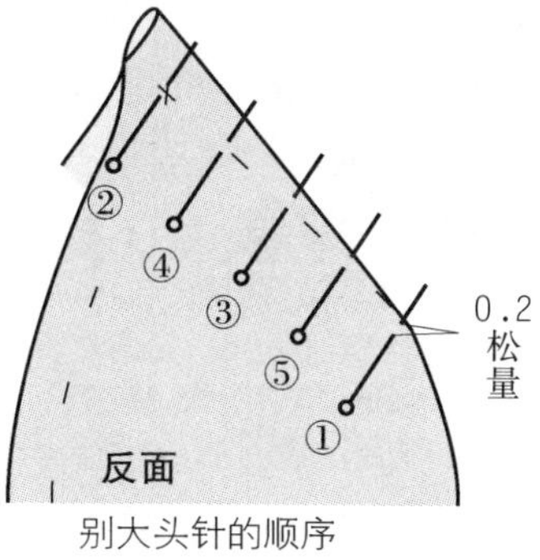

图 3－2－10 ① 缝胸省

（2）整理止口

折止口线，粗缝贴边（图 3－2－10 ② ）。

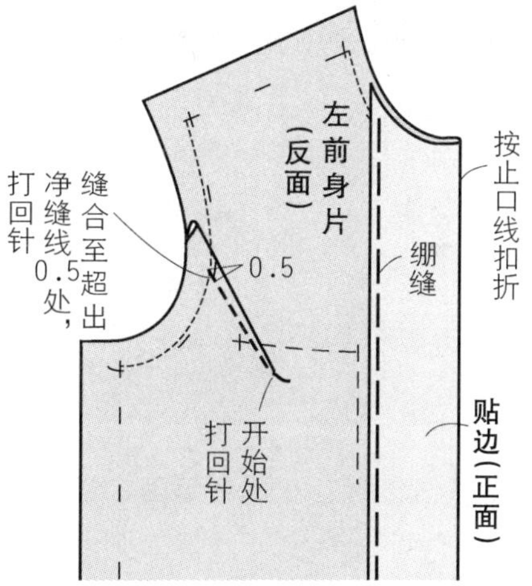

图 3－2－10 ② 整理止口

（3）绱贴袋

口袋四周用熨斗折好、烫平，前身片放在熨烫馒头上，要考虑胸部的隆起，口袋口酌情留余量、对准记号、绷缝出立体效果（图 3－2－10 ③ ）。

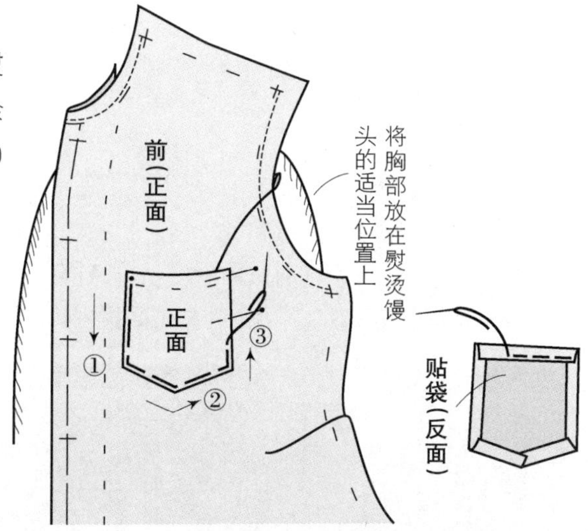

图 3－2－10 ③ 绱贴袋

(4) 缝肩缝

将前后片肩线正面相对缝合。在后肩略吃缝、前肩略拉抻的基础上将颈侧点、肩点对准，用大头针固定，注意前后身片不要错位，然后按颈侧点记号从 0.5cm 缝边部分向肩点处平缝。由于在修改过程中肩宽可能会加长，因此要缝到肩点缝份的边缘。缝份倒向后身一侧(图 3－2－10 ④)。

(5)缝腋下缝

在袖窿深点、腰围线、底摆线等对位点处别大头针,从袖窿深点以下、距离缝份 0.5cm 处开始缝至底摆缝份边缘，缝份倒向前身片一侧(图 3－2－10 ④)。

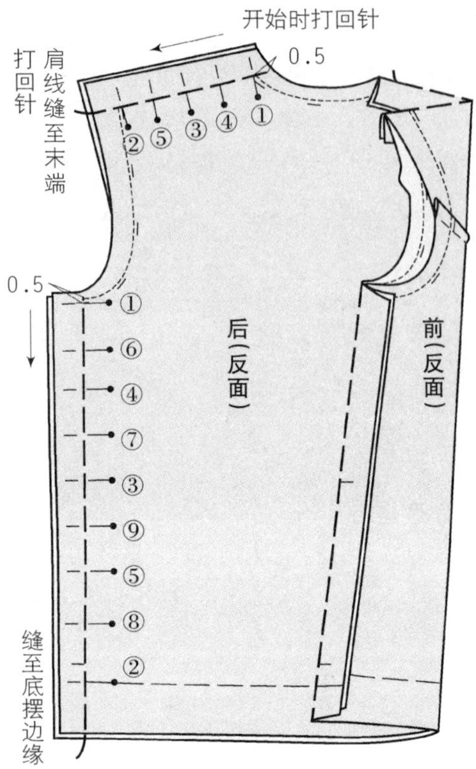

图 3－2－10 ④　缝肩缝和侧缝

(6)扣折底摆

将底摆缝份向上扣烫，绷缝固定(图 3－2－10 ⑤)。

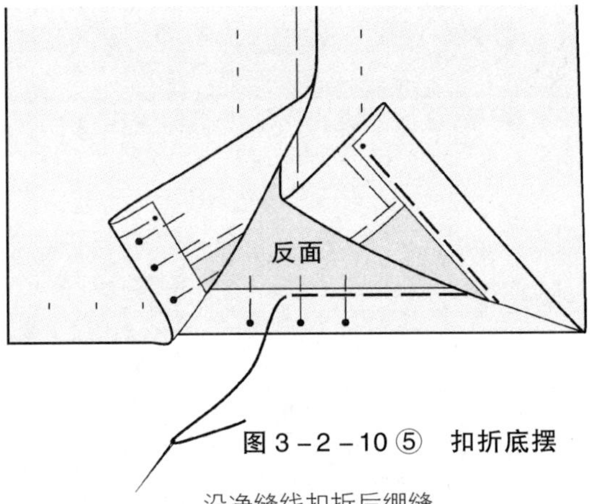

图 3－2－10 ⑤　扣折底摆

(7)扣净领外口、绷缝

将领外口弧线缝份倒向反面折好、绷缝固定。在绱领缝份处打剪口，用熨斗向正面折好，注意不要抻拉过头(图 3－2－10 ⑥)。

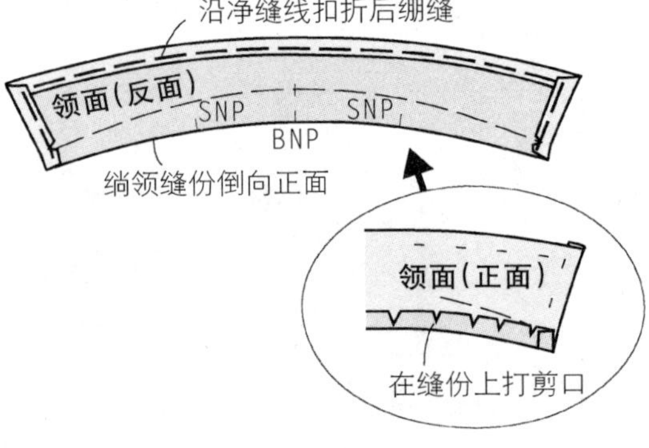

图 3－2－10 ⑥　扣净领外口，绷缝

(8)绱领

将衣身放在熨烫馒头上，领面与领口按绱领记号对位，先将后颈点、绱领线的起止点、颈侧点处用大头针别上，以防错位，然后将中间部分也别上，在领面的绱领线处用小针脚绷缝（图3－2－10⑦）。

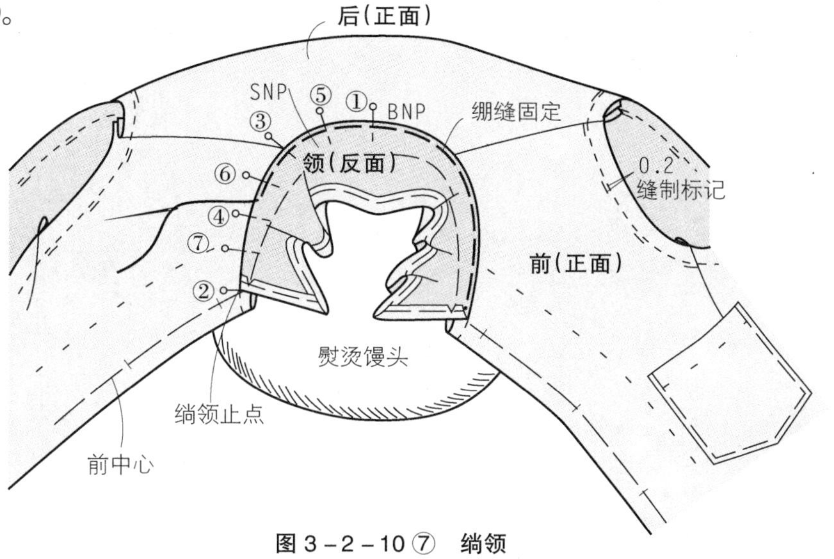

图3－2－10⑦ 绱领

(9)做袖子

缝袖下缝时不应错位，从袖山底点以下，距离缝份0.5cm处开始向袖口方向平缝，缝好后将缝份倒向前侧。往上扣折袖口贴边，绷缝固定。从袖山净缝线向缝份方向进0.2cm，间隔0.5cm用白棉线缝双道拱针（图3－2－10⑧）。

抽缩缝线，分配吃缝量，将袖山头放在熨具上用熨斗整理熨烫（图3－2－10⑨）。

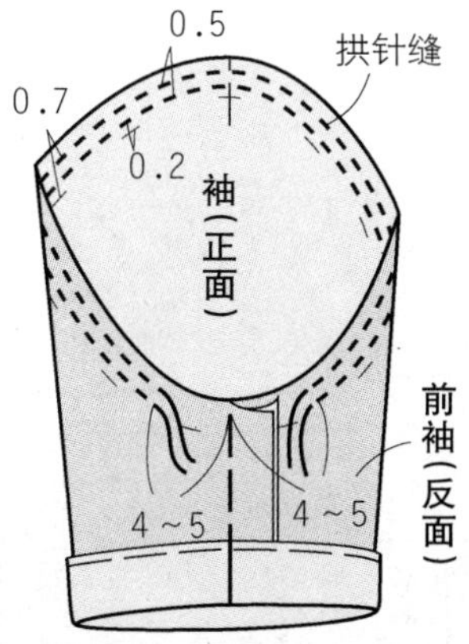

图3－2－10⑧ 做袖子

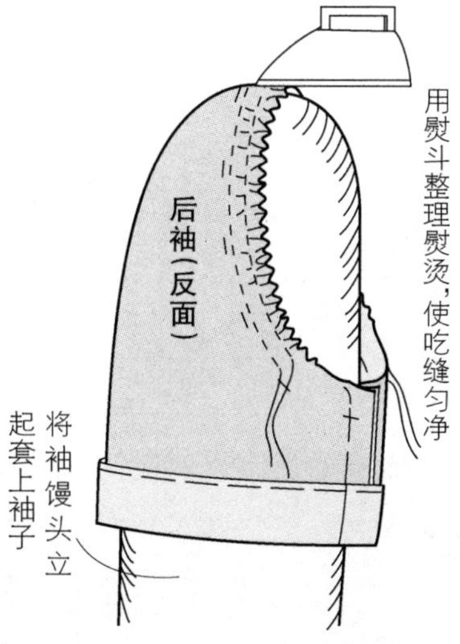

图3－2－10⑨ 做袖山

(10)绱袖子

先将袖山顶点与肩缝端点正面相对，从袖子侧别上大头针。缝份要平整,从里面看也要与衣身吻合相称,袖窿处用大头针别上。吃缝量错开或堆积过多都会起褶，会影响到袖子的造型，注意在保证衣身的绱袖线不抻长的前提下用细密针脚缝制(图 3－2－10 ⑩)。

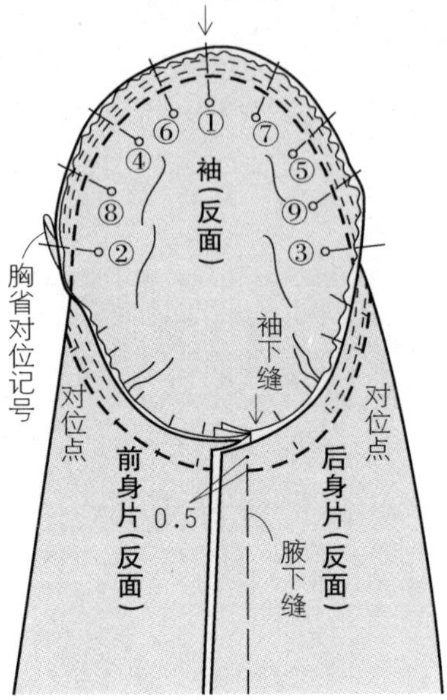

图 3－2－10 ⑩　绱袖子

(11)钉纽扣

用厚纸或布做扣,在门襟(右衣身)纽扣位置假缝固定，用熨斗整体熨平（图 3－2－10 ⑪)。

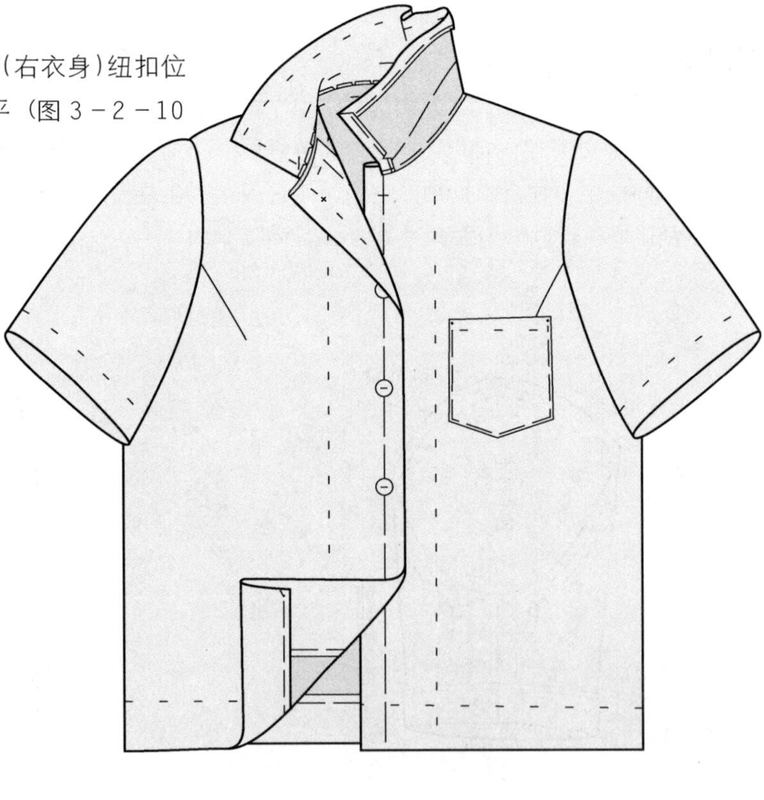

图 3－2－10⑪　钉纽扣

试穿修改

●观察体型（图3－2－11、图 3－2－12）

着下装，正确试穿假缝的上衣，仔细观察体型，抓住特征进行修改。将上衣底摆放在下装里面穿时也要如图所示，或把上衣底摆放在下装（裙或短裤）外面，取眼、耳水平的自然站立姿势，站在镜子前，稍微离开一些，从正面、侧面、后面观察。活动身体，确认服装的性能。

（1）前面观察重点

① 前中心线是否垂直向下？

② 重合部分是否正确？

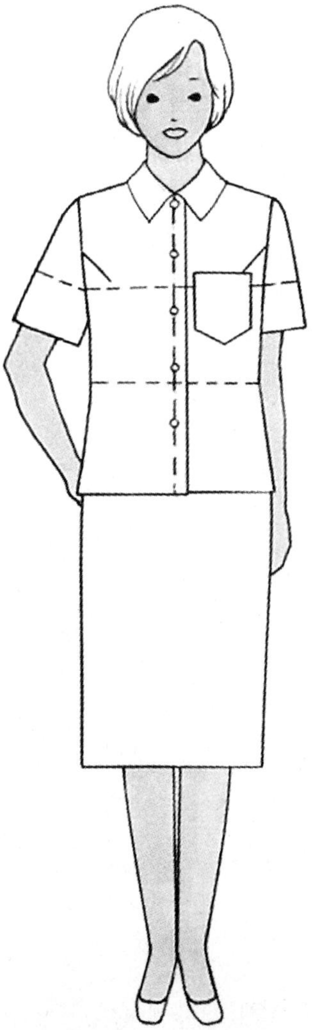

图 3－2－11 观察重点

③胸围尺寸是否足够？

④胸围线、腰围线、臀围线是否水平，前身长是否够长？

⑤省的方向、位置、量对不对？

⑥左右肩垂度、平行度如何，是溜肩还是耸肩？

⑦领子绱得怎么样，领底高、领宽、设计是否合适？

（2）侧面观察重点

①底摆线是否水平，前后中心线有没有上吊？

②肩线相对于身体厚度是否以自然的曲线在自然的位置上通过？

③腋下缝线是否在自然的位置垂直向下，有无过于靠前或靠后？

④背面的弯曲、转体、身体后仰、屈伸、弯腰、前肩、乳房部位大小是否合适？

⑤领子有无露出绱领线，领口是否平整？

⑥袖肥够不够，绱得是否圆顺？

（3）后面观察重点

①后中心线是否垂直向下？

②背宽尺寸够不够？

③胸围线、腰围线、臀围线是否水平，后身长够不够？

④肩胛骨是否发达，缝份量是否合适？

⑤左右肩的下垂如何？

⑥绱领线是否圆顺？

⑦翻领尺寸够不够？

另外，出竖绺说明尺寸过肥；出横绺说明尺寸不够；出斜绺多受体型或姿势影响。因此，要观察出绺的原因，并进行相应的修改。

●修改顺序

①观察体型以后，修改右半身。多余的绺用大头针别住，向上吊起的绺将缝线拆开追加。去掉绺后，将布重新对好，别大头针固定。

②捏绺或追加，剪去的部分在纸样上修改，再一次核对好上衣左右两边，重新做记号。

③再次假缝，通过试穿进行观察。

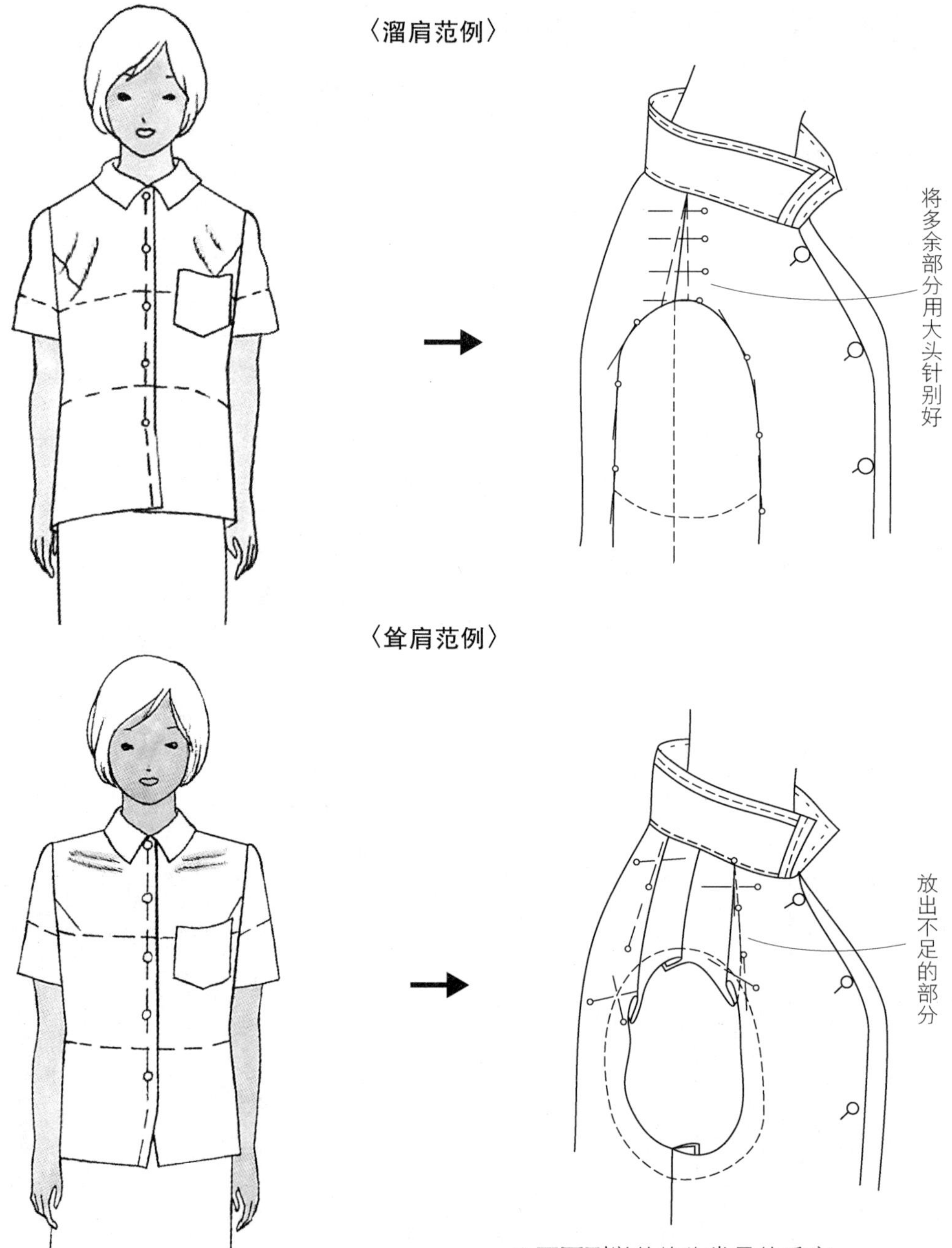

※下面列举的均为常见的毛病

图3－2－12　溜肩和耸肩范例

● 修改范例 1（图3－2－13）

从侧面看领子向后溜，前面衣领旁边和胸部起褶子，后片肥，有横绺，前下摆线向上吊。

原因 上半身后倾或全身呈弓字体型。

修改 前长不足部分，剪开前身纸样，补充前身不足部分。胸部出褶，胸省多捏一些或加大前片胸围尺寸，同时将后片减小同量的胸围尺寸。领子后倾、不抱脖时，也可将后颈点（BNP）稍微往上提。

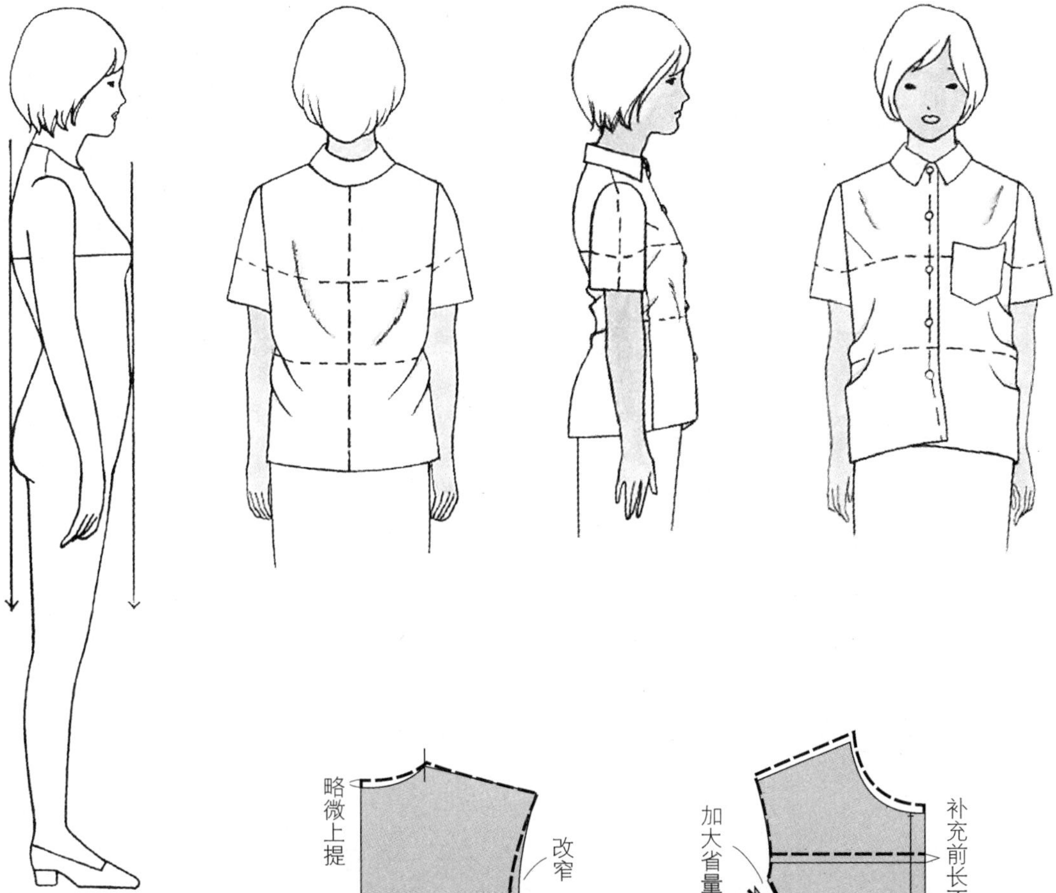

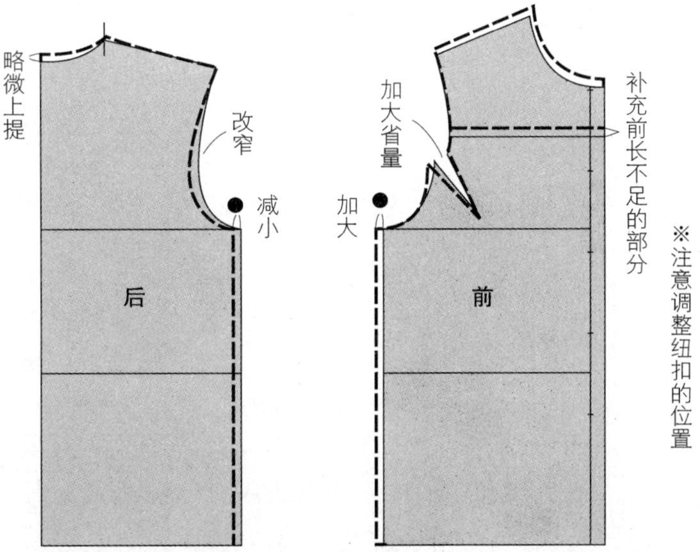

图 3－2－13 修改范例 1

● 修改范例 2（图 3－2－14）

肩头余量大，向下出斜绺（这种斜褶也称“斜吊褶”）。

原因　溜肩会出现这种情况。

修改　溜肩是肩倾斜角度大的体型，臂根位置整体位于平均值下方，因此如图所示，前后身都要加大肩斜。剪好后如果袖子过小，则把袖窿深向下挖。

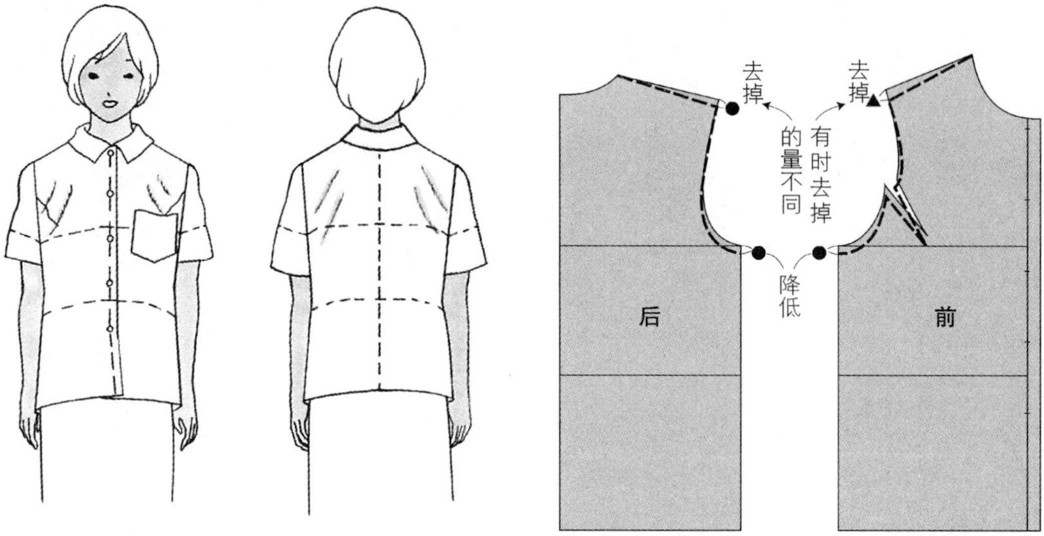

图 3－2－14　修改范例 2

●修改范例 3（图 3－2－15）

向肩头侧出褶、有横绺（横向出褶称“架褶”）。

原因　耸肩会出现这种情况。

修改　耸肩是肩倾斜角度小的体型，臂根位置整体位于平均值上方，因此如图所示，前后肩都要追加。要根据肩胛骨是否发达、肩周围肉厚程度等决定追加量。肩头的追加量并不一定前后尺寸都一样。根据肩线的状况，适度追加。追加后，袖窿过大时，袖窿深线往上提高。

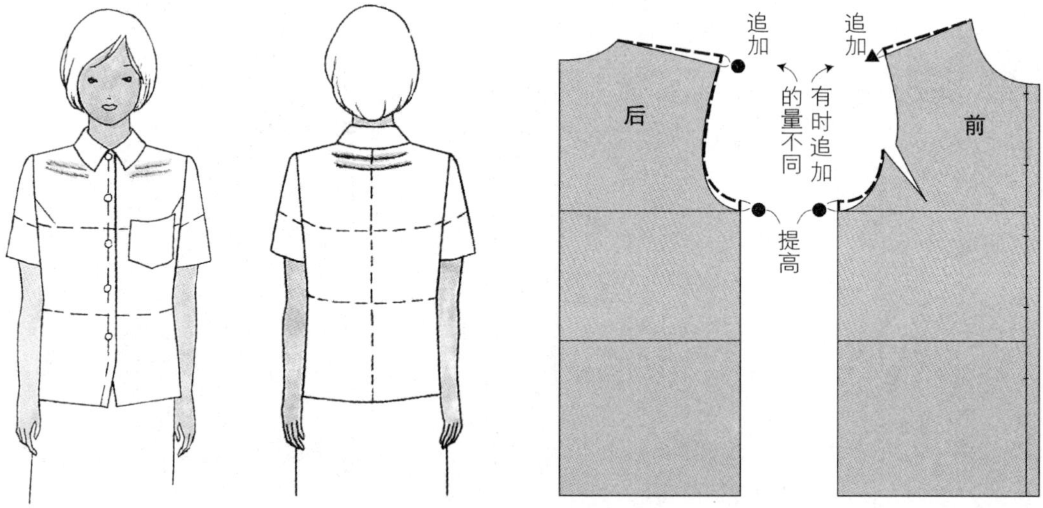

图 3－2－15　修改范例 3

● 修改范例 4（图3－2－16）

胸周围出褶，前下摆向上吊。

原因 乳房丰满，使前面整体出斜绺，胸、前长尺寸不够，前下摆向上吊。

修改 追加前长、加大胸省、略微抬高袖窿深点。

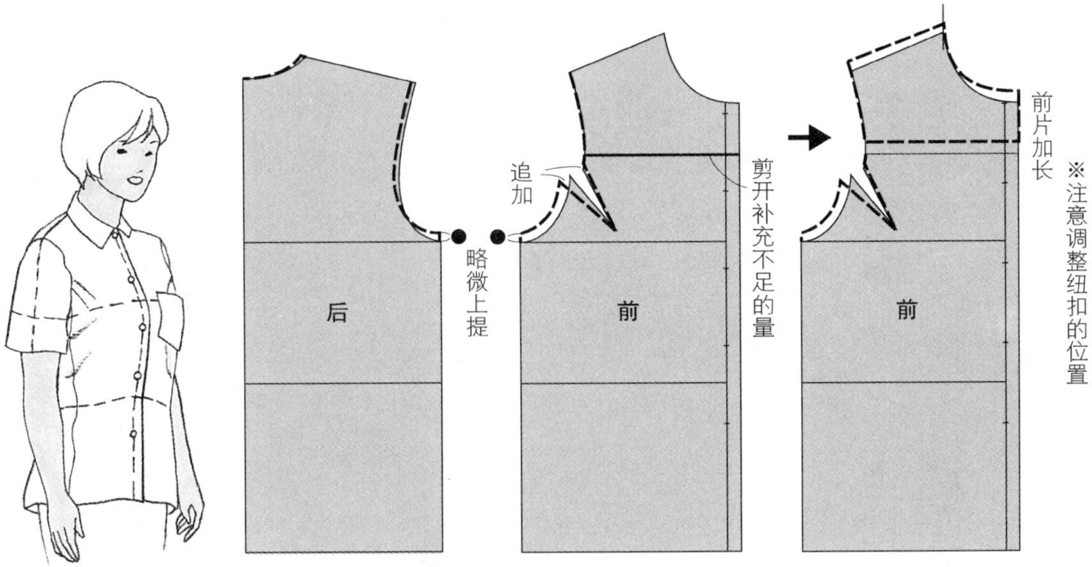

图 3－2－16　修改范例 4

● 修改范例 5（图3－2－17）

胸周围有多余褶，前身下摆往下垂，胸部出现余量。

原因 乳房小。

修改 如图所示，折叠纸样，将前长多余部分去掉，减小胸省。

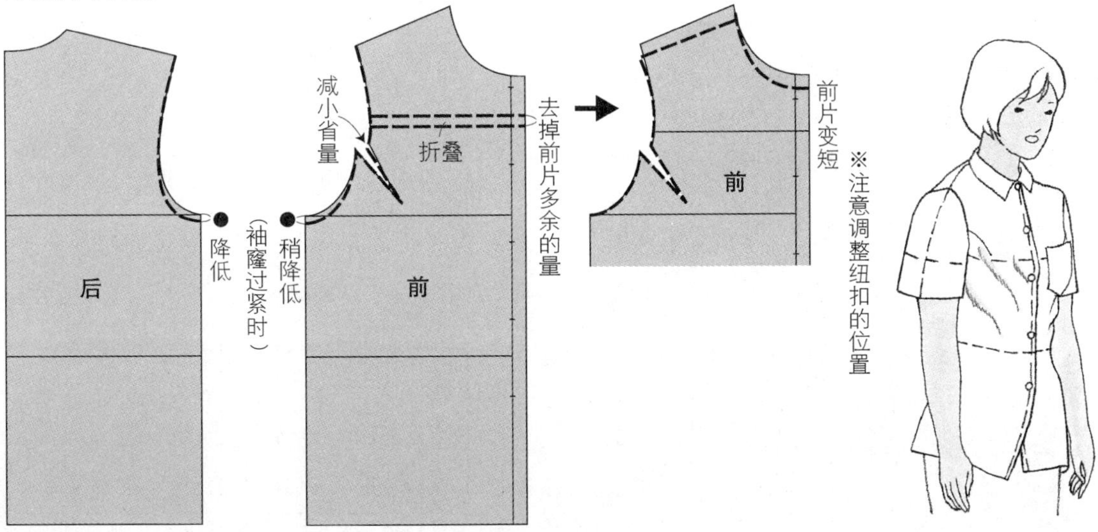

图 3－2－17　修改范例 5

● 修改范例 6（图3－2－18）

胸周围有多余的褶，前襟下垂，背部出褶，后底摆上吊。

原因 后长、后背宽不够，与标准体型相比是背往前屈的屈型体或驼背体。往前屈的屈型体或驼背体多为中老年。

修改 剪开纸样，追加后长不足部分，将前长多余部分折叠裁掉。驼背体不能用缝份解决问题时，最好加大背宽、肩宽、收肩省。

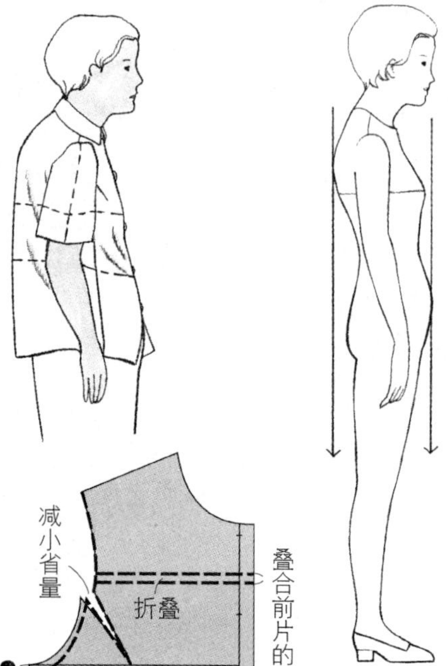

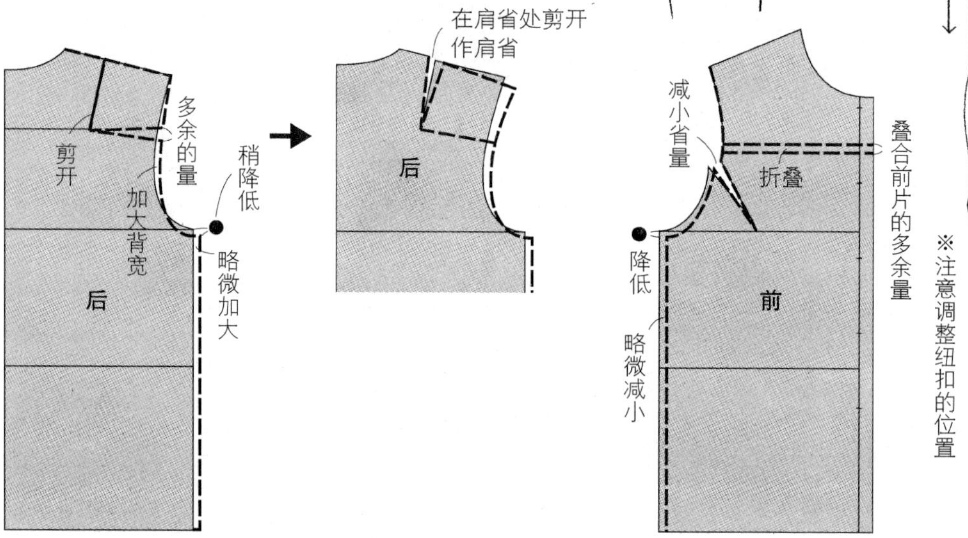

图3－2－18 修改范例6

●修改范例 7（图3－2－19）

颈侧点领靠后。

原因 脖子后面、肩周围肌肉厚，后领口尺寸不够，造成的往后抻。

修改 拆开肩线，追加后领尺寸至正确的颈侧点位置。

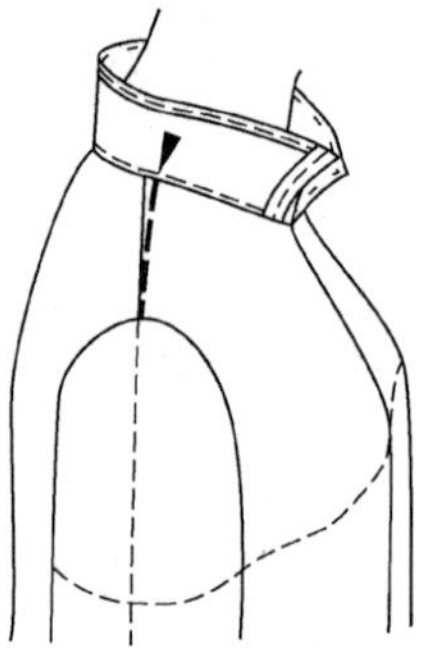

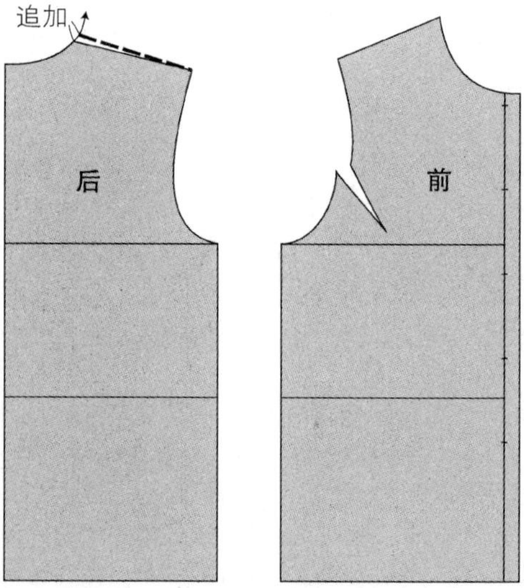

图3－2－19 修改范例7

●修改范例 8（图3－2－20）

前后袖的袖窿出斜绺。

原因 由于耸肩，袖山高不够，堆在肩上，另外上臂周围肌肉厚也会同样出褶。

修改 追加袖山不足量，抬高袖山，注意留够袖肥。

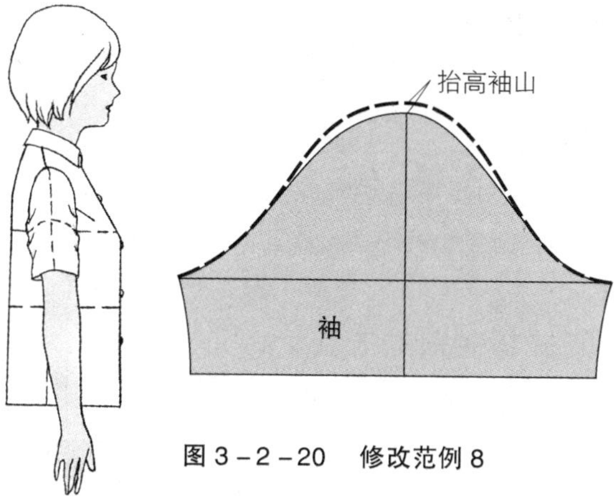

图 3－2－20 修改范例 8

●修改范例 9（图3－2－21）

前袖出斜绺。

原因 前肩体型。

修改 如图所示，袖山点向前侧移，重画绱袖曲线。

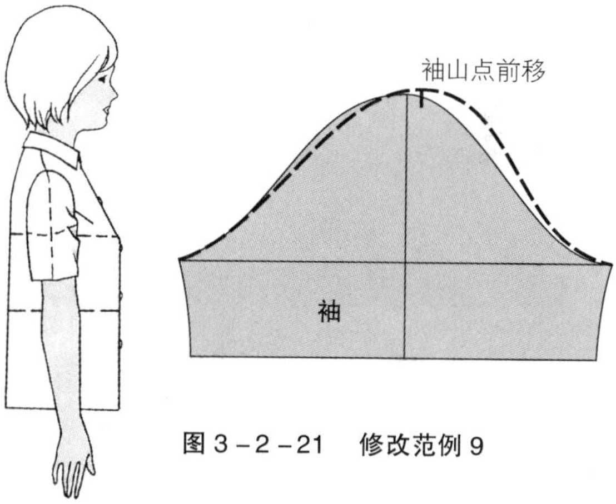

图 3－2－21 修改范例 9

●修改范例 10（图3－2－22）

后袖出斜绺。

原因 后肩体型。

修改 如图所示，袖山点向后侧移，重画绱袖曲线。

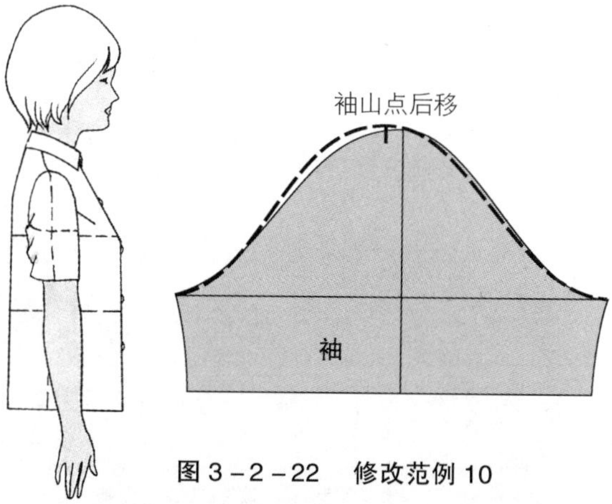

图 3－2－22 修改范例 10

以上讲解了主要的修改方法，但人的体型千差万别，起褶或褶子多，有时两种情况都有，要仔细观察，综合考虑多种原因再进行修改是很重要的。

缝制要点（图 3－2－23～图 3－2－32）

分别对身、领、袖部位的加工、缝制进行讲解。如果按后面 108 页所编排的缝制顺序表，在正式缝制以前做好准备工作，能有效地提高效率。

●正式缝制前的准备

修改、确认试穿修改后的纸样，裁领面、领里、口袋、斜布条，裁剪贴边衬、袋口衬，将其粘在对应部件的反面。肩缝、腋下缝、下摆、贴边、袖下缝、袖口、口袋的边用包缝机包边。包缝机加工完成的线迹宽度将成为缝份宽度的一部分，事先在折边和缝份部分（正面）做好记号，便于包缝加工。另外，袖山、衣身的袖窿部位的边，在用缝纫机缉缝门襟和绱袖以后再用包缝机包缝。

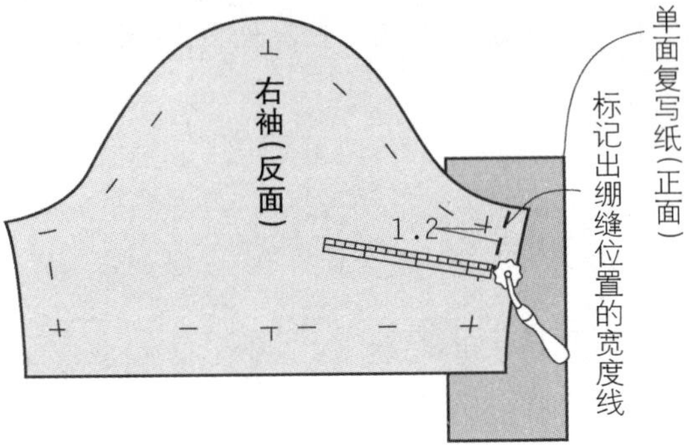

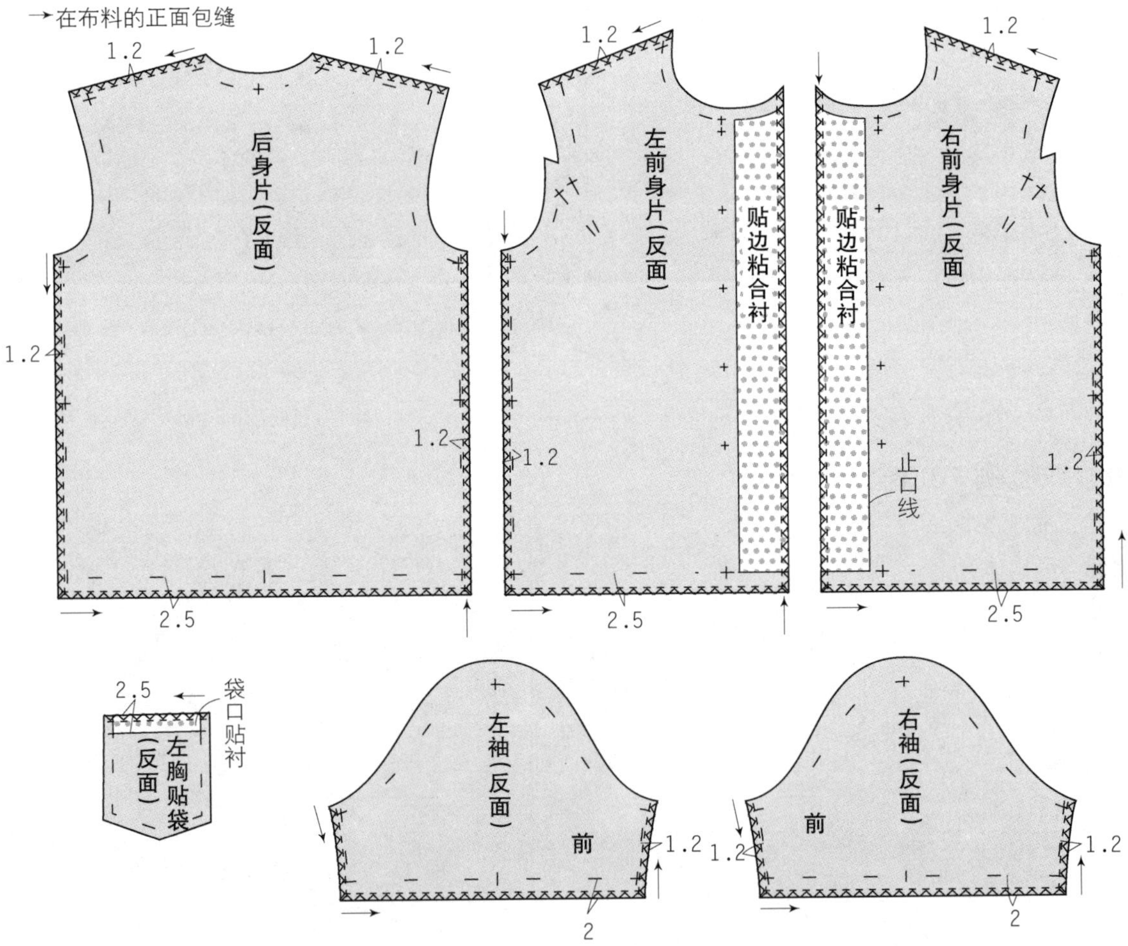

图 3－2－23　包缝的部位和方向

●做衣身

(1)缝袖窿省

在省尖终止处稍稍弯曲一些。省尖终止处线的处理是将上下两根线打结。省道倒向肩线一侧并用熨斗烫倒。

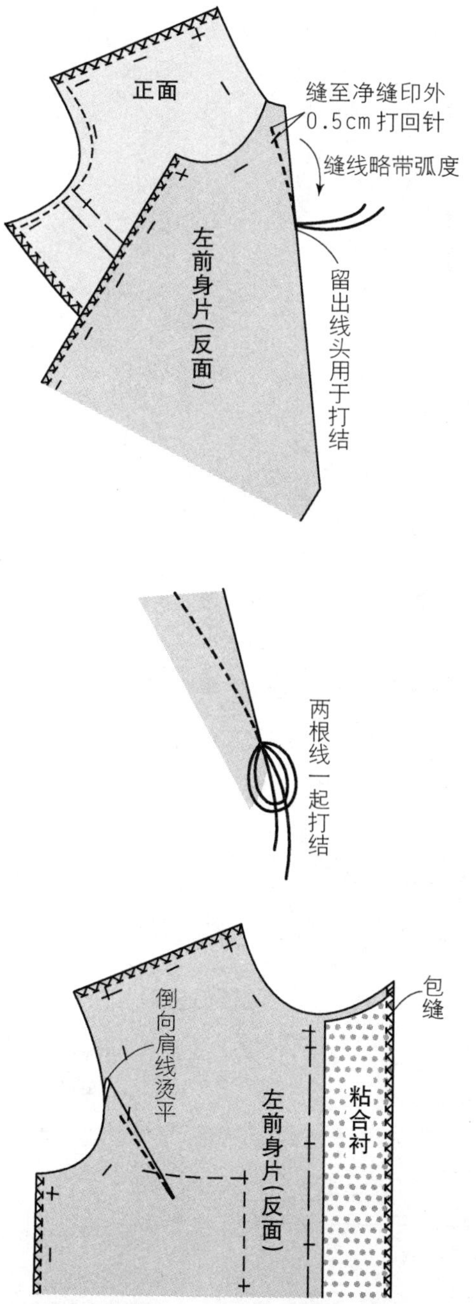

图 3-2-24　省道的缝合方法

(2)做口袋、绱口袋

袋口包缝、折好，周围也扣折好，用熨斗熨平，剪去重合的缝边部分，去薄。假缝时，在熨烫馒头上，胸凸出部分留出一点松量，呈立体形状假缝，注意机缝针脚，然后绱口袋。

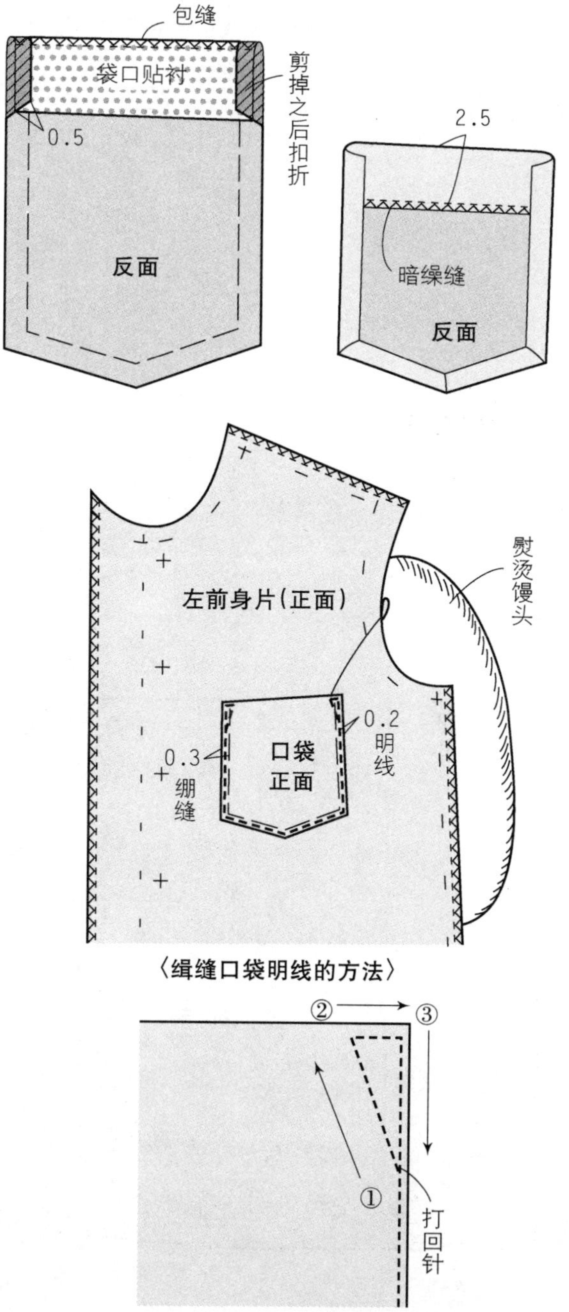

图 3-2-25　口袋的制作方法

(3) 折叠门襟贴边

沿止口线将正面相对折叠贴边，缝门襟底摆。

(4) 缝合肩缝和腋下缝

起止点打回针。肩缝由距离领口线的0.5cm处缝至肩端点。腋下缝由袖窿底部的0.5cm以外缝至底摆边缘，将缝份分开，用熨斗熨好，绱领、袖时，注意缝份边缘不要错开，缝前先绷缝固定。

(5)下摆的处理

按图示整理贴边的底部，翻至正面，往上扣折底边熨平，在包缝线侧绷缝，并缉缝固定，或在内侧缲缝固定。

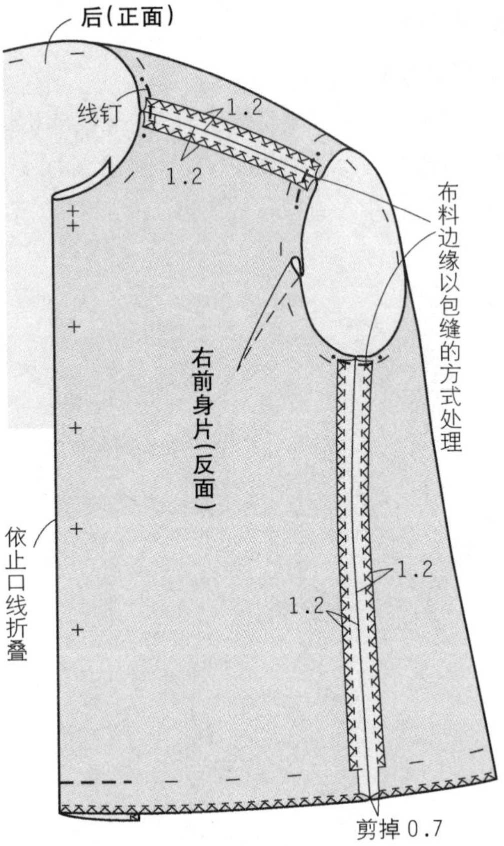

图 3－2－26 肩缝、腋下缝的缝合

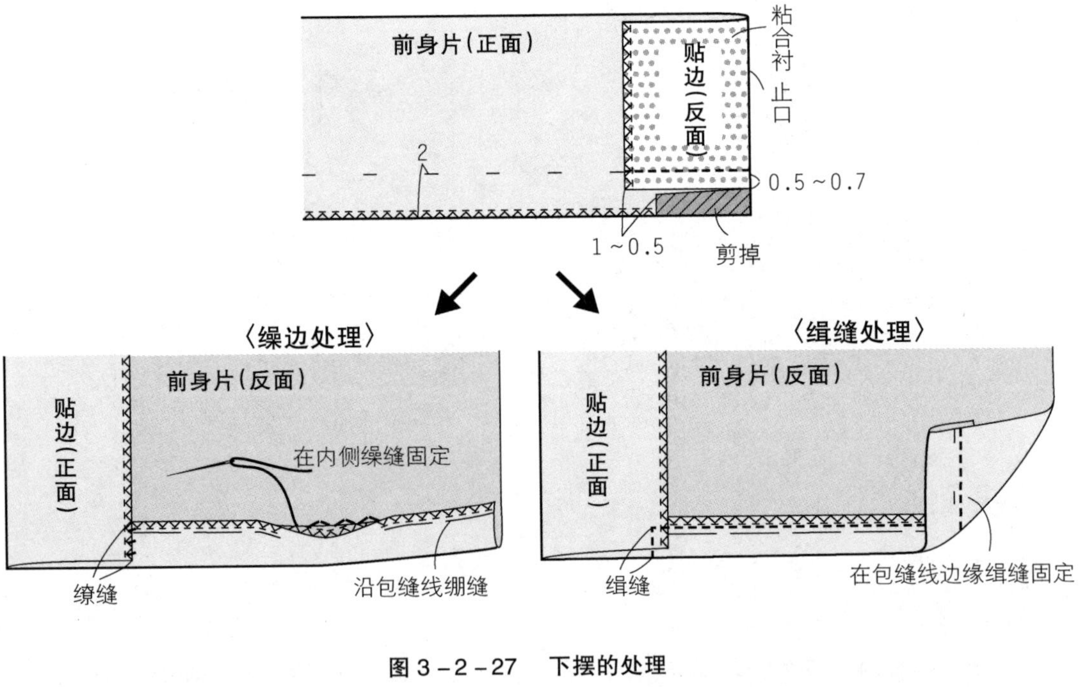

图 3－2－27 下摆的处理

●做领子

①领面、领里对好，中间对准，两片一起假缝，按领里的记号，留 0.7cm 缝份，领尖如图所示做对位记号。

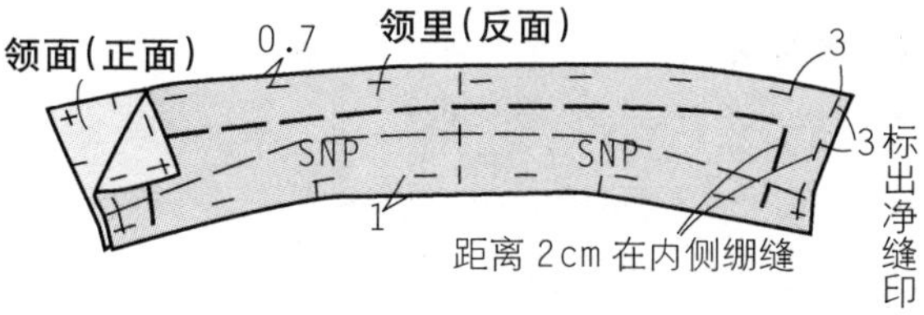

②领面、领里外口侧错开 0.1～0.2cm，对准对位记号，别大头针固定，看着领面假缝。假缝时，要将领尖的松量缝好。翻出正面时，从领里侧应能看到领面的吐出量。

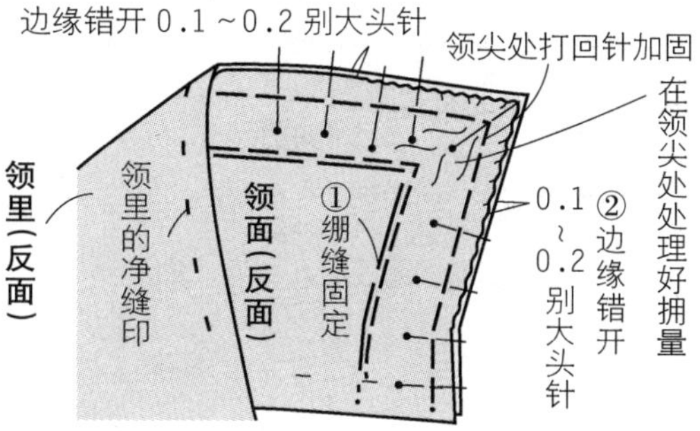

③领里侧稍紧，领面留出余量。

④剪掉领尖的多余部分，用熨斗尖熨烫，分开缝份。

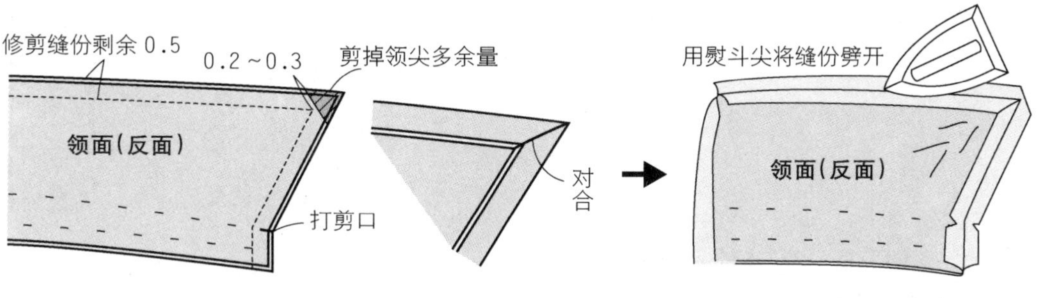

⑤翻至正面，领面多出 0.1cm，在领里侧用熨斗熨平。

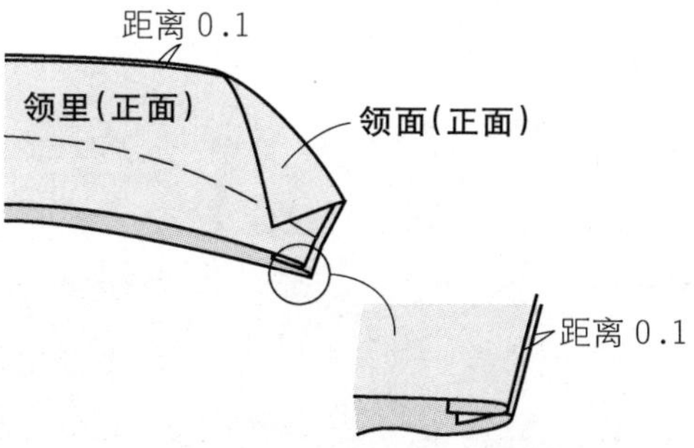

⑥按穿着状态折好领折线，领面上不留余量，并别上大头针，在领里下侧绷缝。

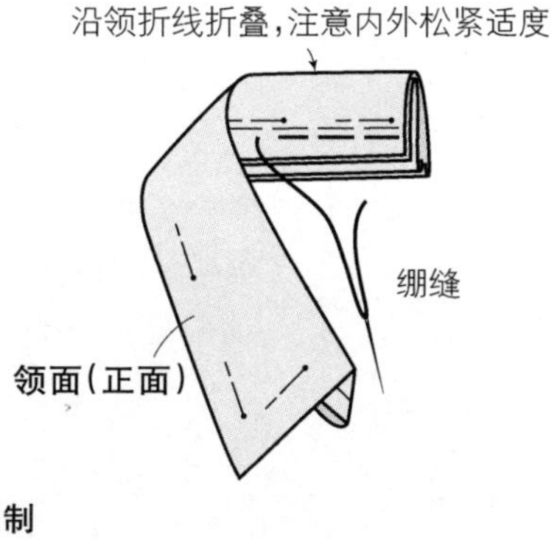

图 3－2－28　领子的缝制

●绱领子

①绱领。先裁剪绱领子所需的 2.5cm 宽的斜丝布条，并按图示折好，与纸样的领口曲线对齐熨好，在肩部做对位记号(SNP)。

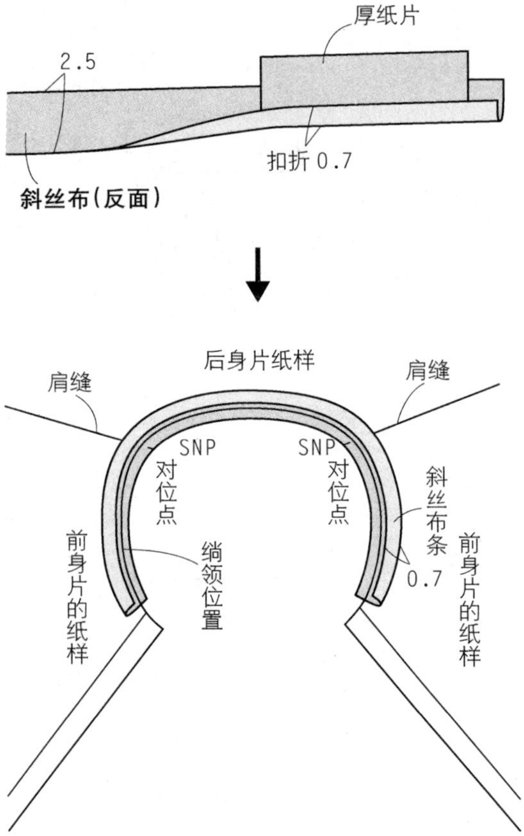

②衣身和领子放在熨烫馒头上，在后中心、衣领起止点、SNP 处别上大头针，以防错位。沿止口线折叠贴边，使其与衣身正面相对，将领子夹在中间，绷缝。然后再放上准备好了的斜丝布条，对准对位记号，缉缝，斜丝布条不要拉得过紧，缉至止口。修剪领口缝份，在领口曲线部分打一些剪口。

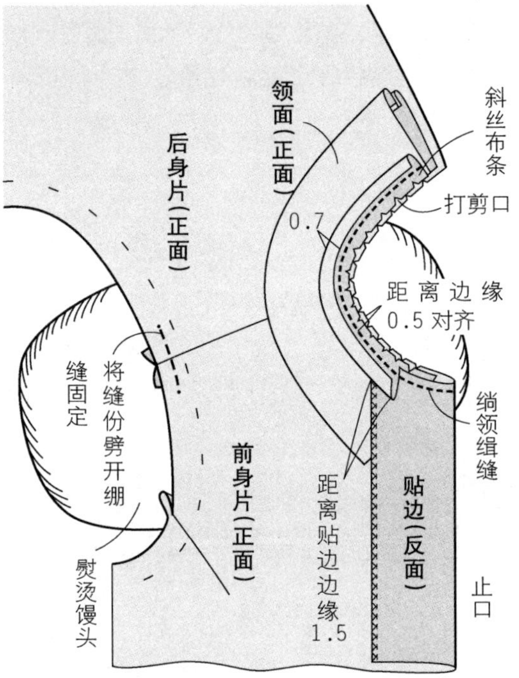

③翻出贴边的正面，用熨斗熨烫，绱领线不要抻拉，斜布条与衣身对好，包住缝份，缭缝，贴边上端缲缝固定。

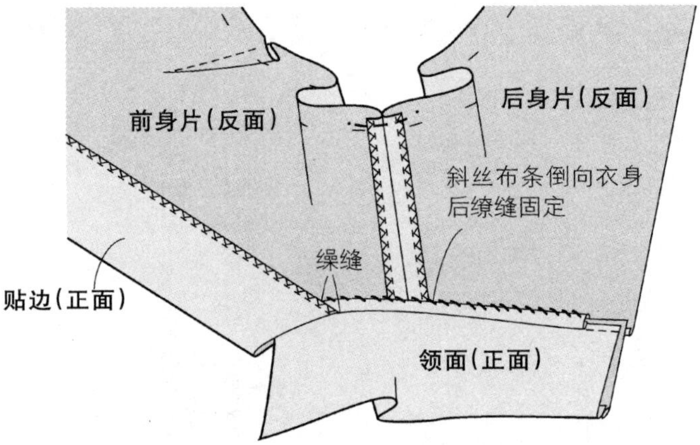

图 3－2－29　绱领子

●做袖

①缝合袖缝，起止点要打回针，用熨斗分开缝份。

②翻折袖口贴边，再整理袖山缝份，准备绱袖子。

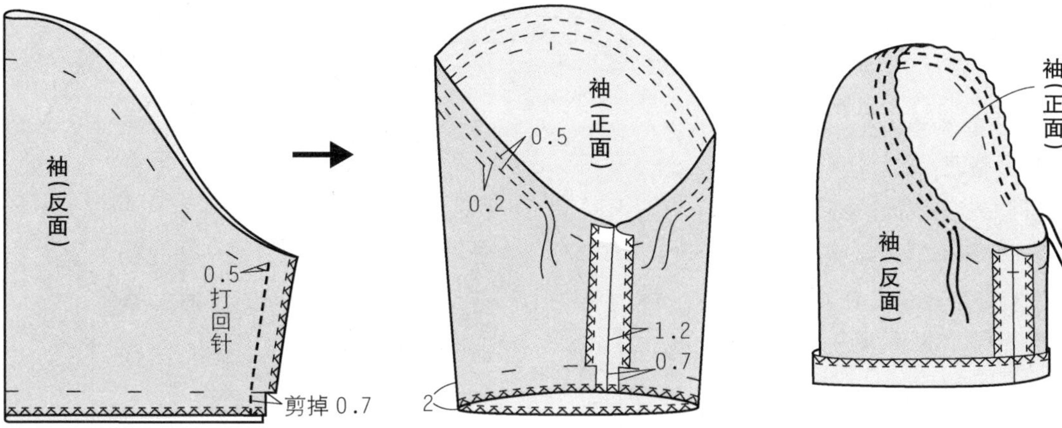

图 3－2－30　袖的缝制

●绱袖

①用大头针别住袖子，试穿，观察袖子的吃缝量、服帖程度。这个步骤叫作中途假缝。这样才能更好地做出与体型相称的袖子。

②从袖里侧别大头针调整，缝份不要错开、不要出褶，用密针脚假缝。再次试穿，确认袖子的形态，用缝纫机缉缝，袖窿底部 15cm 左右缝两遍，使之牢固。

③修剪袖山缝份。袖山处缝份宽 1～1.3cm、袖窿底部缝份宽 0.7cm，由宽逐渐变细。在袖子一侧用熨斗熨烫袖山缝头。在绱袖线的外侧 0.5cm 处追加一条缝线。最后用包缝机将袖片与衣片一起包缝。

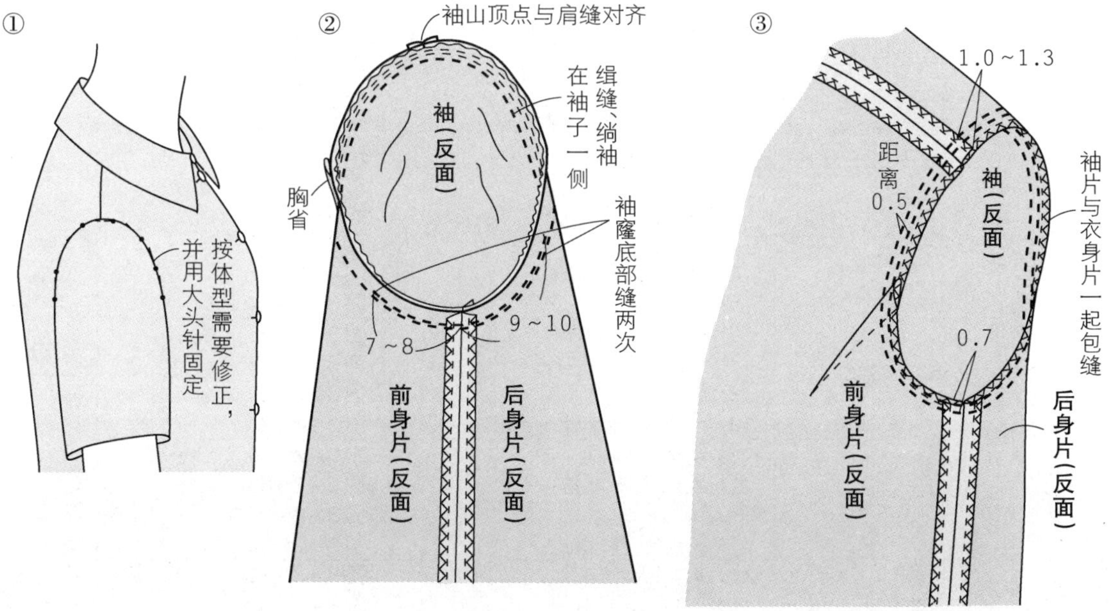

图 3－2－31　绱袖

●整理

(1) 锁扣眼、钉扣

在门襟(右片)锁一端平头扣眼,确认里襟(左片)钉扣位置,钉扣。

※参照基础缝制第 60 页。

(2)熨烫整理

用袖馒头熨烫袖、肩周围,前身有袖窿省的袖窿部位用熨烫馒头,立体式熨烫。前后身的下部熨平,最后从领里侧将领子熨平。衬衫领上衣缝制顺序见下表。

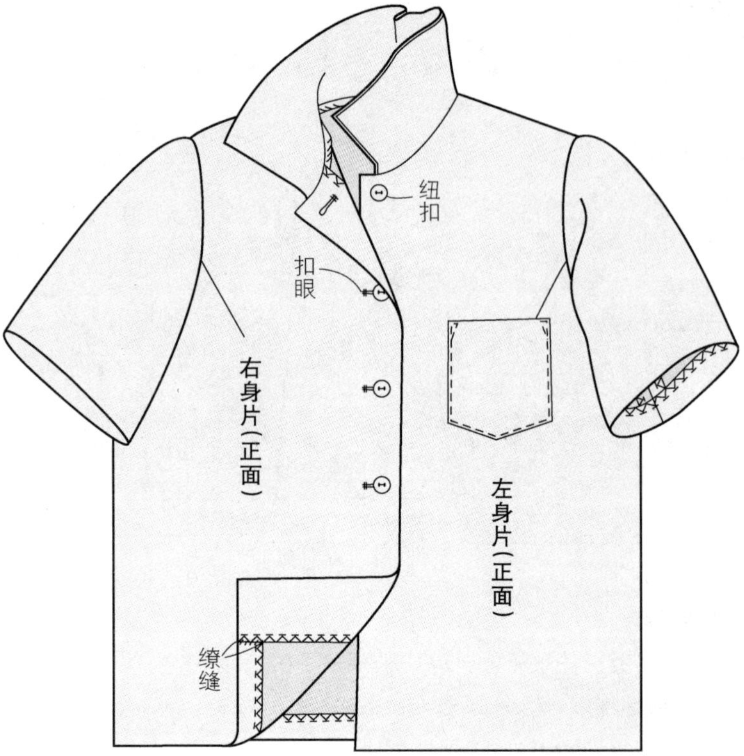

图 3-2-32　成品图

翻领上衣缝制顺序表

工　序	作业内容	参　照　图
准备工序	用斜丝布裁剪领面、领里 裁剪口袋 粘过面衬 整理缝份(包缝加工) 缝袖山吃缝量	图 3-2-7、图 3-2-29 图 3-2-7、图 3-2-25 图 3-2-23 图 3-2-23 图 3-2-30
做衣身	(1)缝袖窿省 (2)做口袋、绱口袋 (3)加工门襟贴边 (4)缝合腋下缝、肩缝 (5)下摆的处理	图 3-2-24 图 3-2-25 图 3-2-26、图 3-2-27 图 3-2-26 图 3-2-27
做领子、绱领子	(6)缝领外口、翻领子 (7)做领子、准备绱领子 (8)绱领子 (9)处理领口缝份及斜条布	图 3-2-28 图 3-2-28 图 3-2-29 图 3-2-29
做袖子、绱袖子	(10)缝袖下缝 (11)加工袖口、准备绱袖 (12)绱袖子 (13)整理袖子吃缝量	图 3-2-30 图 3-2-30 图 3-2-31 图 3-2-31
整理与完成	(14)锁扣眼 (15)钉扣 (16)用熨斗整形	图 3-2-32 图 3-2-32 图 3-2-32

平领上衣

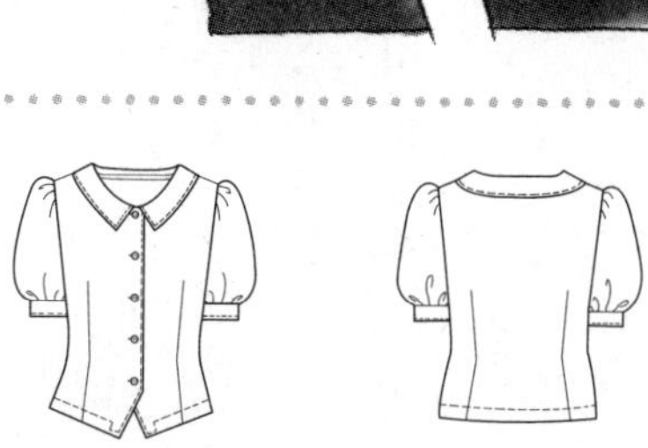

前面　　后面

图 3－3－1　平领上衣

设计

这是一件下摆前长后短的短罩衫，设有腰省，平领和短蓬袖塑造出了甜美的形象。因为要在袖山处加褶儿，所以薄而富有弹性的布料较为适合。可使用方格布、泡泡纱、化纤面料、镂空棉布等材料，再与贴身内衣组合，能产生活泼可爱的感觉。

使用量

面　料：幅宽 110cm，170cm
　　（衣长＋7cm）×2＋（袖长＋6cm）

里　料：幅宽 90cm，60cm

作图（图 3－3－2）

应用前述翻领衬衫的领子进行制图。领窝如图 3－3－2 所示，开大些。

●前后身

在前后身画上腰省，将前身袖窿省线转移到腰省中。将带有倾斜度的前下摆修剪成 V 字形。

●领子

对齐前后身的 SNP 点，在肩头重叠前肩宽的 1 /4，绘制平领图。前后身的领窝尺寸虽然稍短于领口线，但是在绱领时将颈侧点附近的领窝拔开，就能做成底领稍高、形状好看的领子。

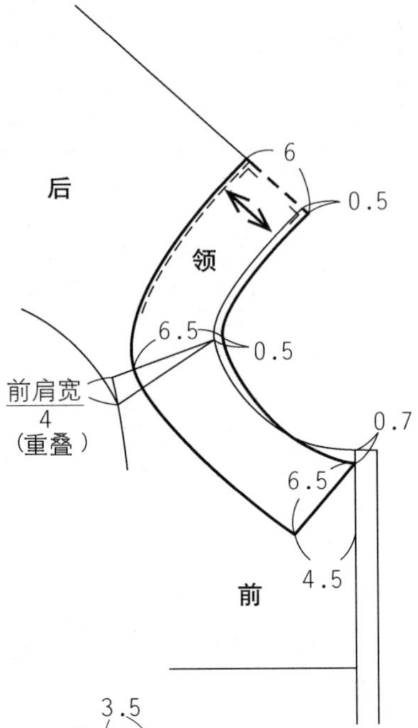

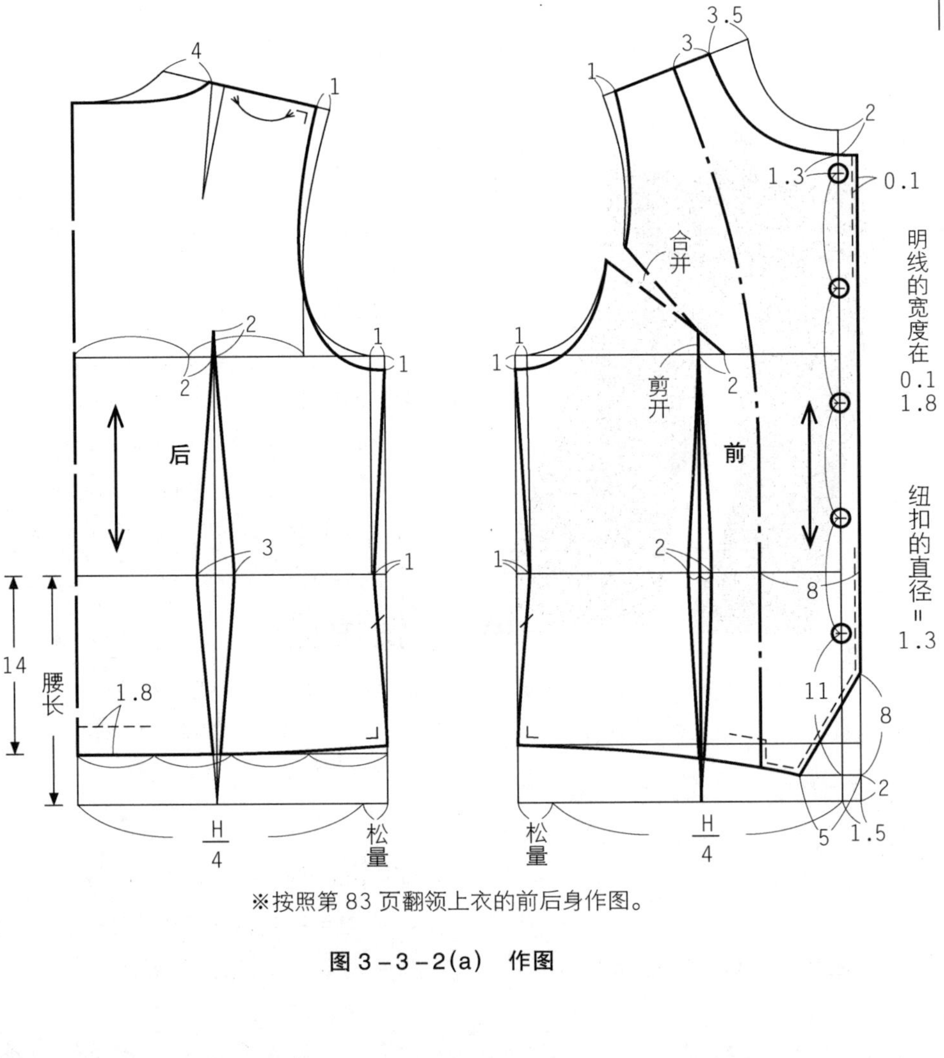

※按照第 83 页翻领上衣的前后身作图。

图 3－3－2(a)　作图

●袖

在翻领上衣（83 页图 3－2－2）袖子制图的基础上，在袖中线左右各 5cm 的位置设置剪开线。

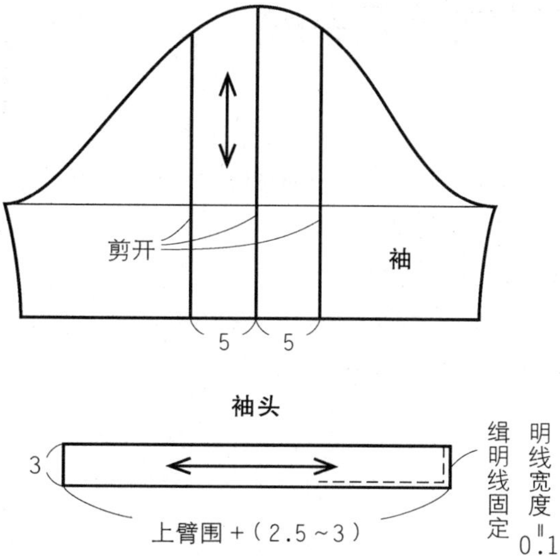

①折叠胸省（袖窿省）后，转移至腰省处，形成最后的裁剪纸样。

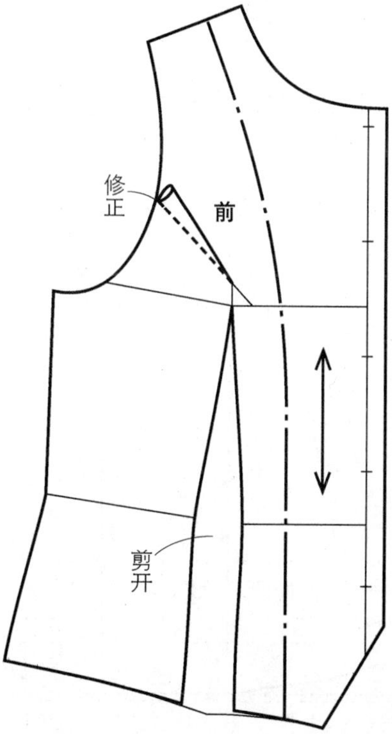

②袖口侧的切开放量要比袖山多放些，后袖要追加 2.5cm 的膨胀量。

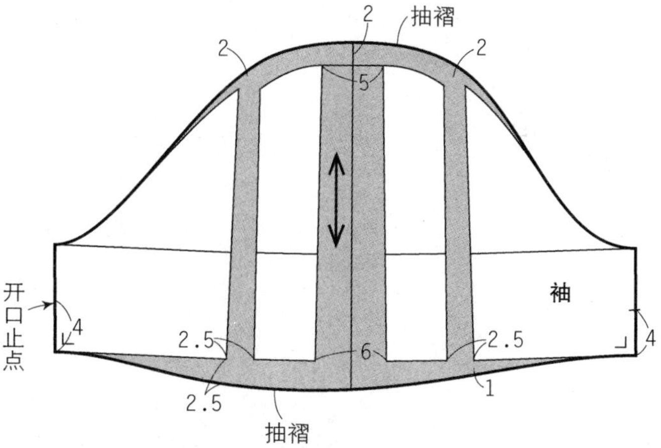

图 3－3－2(b)　作图

裁剪方法及要点（图3－3－3）

前身的贴边从止口连裁。在剪裁前下摆的时候，为了在临时缝合或试穿修改时能够变动其设计，止口和下摆的折边要留着不剪。

在布幅过窄的情况下，贴边不必装至肩部，与止口平行裁即可。

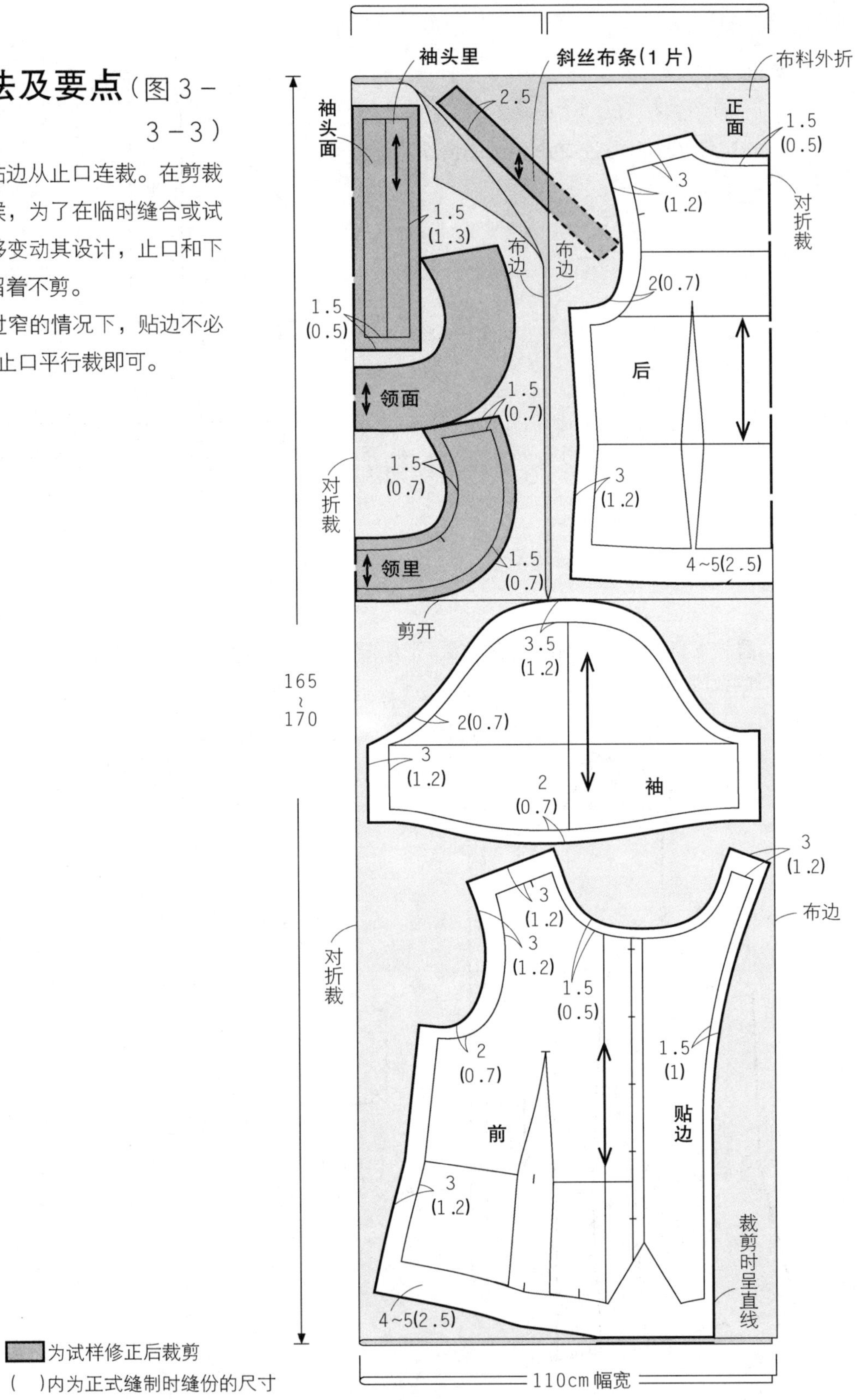

图3－3－3　排料图

缝制的方法及要点（图 3－3－4～图 3－3－7）

●正式缝制的准备

裁下领面、领里、袖头、斜布条，在贴边、袖头反面贴上衬布，贴边的肩缝和里侧边应包缝。前后身的下摆、袖下缝的包缝，袖山和袖口的打褶都要预先做好。另外参照第 117 页制作顺序表操作，可提高工作效率。

●前后身的制作

①缝合腰省、肩缝、腋下缝，缝份的处理要在包缝后用熨斗烫倒。

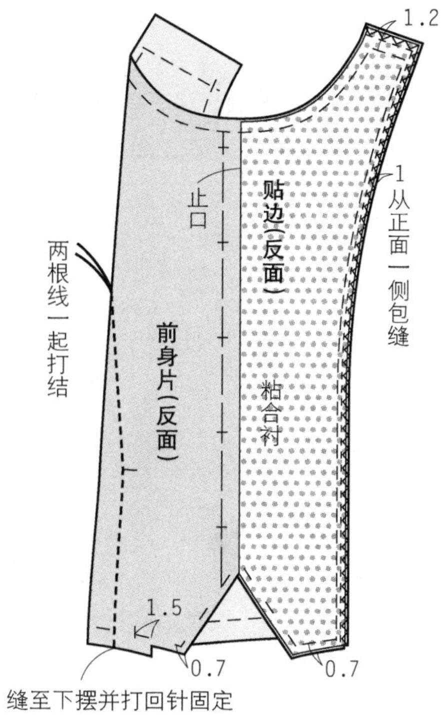

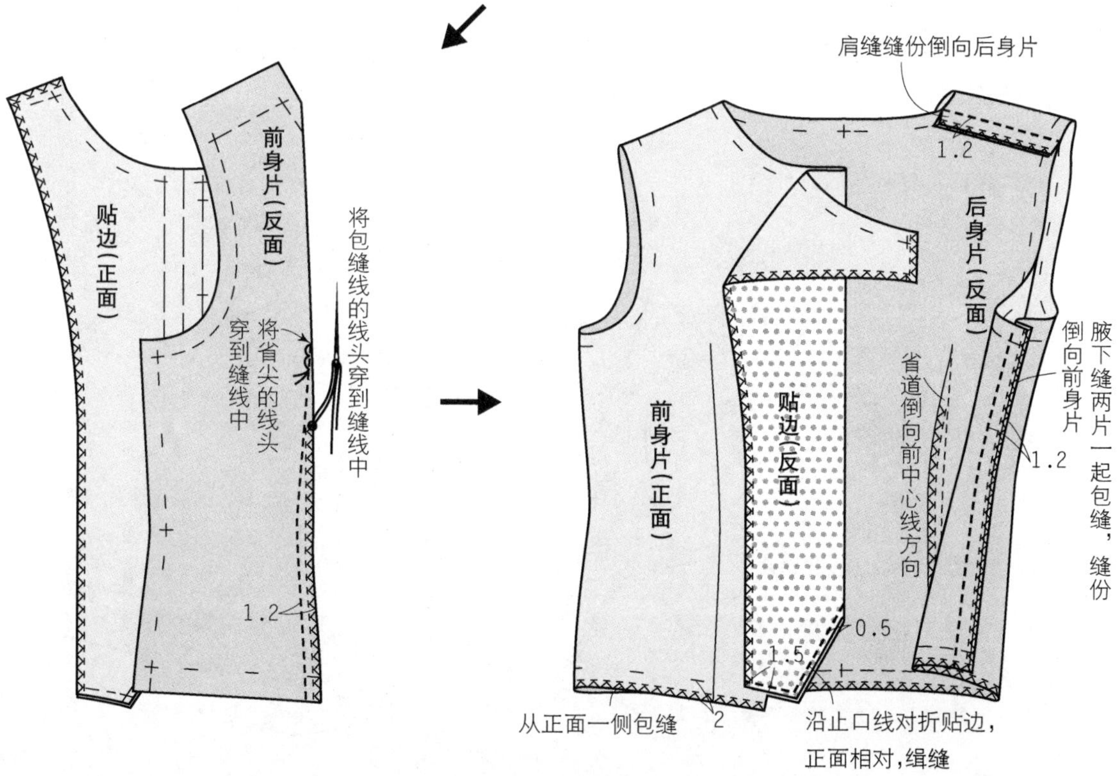

图 3－3－4(a)　衣身的缝制

②翻出贴边的正面，将下摆向上扣折后用熨斗整理，在包缝线的旁边绷线固定。

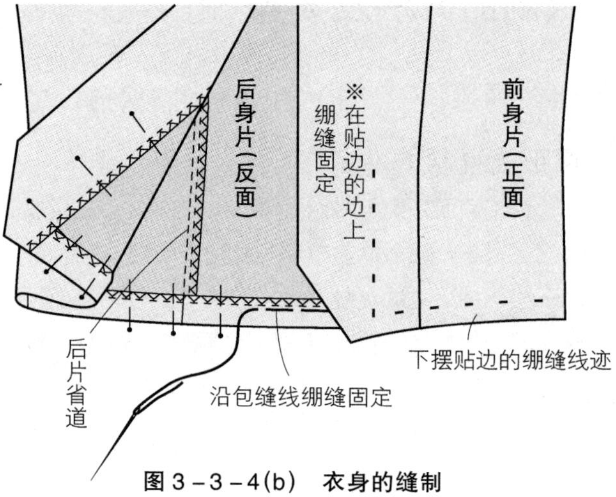

图 3－3－4(b) 衣身的缝制

●绱领

领子的制作参照翻领上衣（参照第 105 页）。

①前身一直到肩部都装有贴边，所以需要准备与后领窝等长的斜丝布条。

将前后身放在熨烫馒头上，领、贴边、斜丝布条按图示顺序叠放绷缝，再用缝纫机缝至止口。

修剪缝份，在弯曲部位打剪口。

②翻出贴边的正面，用熨斗整理。后领口用斜丝布条包住缝份，然后绷缝，再缭缝。贴边的肩缝份也做缭缝。

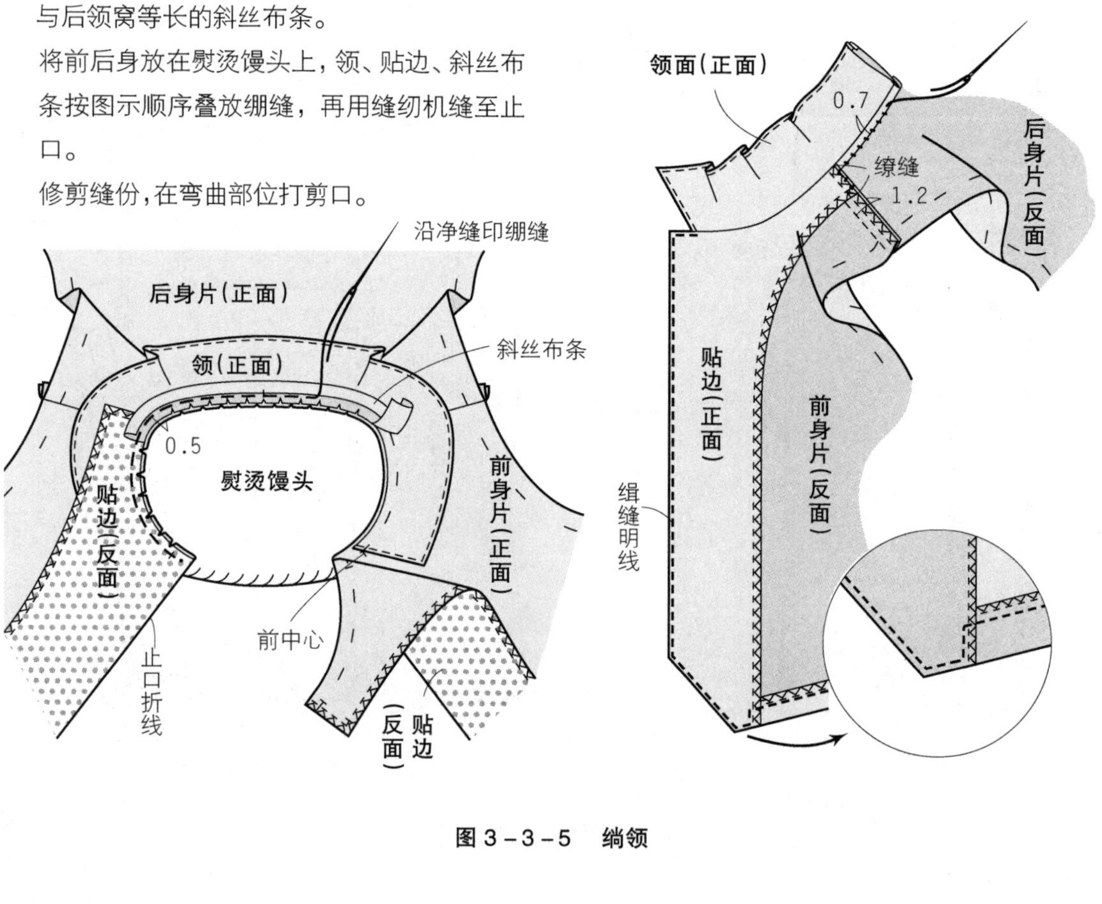

图 3－3－5 绱领

●袖子的制作

〈带袖头的蓬袖制作方法〉

①袖头沿中间正面对合，两端用缝纫机缝好，翻回正面后用熨斗熨烫整理。

②绱袖口线侧的缝份要压平加上绷线，周围缉明线固定。

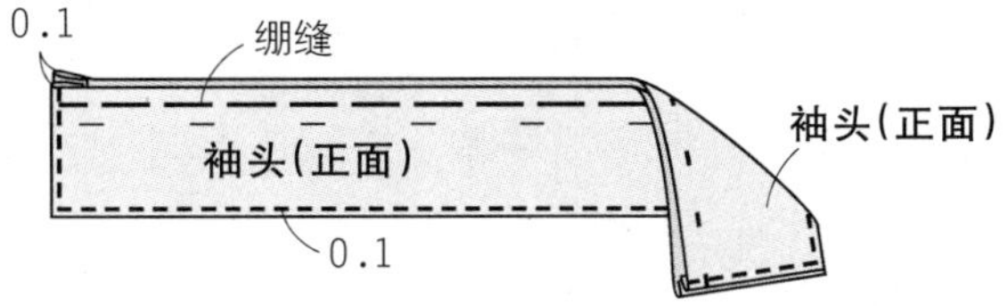

③在袖口上抽褶。用缝纫机在缝份上做褶的方法是：将面线调紧些，用大针脚缉线，可以抽动缝线，均匀自然的褶就出现了。抽紧缝线并用熨斗压住，然后调整成绱袖口的合适尺寸。袖山处的缝份也要预先把褶缝好。

宜用30～50号的棉线，用缝纫机做褶（将缝纫机的针脚调大，面线调松）。

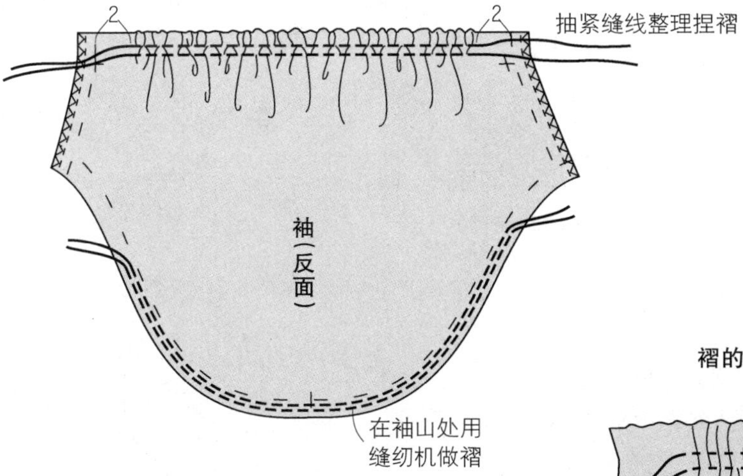

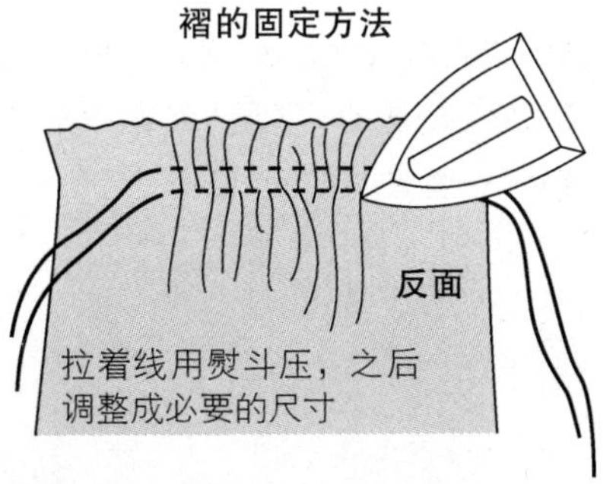

图3-3-6(a)　袖子的制作

④绱袖头。袖头与袖子正面相对，然后折叠袖下缝的缝份，盖住袖头，绷缝。再用缝纫机从一端缝到另一端。

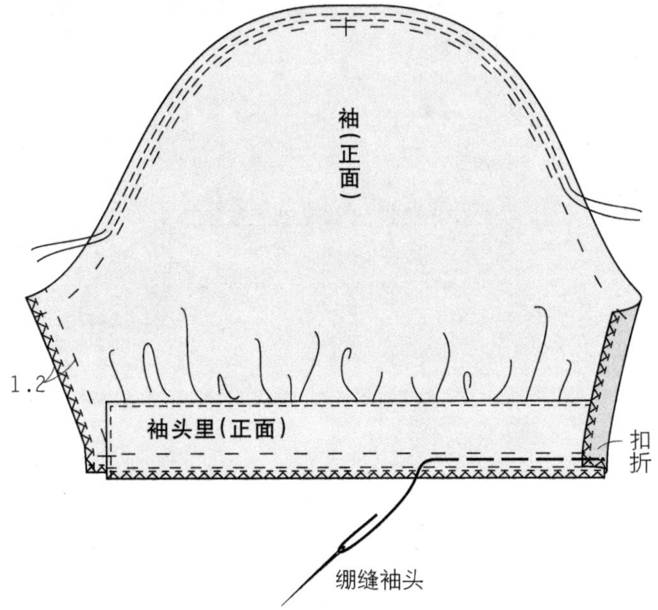

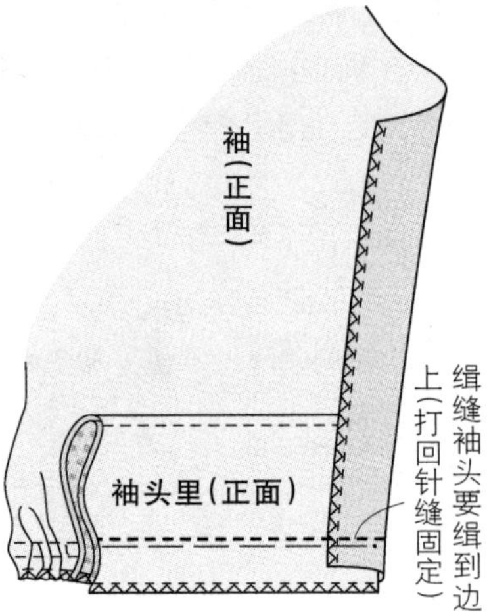

⑤将袖下缝缝至缝合止点，用熨斗分开缝份。

开始和结束缉缝时都要打回针。

在缝合止点处加缝封结，在袖头里处将袖下缝的终端缭缝固定。

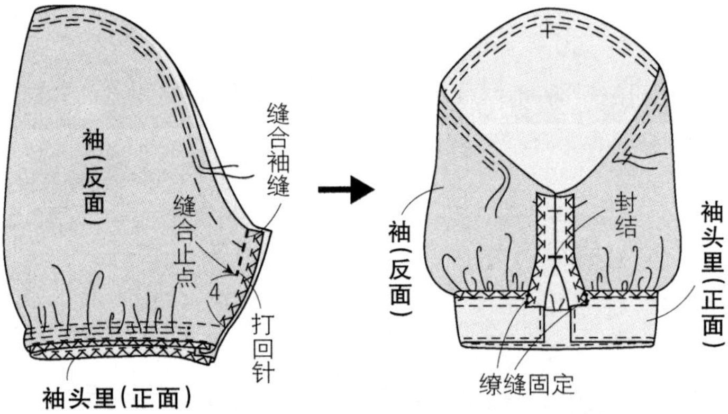

⑥整理袖山的皱褶，在袖口处钉上子母扣。

⑦将袖子假缝，确认袖子位置，皱褶调整均匀后正式绱袖（参照第 107 页）。

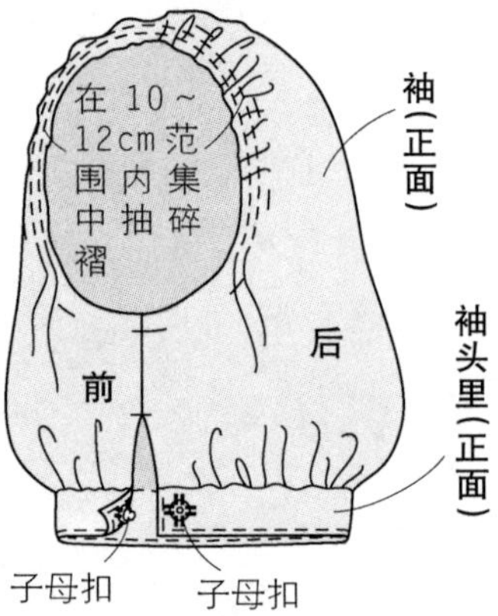

图 3－3－6(b)　袖子的制作

●整理　最后加工

锁扣眼、钉扣，做完后的成品用熨斗熨平。制作顺序见下表。

图 3－3－7　成品图

平领式女衬衫制作顺序表

工　序	制作内容	参　照　图
准备工序	裁领面、领里、斜丝布条 裁袖头 裁贴边、粘贴袖头的粘合衬 把贴边包缝 袖山、袖口用做褶缝纫机做褶	图 3－3－3 图 3－3－3 图 3－3－3、图 3－3－6(a) 图 3－3－4(a) 图 3－3－6(a)
前后身的制作	(1)缝腰省 (2)缝侧缝和肩缝 (3)处理贴边 (4)处理下摆	图 3－3－4(a) 图 3－3－4(a) 图 3－3－4(a) 图 3－3－4(b)
做领、绱领	(5)领外口的缝法 (6)领口处理和外领口明线 (7)绱领准备、绱领 (8)绱领缝份的处理	☆图 3－2－28 图 3－3－5 ☆图 3－2－28、图 3－3－5 图 3－3－5
做袖、装袖	(9)做袖头 (10)绱袖头 (11)缝袖下缝 (12)袖下缝缝合止点处封结 (13)绱袖 (14)袖窿缝边的处理	图 3－3－6(a) 图 3－3－6(b) 图 3－3－6(b) 图 3－3－6(b) ☆图 3－2－31 ☆图 3－2－31
整理、最后加工	(15)锁扣眼 (16)钉扣(钉子母扣) (17)用熨斗处理	图 3－3－7 图 3－3－7 图 3－3－7

※参考图中带☆的是翻领上衣的图号。

◇ 衬衫领宽松式女上衣 ◇

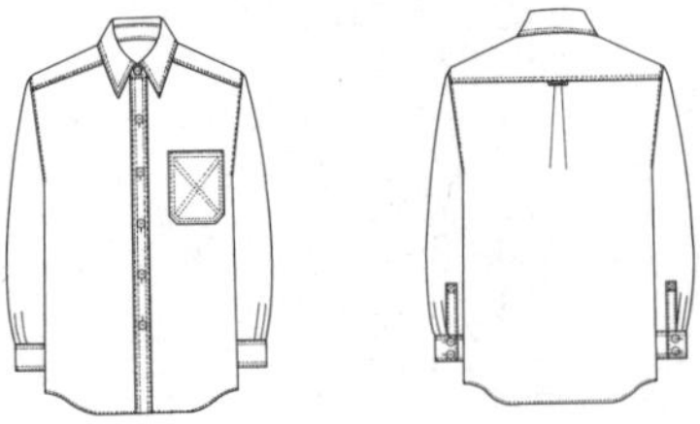

前面　　后面

图 3－4－1　衬衫领宽松式女上衣

设计

这是一件落肩、腋下缝处加宽的宽松式女衬衫。前后身肩部有育克，后中心加褶，前身有装饰明门襟和贴袋，是带有休闲感觉的 Y 型宽松女衬衫。宽松的程度和身长、育克宽度和袖口宽度，随着各个时期的流行可以有不同的变化，但不论是在什么时代都是被人们所喜欢的、功能性良好的款式。

使用量

面　料：幅宽 90cm，250cm

(衬衫长＋7cm)×2＋(袖长＋6cm)×2

110 cm，190 cm

(衬衫长＋7cm)×2＋(袖长＋6cm)

粘合衬：幅宽 90cm，70cm

作图（图 3－4－2）

●前后身

身长要从原型腰围线延长 25cm，腋下缝处增加余量，袖子也要延长。肩部育克因为要进行前后连裁，所以在前肩下落 4cm，前肩宽要与后肩宽尺寸相同。要加宽前育克时，增宽肩缝即可。袖窿弧线要稍画成直线，注意在肩头处前后连接要圆顺。镶上 3cm 宽的前门襟，下摆线裁剪成 Y 型。

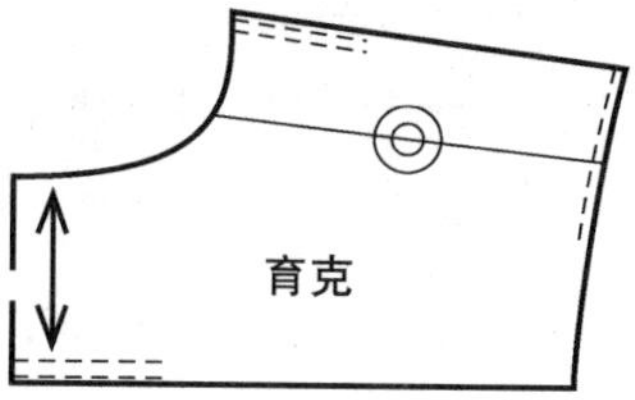

育克

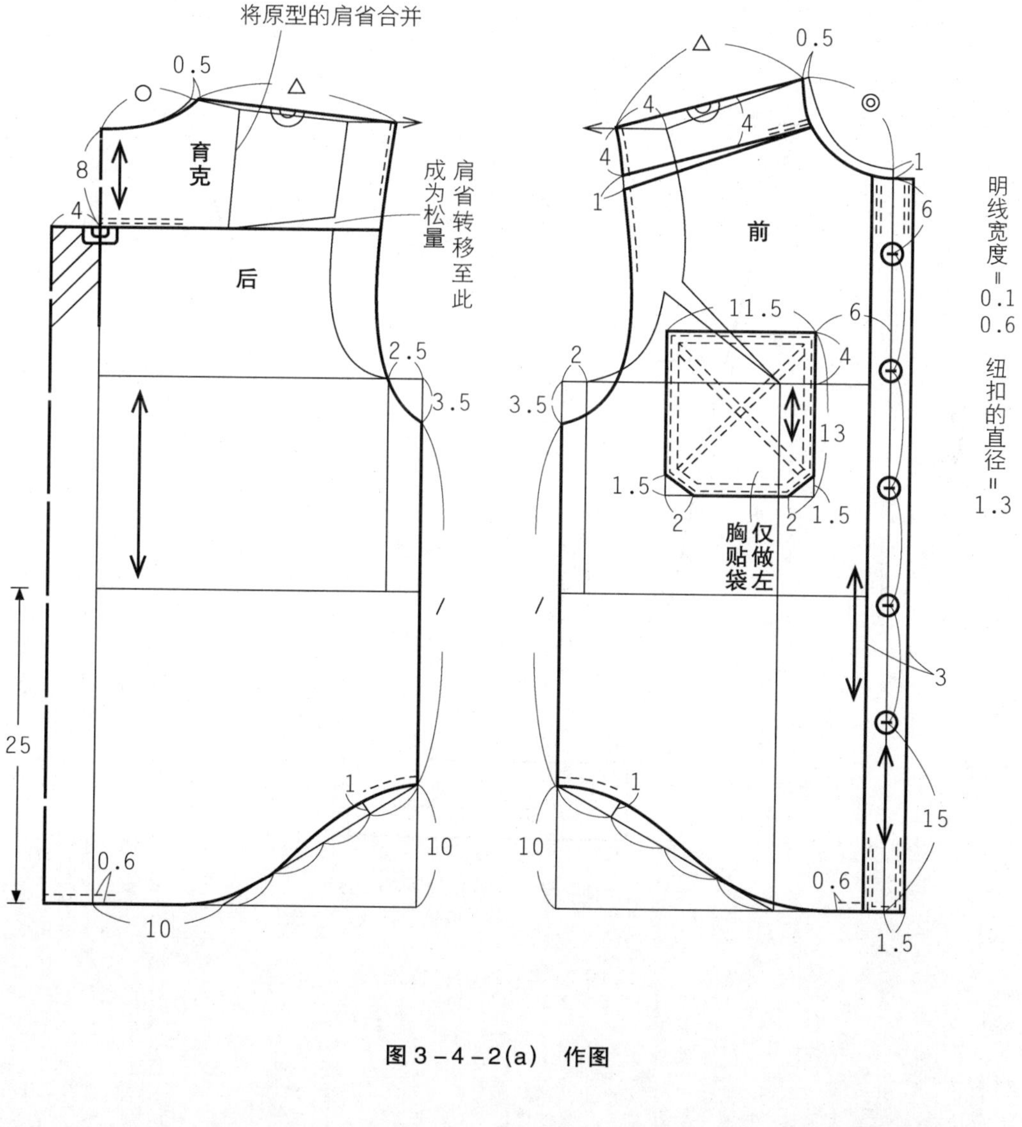

将原型的肩省合并
0.5
育克
8
4
肩省转移至此成为松量
后
2.5
3.5
25
1
10
0.6
10
0.5
4
4
4
1
1
前
6
明线宽度=0.1 0.6
纽扣的直径=1.3
11.5
6
4
13
2
3.5
1.5
2
2
1.5
仅做左胸贴袋
3
15
1
10
0.6
1.5

图 3-4-2(a) 作图

●领子

为了使领座的前端与衣身的止口顺畅地连接，要将领座前中心的直角线向后倾斜0.3cm。为了盖住绱领线，翻领应比领座宽1cm左右。从翻领的后中心去掉多余的量，使翻领与领座连接时，两条曲线的长度相等。

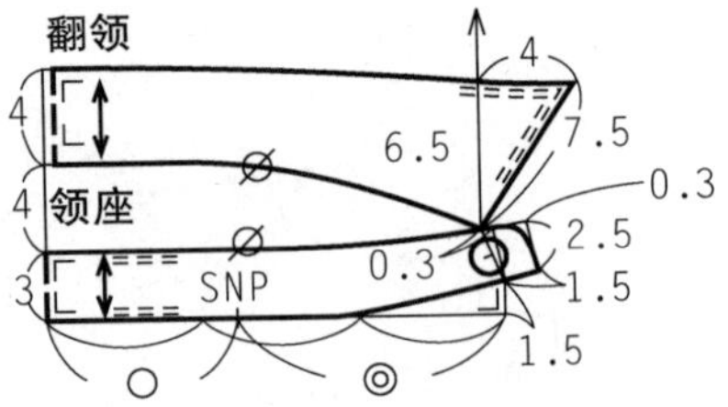

图 3－4－2(b)　制图

●袖子

垂肩款式使袖山的高度降低了，这种款式的袖山高的计算方法一般是AH的$\frac{1}{6}$~$\frac{1}{7}$，此处规定袖山高度为7cm。因绱袖的缝份要倒向衣身侧，所以画前后袖山斜线时要用AH尺寸减去0.5cm。计算袖长时要考虑垂肩量和袖头的宽度。

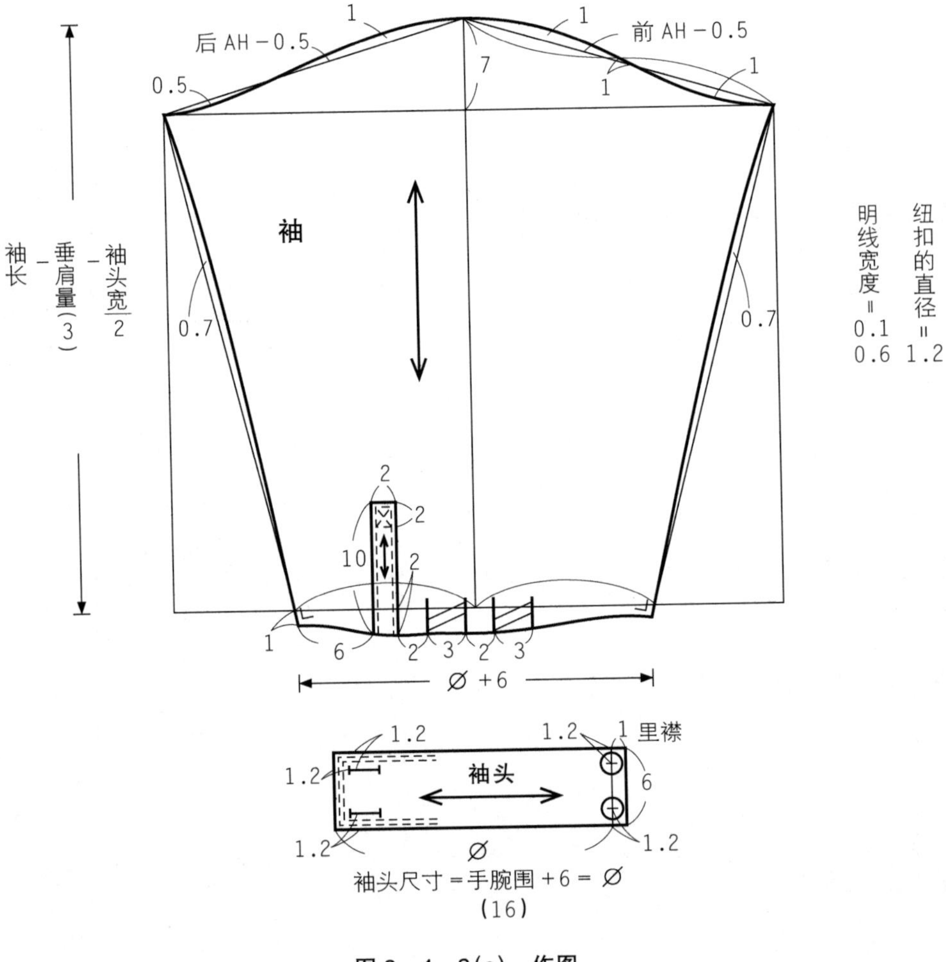

图 3－4－2(c)　作图

裁剪方法及要点（图 3－4－3）

育克在前后肩线处进行连裁，前门襟挡板和袖头也要面里连裁。在试穿修改时预计要发生设计变更的部件，在一块布没有富裕的情况下可以同其他布料临时缝上，修改之后再裁也可以。袖口开衩处的开口因为容易绽开，所以不要先剪开。临时缝合时袖下缝下段留着不缝，做临时的开口，袖开衩条在正式制作时使用。图 3－4－3 是排料参考的例子。

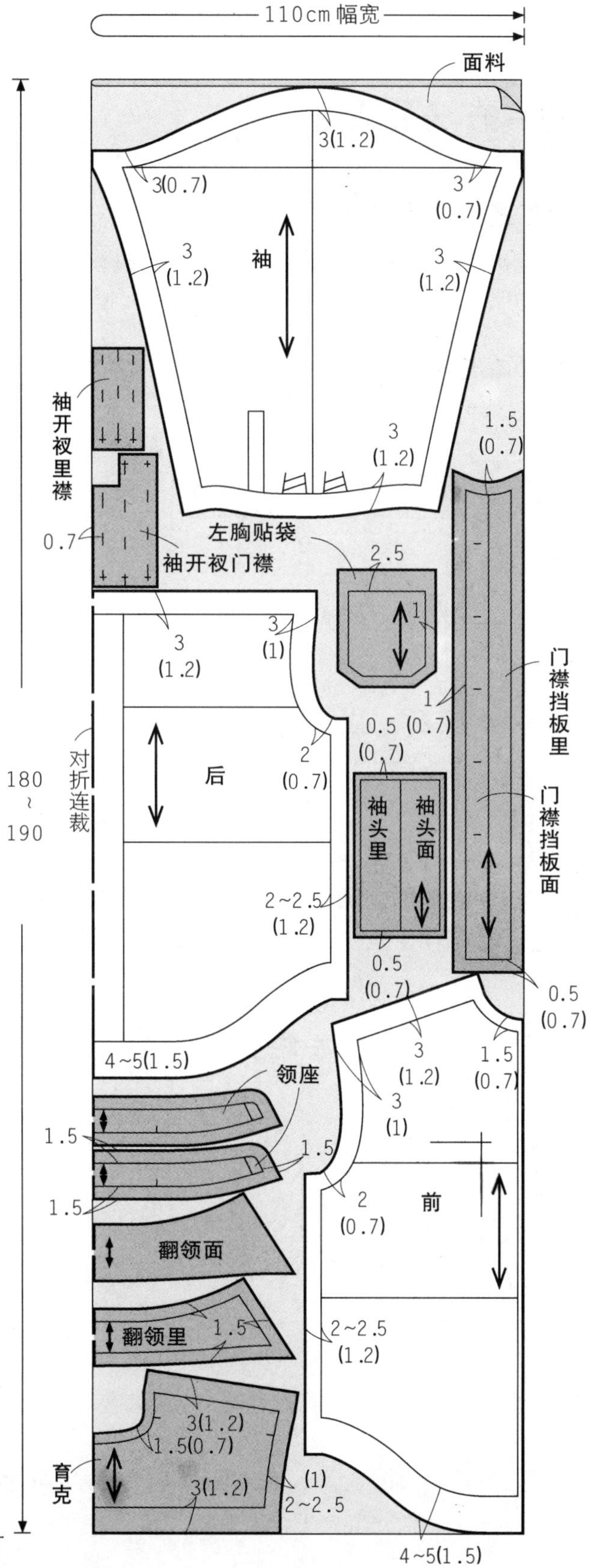

为试样修正后裁剪

（　）里为正式缝制时缝份的尺寸

图 3－4－3　裁剪图

缝合方法及要点（图3－4－4～图3－4－11）

●正式缝合的准备

经试穿修改后，裁剪翻领面、翻领里、领座面、领座里、门襟挡板布、口袋、袖头、装饰袢，接着裁剪粘合衬，并将其粘贴在翻领面、领座面、领座里、门襟挡板布、口袋、袖头的反面。整理缝份，育克线预先用包缝机锁边。

●口袋的制作

①袋口处用包缝机包缝，做好口袋型。

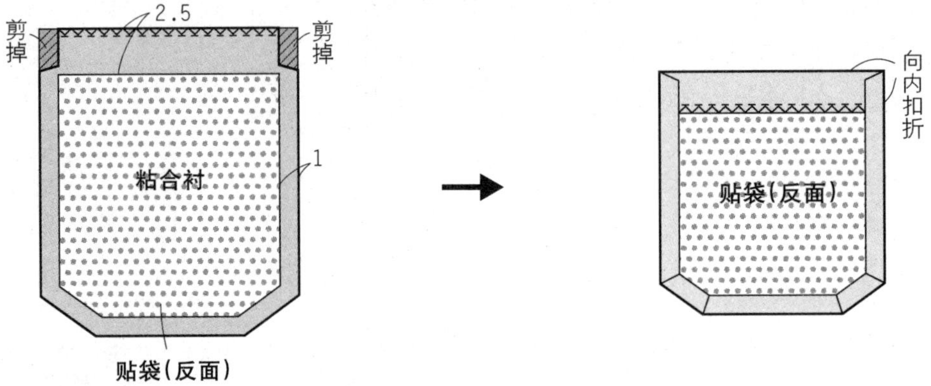

②要一针挨一针地先缝袋口，来回缝装饰明线，然后将线向反面拉，打结处理。

③缝制开始的针脚和结束的针脚，要与装饰明线穿过同一个针孔，不要倒回针，然后将线向反面拉，打结固定。

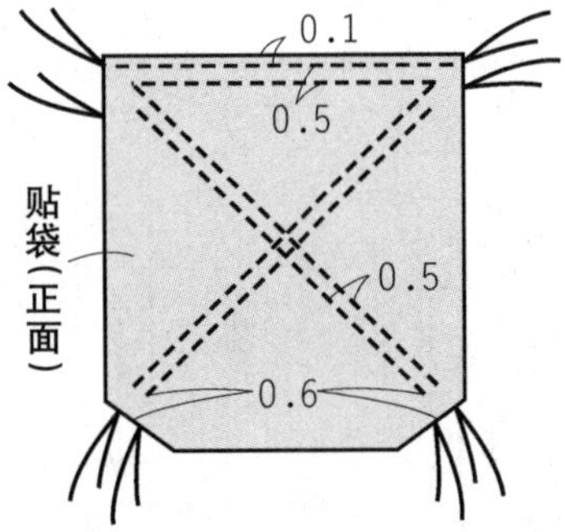

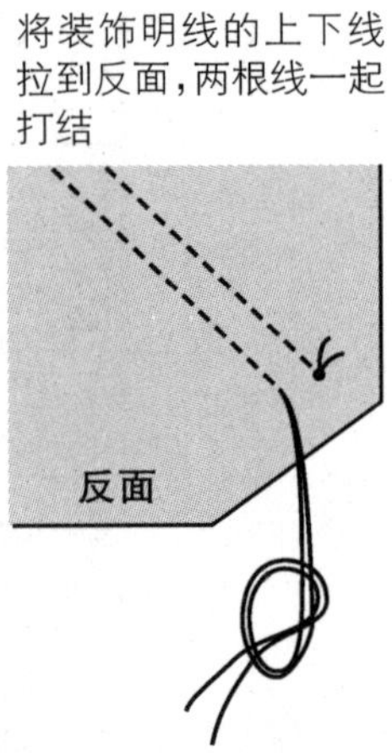

④绱贴袋。将口袋立体地放在左胸上并绷线固定，确认之后用缝纫机缉明线。

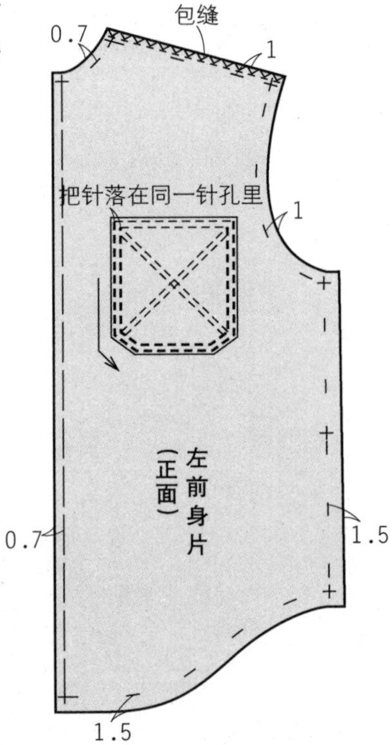

图3－4－4　左胸口袋的制作

●衣身的制作

①绱前明门襟之前，将前后身的下摆卷边后用熨斗整理，前多半段用手针绷缝固定。

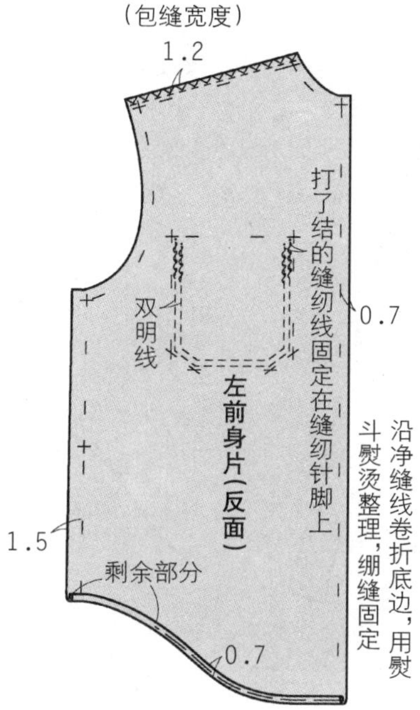

②使前明门襟面与前身里相对吻合，用缝纫机缝住，前明门襟装好后用熨斗整理，然后从正面缉明线。

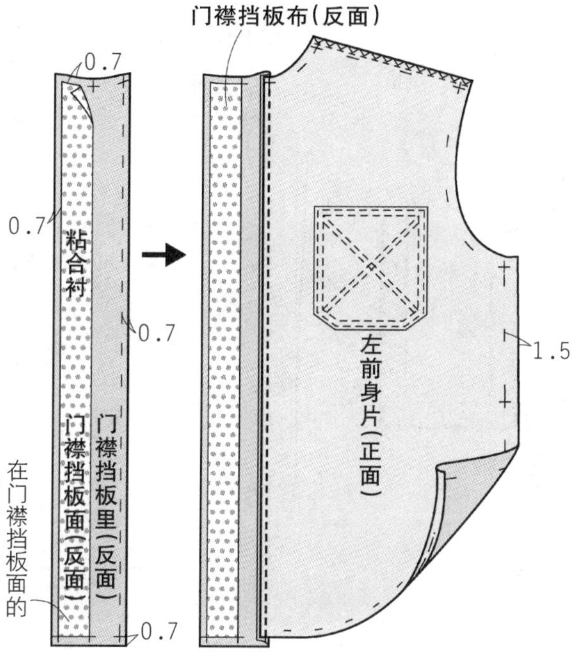

③捏好后身中心的对褶，固定装饰袢(参照第 68 页图 2－1－50)。

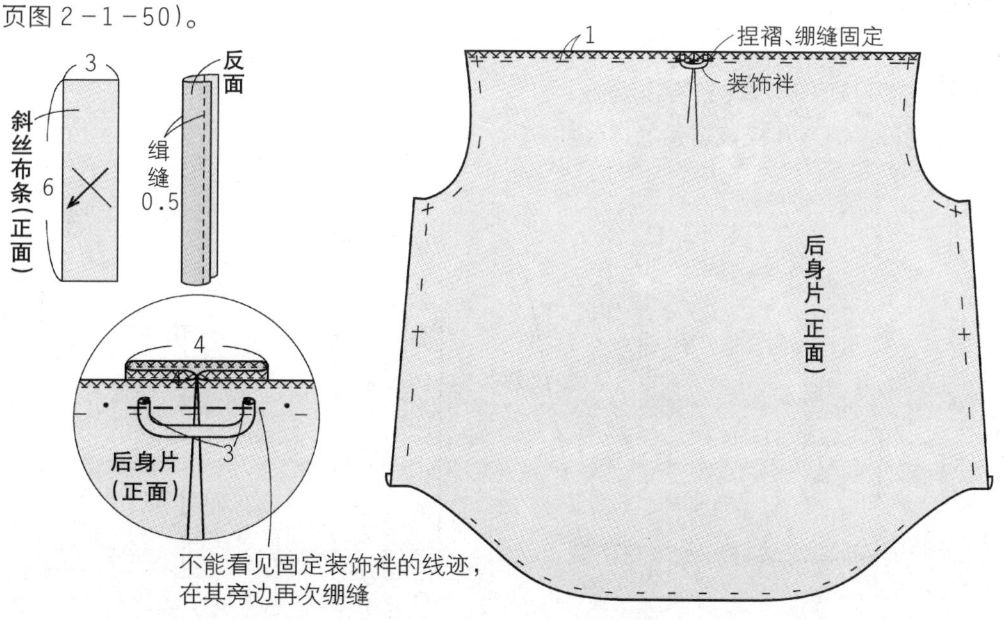

图 3－4－5(a)　衣身的缝制

④将育克与前后身缝合，缝份倒向育克侧，用熨斗整理缝份，用装饰明线压住。

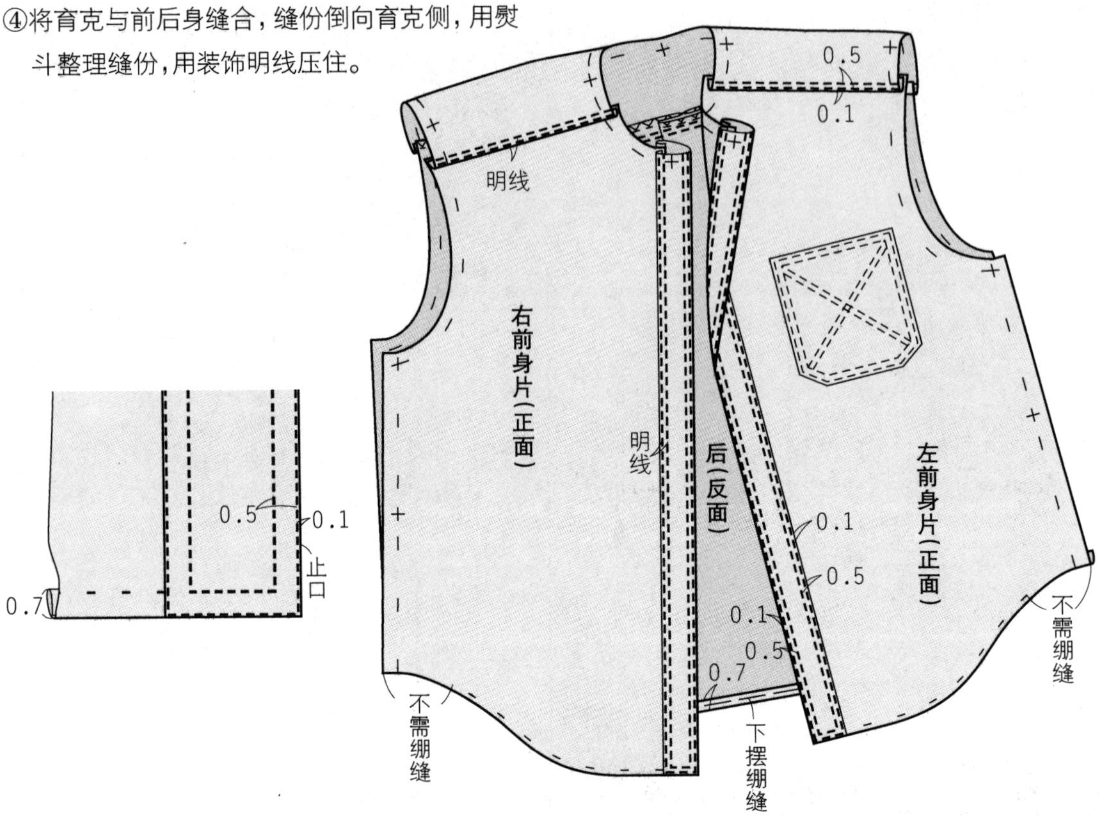

图 3－4－5(b)　衣身的缝制

●袖子的制作

①制作袖口处长方形开衩口。将袖开衩门襟布和里襟布用熨斗按照完成后的形状扣烫好。剪 T 字形切口，剪至开衩口位置的记号前 1cm 处。

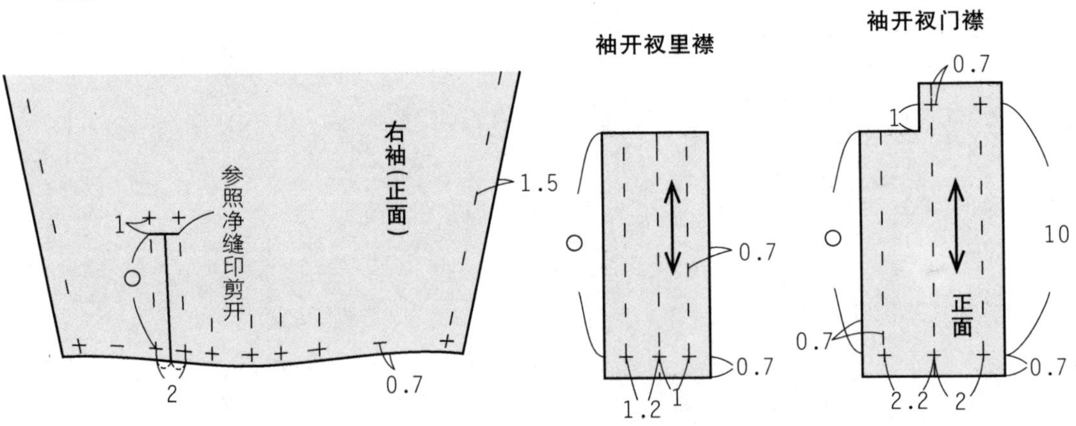

图 3－4－6(a)　袖开衩的制作

②在后袖侧用袖开衩里襟夹住开口的缝份，两端用缝纫机缝住。

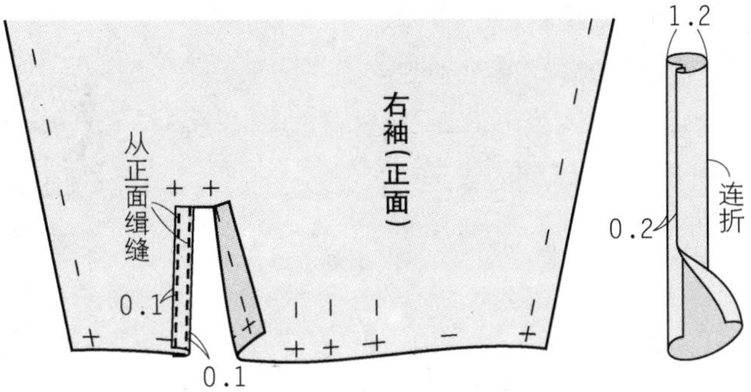

③袖开衩门襟也同样夹住安装位置，避开里襟，两端用缝纫机缝住。

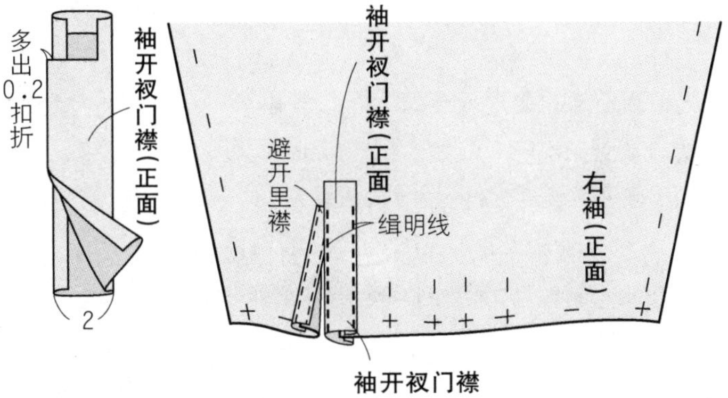

④将袖开衩门襟与里襟重叠，用装饰明线固定，开口止点以上部位上层的明线通到下层。

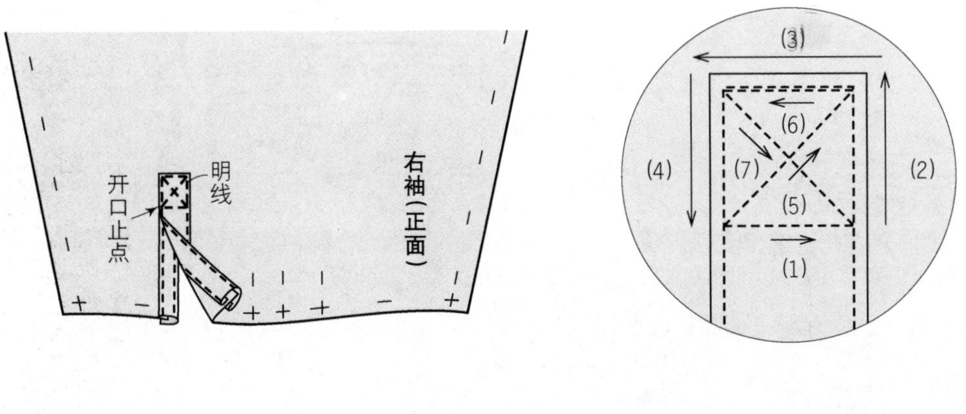

图 3－4－6(b)　袖开衩的制作

●做领子与绱领子

翻领制作可参考第 105 页翻领上衣。

①缝合翻领外口，翻出正面，用熨斗整理，然后在领外口缉缝装饰明线。

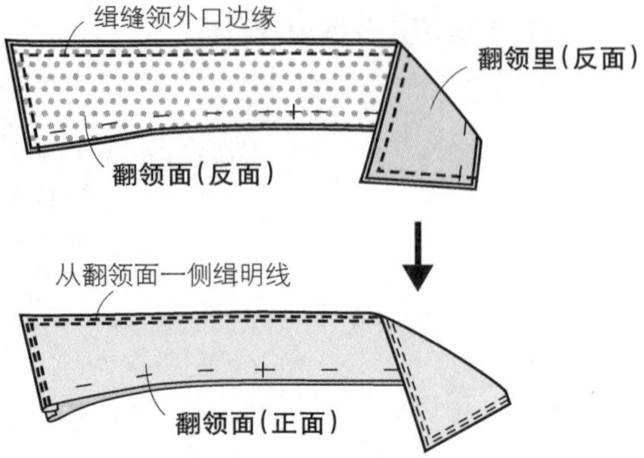

②预先把领座面的绱领缝份扣折好。使翻领的两端与领座的前中心吻合，把做成的翻领夹在领座面和领座里之间，用缝纫机缝合。为了在前后身绱领时让缝纫机的压脚能够进入，从预留的 0.7cm 处开始缝合。翻回到正面，用熨斗整理好。

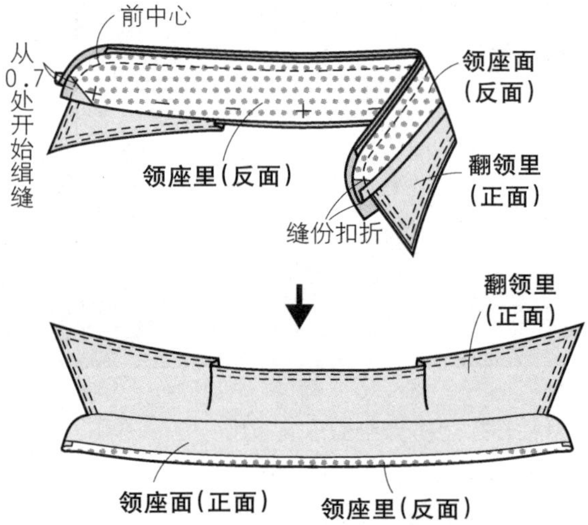

③让领座里的正面与前后身的反面相对，用缝纫机绱领。要注意前端要与前后身的止口、领座准确相接。

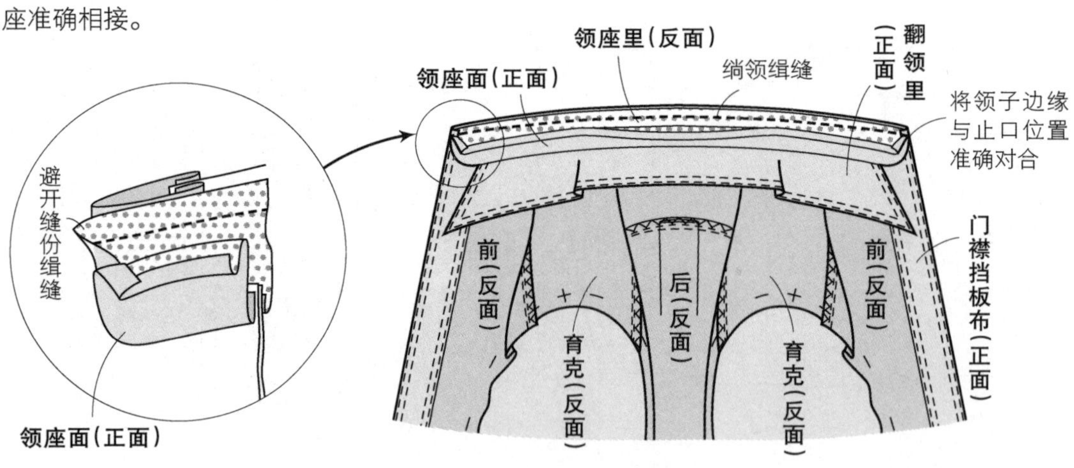

图 3－4－7(a)　做领子与绱领子

④最后，在领座的正面用明线缉缝固定。

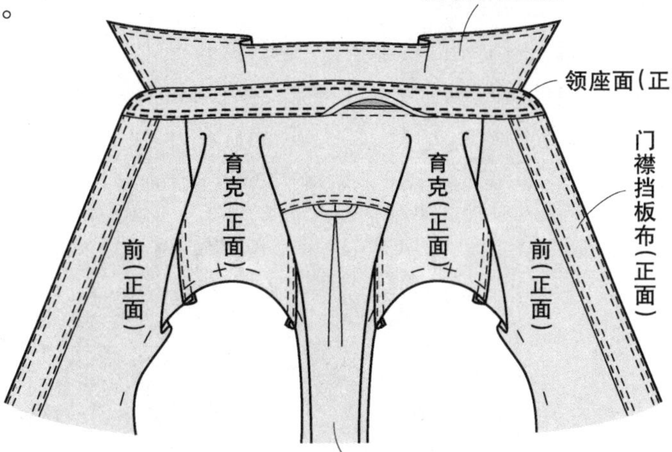

图 3-4-7(b)　做领子与绱领子

●绱袖、缝腋下缝、绱袖口

(1)绱袖

衣身与袖子正面相对，用缝纫机绱袖，缝份倒向衣身一侧并用熨斗整理。沿边缘缝上装饰明线。

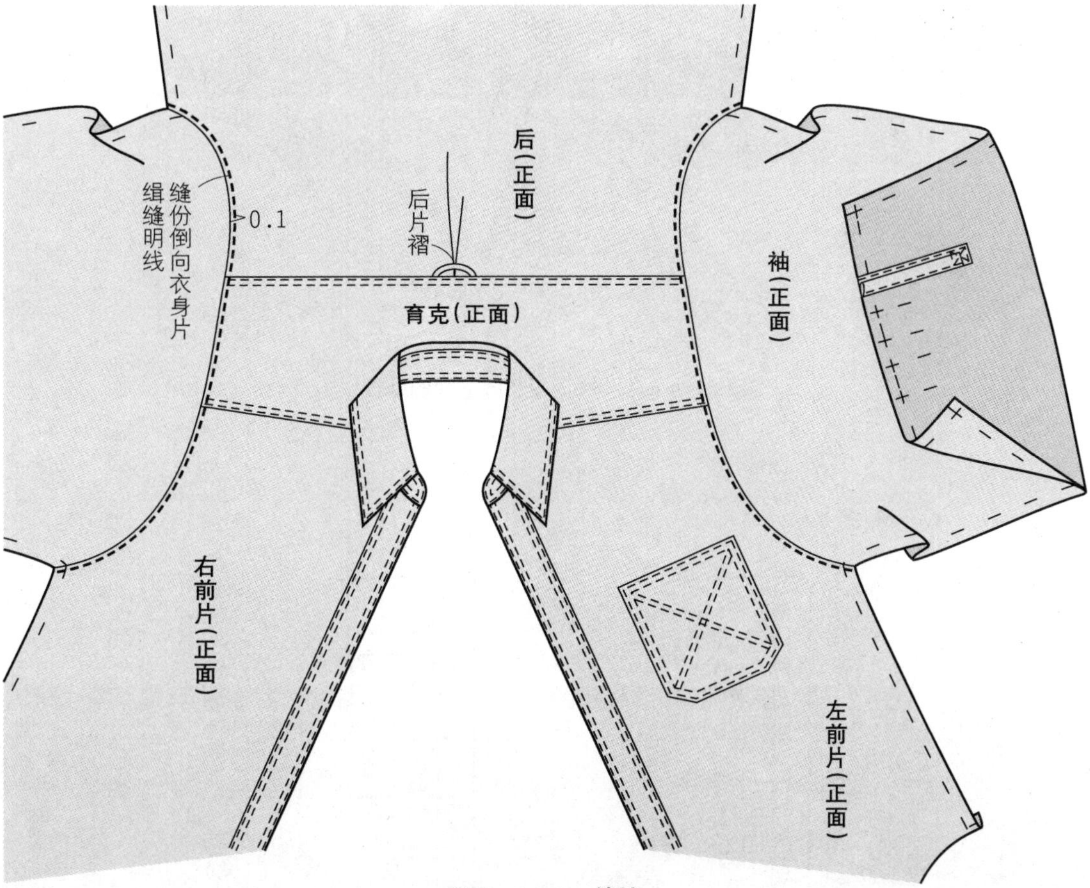

图 3-4-8　绱袖

(2)缝合袖下缝和腋下缝

袖下缝和腋下缝应连续缝合，两片的缝份一起用包缝机锁边，缝份倒向前身侧。要注意后身下摆和前身下摆的连接，卷边后用熨斗熨烫整理，缝上装饰明线。

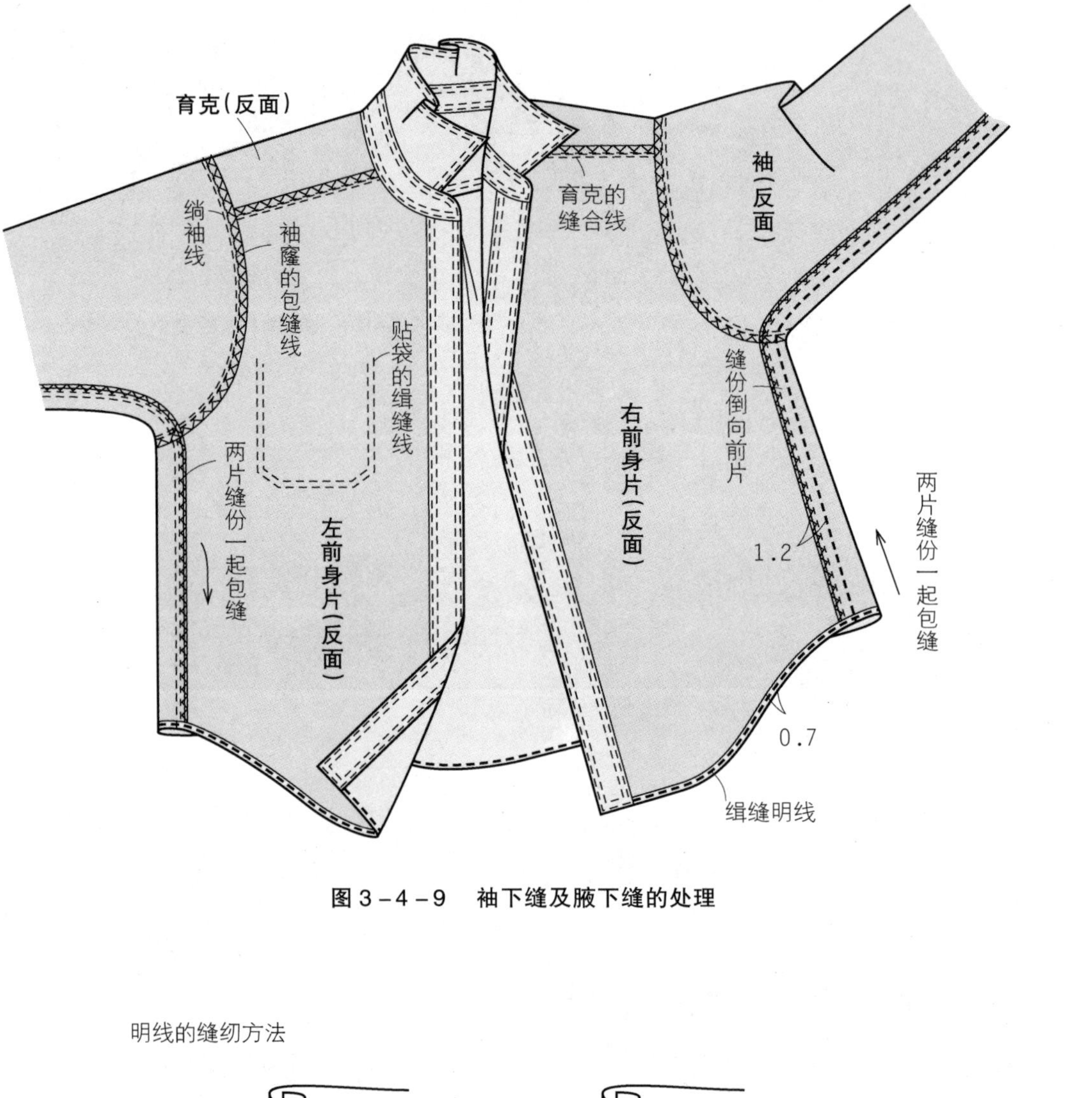

图 3-4-9　袖下缝及腋下缝的处理

明线的缝纫方法

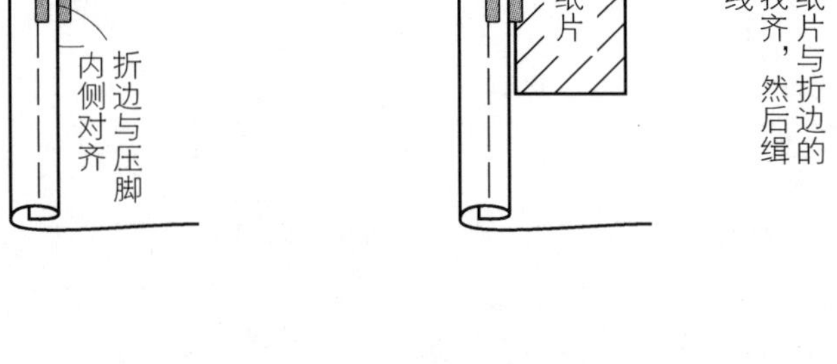

（3）袖头的制作与安装

①袖头面一侧的缝份预先折好。

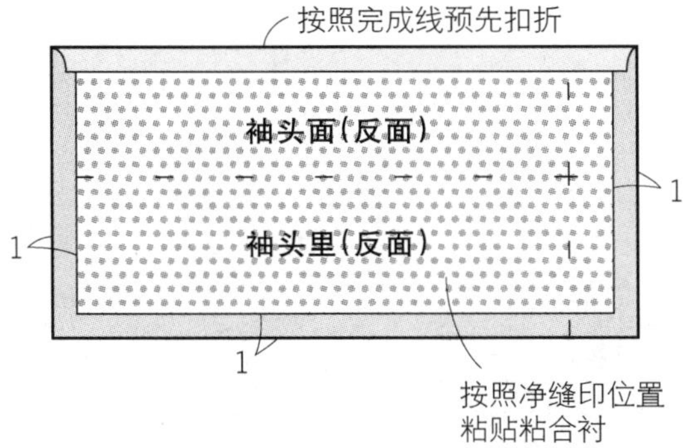

②袖头从中间对折，两端用缝纫机缝好。距离布边 1cm 处停止。

③翻到正面，用熨斗按完成状态整理。

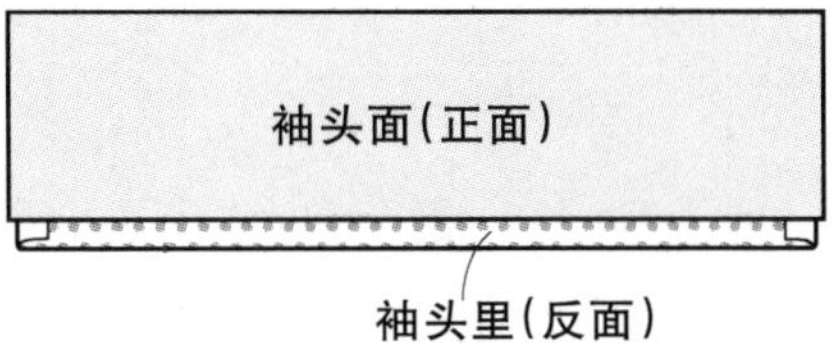

④袖的反面与袖头反面相对，用缝纫机缝合。在袖开衩开口处停止，并打回针固定。

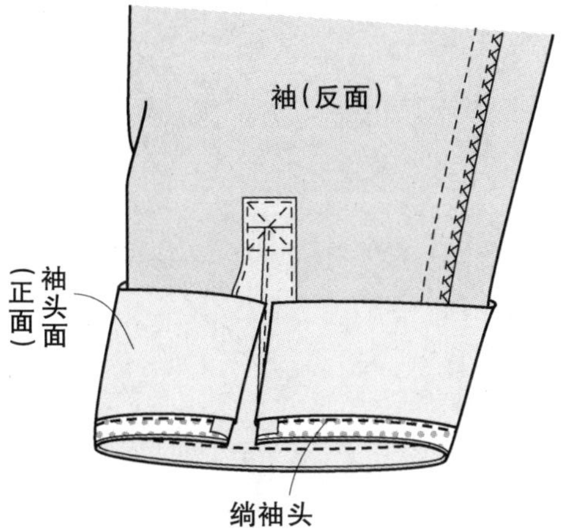

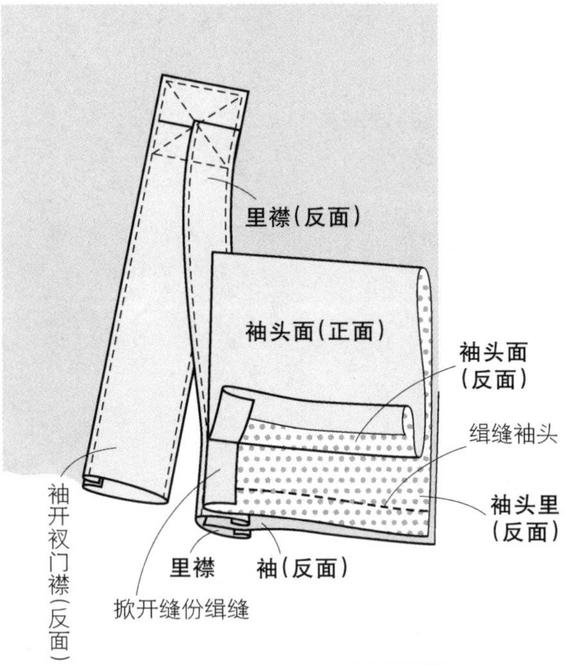

⑤用熨斗整理做好了的袖头，绷缝袖口，从袖头正面缉装饰明线。

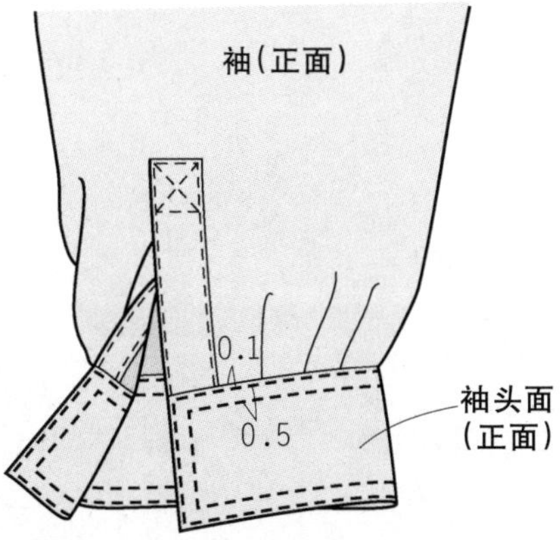

图 3－4－10　袖头的缝制与安装

●整理、最后加工

领座上的扣眼锁成横眼，前明门襟锁竖眼，在里襟钉扣。

衬衫领宽松式女上衣的缝制见下页表。

〈确定扣眼的方法〉

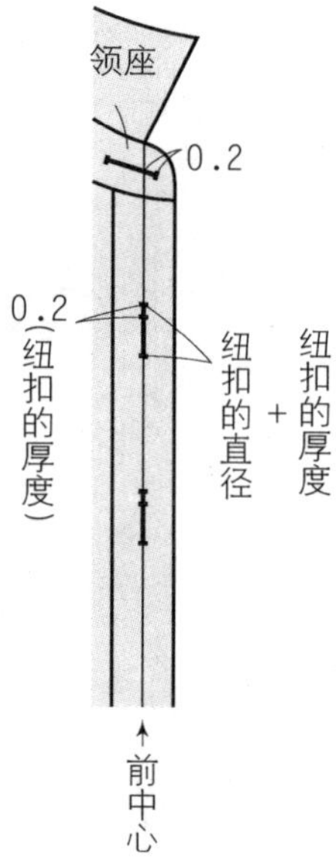

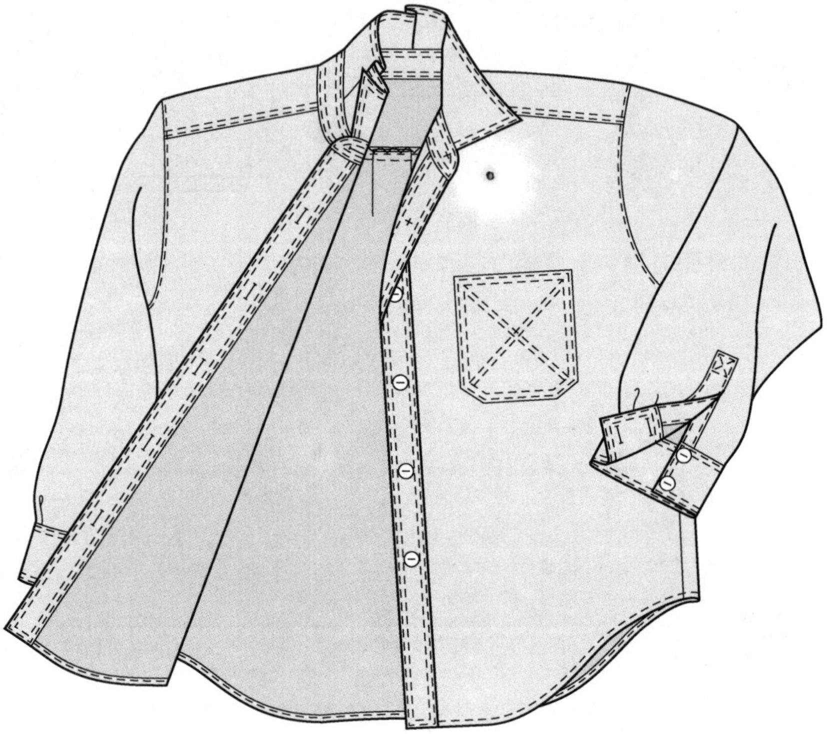

图 3－4－11　成品图

衬衫领宽松式女上衣的缝制顺序表

准　　备　　工　　序	参　照　图
裁翻领表面、翻领里、领座面、领座里	图3-4-3
裁前明门襟、袖头、贴袋、装饰袢	图3-4-3
裁袖开衩门襟和里襟	图3-4-3
裁粘合衬并粘接	图3-4-3,图3-4-4,图3-4-5,图3-4-10
缝份的整理和育克剪接线	图3-4-5
缝份边的整理	图3-4-3
Ⅰ衣身的制作	
(1)做口袋、绱口袋	图3-4-4
(2)下摆的处理(第一步)下摆上折绷线	图3-4-5(a)
(3)装前身的明门襟并缉装饰明线	图3-4-5(a)
后身褶裥和装饰绊的临时固定	图3-4-5(b)
(4)缉育克和育克的装饰明线	图3-4-5(b)
Ⅱ领子的制作及安装,袖的制作及安装	
(5)做袖口开衩	图3-4-6
(6)翻领外口的缝制及处理(装饰明线)	☆图3-2-28
(7)翻领及领座的安装(用领座夹装)	图3-4-7(a)
(8)绱领(领座装在衣身上)	图3-4-7(a)
(9)绱领处理(领座的装饰明线)	图3-4-7(b)
(10)绱袖及缉装饰明线	图3-4-8
(11)腋下缝、袖下缝的缝制及包缝	图3-4-9
(12)下摆的处理(第二步)缉下摆的装饰明线	图3-4-9
(13)袖头的制作及安装	图3-4-10
Ⅲ整理和最后处理	
(14)锁扣眼	图3-4-11
(15)钉扣	图3-4-11
(16)用熨斗整熨	图3-4-11

※参照图中带☆的是翻领上衣的图号。

小翻驳领上衣

设计

这是一件标准的小翻驳领半袖上衣，胸部加口袋，腋下缝开衩，像夏威夷女衬衫。

使用量

面　料：90cm幅宽，210cm

(衣长+7cm)×2+领子部分10cm

110cm幅宽，180cm

(衣长+7cm)×2+(袖长+6 cm)

粘合衬：90cm幅宽，75cm

作图（图3－5－2）

●衣身

将带领座衬衫的衣身的身长延长，腋下缝加开衩，将门襟贴边与衣身连裁，并改为夹绱领子。

●袖

将衬衫袖制图改为半袖，把袖下缝尺寸改为12cm，这是一般的标准尺寸的半袖长。

缝制方法及要点

小翻驳领上衣作为应用实例，预先做了工艺分析，制定了缝制工序表。根据这个程序操作能更进一步合理地提高效率。在缝制顺序表中加上了顺序号，表中的内容是更容易理解的总结归纳。小翻驳领衬衫缝制工序见第134页表。

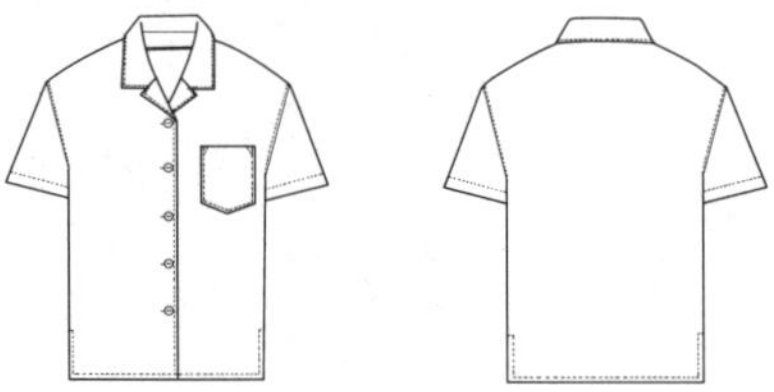

前面　　后面

图3－5－1　小翻驳领上衣

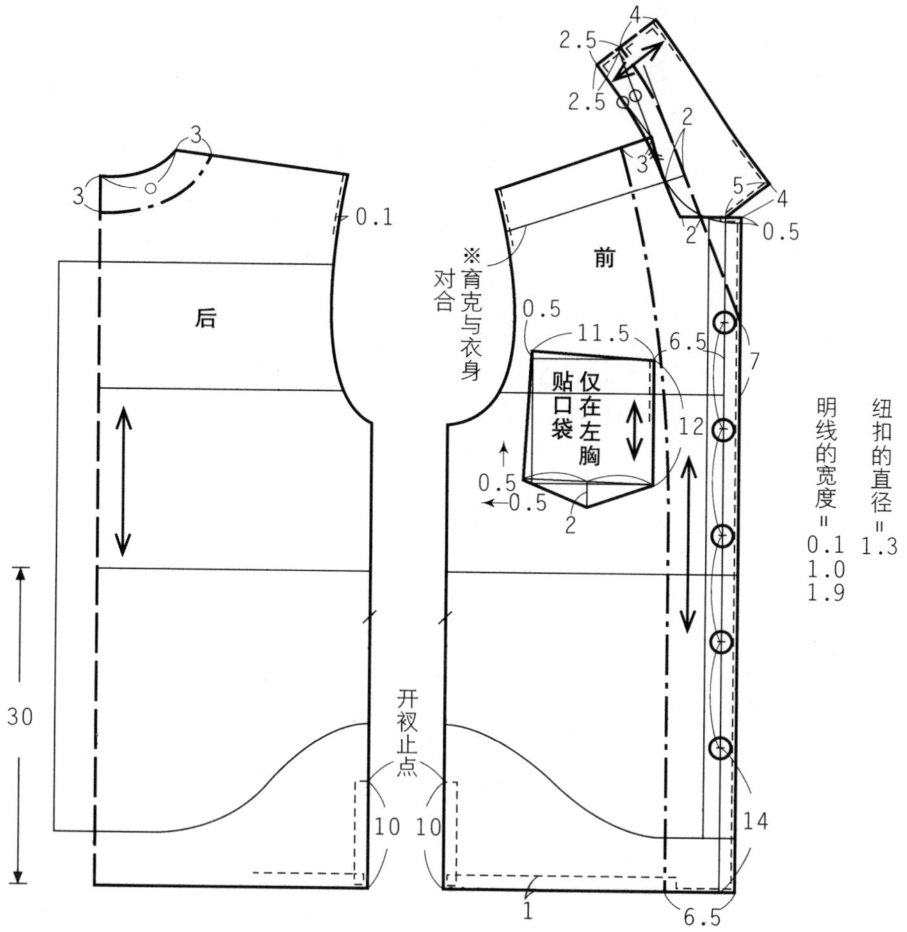

※参照第119页衬衫领宽松式女上衣的前后身纸样

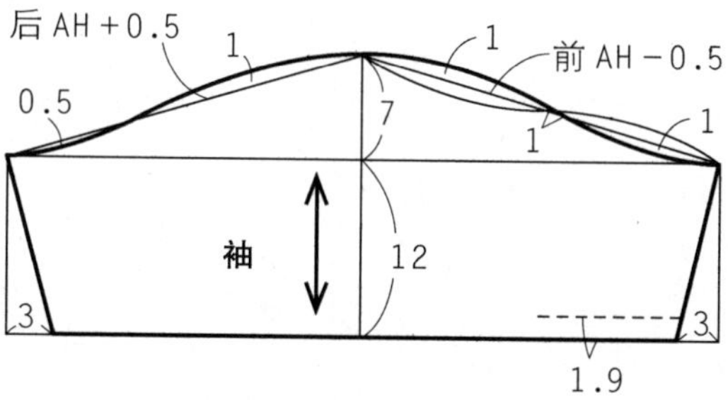

图3-5-2　作图

小 翻 驳 领 上 衣 缝 制 工 序 表

准备工序	·裁领面、领里、贴袋 ·裁后领窝的贴边 ·裁粘合衬并粘贴 ·用包缝机包缝，整理缝份	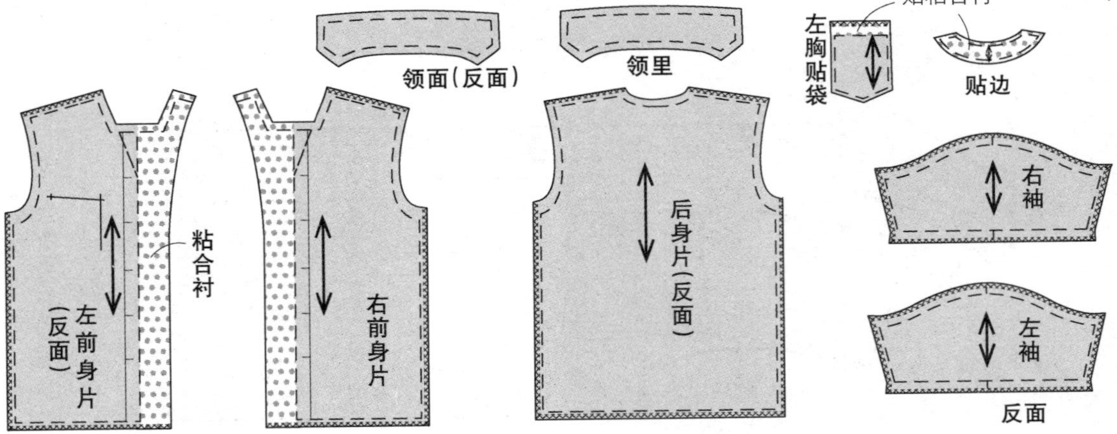
I 衣身的制作（1）	① 做左胸贴袋 ② 绱口袋 ③ 缝合肩缝 ④ 缝合贴边的肩线 ⑤ 贴边外圈用包缝机包缝 ⑥ 缝贴边下摆	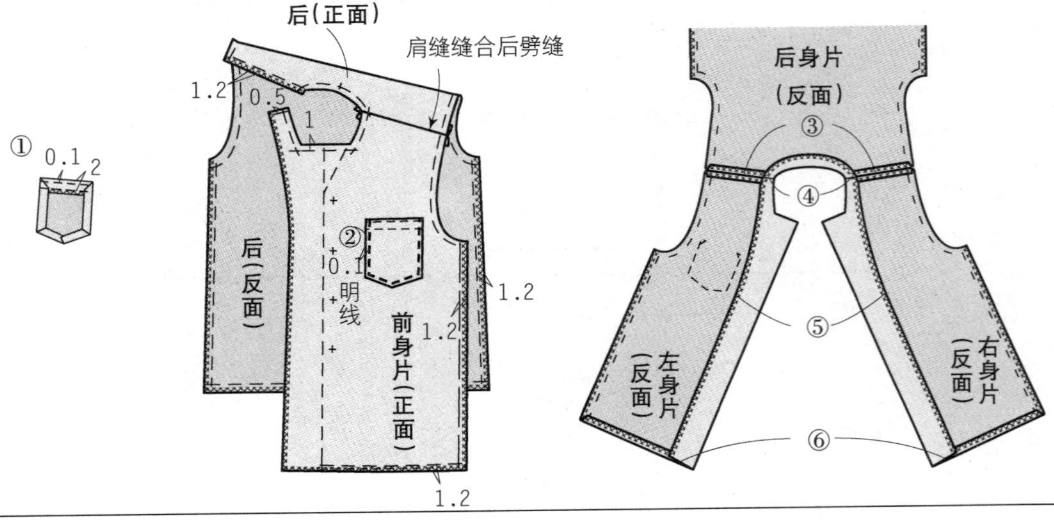

Ⅱ 领子的制作与安装	⑦ 缉缝领外口 ⑧ 翻出正面，缝纫机缉明线 ⑨ 用前后身和贴边夹住领子，绱领	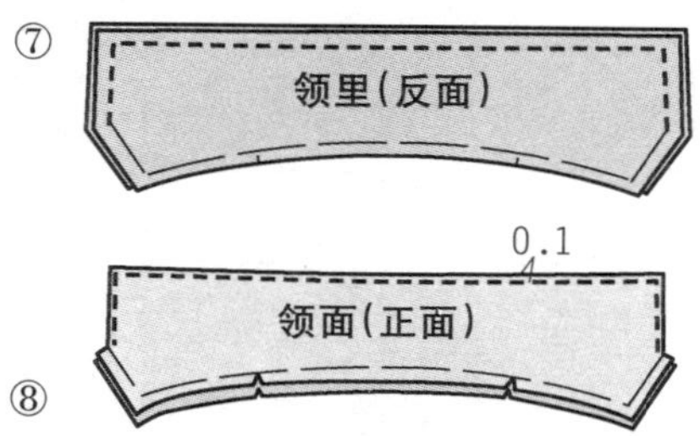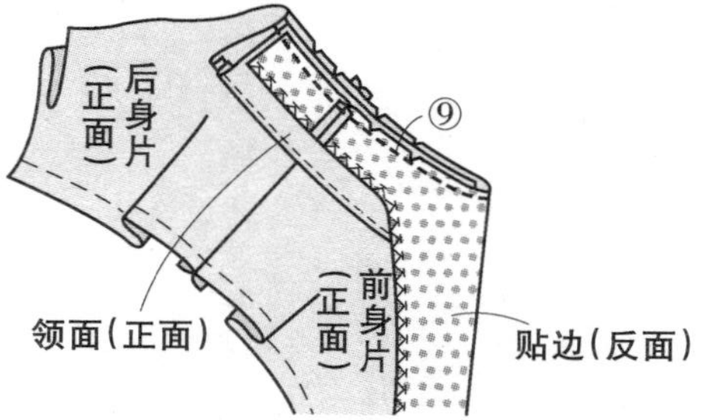
Ⅲ 绱袖、缝袖、缝衣身（2）	⑩绱袖 ⑪在绱袖的位置缉装饰明线 ⑫缝袖下缝、腋下缝 ⑬缝开衩 ⑭止口缉装饰明线，下摆开衩缉装饰明线 ⑮袖口的处理	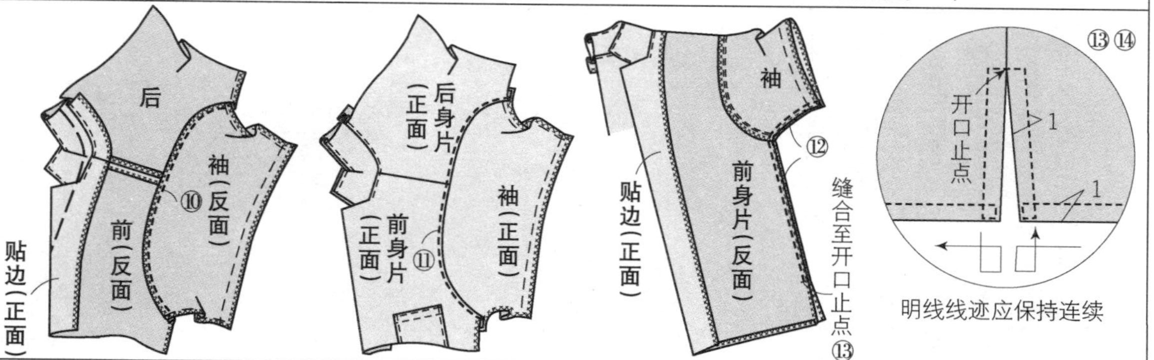
Ⅳ 整理	⑯锁扣眼 ⑰做成后用熨斗整理 ⑱钉扣 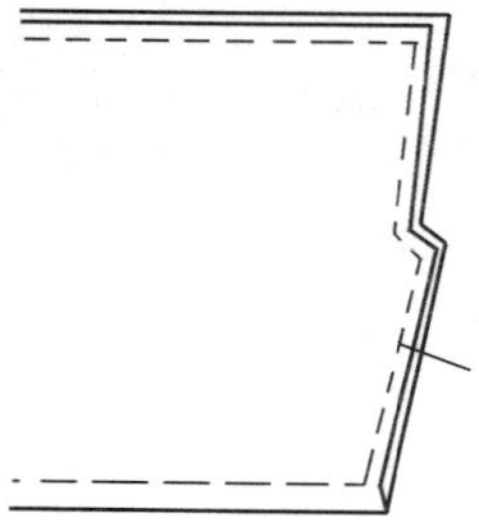	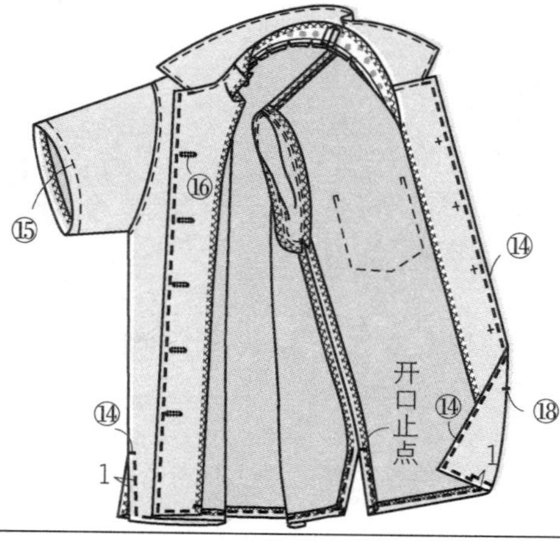

〈小翻驳领的作图法（图 3－5－3）〉

将小翻驳领的制图按顺序作一解说。

①在前后身的领窝线上画出希望的领型。前片在领窝线的$\frac{1}{3}$处（a 点）与肩线平行地画出前底领宽，再画出驳头和领子的形状。后片画后底领宽＋后翻领宽并制作出长方形。

②沿驳口线左右对称地画出前领。

③使①中画的长方形与前颈侧点吻合，将其倾倒至成为所需要的后领外口尺寸。

④将小翻驳领线、领折线、领外口线调整成自然的曲线。领宽越宽倾倒的尺寸就越多，倾倒的尺寸由于布的厚度不同也多少会有一些差异。

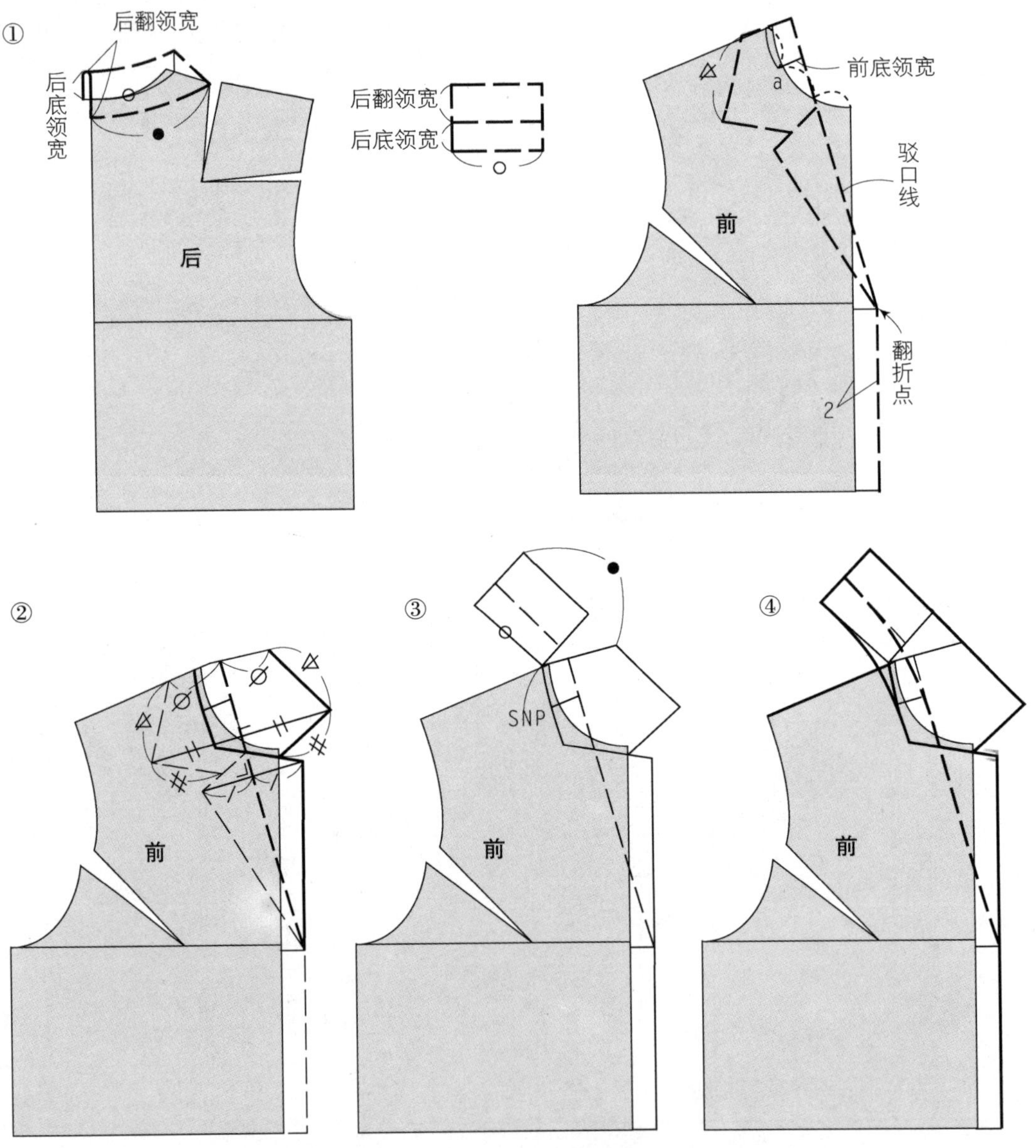

图 3－5－3　小翻驳领的制图

第四章

裙　子

◇ 裙子概述 ◇

裙子是包裹女性下半身的服装，它既可以是独立的形式，也可以指连衣裙从腰到下摆的部分。其中的例外是男子穿用的苏格兰短裙。

在裙子历史中最古老的属古埃及时代出现过的用四方布做成筒形裹在腰间的装束。到了13世纪，随着立体造型技术的发展，出现了利用省道使腰部合身，在下摆处根据生活需要加入必要运动量的裙子形式。

20世纪初期裙子进入日本，当时的裙子长度盖住了鞋子。随着社会环境的变化，裙子的形态和长度出现了各种各样的变化，直至现在。特别是裙长，它是反映流行的晴雨表，如从长裙、短裙到超短裙的变化，令人目不暇接。

现在随着生活的多样化，设计和面料等也都发生着快速的变化，同时随着社会氛围变得日益宽松，目前已进入了张扬个性的着装时代。由于组合式服装成为主流服饰，今后的裙子无论是在面料、设计还是在着装方法上都会变得越来越多样化。但是，不管裙子自身有多么优美，若与其他服装搭配不好，效果也会减半，因此裙子与衣服最好能够协调搭配。

●裙子的机能

在日常的人体活动中，下肢在各种运动中的活动领域最广。下肢的运动包括：两腿分开的（如走、跑、上、下、跳跃等）动作和两腿并拢的（如站立、弯腰、坐下等）动作。对于裙子来说需要适应下肢的广泛运动区域和由此对应的围度变化，因此在裙子制作时必须充分考虑到裙下摆、臀围、腰围的松量及裙长等各方面的需要。

例如步幅，普通情况下为前后50～60cm左右，但在上高台阶时，由于抬脚，假若适应其动作的裙子下摆不足，就会感觉到动作受阻，同时还会损伤到面料。腰围和臀围也会随着下肢的各种运动出现变化量，因此必须配合各种用途进行设计。

●裙子的材料

所有材料都可以使用，可根据设计款式、用途和季节等因素进行选择。但由于在坐下或跪坐时，裙子容易产生皱褶而走形，所以对于款式简洁且松量较少的裙子，最好选用牢固的优质面料。适合于简洁设计的材料如下所示：

哔叽、华达呢、阿蒙增薄绉纹呢、精纺麦尔登呢、萨克森法兰绒、海力蒙人字呢、粗花呢、棉结粗呢、双面乔其纱、法兰绒等。关于各种面料的说明请参照卷头的第10～11页。

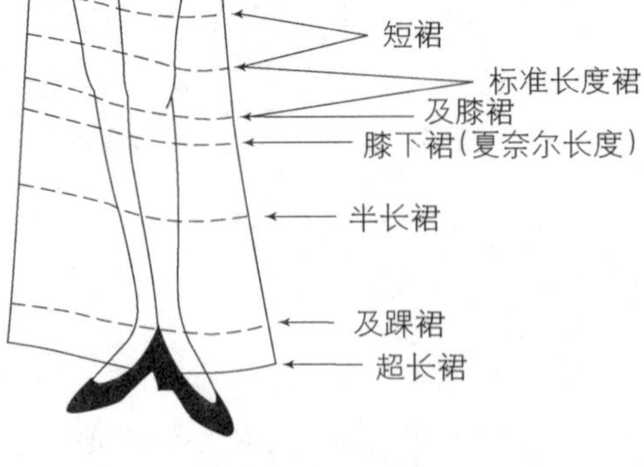

腰线位置及长度对应的裙子名称

●裙子的分类

裙子的名称可以根据其造型和裙长，或是设计款式、材料、缝制等各种各样的特征来称呼。根据腰线位置和裙长变化的命名见上页图，根据造型不同的各种裙子分类名称归纳在下面的表格中。

根据造型区别的命名

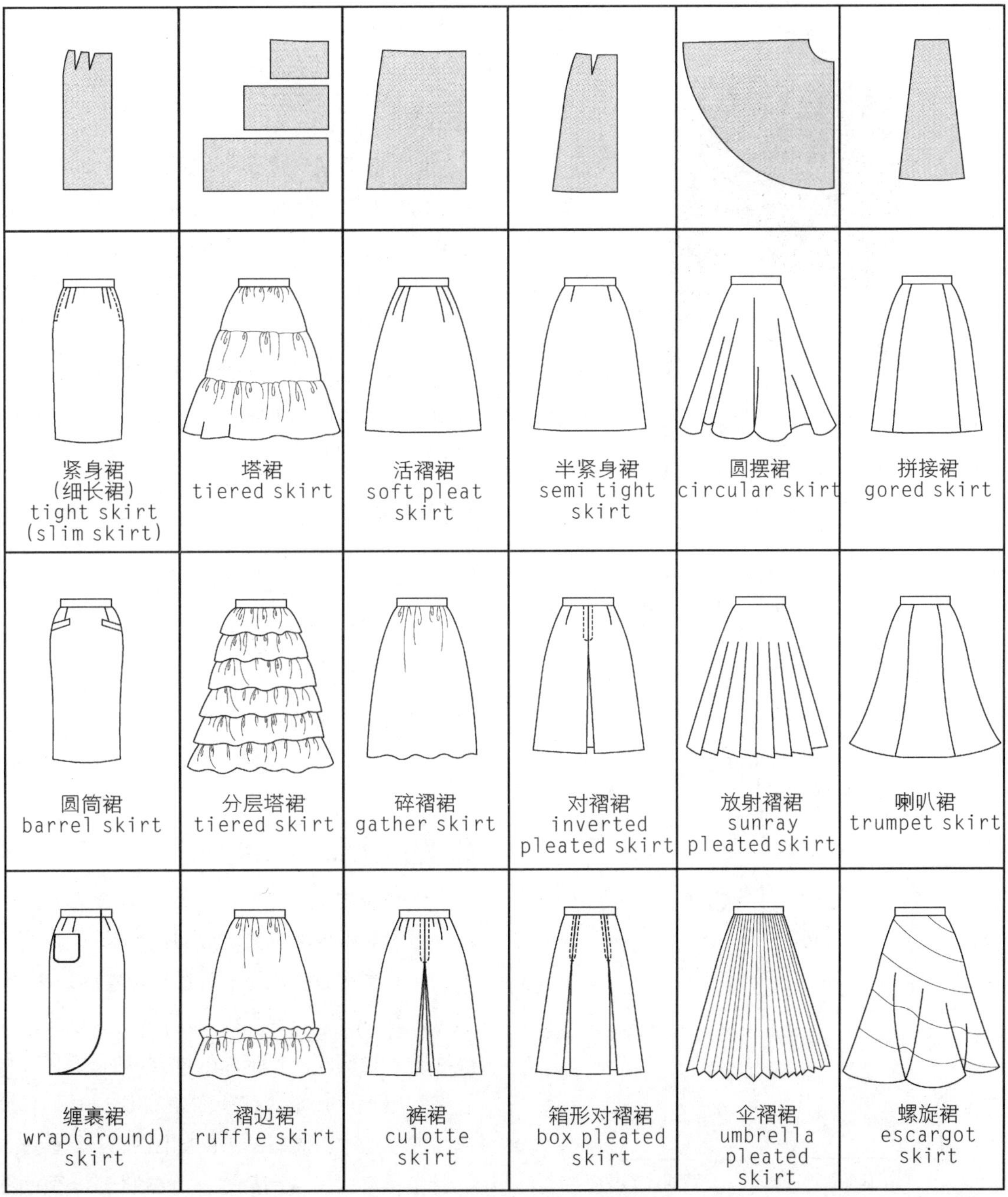

半紧身裙

设计

半紧身裙是从腰围到臀围紧贴身体形态，底摆保持自然散开的裙型。裙子设计的基本要点是需考虑到人体运动如走路等所要求的运动量。由于不涉及款式和裙长变化，该纸样可以作为基本制图灵活使用。

面料选择以适应季节为主，无论是什么材质，挺实、优质最为重要。

使用量

面　料：140cm 幅宽，70cm
　　　裙长 ＋ 10cm
　　　90cm 幅宽，140cm
　　　（裙长 ＋ 10cm）×2

里　料：90cm 幅宽，130cm
　　　（裙长 ＋ 5cm）×2

作图（图 4－2－2）

半紧身裙的臀围加入 2.5cm，作为臀围动作所需的最小限度松量。前后片侧缝线的处理均是：从臀围线垂直向下 10cm 的位置向外 1cm，通过该点（A 点）与臀围线连接，并延长至底摆及腰线。大腿部向外扩张强的体型，前臀围尺寸稍微多加出一点松量。在腰围处加出 1cm 的松量作为成品尺寸。腰省的分配如图所示，省量过多的时候，可以设置两个省道（参照 164 页的图 4－4－2）。

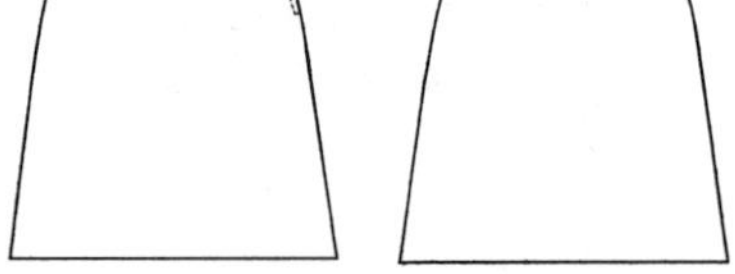

前面　　后面

图 4－2－1　半紧身裙

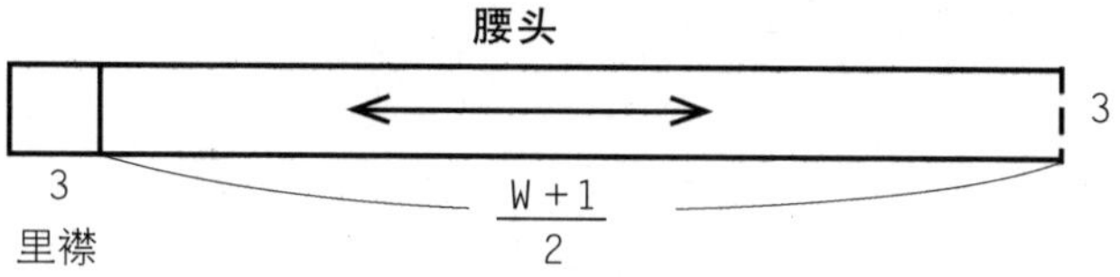
腰头
3
3
里襟
W＋1
2

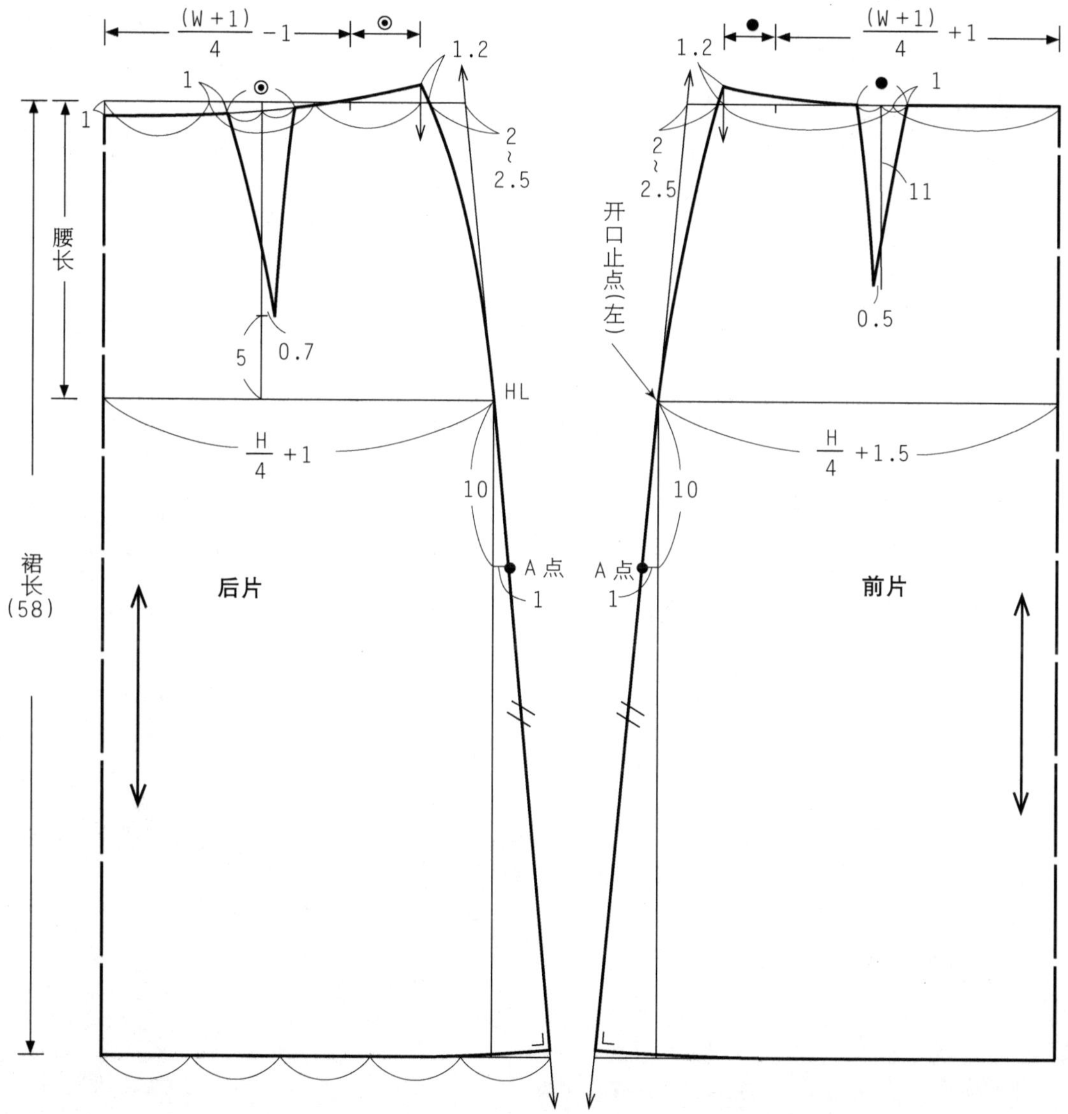
(W＋1)
4
－1
1.2
1
1
2
~
2.5
腰长
5
0.7
HL
H
4
＋1
10
A点
1
裙长
(58)
后片
(W＋1)
4
＋1
1.2
1
2
~
2.5
11
开口止点(左)
0.5
H
4
＋1.5
10
A点
1
前片

图4－2－2 作图

制作纸样

●纸样的修正(图4－2－3)

拓取制图纸样，包括省道、布纹线、对合记号等，同时最好将缝份尺寸、连裁等注意点标记在纸样上。纸样的修正方法是在腰线处留出多余的纸，捏合省道，折叠省道倒向中心侧，把腰线重新画圆顺。右图是省道展开后的纸样。

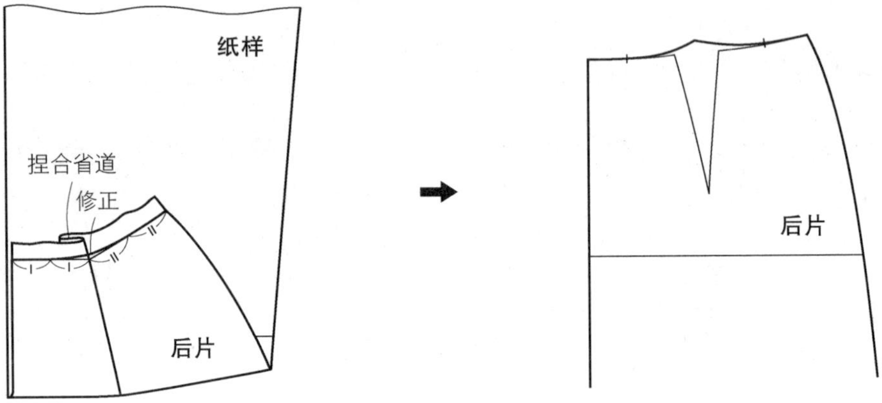

图4－2－3　纸样的修正

缝制要点

如果在缝制前先整理出缝制顺序表，能够提高工作效率，所以可以按照下面的缝制顺序表进行操作。

缝制前的准备工序及缝合省道、绱拉链、内部叠缝、绱腰头、折下摆等部位的缝制方法，请参照对褶裙的做法。

半紧身裙的缝制顺序表

准备工作	纸样的订正	
	面料	里料
制作裙子	(1)缝合前后片省道 (2)缝合侧缝 (3)在裙左侧绱拉链 (4)处理下摆	(1)缝合省道 (2)缝合侧缝 (3)处理下摆
对合裙面与裙里	(1)侧缝的内部叠缝 (2)处理拉链部分 (3)在腰口绷缝	
绱腰头	(1)在腰头里的反面粘贴腰头衬 (2)缝制腰头 (3)腰头里的处理	
整理与完工	(1)成品整烫 (2)钉挂钩	

对褶裙

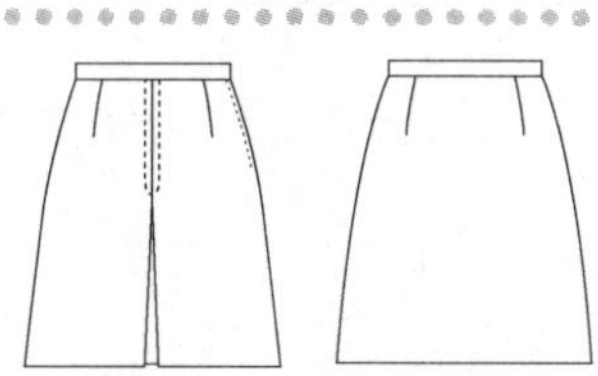

图 4－3－1　对褶裙

设计

在半紧身裙的前中心加入对合的褶裥。褶裥的大小可以根据体型、布幅宽度或喜好来增减。因为是加入褶裥的设计，不适于很厚的布料。

使用量

面　料：140cm 幅宽，70cm
　　　裙长 ＋ 10cm
　　　90cm 幅宽，140cm
　　　（裙长 ＋ 10cm）×2
里　料：90cm 幅宽，130cm
　　　（裙长 ＋ 5cm）×2

作图（图 4－3－2）

以半紧身裙为基础纸样，在前中心加入 10cm 的褶裥量。

下摆宽度可以按照基本纸样保持不动，也可以如图所示，考虑到前中心加入了褶裥，在侧缝下摆处去掉 2cm，使总体造型看上去更加顺畅（参照图 4－3－2）。

腰头

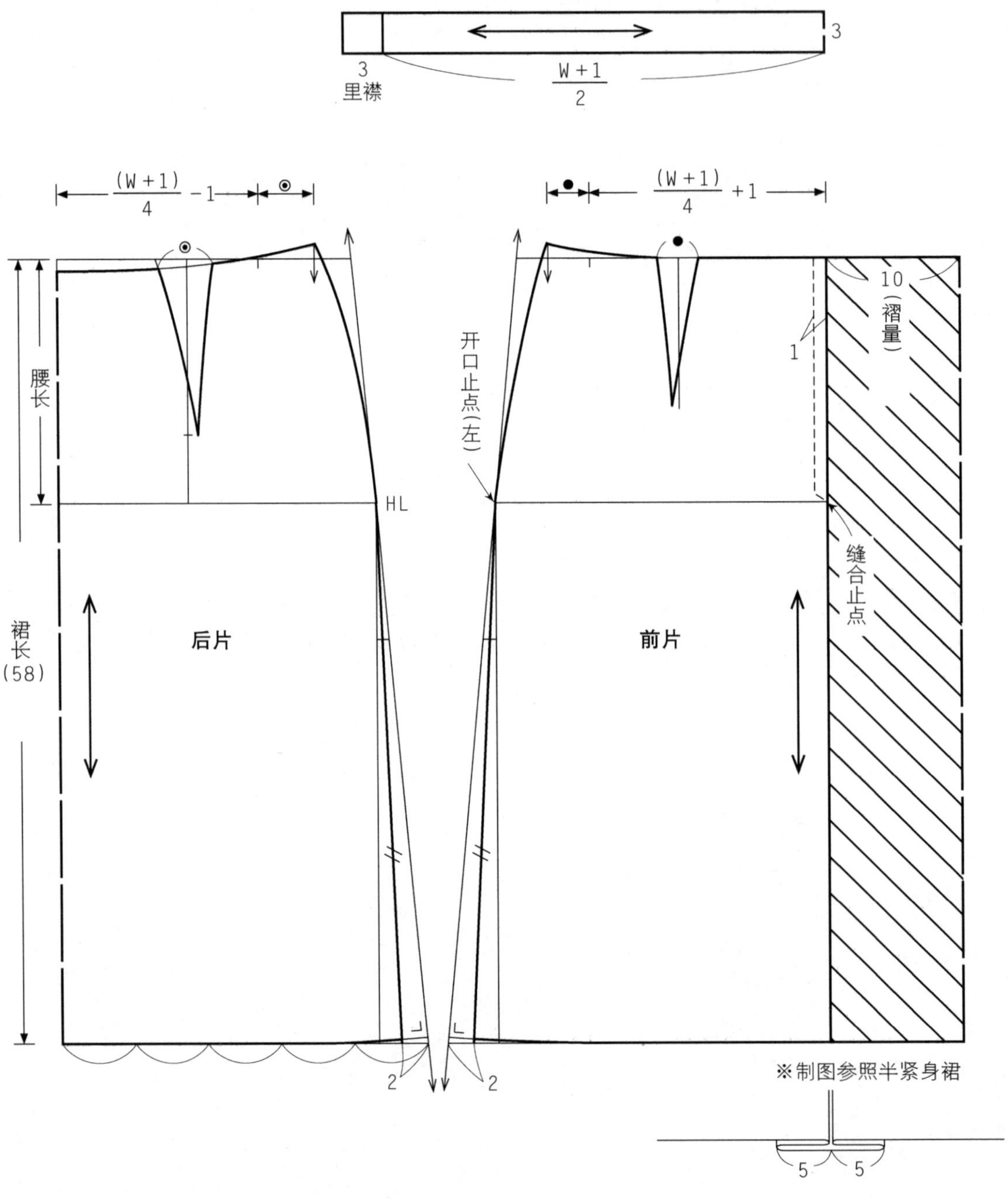

※制图参照半紧身裙

图 4－3－2 作图

裁剪、做记号(图 4－3－3)

腰头布可以利用布料的布边，先大致裁剪成腰头宽度的两倍 ＋ 缝份 2cm 的宽度。如果布幅宽度不足，腰头布不能纵向裁剪时，可横向裁剪。因为腰头布在试穿补正之后可能会调整，粗裁时要比腰头的长度多留出一些。按照布纹线放置纸样，考虑到假缝试穿，缝头如图所示多留出一些。通过打线钉做记号，直线部分线钉稀疏些，曲线部分间隔稍微小一些。在前后中心和 HL 线处，事先缝入记号作为假缝时的基准(参照第 46 页的缝制基础)。

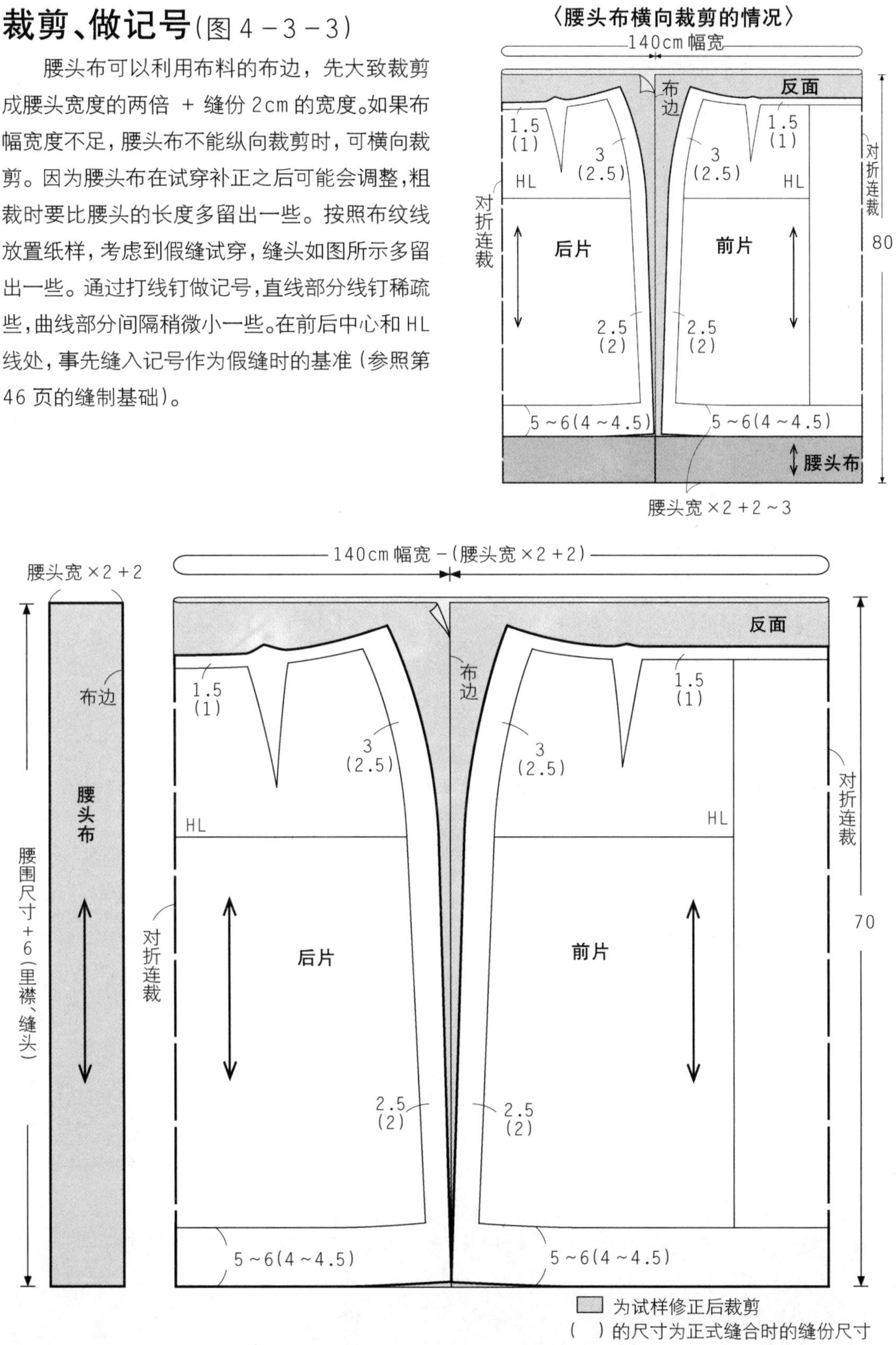

图 4－3－3　裁剪、排料图

归拔(图 4－3－4)

为了实现裙腰的立体造型，需要收腰省，并对臀围线以上的侧缝曲线进行归拔处理。具体操作如图 4－3－4 所示，将中臀围的侧缝曲线用熨斗归拔，使其稍稍形成直线。归拔处理能使裙子与胯骨的形态相服帖。

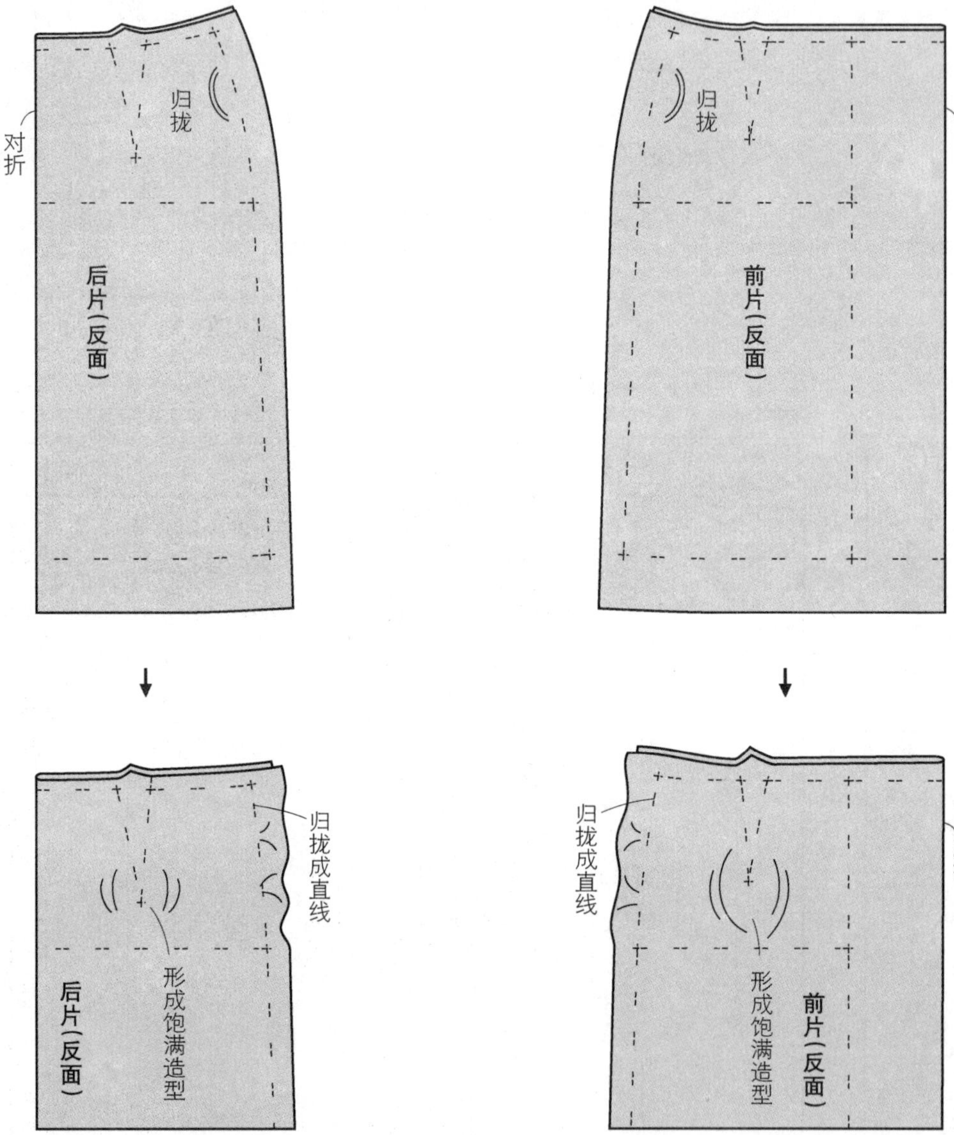

图 4－3－4　归拔

假缝(图 4－3－5、图 4－3－6)

●假缝顺序

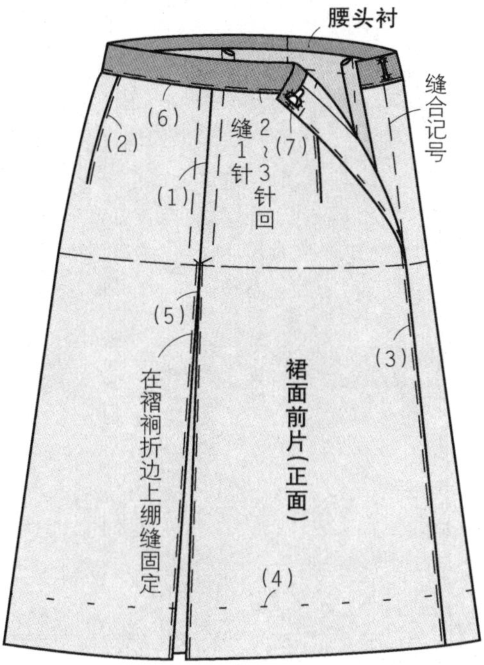

图 4－3－5　假缝顺序

假缝顺序

(1)	缝合前中心
(2)	缝合省道
(3)	缝合侧缝
(4)	折下摆
(5)	在褶裥折痕上绷缝固定
(6)	绱腰头
(7)	钉挂钩

熨烫要点

在熨烫时，为了不损伤布料的特征及原有的风格，必须考虑适合布料的温度、压力、水分等问题。由于喷雾的范围较大，所以在熨烫省道和缝纫线迹时，应在必要的地方给予蒸汽并配以适当的温度。

纤　维	熨斗的温度	水滴的声音	水　滴　的　状　态
化学纤维	120～130℃	刺刺	噗噗地冒出大泡，会暂时残留 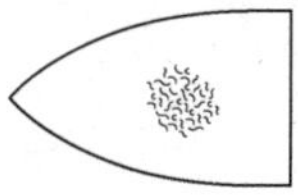
毛	150～160℃	啾啾	水滴的范围变小，小泡快速蒸发，周围有细小的水滴飞散 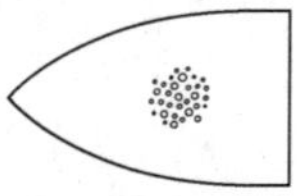
棉、麻	160～180℃	啪	水滴旋转消失 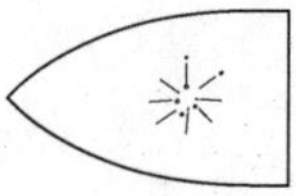

●假缝的顺序与要点

(1)缝合前中心线(图 4－3－6 ①～②)

缝合到前中心线的缝合止点，将褶裥对折后整理熨烫,从正面绷缝明线固定。扣折下摆及褶裥部分,绷缝固定。因在缉缝侧缝时需要打开下摆的折边,所以在绷缝底边时要预留余量。

(2)缝合省道(图 4－3－5、图 4－3－6 ⑤)

从腰围线向内 0.5cm 处开始缝合省道，倒向中心线一侧,并从正面绷缝固定。

(3)缝合侧缝(图 4－3－5、图 4－3－6 ⑤)

按照前后对合记号缝合侧缝，缝至开口止点(预留左侧拉链开口部分),缝份倒向前侧,绷缝固定,在开口部分的后片缝份上做记号。

(4)扣折下摆(图 4－3－5)

按照完成线扣烫前后下摆,从里侧绷线固定。

(5)在褶裥折痕上绷缝固定(图 4－3－6 ②、图 4－3－6 ③)

拆掉前中心线缝合止点以下的绷缝线，在正面褶裥处按②图示绷缝固定，在距反面褶裥的折痕边缘 0.3～0.4cm 宽处绷缝，固定褶裥。

①

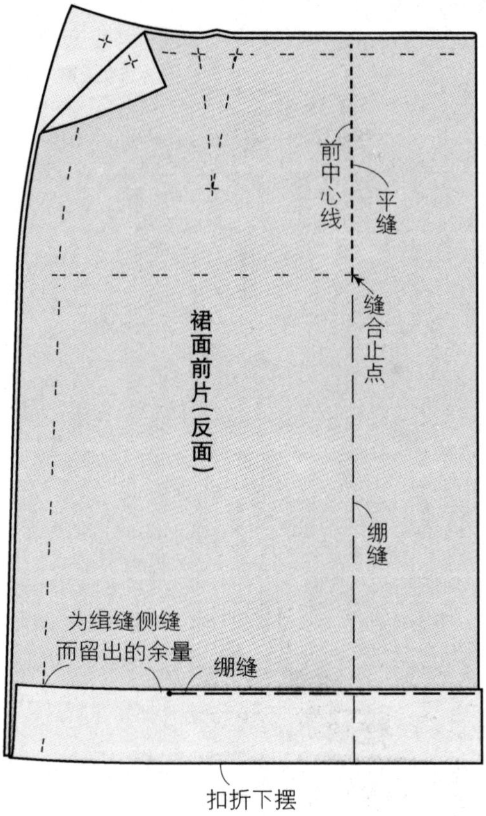

②

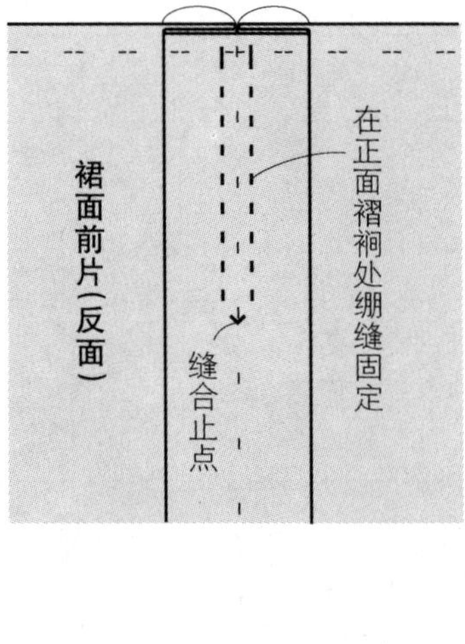

③

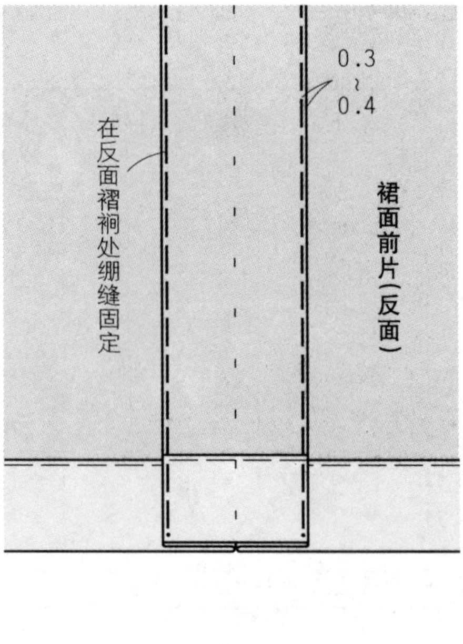

(6)处理腰头(图 4－3－6 ④、图 4－3－6 ⑤)

如图 4－3－6 ④所示，在腰头衬上做出对合记号，与腰围线的各个位置核对后，在裙腰处上绷缝固定。

(7)钉挂钩(图 4－3－5)

在腰头衬上假缝挂钩。

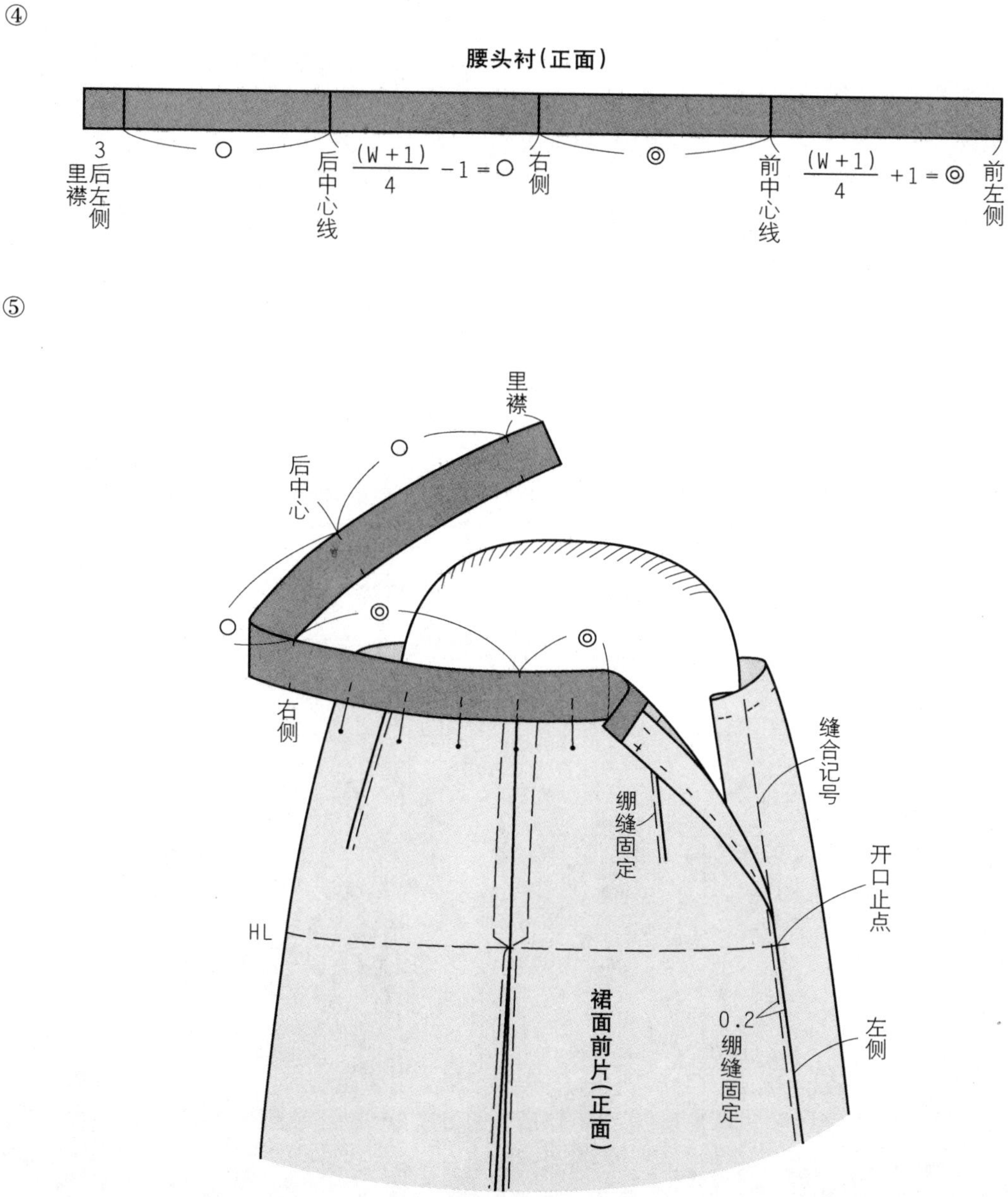

图 4－3－6 假缝

试穿补正

正确地穿好裙子和鞋，在镜子前面自然站立。补正者通过镜子从前、后、侧面进行观察，看前后中心线和臀围线的布丝方向是否正确。补正过程中要根据体型状态仔细观察有无吊绺或松坠的现象，臀围布纹线是否呈水平状态，下摆线是否与地板平行等，调整出漂亮的轮廓。还要通过动作进一步确认裙子的机能性（图 4－3－7）。

图 4－3－7　试穿补正举例

●补正例 1　侧缝线偏前、前下摆翘起

原因　臀部扁平并下垂，腹部突出。

补正　后省量变小，在侧缝剪掉一部分量使后片变窄。在前片臀围处追加后片去掉的量，在前片腰围线追加腰长(图 4－3－8)。

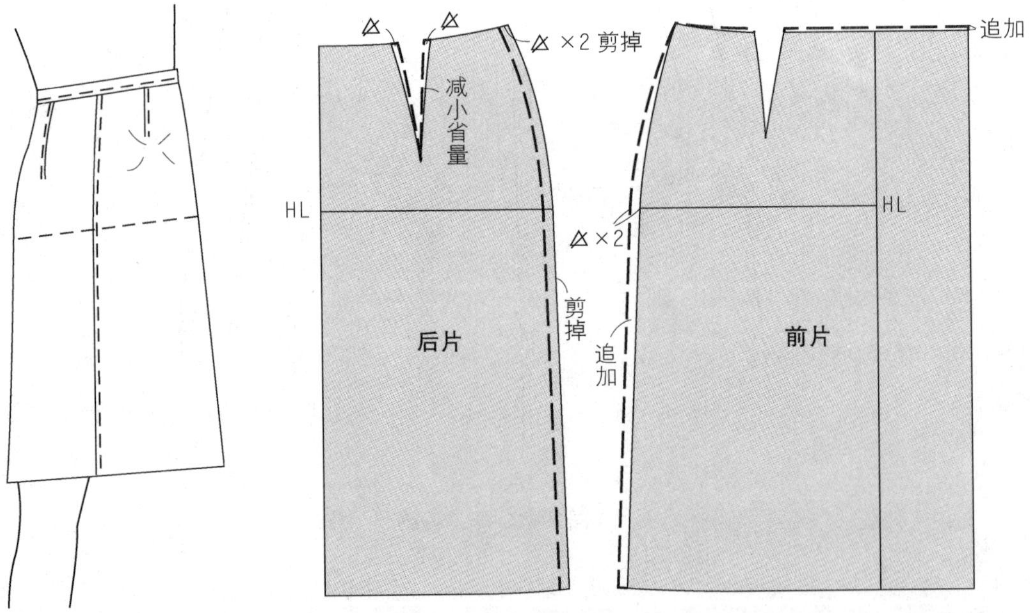

图 4－3－8　补正例 1

●补正例 2　臀围绷紧出现吊绺、腹部出现多余的松量

原因　臀部丰满突出，腹部较平。

补正　在后片腰围线处追加腰长，在侧缝追加后片宽，并增大省量。在前片去掉后片追加的量，并减小省量(图 4－3－9)。

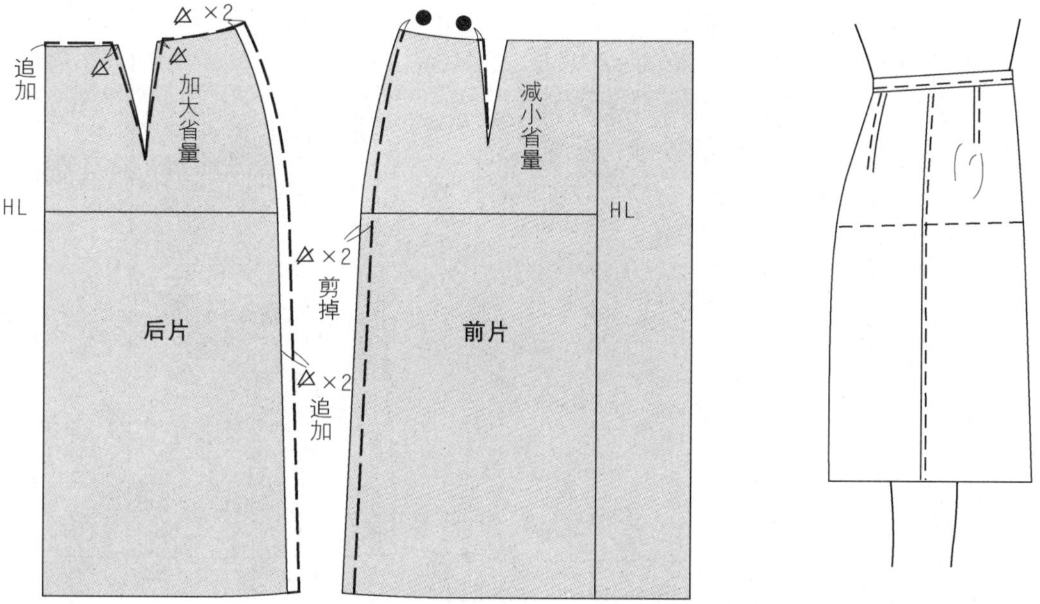

图 4－3－9　补正例 2

●补正例 3　腹部出现横绺

原因　腰节高、中臀围尺寸不足。

补正　在侧缝从腰围线到臀围线间追加宽度的不足量。在腰围处追加的量，能够归拢的布料在缝制时归拢，不容易归拢的布料可转化成省量，另外在单省量过大的情况下可改作为两个省道(图 4－3－10)。

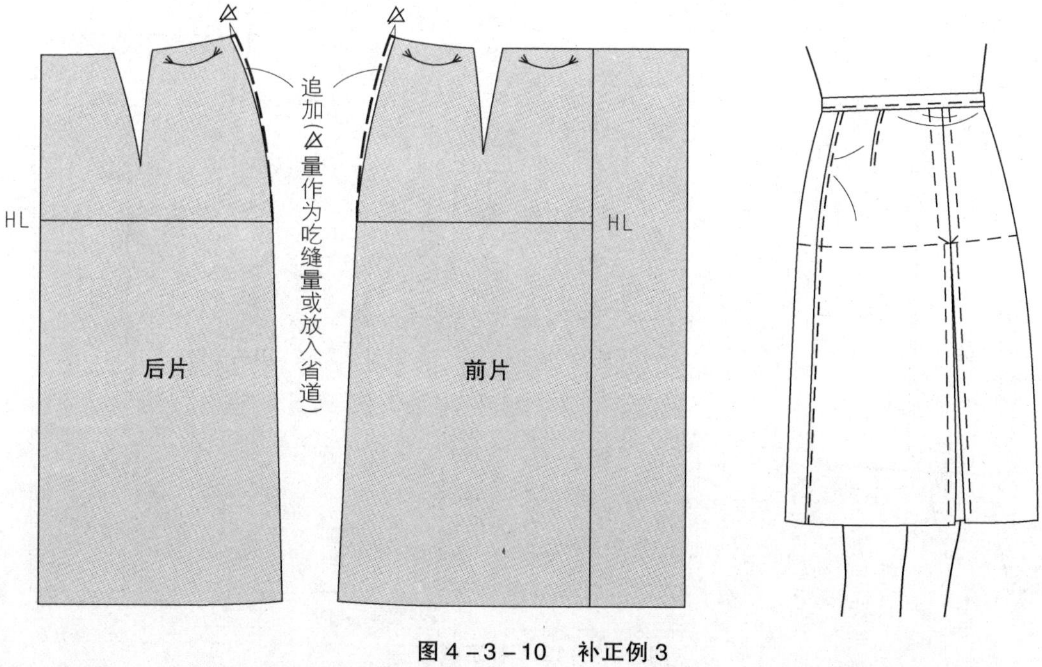

图 4－3－10　补正例 3

●补正例 4　大腿部出现绷紧的绺

原因　大腿比臀部还突出。

补正　在大腿部的外张强的部分追加前裙片的宽度(图 4－3－11)。

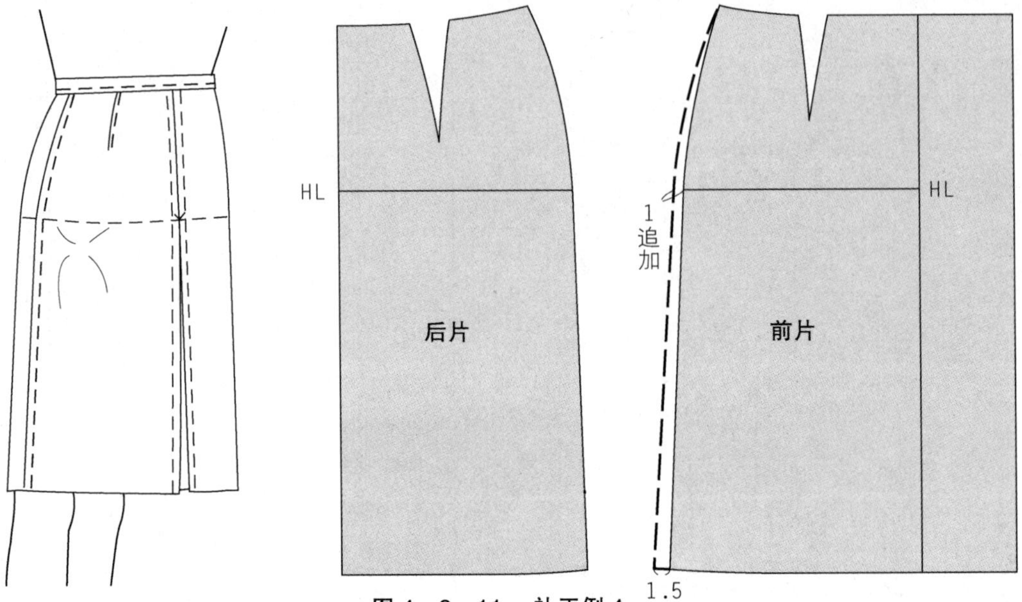

图 4－3－11　补正例 4

●补正例 5　后裙片没有立体感

原因　臀部扁平，腰部曲度大。

补正　如图所示，在后侧缝的腰围处追加尺寸。在侧缝的臀围线向上与腰线追加量等同处标出新的对位标记，在下摆侧缝处将其尺寸剪掉。下摆线可根据体型特征进行调整，可以直接修剪至后中心，也可以圆顺至原来的下摆线（图 4－3－12）。

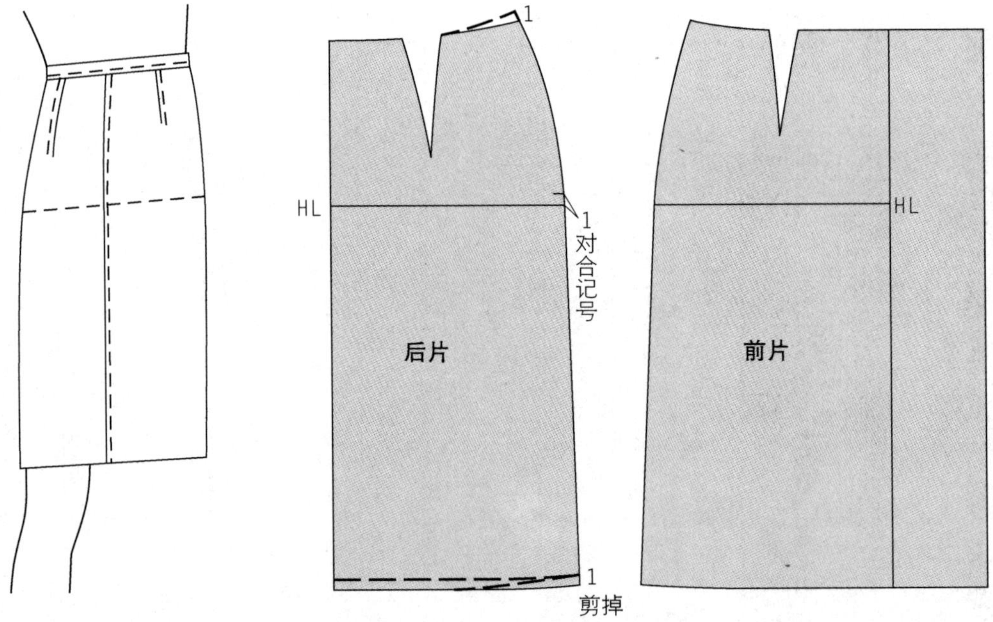

图 4－3－12　补正例 5

缝制方法要点

(图4－3－13～图4－3－27)

以基本裙子为例，按顺序分步进行解说。

平缝前事先整理出缝制顺序能够提高工作效率，可根据表中所列步骤进行操作。在此针对附着裙里的情况进行缝制说明。

●缝制准备

(1) 订正纸样

(2) 整理面料

调整补正部位的记号和缝份的整理（参照第145页图4－3－3的正式缝制时的缝头尺寸）。

(3) 裁剪里布

里布用修正后的纸样进行裁剪。如图4－3－13所示，将里料折好后使用划粉做标记。裁剪时在前中心处不要加入褶裥量，在两侧做开衩。依靠这个开衩，能使人体在活动时使裙里与褶裥的开合相对应。对褶裙的缝制顺序见下页表。

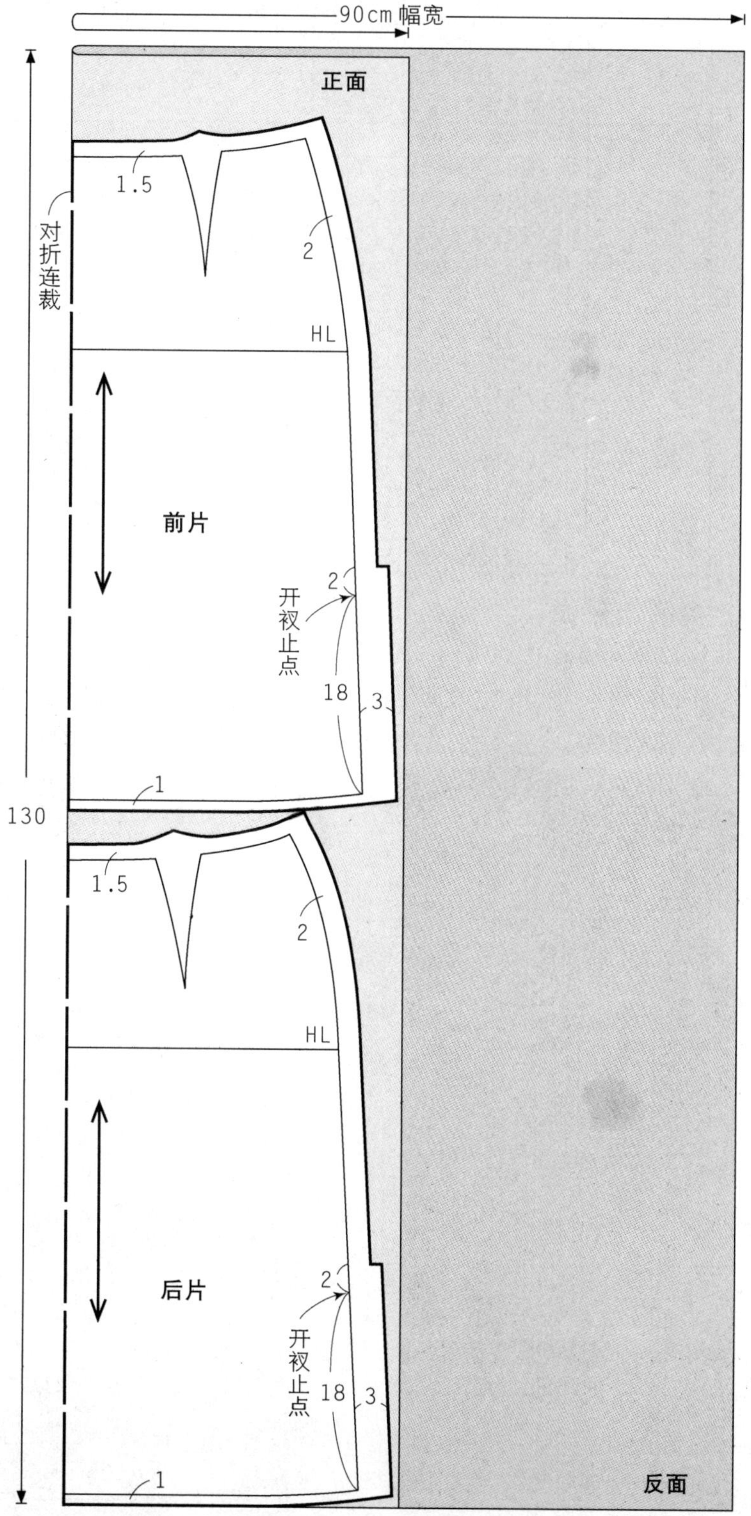

图4－3－13　里料的排料图

对褶裙的缝制顺序表

工　序	作　业　内　容				参照图
准备工作	订正纸样 裁剪面料 裁剪里料				图4－3－3 图4－3－13
做裙子	裙　面	参照图	裙　里		参照图
	(1)制作前中心褶裥 (2)缉缝省道 (3)缝合侧缝 (4)左侧开口处绱拉链 (5)处理下摆	图4－3－14 图4－3－15 图4－3－16 图4－3－17 图4－3－18	(6)缉缝省道 (7)缝合侧缝 (8)处理下摆 (9)做两端的开衩		图4－3－19 图4－3－19 图4－3－20 图4－3－20
裙面与裙里的配合	(10)叠缝侧缝 (11)做拉链部分的处理 (12)腰口处做绷缝				图4－3－21 图4－3－22 图4－3－23
做腰头	(13)腰头里的反面烫粘腰头衬 (14)绱腰头 (15)腰头里的处理				图4－3－24 图4－3－25 图4－3－26
整理、完成	(16)熨烫 (17)钉挂钩				图4－3－27 图4－3－27

●制作裙面

(1)制作前中心褶裥(图4－3－14)

①折好前下摆的贴边，在两侧留出7～8cm后做临时绷缝。

②用缝纫机在前中心线处从腰线至褶裥止点做缉缝。

③用熨斗将褶裥分为两半熨烫整齐，从表面沿着前中心线的缝纫线迹做绷缝固定。

④从缝合止点向下在左右两侧褶裥上分别做圆形缉缝。

⑤按图示在正面从腰线至缝合止点缉明线。

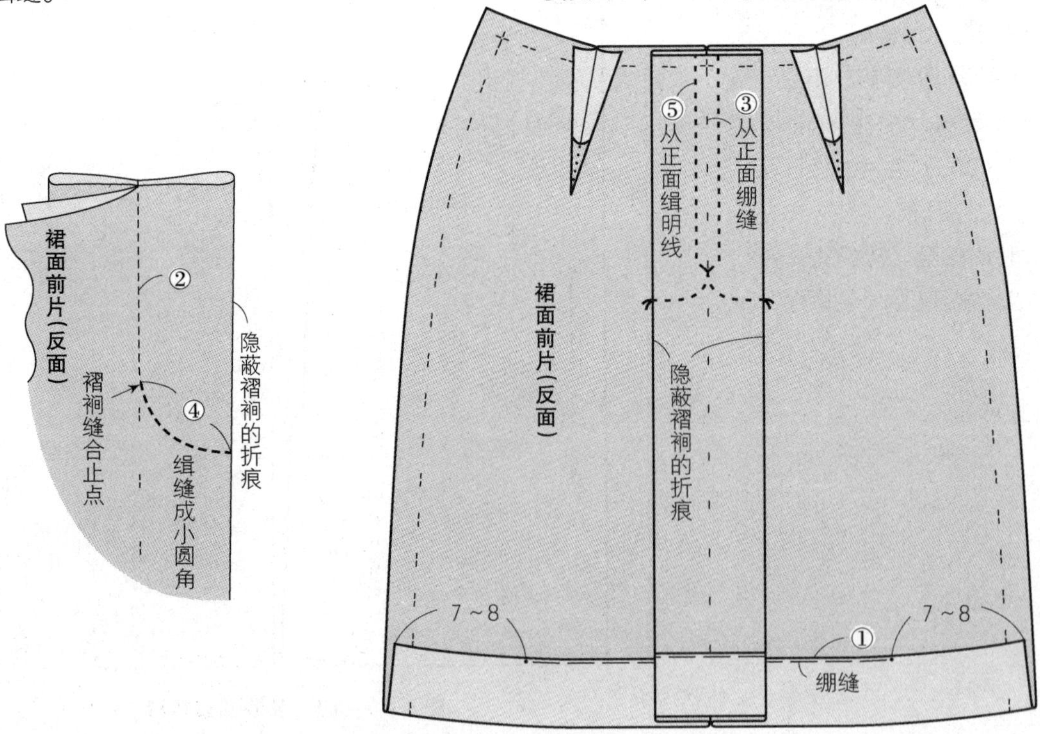

图4－3－14　制作前中心褶裥

(2)缉缝省道(图 4 – 3 – 15)

缉缝省尖时要让省尖自然消失，并将两根线一起打结固定。缝份的处理根据布料有所变化，如图 4 – 3 – 15 ①所示，薄型面料的省道倒向中心一侧；厚型面料，如图 4 – 3 – 15 ②所示剪开省道、劈缝处理，省尖缝份过窄难于劈开时，可利用锥子进行处理；如果是单层缝制的厚型面料，如图 4 – 3 – 15 ③所示也可以不剪开省道而直接劈烫处理。不论是哪一种方法，为了符合腰部的圆顺感觉，都要在馒头烫垫上用蒸汽熨烫。

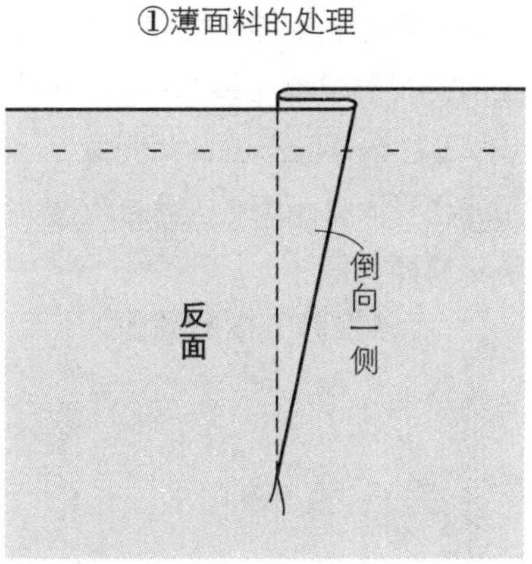

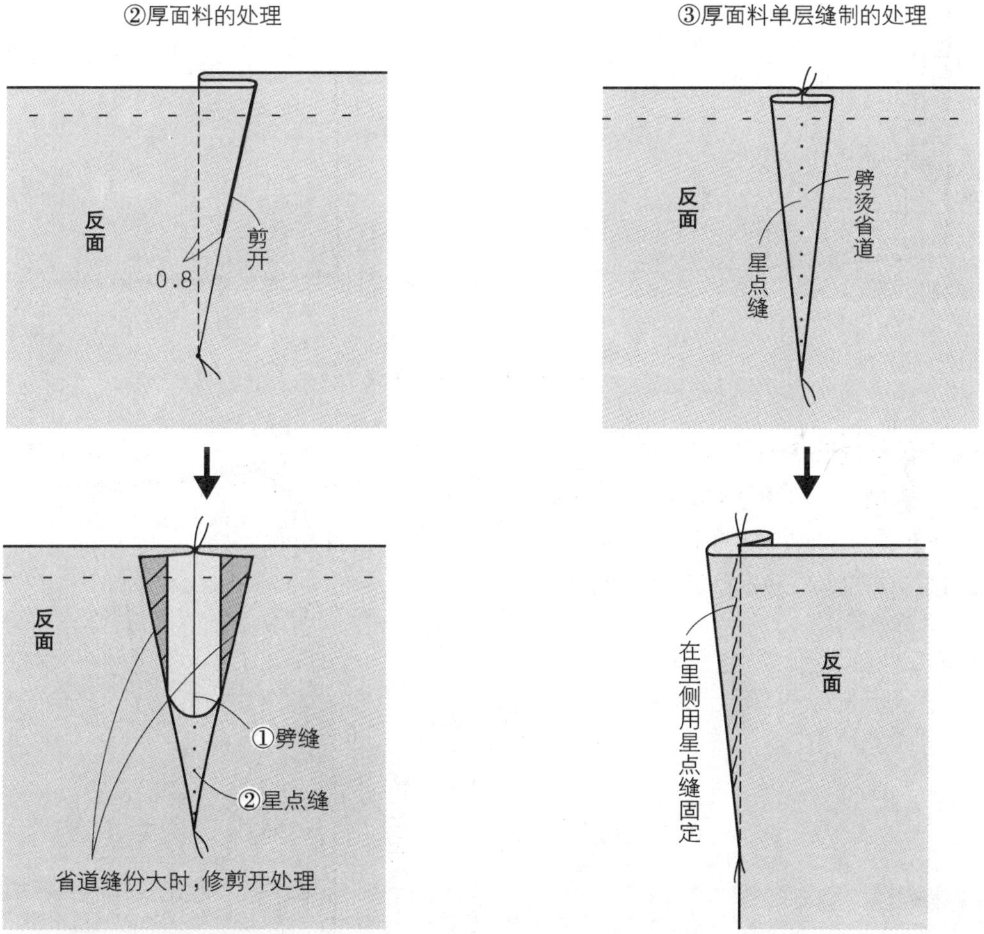

图 4 – 3 – 15　缉缝省道

(3)缝合侧缝(图 4－3－16)

一边观察左右侧缝前后是否均匀，一边绷缝，在前裙片的左侧拉链开口部分粘贴防拉伸牵条。留出拉链开口部位缝合侧缝,开口部位绷缝或用缝纫机大针距缉缝。劈缝熨烫,下摆缝头如图所示剪掉为好。

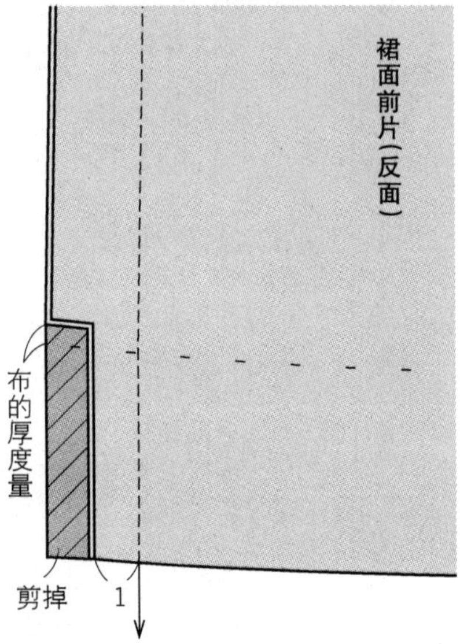

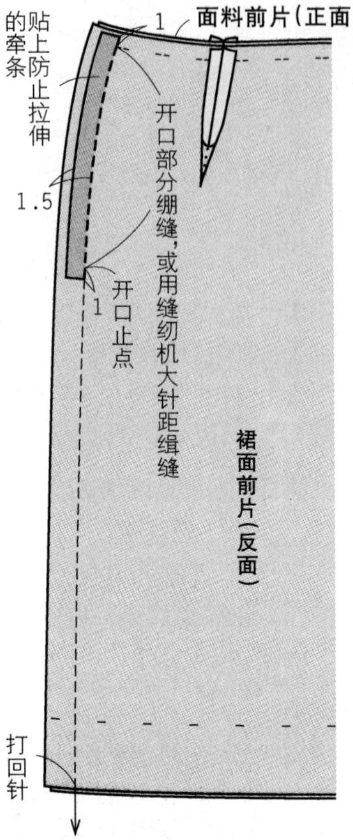

图 4－3－16　缝合侧缝

(4)左侧开口处绱拉链(图 4－3－17)

①后裙片侧缝开口处的缝头比净缝印多出 0.3cm 扣烫，在腰围线向下 0.7cm 的位置上,将拉链的拉头对好后用缝纫机缉缝。

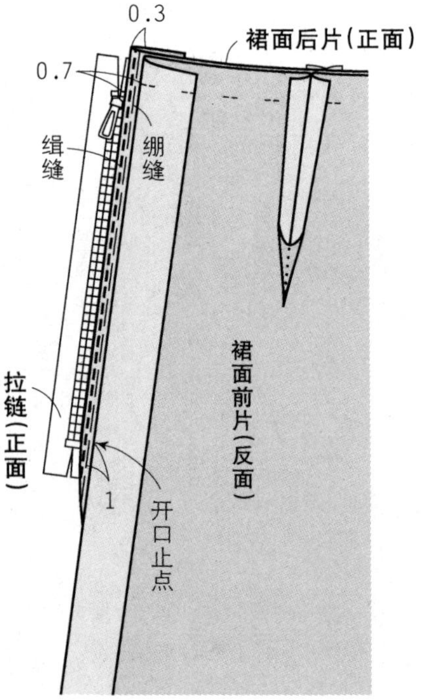

②在拉链的上面铺平前裙片，从正面绷缝固定，将前裙片与拉链布用星点缝固定。

③拆掉最初的绷缝线（或大针距缉缝线），固定拉链布的下端。在拉链布的星点缝一端再缉缝一道线，固定拉链布与缝头。

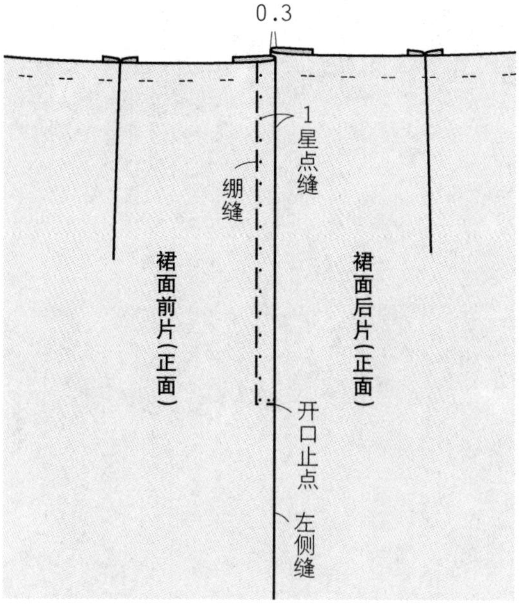

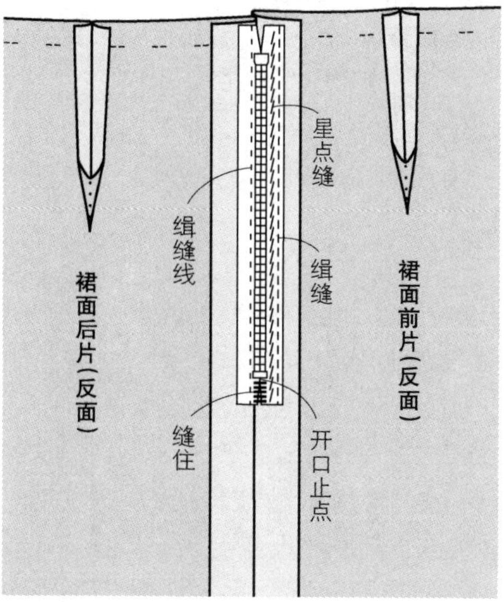

图 4－3－17　绱拉链

(5)处理下摆(图 4－3－18)

下摆用包缝机包缝后，按净缝线折好贴边，绷缝固定之后暗缲缝。然后在背面隐蔽褶裥的折痕处用缝纫机缉缝压住，在距离下摆 0.5cm 的位置终止。

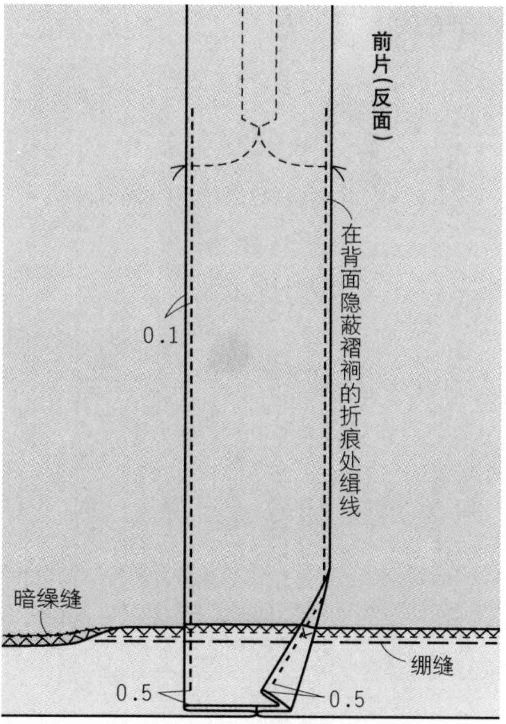

图 4－3－18　处理下摆

●做裙里

因为里料没有伸缩性，故按照净缝线绷缝，留出松量（俗称眼皮），在缝份上距离净缝线0.3cm缉缝。

(1)缉缝省道

前后省道都倒向中心一侧。

(2)缝合侧缝

左侧缝从距离开口止点1.5cm处到开衩止点之间缝合，拉链开口的部分如图4－3－19所示只是修剪掉前片的缝份。侧缝的缝份向后片烫倒。

(3)处理下摆

下摆折边后缭缝，或用缝纫机缉缝(图4－3－20)。

(4)做两端的开衩

将侧缝劈开，开衩部位扣折0.5cm宽，然后按图示从开衩止点沿开衩布边缉缝或明缭缝，在开衩止点处来回缉3次加固。

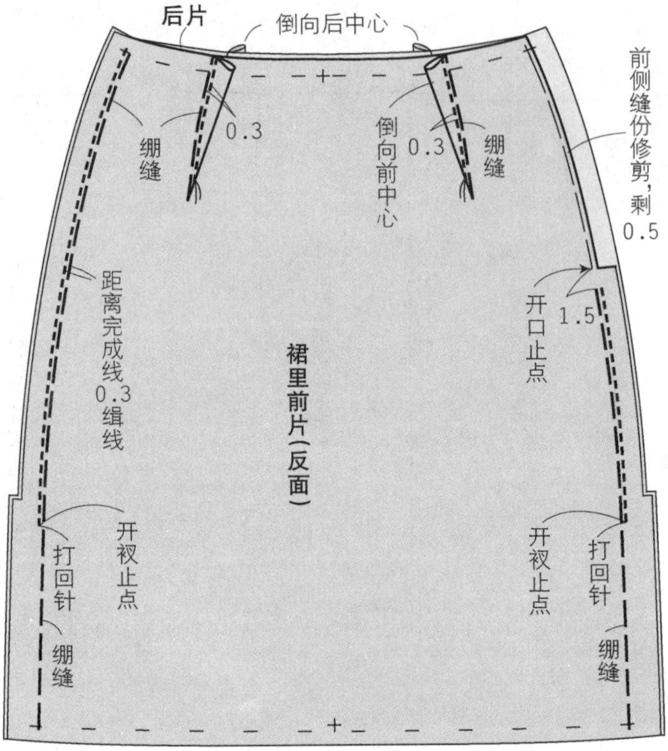

图4－3－19　缝合裙里

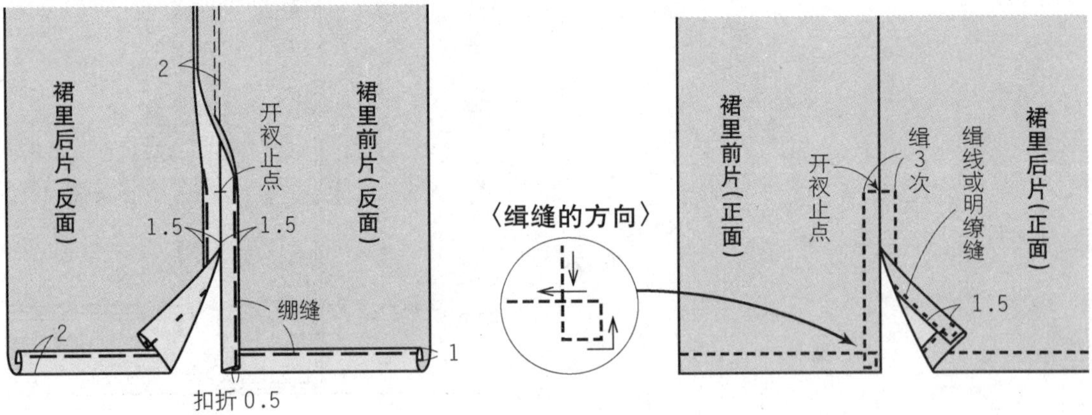

图4－3－20　处理侧缝开衩和下摆

●裙面与裙里的对合

(1)叠缝侧缝

将裙面前片的反面与裙里前片的反面对合。裙里与裙面的侧缝对合后在缝头上做内部叠缝。叠缝时使用两根绷缝线，在机缝线迹的旁边绷缝固定，绷线要略松一些（图 4－3－21)。

(2)做拉链部分的处理

里子侧开口处的缝份沿绱拉链的缉缝线迹向内扣折，缭缝固定在拉链布上(图 4－3－22)。

(3)腰口处做绷缝

将裙面与裙里的腰口线对合，沿净缝线绷缝固定(图 4－3－23)。

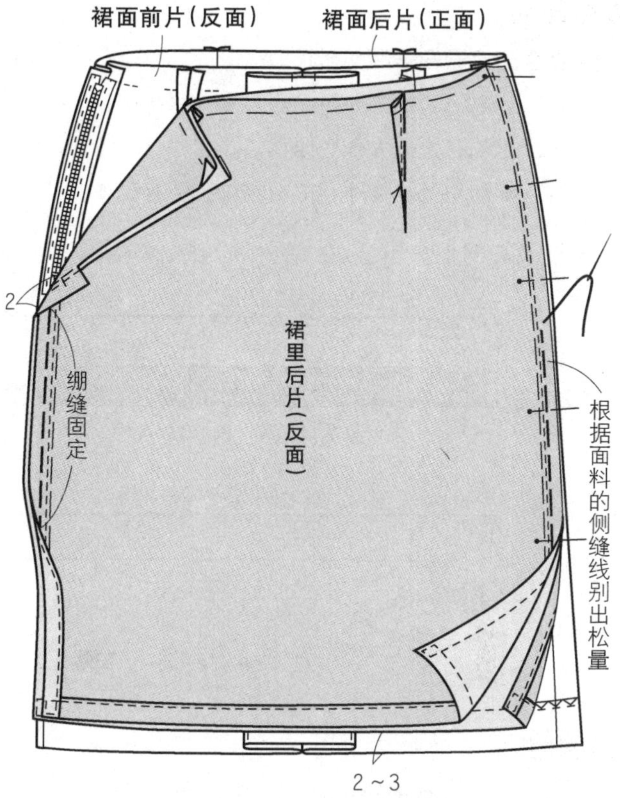

图 4－3－21　侧缝的叠缝

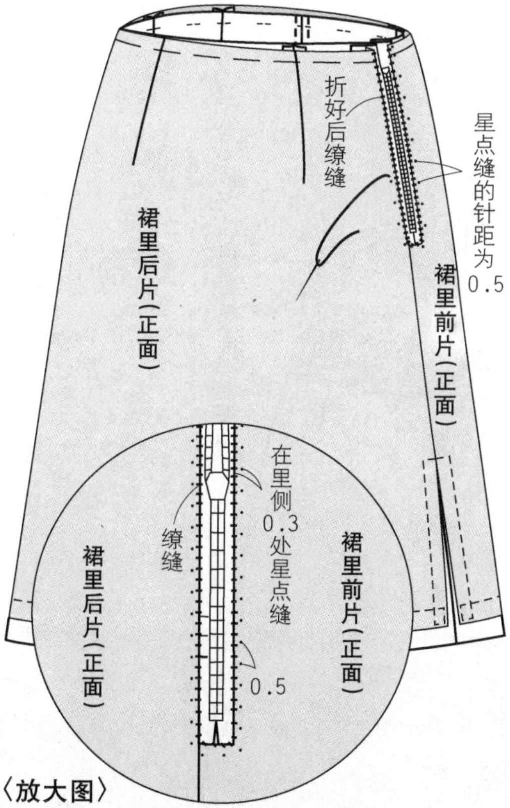

图 4－3－22　拉链部分的处理

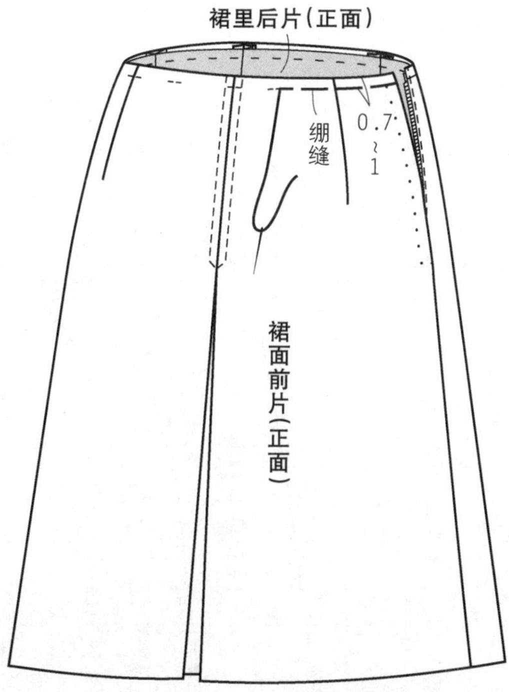

图 4－3－23　腰口的绷缝

●做腰头

（1）腰头里的反面粘贴腰头衬

①在腰头里侧的反面粘贴腰头衬，核对对合记号，缝纫机的针距稍大一些缉缝。

②将腰头布包住腰头衬，按制成状态用熨斗烫好(图 4－3－24)。

※腰头布的边缘没使用布边裁剪时，事先用包缝机处理好。

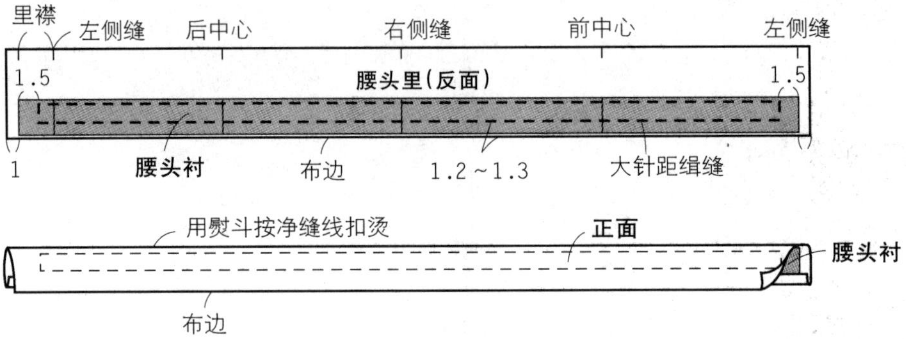

图 4－3－24　在腰头里上粘贴腰头衬

（2）绱腰头

①核对对合记号、绷缝腰头后，在缝份一侧比净缝线多出 0.1cm 处用缝纫机缉缝(图 4－3－25)。

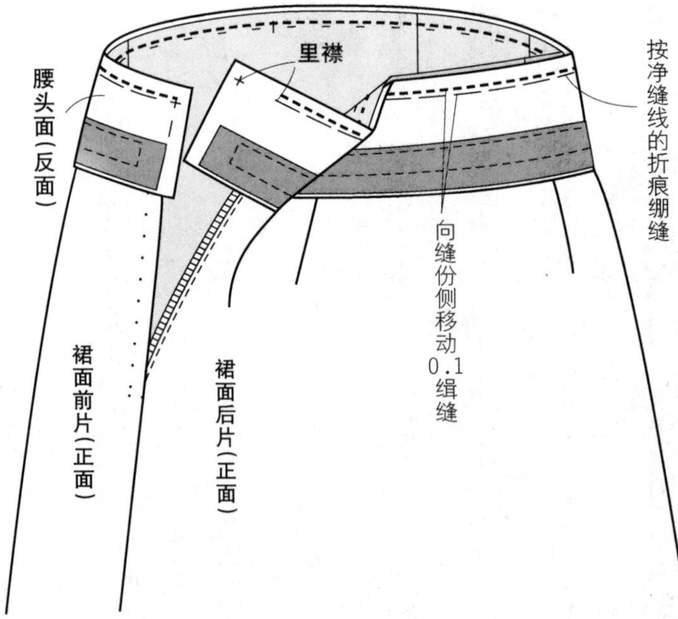

②腰头布的两端正面相对折叠，沿腰头衬的边缘缉缝。

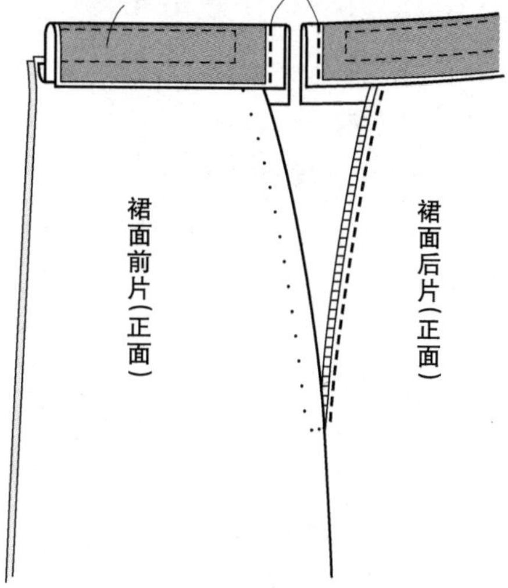

图 4－3－25　绱腰头

(3)腰头里的处理

将缝份夹于腰头的面、里之间，核对对合记号后绷缝固定，沿缉缝线迹细密地缝好腰头里(图 4－3－26)。

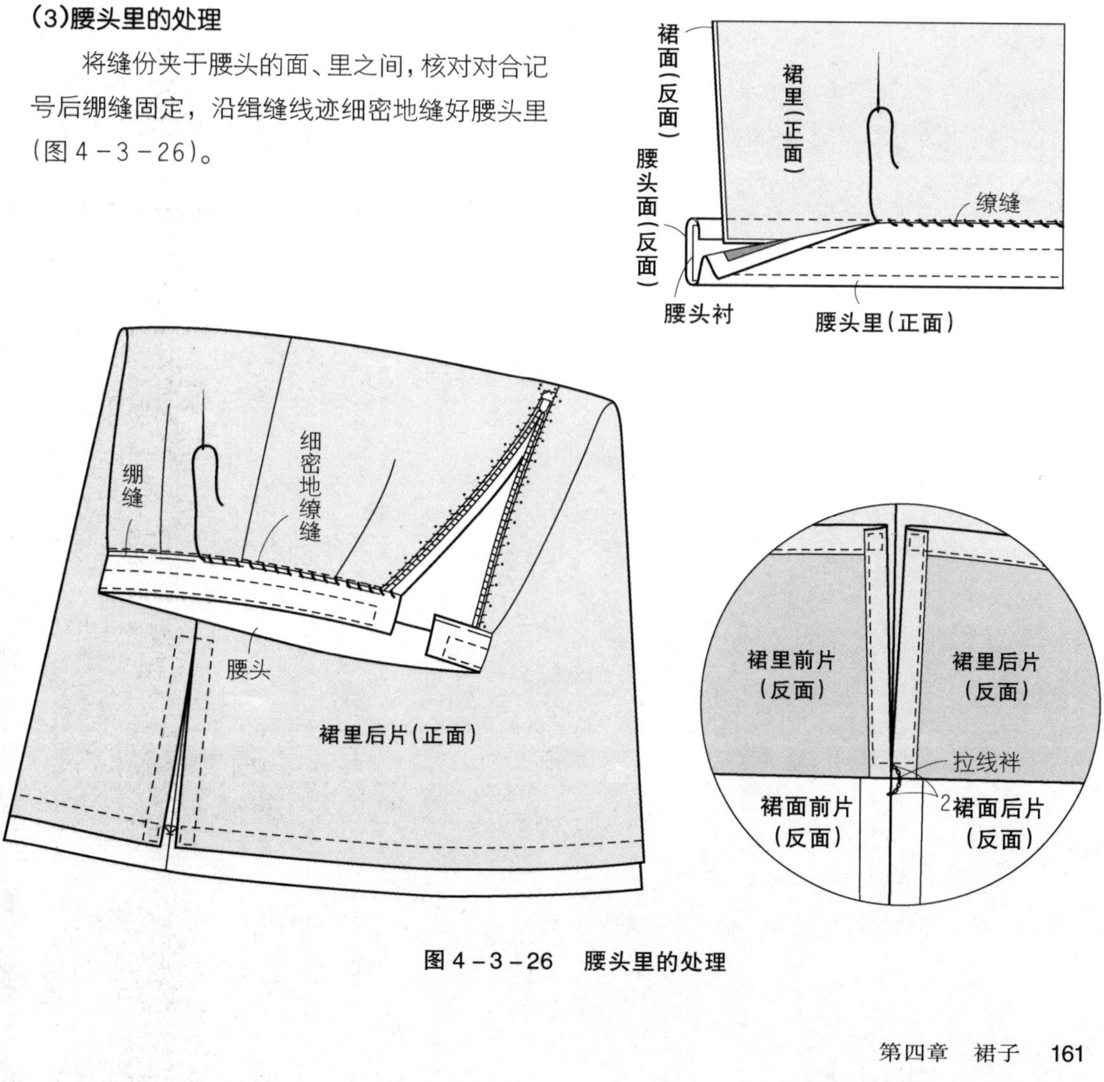

图 4－3－26　腰头里的处理

●整理

(1)成品熨烫

使用熨斗时应注意以下几点:

- 拆除线钉记号和绷缝线之后进行成品熨烫。
- 在正面熨烫时必须使用垫布。
- 省尖和侧缝(从腰围线到臀围线)等立体部分,使用馒头烫垫熨烫。
- 应注意不要把下摆折痕压得过死而破坏了饱满感,遇到张力强的布料时要充分熨烫,使其平缓舒展。
- 里料达到展平皱痕的程度即可。

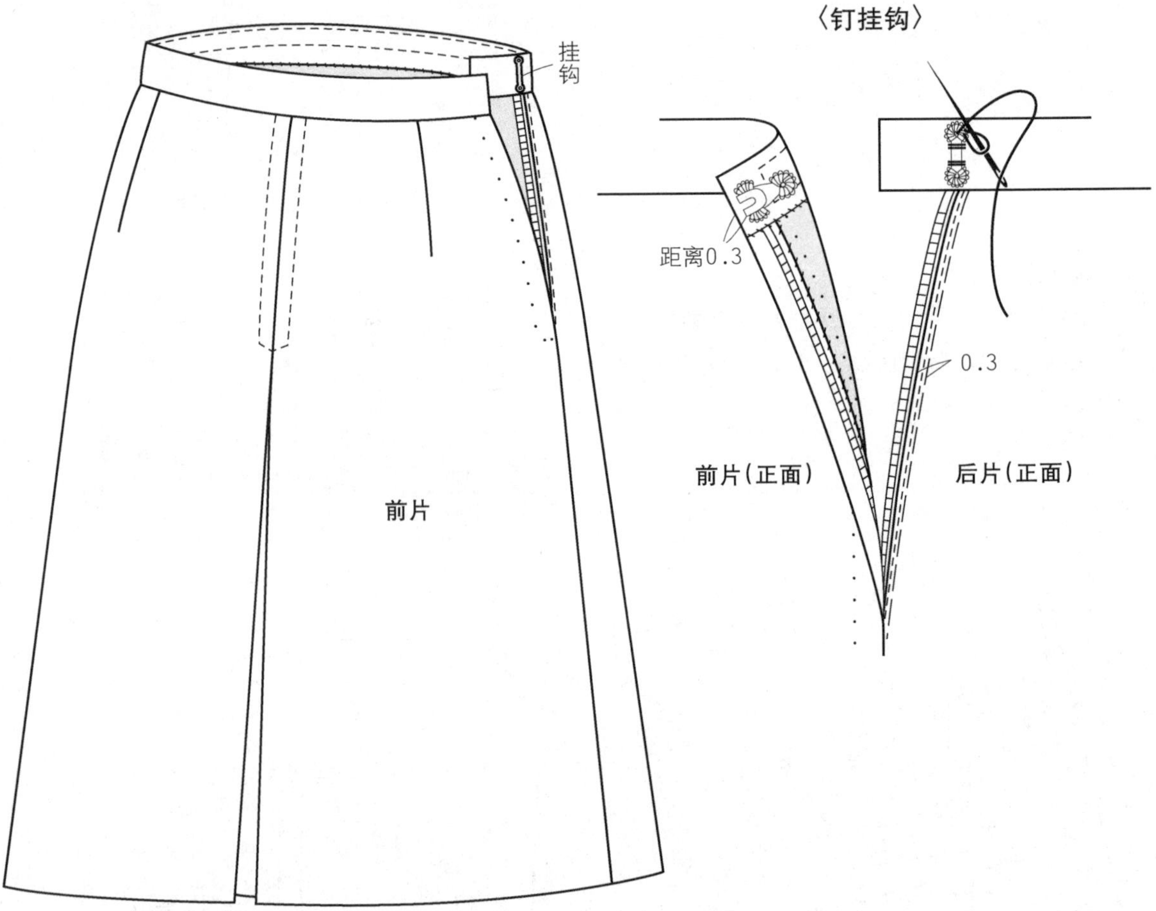

图 4-3-27　成品熨烫和钉挂钩

(2)钉挂钩

挂钩可选择对面料适合的颜色,所在位置由拉链决定。用锁扣眼线钉缝住腰头衬,要缝结实(图 4-3-27)。

紧身裙 A

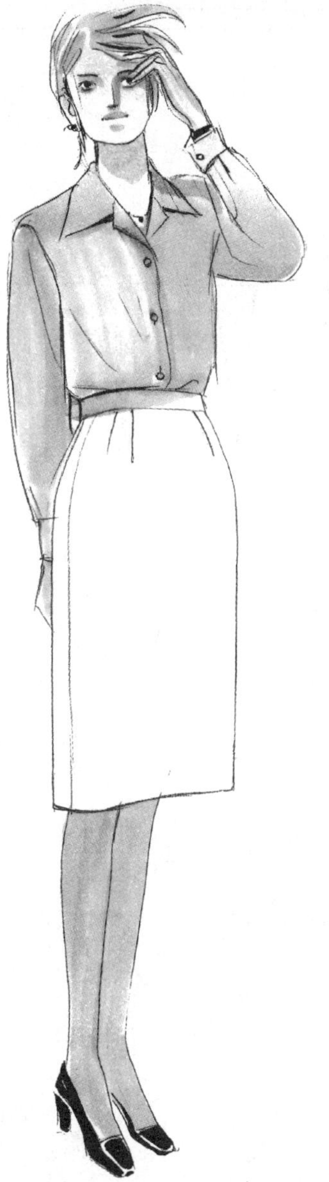

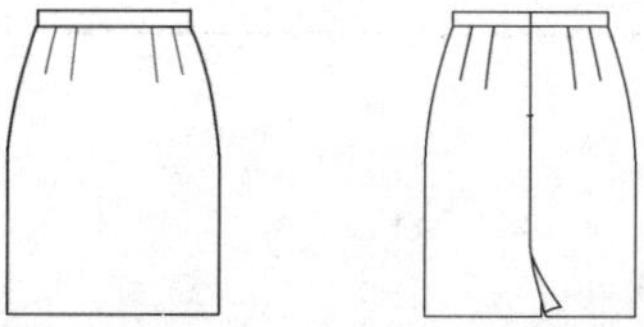

图 4－4－1　紧身裙 A

设计

所谓紧身裙是指设计时应十分合适的意思，即从腰线至中臀合身、从臀围到下摆呈直线轮廓的裙子。由于外形细窄，设计时应考虑到不妨碍步行等动作，考虑到其机能性，需要制作开衩。

使用量

面　　料：140cm 幅宽，70cm
　　　　裙长 ＋ 10cm
　　　　90cm 幅宽，140cm
　　　　（裙长 ＋ 10cm）×2
里　　料：90cm 幅宽，130cm
　　　　（裙长 ＋ 5cm）×2
隐形拉链：开口尺寸 ＋（2～3cm）

作图（图 4－4－2）

为做出纤细的轮廓，前后腰省都是在半身设置两个省道。开衩的长度在考虑裙长的因素和机能后决定。

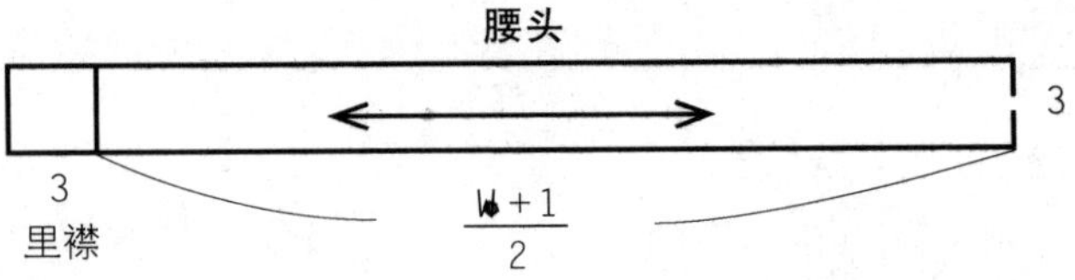
腰头
3
3
里襟
W+1
2

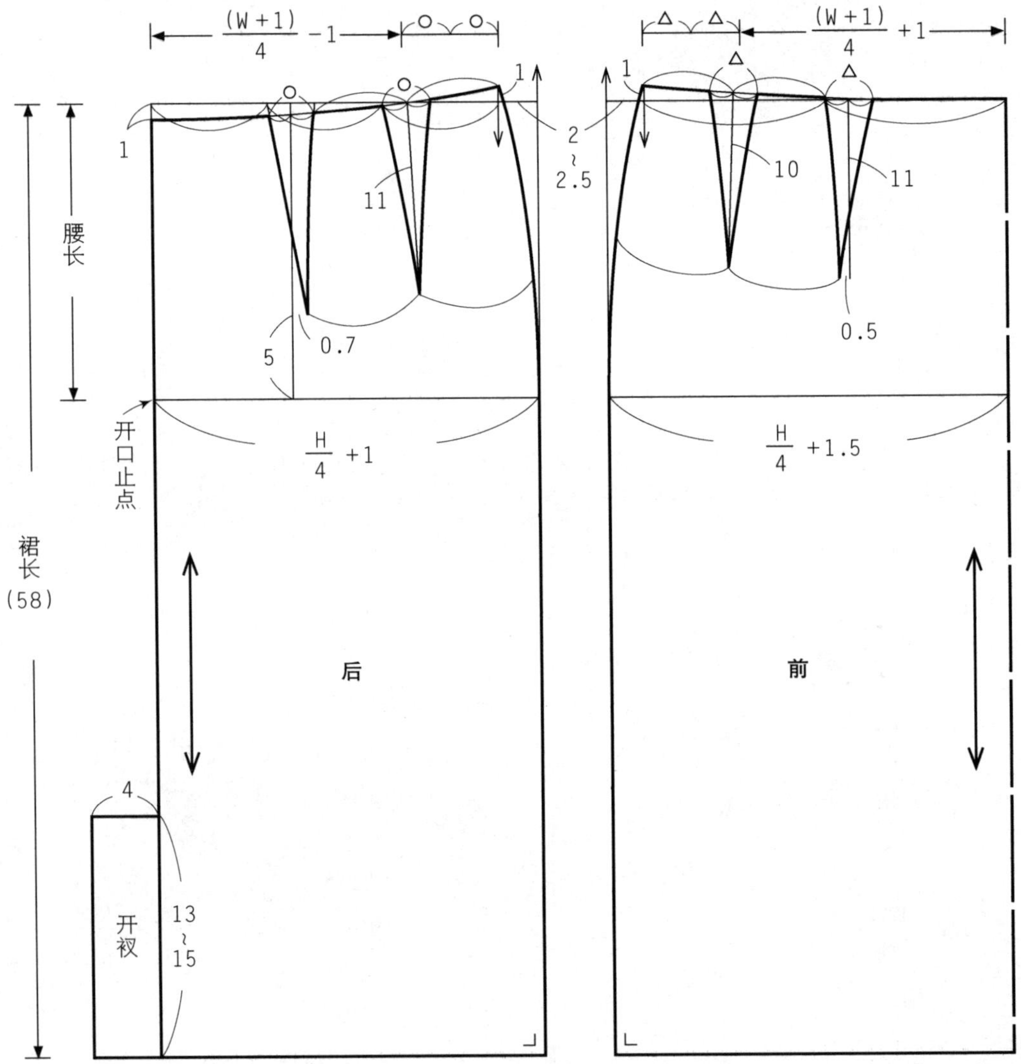
(W+1)
4
-1
(W+1)
4
+1
1
1
1
2
~
2.5
11
10
11
腰长
0.7
0.5
5
开口止点
H
4
+1
H
4
+1.5
裙长
(58)
后
前
4
开衩
13
~
15

图 4-4-2　作图

缝制要点(图4－4－3～图4－4－9)

●面料缝份的处理方法和打线钉

紧身裙的缝制顺序见下表。

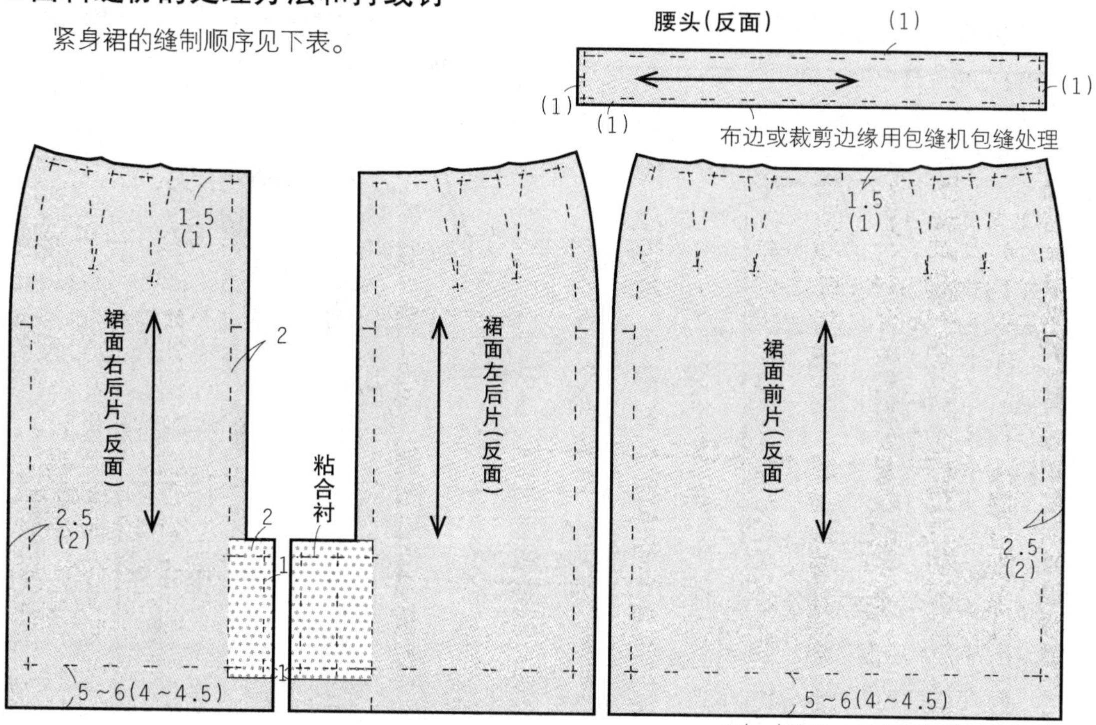

※(　)的尺寸是实际制作时的缝份

图4－4－3　缝份的处理方法

紧身裙的缝制顺序表

工　序	作　业　内　容			参照图
准备工作	订正纸样 整理面料 裁剪里布 粘贴门襟粘合衬			图4－4－3 图4－4－3
	裙　面	参照图	裙　里	
做裙子	(1)缉缝省道 (2)开衩处的缉缝 (3)缝合后中缝 (4)绱隐形拉链 (5)处理下摆并做开衩	图4－4－4 图4－4－4 图4－4－4 图4－4－5 图4－4－6	(6)缉缝省道 (7)缝合后中缝	图4－4－7 图4－4－7
裙面与裙里的配合	(8)拉链部分的处理 (9)开衩周围的处理 (10)缝合裙面的侧缝 (12)做裙面、裙里两侧缝的叠缝	图4－4－7 图4－4－7 ☆图4－3－16 ☆图4－3－21	(11)缝合裙里的侧缝	
做腰头	(13)在腰头里的反面粘贴腰头衬 (14)绱腰头 (15)腰头里的处理	图4－4－9 ☆图4－3－24 ☆图4－3－25 图4－4－9		
整理、完成	(16)成品熨烫 (17)钉挂钩	☆图4－3－27 ☆图4－3－27		

☆表示参照对褶裙的图示

●做裙面后片

(1)缉缝省道

省道倒向中心一侧。

(2)缉缝左裙片开衩处下摆

(3)缝合后中缝

大针距缝至拉链开口止点处，从拉链开口止点到开衩的缝合止点用常规针距缉缝。

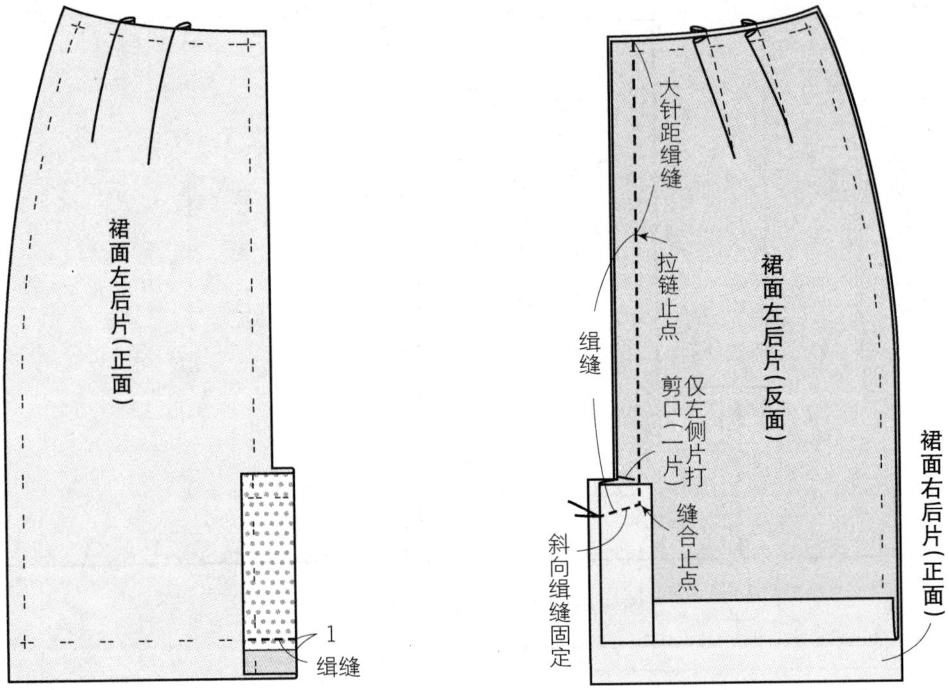

图 4－4－4　开衩的缝制

(4)绱隐形拉链

事先准备好比实际开口尺寸长 2～3cm 的隐形拉链。

①大针距缝合过的地方用熨斗轻轻地劈开。在缉缝线左右各 1cm 的地方画上划粉印。

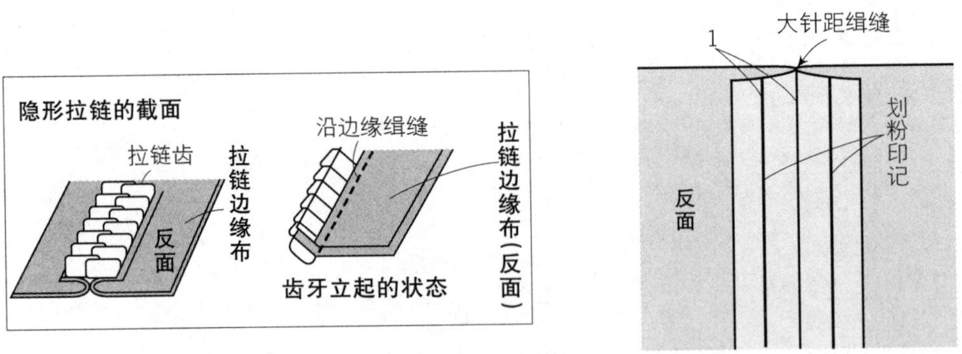

图 4－4－5

②沿腰线向下 0.7cm 的地方对齐拉链的拉头，将划粉印和拉链布的两端对齐后绷缝固定。接着在拉链锯齿的旁边再绷缝一条线。

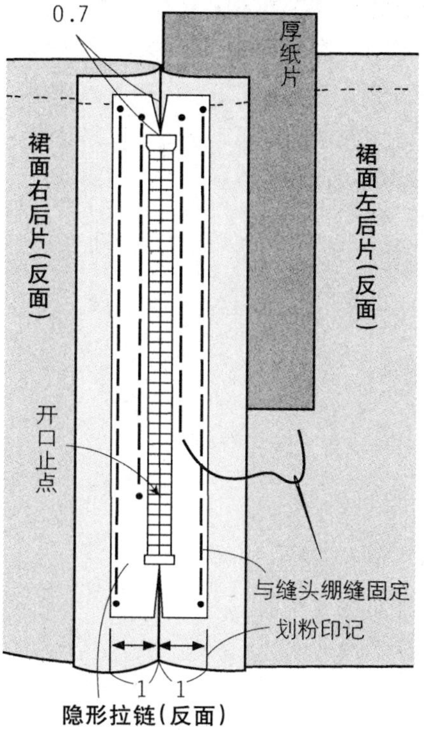

③拆掉拉链开口处的大针距线迹，拉开拉链，使用专业压脚缉缝至开口止点。

〈使用隐形拉链压脚的情况〉

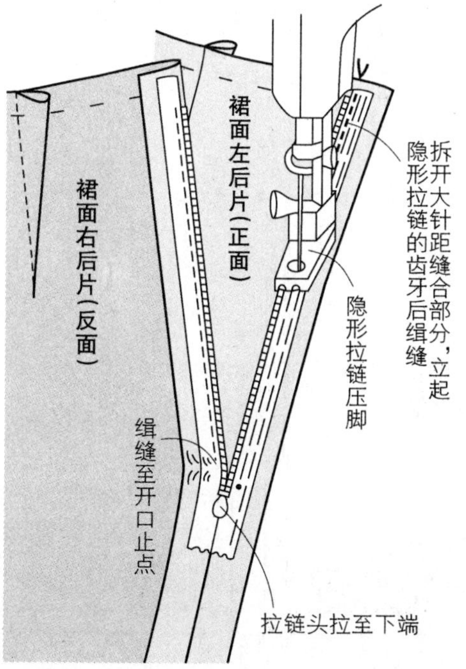

〈使用单边压脚的情况〉

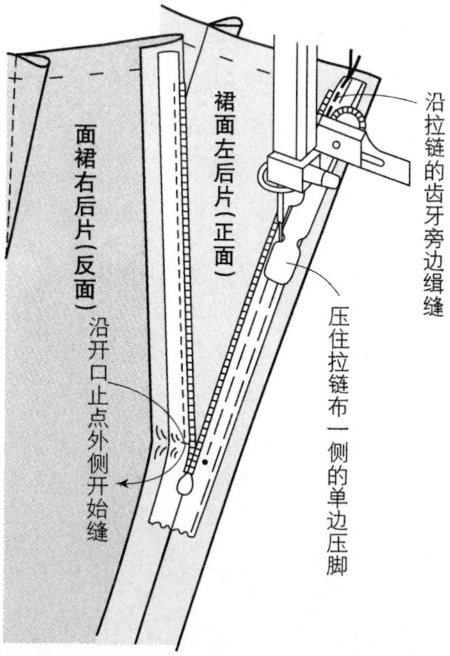

图 4－4－5　绱隐形拉链

(5)裙面的下摆处理和开衩制作

用熨斗整理开衩处形状，缉缝固定。扣折下摆，两端空出 7～8cm 后绷缝固定。如图所示，为了防止开衩部分打开，用绷缝固定好。

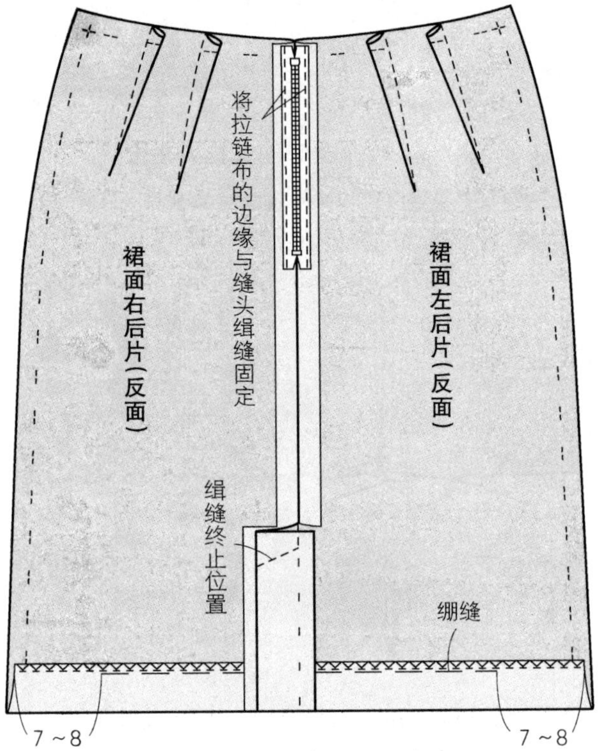

图 4－4－6　下摆的处理和开衩制作

●做裙里后片

①缉缝省道，倒向侧缝方向。

②从拉链的开口止点向下 1cm 处至开衩的缝合止点，将左右片缝合。

③整理开衩周围，剪掉多余的缝份，在拐角处打剪口，并做下摆处理。

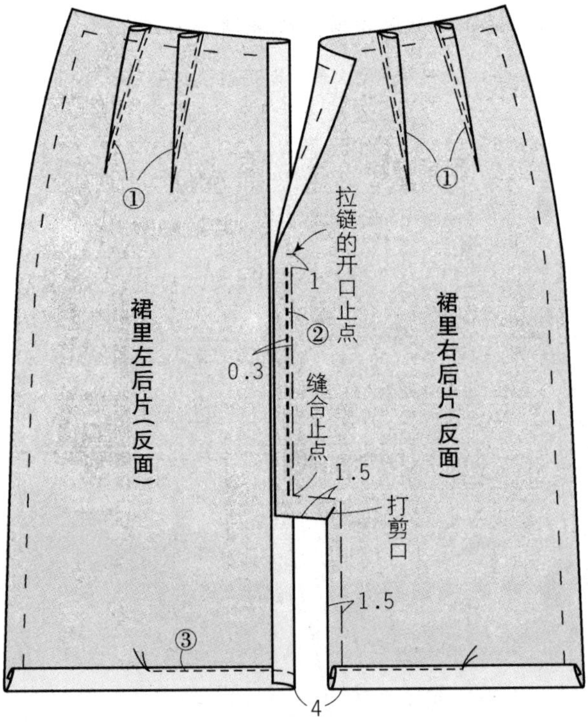

图 4－4－7　里布后片制作

●裙面后片与裙里后片的对合

①拉链和开衩做完后，在裙面后片上放上裙里后片，在拉链和开衩的周围绷缝固定。

②在拉链的周围折好里料的缝头，缭缝固定。

③处裙开衩周围。

④将裙里后片与裙里前片正面对合，缉缝侧缝，并向前裙片一侧烫倒。

⑤将裙面后片与裙面前片正面对合，缉缝侧缝，缝份劈开。

⑥裙面与裙里的侧缝对合后，将缝头叠缝固定。

※对褶裙（参照第 159 页图 4－3－21）

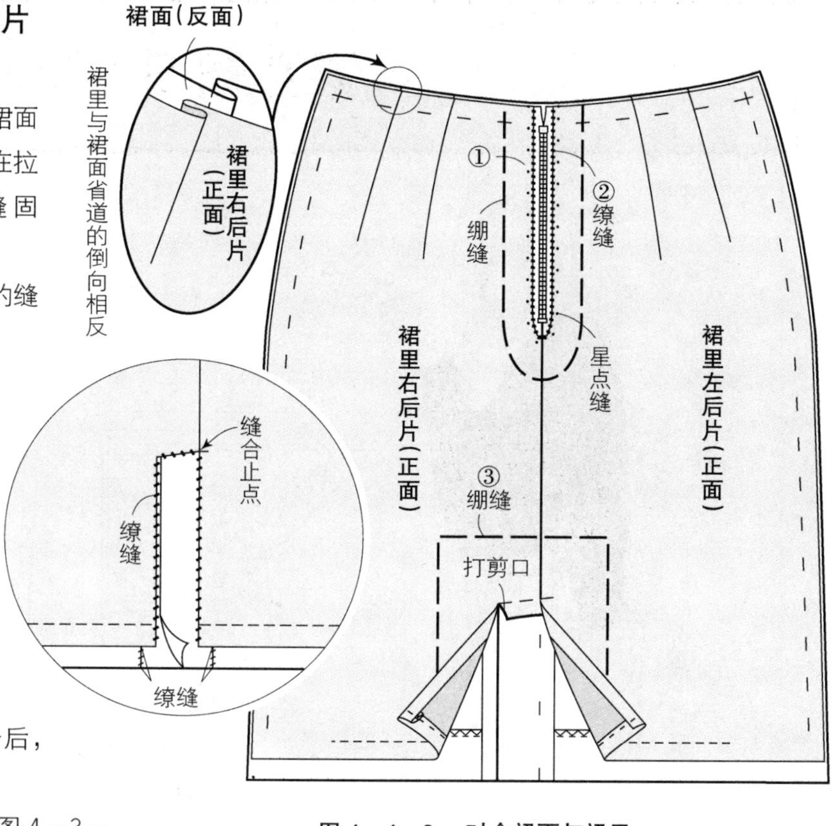

图 4－4－8　对合裙面与裙里

●绱腰头

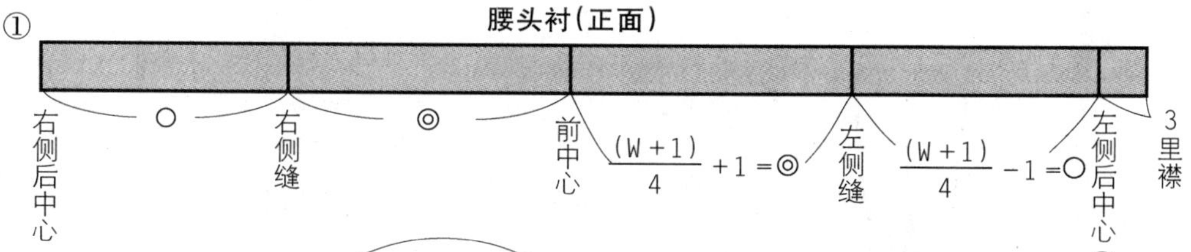

①在腰头衬上做对位记号。

②在腰头布上粘贴腰头衬（参照第 160 页）。

③绱腰头，腰头里的缝份不要扣折，直接缉缝处理。

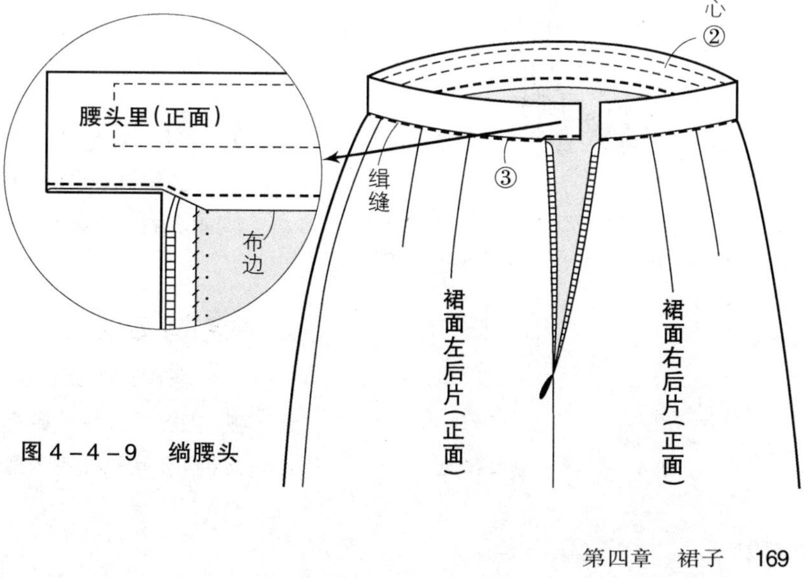

图 4－4－9　绱腰头

紧身裙 B

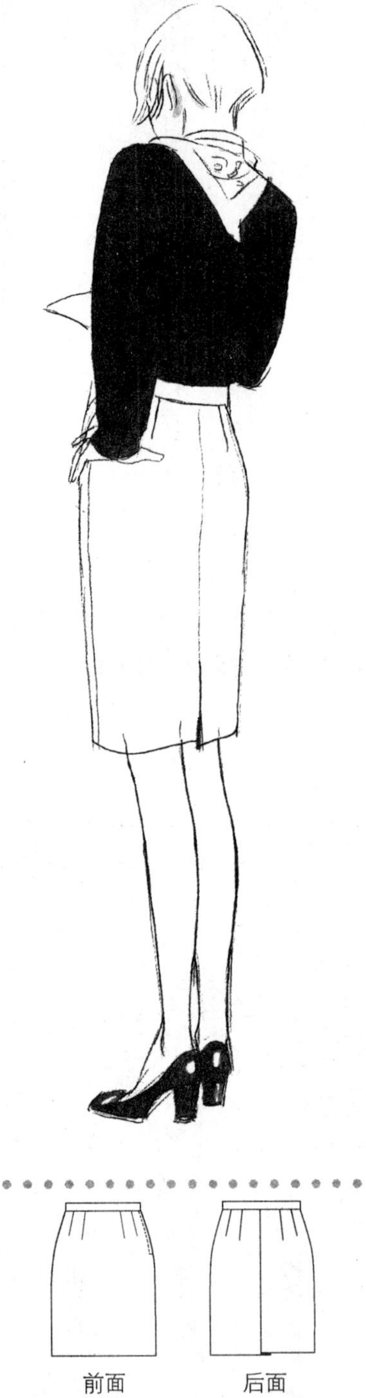

图 4－5－1　紧身裙 B

设计

在紧身裙的后中心线处加入了一个褶裥的设计。

使用量

面　料：140cm 幅宽，70cm
　　　　裙长 ＋ 10cm
　　　　90cm 幅宽，140cm
　　　　（裙长 ＋ 10cm）×2
里　料：90cm 幅宽，130cm
　　　　（裙长×2）＋ 10cm

作图（图 4－5－2）

使用紧身裙 A 的作图，在后中心线加入 4cm 宽的一个褶裥。

缝制要点

在褶裥的终止位置，为了不受任何外力影响，如图所示缝成圆形（图 4－5－3）。当褶量较多时，在褶裥处可收取腰省，以使其合体。

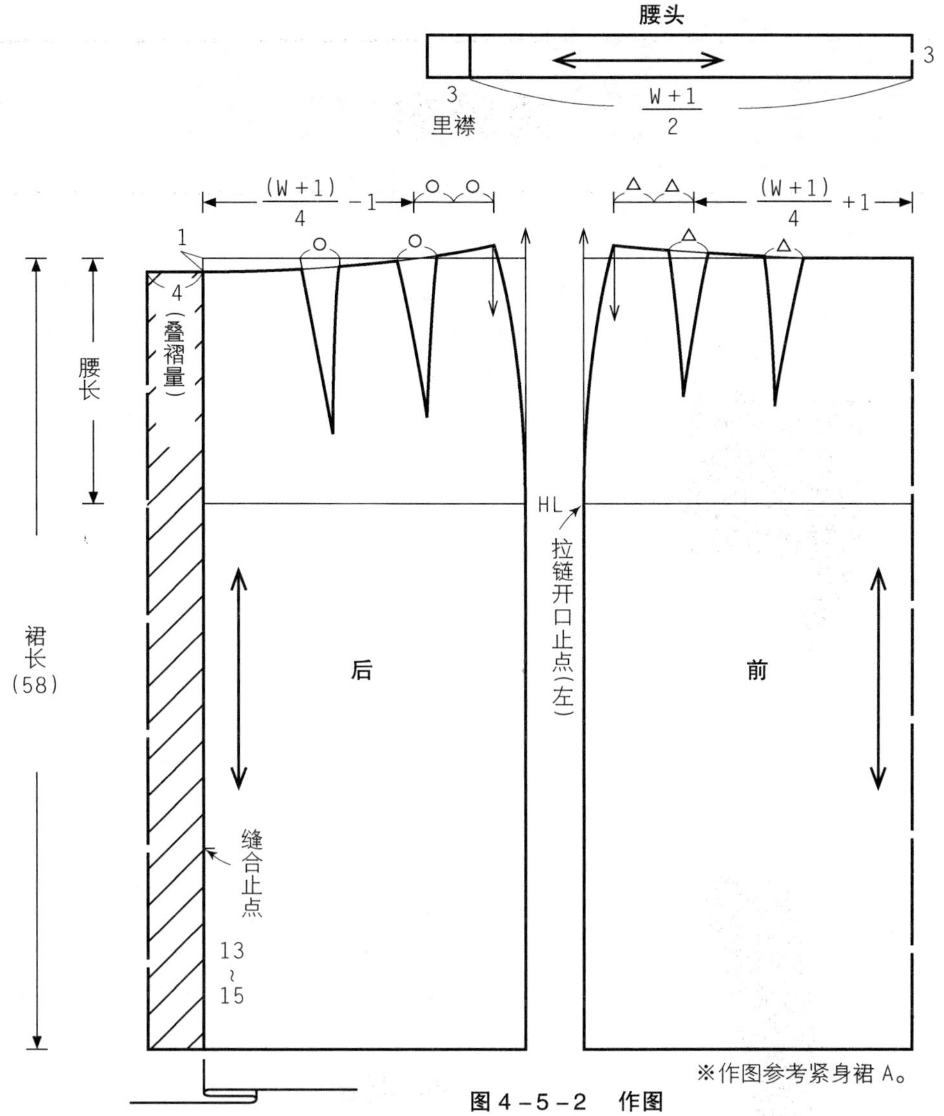

※作图参考紧身裙 A。

图 4－5－2 作图

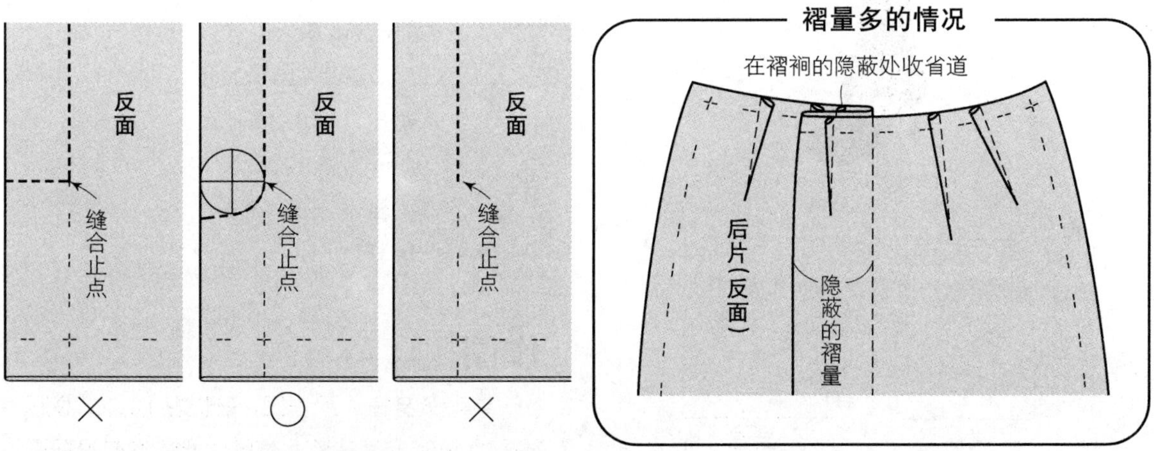

图 4－5－3 褶裥的缝制方法

高腰裙

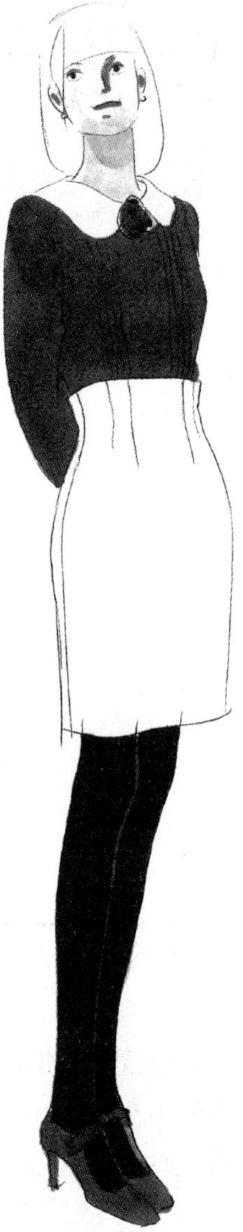

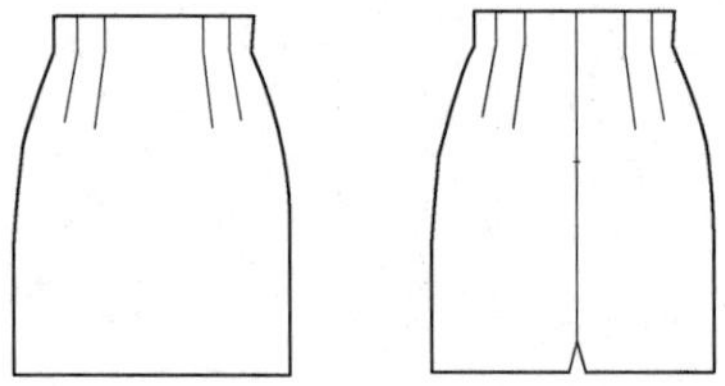

图 4－6－1　高腰裙

设计

高腰，在下摆中设计了开衩的简易迷你紧身裙。开口使用隐形拉链，形成流畅的线条。

使用量

面　　料：140cm 幅宽，70cm
　　　　　裙长 ＋ 20cm
　　　　　90cm 幅宽，140cm
　　　　　（裙长 ＋ 20cm）×2
里　　料：90cm 幅宽，130cm
　　　　　（裙长 ＋ 5cm）×2
隐形拉链：开口尺寸＋（2～3cm）

作图（图 4－6－2）

参考紧身裙 A 的作图，裙长短 10cm，高腰部分的 5cm 连续裁剪。高腰位置的宽度根据设计、体型、爱好而增减。

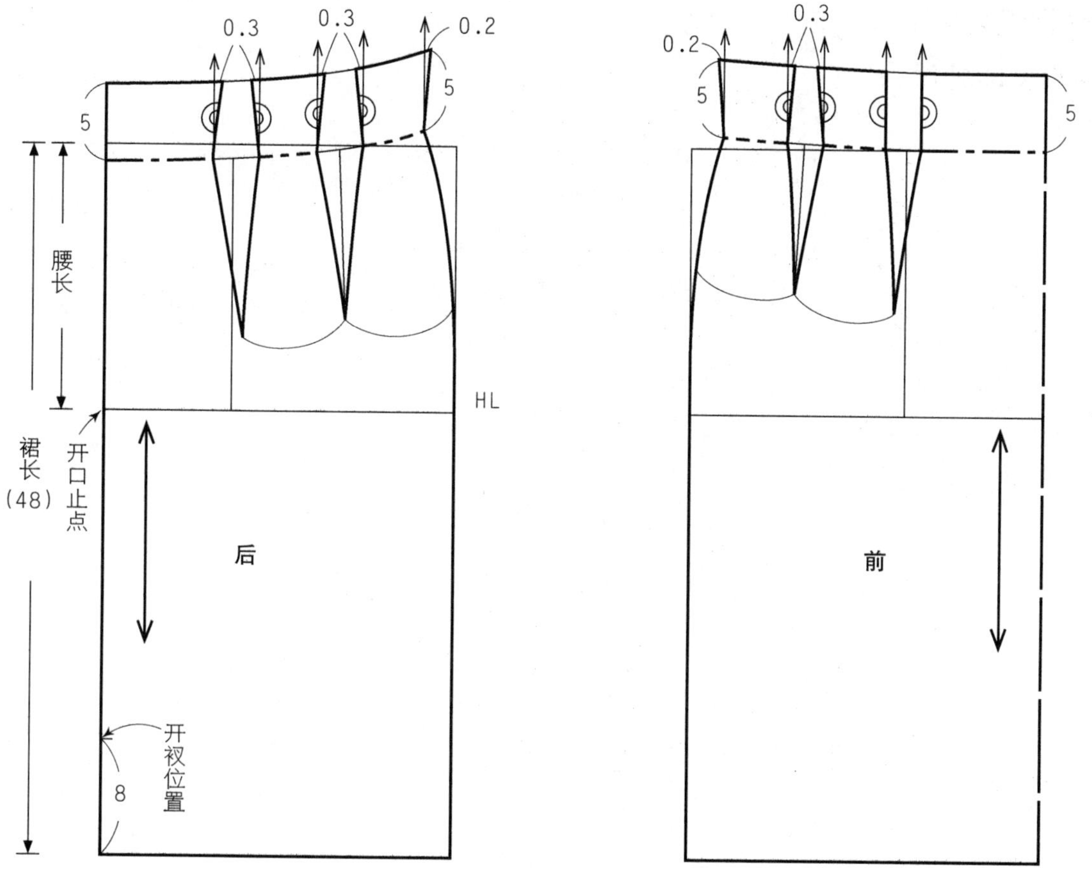

※作图参考紧身裙(A)。

图 4－6－2　作图

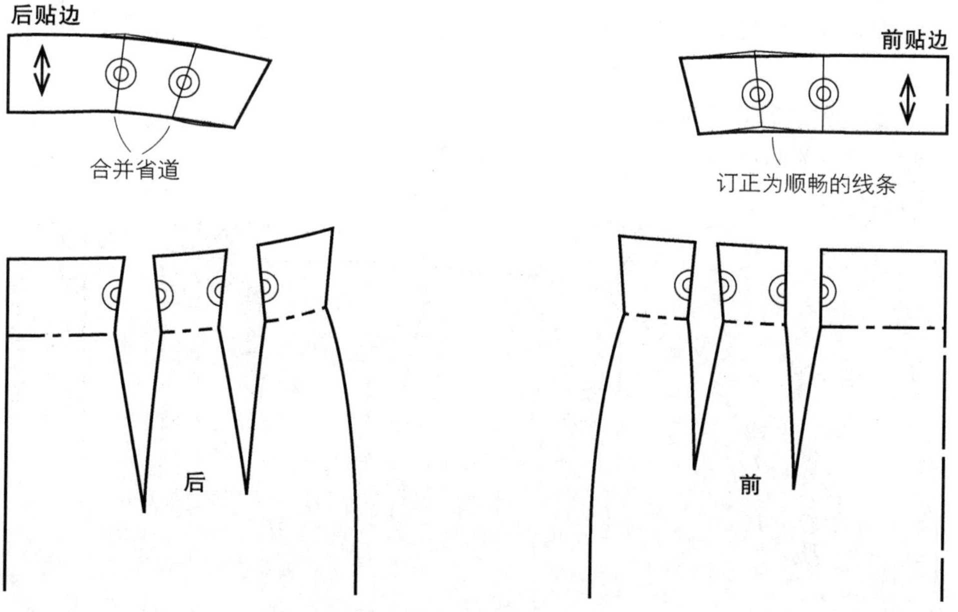

图 4－6－3　纸样的修正

缝制要点(图4－6－4、图4－6－5)

●高腰的处理

①在贴边的反面烫贴粘合衬,增加强度。

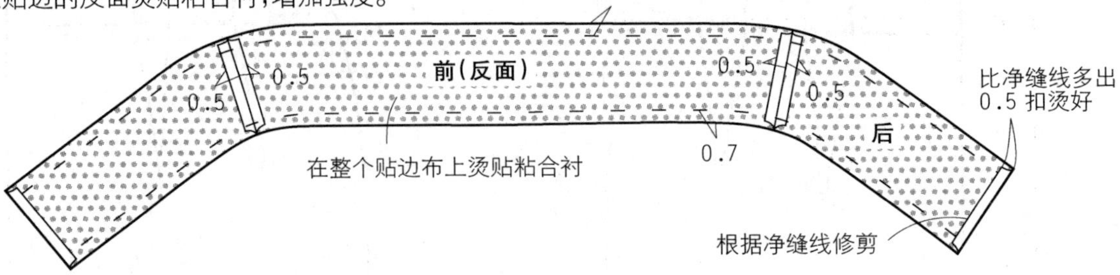

②缉裙面的省道，绱隐形拉链，缝合侧缝之后，
在高腰处将裙面与贴边缝合。

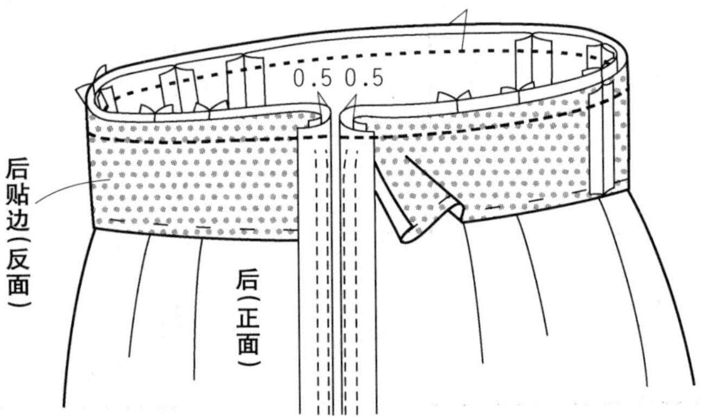

③裙里与贴边正面相对缝合。在侧缝做裙面与裙里的内部叠缝,然后做拉链、开衩开口的处理。在上端缉明线,在开口处钉挂钩。

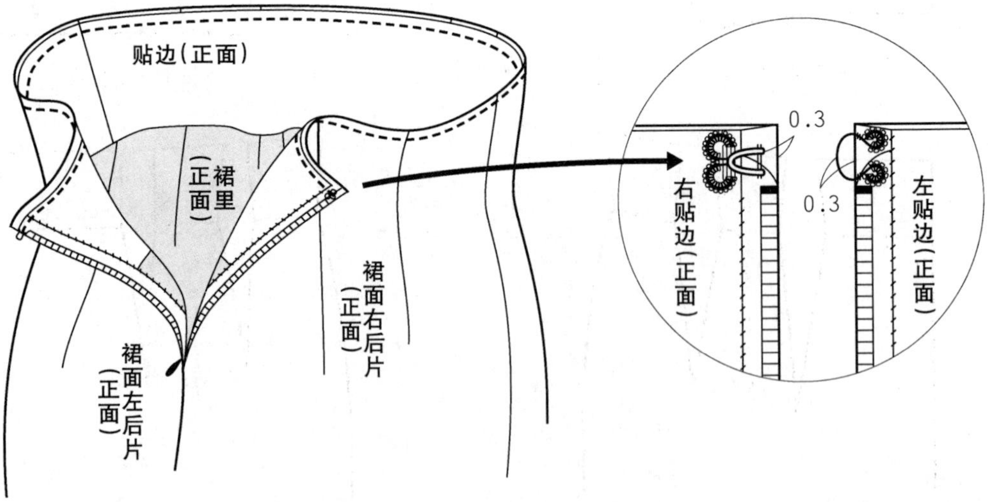

图4－6－4　高腰的处理

●做开衩

①在开衩的贴边上烫贴粘合衬，缉缝到开口止点。下摆贴边重叠的部分剪掉，将下摆向上扣折，暗缲缝。

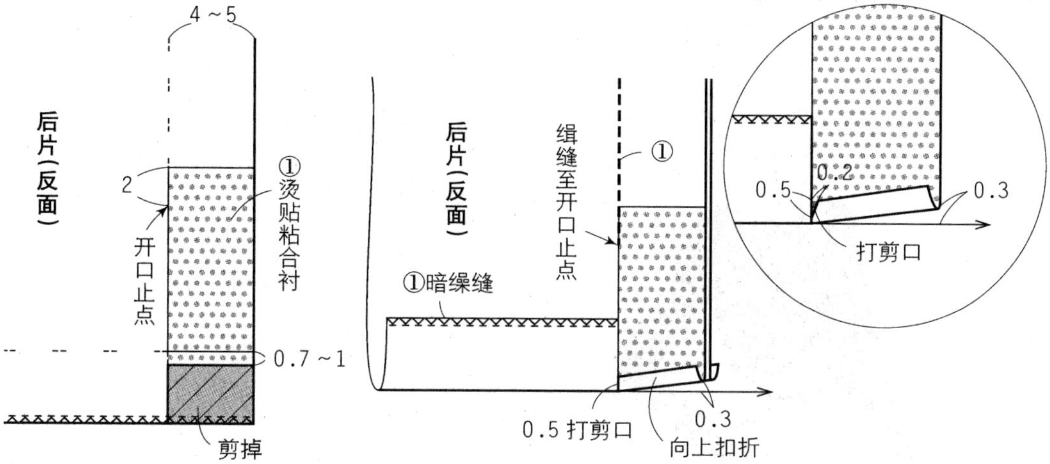

②将后中缝劈缝熨烫，整理开衩，做加固缝（参照第 69 页基础缝）。

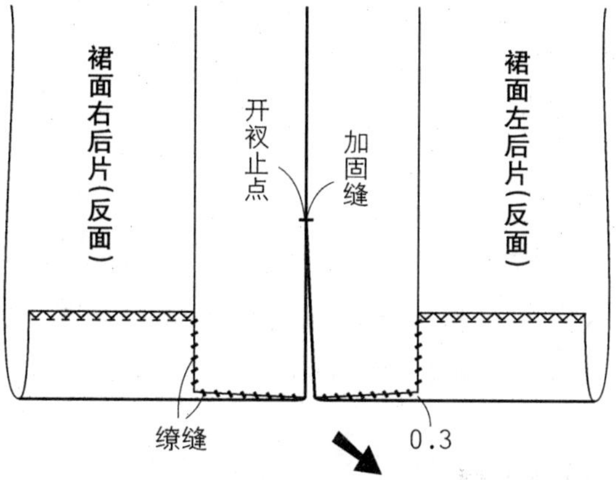

③将衬裙开衩部分的多余缝份剪掉，在拐角打剪口，用熨斗整烫。

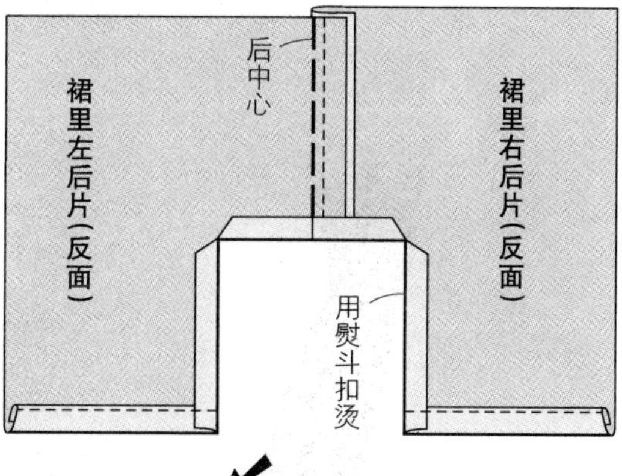

④对合裙面与裙里，整理开衩部分。

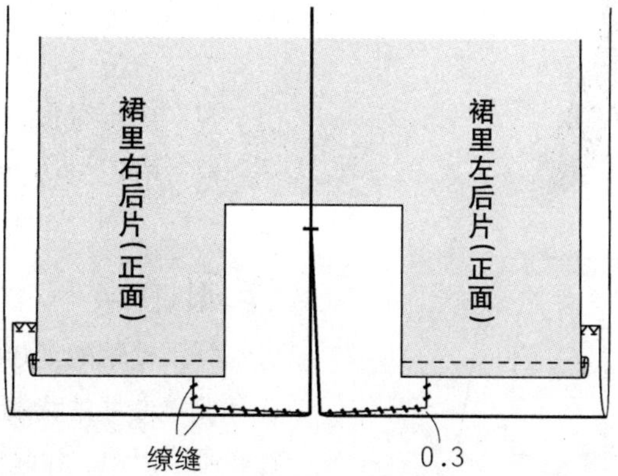

图4－6－5　做开衩

箱式对褶裙

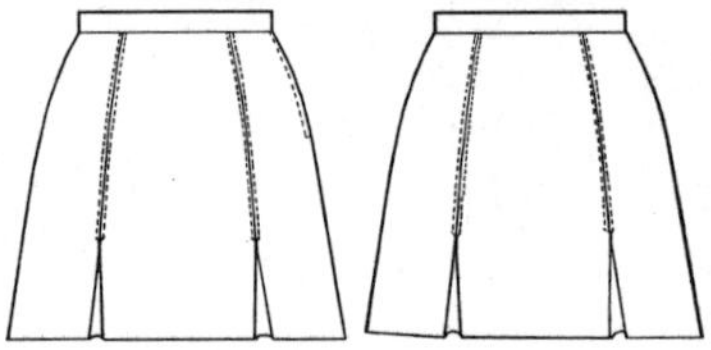

图 4－7－1　箱式对褶裙

设计

在半紧身裙的省道位置加入箱式褶裥，在破缝线位置缉上明线的运动型轻便裙。

使用量

面　料:140cm 幅宽,120cm
　　(裙长 ＋ 10cm)×2

里　料:90cm 幅宽,110cm
　　(裙长 ＋ 5cm)×2

作图(图 4－7－2)

利用褶裥的剪接线做省道。在褶裥的剪接线和侧缝曲线的绘制过程中，注意让省道消失在臀围线以上，并避免中臀围附近的松量不足，褶裥加入量为 14cm。

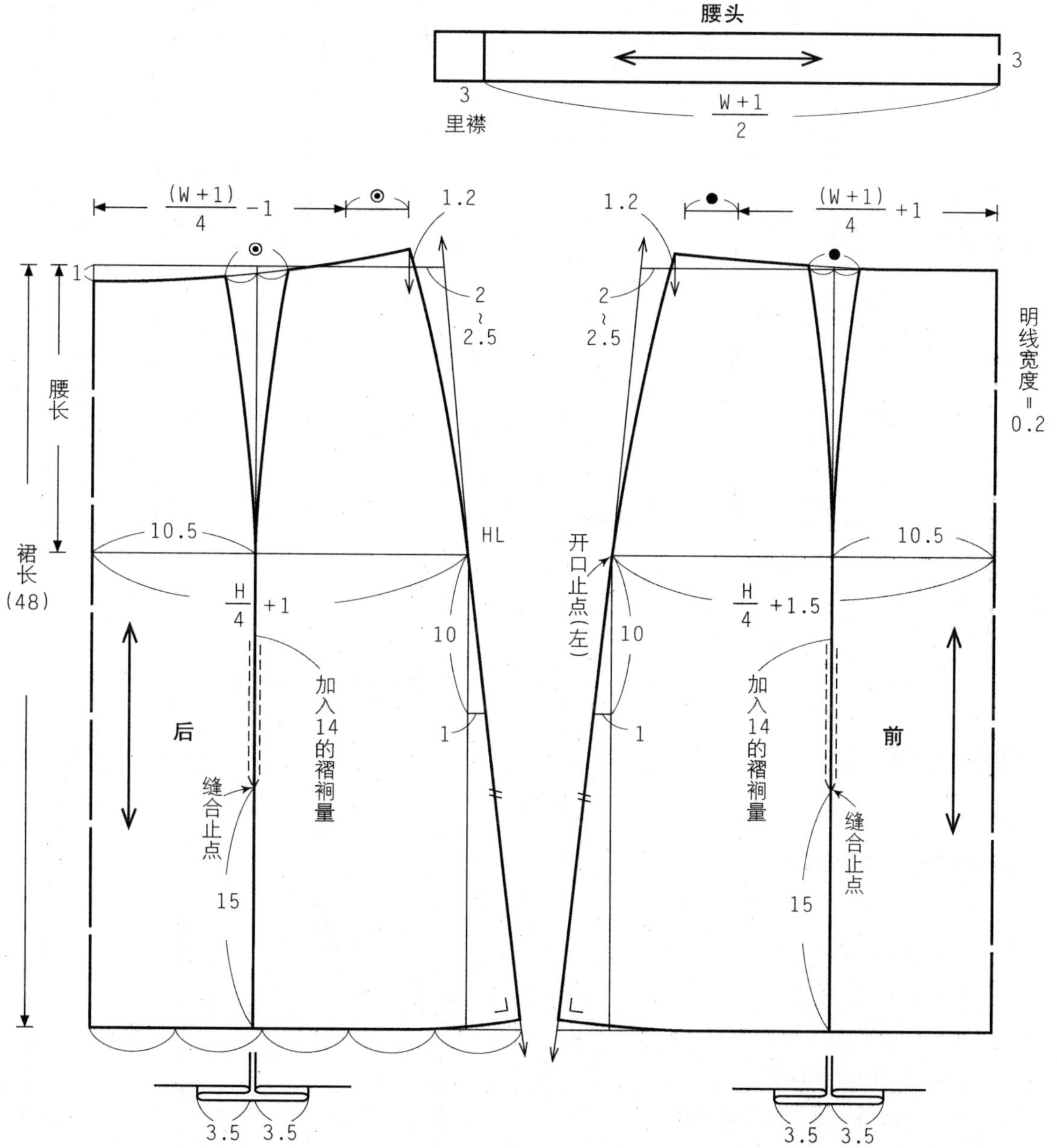
腰头
3
3
里襟
W+1
2
(W+1)
4
-1
1.2
1
腰长
裙长
(48)
2
~
2.5
10.5
HL
H
4
+1
10
加入14的褶裥量
后
1
缝合止点
15
3.5 3.5
(W+1)
4
+1
1.2
2
~
2.5
明线宽度=0.2
开口止点(左)
10.5
H
4
+1.5
10
加入14的褶裥量
前
1
缝合止点
15
3.5 3.5

图 4-7-2 作图

做纸样(图 4－7－3)

褶裥部分的作图如图 4－7－3 所示,将纸样切开后加入 14cm 褶量,后片加入同样的褶量。

※在褶裥折叠状态下订正纸样。

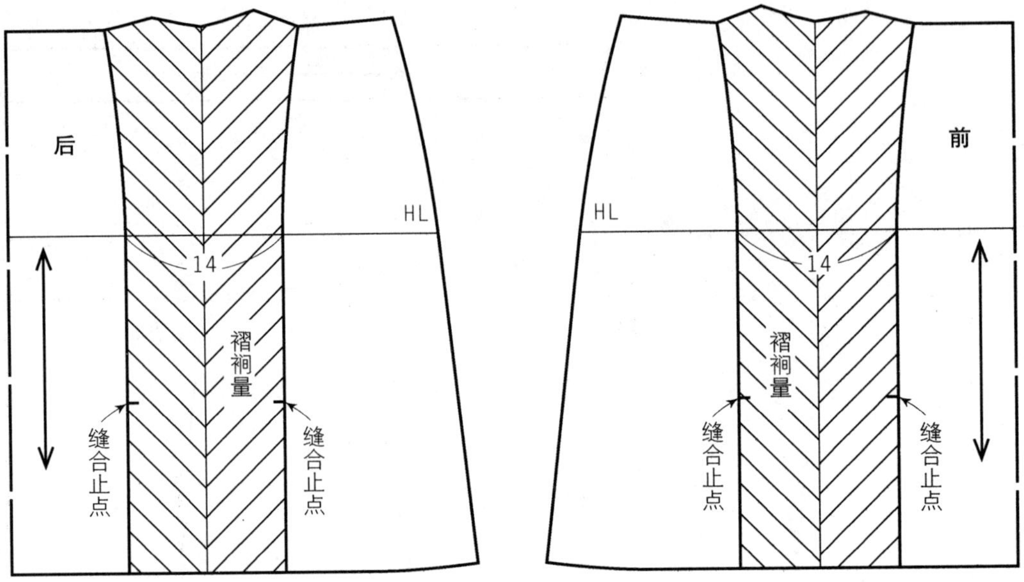

图 4－7－3　做纸样

缝制要点(图 4－7－4、图 4－7－5)

●箱式褶裥的处理

缝合褶裥部分（参照第 154 页）,从正面缉明线。

为了缉出漂亮的线迹，应注意使用与布料相适合的线、针及针距，均匀、笔直地缝,应在试缝之后再缉缝。另外，利用明线定规对齐宽度也可以。

为了使成品漂亮规整，可以根据布料的厚度修剪掉背面的隐蔽褶裥；也可在单层制作时利用包缝机包缝缝份。

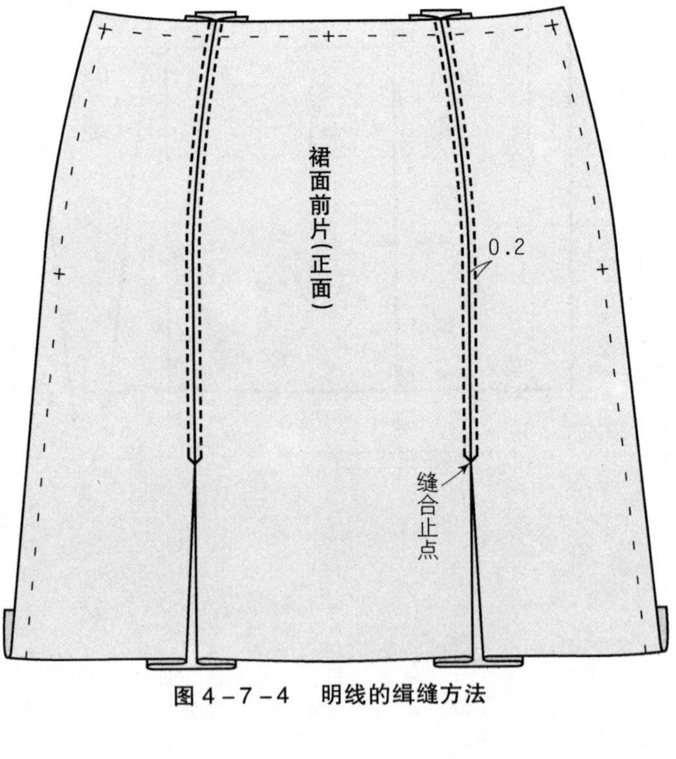

图 4－7－4　明线的缉缝方法

〈厚面料、加里料的情况〉

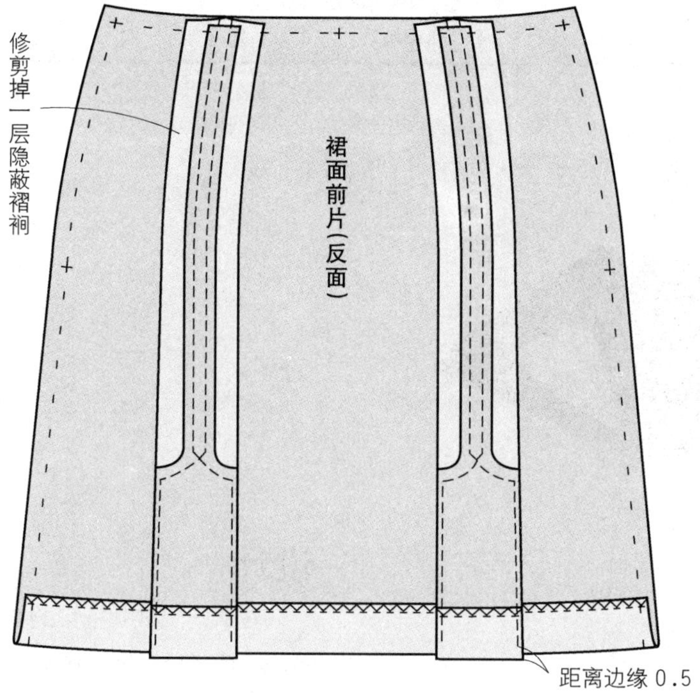

〈单层面料的情况〉

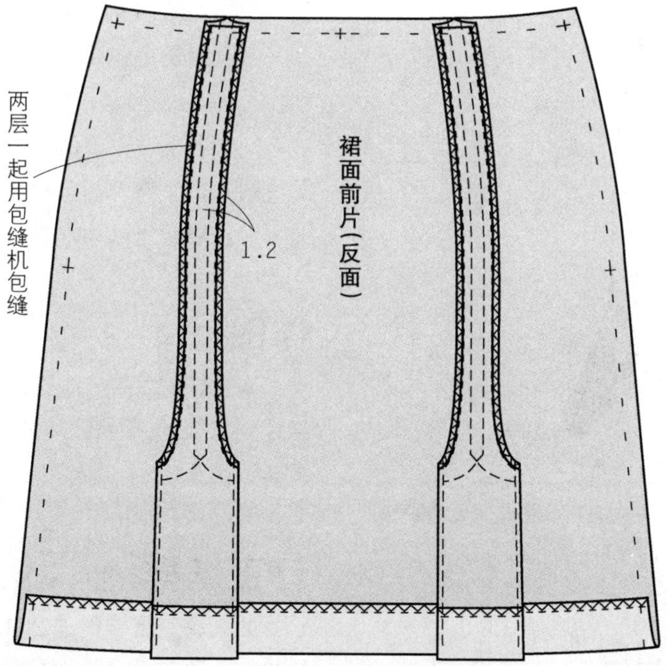

图4-7-5　隐蔽褶裥的处理

◆ 育克裙 ◆

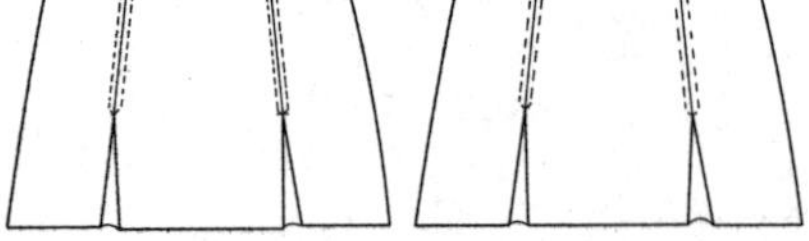

图 4－8－1　育克裙

设计

在前述箱式褶裥裙的基础上，加入育克破缝线形成腰部装饰的裙子。

使用量

面　料:140cm 幅宽,120cm
　　(裙长 + 10cm)×2
　　90cm 幅宽,120cm
　　(裙长 + 10cm)×2
里　料:90cm 幅宽,110cm
　　(裙长 + 5cm)×2

作图(图 4－8－2)

育克在前后中心线处的宽度是 10cm，在侧缝处变成 8cm,用曲线连接圆顺。褶裥缝合止点距离下摆 15cm。

订正纸样(图 4－8－3)

处理育克纸样时先合并省道，然后将剪接线修正为不带棱角的顺畅曲线。裙子部分加入 14cm 褶量。

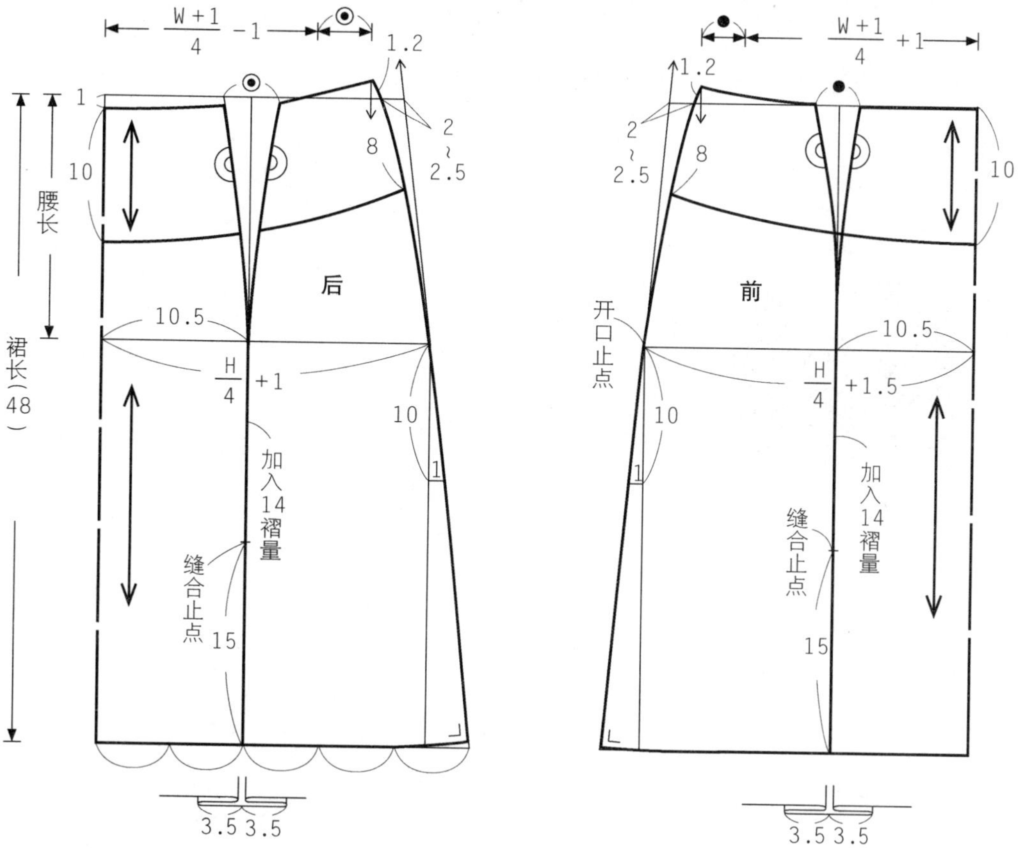

图 4－8－2　作图

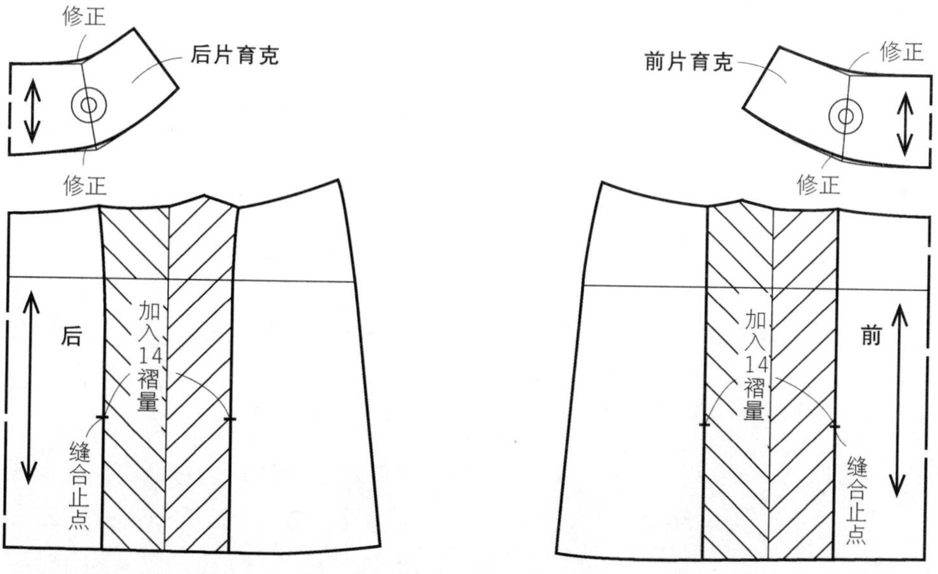

图 4－8－3　制作纸样

八片鱼尾裙

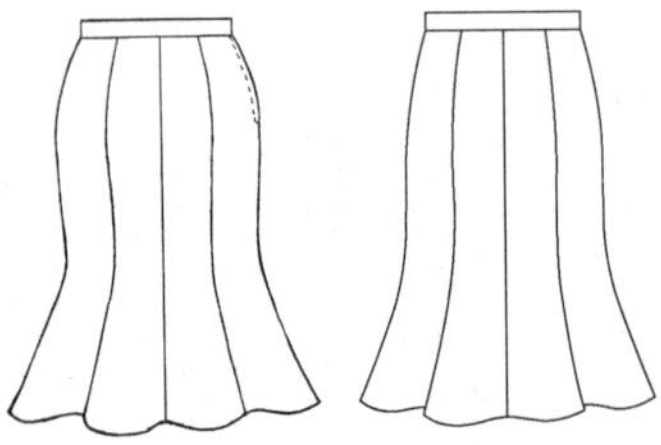

图 4－9－1　八片鱼尾裙

设计

所谓鱼尾裙是用八片梯形布接在一起的美人鱼造型裙。从中臀围到臀围合身，在下摆加入喇叭形褶，在充分进行布纹调整的基础上能出现漂亮的轮廓。另外，纱向使用纵向、斜向都可以，纵向布易于操作，并且变形的情况较少。

使用量

面　料：140cm 幅宽，270cm

（裙长 ＋ 10cm）×3

里　料：90cm 幅宽，260cm

（裙长 ＋ 5cm）×3

作图（图 4－9－2）

腰围加入 1cm、臀围加入 4cm 的松量。由于八片接缝，分别将腰围、臀围位置的尺寸八等分。下摆处每边加宽 6cm 形成喇叭形裙摆。由于整体裙型是从腰围到臀围合身，在下摆处加入喇叭形褶的美人鱼式造型，所以从臀围到下摆的剪接线，应在直线连线的基础上向内画成曲线。

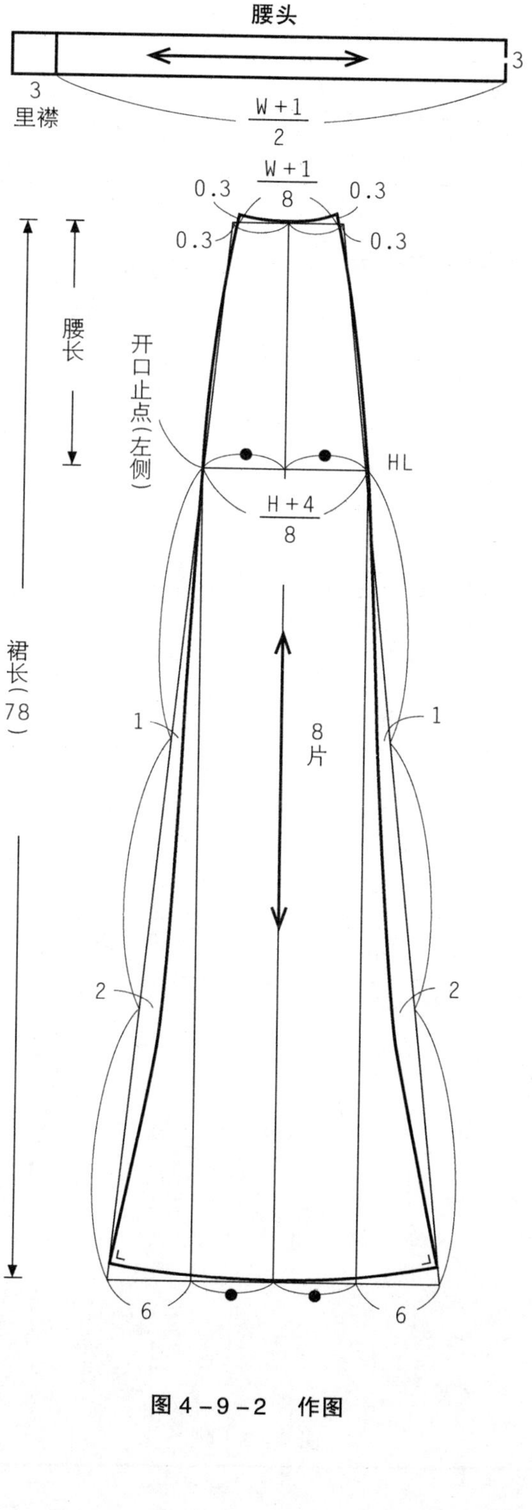

图 4-9-2 作图

归拔整形(图 4 －9 －3)

裙片在接缝到一起之前需要归拔整理布纹。

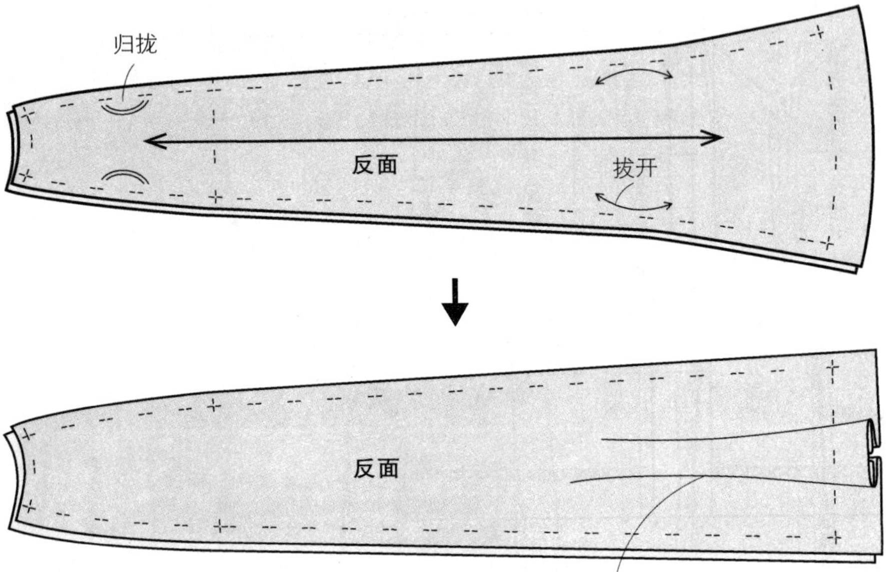

图 4 －9 －3　归拔整形

腰围线的订正

处理腰头时，根据体型的不同在后腰线处下移一定量后绱腰头为好(图 4 －9 －4)。

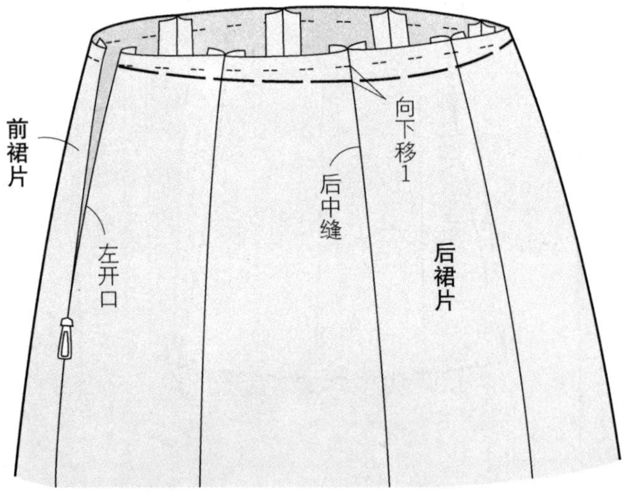

图 4 －9 －4

圆摆裙

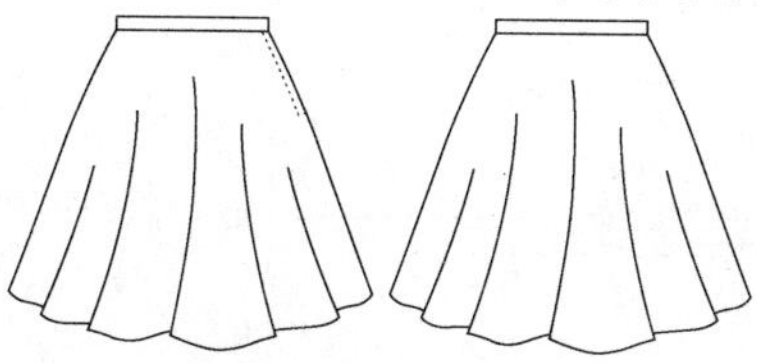

图 4－10－1　圆摆裙

设计

由圆形裁剪而成的圆摆裙是从腰围展开的大喇叭裙型,每迈一步都会产生流动的感觉。随着材料的改变，从日常穿着到社交服可广泛使用。

使用量

面　料:140cm 幅宽,230cm
　　（裙长 ＋ 10cm）×3.5
里　料:90cm 幅宽,280cm
　　（裙长 ＋ 10cm）×4

作图(图 4－10－2)

利用整圆裁剪裙子，可以将腰围尺寸考虑为圆周,使用圆周率进行作图。侧缝长的不足量在下摆处追加 0.5～0.7cm。图 4－10－3 为排料图。

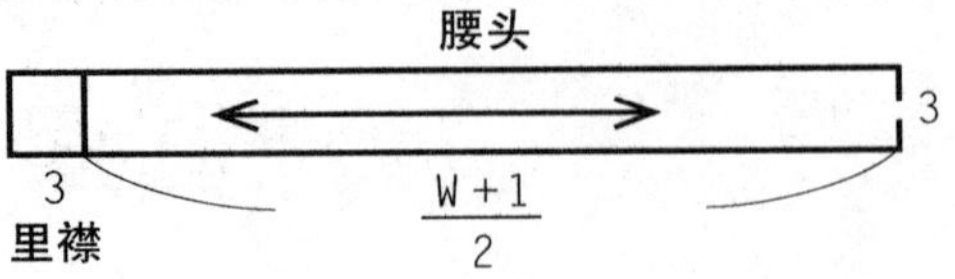

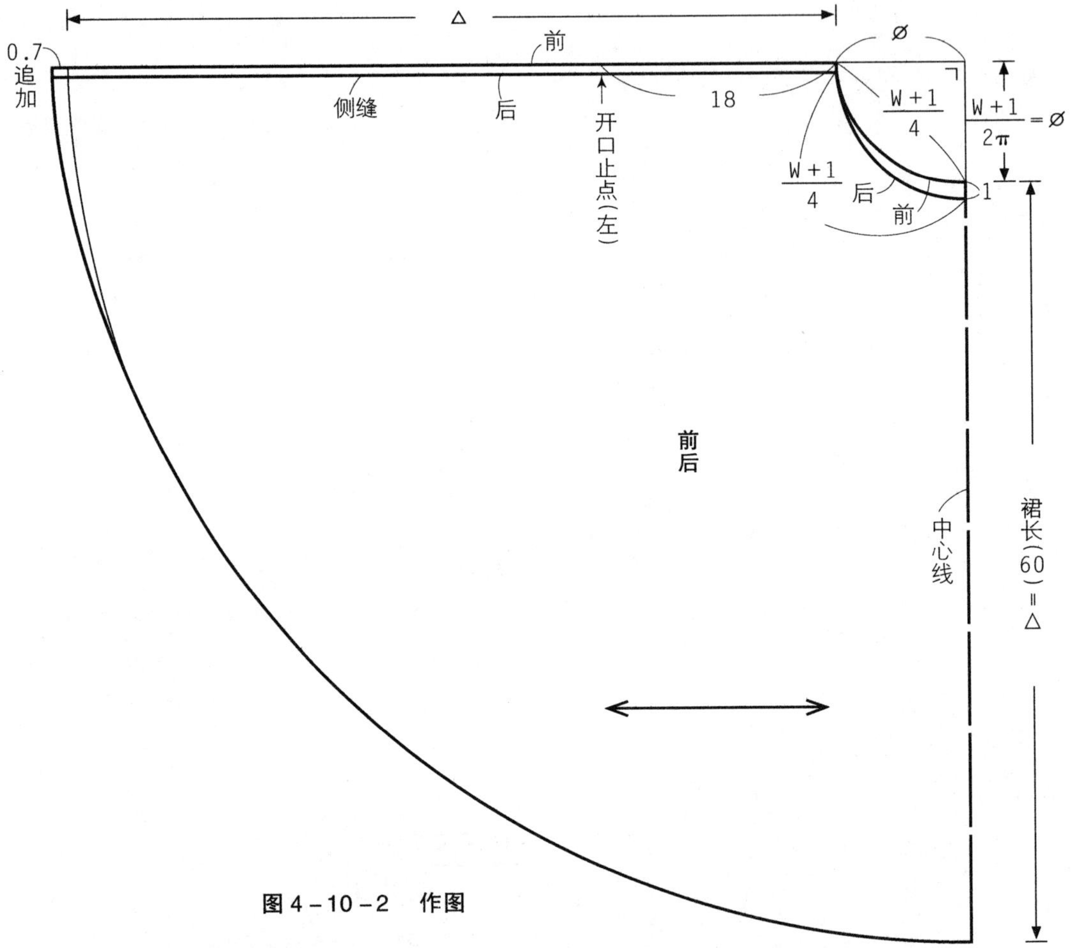

图 4－10－2　作图

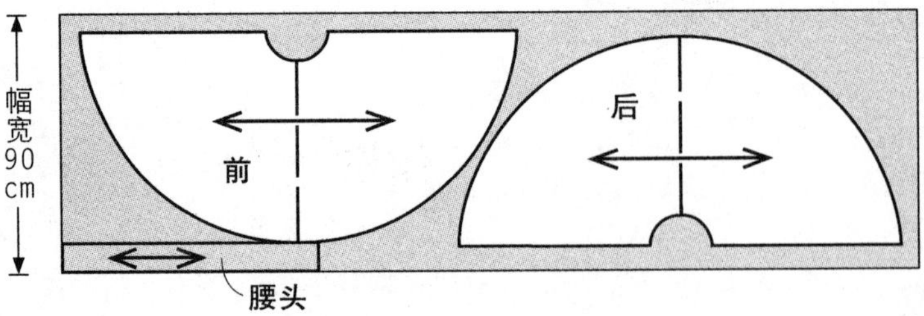

图 4－10－3　排料图

缝制要点（图 4－10－4～图 4－10－6）

考虑到前、后裙片分别由半圆形裁剪而成，布料的方向不同会引起伸展率的不同，可将缝份多裁出一些，在缝制前先进行悬挂（图 4－10－4）。待布料充分伸展稳定后再铺上纸样裁剪。

圆摆裙的下摆折边，需要在腰部处理完成后，从地面向上测量相等的距离来决定（图 4－10－5）。下摆折边为 1.5～2cm 左右，布边包缝处理后用熨斗扣烫，暗缲缝固定(图 4－10－6)。

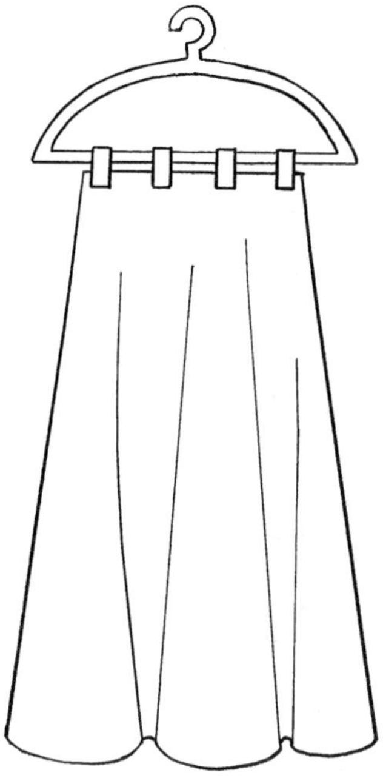

图 4－10－4　粗裁之后悬挂裁片

图 4－10－5　从地面向上测量尺寸

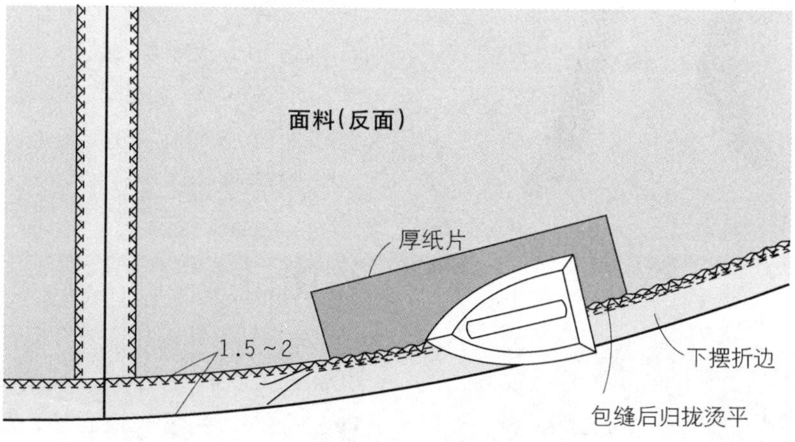

图 4－10－6　下摆的处理

喇叭裙

图 4－11－1　喇叭裙

设计

前后中心和侧缝四片拼接，形成半圆形的喇叭裙。

使用量

面　料:140cm 幅宽,145cm
　　(裙长 ＋ 15cm)×2

里　料:90cm 幅宽,290cm
　　(裙长 ＋ 5cm)×4

作图(图 4－11－2)

当面料有花纹和条格时，采用不同的纱向组合方式可产生各种各样的变化（参照第 190～191 页的图 4－11－3、图 4－11－4)。喇叭裙制图的尺寸见下表。

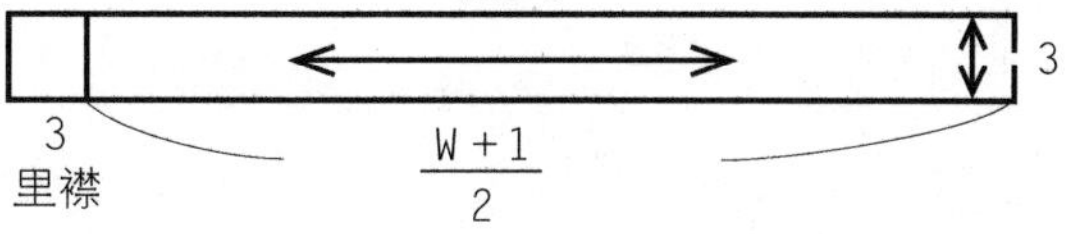

喇叭裙制图时的半径尺寸表 单位:cm

半径 / W+1尺寸	$\frac{1}{4}$圆喇叭裙 $\left(\frac{W+1}{0.5\pi}\right)$	半圆喇叭裙 $\left(\frac{W+1}{\pi}\right)$	全圆喇叭裙 $\left(\frac{W+1}{2\pi}\right)$
58	36.96	18.48	9.24
60	38.20	19.10	9.55
62	39.48	19.74	9.87
64	40.76	20.38	10.19
66	42.04	21.02	10.51
68	43.32	21.66	10.83
70	44.60	22.30	11.15
72	45.84	22.92	11.46
74	47.12	23.56	11.78
76	48.40	24.20	12.10
78	49.68	24.84	12.42
80	50.96	25.48	12.74

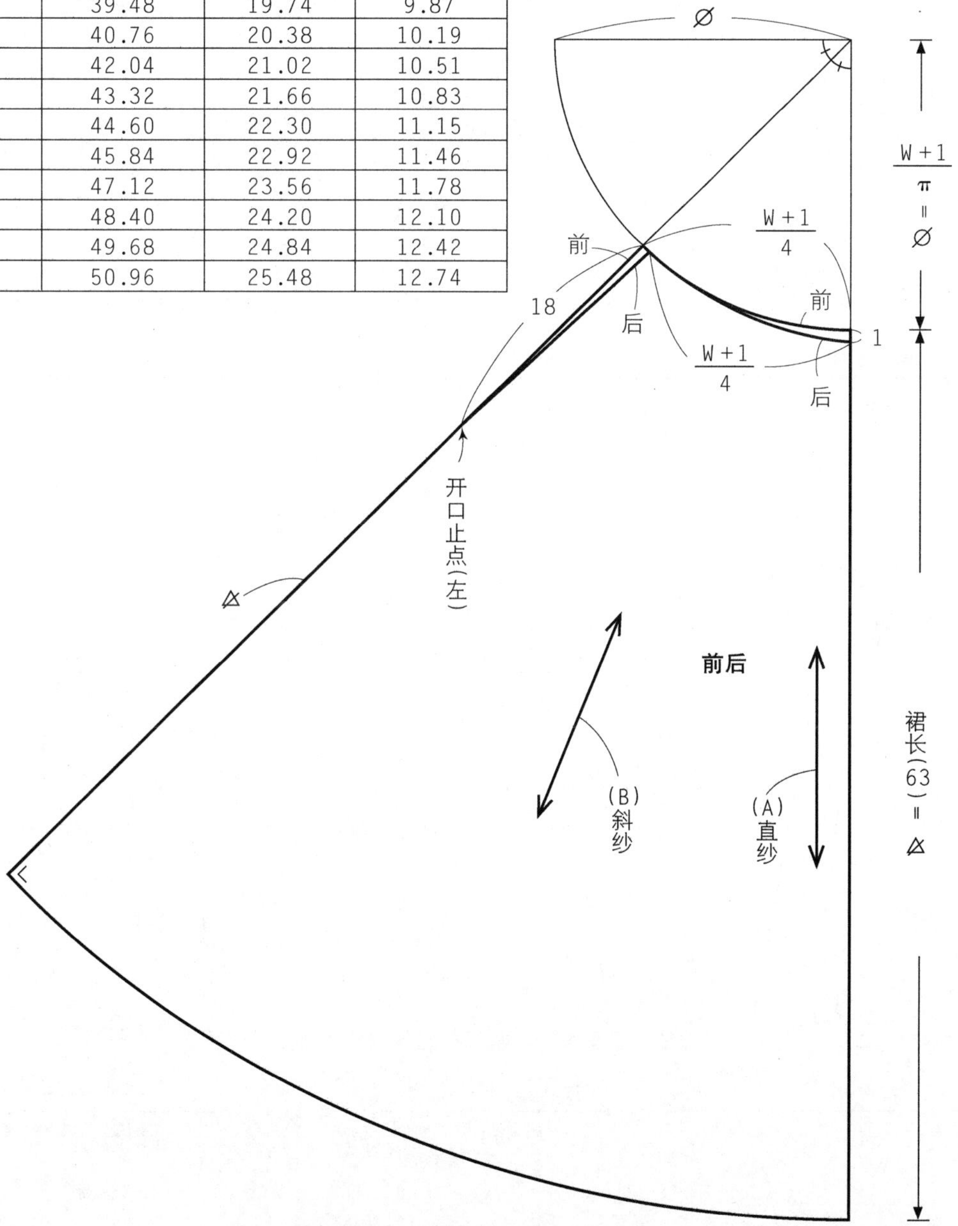

图 4-11-2 作图

裁剪要点

布料的悬垂性不同、布纹纱向的使用不同，喇叭形裙摆的轮廓就会有所变化。另外，使用条纹布料时，因纱向不同，接缝处会产生不同的视觉效果。因此为了获得满意的轮廓和效果，在裁剪实施之前应先决定怎样裁剪。

〈悬垂性与轮廓〉

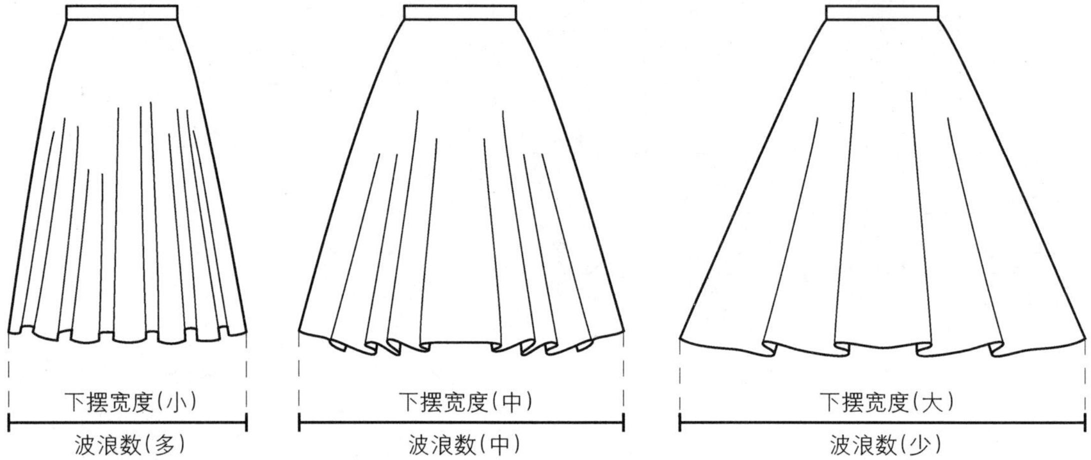

〈布纹的方向性与轮廓〉

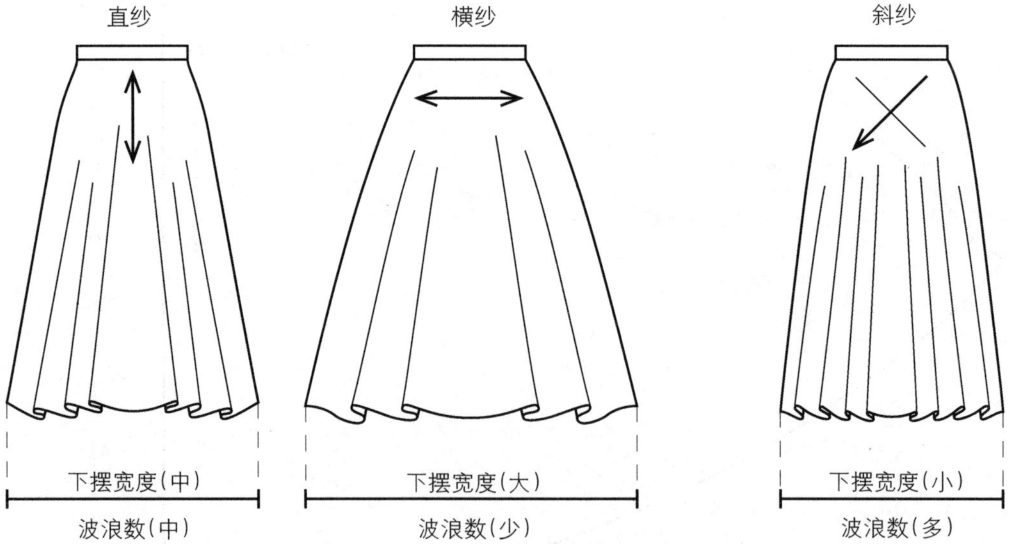

图 4－11－3　悬垂性与布纹的方向性

(A)纸样的前后中心采用直纱

(B)纸样的中心采用斜纱

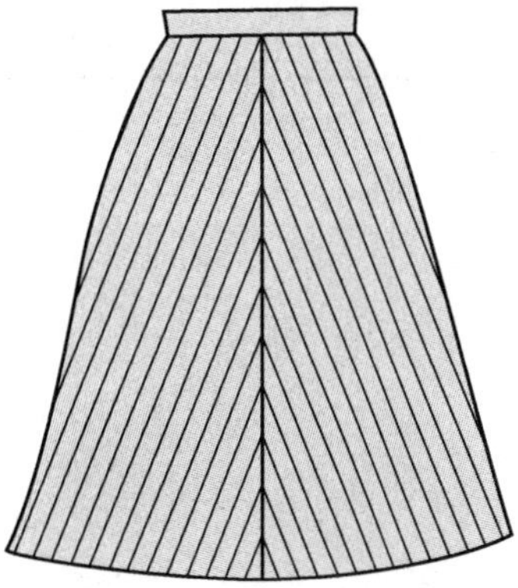

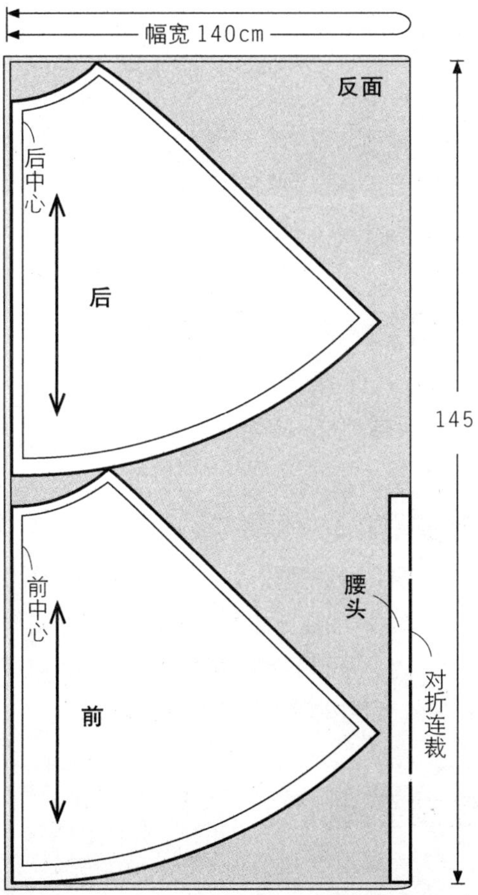

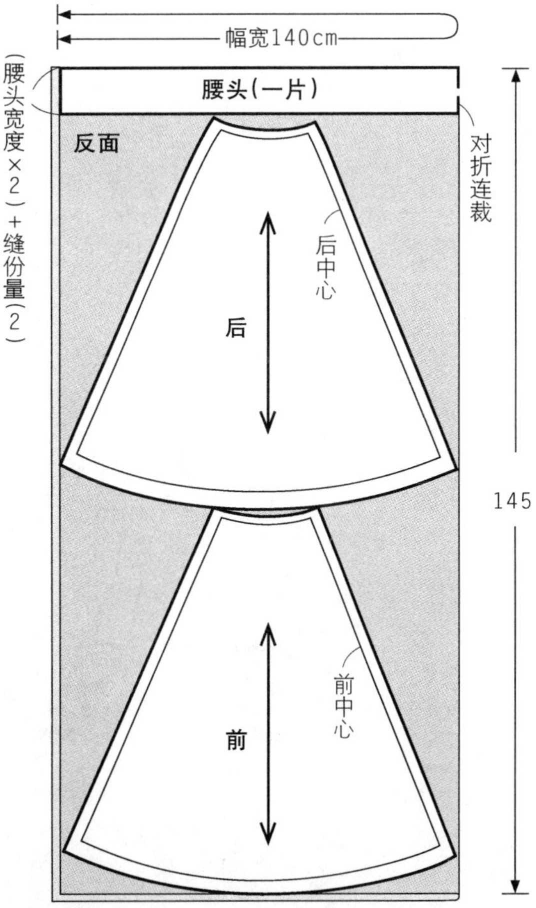

图 4－11－4　裁剪排料图

多层褶裙

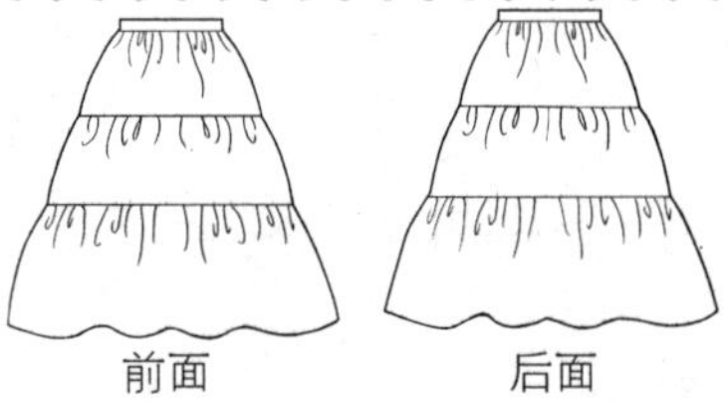

图 4-12-1　多层褶裙

设计

多层褶裙是横向接缝两次以上，可以加入碎褶或缝褶的多层次裙子。多层褶裙可以改变面料材质和裙长，具有社交礼仪、华丽、漂亮等要素。

使用量

面　料:90cm 幅宽,220cm

（裙长 + 10cm）×3

作图（图 4-12-2）

褶量在腰线处较少，在中段、下段逐渐增多，剪接宽度也逐渐加宽。前后中心采用直纱（A 布纹）时，可根据布幅宽度选择适当的接缝位置，另外也可按横纱（B 布纹）进行裁剪。

缝制要点

为使碎褶产生完美的效果，在净缝线的旁边用大针脚缉缝两趟，通过两根线一起拉拽整理碎褶。缝份用熨斗烫压，平顺服帖即可（碎褶的加入方法参照第 115 页）。

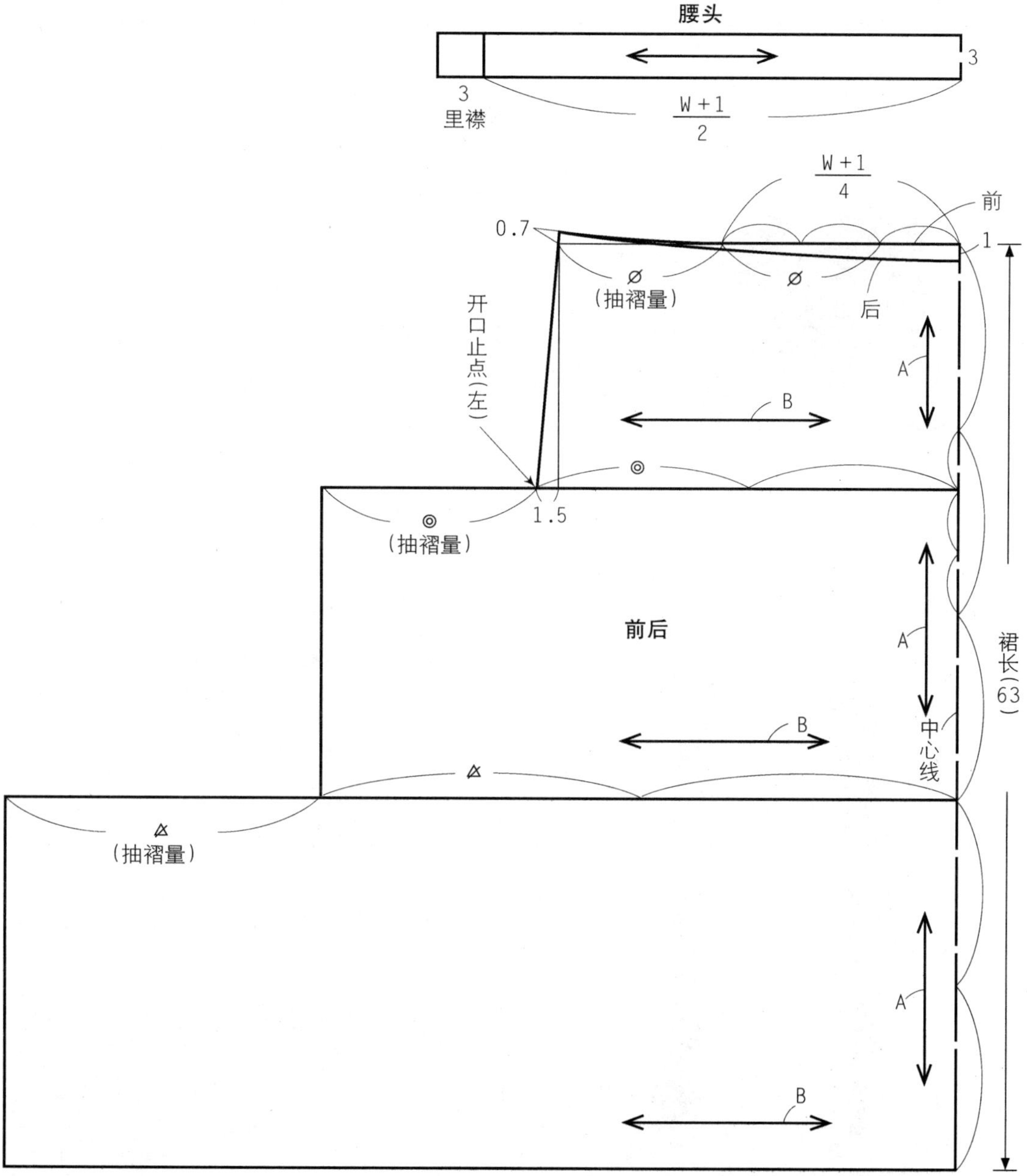

图 4－12－2　作图

◆ 裤裙 ◆

图 4－13－1　裤裙

设计

裤裙第一眼看上去像裙子，但构造与裤子相同。由于活动方便，被广泛应用于家庭便服及外出便装。

使用量

面　料：140cm幅宽，120cm
　　　（裙长 + 10cm）×2
　　　90cm幅宽，150cm
　　　（裙长 + 10cm）×2.5

作图（图 4－13－2）

裤裙是在半紧身裙的基础上添加裆部的款式。前腰省△量只放在侧面布片上，可在口袋布上进行处理，裆宽可根据体型因素来决定。

缝制要点（图 4－13－3）

侧袋对合的重点是在馒头烫垫上将口袋部分铺顺后，让袋口稍微浮起，绷缝固定缝份。裤裙的缝制顺序见下表。

裤裙的缝制顺序表

(1)	做口袋
(2)	前开口的处理（从前裆底到开口止点缝合前面的立裆，绱拉链）
(3)	缉缝后片的省道
(4)	缝合后片的立裆
(5)	缝合侧缝
(6)	连续缝合前后的下裆
(7)	下摆的处理
(8)	绱腰头
(9)	完工

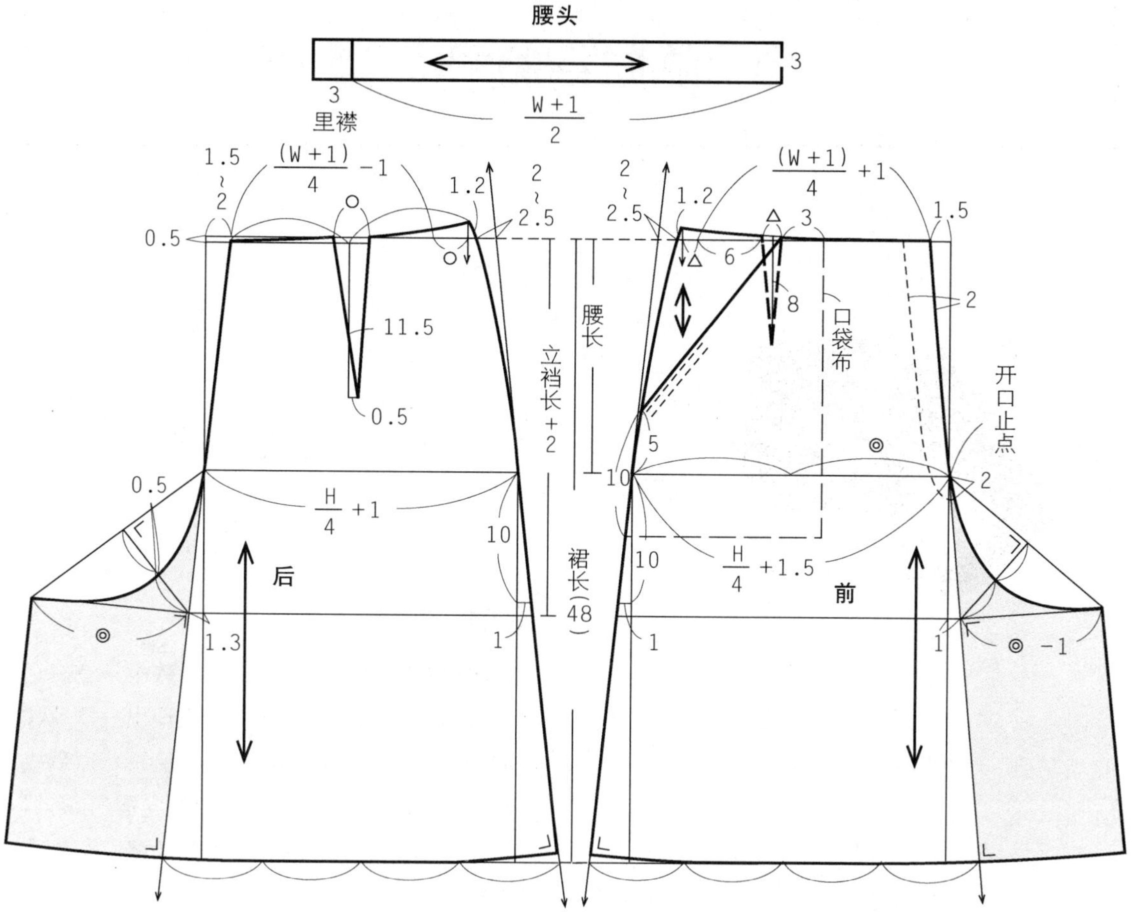

图4-13-2　作图

〈侧布、袋布的纸样制作〉

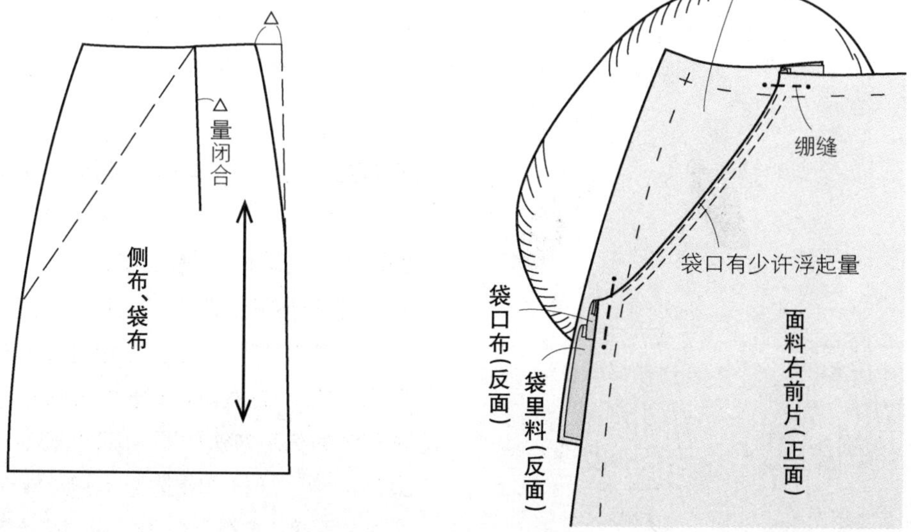

图4-13-3　处理口袋

单向褶裥裙

图 4－14－1　单向褶裥裙

设计

单向褶裥裙也称百褶裙。此款裙子在静止状态下呈平面效果，动作中会表现出立体感和流动的美。随着褶裥数量的改变，会形成时髦或运动的感觉。此款设计是 24 个单向褶裥，布料适宜使用薄型羊毛或热可塑性强的聚酯纤维混纺面料。

使用量

面　料：140cm 幅宽，160cm

（裙长 ＋ 10cm）×2＋ 10cm

作图（图 4－14－2、图 4－14－3）

如图 4－14－2 所示，在腰围、中臀围、臀围、下摆等四处决定表面褶裥的宽度（褶裥的间隔）。隐蔽褶裥量在臀围线上做成表面褶裥宽度的两倍最为理想，可根据布幅宽度进行调节。在使用 140cm 幅宽两倍裙长的布料裁剪时，隐蔽褶裥量的决定方法如图 4－14－3（参照第 198 页）所示。此时，如果隐蔽褶裥量做成表面褶裥宽度的两倍，布料就会不够用，所以隐蔽褶裥量要减小一些。

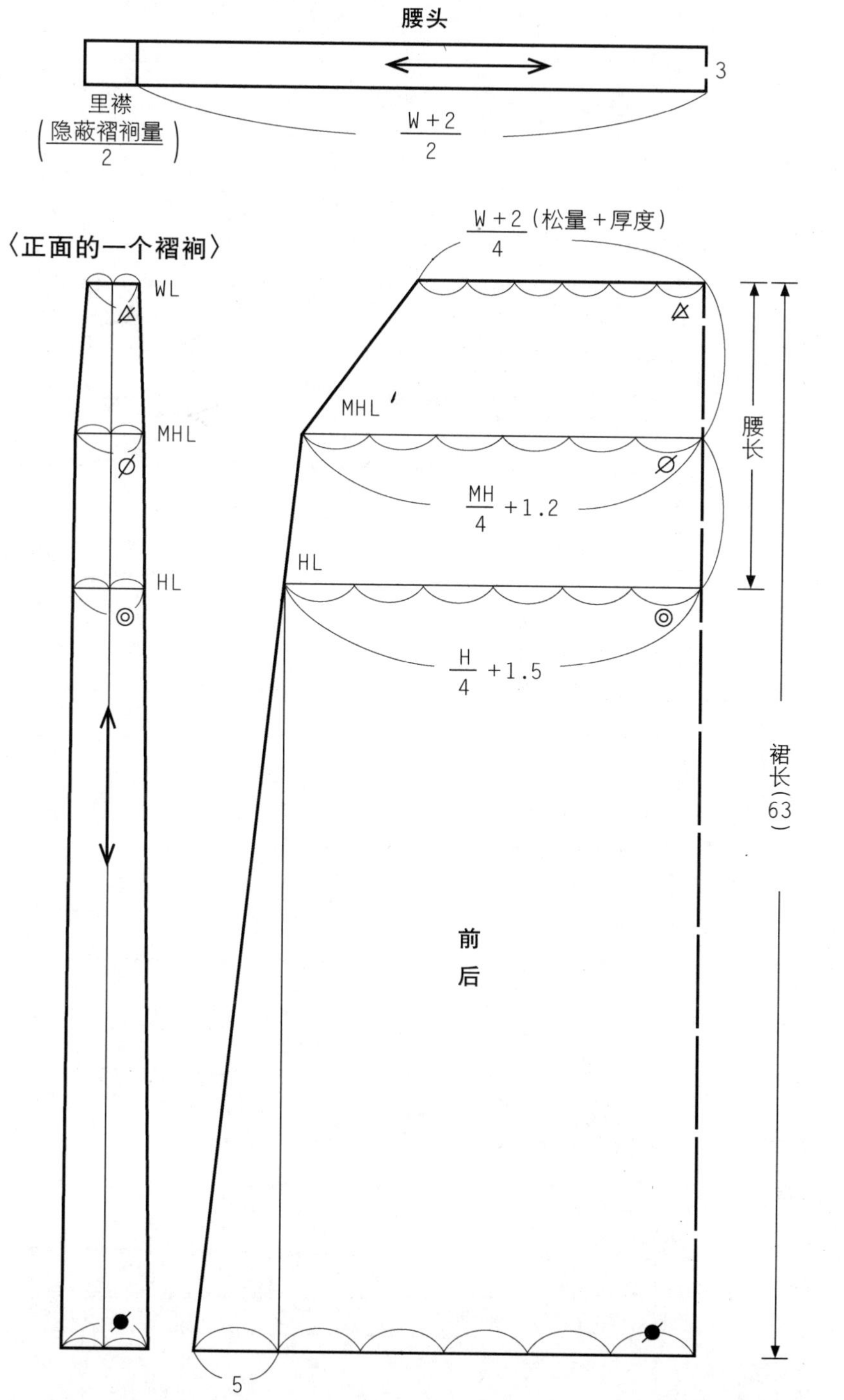

腰头
3
里襟
隐蔽褶裥量
2
W＋2
2
〈正面的一个褶裥〉
WL
MHL
HL
W＋2（松量＋厚度）
4
MHL
MH
4
＋1.2
HL
H
4
＋1.5
腰长
裙长(63)
前
后
5

图 4－14－2　作图

●褶裥的加入方法

使用量的计算方法

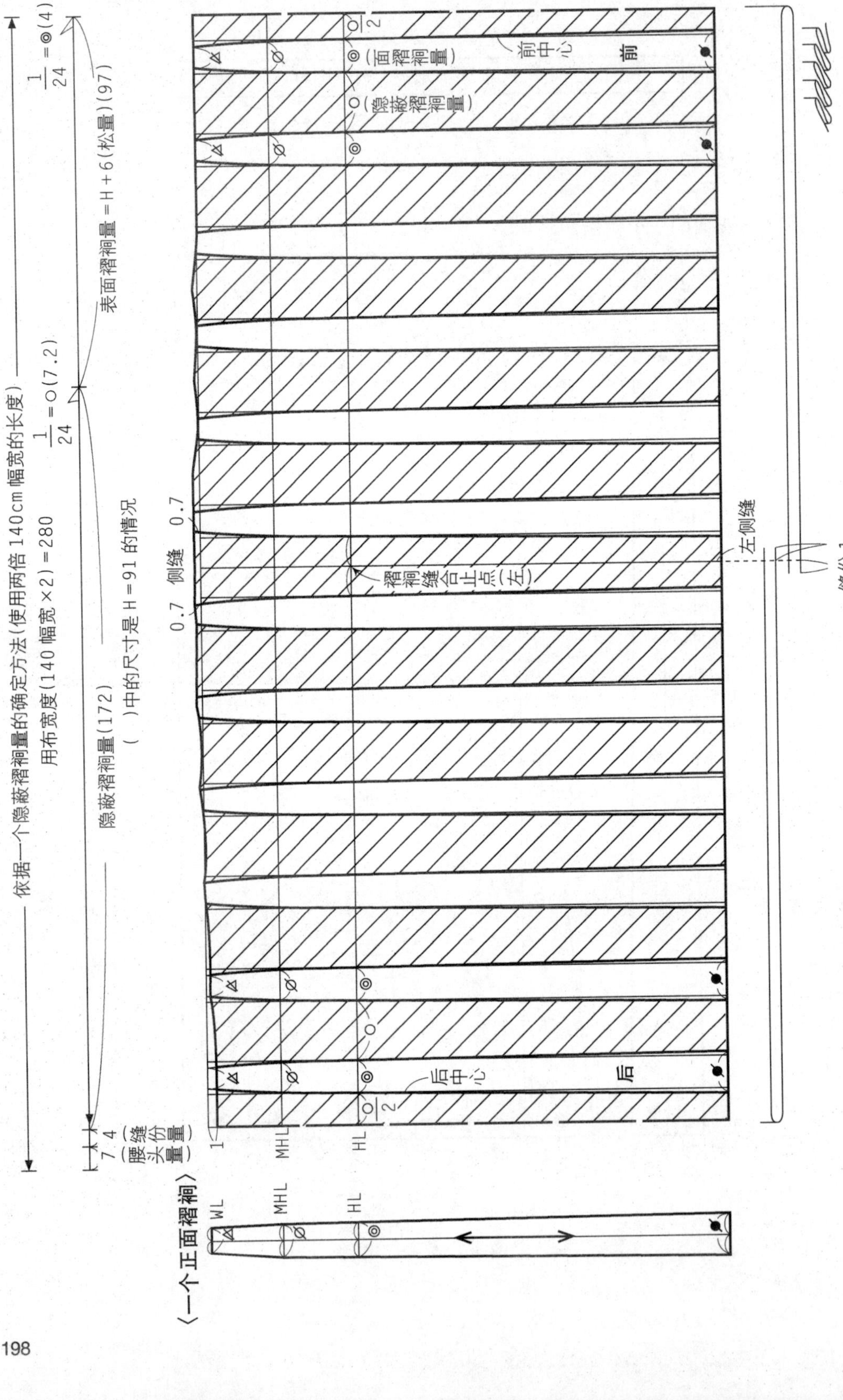

图 4-14-3　褶裥的加入方法

缝制要点（图 4－14－4、图 4－14－5）

●褶裥的折法

折好下摆贴边后在褶裥的折痕处做记号。做记号时，以臀围线处的褶裥宽度为尺寸做成纸尺，以此来决定褶裥的位置会较便利，臀围线以上部分正确地放上纸尺做标记。腰围线先按水平线裁剪，下摆线追加尺寸后做标记。扣烫褶裥时先把正面褶裥的折痕全部折好后，再在熨烫板上一个一个地用熨斗去整理褶裥，里面隐藏的折痕通过直纱方向。臀围线处绷缝固定。

●绱拉链

拉链绱在左侧隐藏褶裥的折痕处。

①从左侧的开口止点到下摆缝合，在开口止点下面 1cm 处打剪口，折好后侧开口的缝份。

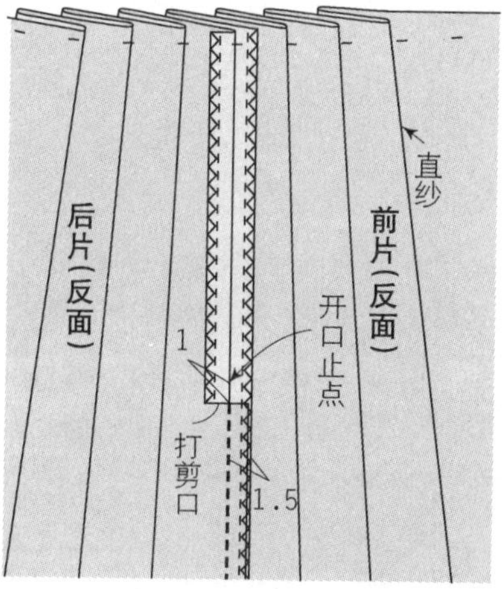

②在开口部分绱拉链，后裙片拉链处缉缝固定。

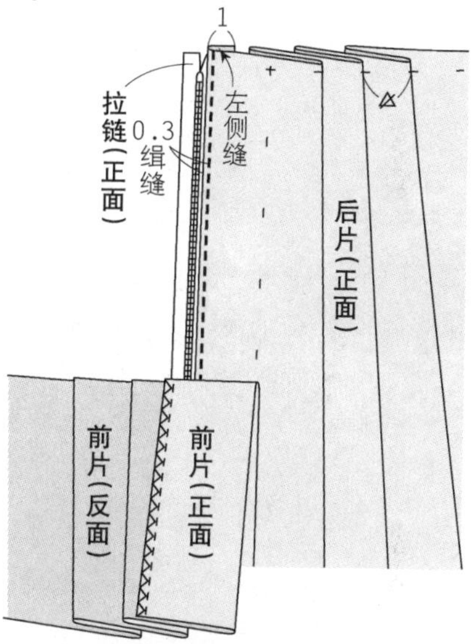

③在前裙片上缉缝固定拉链，开口止点处横向缉缝 3 次。

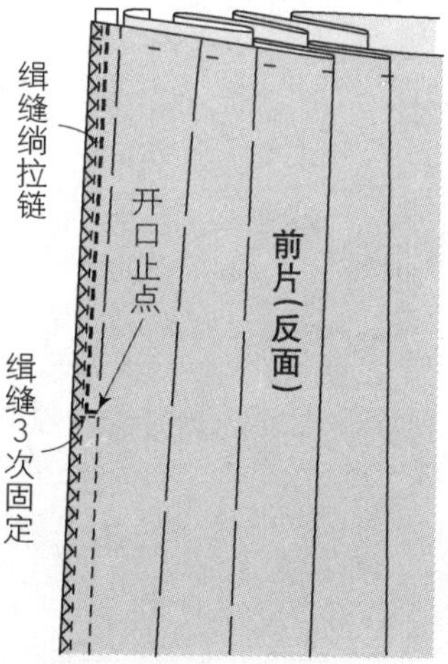

〈绱拉链的完成图〉

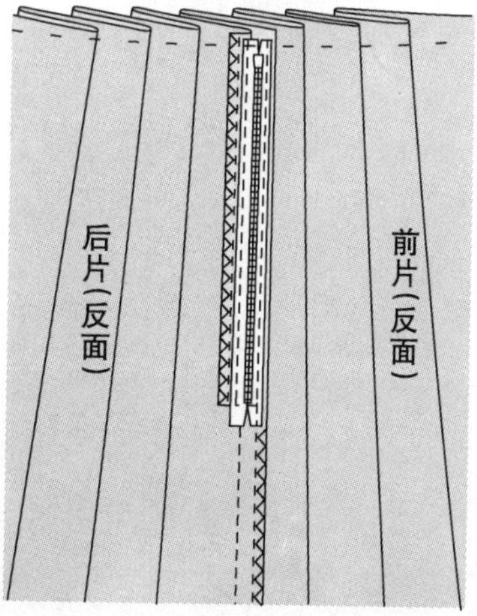

图 4－14－4　绱拉链

●绱腰头

①为了使褶裥平服，需要收拢腰线尺寸，为此可以在隐藏褶裥处捏褶。

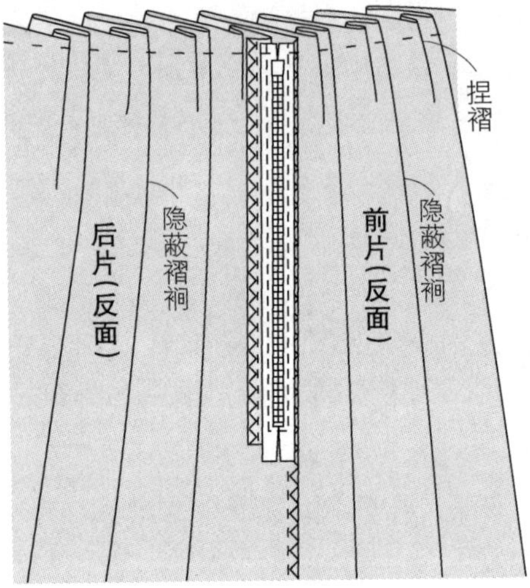

②绱腰头时，要保持下摆线水平，因此要调节腰线，订正腰线后再绱腰头、钉挂钩。

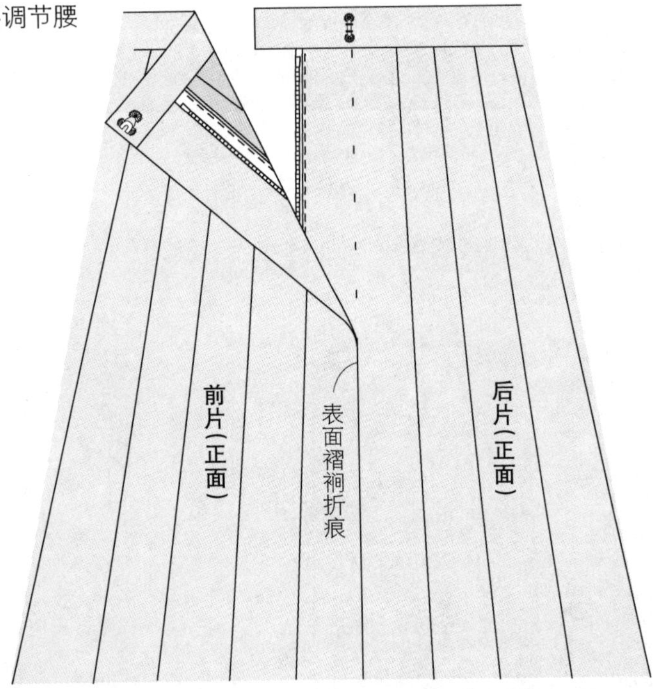

图 4－14－5　腰部的处理

第五章

裤　子

裤子概述
直筒裤(基本型)
喇叭裤
牛仔裤
短裤

裤子概述

长裤是将人体下半身的两腿分别包裹起来的服装。在日本读作ズボン（源自法语的 jupon），在英国读作“trousers”或“slacks”，在美国叫作“pants”，在法国读作“pantalon”。波斯、土耳其、中国等国家或地区自古以来就男女都穿裤子；在欧洲则最初作为工作服，到了中世纪才被贵族接纳且穿着形式多样。穿裤子能使下肢活动自如，裤子作为男性服装的历史很长，女性穿裤子则是从 19 世纪中期的灯笼裤开始的（图 5－1－1）。之后，随着体育运动的普及，裤子在骑马、自行车、滑雪等项目中被普遍使用。

图 5－1－1　1851 年　灯笼裤
（汉密尔顿 Hamilton 图像资料馆收藏）

战后电影中主人公穿着的马裤（裤长在脚踝以上且紧身，因类似斗牛士的裤型而得名）在年轻人中间十分流行（图 5－1－2）。随着女性参与社会活动的增多，20 世纪 60 年代后期，伊夫·圣·洛朗在巴黎时装发布会上发表的喇叭裤开始流行（图 5－1－3），从此，裤子不单单作为便装，几乎在所有的领域都被广泛应用。另外，美国人在劳动中穿着的牛仔裤也在年轻人中间广泛流行起来，从此，不分男女，牛仔裤成为这一年龄层的固定穿着。在追求轻便化、功能性的现代服装中，裤子作为重要的一员具有无可取代的位置。

图 5－1－2　1954 年　电影《美丽的塞布丽娜》

图 5－1－3　1969 年　伊夫·圣·洛朗春夏时装发布

裤子的种类与名称

短裤(shorts)

半长裤的总称，在运动装、休闲装、夏季日常装中被广泛应用。

女式短灯笼裤(bloomers)

以 19 世纪后期女性解放运动先驱者布鲁姆夫人的名字命名。现在的裤型与当初的形式相比有些变化，宽松、裤长较短、裤口用松紧带收紧。

半长裤或百慕大式短裤(Bermuda shorts)

裤长到膝盖上方的短裤，格子、条纹、印花等鲜艳色彩居多。在美国避暑胜地百慕大岛(Bermuda)男性避暑穿用。大约从 1950 年开始，美国的女性把它作为运动装穿用(图 5-1-4)。

图 5-1-4　长度在膝盖上方的裤子

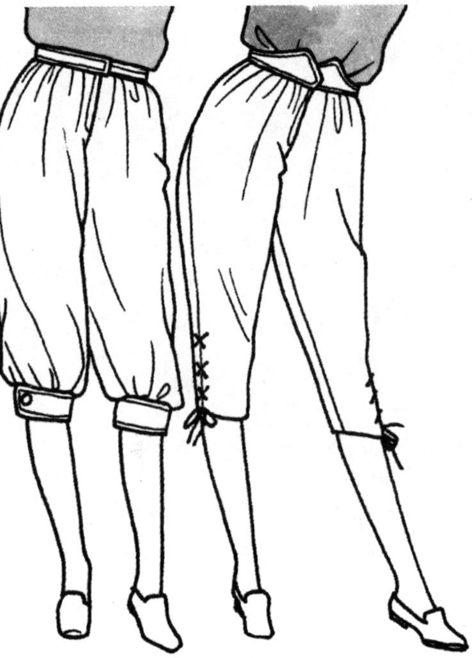

灯笼裤　　　　　　海盗裤

图 5-1-5　长度在膝盖以下裤子

灯笼裤(Knickerbockers)

灯笼裤从 1860 年开始出现，宽松，裤长至膝盖以下，裤口收紧，骑自行车时穿用。

海盗裤(corsaire pants)

受海盗穿着的启发，裤腿包紧两腿（图 5-1-5）。

牧人裤(gaucho pants)

牧人裤来自南美牧童的独特服装，裤口宽松，裤长至腿肚。20 世纪 70 年代初作为女装流行。

七分裤(cropped pants)

七分裤是把裤子的下半截裤腿去掉，裤长到腿肚的居多（图 5-1-6）。

牧人裤　　　　　　七分裤

图 5-1-6　长度至腿肚的裤子

直筒裤(straight pants)

直筒裤是具有城市感的长而垂直的裤子，作为基本裤型被穿用。

马裤(jodhpurts)

马裤是骑马时穿着的一种裤子，腰部侧面捏有大量的褶，膝盖以下放入马靴的部分紧包小腿。因印度的 Jodhpurts 省而得名。

扎脚口长裤(harem pants)

harem 指伊斯兰教的宫殿或女人的闺房，在那里女人们穿着肥大的裤子，脚口处抽细褶。扎脚口长裤大约从 1910 年开始流行，20 世纪 60 年代后期，在欧美作为家庭装出现，直到今天也作为休闲装、睡服穿用。

锥形裤(peg – top pants)

锥形裤像锥形一样，裤型上面宽，下面窄。裤腰处捏省或褶，腰部宽松，到裤口处越来越瘦。1977 ~1978 年在巴黎秋冬时装发布会上发表。

牛仔裤(jeans)

牛仔裤是斜纹结实的棉织物制成的裤子，本是美国农民、牛仔的工装。从 20 世纪 30 年代开始流行，20 世纪 70 年代成为世界性的工装式休闲装。裤子整体很瘦，紧包双腿，既有蓝色布料经漂白处理后的款式，也有加入刺绣具有柔软感觉的款式(图 5 – 1 – 7)。

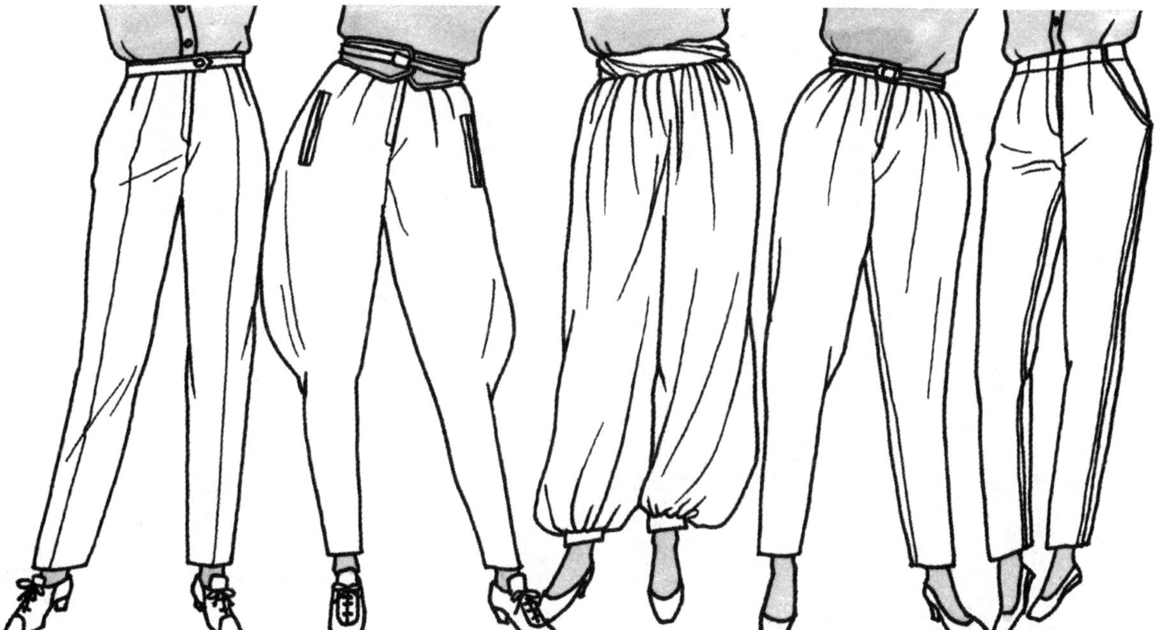

图 5 – 1 – 7　长度至踝骨的裤子

●裤型名称(图 5－1－8)

直筒裤	紧身裤	小锥形裤	大锥形裤	大喇叭裤	小喇叭裤	裙裤
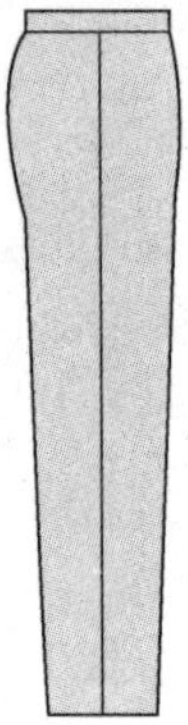	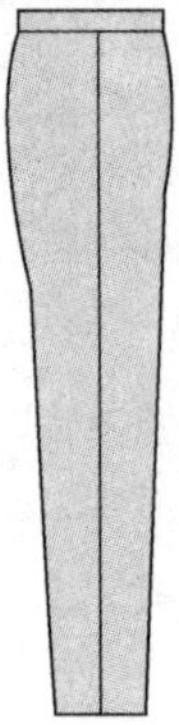	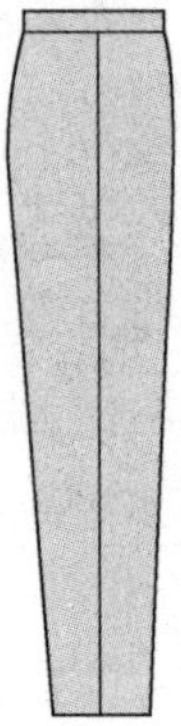	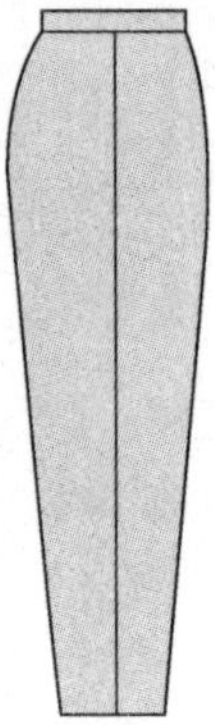	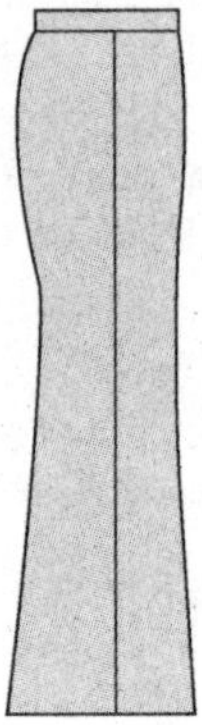	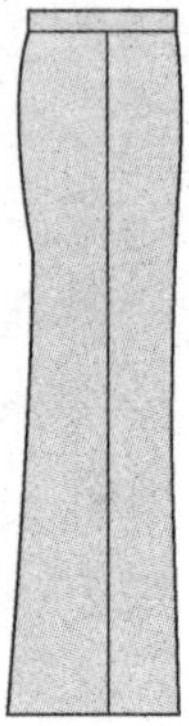	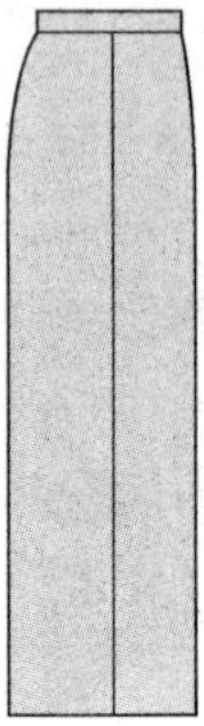
笔直外形的裤子	整体贴身包腿	臀部宽松，到裤口处自然变窄	立裆较深，裤片肥大，裤口细窄	膝部以上紧身，膝部以下到裤口处宽大	从臀部或大腿根部至裤口逐渐宽大	裤腿肥大

图 5－1－8　裤型名称

●前腰省的名称(碎褶、叠褶)(图 5－1－9)

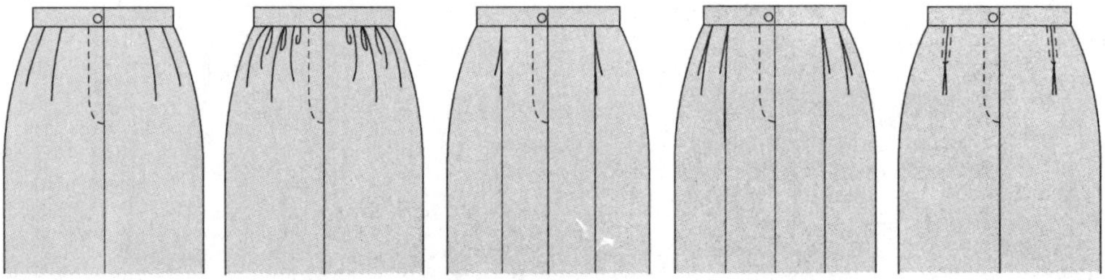

图 5－1－9　前腰省名称

●裤口的名称(图 5－1－10)

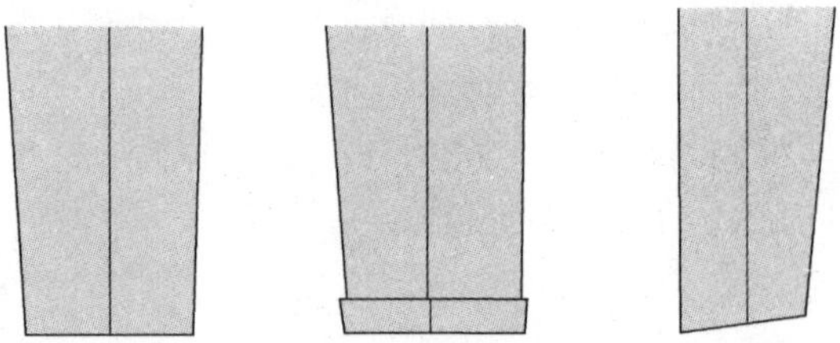

图 5－1－10　裤口名称

测量尺寸(图5－1－11、图5－1－12)

在裤子的制作中，为了穿着合身，需要如图5－1－11所示测量各部位的相关尺寸。

测量尺寸时需要穿着内衣、内裤等常规型号的衣服，并根据设计需要配以合适的鞋子，这是十分重要的。

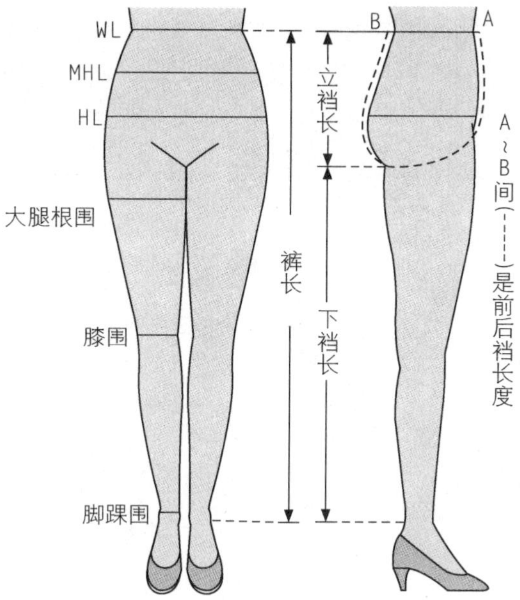

图5－1－11　测量部位

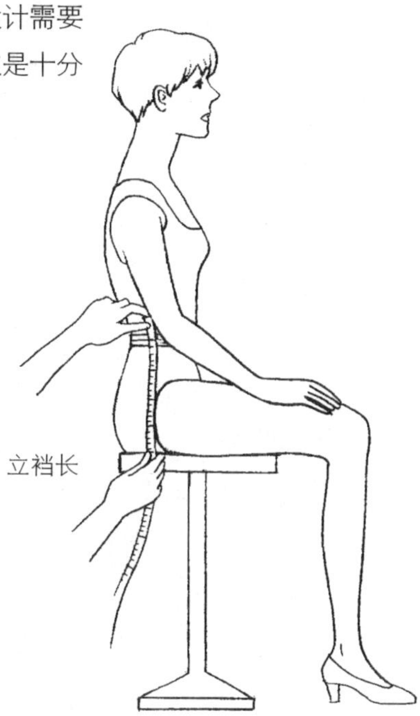

①立裆长：人坐在椅子上，从体侧由腰围线量至水平座面。

②裤长：从体侧沿体表由腰围线量至臀围线后垂直量到脚踝。

③测量臀围的尺寸，需要考虑到腹部与臀部的突出量。

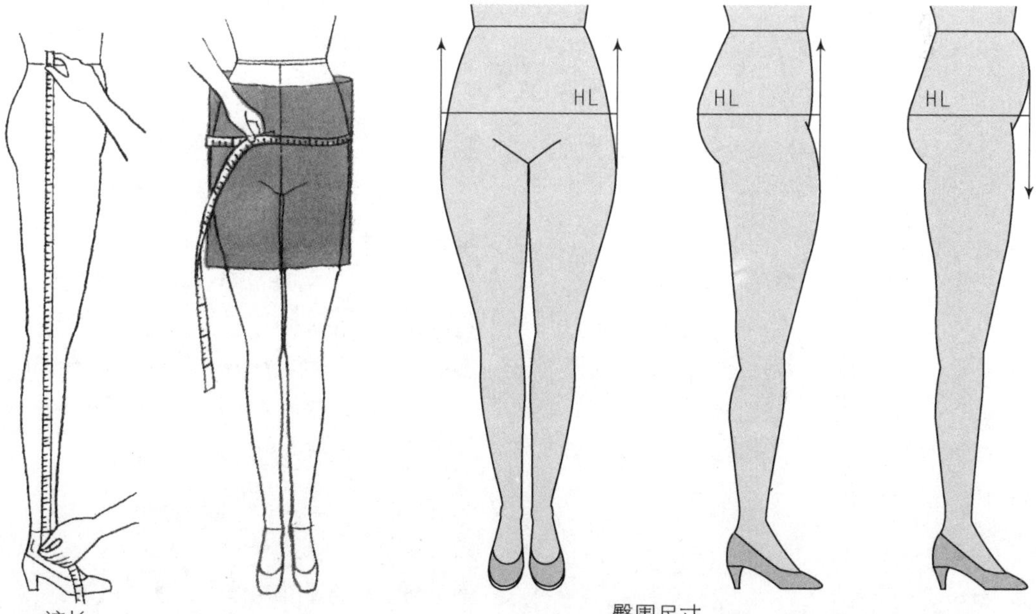

图5－1－12　测量方法

◇ 直筒裤(基本型) ◇

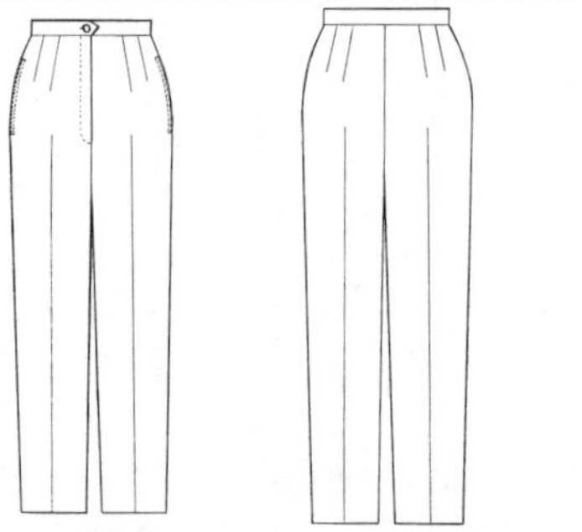

图 5－2－1　直筒裤(基本型)

式样

直筒裤作为裤子的基本型，具有垂直的外形轮廓，即从腰部到臀部随体型有适当的放量，裤腿到裤口为直筒型。裤子的材料以毛、棉、麻、化纤等质地结实的布料为好。

使用量

面　料:140cm 幅宽,105～110cm
　　　裤长＋10cm

里　料:90cm 幅宽,210cm
　　　(裤长＋10cm)×2

作图(图 5－2－2)

在裤前片画出腰围线、臀围线、横裆线、膝位线和裤长线等基础线。从前烫迹线到右侧实线的前裆宽尺寸是可变的，臀部厚的体型在现有纸样尺寸的基础上要多加些，扁平体时要少延伸一些,虚线是已经加过放松量后的中线。

后片的斜裆要有 10°左右的倾斜度，以增强活动性,这个斜度越大后片立裆越长,越容易穿着及做动作,但站直的时候裤型会不好看。纸样上的前后裆长度与实际尺寸的差，就是松量和活动量。通常纸样与体型不合适的时候,可以从横裆宽和后斜裆上端等部位进行尺寸加减调节。

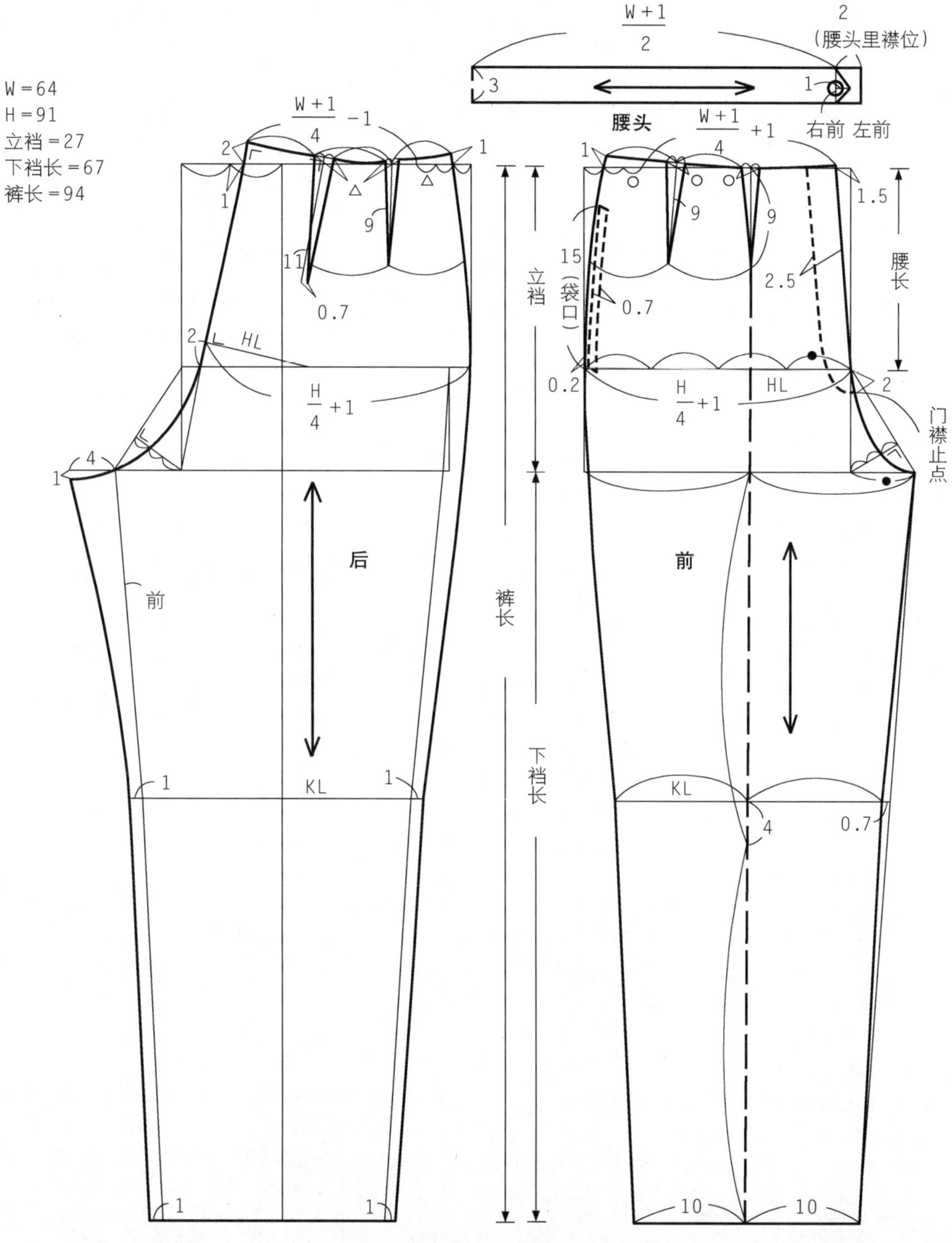
W=64
H=91
立裆=27
下裆长=67
裤长=94
W+1/4 -1
W+1/2
2
(腰头里襟位)
3
1
右前 左前
腰头
W+1/4 +1
HL
H/4 +1
后
前
立裆
裤长
下裆长
KL
15
(袋口)
0.7
0.2
2.5
1.5
腰长
门襟止点
0.7
10
10
11
9
4

图5-2-2 作图

纸样修正（图 5－2－3）

修正纸样时将前后片的下裆线拼合对齐，看前后裆弯的连接是否自然流畅。

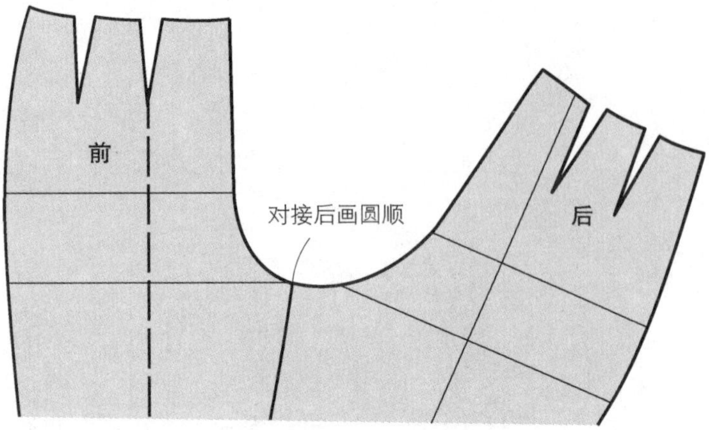

图 5－2－3　纸样的制作

裁剪要点（图 5－2－4、图 5－2－5）

●裁剪

先利用布边裁剪腰头，余下的面料对折后，将纸样的烫迹线与直纱保持一致。前后片倒顺裁可节省布料，但有倒顺毛或反光的布料则要保持裁片的方向一致。

缝份的放法如图所示，后中心及侧缝位置要多留些缝份。前中的缝份根据门襟的做法不同，有时会沿前中直接裁出门襟布。裁片打线钉做记号，中线位置用手针缝做标记。

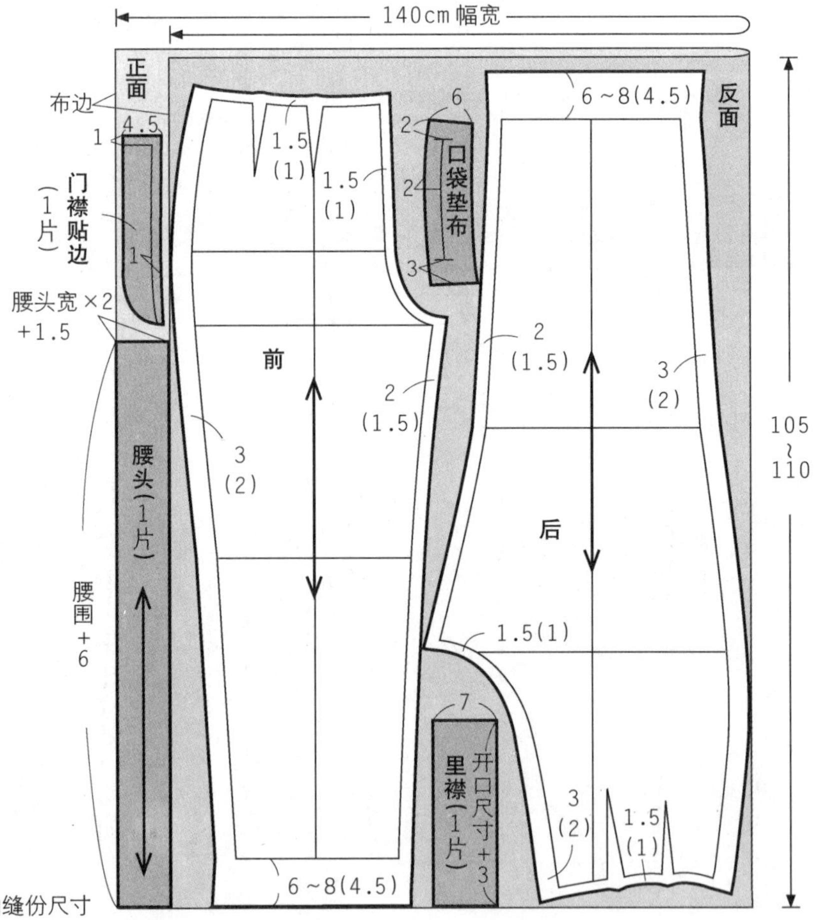

修正后裁剪

（ ）内为正式缝制时的缝份尺寸

图 5－2－4　裁剪图

●对格

在需要对格的情况下，根据格子的大小，一般要多预留出 10% ~20% 的布料。

竖条面料需将前后片烫迹线对齐，根据图形大小，将条纹的中心对准。

横条要将裤口线对齐，裤口的颜色淡则有轻快感，颜色重则有安定感。前后左右的条纹都需对准。

在考虑到条纹粗细、深浅的基础上决定裤腰外表面的中心。而通常在利用布边做腰和图形对准这两者之间，优先考虑对格因素。

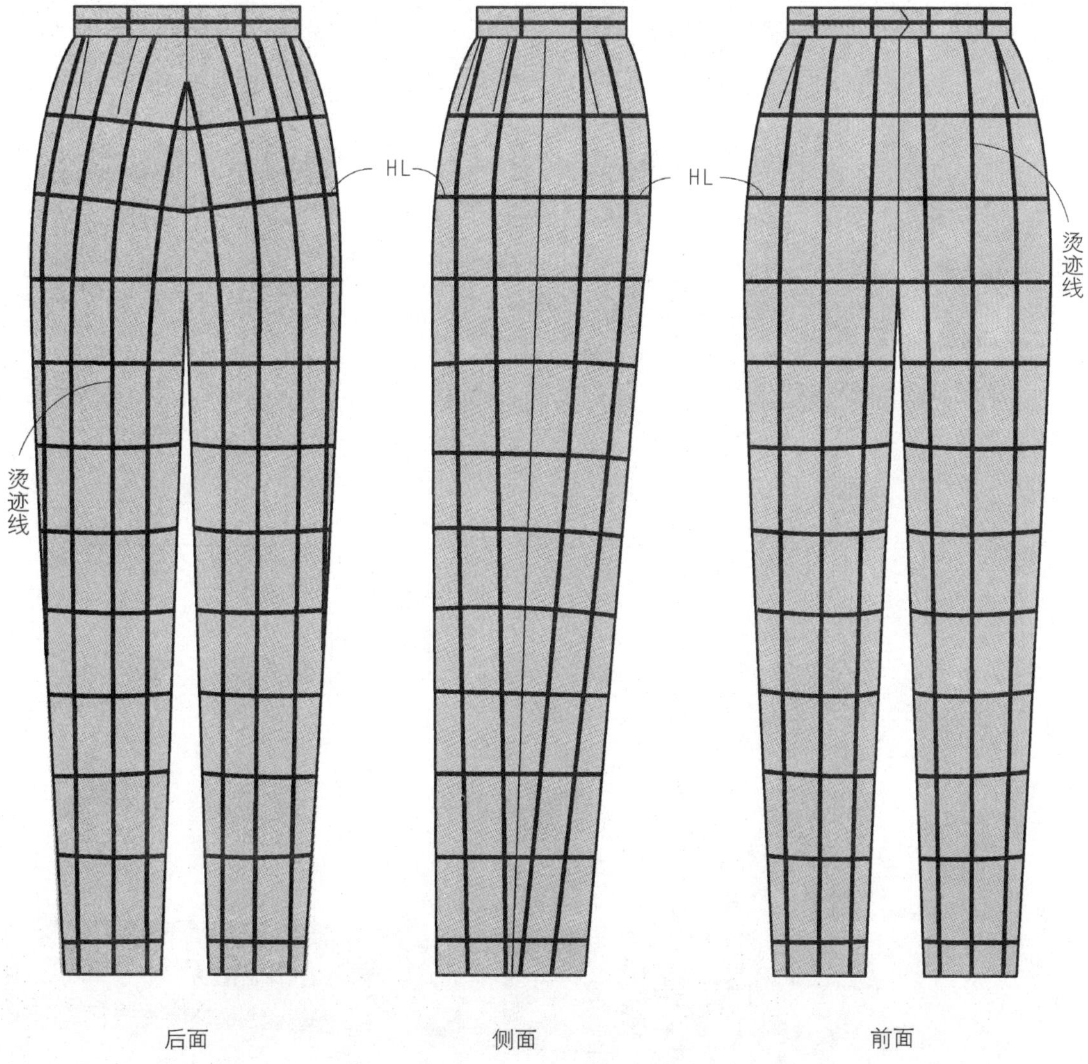

图 5-2-5　对格子

归拔(图 5－2－6、图 5－2－7)

为了让布料有立体感，要用熨斗进行归拔。归拔过程中注意不要损坏布料，可以将左右两片正面对合，在图中所示部位用蒸汽熨斗进行归拔。最后将裤片分别垫上垫布，在正面熨烫标好的烫迹线。

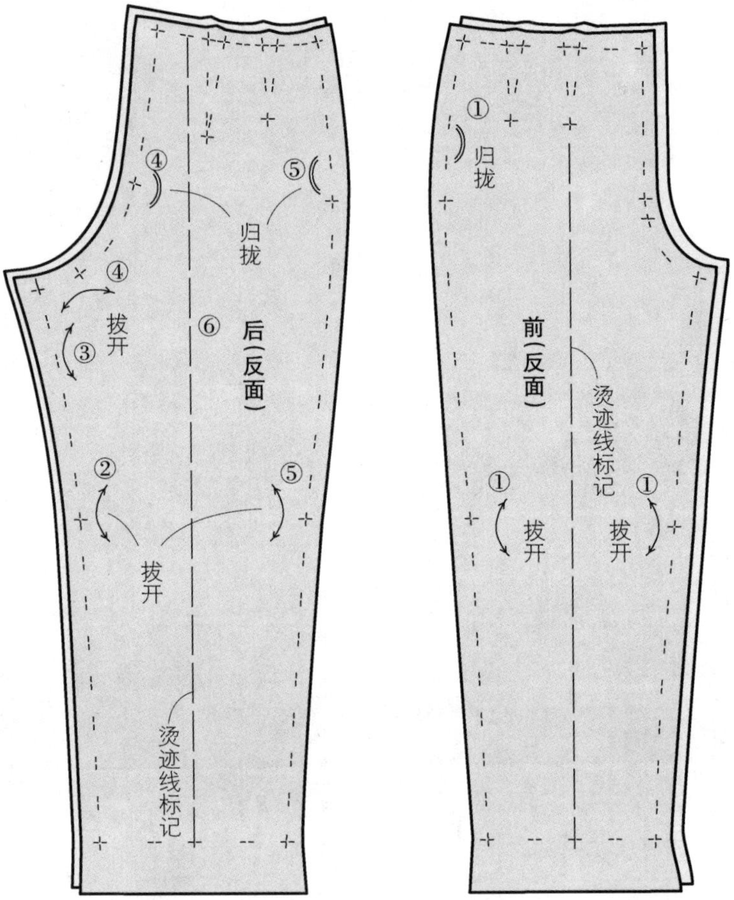

图 5－2－6　归拔的位置

①前片下裆缝与侧缝在膝盖位置拔开，侧缝臀围处要归拔。

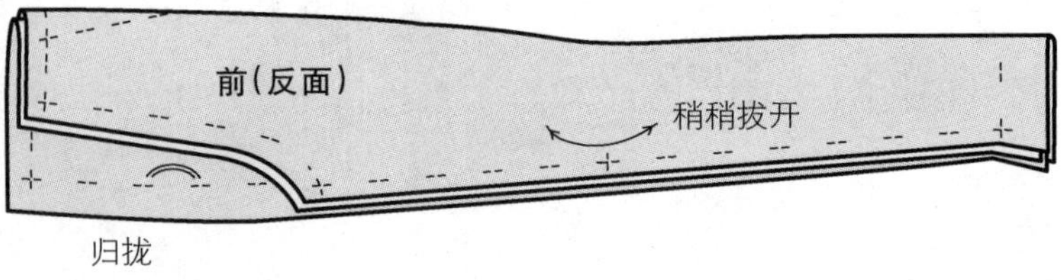

图 5－2－7(a)　归拔

②后片下裆缝在膝盖位置拔开。

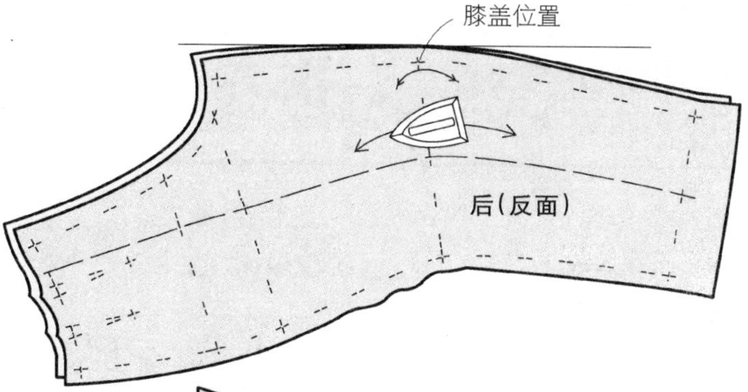

③下裆缝拔成直线状态。

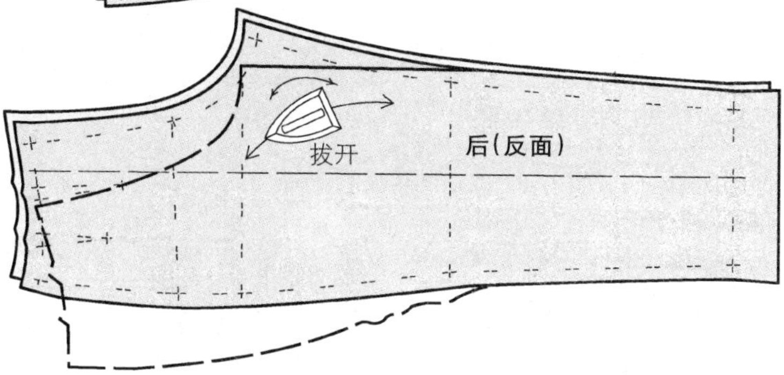

④后裤片大裆弯处拔开，斜裆处归拢。

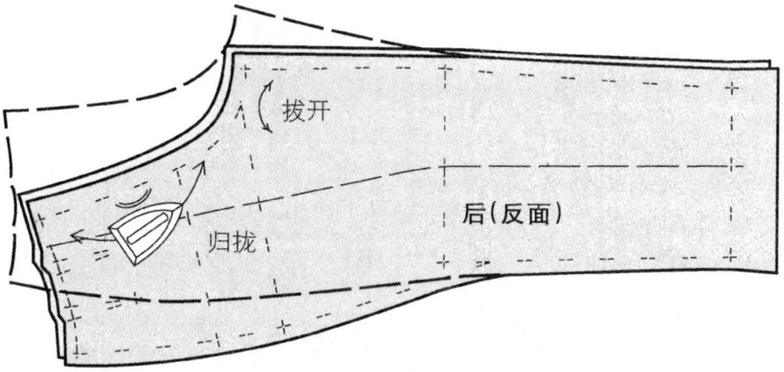

⑤侧缝在膝盖处拔开，臀围处归拢。

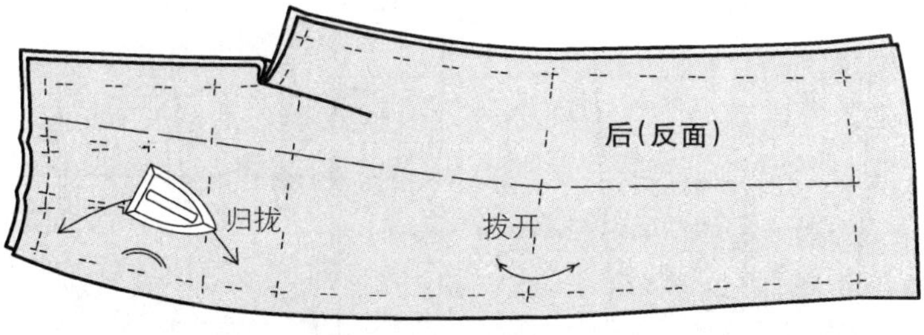

⑥将侧缝线与下裆缝线对合，使烫迹线与人体的形态相吻合。

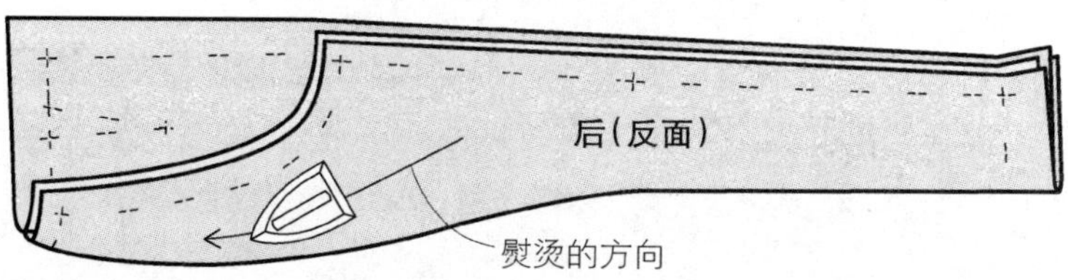

图 5－2－7(b)　归拢

假缝(图 5－2－8)

●假缝的顺序与要点

①首先绷缝省道、侧缝和下裆缝，全部缝份倒缝固定，腰省倒向前后中心线方向，侧缝与下裆缝的缝份倒向前片方向，全部在正面绷明线。内侧下裆缝的绷缝由于是在圆筒状态下进行的不好操作，垫上尺子会方便些。

②将两条裤腿正面对合，用双线从内侧合裆，从前拉链开口止点缝至后腰。缝份倒向右侧后绷明线，缝至后斜裆没有抗力处停止。

裤口沿净缝线扣折后绷好。

③前开口右片按净缝线扣折绷缝，左片用绷缝线做出净缝线记号。腰衬与裤腰固定后，钉挂钩。

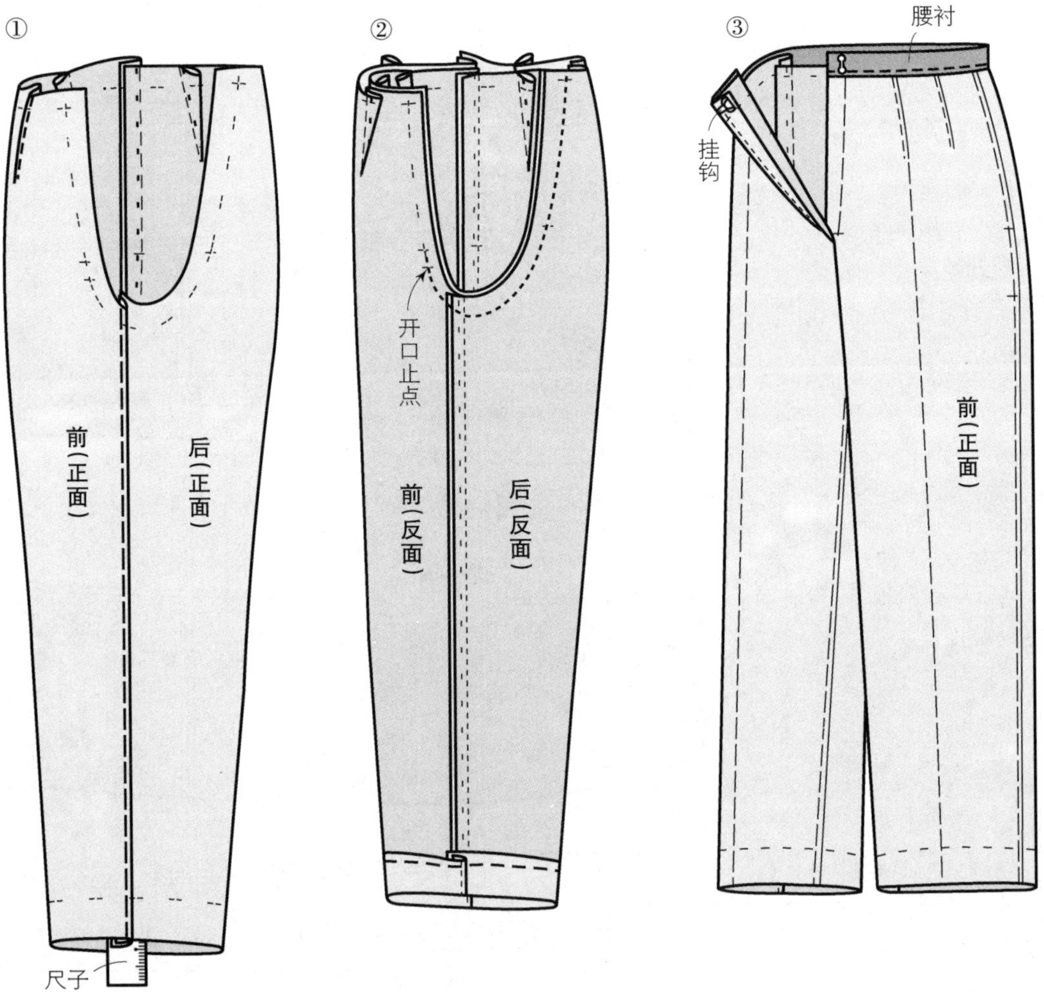

图 5－2－8　假缝

试穿补正（图 5－2－9～图 5－2－13）

穿上裤子后保持自然站姿在镜子前试装，观察臀围线是否水平、前后烫迹线及侧缝是否垂直等。然后确认各部位的放量，分别在走、坐、蹲等状态下进行适体确认。由于体型原因需要修正时，请参考以下做法。

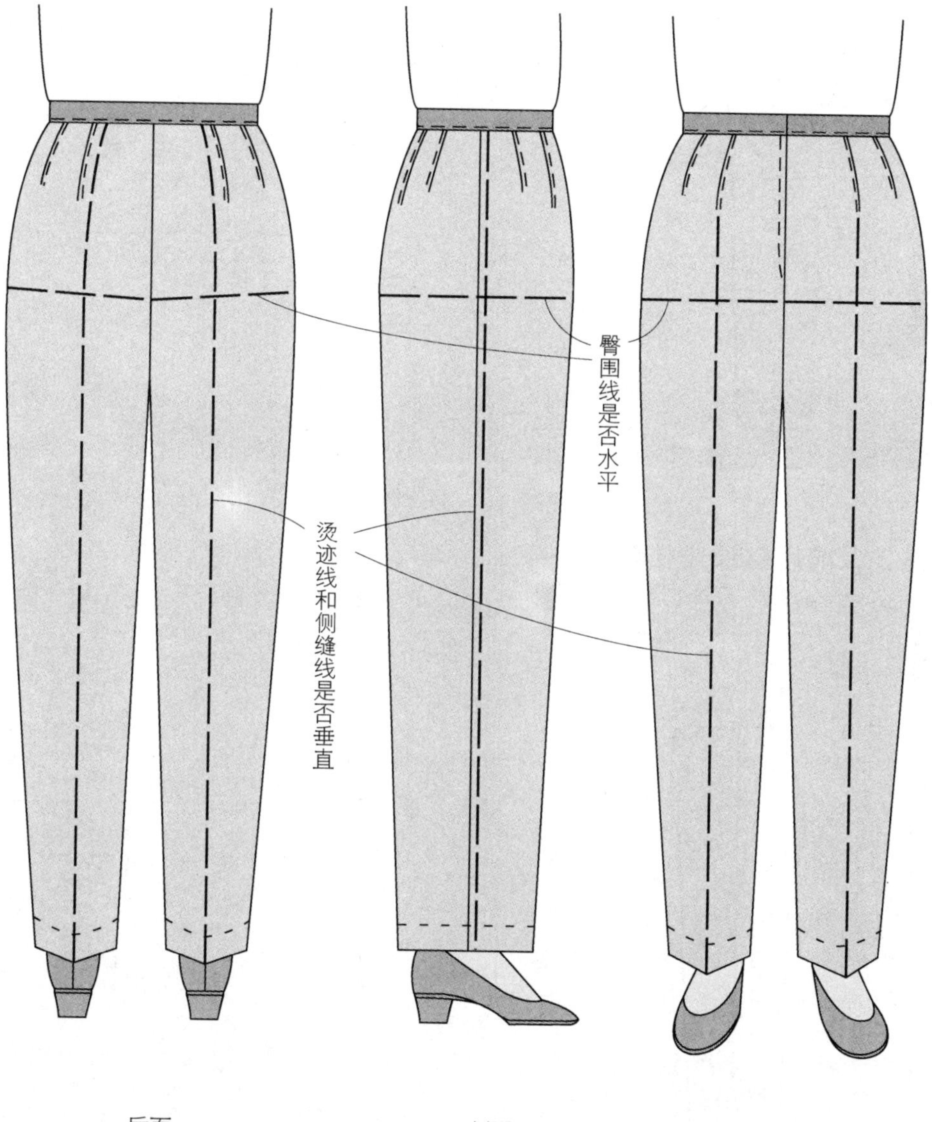

图 5－2－9　试穿补正

●补正例 1　侧缝向前歪斜

原因　大腿较粗体型。

补正　在侧缝处追加肥度的不足量，大腿内侧也较粗的话，在下裆缝处同样追加。将侧缝处追加的量转移至腰省中(图 5－2－10)。

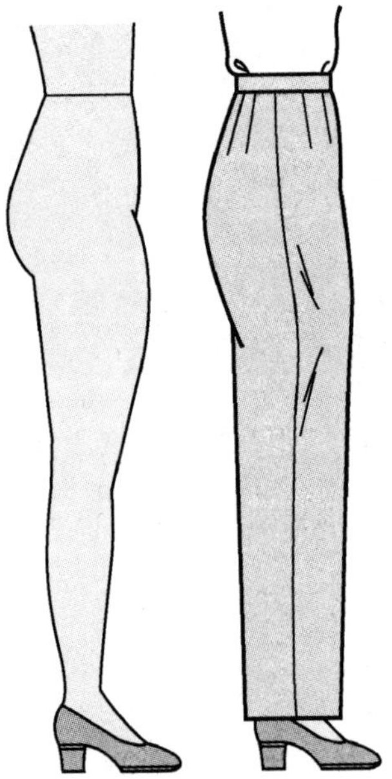

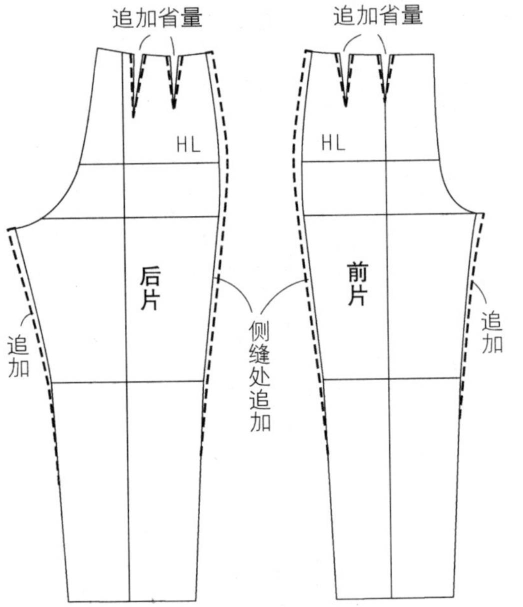

图 5－2－10　补正例 1

●补正例 2　前后裆部兜裆起褶

原因　体型较厚。

补正　由于厚度放量不足，在前后下裆线及横裆处追加放量(图 5－2－11)。

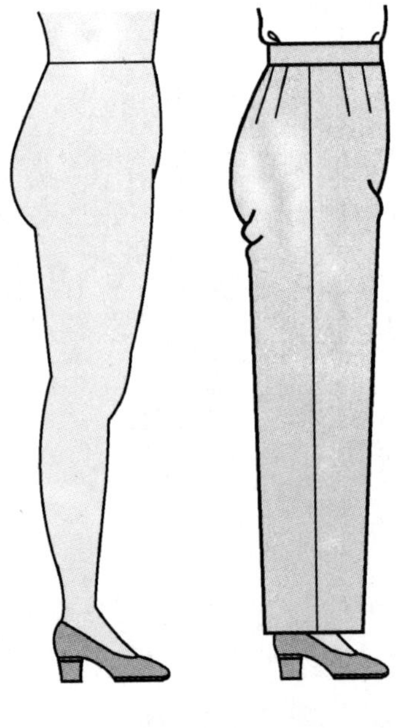

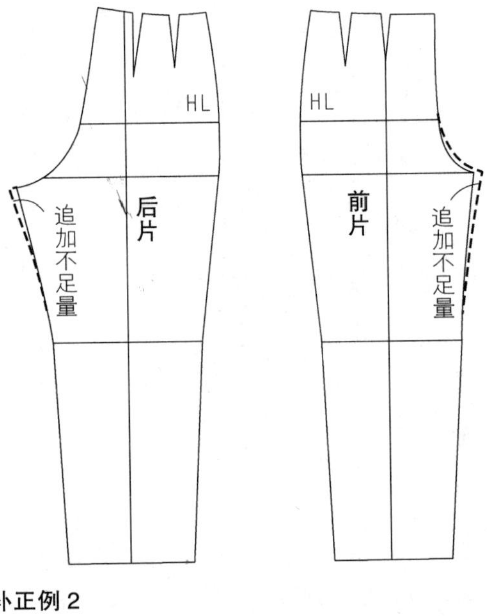

图 5－2－11　补正例 2

●补正例 3　后下裆起褶

原因　臀部翘度较大的体型。

补正　减小后片的大裆弯势，增加后斜裆的倾斜度，侧缝、腰省的位置随后中线的移动而移动（图 5－2－12）。

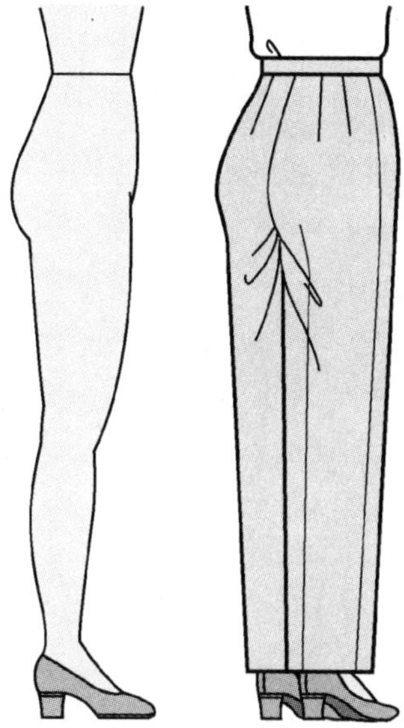

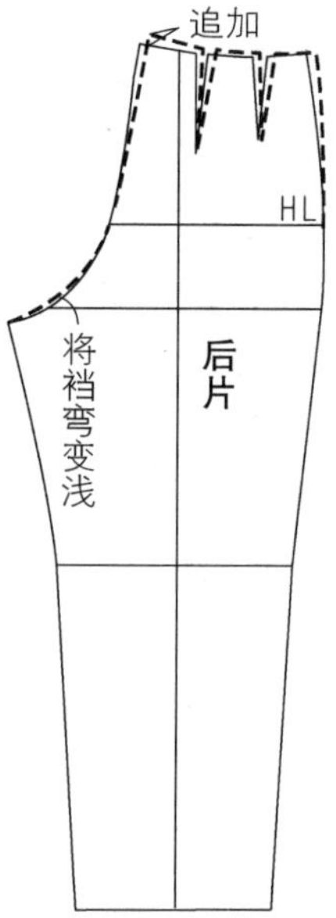

图 5－2－12　补正例 3

●补正例 4　下裆松弛起褶

原因　臀部扁平。

补正　减小后斜裆的倾斜度，并减短立裆，后中线移动后，侧缝、腰省都随之移动（图 5－2－13）。

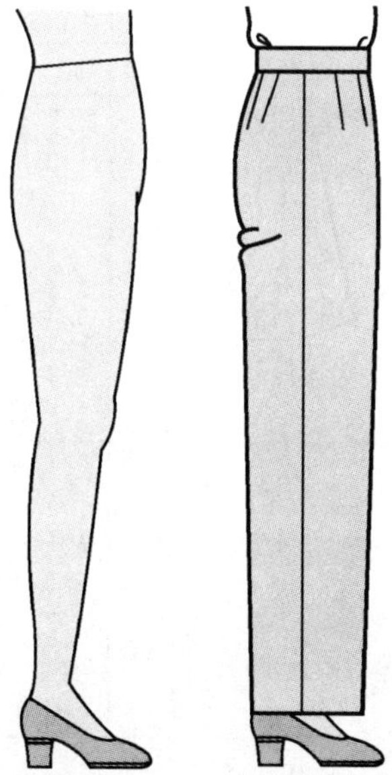

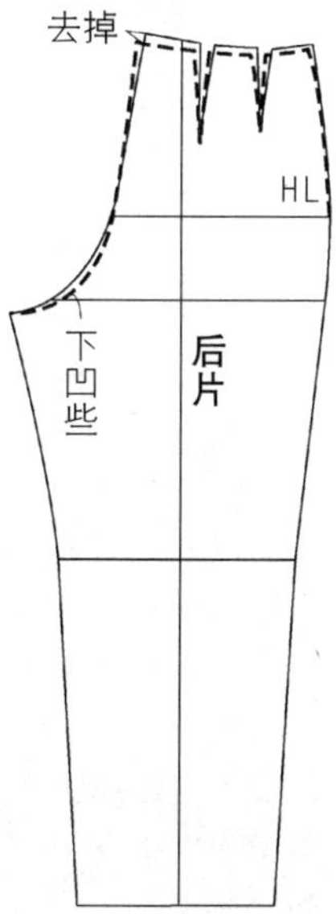

图 5－2－13　补正例 4

缝制要点(图 5－2－14～图 5－2－18)

●侧缝口袋的制作方法

①制作袋布和袋垫布纸样并裁剪，袋布使用棉缎里料。

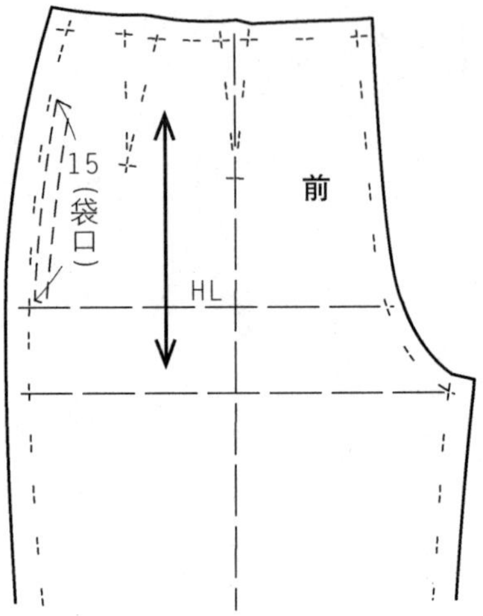

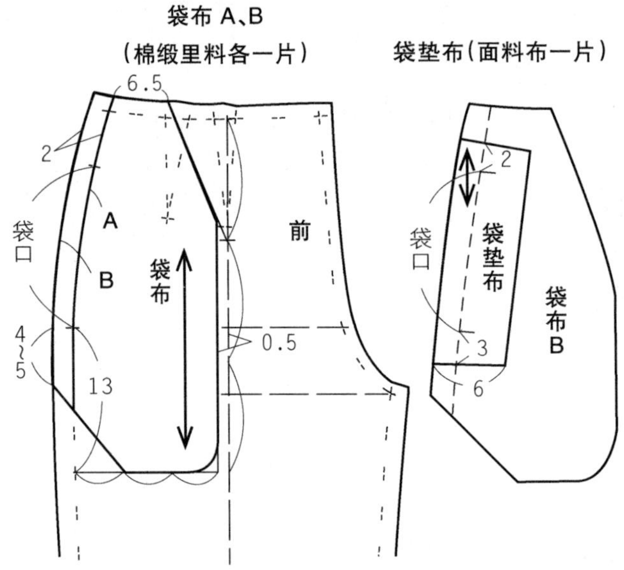

图 5－2－14(a)　侧缝口袋的制作

直筒裤缝制顺序表

准备工作	门襟贴边、里襟烫衬			
	裤面	参照图	裤里	参照图
裤子制作	(1) 缉缝前后片省道		(8) 缉缝前后片省道	图 5－2－18－1
	(2) 缝合侧缝，制作口袋	图 5－2－14	(9) 缝合侧缝和下裆缝	
	(3) 缝合下裆缝			
	(4) 用熨斗烫出前后烫迹线			
	(5) 缝合前后裆(两道线)	图 5－2－15	(10) 缝合前后裆	
	(6) 处理裤口(暗缲缝)	图 5－2－15	(11) 处理裤口	
	(7) 处理前开口	图 5－2－17		
裤面与裤里的配合	(12) 将裤子面和裤子里对合，在侧缝处绷缝固定			图 5－2－18－2
	(13) 裤里前开口(拉链处)打剪口后对合固定			
	(14) 裤腰里和裤子面对合，绷缝固定			
	(15) 绱腰			
	(16) 裤口拉线袢固定			
	(17) 腰上锁扣眼			
整理、完成	(18) 熨烫成品			
	(19) 钉挂钩			

②前裤片沿袋口烫贴牵条。

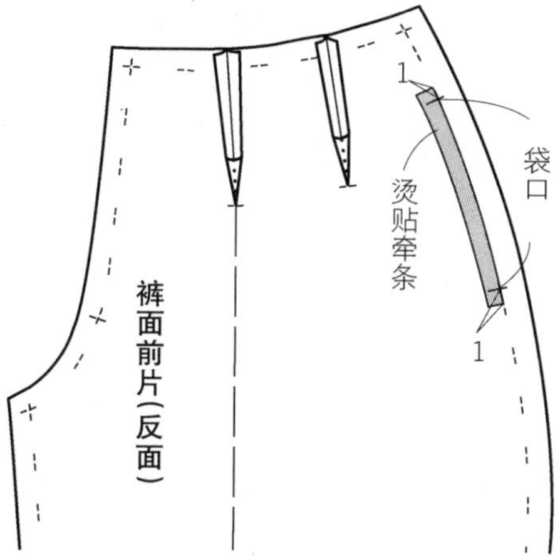

③包缝袋垫布的布边,将其固定在袋布 B 上。

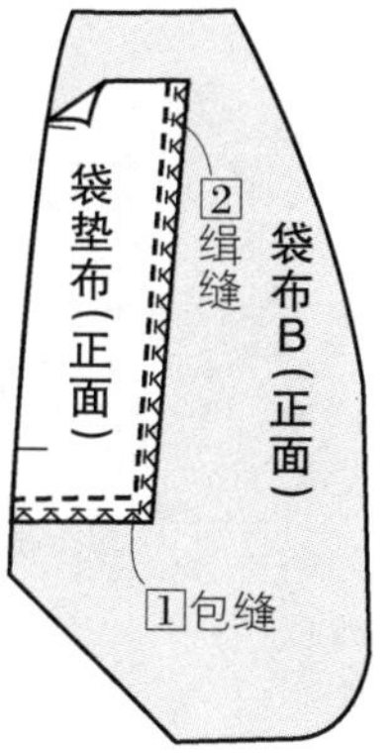

④将袋布 A 与前片侧缝缝合。

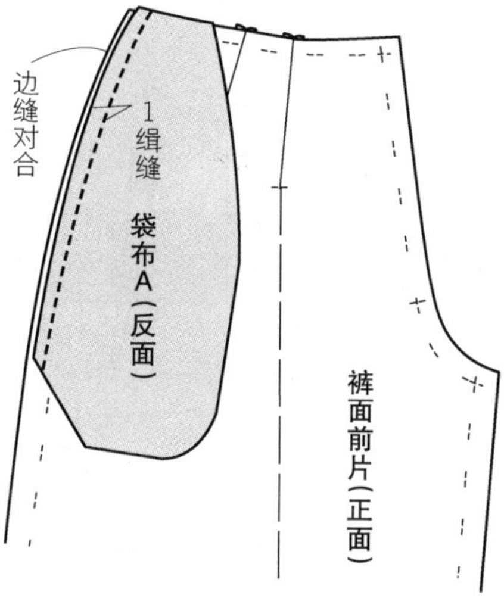

⑤将袋布 A 折向缝头一侧,烫平。

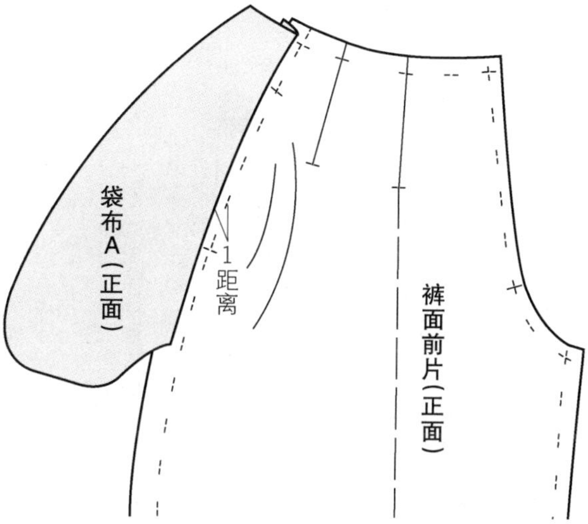

⑥除袋口外,缝合前后片侧缝。

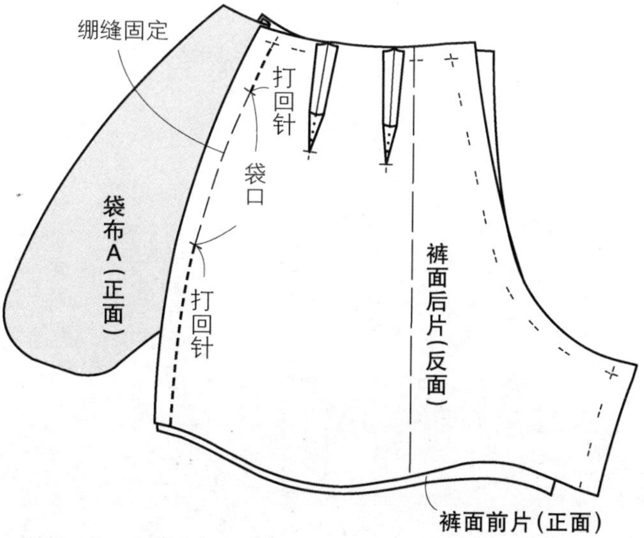

图 5-2-14(b)

⑦在正面前袋口处缉缝两条明线。

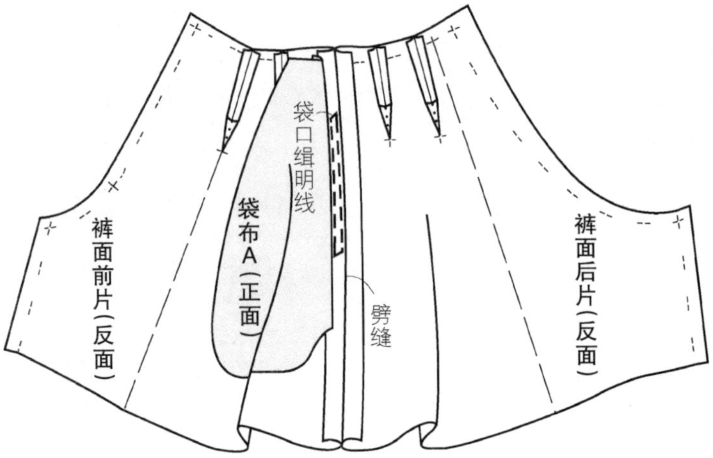

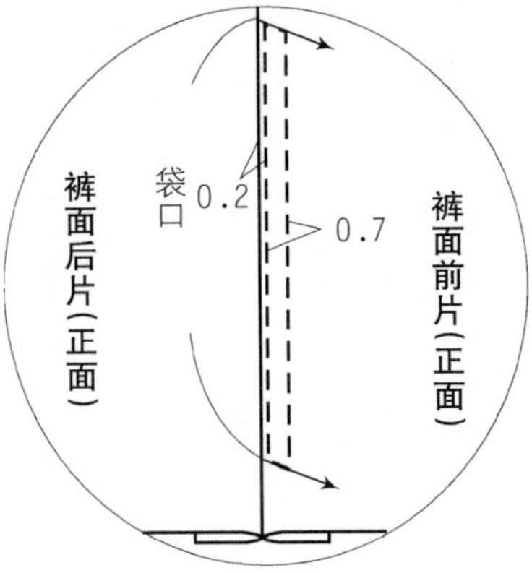

⑧将袋布 B 绷缝固定。

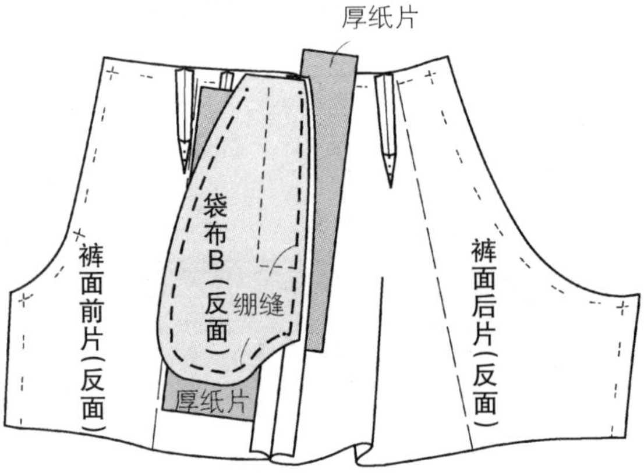

⑨袋布 B 与后片侧缝缝合,并拆除袋口处绷缝线。

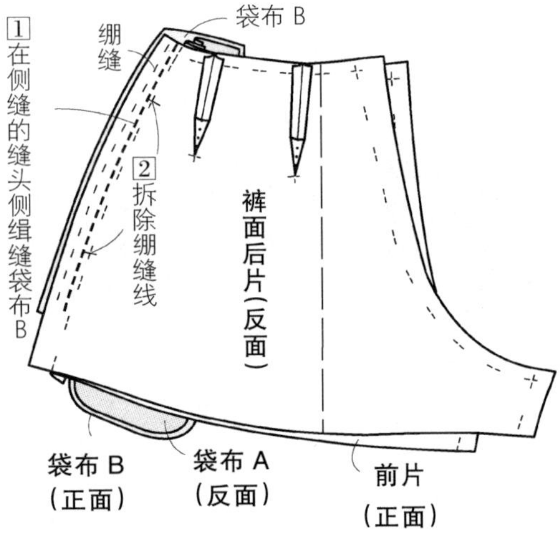

⑩在袋布的周围缉缝双线。

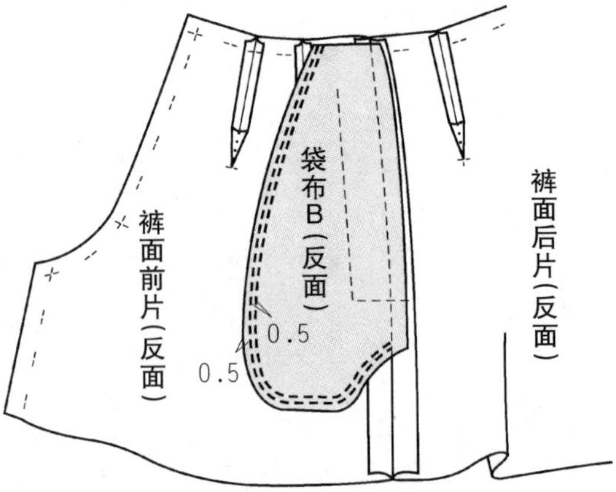

⑪ 袋口两端缉死。

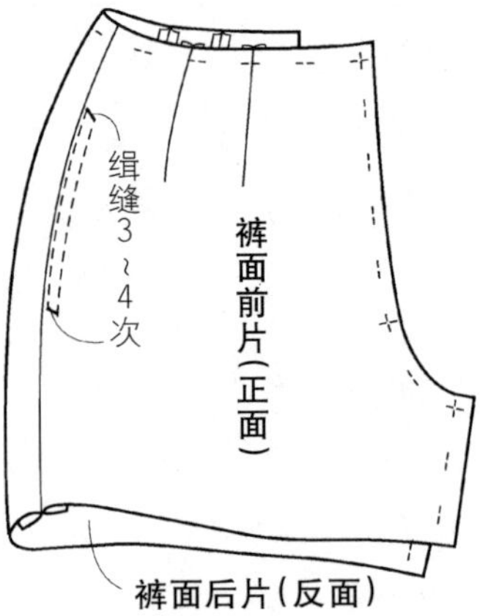

图 5－2－14(c) 侧缝口袋的制作

●裆部和裤口的处理

从后裆到前片拉链开口处，将较劲的部分拔好后，用双线缉缝结实。

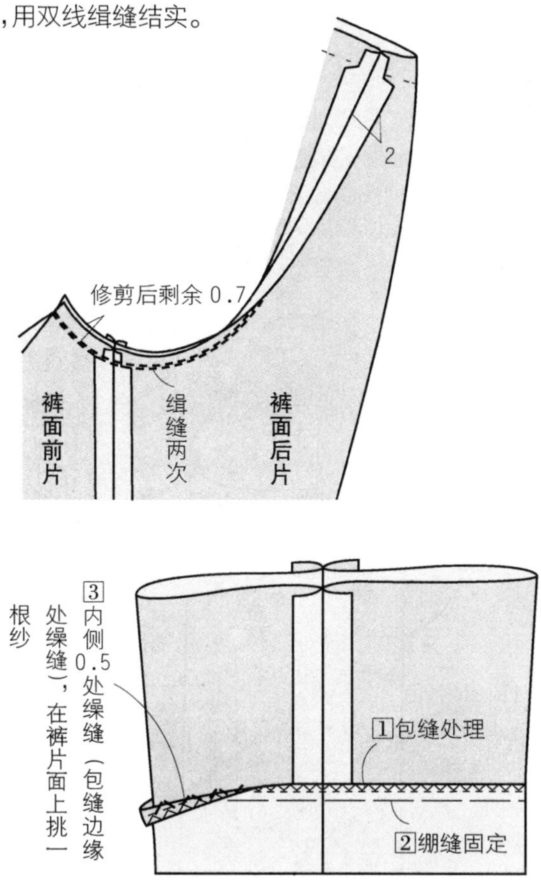

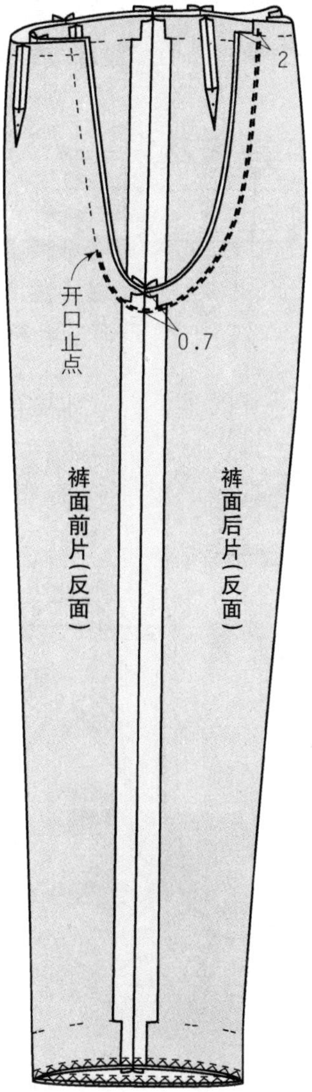

图 5－2－15　裆部与裤口的处理

●前开口拉链的制作

①如图所示留出缝份。

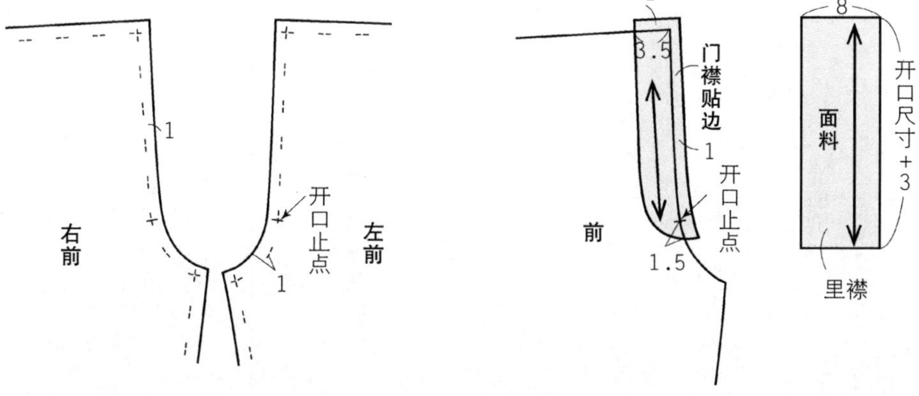

图 5－2－16(a)　前开口拉链的制作

②门襟贴边留出缝份后烫粘贴粘合衬。里襟对折，缉缝边缘和下端。将拉链如图所示绷缝固定。

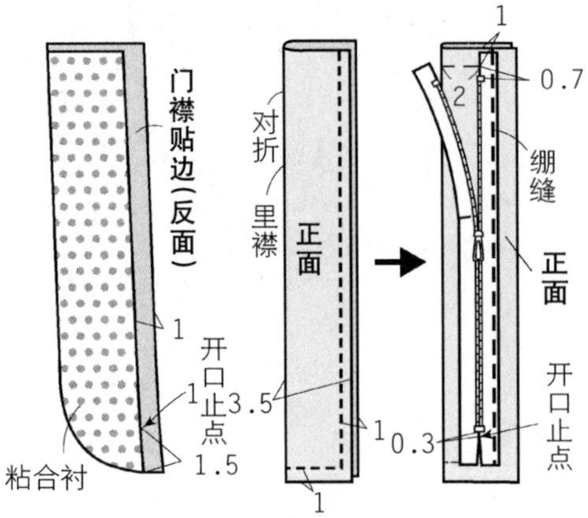

③将裤面右前片与门襟贴边正面相对，在反面从净缝线向缝份方向移 0.2cm 缉缝，缝至拉链开口处止。

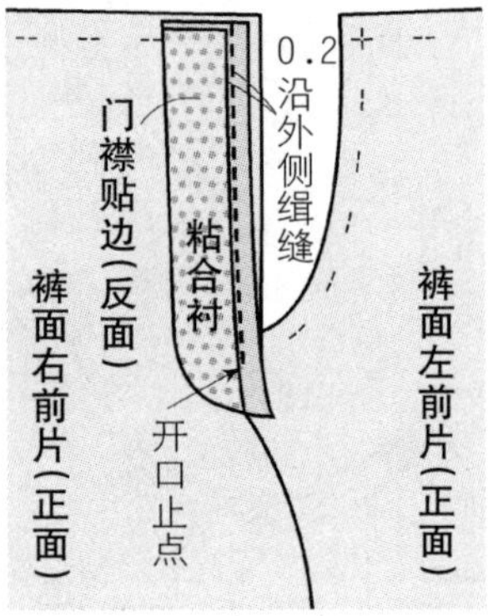

④门襟贴边折向裤内侧。

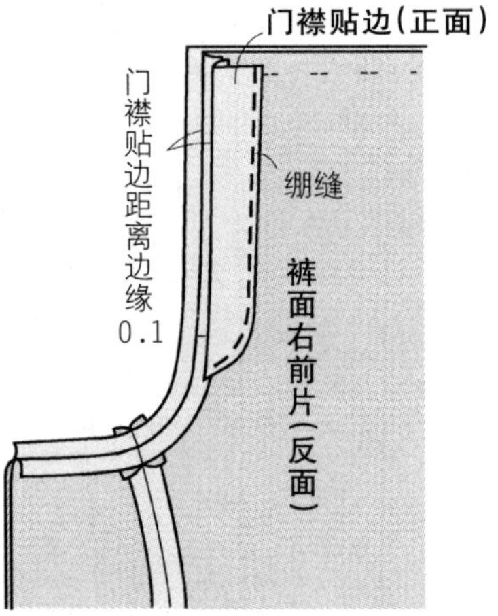

⑤在左前片从净缝线向缝份方向移 0.3cm，作为前开口重叠量，并与已固定拉链的里襟一起缉缝。

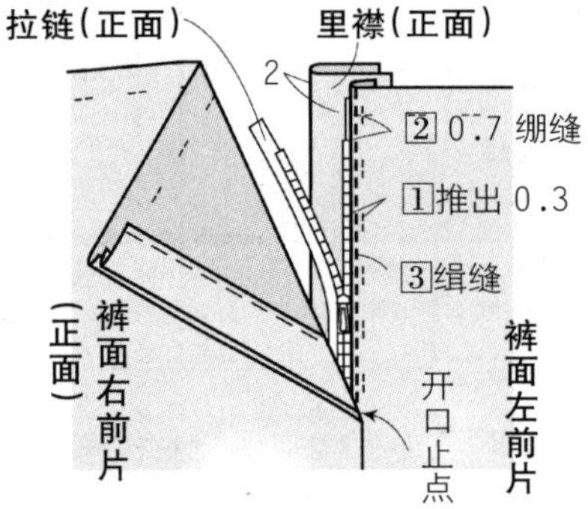

⑥将拉链拉上，调好位置后将门襟贴边与拉链缝合。

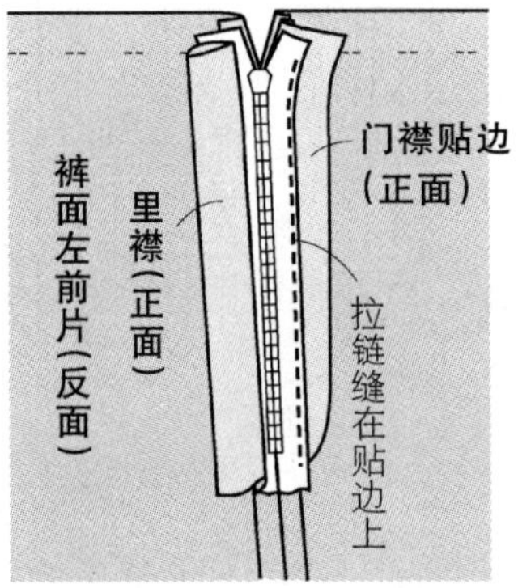

⑦从上端至开口止点以下 0.5cm 处缉明线，在开口止点处打回针。

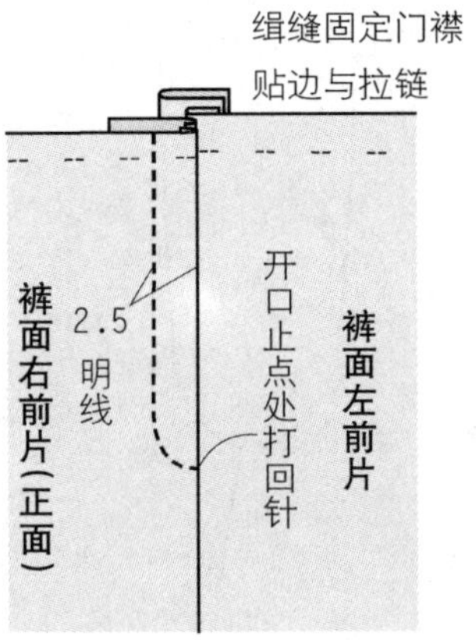

图 5－2－16(b)　前开口拉链的处理

●裤里的剪裁

如图所示画净缝印，放毛缝，裁剪。

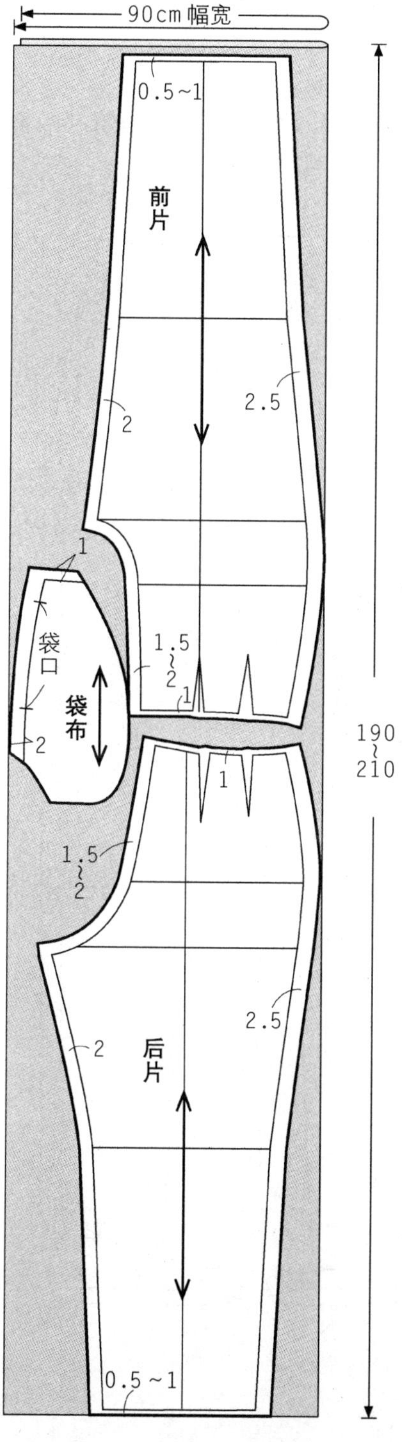

图5-2-17　裁剪图

●裤里的缝制方法

①缝合省道、侧缝及下裆缝。

②缝合裆缝至拉链止点，裤口卷边后绢线固定。

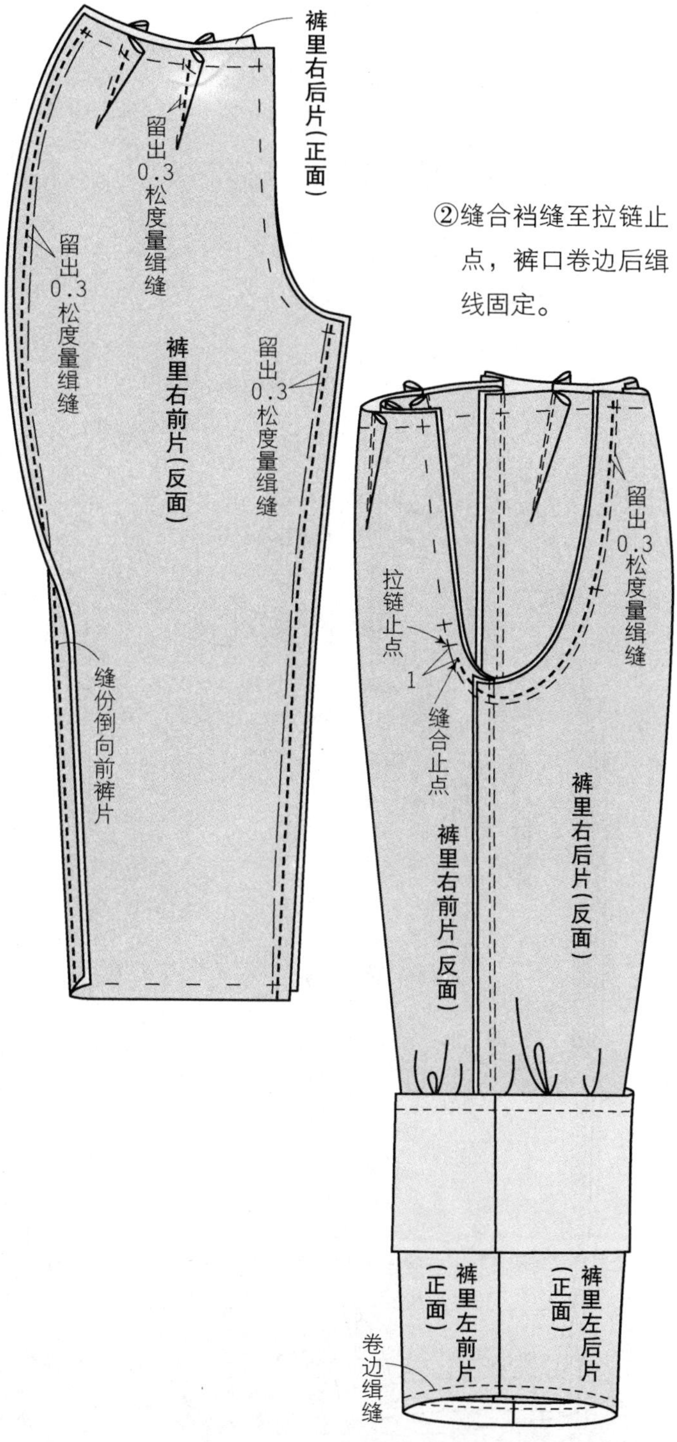

图5-2-18(a)

③裤里前开口处打剪口，扣折缝份。

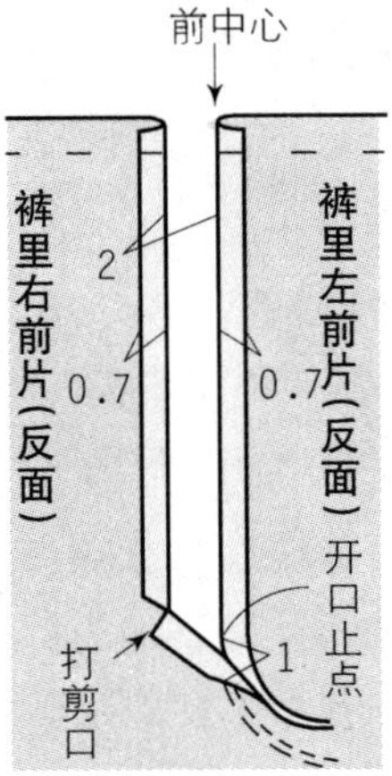

④面里对合后，在侧缝和下裆缝处绷缝固定。

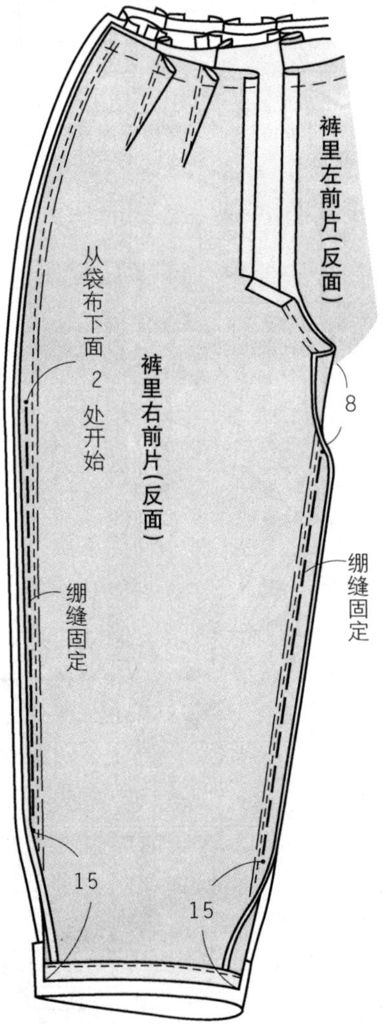

⑤将裤面、裤里的腰线对合，固定拉链开口处的里料，绱腰，钉裤口线袢。

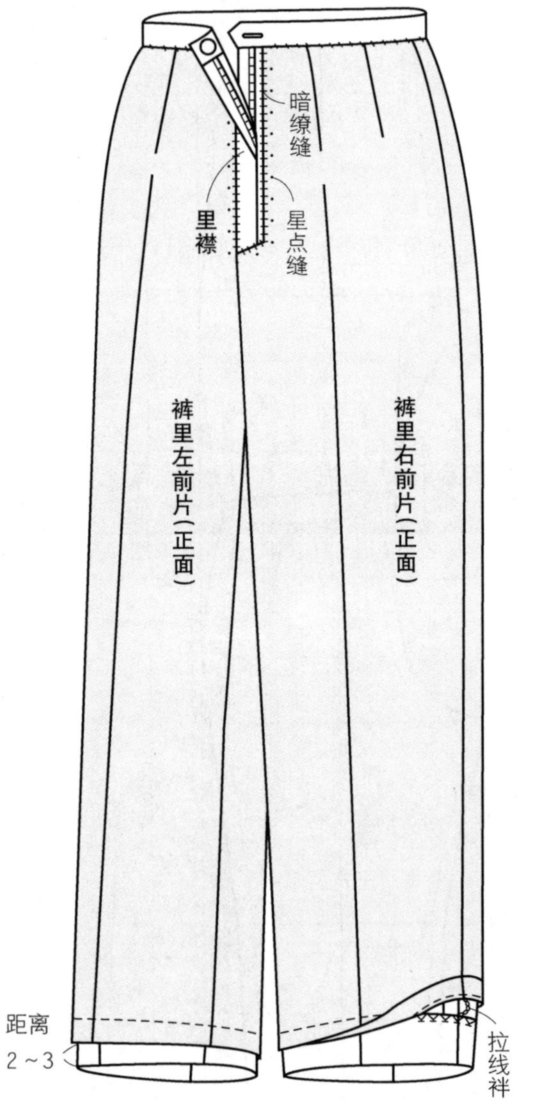

图 5－2－18(b) 裤里的缝制

喇叭裤

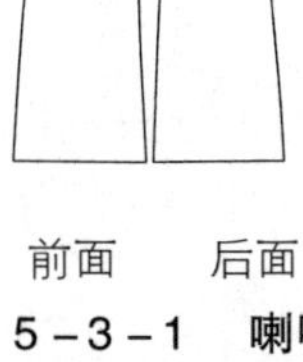

前面　　后面

图 5－3－1　喇叭裤

款式

这是裤腰降至胯骨处的低腰裤，裤型从膝盖至裤口处呈喇叭状。因裤口宽，裤长与所穿鞋的搭配很重要。

使用量

面　料：140cm 幅宽，120cm

裤长＋10cm

90cm 幅宽，240cm

（裤长＋10cm）×2

作图（图 5－3－2）

臀围、裤裆部位与基本型的制图一样，从腰节向下剪下 6cm 形成低腰。低腰裤的中裆比基本裤型高，图中的处理是取横裆到膝位线的 1/3。前片裤口做上凹曲线，后片做下凸曲线。

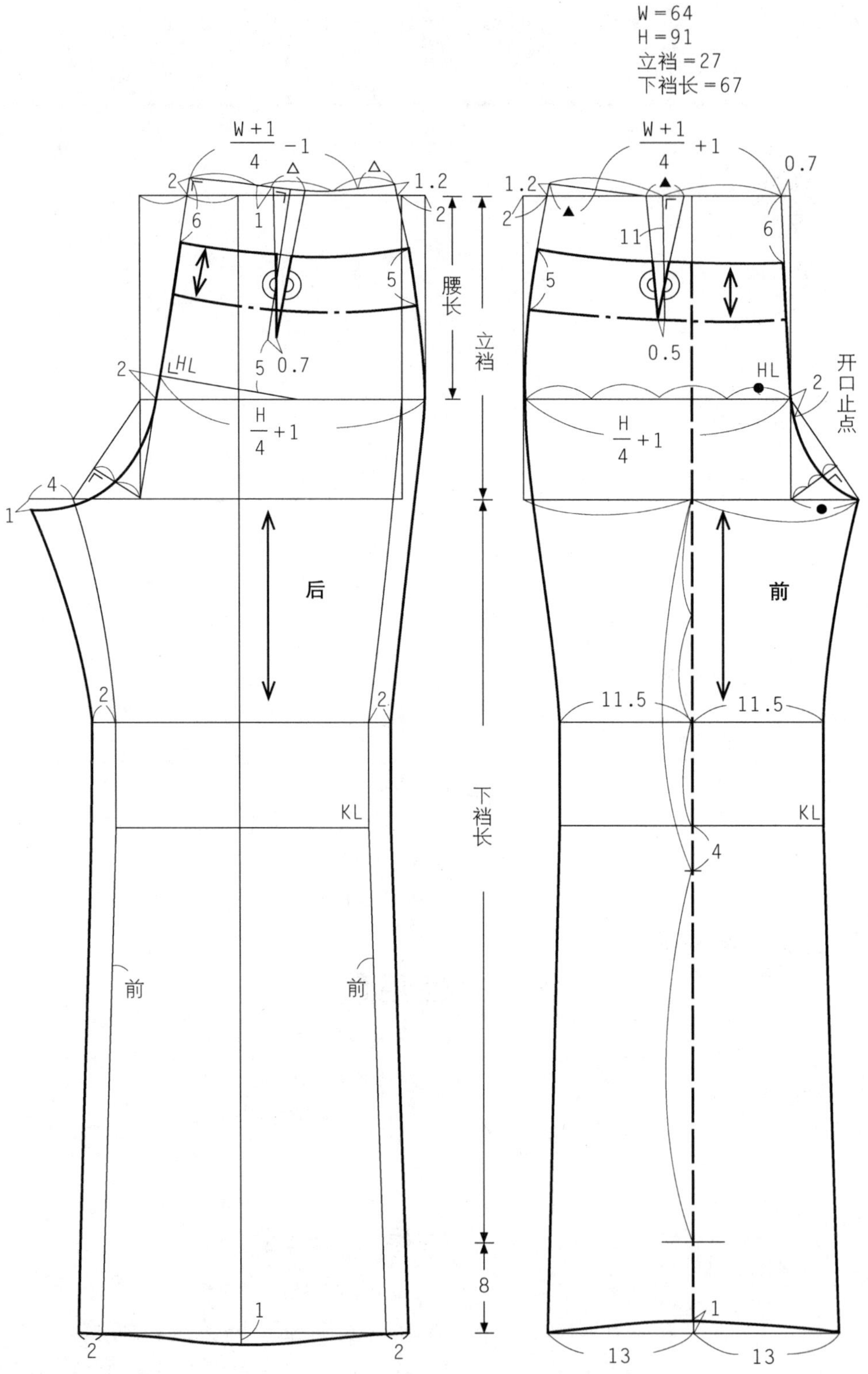
W＝64
H＝91
立裆＝27
下裆长＝67
W＋1
4
－1
＋1
1.2
2
0.7
6
1
11
5
0.5
腰长
立裆
HL
H
4
＋1
开口止点
后
前
11.5
KL
下裆长
8
13

图 5－3－2　作图

修正纸样(图 5－3－3)

做腰里贴边时,将省道合并,并做曲线修正。

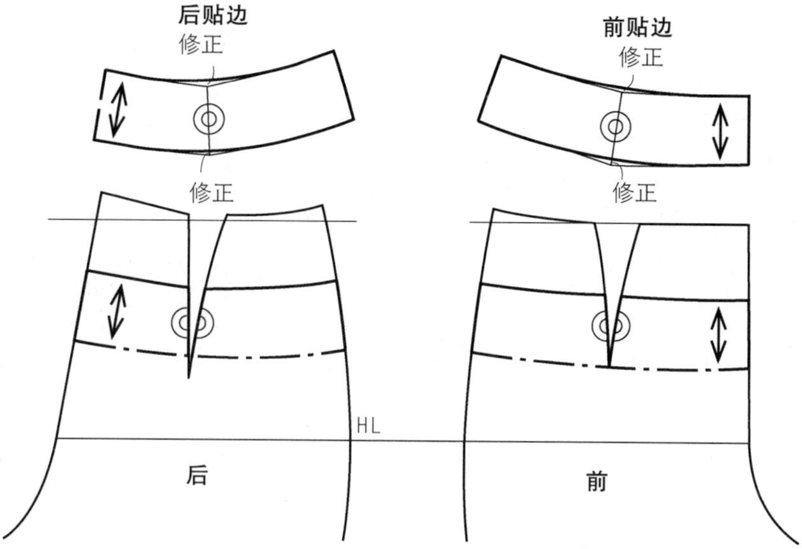

图 5－3－3　纸样的修正

缝制要点(图 5－3－4)

●低腰腰里贴边的制作

①裁出腰里贴边,烫贴粘合衬。

②沿侧缝缝合前后腰里，将缝份劈缝烫平。

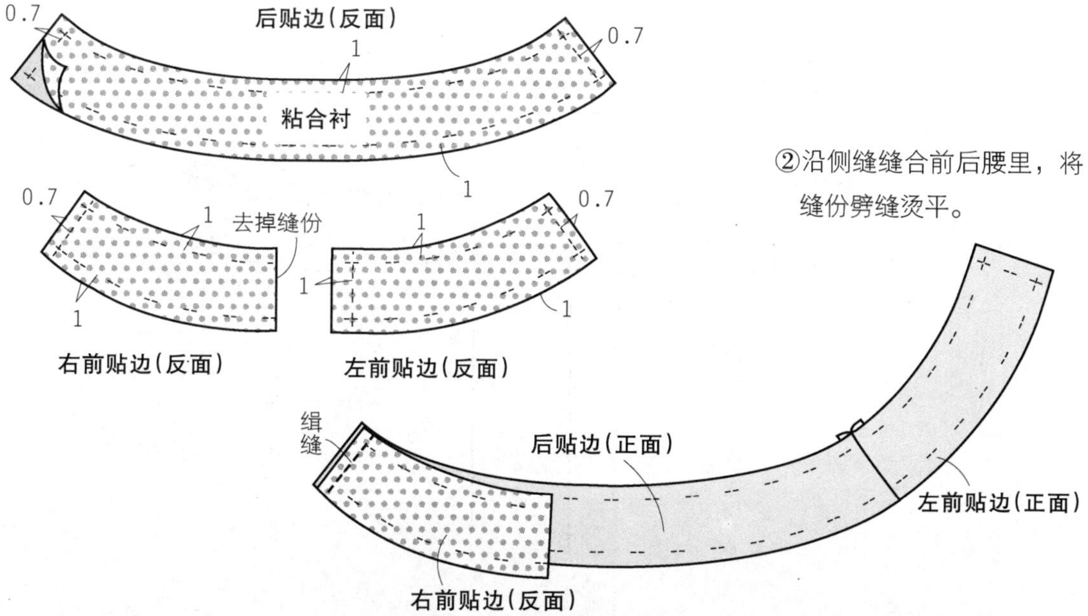

图 5－3－4(a)　低腰腰里贴边的处理

③将腰里贴边与裤子的腰口正面相对，为了防止腰口抻长，将直丝牵条与腰头一起缉缝。

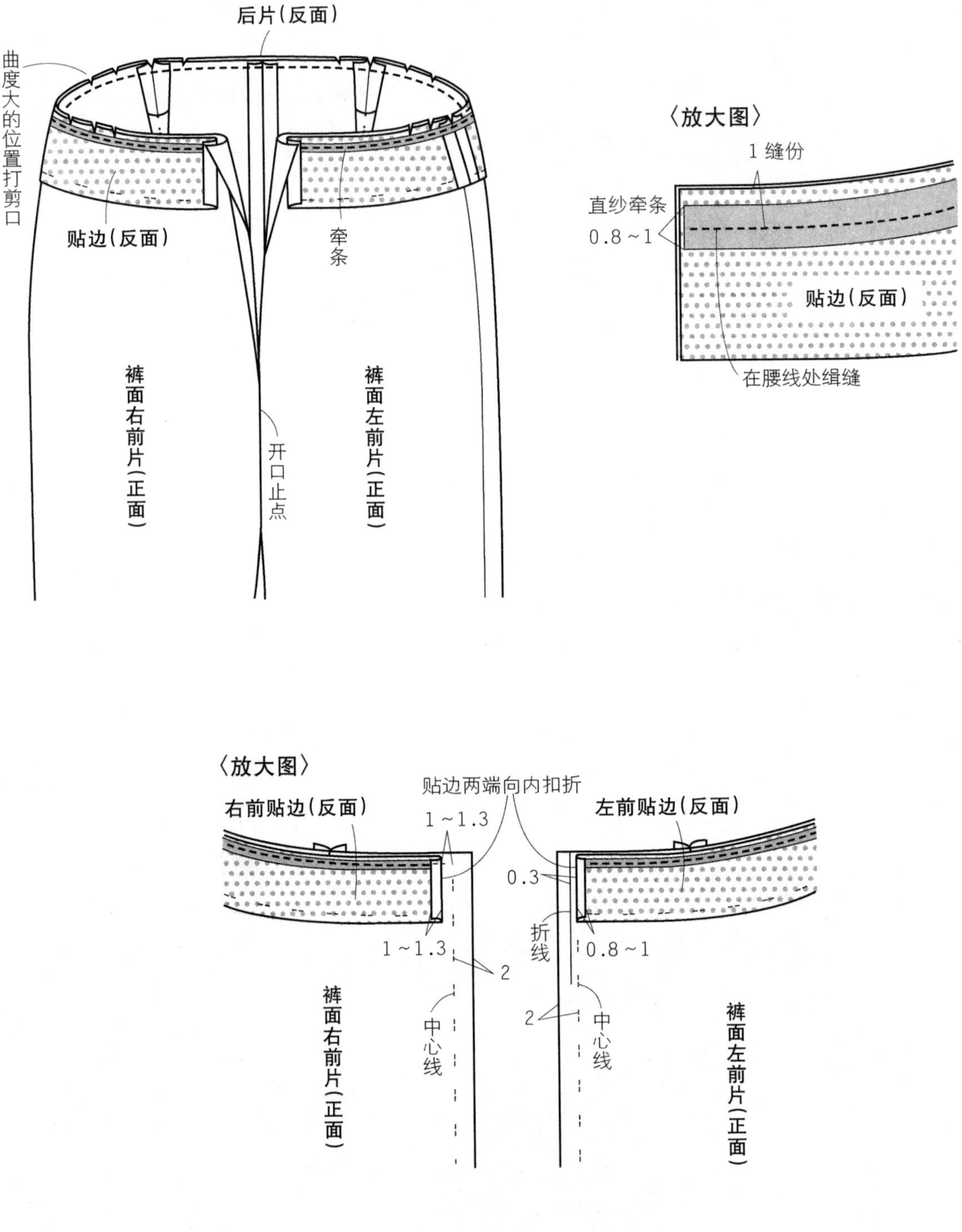

图5－3－4(b)　低腰腰部贴边的缝制

④绱拉链。

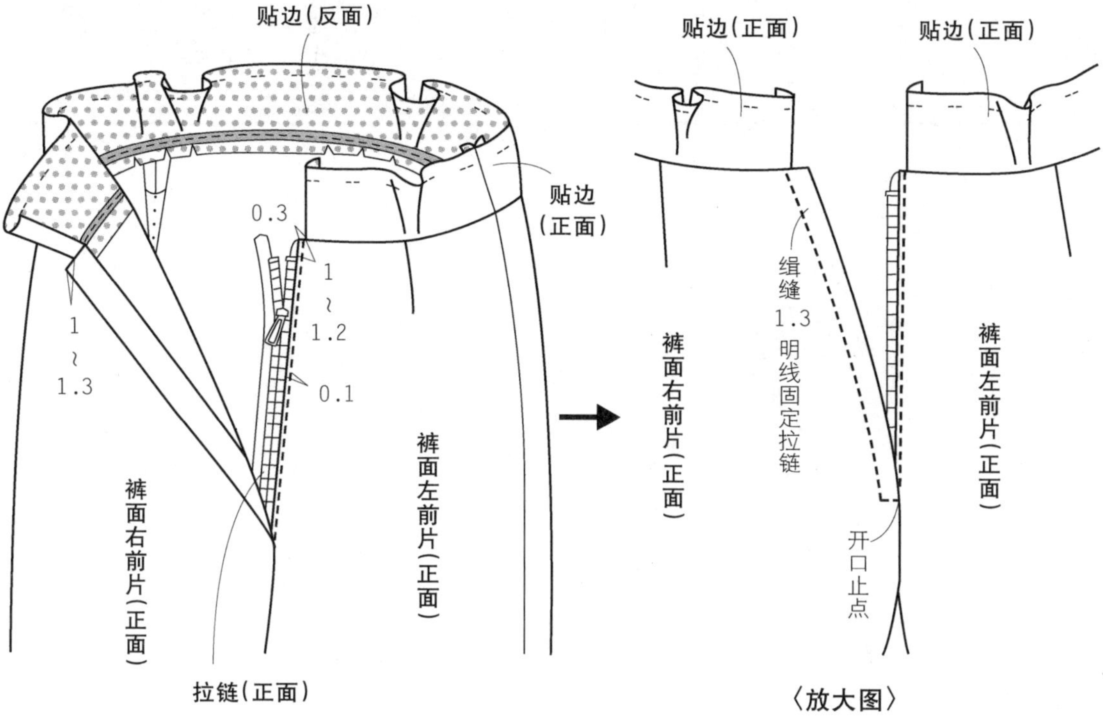

⑤在腰口缝份上打剪口后翻至正面，用熨斗熨烫整形。然后覆上裤里,最后在腰口处缉明线固定。

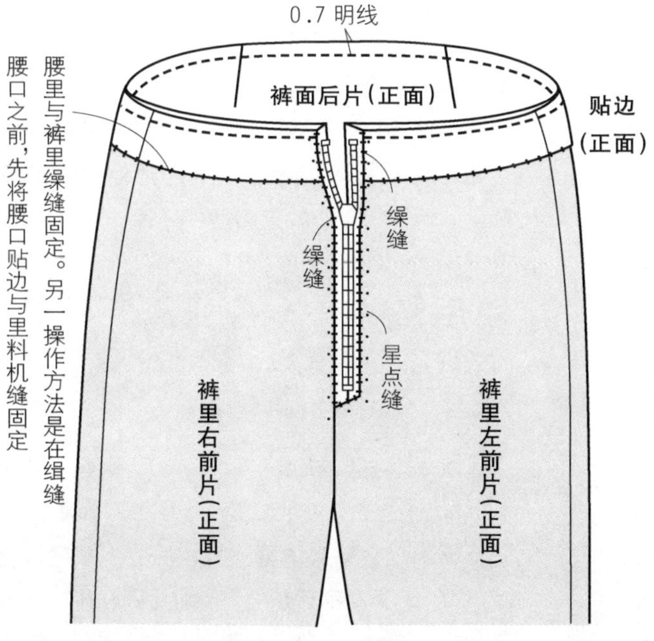

⑥将裤里与腰口贴边上端及拉链周边缲缝,并用星点缝固定,钉挂钩。

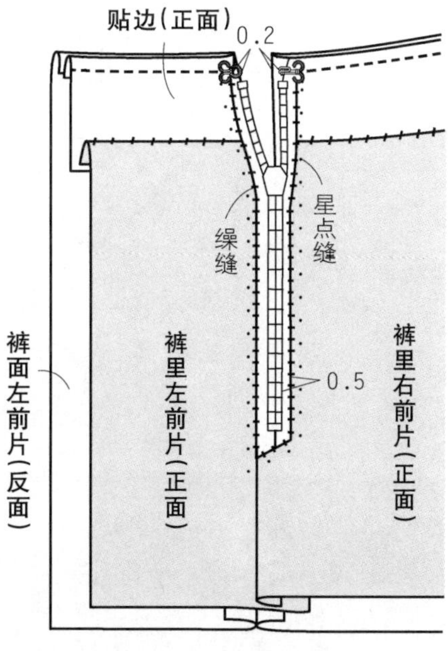

图 5-3-4(c) 低腰腰部贴边的处理

牛仔裤

图 5-4-1　牛仔裤

款式

牛仔裤用蓝色斜纹厚布制成，原为男裤，现在在轮廓、材料、颜色、细节等方面都有了许多变化。示例为传统的直筒型牛仔裤。

使用量

面　料：90cm 幅宽，240cm
　　(裤长+10cm)×2

作图(图 5-4-2)

臀围尺寸与基本型一样，后片大裆弯尺寸减小，后片中心线倾度加大。前片则利用口袋弯势收省。臀高减少 2cm，腰头宽为 3.5cm。

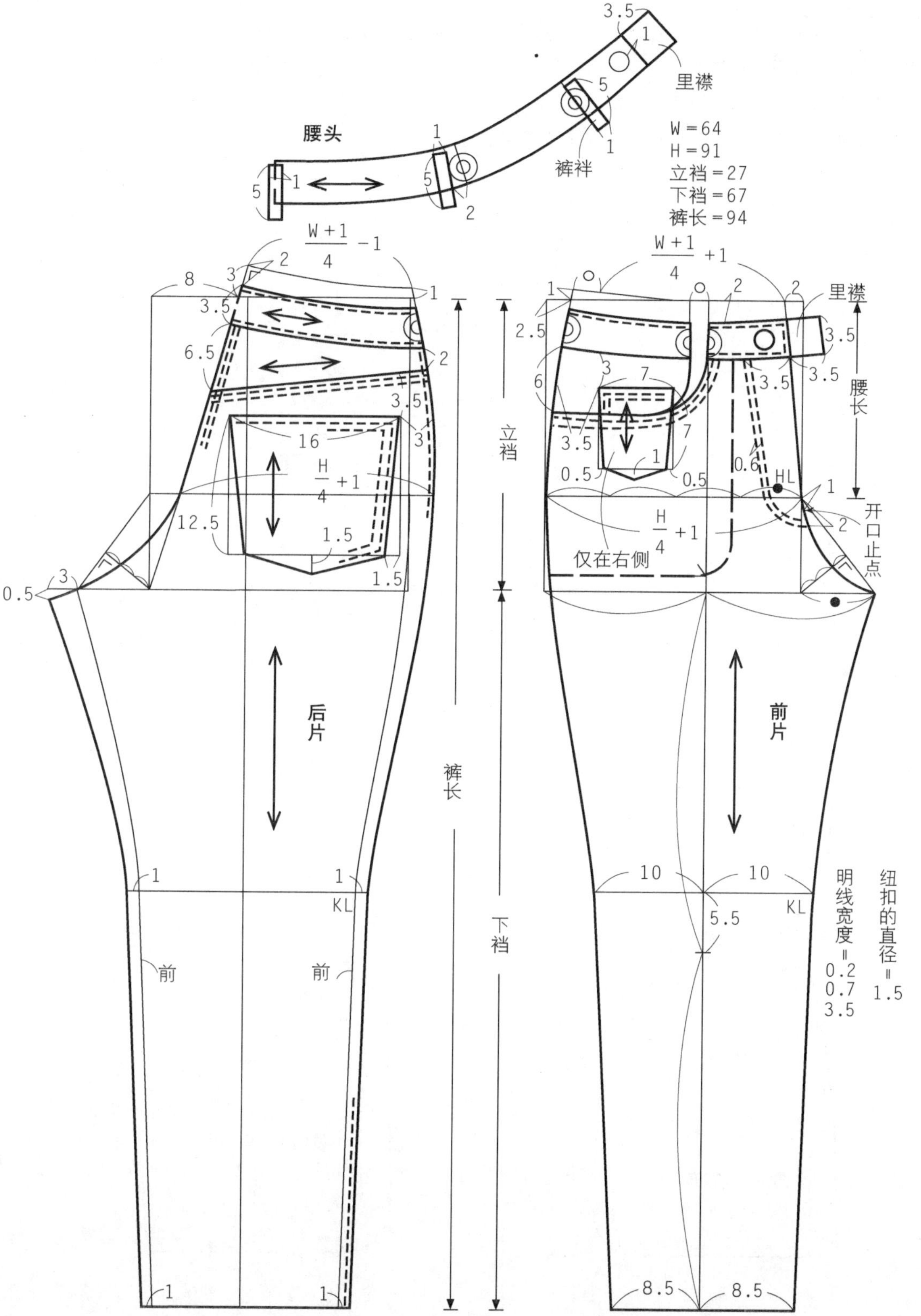
腰头
里襟
裤袢
W＝64
H＝91
立裆＝27
下裆＝67
裤长＝94
W＋1/4 －1
W＋1/4 ＋1
H/4 ＋1
后片
前片
立裆
裤长
下裆
腰长
开口止点
仅在右侧
HL
KL
前
明线宽度＝0.2 0.7 3.5
纽扣的直径＝1.5

图5－4－2 作图

制作要点(图 5－4－3、图 5－4－4)

●口袋的制作方法

①制作侧片布、袋布 A、袋布 B、贴边的纸样，放出缝份后剪裁，在侧片布上安贴袋（仅右侧)。

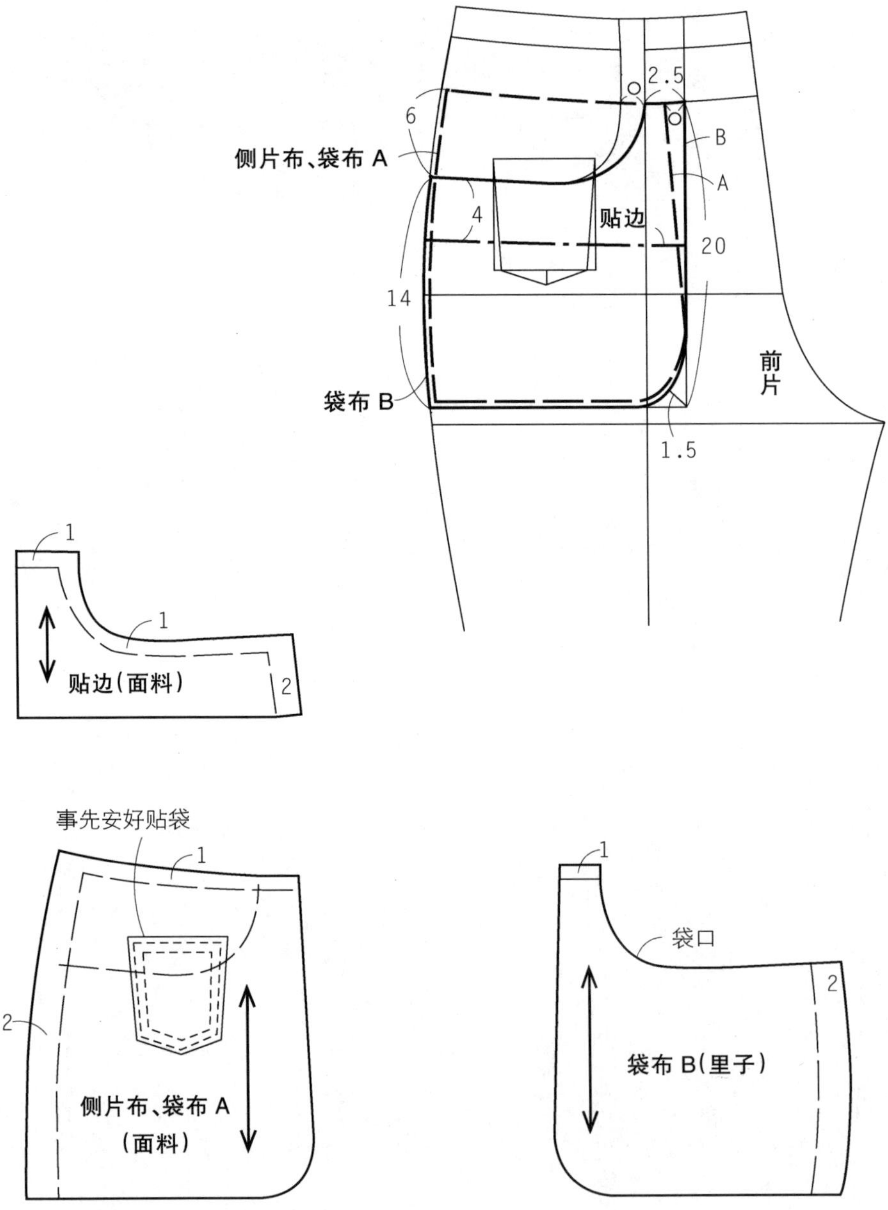

图 5－4－3(a)　口袋的缝制

②缝合袋布 B 与贴边。

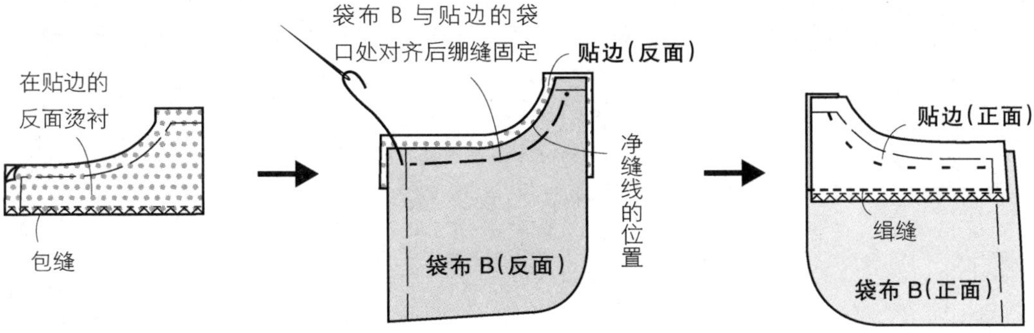

③缉缝袋口。

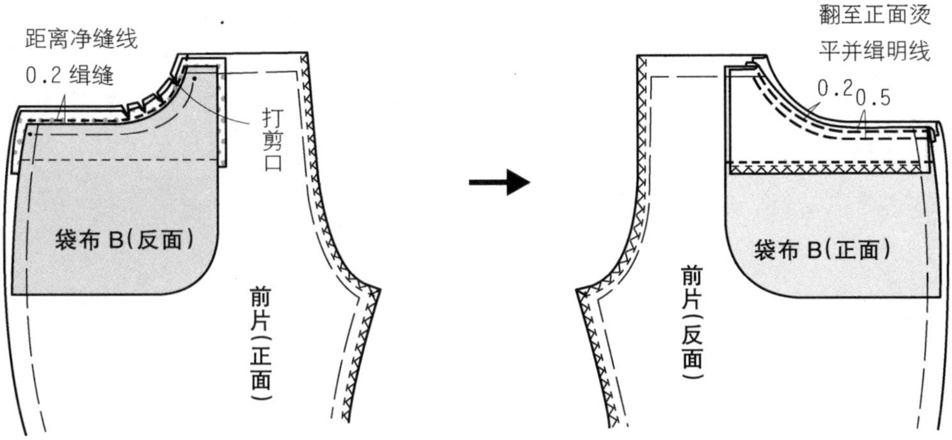

④将侧片布(袋布 A)与袋布 B 对合,沿口袋布边缘缝合。

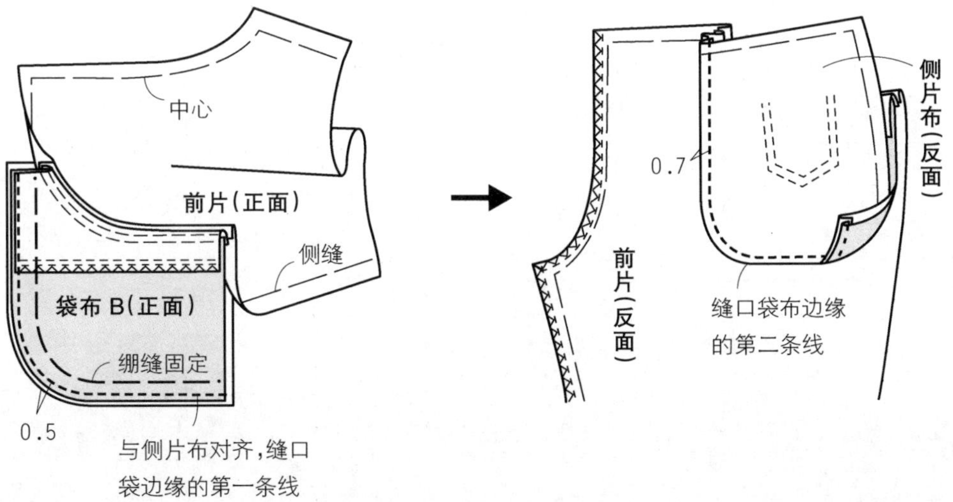

图 5-4-3(b) 口袋的缝制

⑤缉缝侧缝明线。

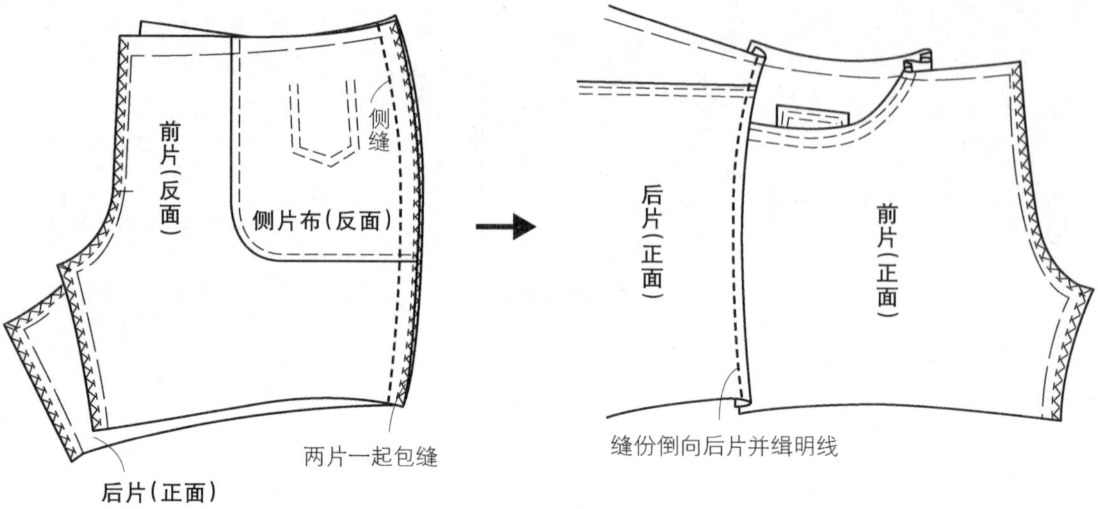

图 5－4－3(c) 口袋的缝制

●裤袢的制作方法

裤袢的制作方法包括两种：利用布边制作和翻转缝制作。可以先做出所有裤袢的长度后再剪开。

〈利用布边的制作方法〉

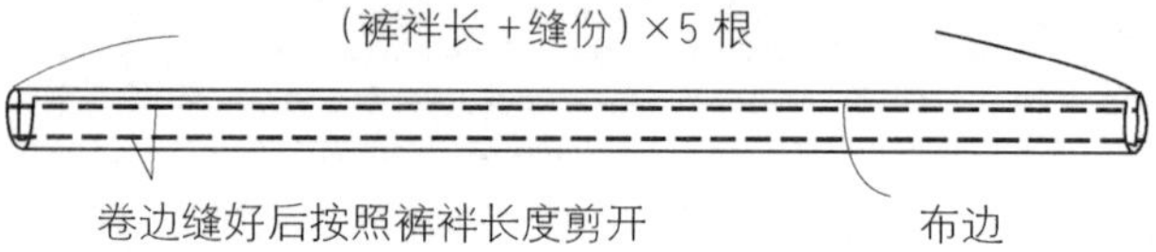

〈翻转缝的制作方法〉

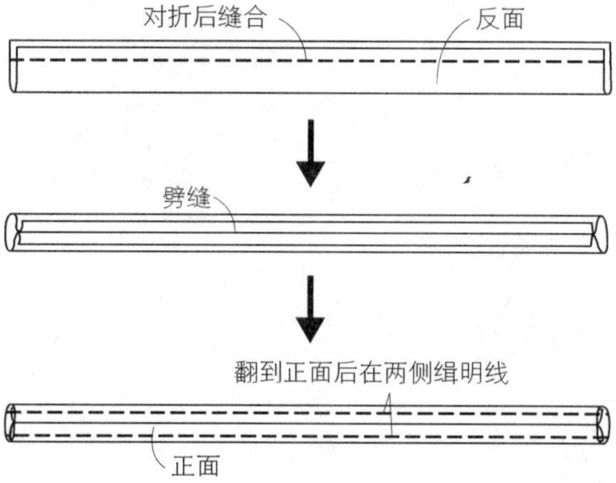

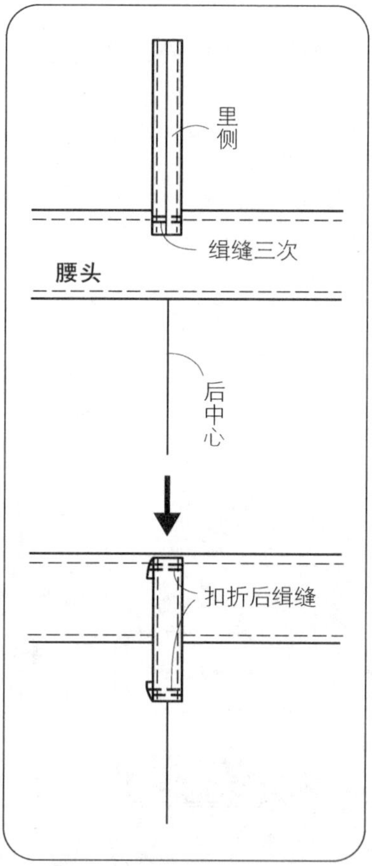

图 5－4－4 裤袢的制作方法

短 裤

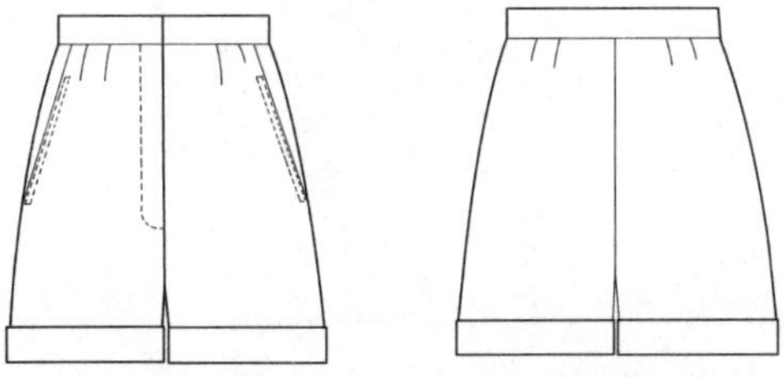

图 5－5－1　短裤

款式

短裤显得年轻、轻快。裤口稍微张开，双层外翻边成为亮点。材料多选用棉或化纤，毛料则更有轻便感。

使用量

面　料：140cm 幅宽，75cm

　　裤长＋35cm

　　90cm 幅宽，165cm

　　（裤长＋15cm）×2

作图（图 5－5－2）

加大臀围放松量，同时追加厚度尺寸。减小后中心倾斜度，前后片裤腰都做褶。裤腿为横裆向下 9cm 长，裤口的外侧加大 1cm，与臀围线连线至腰线处向内收 1cm。裤口翻边为 3.5cm。

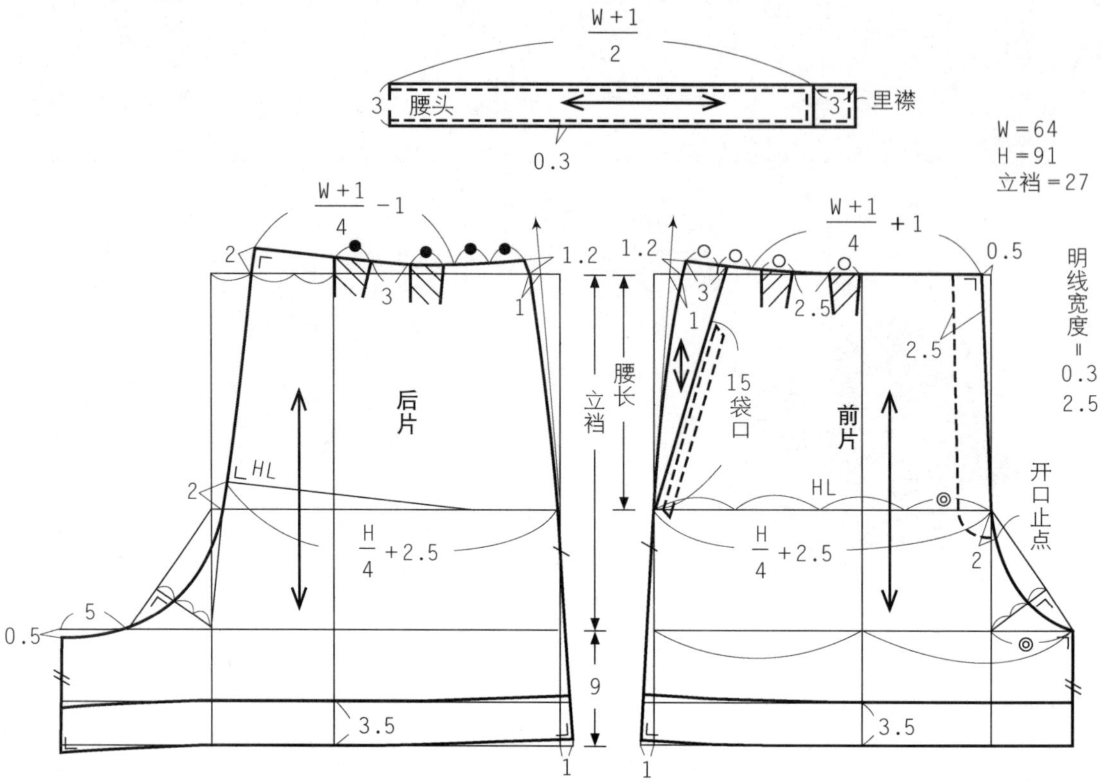

图 5-5-2　作图

缝制要点(图 5-5-3、图 5-5-4)

●侧袋的制作方法

①口袋布使用面料，如果面料较厚则可以使用棉缎或里料。

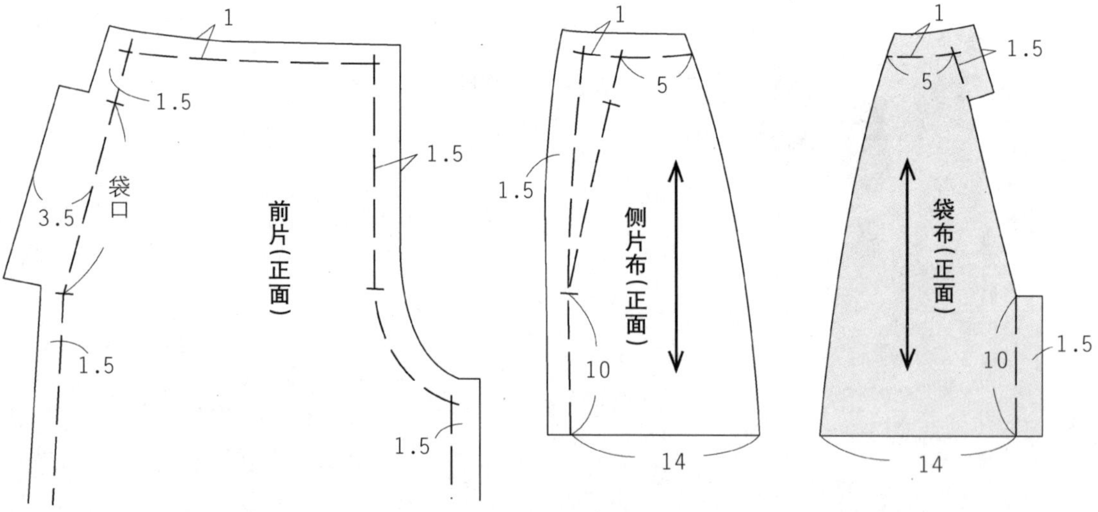

图 5-5-3(a)　侧袋的制作方法

②在袋口处放上袋布，按图示烫粘牵条。

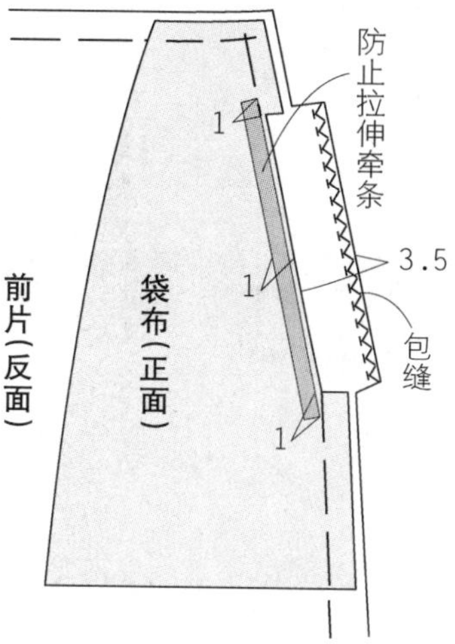

③在袋口正面缉两条明线。

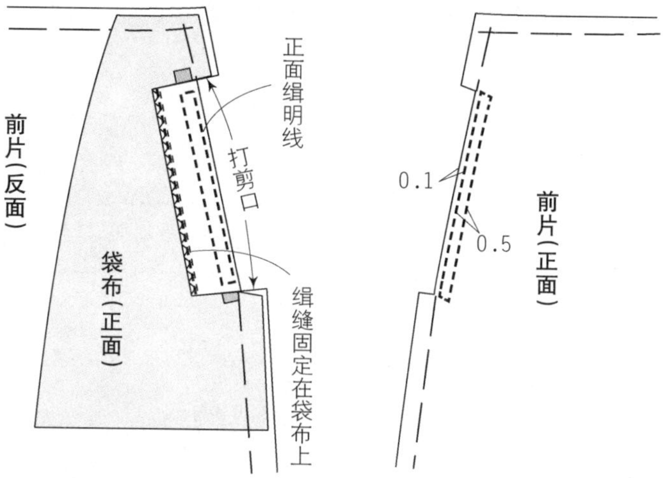

④口袋布两片对准后，缝合袋口上端。

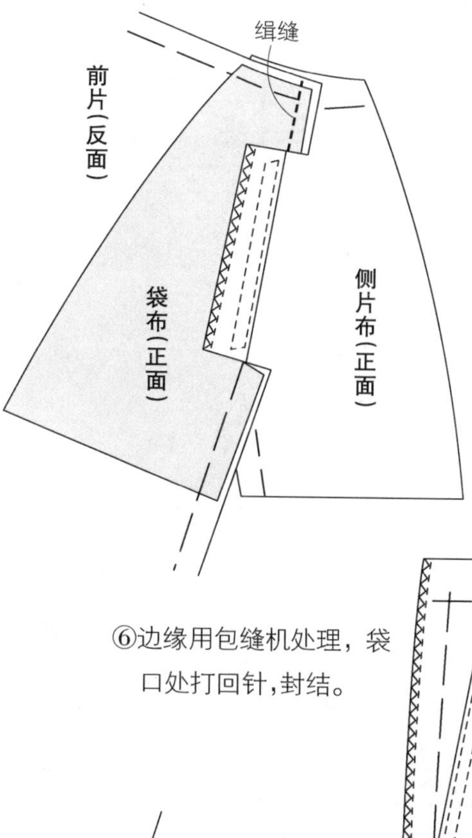

⑤口袋布缝合时做成圆角。

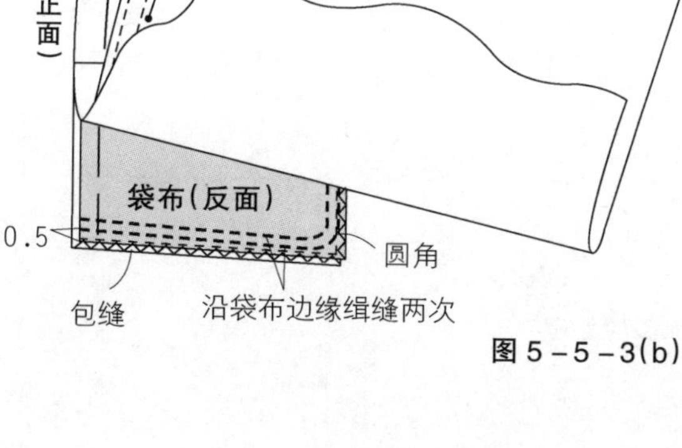

⑥边缘用包缝机处理，袋口处打回针，封结。

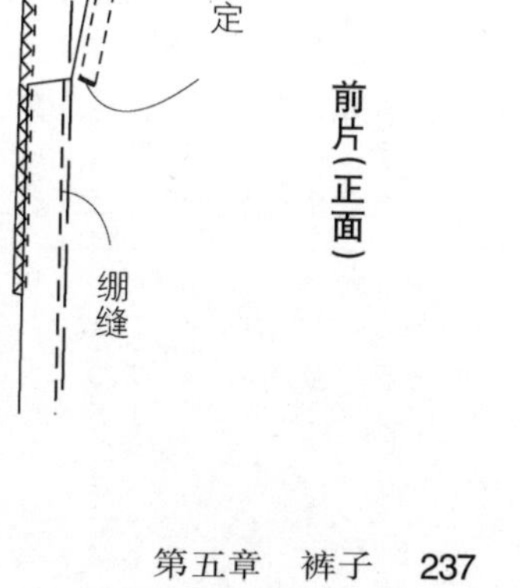

图5－5－3(b) 侧袋的制作方法

●裤口的处理

①裤口外翻边时考虑到布料厚度，要有放量，内侧则相反。

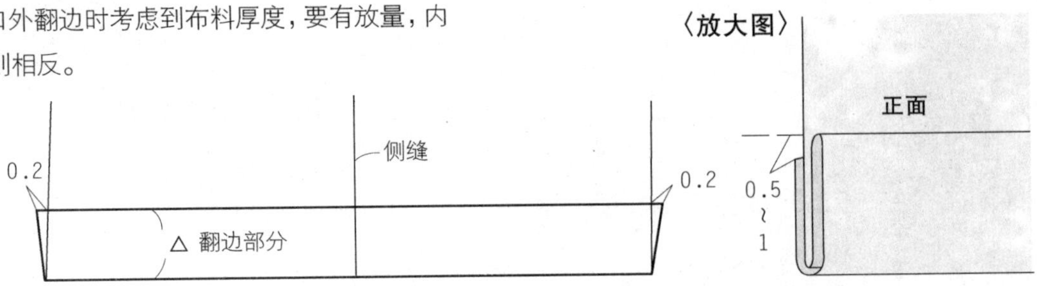

②缝合侧缝，将侧缝外翻边处的缝份剪窄。

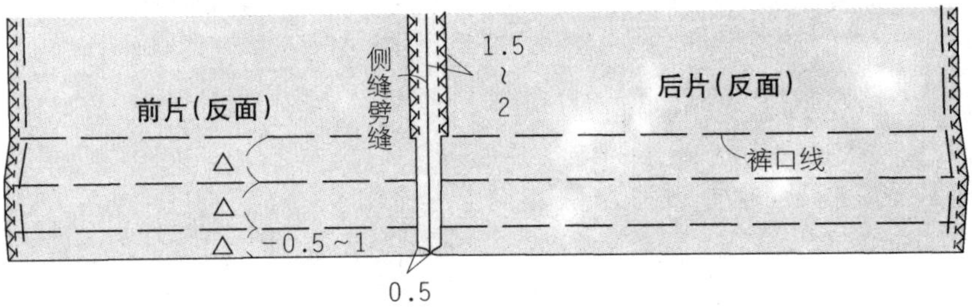

③用熨斗烫平外翻边，沿净缝线折边，熨烫时要使用垫布。

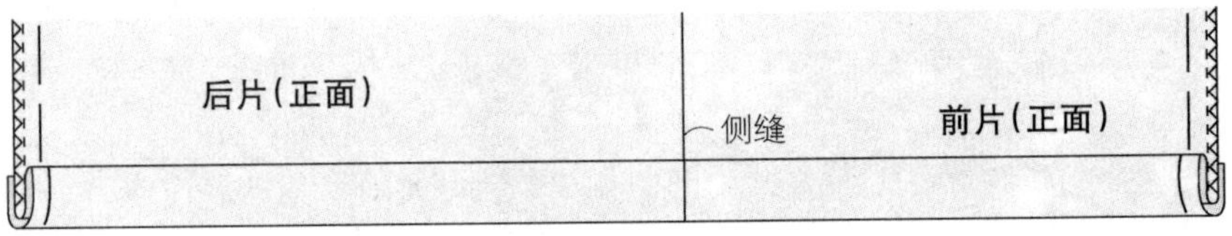

④将图③的翻边打开，缝下裆缝，裤口包缝后暗缲缝固定。

⑤翻边内用线绊固定。

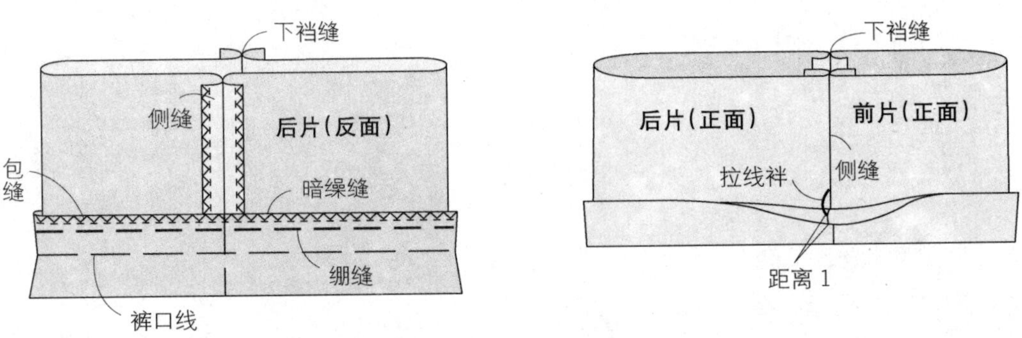

图 5-5-4　裤口的处理

第六章

连衣裙

连衣裙概述
腰线破缝式连衣裙
直筒型连衣裙
公主线式连衣裙
A 型连衣裙

连衣裙概述

连衣裙是将前后身和裙子连接成一体的服装，就像把上下分离的服装叫作套装那样，是一种从构成上的分类名称。

连衣裙的穿着无年龄限制。同时通过设计或材质的变化，从类似围裙的家庭服装到便服、午后服、晚礼服等可以被广泛使用。为了便于做家务，家庭服装一方面需要有较好的运动机能性，另一方面也希望在买东西等外出场合也能穿着，从而满足人们爱好打扮的心理特征。另外，作为休闲服，可以利用波形褶边和缎带等装饰手段丰富其款式设计。

作为外出穿着的服装，在设计上考虑外出的目的是很重要的，工作服、学生服要从工作、学习的角度来考虑其功能性，避开过分华丽和有个性的服装。另外对于外出服和拜访服（下午服）兼具的连衣裙，加上一定程度的时尚性或装饰性设计，用一些饰物和上衣来搭配是很恰当的。

用于连衣裙的材料没有特别的规定，通常需要考虑的是与设计的协调搭配。装饰性较少、重视外形的连衣裙通常使用较厚的面料，而加入碎褶、波形褶边的华丽连衣裙类则通常使用薄而柔软的面料以表现动态美。

外形的不同分类

连衣裙的基本形状可分为四种：类似筒型、管状的细长笔直型、腰部贴体的紧身喇叭口型、上小下大的 A 字型及与之相反的上大下小松量较多的倒三角型。将上述形态作为基本型，再加上分割线和装饰等变化就会形成多种多样的设计（图 6－1－1）。

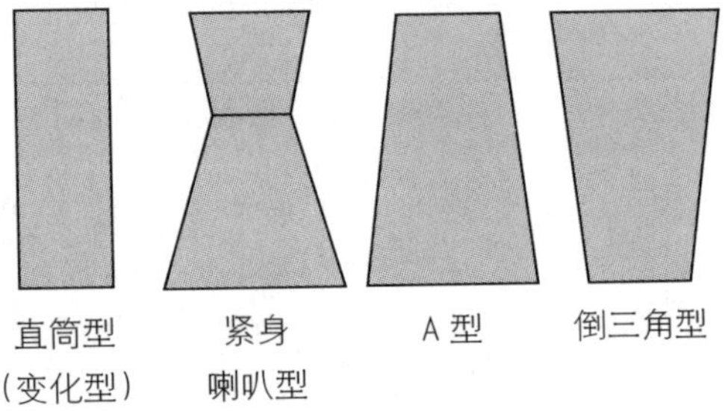

图 6－1－1　外形的分类

●分割线的变化（图 6－1－2）

分割线是连衣裙的设计要点之一，基本分割线分为纵向和横向两种。

纵向分割线包括：前后中心加入一条的情况和加入两条公主线的情况。利用公主线可以塑造身体曲线，并满足收腰展摆的设计要求。同时，也可将两条纵向分割线延伸至袖窿形成刀背缝造型。另外，还可以将前后中心与公主线组合起来形成三条分割线的情况。其他应用情况就较少了。

横向分割线可放置在衣片从上到下的各个位置上。首先在上部最常用的位置是肩部育克位。肩部育克位不被流行所左右，通常用于衬衫和孕妇装等服装。高腰分割线最常使用的位置是乳下围线。正常腰位分割线是使用最多的基本分割线。低腰分割线一般设定在髂骨或臀围线附近，如果分割线放置在臀围线区域，视觉上为了达到拉长的效果，需要注意和裙长的平衡、与全身比例的协调等。下摆附近做分割线时，一般会加褶边或配色等装饰性处理。

以上是有关横向分割线的一般变换位置，但低腰和高腰的变化会受流行趋势所左右，根据时代的不同其位置也会有所变化。

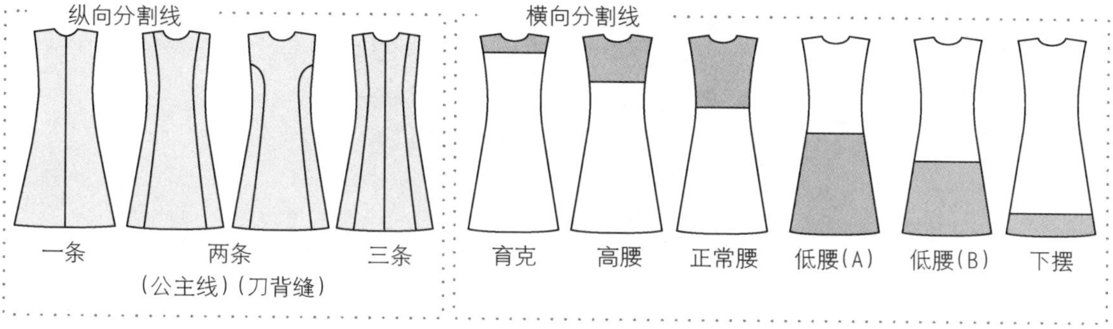

图 6－1－2　分割线的变化

绱里料的方法（图 6－1－3）

里料在使衣服外形美观的同时，能使衣服穿脱方便，并使衣服穿着舒适。同时里料还可防止面料过透，起到遮盖的作用。考虑到这些情况，选择适合面料的里料是很重要的，里料颜色要与面料相同或属同一色系。连衣裙里料的覆着方法如图 6－1－3 所示，可以根据季节和设计的不同选择恰当的面料。A 为全身覆着里料，通常在冬装、面料触感较差或不光滑的情况下使用。B、C 是除袖子外在前后身和裙子上加里料的情况，B 是把面料和里料的袖窿与袖子一起缝合。C 是将面料的衣身与袖子缝合后单独处理里料的袖窿，通常用在面料有伸缩性的情况下，或是设计上绱袖缝份倒向前后身侧的情况。D 是只在裙子上装里料的用法，面料使用质地轻薄或透明的材料时，即使在前后身和袖子处不装里料，也需要在裙子上装里料。另外，在使用透明材料的情况下，可以将里料的正面和面料的正面对合缉缝，这是避免从外面看到里料缝份的方法。

A 全身覆着里料
B 上身和裙子覆着里料
C 上身和裙子覆着里料
D 裙子覆着里料

图 6－1－3

连衣裙的设计变化

连衣裙的设计变化见图 6－1－4。

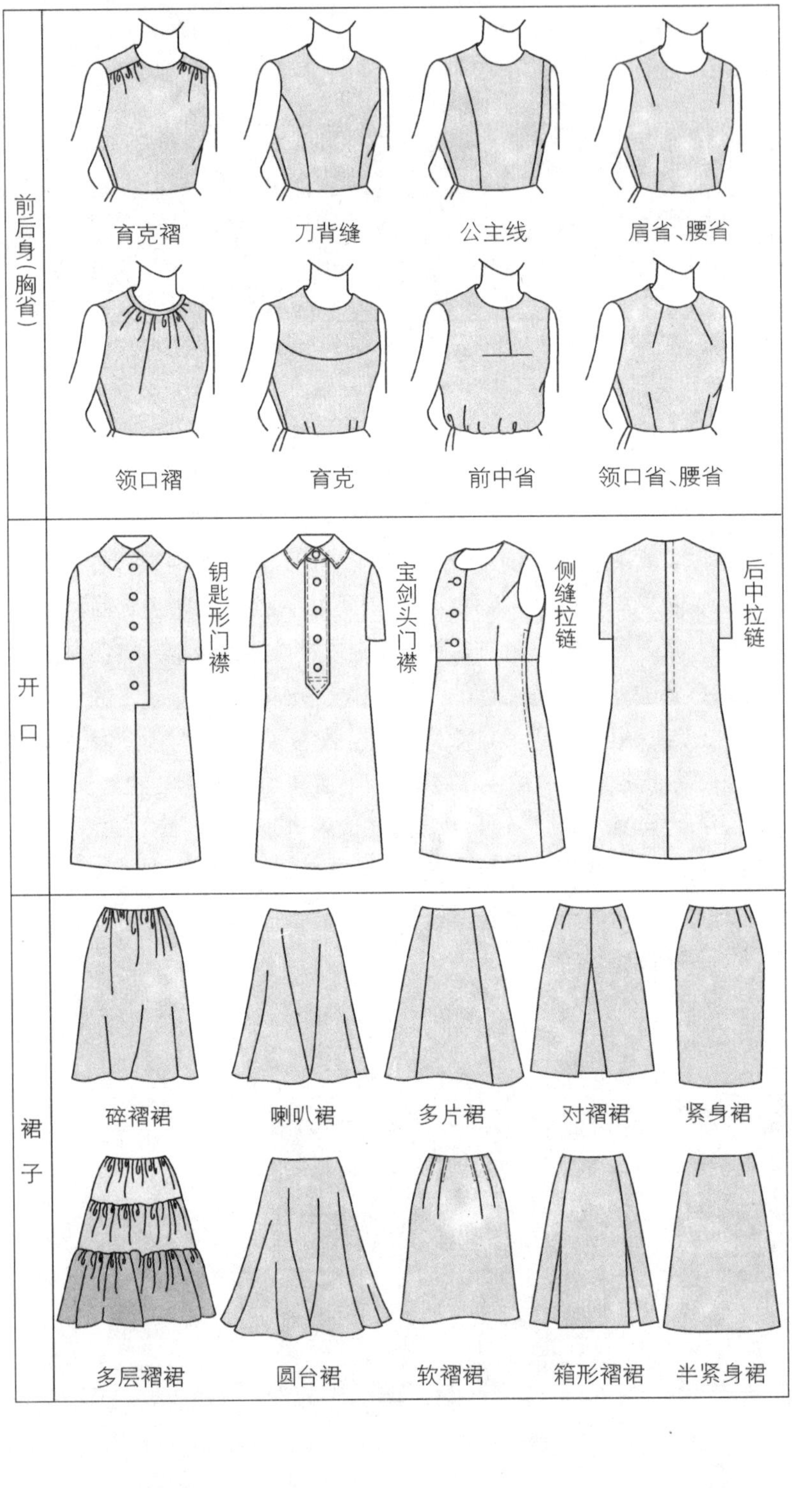

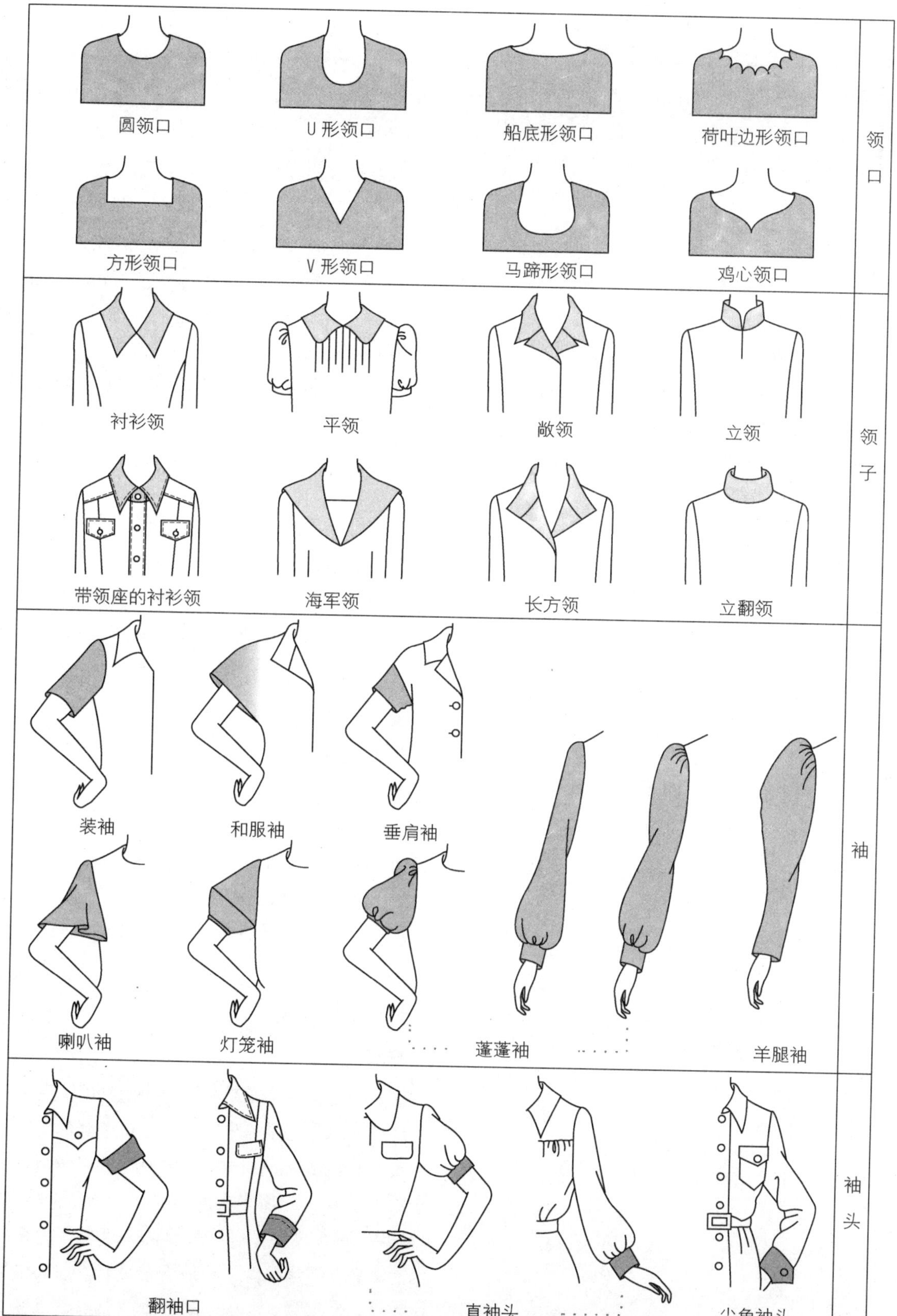

图 6－1－4　连衣裙的设计变化

腰线破缝式连衣裙

图 6－2－1　腰线破缝式连衣裙

设计

这是一款前后身合体、腰线破缝、裙子下摆呈喇叭形的标准紧身喇叭形连衣裙。胸省的处理采用袖窿收省和腰部收省来完成，领口为圆形，袖子为小短袖。裙子是将基本的腰省合并后转至下摆展开，成为四片接缝在一起的喇叭形裙子。虽然这是一款传统型的连衣裙，但是可以通过材料或细节的变化，实现从家庭服到漂亮外出服的多场合使用的目的。

使用量

面　料：90cm幅宽，210cm
　　　(身长＋10cm)×2
　　　140cm幅宽，140cm
　　　(身长＋10cm)＋(袖长＋6cm)＋20cm
里　料：90cm幅宽，200cm
　　　(身长＋5cm)×2(袖子除外)

作　图(图 6－2－2)

●前后身

由于基本上是原型造型，所以可以直接利用原有原型的腰省来完成，并将靠近袖窿的腰省合并转移掉。面料为横条纹时，如果按原有的两个省道收省，会破坏原有的纹路。纸样处理过程中，肩省的 1/2 转移至袖窿，剩余的部分作为吃缝量留在肩缝处；前袖窿省的 1/3 留在袖窿里作为放松量，剩余的 2/3 作为袖窿省直接收掉。由于装入垫肩，前后肩斜同时上抬。

●裙子

将基本半紧身裙纸样的腰省合并，切开下摆形成喇叭形。将前后中心线作为接缝线形成四个裙片，直纱通过裙幅的中央。

●袖子

袖山高度降低至 8cm，量取前后身的袖窿长度后，进行袖肥和袖山线的作图。袖长做成袖下缝 1.5cm 的衬衫袖。

●腰带

在腰围尺寸上加 15～20cm 后作图。

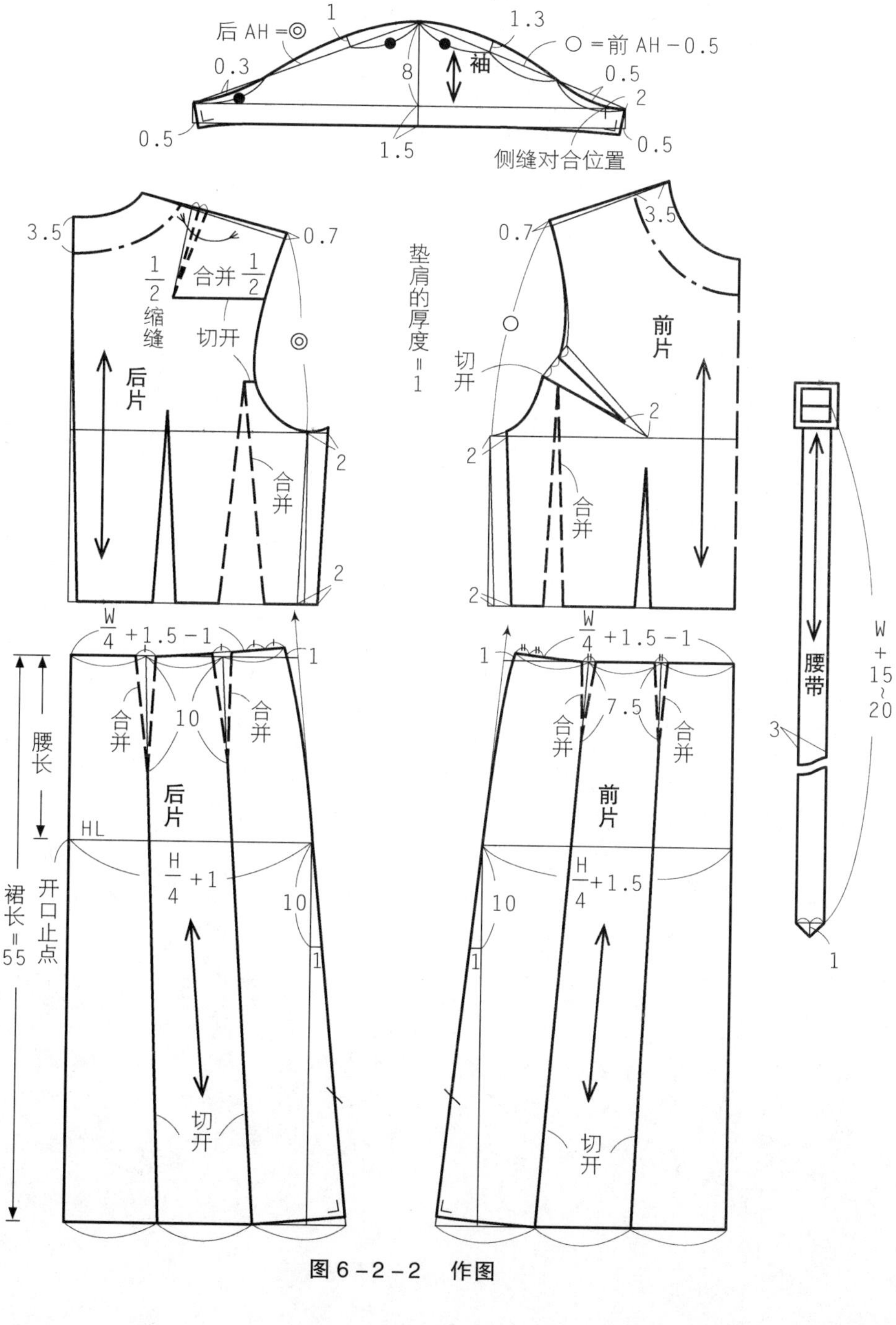

图 6－2－2　作图

裁剪要点(图6－2－3、图6－2－4)

在纸样上画上纱向符号、必要的线和对位标记。排板时尽可能减少面料的使用量，但是在面料图案有方向性或有倒顺毛的情况下，必须沿同一方向裁剪。领口贴边或腰头等要在假缝修正后才能最后裁剪，需要预先留出富裕量，同时领口贴边最好连裁。对位记号可根据材料的不同拓印或打剪口。

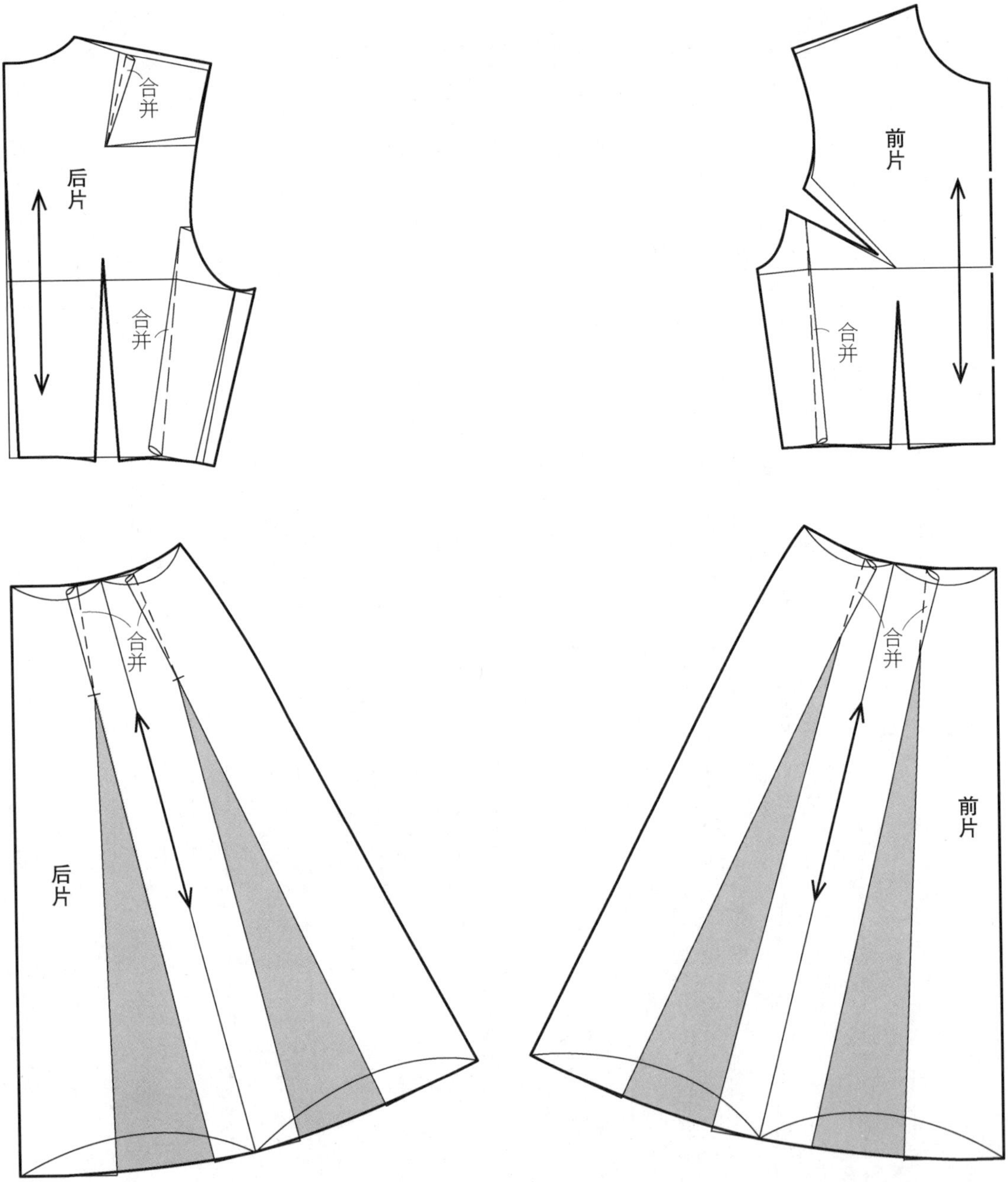

图6－2－3　展开图

〈90cm 幅宽的情况〉

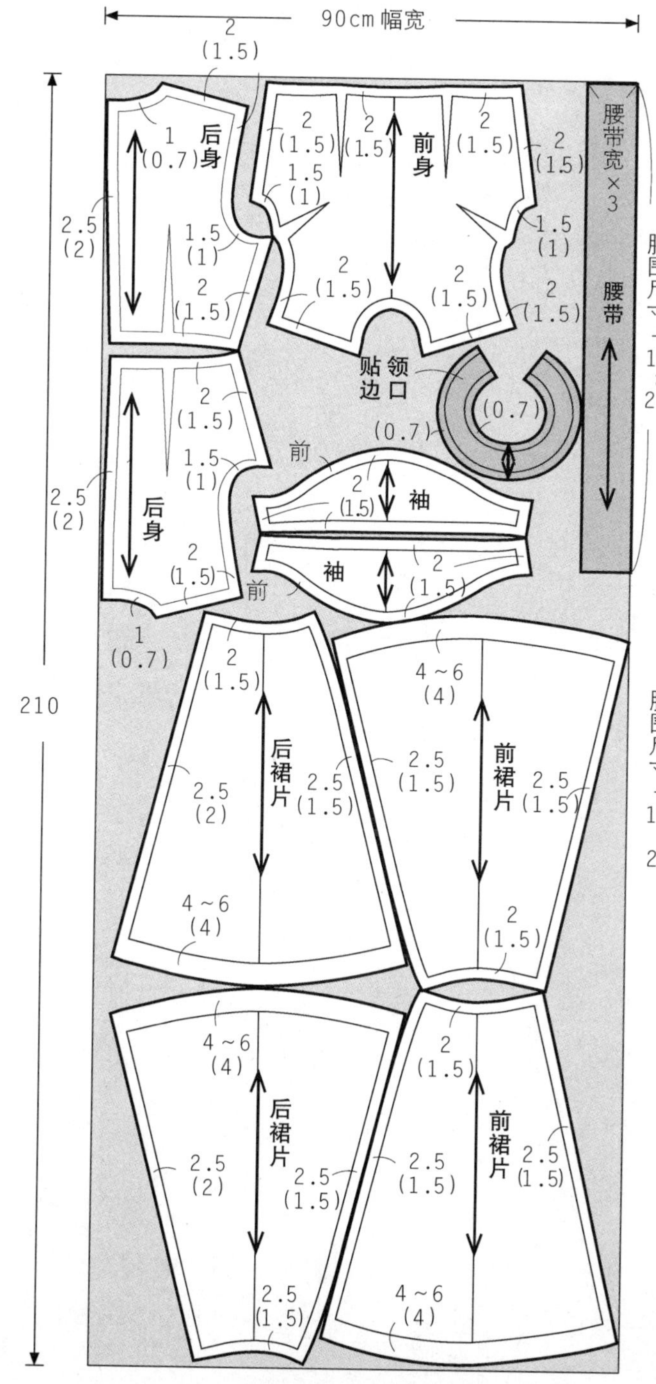

〈140cm 幅宽的情况〉

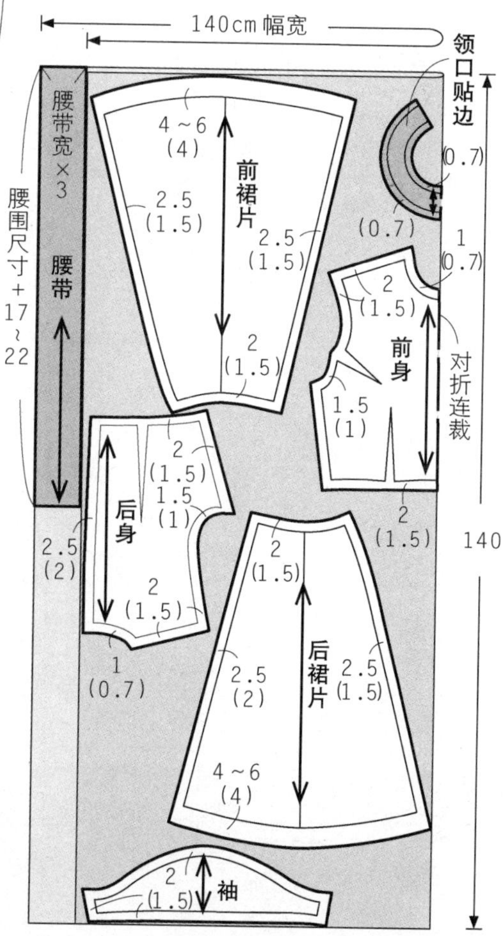

试穿修正后的裁剪线

(　)中的尺寸是正式缝合时的缝份

图 6-2-4　裁剪图

假缝(图 6－2－5)

假缝不单是为了让服装和身体吻合，也是为了做到让体型的缺点不明显，同时配合穿着人的个性和形象进行匹配设计。另外通过试做几个动作，调节穿着的舒适感和运动机能性也是十分重要的内容。

假缝时用一根白棉线绷缝，缝份倒向一侧，从正面压缝固定。假缝顺序如右表所示。

假缝顺序表

(1)	缝合前后身的省道
(2)	缝合衣身的肩缝和腋下缝、裙子前后中缝
(3)	缝合裙子的下摆
(4)	衣身与裙腰部位接缝
(5)	后中缝的开口处理
(6)	做袖、绱袖
(7)	在领口处缝净缝记号
(8)	固定垫肩

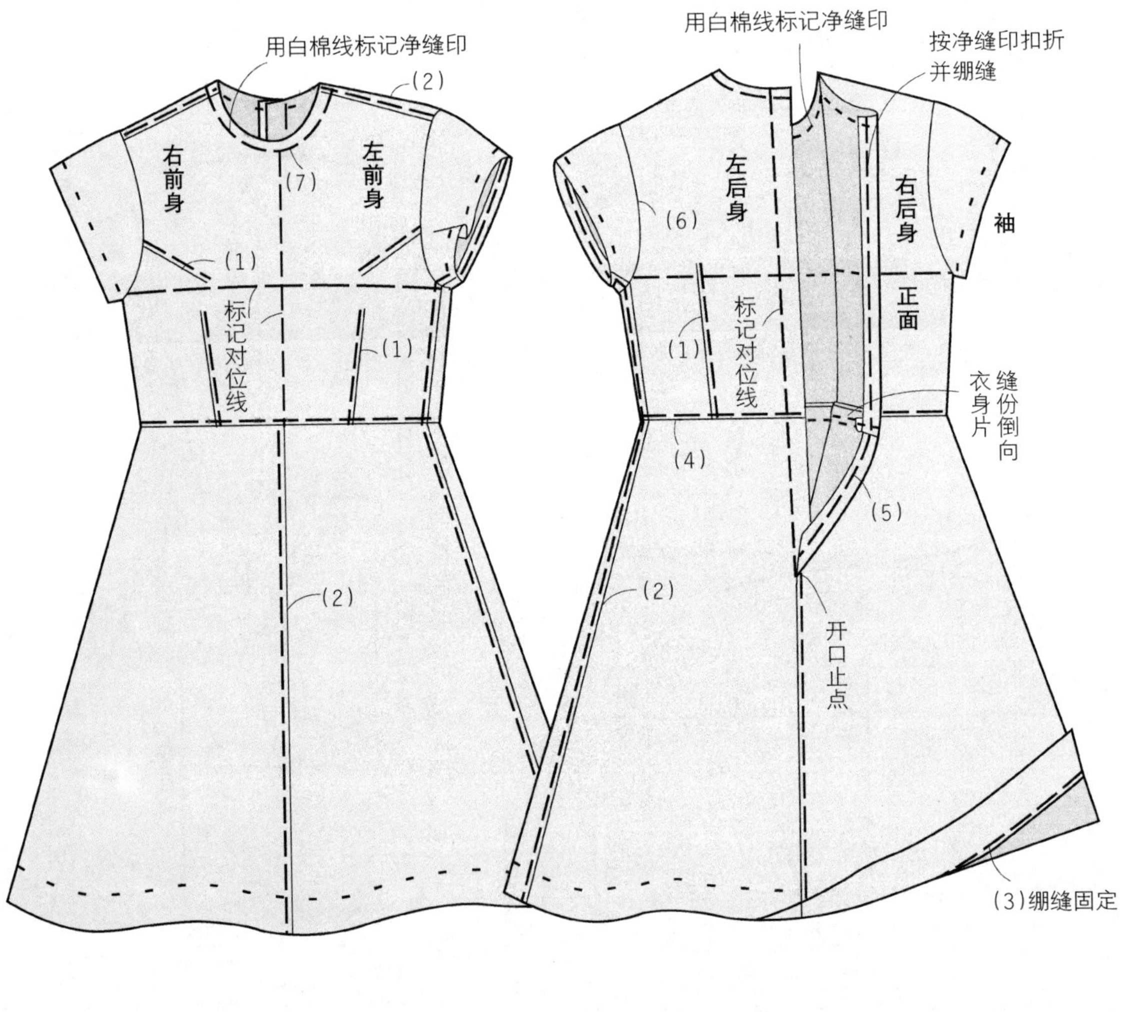

图 6－2－5 假缝的顺序

试穿修正(图 6－2－6)

在合理穿着内衣的状态下，穿好连衣裙进行修改。稍稍离远一些看一看整体的均衡情况是十分重要的。

①保证前中缝、后中缝从身体的中心垂直通过。

②在 BL、WL、HL、下摆线水平的前提下观察前后的均衡程度。

③做一些弯曲手臂、上台阶等动作来看服装的放松量和下摆的宽松程度。

④观察领口、袖长等处的设计。

⑤针对体型的修正参照第三章的女衬衫和第四章的裙子来进行。

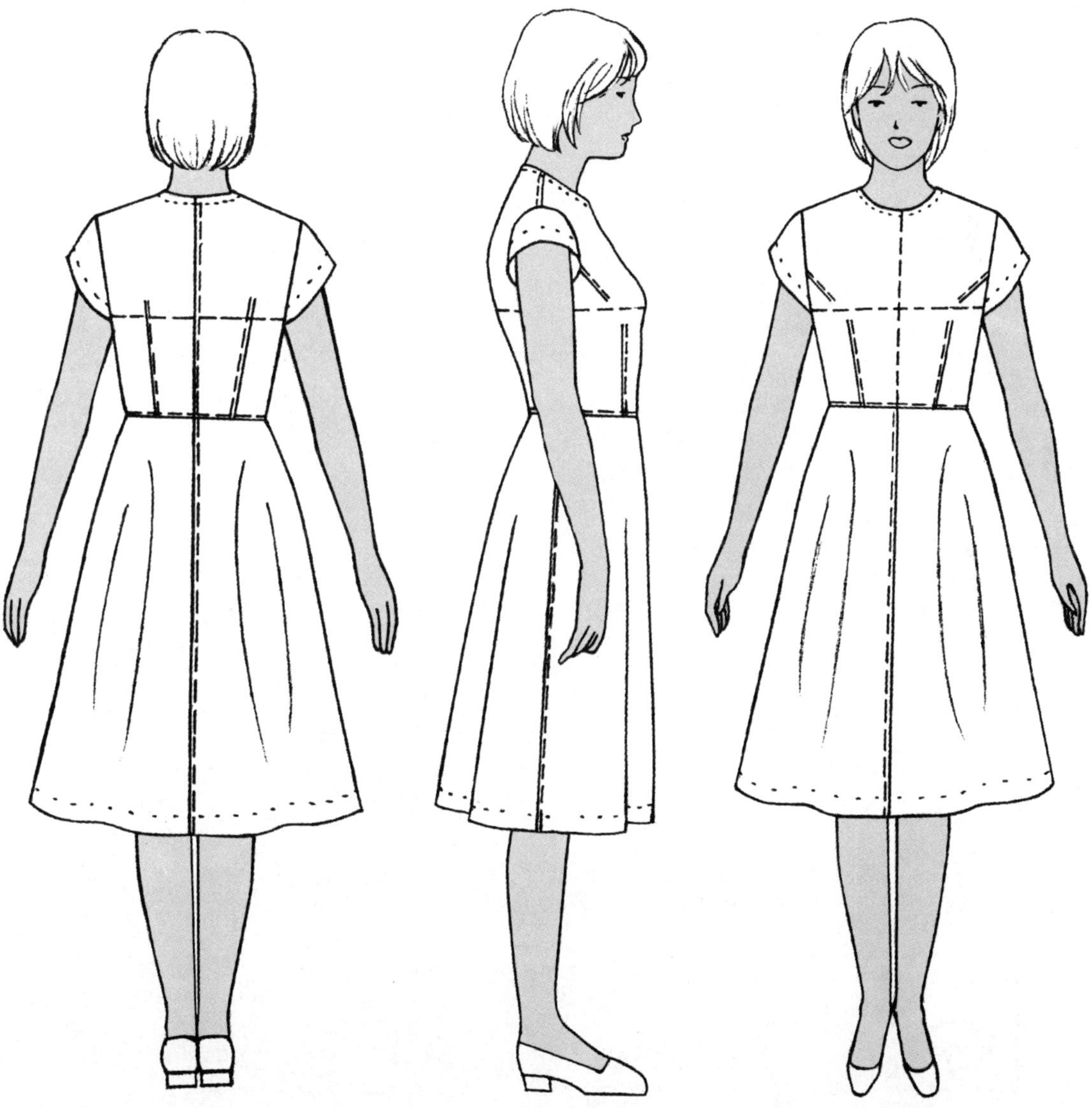

图 6－2－6　试穿修正

缝制方法要点（图 6－2－7～图 6－2－14）

针对单层缝制的情况和不覆袖里料、只覆衣身里料的缝制方法进行解说。做一个缝制顺序表（如下表所示），可以有效地进行缝制。

单层连衣裙的缝制顺序表

工　序	作　业　内　容	参　照　图
准备工作	领口贴边粘贴衬布 缝份的处理（包缝机包缝处理）	图 6－2－12(a) 图 6－2－7、图 6－2－9
前后身的制作	(1)缝省道 (2)缝肩缝 (3)缝腋下缝	图 6－2－7、图 6－2－8
裙子的制作	(4)缝合前后中心 (5) 缝侧缝	图 6－2－9
腰部接缝	(6)腰部接缝 (7)整理缝份	图 6－2－10
绱拉链	(8)在后开口处装隐形拉链	图 6－2－11
领口的处理	(9)缝制领窝	图 6－2－12
做袖、绱袖	(10)做袖 (11)绱袖 (12)缝份的处理	参照女衬衫的绱袖
下摆的处理	(13)下摆的处理	参照裙子下摆的处理
整理与后加工	(14)做腰带 (15)熨斗整熨 (16)制作垫肩、绱垫肩 (17)钉挂钩、拉线袢	图 6－2－13 图 6－2－14

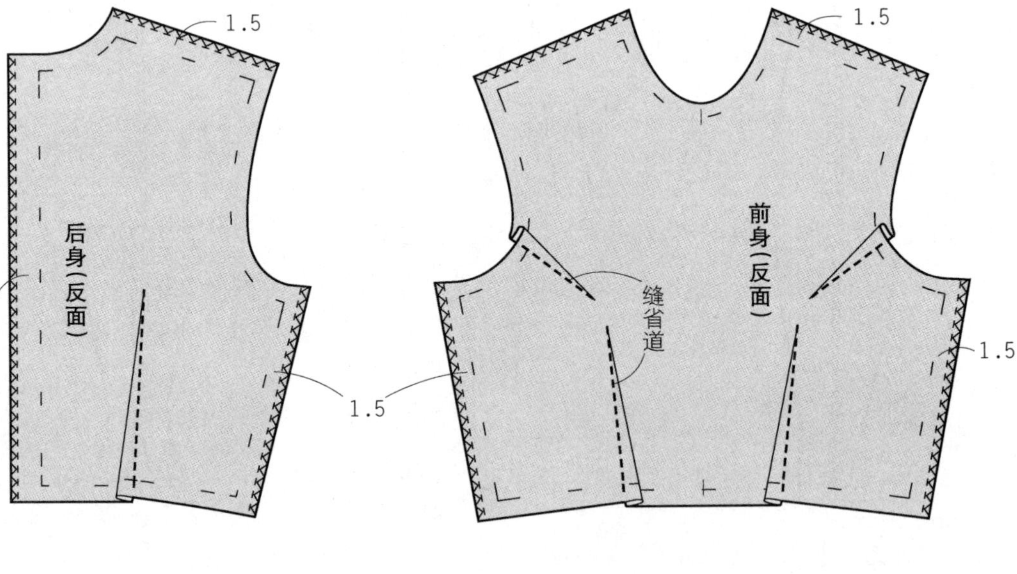

图 6－2－7　缝合前后身省道

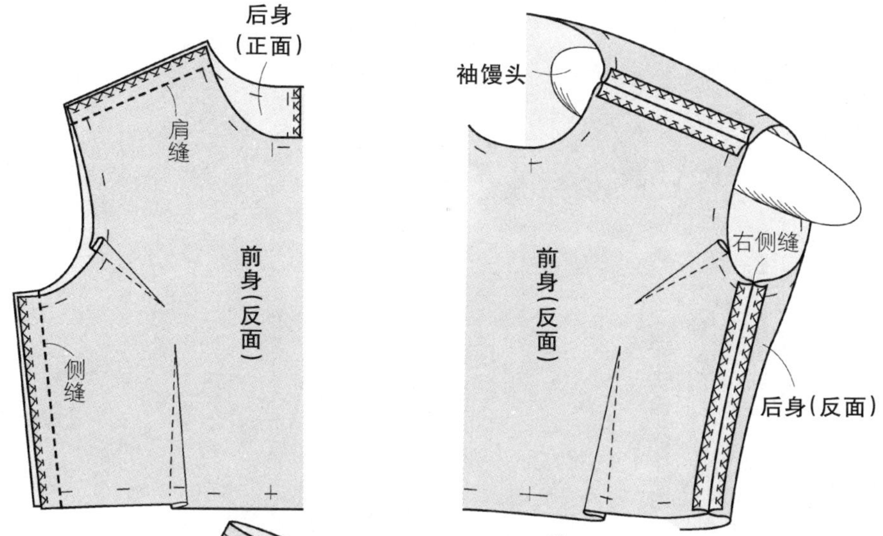

图 6－2－8　缝合衣身的肩缝、腋下缝

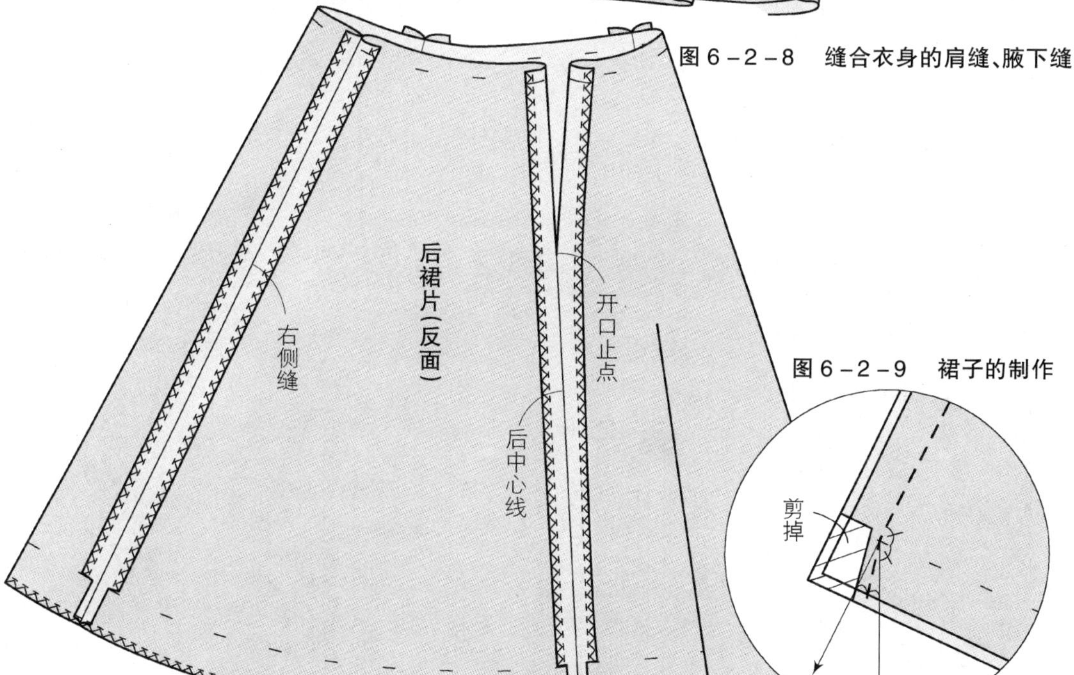

图 6－2－9　裙子的制作

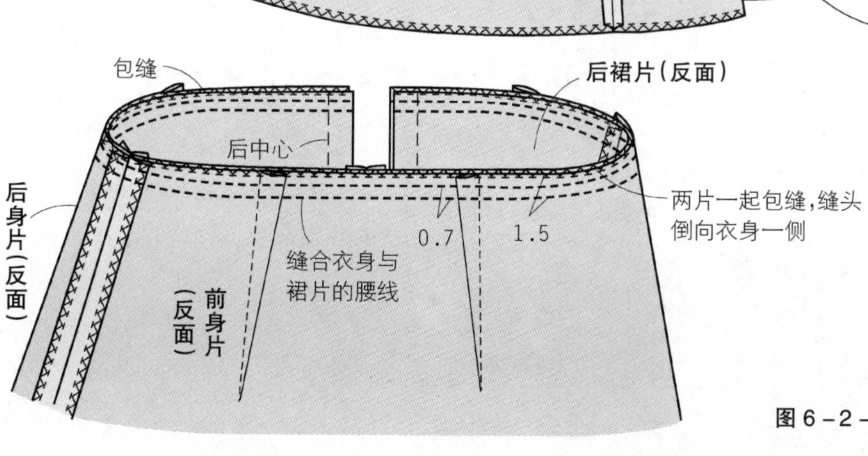

图 6－2－10　腰部接缝

●绱拉链

①在拉链开口部位缝上绷缝线或用缝纫机大针距缉缝、轻轻劈缝。准备比开口尺寸长 2cm 的隐形拉链。

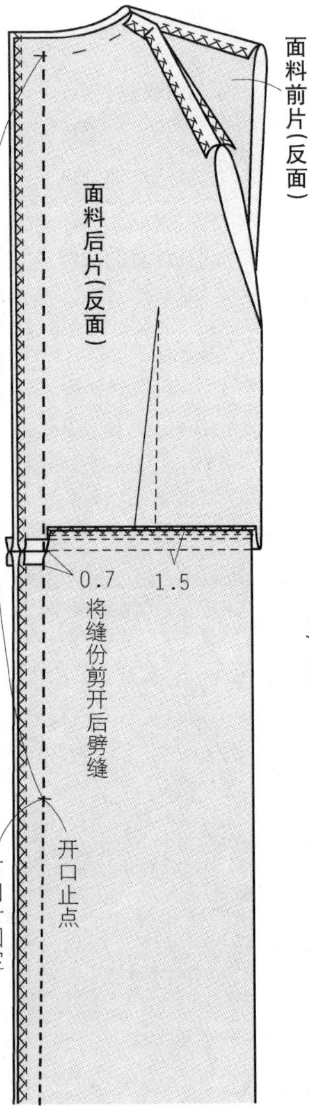

②拔拉链。

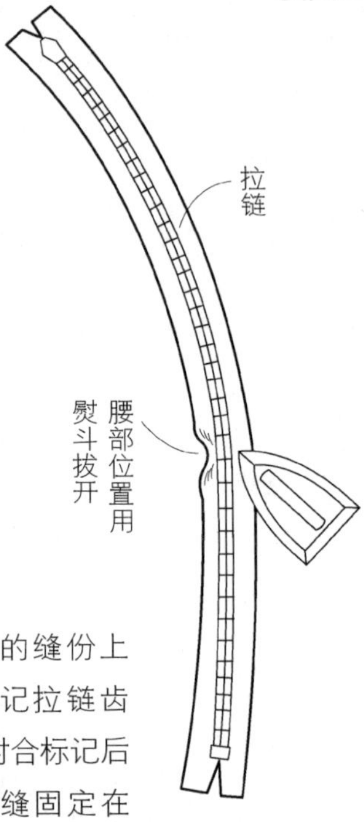

③在后中心的缝份上用划粉标记拉链齿的宽度，对合标记后将拉链绷缝固定在缝份上。

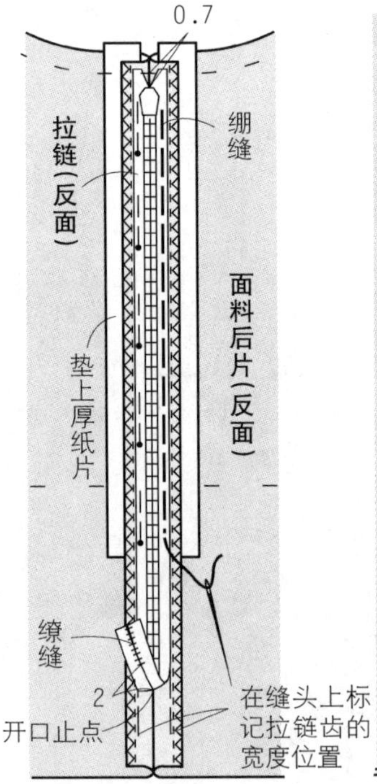

④拆开开口部分的绷缝线或大针距针脚，使用隐形拉链压脚缝至开口处。拉链齿的两端固定在缝份上。

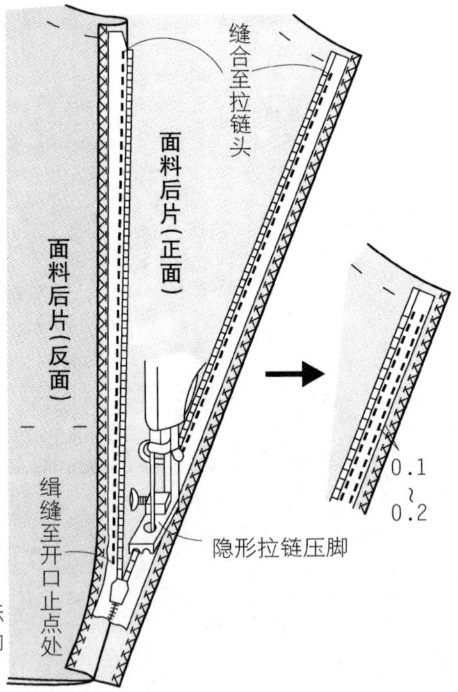

图 6－2－11　绱拉链

●领口的处理

①领口贴边的前后片纸样对合后连裁，粘贴粘合衬。

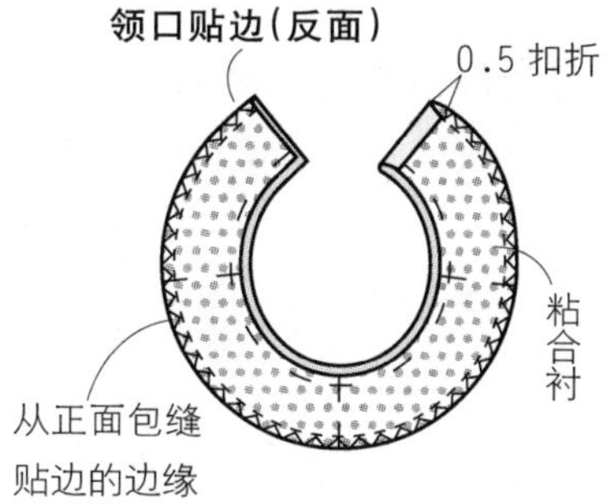

②贴边与衣身正面相对,前后中心、肩缝对齐,衣身净缝线外侧 0.1cm 与贴边净缝线内侧 0.1cm 对齐绷缝。

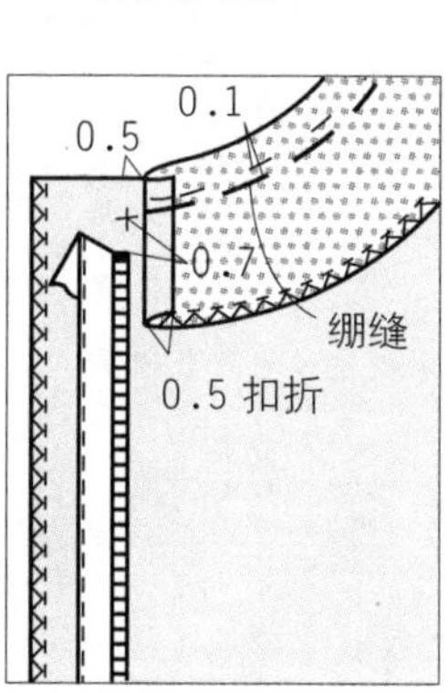

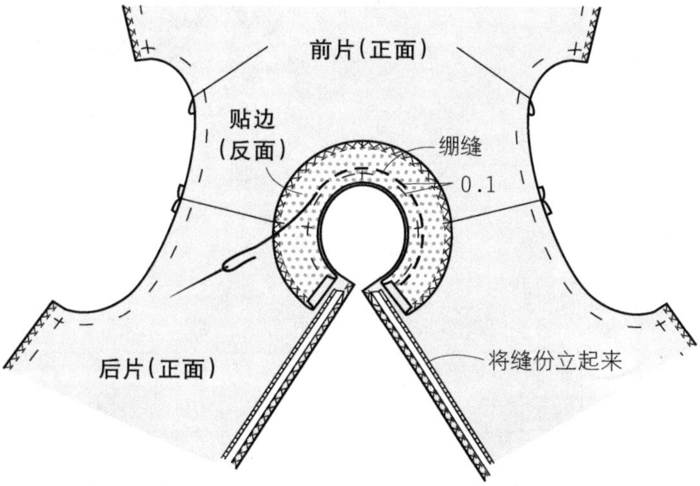

③沿净缝线扣折后中心的缝份，在领口绷缝线的旁边用缝纫机缉缝。将缝份修剪至 0.5cm，并打剪口。

④沿衣身的净缝线把缝份倒向衣身一侧。

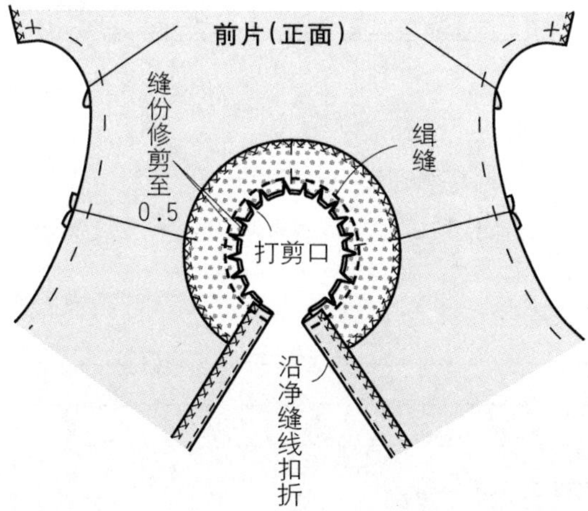

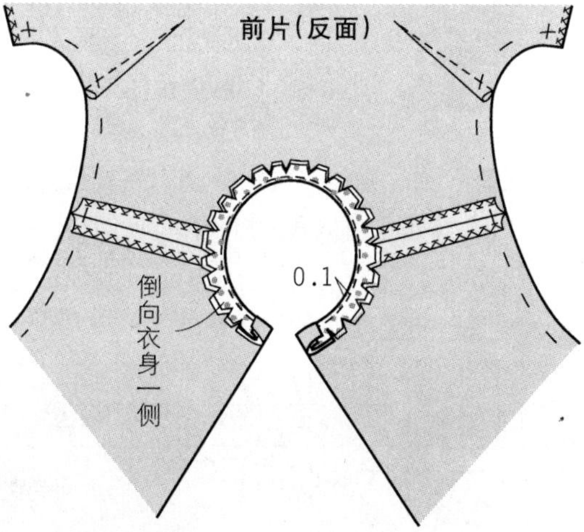

图 6－2－12(a)　领口贴边的缝制

⑤将贴边的正面翻出，推出 0.1cm 的里外拥量，用熨斗熨烫。从贴边一侧把缝份用星点缝固定。

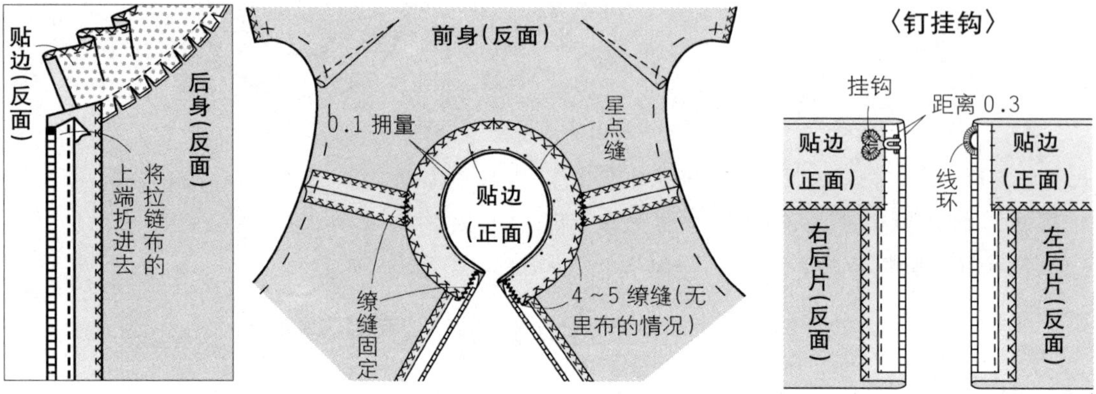

图 6－2－12(b)　领口的处理

●腰带的制作

①如图所示裁剪腰带布。

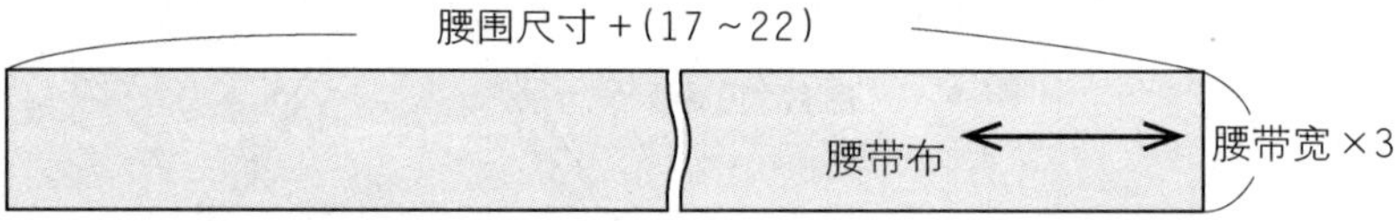

②在腰带的净缝线上用缝纫机缉缝。将缝份劈开，在缝份上烫贴粘合衬，缉缝腰带尖的造型。

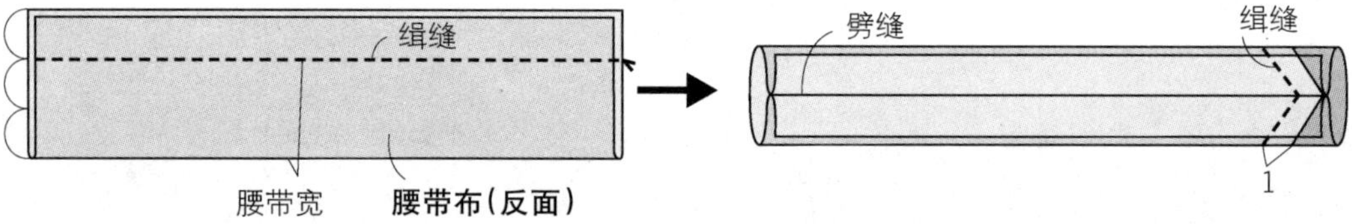

③翻出腰带正面，装上带扣。市面上有各式各样的带扣出售，也可以根据带扣的种类用面料做成布环，穿套在带扣上[图 6－2－13(a)]或用面料与里料缝合翻转的方法[图 6－2－13(b)]。

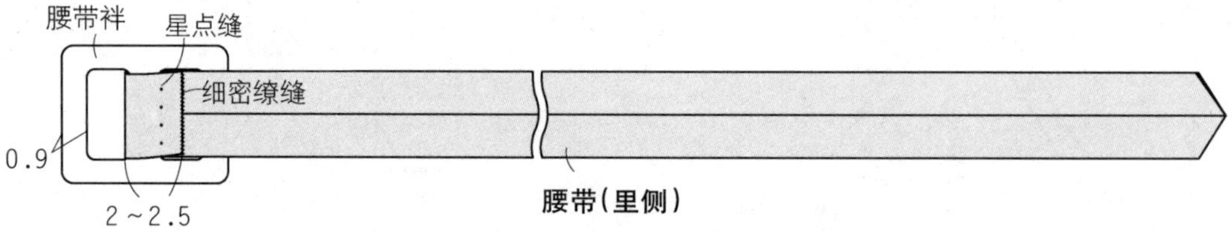

〈用布环包裹带扣的方法〉

①斜纱布正面对合后缝合。

②翻出正面后整理。

③让带扣通过布环，安上别针。

④将带扣装在腰带上。

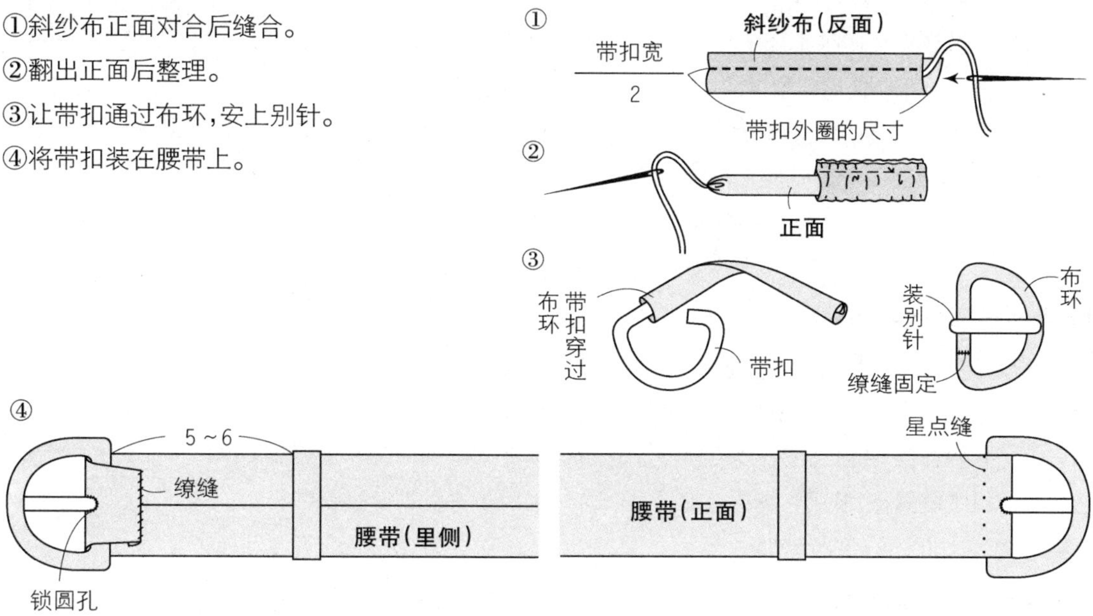

图6-2-13(a) 腰带的制作

〈面料与里料缝合翻转的方法〉

①如图所示，面料和里料与带扣的大小吻合后裁剪。

②将面料和里料正面对合，用缝纫机缉缝。

③将带扣放在面料的反面，用面料将带扣包裹后缲缝固定。

④从剪口中掏出里料。

⑤剪去里料多余的缝份，将布边扣折后缲缝固定。

⑥将两片里料沿中心线扣折后缲缝固定。

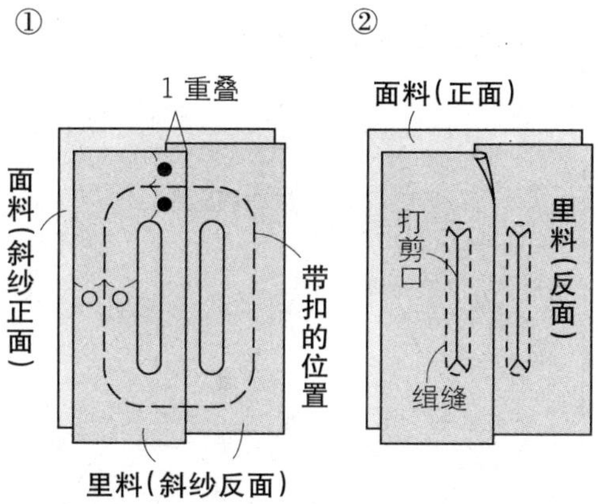

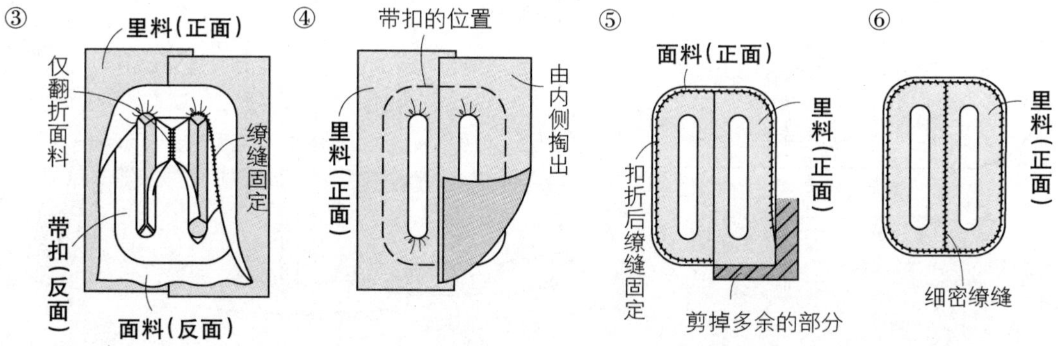

图6-2-13(b) 腰带的制作

●整烫、后加工(图 6-2-14)

将记号线和绷缝线等不要的线去掉，用蒸汽熨斗熨烫。前后身使用定型馒头或整烫凳，袖子使用袖馒头，从正面用熨斗熨烫。绱袖线从反面一侧一边转动袖窿一边熨烫，但要注意不要把袖山的吃缝量压出褶来，并且注意裙子的下摆也不要压得过扁。

熨烫完后，将其挂在人台或衣架上散尽余热。

●垫肩的制作与安装

可以将现成的垫肩用布包裹后绱到衣服上。用布包裹垫肩时应当使布与垫肩紧密地成为一体，注意袖窿一侧不要有多余的布，垫肩周边用缝纫机缉缝后，边缘用包缝机包缝处理。固定垫肩时一边让其与前后身协调，一边确定安装的位置，之后从正面用大头针固定，反面用线环固定在肩缝和袖窿缝份上。

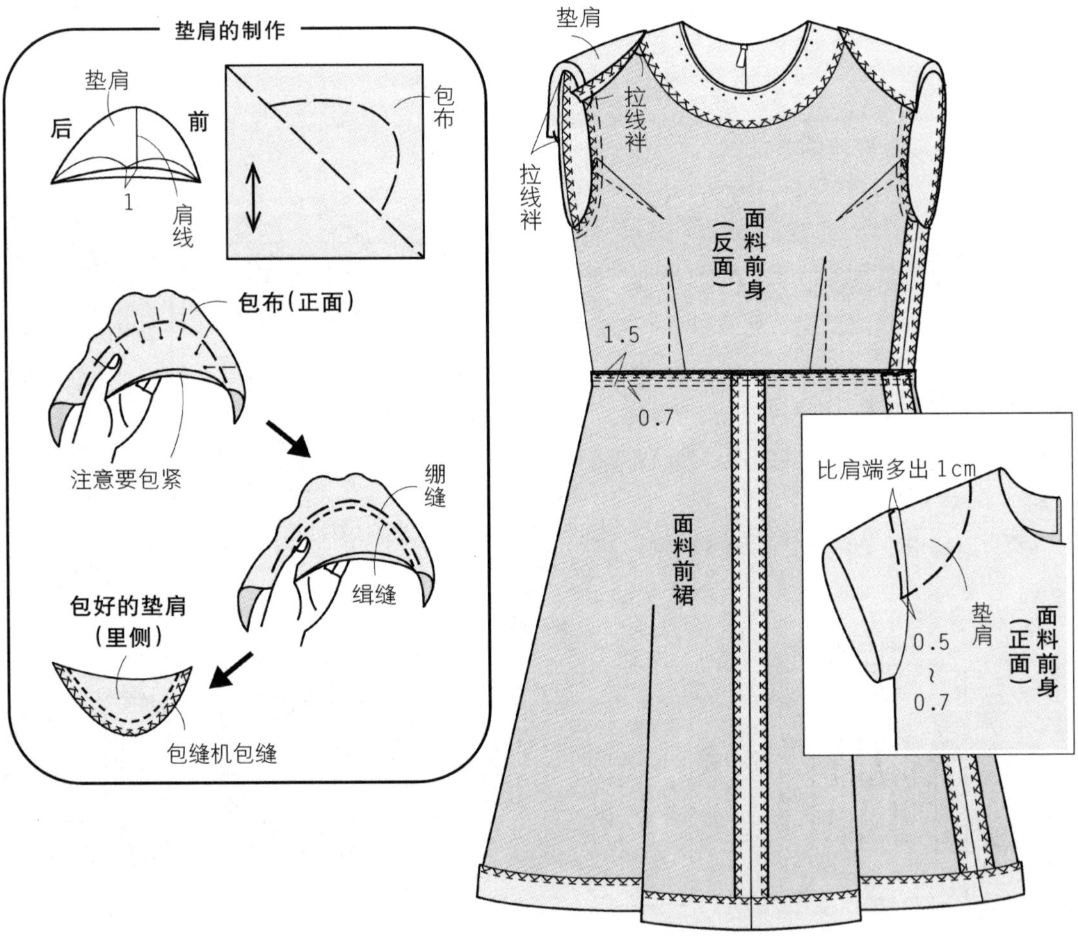

图 6-2-14　整烫和后加工

里料的缝制要点

(图6－2－15～图6－2－19)

●里料的裁剪

因为裙子下摆尺寸的总和大于里料幅宽的一半，如果沿幅宽竖向对折裁剪的话，裙子的纸样会放不开，因此裙子的裁法与前后身不同，需将里料沿幅宽横向叠好后裁剪。里料缝份要比面料多加一些，但在下摆处为了保证里料在面料的内侧，放出1cm缝份即可。净缝线用竹刀或复写纸拓印。

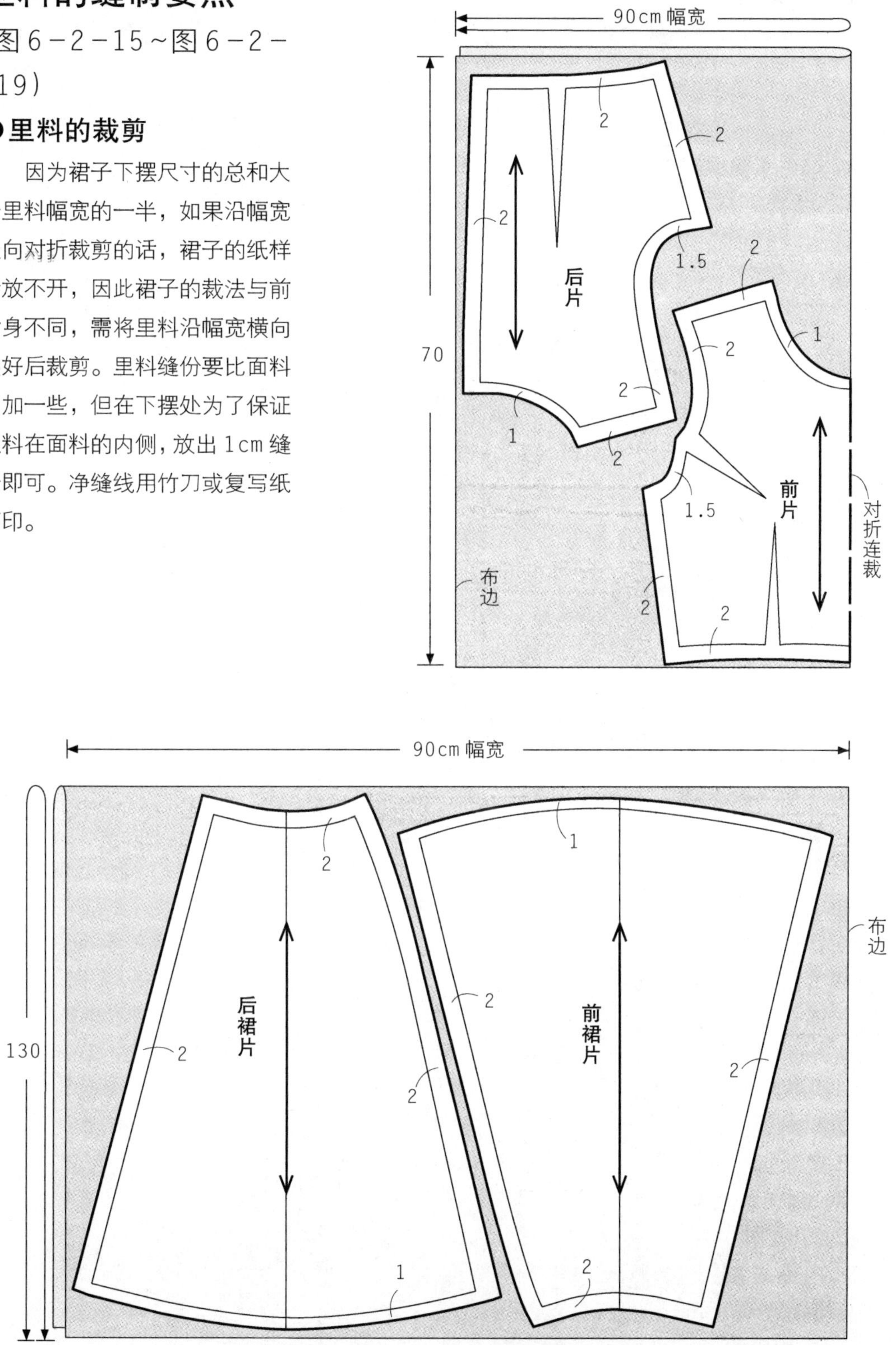

图6－2－15　里料裁剪图

●衣身里料的制作

衣身里料的后中心开口缝份从净缝线向内0.5～0.7cm处扣折。肩缝、腋下缝从净缝线向外0.3cm处用缝纫机缉缝，沿净缝线扣出0.3cm的活动量（这个活动量俗称“眼皮”），缝头倒向后身一侧。

●裙里的制作

在裙里后中心处，沿净缝线向缝头方向移0.3cm处缉缝，缝至离开口止点2cm止，沿净缝线扣烫出0.3cm眼皮，缝头倒向右裙片。在缝头侧离净缝线0.3cm处缉缝侧缝，沿净缝线扣折，缝份倒向后裙片。下摆卷边扣烫后用缝纫机缉缝或缭缝固定。

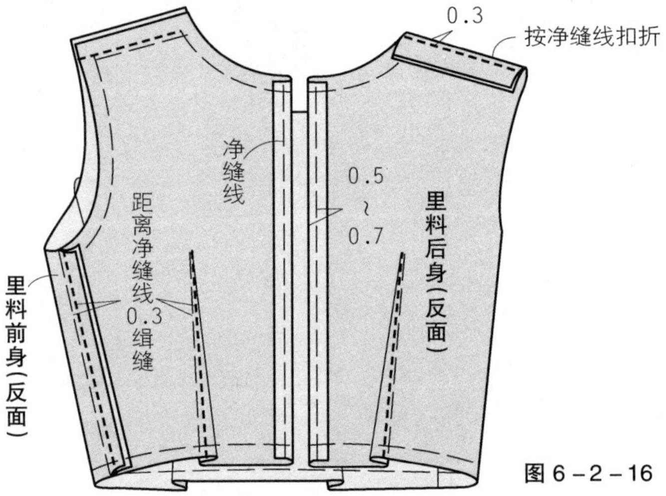

图6－2－16　衣身里料的制作

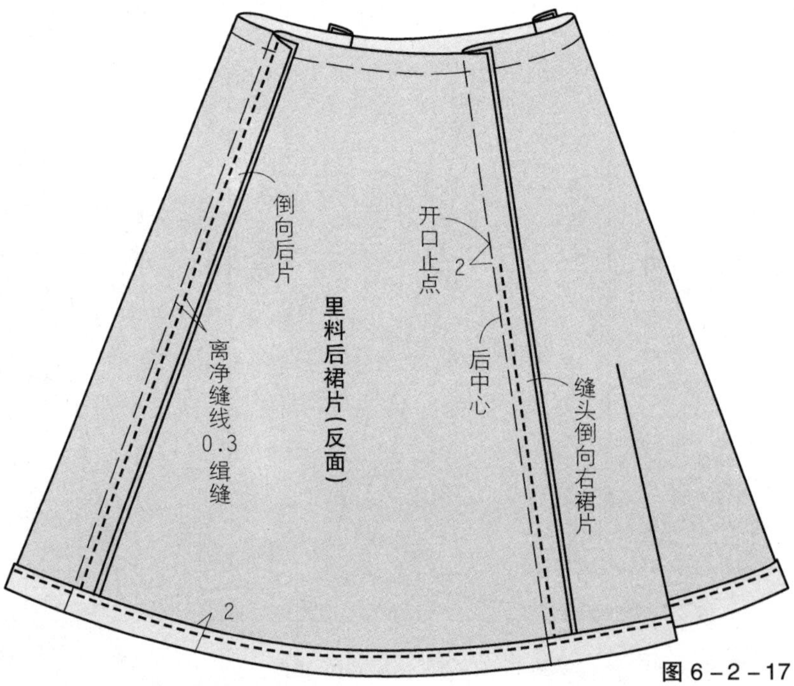

图6－2－17　裙里料的制作

●腰部接缝

里料的腰线缝合方法与面料相同。

①

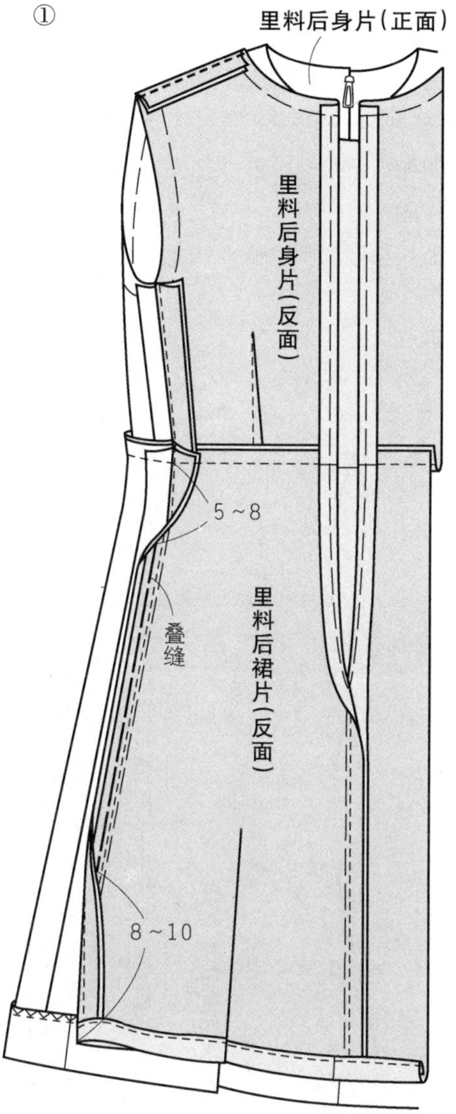

●叠缝面与里料

①如图所示将里料与面料对合，叠缝裙子的侧缝缝份。将里料的侧缝与面料的侧缝对合后用大头针固定，在里料的缝纫线迹的旁边用绷缝线大针脚固定。

②叠缝腰线。将面和里正面相对，腰线位置对合后在缝纫线迹的旁边绷缝固定。

②

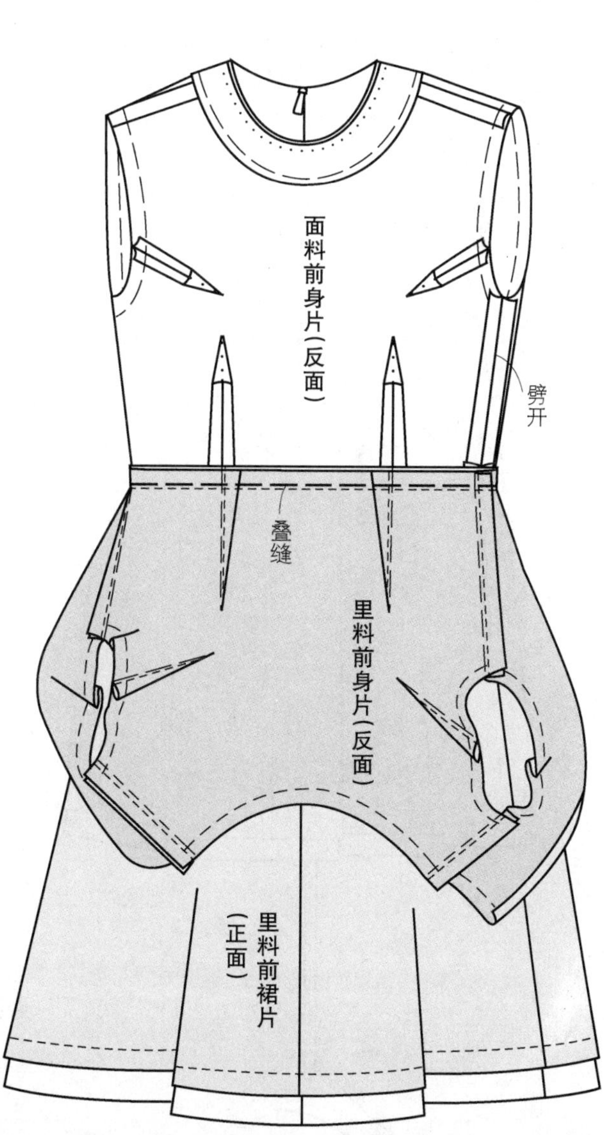

图 6－2－18　叠缝

●里料的处理

①将连衣裙里料朝外穿在人台上，让里料与面料较好地对合，在拉链、贴边、袖窿等处绷缝固定，将里料的缝份分别沿着贴边的净缝线、后中拉链齿牙内 0.5cm 处扣折好后固定。另外，袖窿处要从衣身面的净缝线位置，向缝份一侧移 0.2cm 处绷缝。

②缭缝贴边和后中心处的里料。为了防止后中心处的里料被拉链拉住，用星点缝固定。下摆用线袢固定。

绱袖时将覆了里料的衣身和袖片 3 层一起缝合。

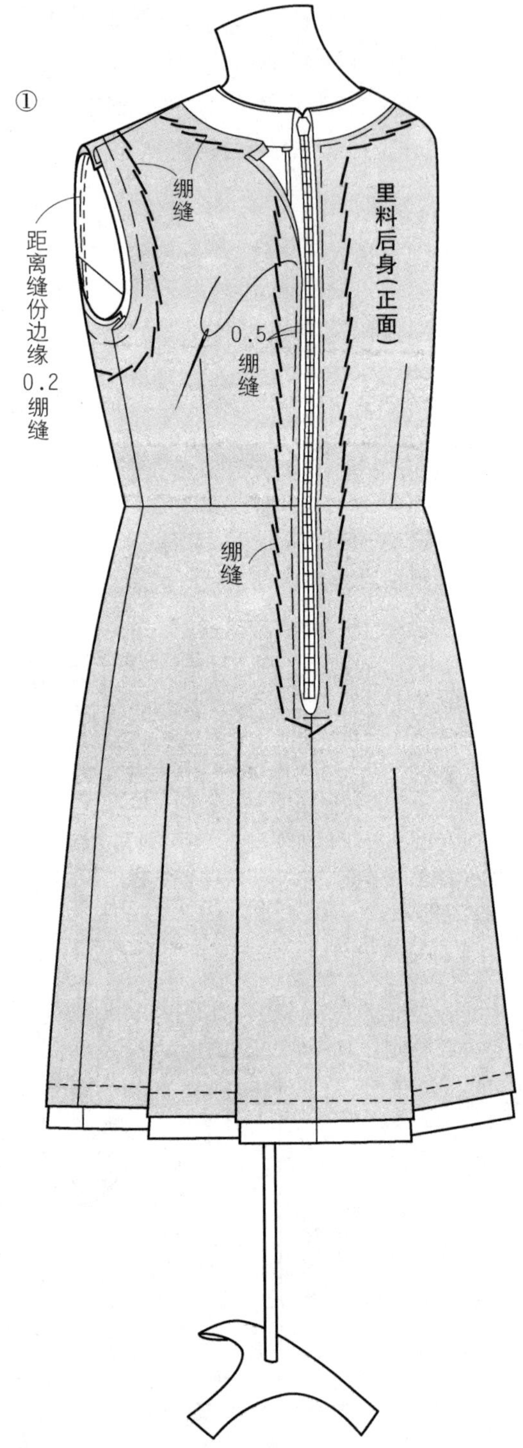

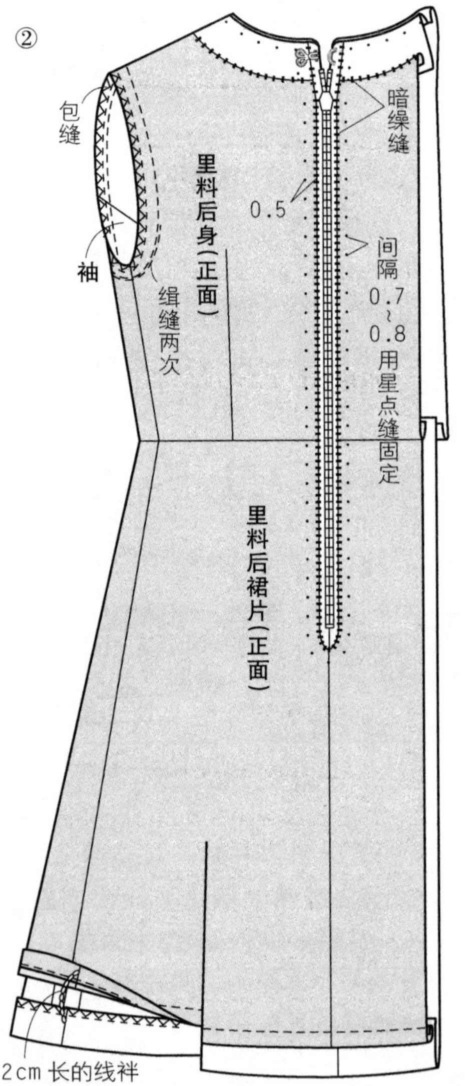

图 6－2－19　里料的处理

直筒型连衣裙

图 6－3－1　直筒型连衣裙

设计

这是直筒型的、简单的连衣裙，肩部育克分割线处收碎褶或叠褶，造型宽松，穿着舒适。设计的重点是立领及前面的门襟开衩，可通过明线宽度和纽扣的设计使连衣裙富于变化，或通过系腰带体现不同的穿着风格。该款式的面料选择余地较大，可选择从棉布到薄毛料等各种面料。

使用量

面　料：90cm 幅宽，290cm
　　（身长＋10cm）×2＋（袖长＋7cm）
　　140cm 幅宽，175cm
　　（身长＋10cm）＋（袖长＋7cm）
里　料：90cm 幅宽，230cm（袖子除外）
　　（身长＋10cm）×2
粘合衬：90cm 幅宽，60cm

作图（图 6－3－2）

●衣身

不收腰的直筒型连衣裙纸样需要将背长去掉 0.7～1 cm，此款式连衣裙由于后面有育克破缝，可在育克破缝线处将背长量减短。后肩省合并后转移至育克破缝线处，省量的 1/2 留在袖窿作为松量。后面的叠褶为 4cm，通常可根据设计及面料而定。前肩育克的宽度为 4～5 cm 左右。一般来说，前肩部的体型差异较大，如果

译者注　原著中此款式的前门襟开衩长度前后文不统一，但制作方法不受影响，请读者加以注意。

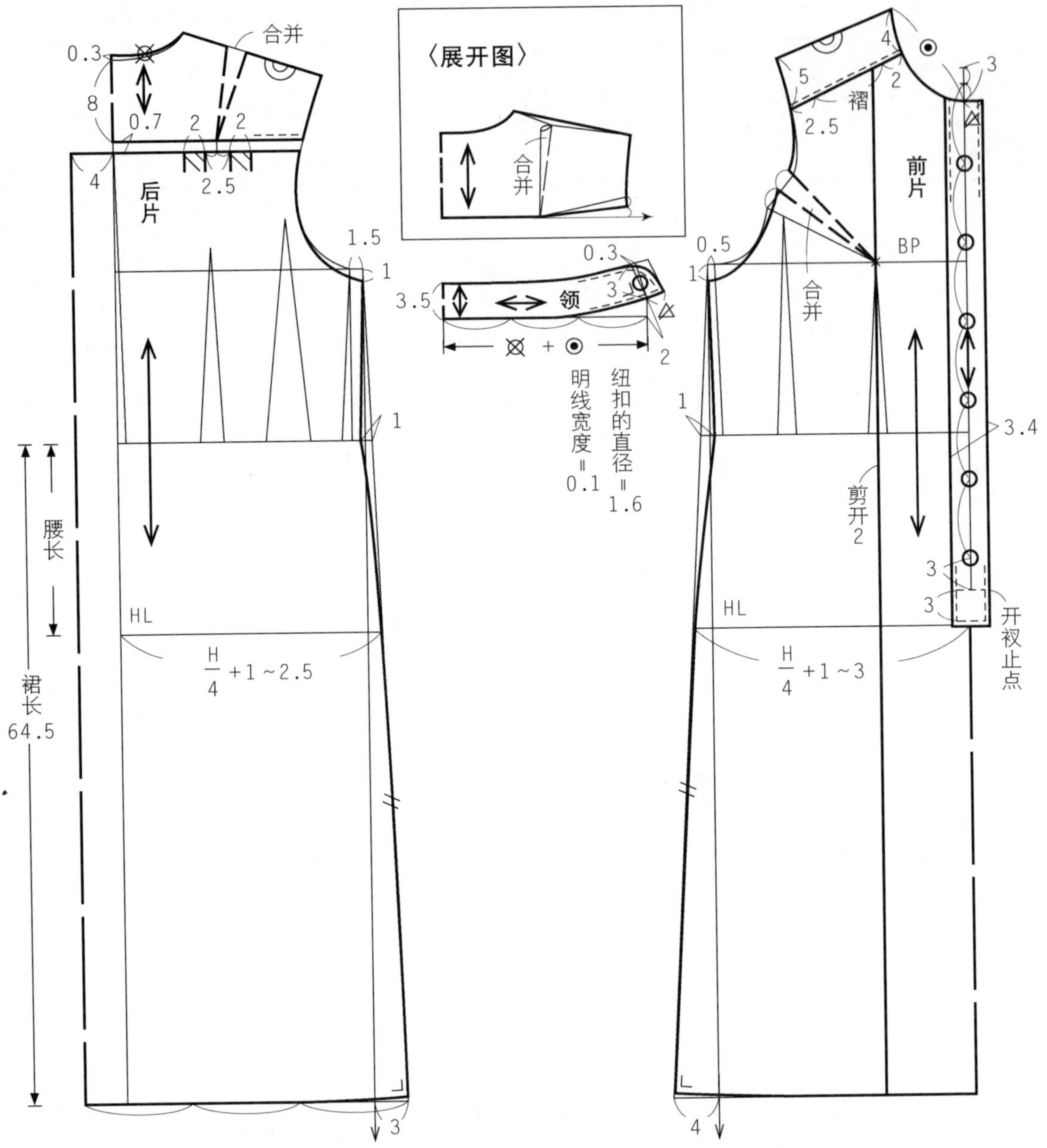

图 6－3－2(a)　作图

育克过宽的话，容易出现斜绺。因此，为了保险起见，育克肩最好不要过宽。

因为是直筒裙，所以下摆两侧的斜度不要过大。门襟的宽度和长度可以根据整体的设计和比例而定，还要考虑到开衩尺寸的大小应以穿脱自如为原则，开衩位置一般从腰线向下15cm左右。

如果将胸省在一处完全收掉，会显得过于集中。因此，可将胸省进行分散处理，一部分袖窿省转为碎褶，其余部分作为松量放在袖窿。

●领子

领子的前端要比后中心窄0.5cm左右。为了使领子的前端与门襟的上端呈垂直状态，要将领角上边剪掉0.3cm。

●袖子

为了绘制袖子，首先合并连衣裙后片的肩部育克纸样，再合并前胸省的1/2，并且前后片的侧缝线要对上，这样便可画出完整的袖窿弧线。接下来分别量取前、后袖窿的尺寸，用画袖原型的方法制图。袖子的悬垂追加量为2cm，后袖还要多出1cm。为了加强袖口的蓬松效果，袖下缝的弯势最好位于肘位线的上面。

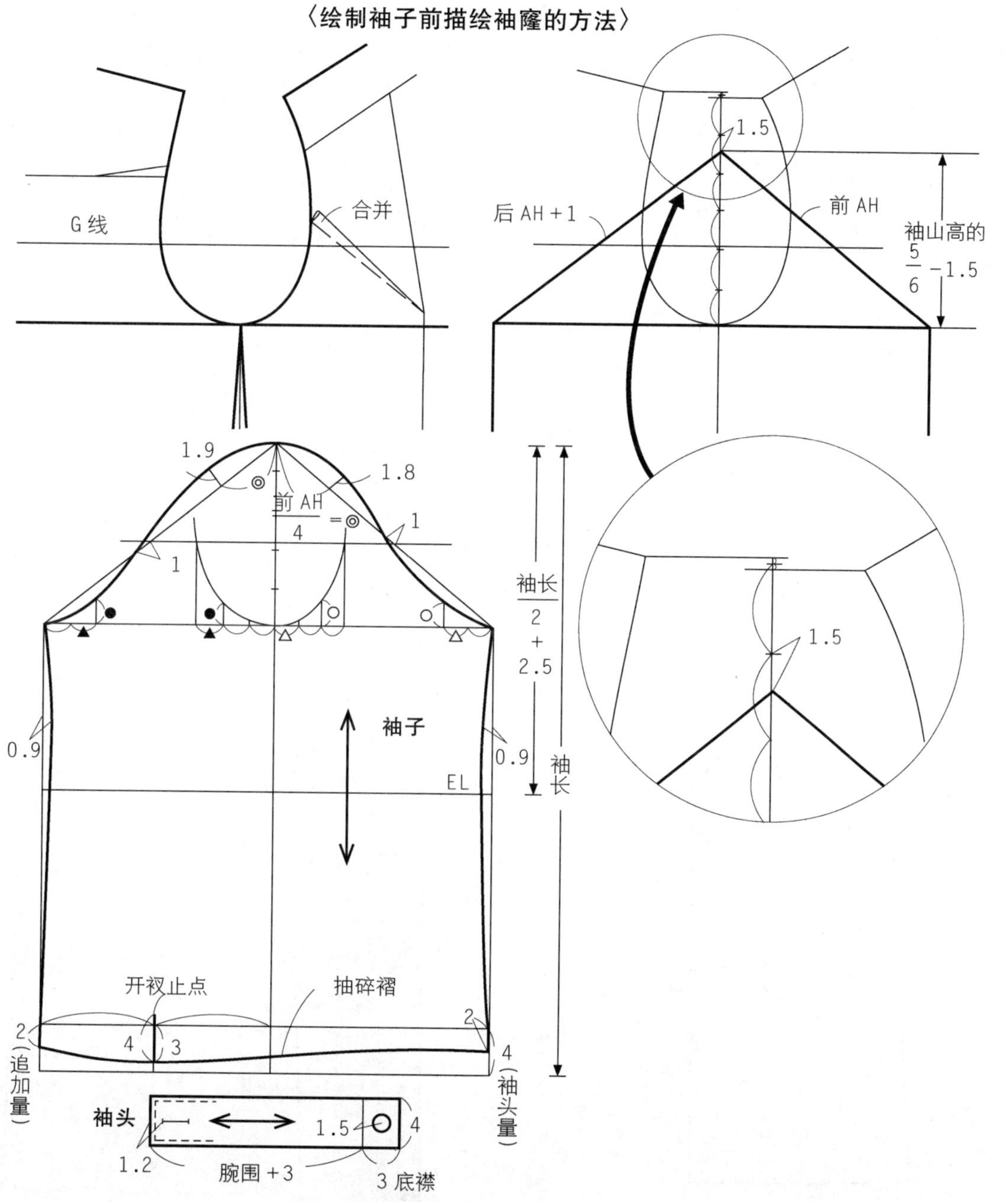

图6－3－2(b)　作图

制作纸样(图 6-3-3、图 6-3-4)

整理纸样,准备裁剪面料。为了连裁前后育克,将其沿肩线对接(图 6-3-3)。下一步先将前身的纸样剪开,平行拉开 2cm,再将袖窿的胸省转移至破缝线处,形成碎褶量,然后将育克破缝线画顺(图 6-3-4)。

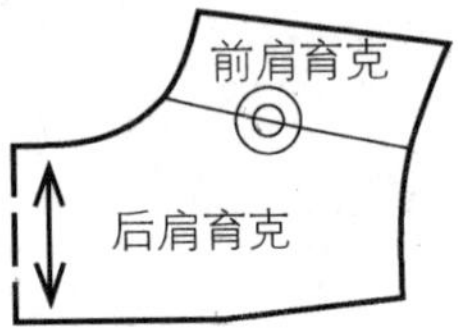

图 6-3-3　肩部育克的拼接方法

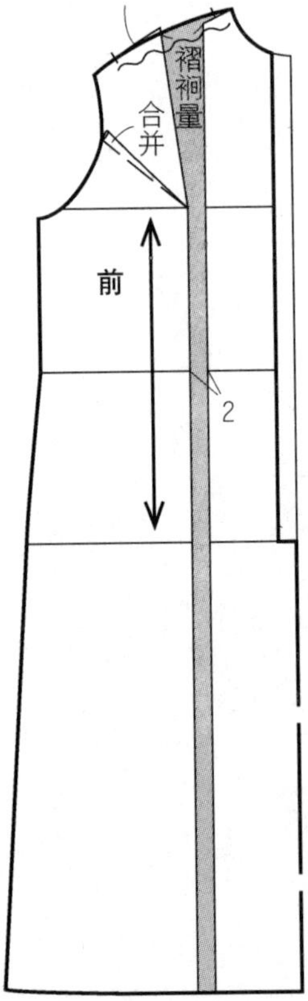

图 6-3-4　展开图

裁剪要点(图 6-3-5)

〈幅宽 90cm 的情况〉

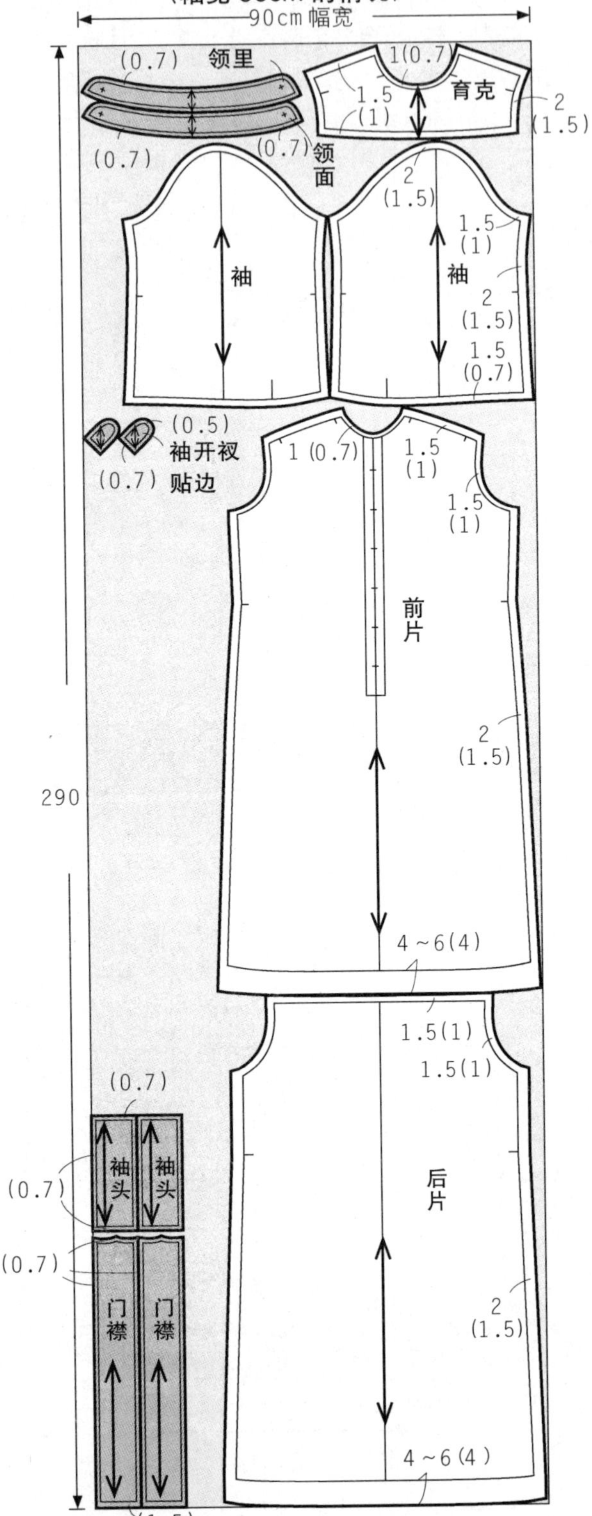

图 6-3-5(a)　裁剪图

●排料

门襟、领子以及袖头等一般在修改试样后裁剪，但必须预先确认纸样的摆放位置。如果使用条纹或方格等有花纹图案的面料，有时也可把育克、门襟及领面等裁成横丝或斜丝。如果图案需要对花时还需要预留更多的面料，在这种情况下，面料一般可多备一成(10％)。

容易脱丝的面料和背宽、肩宽等可能需要修正的部位要多留出一些缝份。但是，如果领围和袖窿下面的缝份太大，试样时会出现皱褶或打绺儿等现象，从而影响到修改，因此缝份不要留得过多。做标记时，棉布面料可用小竹板或复写纸拓画，毛料等带里衬的情况下可采用打线钉的方法。

〈幅宽 140cm 的情况〉

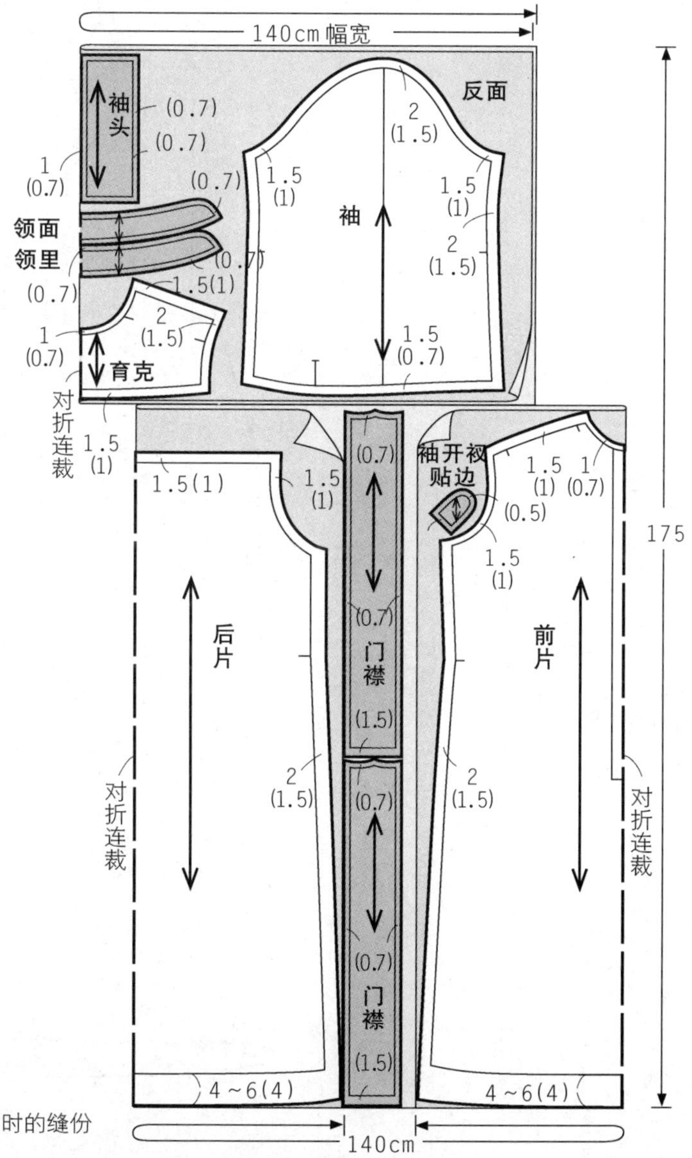

图 6－3－5(b) 排料图

假缝(图 6－3－6～图 6－3－8)

为了试样并进一步探讨合体与否以及确认设计方案，应当进行假缝。假缝的时候，一般将面料对合后用一根绷缝线缝合，但在缝合比较宽松的部位或承受力不大的腋下缝及袖下缝时，可沿净缝线扣折后在正面绷缝。下表为假缝顺序表。领子、门襟及袖头等处一般使用坯布，但与衣片的色差太大时，有时会因错视现象而影响对尺寸大小的准确判断。因此，尽可能选择与连衣裙色调接近的面料，或者在面料十分宽裕的情况下最好使用同一面料。

假缝顺序表

(1)	绱门襟
(2)	缝肩部育克
(3)	缝腋下缝
(4)	固定下摆
(5)	制作领子、绱领子
(6)	缝合袖子
(7)	绱袖子
(8)	钉纽扣

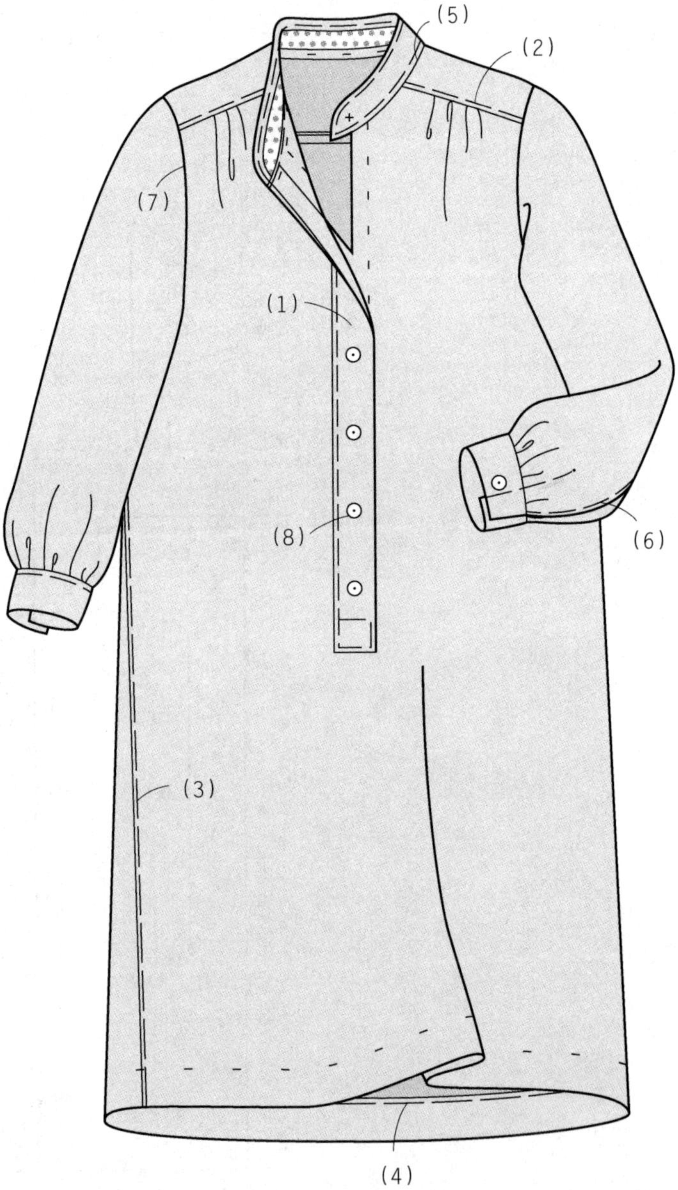

图 6－3－6　假缝顺序

●绱门襟

如图 6－3－7 ①所示用白坯布准备门襟，并如图 6－3－7 ②所示，在衣片的前中心线处打 12～15 cm 的剪口以使头部能顺畅地通过，然后将门襟绷缝扣压在衣片上。

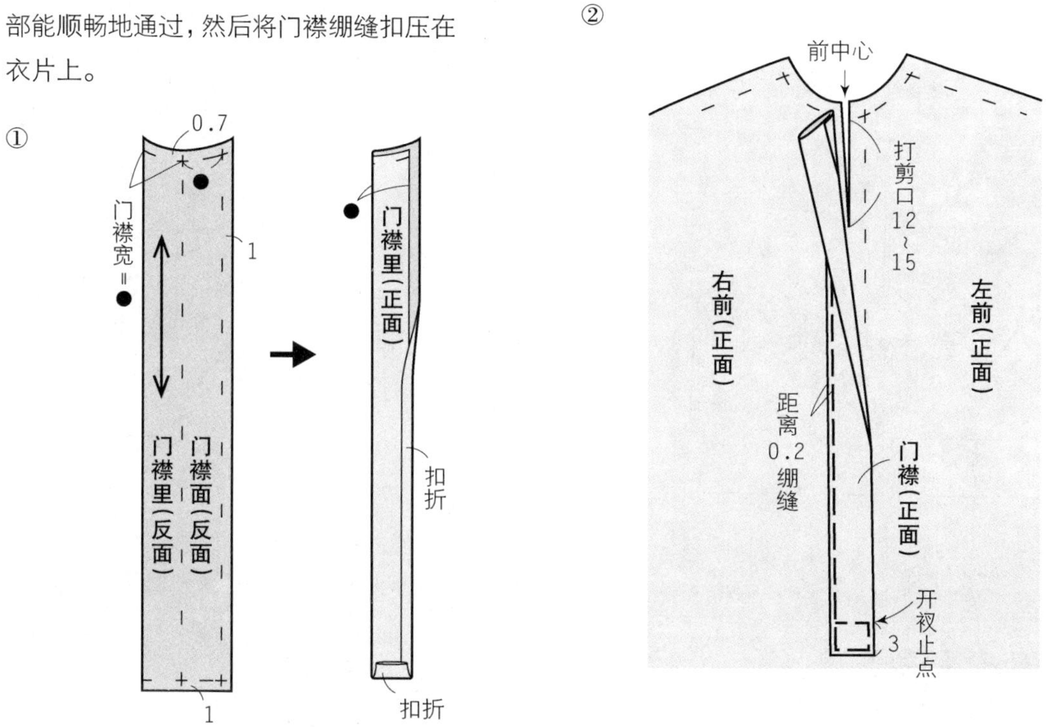

图 6－3－7　绱门襟

●缝合育克

把收好碎褶的衣片与育克缝合，缝份倒向育克一侧，并在正面绷缝固定。

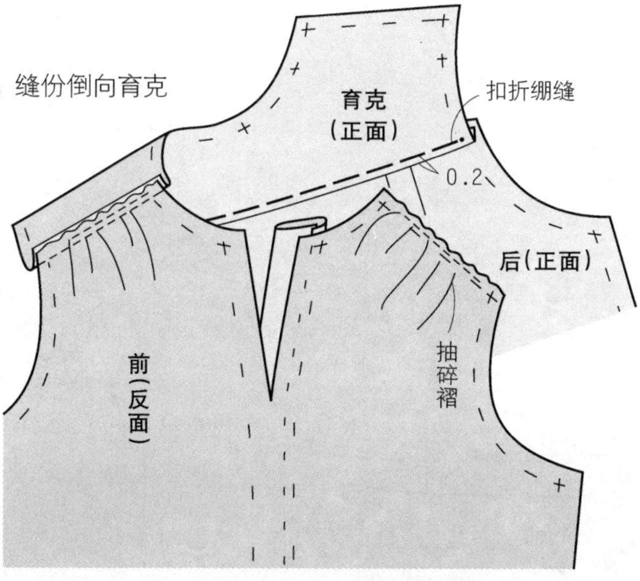

图 6－3－8　缝合肩部育克

●缝腋下缝、固定下摆(图 6－3－9)

沿净缝线将前片的腋下缝线扣折好，与后片的净缝线对齐后绷缝固定。然后将尺子或厚纸等插入后片与缝头中间,以便于假缝。下摆也按净缝线扣折绷缝。

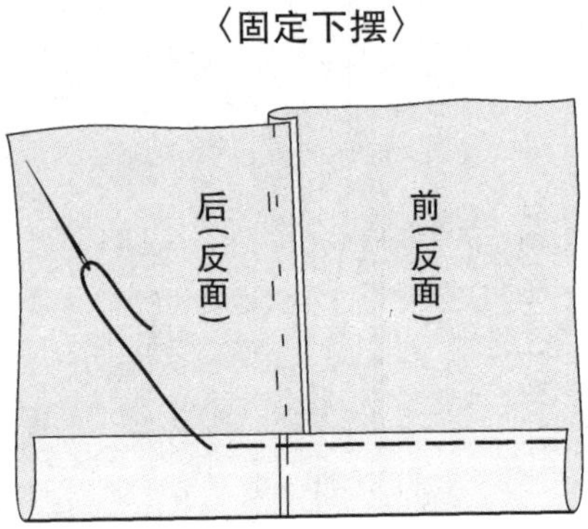

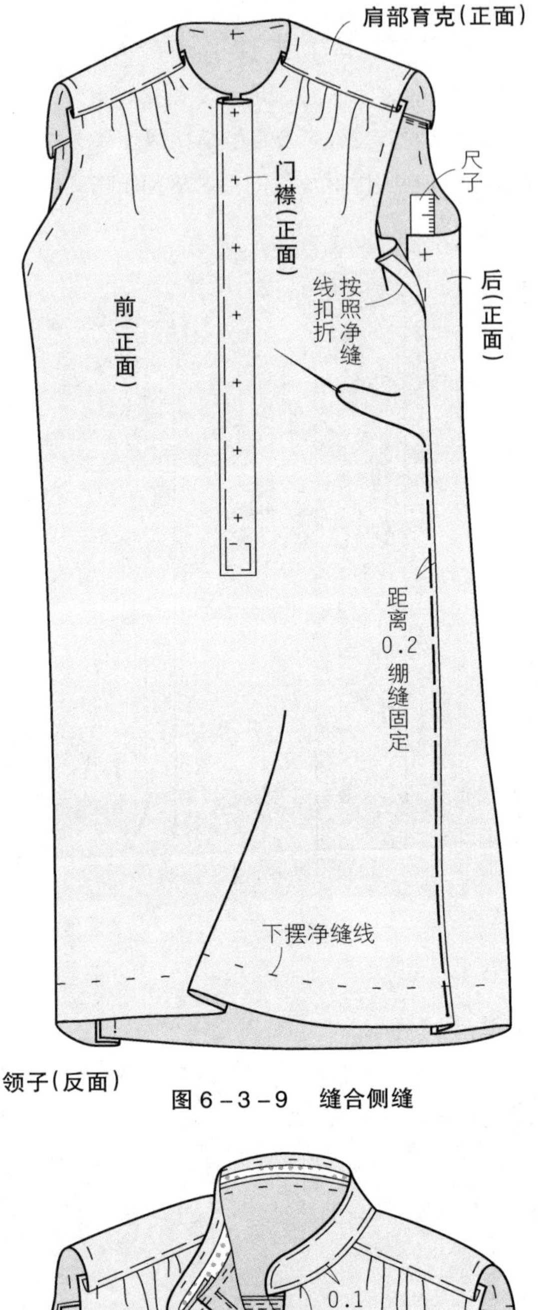

图 6－3－9　缝合侧缝

●做领子、绱领子(图 6－3－10)

为了使领子挺实，首先在反面贴上一层粘合衬，并用熨斗将周围的缝份扣烫。对齐后中心、前端之后绷缝固定。

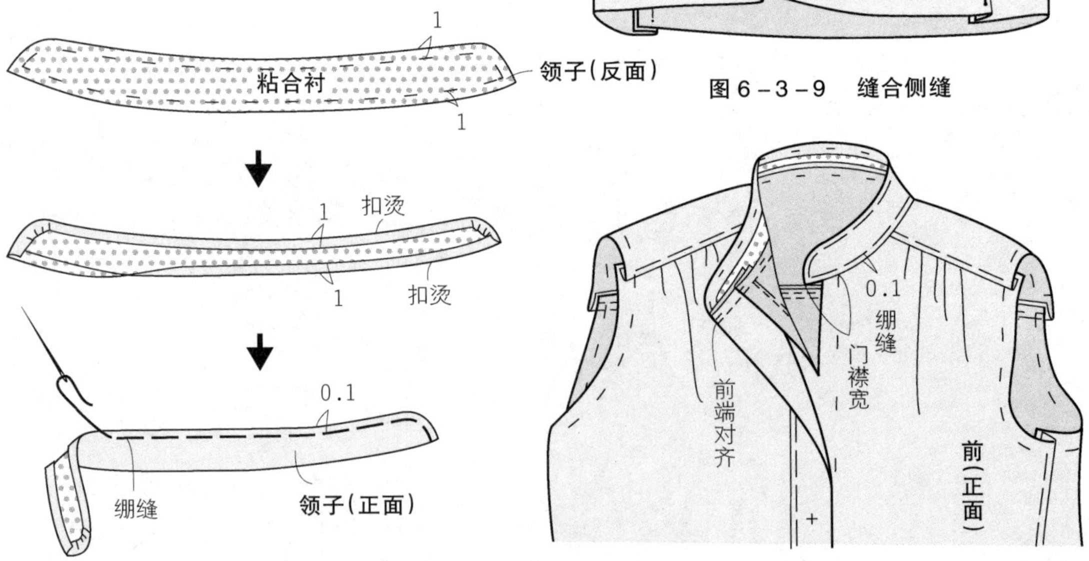

图 6－3－10　做领子、绱领子

●做袖、绱袖(图 6－3－11)

①如图所示，把袖头对折用熨斗扣烫。

②将后袖下缝按净缝线折叠好，与前袖下缝的净缝线对齐后绷缝固定，袖口一端留出 4cm 不缝。假缝时在袖口开衩部位用缝线做标记，留待试样时检查这个位置合适与否。

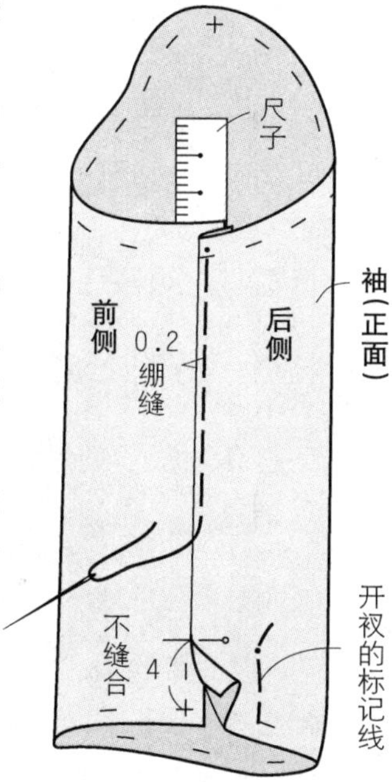

③把袖头固定在收好碎褶的袖口线上。为了确认开衩的位置，将纽扣钉在制图时画好的位置上。袖山部分用拱针缝好吃缝量。

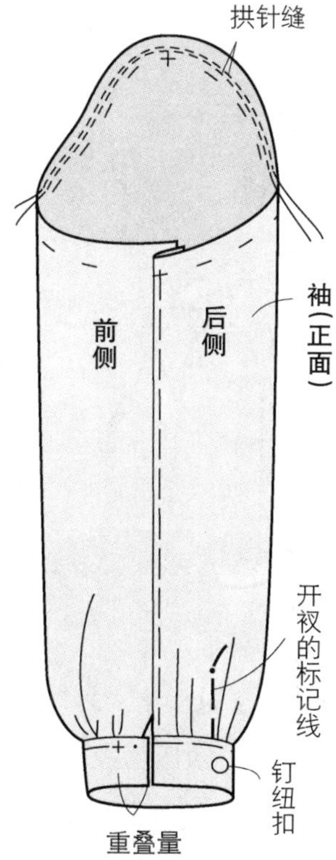

④绱袖时先将对位记号对合，用一根线在袖侧平针缝合。

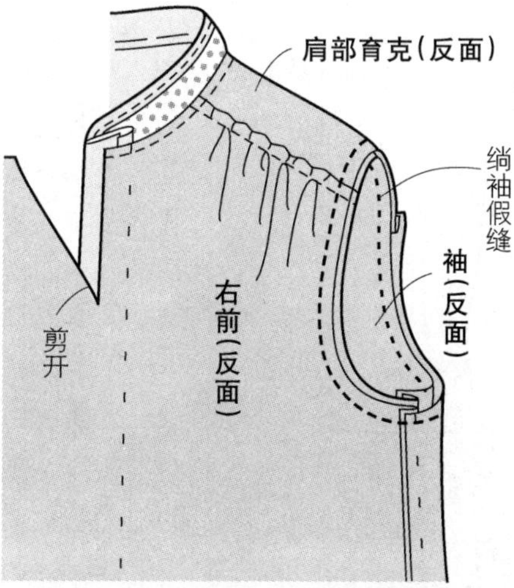

图 6－3－11　做袖、绱袖

试穿补正

假缝后进行试样。下面对直筒型连衣裙容易出现的问题进行说明。

●补正例 1　侧缝靠前、前下摆上翘

原因　常见于挺胸凸臀体型或胸部比较扩张的体型。

补正　让腋下缝线偏于垂直，降低前片的袖窿深，在后片去掉同样的长度，并调节后片腰线的对位点(图 6－3－12)。

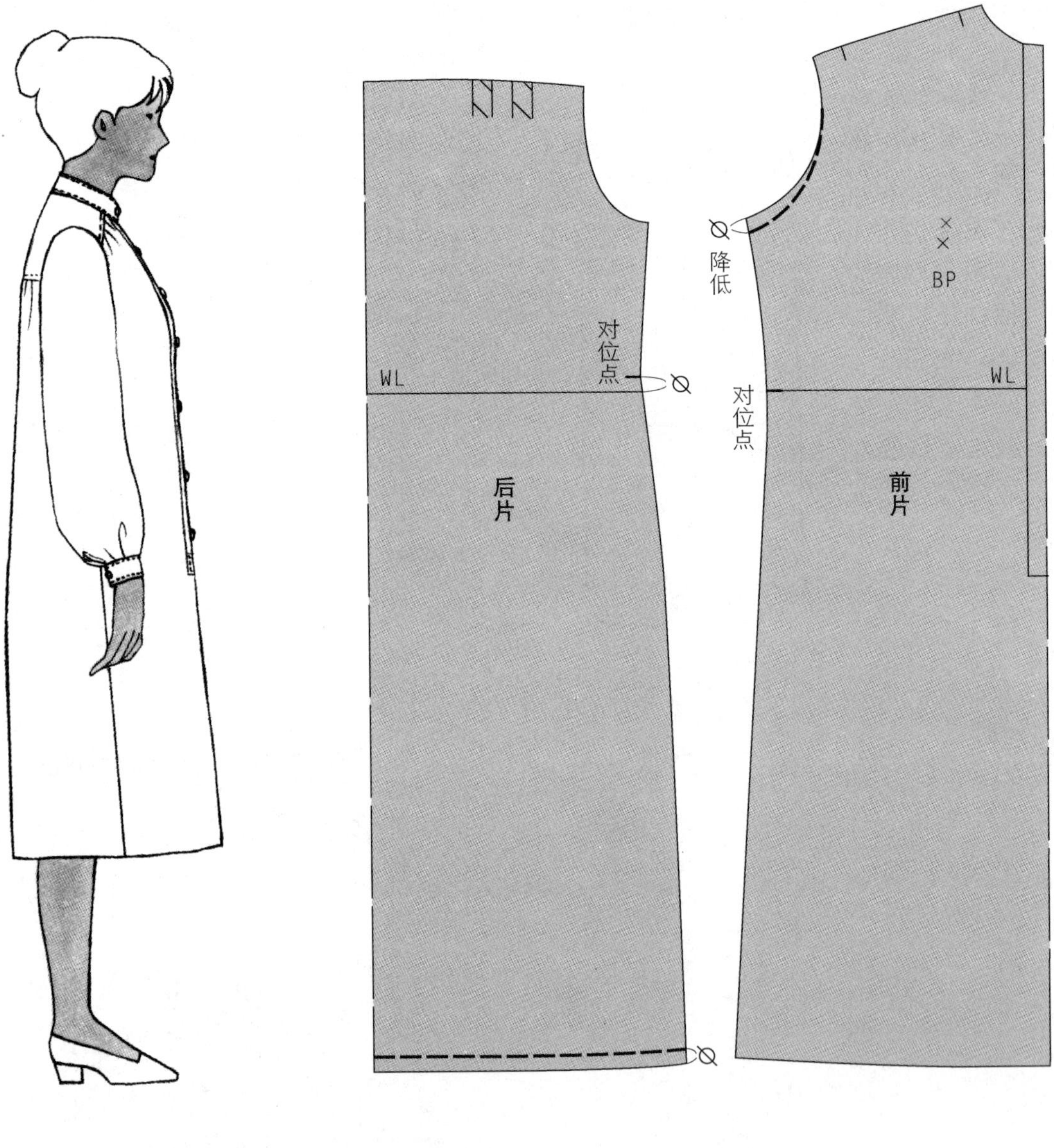

图 6－3－12　补正例 1

●补正例 2　肩外侧出绺

原因　常见于肩部向前弯或肩厚的体型。

补正　通过加长肩外侧的长度进行修正。纸样的操作如图所示，将肩线位置剪开加入厚度量，从而减少肩倾斜度(图 6－3－13)。

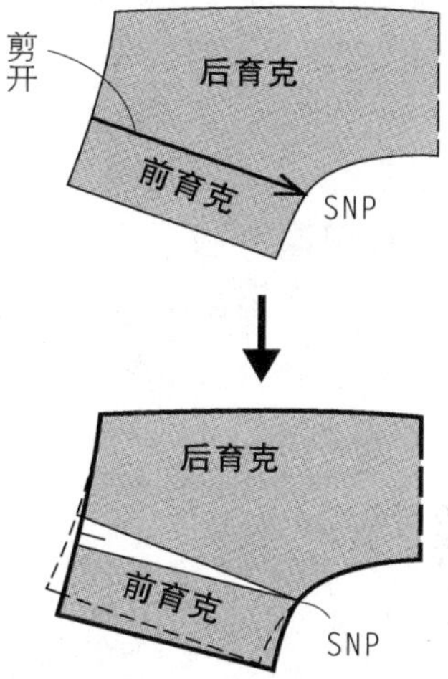

图 6－3－13　补正例 2

●补正例 3　颈侧点出绺、前摆起吊

原因　后领口弧线的长度不够。

补正　剪开肩线在颈侧点追加后领弧线的长度(图 6－3－14)。

图 6－3－14　补正例 3

缝制要领（图 6－3－15～图 6－3－22）

为了井然有序地开展工作，合理有效地穿插机缝和手工制作是十分重要的。在此分别介绍前后衣片、领子及袖子的制作。本书第 277 页的《缝制顺序表》依照先后顺序归纳了各个部件同步进行操作的工序。对于缝制应养成良好的习惯，先制作一个合理的工序表，再据此进行正式缝制，这样能使效率得以提高。

●正式缝制前的准备

裁剪门襟、领子、袖头及袖口开衩的贴边，并裁剪袖头、门襟及领面的粘合衬。

●缝制衣身的门襟开衩

①在门襟面的反面贴上净尺寸的粘合衬，待绱缝好门襟后，剪掉衣片上门襟部位的多余的缝份。

②将门襟布对准衣片上绱门襟的位置后进行机缝，缝合止点用打回针缝好。留出 1cm 的缝份，然后修剪掉前中心位置不要的面料，在缝合止点位置的前衣片缝份上打剪口。右门襟里下端的缝份也要按示意图修剪掉。

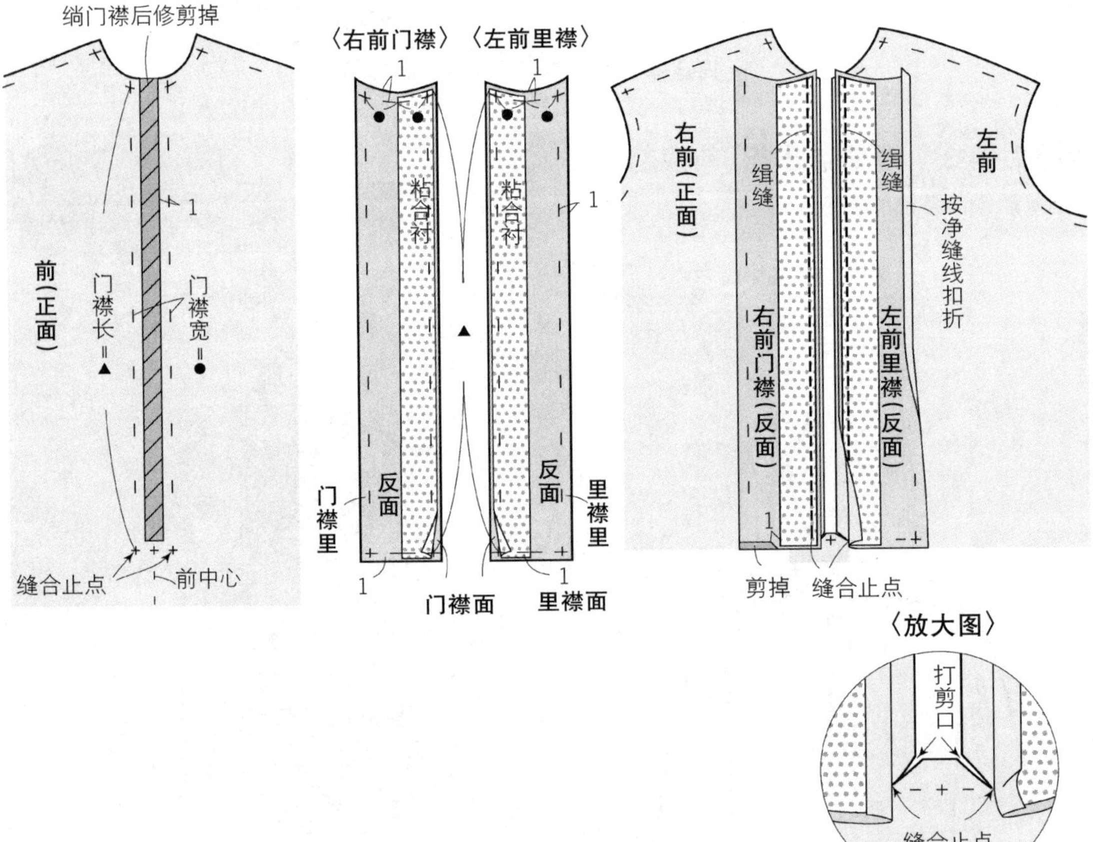

图 6－3－15(a)　缝制门襟开衩

③按净尺寸将左里襟扣折并整理好，下端打剪口后翻向里面,然后在两侧的边缘缉明线。

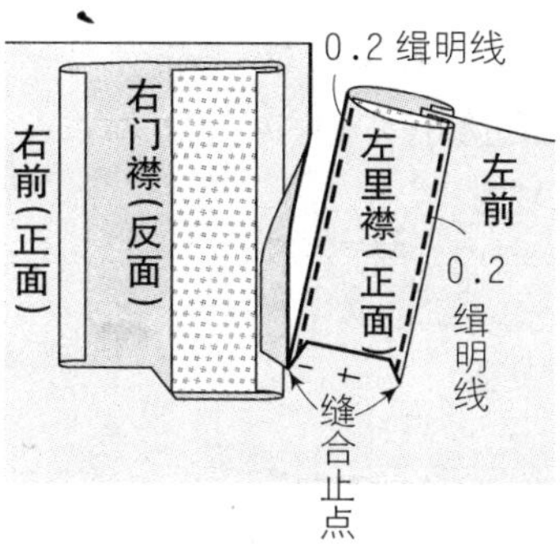

④整理并扣折好右门襟，然后从正面缉明线至开衩止点以下 0.5cm。最后整理右左门里襟的下端,暗缭缝固定缝份。

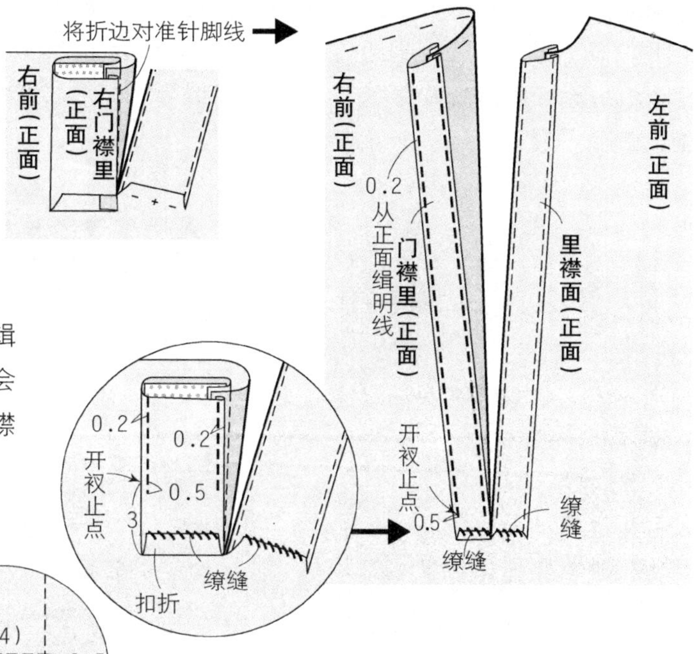

⑤准确地将门襟、里襟重叠在一起,缉明线固定开衩下端，上方的明线会重叠 0.5cm 左右,要漂亮地与门襟明线连为一体。

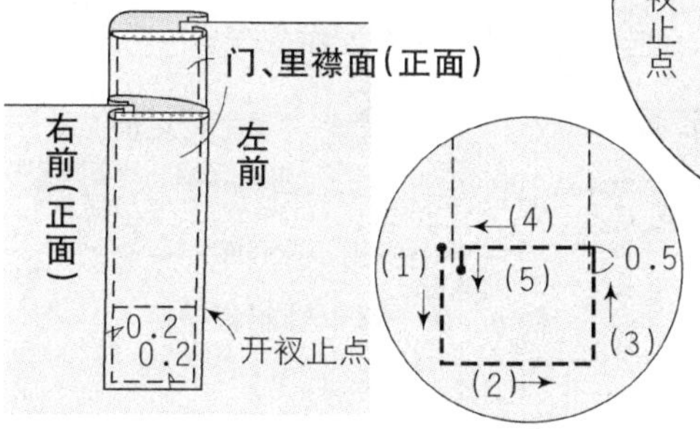

图 6－3－15(b)　门襟开衩的制作

●接缝育克

首先在前衣片收碎褶，后衣片打褶，然后用熨斗将收好碎裥的蓬松缝份熨烫服帖；其次，把衣片和育克的正面对合后在反面进行缝合，将缝份倒向育克一侧，两片缝份一起包缝，最后从正面缉缝 0.2cm 的明线。

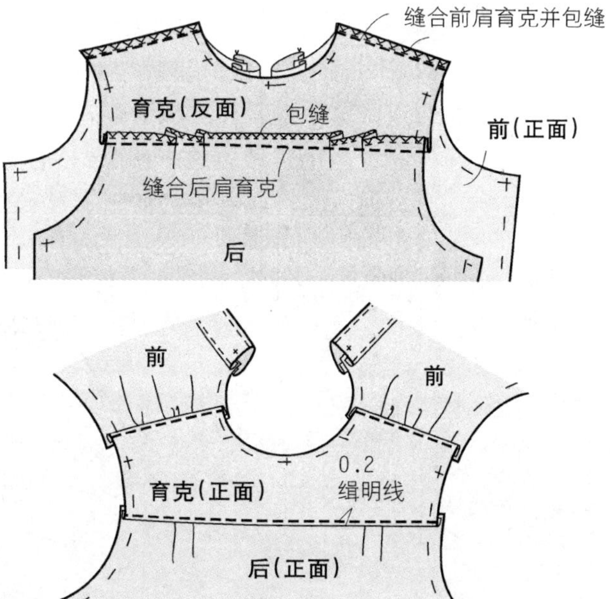

图 6－3－16　接缝育克

●缝合腋下缝、处理下摆

对合前后片腋下缝线后进行缝合，把两片缝份一起包缝处理，然后倒向前衣片一侧。若是毛料的话，缝份分别包缝、劈缝处理。下摆先包缝，再按净缝线扣折好后暗缲边固定。如果是薄面料的话，也可采取把底边折进 0.5cm，缉缝或缲缝固定的方法。

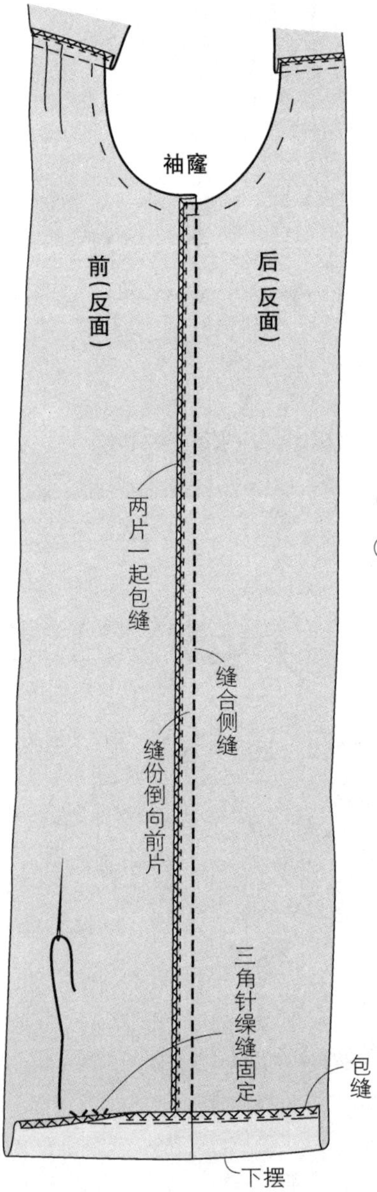

图 6－3－17　缝制侧缝、处理下摆

●缝制领子

①在领面的反面贴上粘合衬。由于缝份的重叠，领角会变得较厚，因此要事先修剪掉领角的粘合衬，把领里与衣片缝合的一侧按净缝线扣折好后缉缝固定缝份。

②将领面与领里的正面相对后缉缝领外口。把缝份上打剪口后翻至正面，整形。

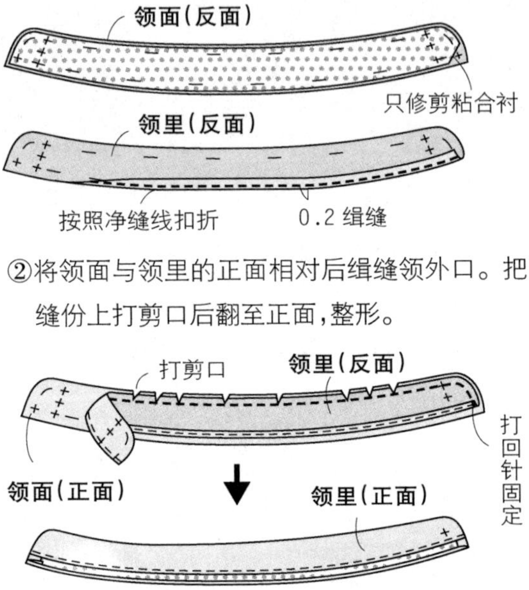

图 6－3－18　缝制领子

●绱领子

①将领面与衣片的绱领线对合后机缝。缉缝前要确认后中心、领子的前端等处是否已很好地对合，尤其应注意的是领角一定要与门襟的上端保持垂直，漂亮地连接在一起。最后把领口线的缝份掀开后机缝，绱领子便漂亮地完成了。

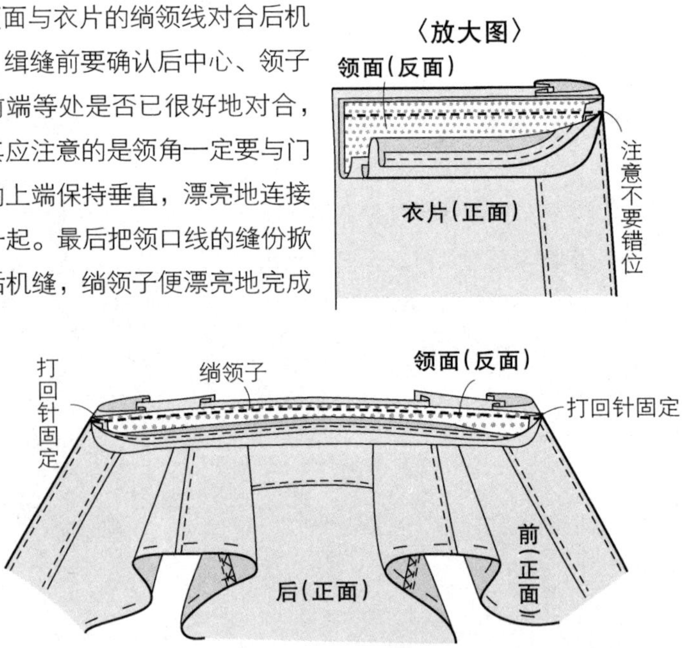

图 6－3－19(a)　绱领子

②整理绱领后的缝份，并遮住绱领缝线后缭缝固定。

③为了与门襟形成一体，在领面侧缉明线。

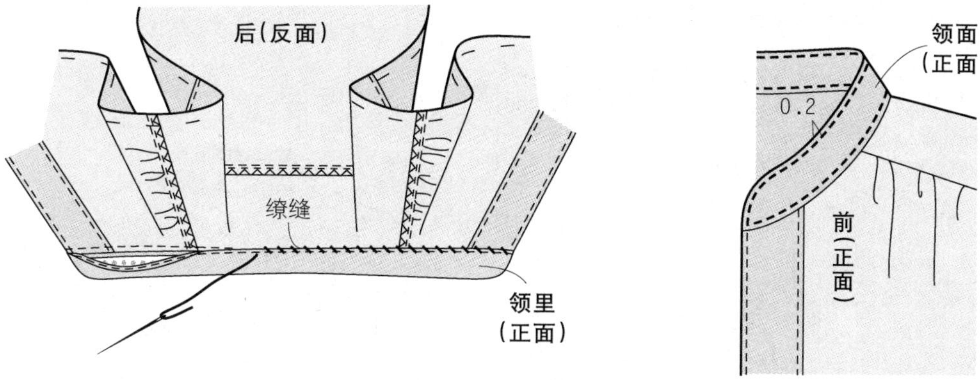

图 6－3－19(b)　绱领子

●缝制袖子

①袖口开衩利用贴边缝合翻扣后制成。如果是毛料的话，最好将贴边的周围包缝。缝制袖口开衩等左右对称的部件时，一定要同时进行，这样可以避免做成同一方向，防止返工。

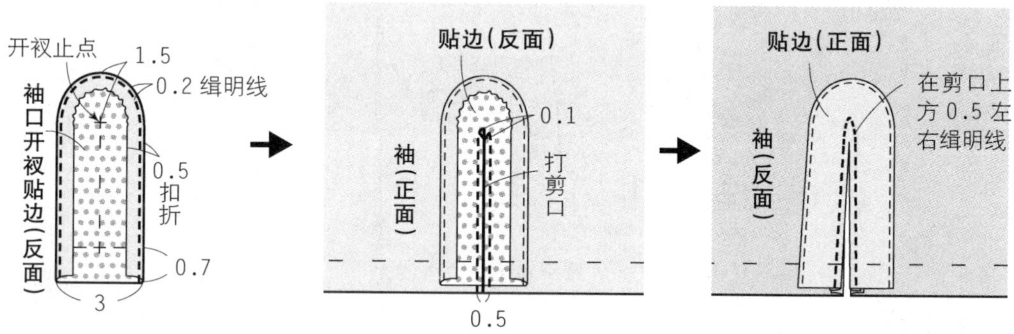

②将袖下缝正面对对缝合后缝份边缘一起包缝，缝份倒向前袖一侧。若是毛料，则先包缝，然后劈缝处理。

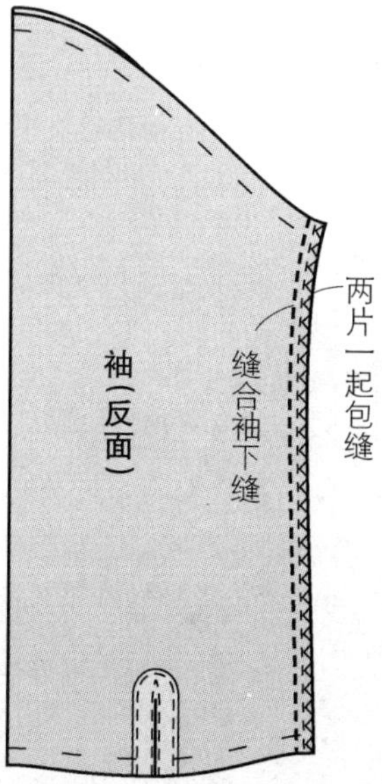

③缝制袖头。在反面贴上粘合衬，袖头里或使用布边或折叠边缘缉缝做净。接着缝合两边，然后翻至正面整形。

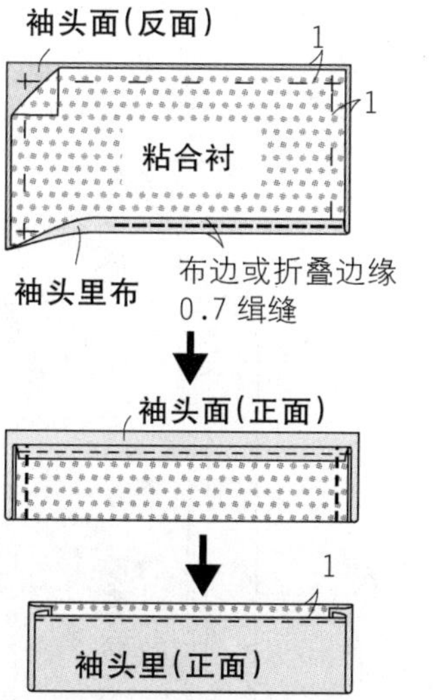

图 6－3－20(a)　缝制袖子

④袖口收碎褶后与袖头正面相对，在内侧缉缝。起止缝时都要打回针。

⑤缝份倒向袖头一侧，将袖头里沿缉缝针脚缲缝固定，然后在袖头四周缉明线。

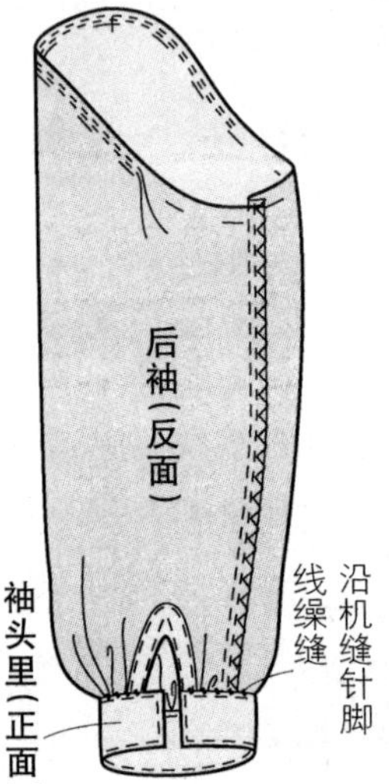

图 6-3-20(b)　缝制袖子

●绱袖子

对好缝合标记后机缝绱袖，然后将两片的缝份一起包缝处理。

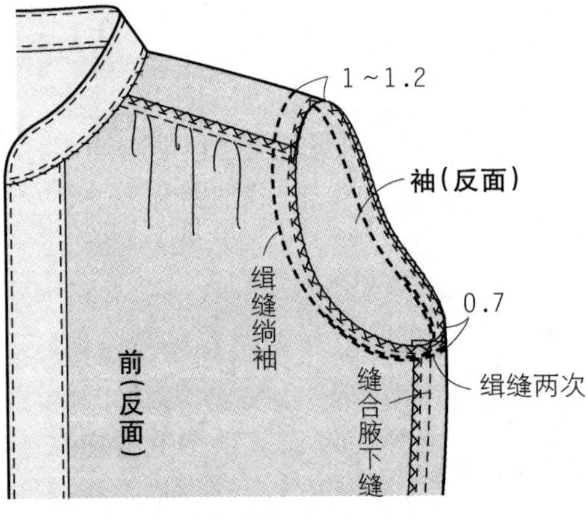

图 6-3-21　绱袖子

●整理、成型

整理线头等，锁扣眼、熨烫、钉扣。

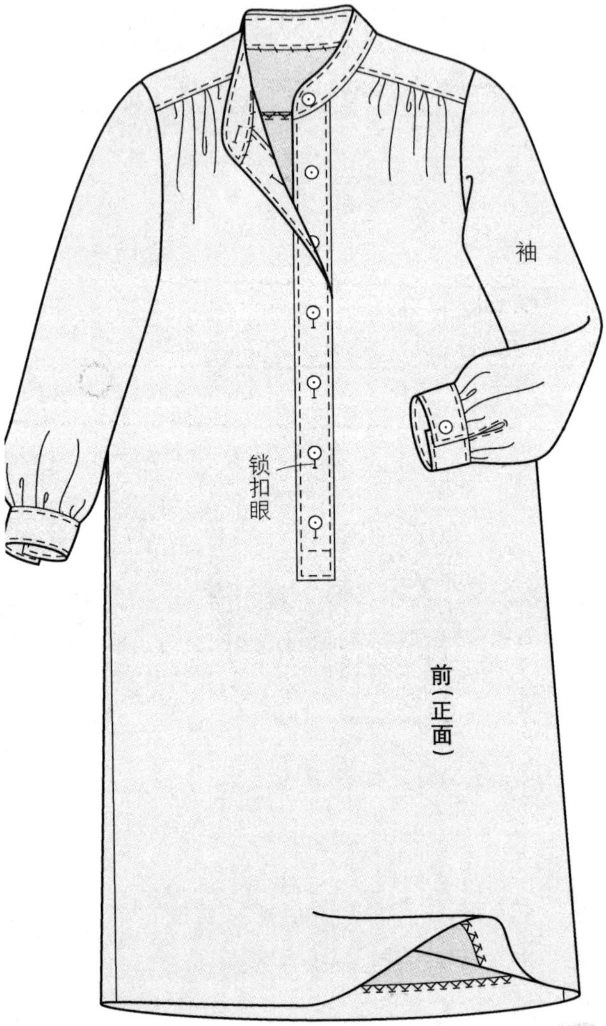

图 6-3-22　整理、成型

单层直筒裙缝制顺序表

工序		前后衣片	领　子	袖　子
准备工序	手工	•门襟贴粘合衬	•领面贴粘合衬	•袖头贴粘合衬
	机缝	•腋下缝、下摆、育克缝、袖下缝包缝		
	手工	•熨折门襟	•烫折里领绱领线一侧 •绷缝领外口	•烫折袖头面绱袖一侧 •烫折袖头的连折线
第一工序	机缝	(1)绱门襟	(2)缝制领外口	(3)缝袖头两端 (4)缝制袖口开衩贴边
	手工	(5)剪掉衣片门襟位置的缝份 (6)门襟整形 (7)在育克分割线位置收碎褶、打褶	(8)熨烫领外口，翻至正面整形	(9)在袖开衩处打剪口，整理贴边 (10)把袖头翻至正面，熨烫整形
第二工序	机缝	(11)左前片里襟缉明线 (12)右前片门襟缉明线		(13)在袖开衩周围缉明线 (14)缝合袖下缝
	手工	(15)整理门襟宽，缲缝下端的缝份		(16)熨烫袖下缝缝份 (17)袖口收碎褶
第三工序	机缝	(18)在门襟开衩止点位缉明线 (19)缝合前后育克		(20)绱袖头
	手工	(21)把育克的缝份倒向育克一侧		(22)缲缝固定袖头里
第四工序	机缝	(23)前后育克缉明线 (24)缝腋下缝		(25)缉袖头明线
	手工	(26)熨烫腋下缝 (27)绷缝领面的绱领线		(28)整理袖山吃缝量
第五工序	机缝	(29)缉缝绱领线		
	手工	(30)缲缝固定领里 (31)绷缝袖子		
第六工序	机缝	(32)在领子上缉明线 (33)绱袖子 (34)对绱袖的缝份包缝		
	手工	(35)熨烫绱袖的缝份 (36)折叠下摆并缲缝固定		
第七工序	机缝	(37)锁扣眼		
	手工	(38)熨烫、整形 (39)钉纽扣		

带里衬连衣裙的缝制要点
（图 6－3－23～图 6－3－27）

这里介绍衣身加里衬、袖子不加里衬的缝制要领。

●裁剪里衬

领口和袖窿的缝份要比面料多留出一些。因下摆比面料短 2～3cm，所以缝份留 1cm 为宜。肩部育克有时可裁成纬纱（图中为虚线表示）。标记可使用小竹板或复写纸来完成。

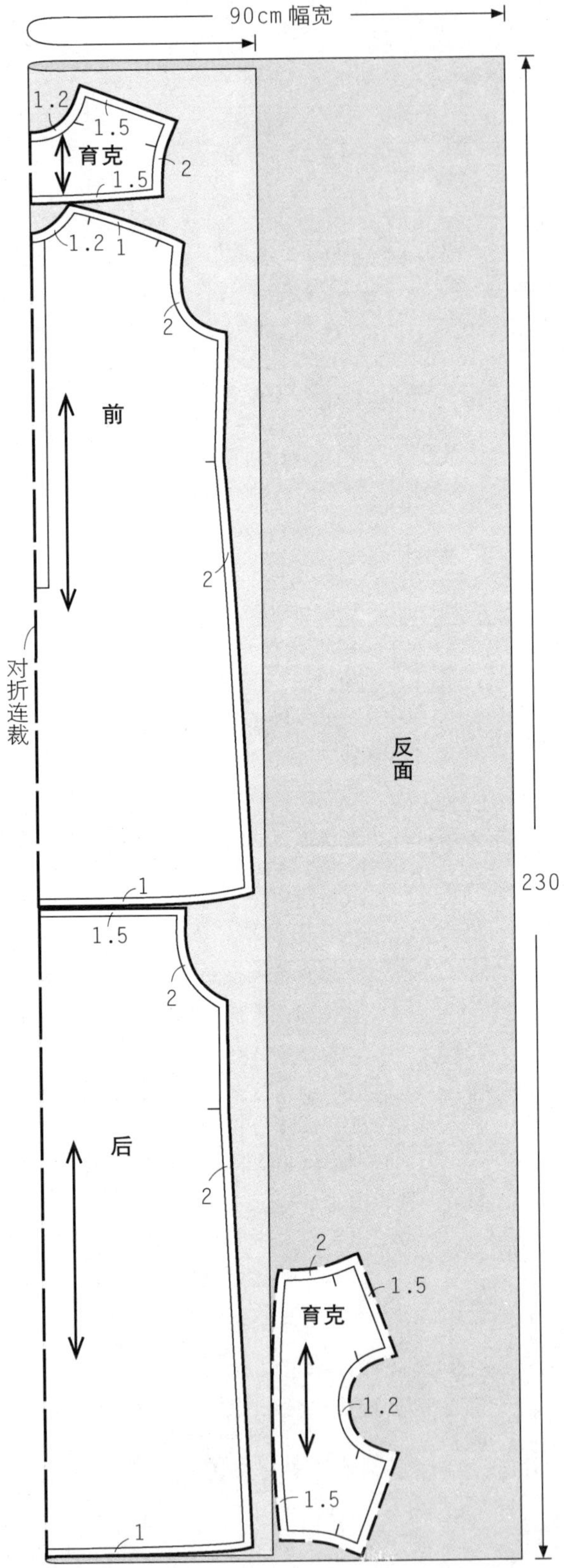

图 6－3－23　里衬裁剪图

●缝制门襟开衩

将门襟、里襟面缝到衣片上并劈缝。整理门襟、里襟的宽度，门襟、里襟的里料缝份不用扣折，铺平放置在门襟、里襟面料的劈缝缝份上，并从正面沿净缝线绷缝固定，上端由于要绱领子所以不固定。分别缭缝固定门襟、里襟的下端，绱好领子后再缉明线。

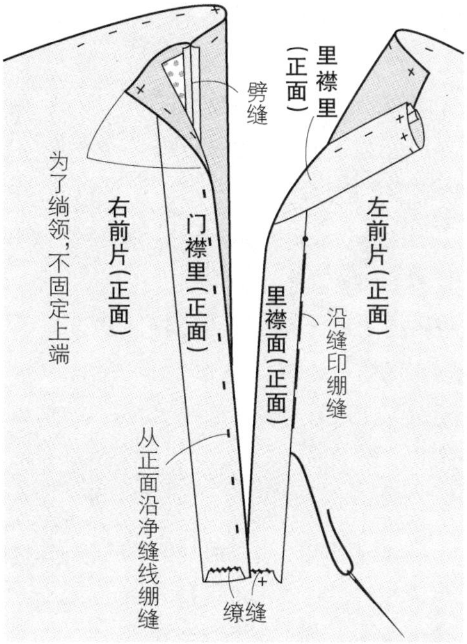

图 6－3－24　缝制门襟开衩

●绱领子

①将领面和衣片正面相对，沿绱领线进行缉缝。这时注意要对准左右的门襟、里襟。

②在绱领的缝份上打剪口后劈缝，然后按净缝线折叠好门襟、里襟的上端。

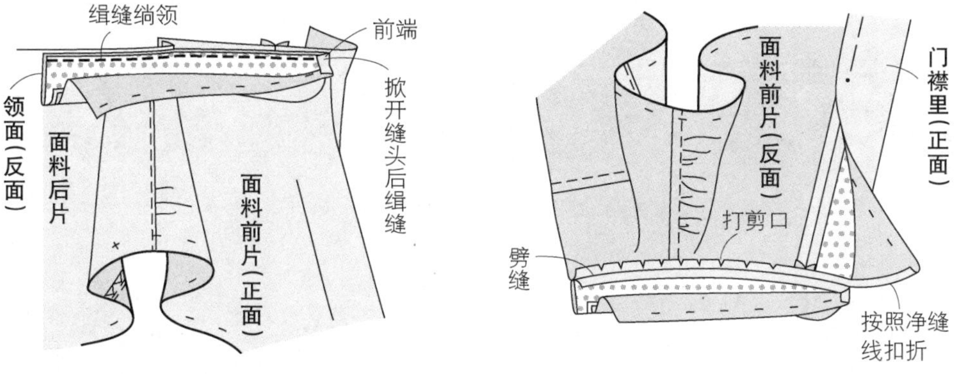

③1、2整理门襟、里襟里料，从正面把留下的部分沿净缝线绷缝固定。

3整理领里，在门襟、里襟对应宽度的位置上将领里的前端缝头打剪口，按净缝线折叠缝份，并与门襟、里襟里料的上端对接缭缝。

4最后由门襟至领子在正面连续缉明线。

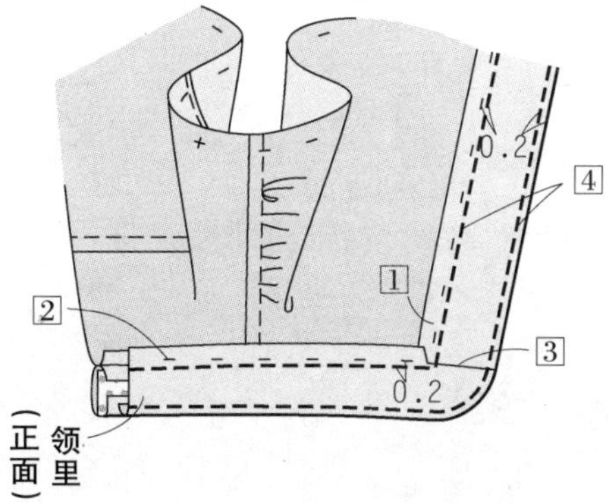

图 6－3－25　绱领子

●衣身面与衣身里对合

里料衣片的缝制方法是：按净缝线先进行绷缝，然后在绷缝线外侧 0.3 cm 处进行机缝。育克的缝份倒向育克一侧，腋下缝的缝份倒向后片。下摆比面料短 2～3cm，扣边后沿边缘缉缝固定。门襟、里襟处的里衬在最后缭缝固定前，为了便于对齐，最好将多余的缝份剪掉。

①先将面料前片与里衬前片的反面相对，然后用大头针固定住前中心、颈侧点、育克缝以及袖窿等部位，使其相互服帖。接着将面、里料的腋下缝线分别在袖窿下方、腰线及下摆对好，宽松地将里料的缝份绷缝固定在面料后片的缝份上。

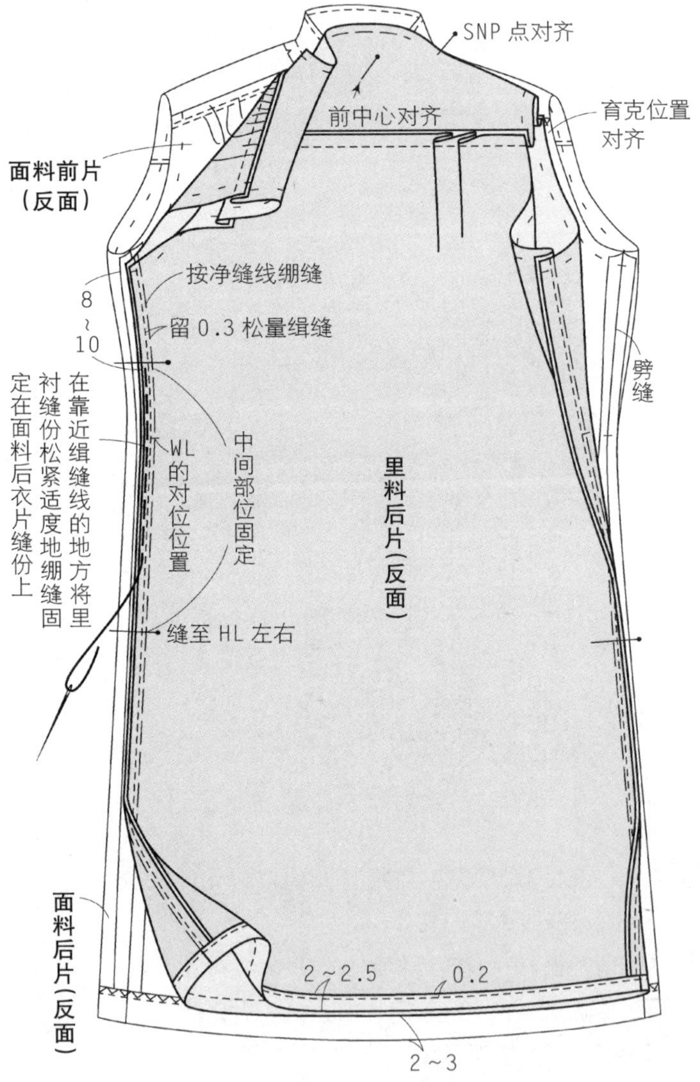

图 6－3－26(a)　面、里料对位缝合

②将里料翻至正面，分别对好育克肩缝位置、领口、袖窿及前中心。再将门襟周围用大头针固定或绷缝固定，留出1cm的缝份后剪掉中间多余的布。接着分别在领口缝份及门襟下端的角上打剪口，折入缝份并沿门襟周围缭缝固定。为了不使里料起吊，在覆里料时，最好挂在衣架或者穿在人台上进行对位，以便取得相互平衡。在绱袖线周围绷缝固定面与里，并将下摆缝两侧拉线袢固定。

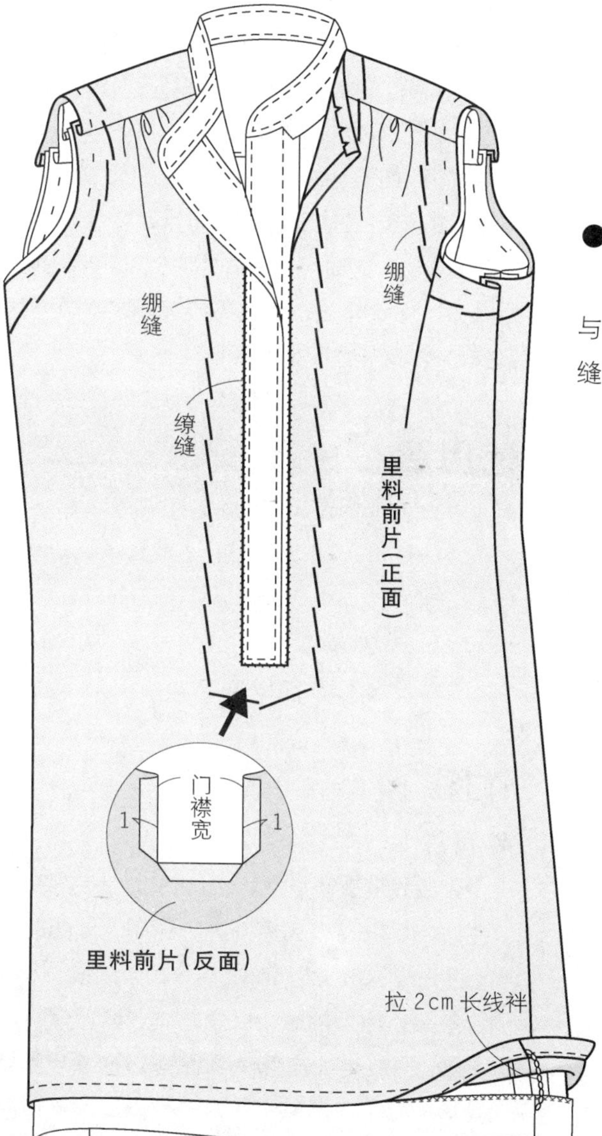

图6-3-26(b)　面、里料对位缝合

●绱袖子

因为袖子没有里料，所以同单层做法一样，与衣片的里和面一起绱袖，最后对缝份进行包缝处理。

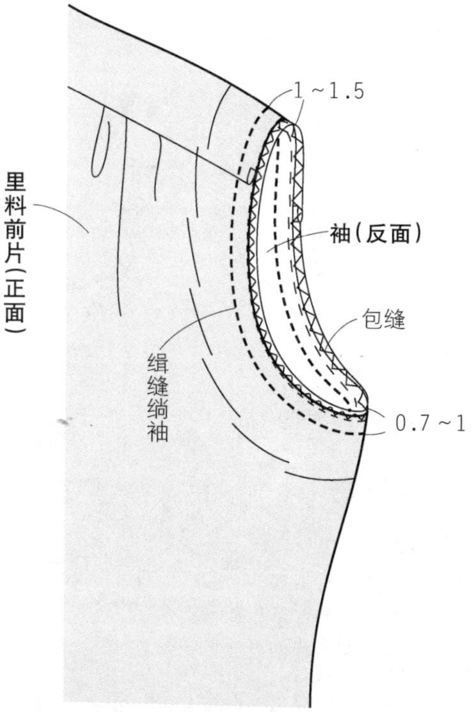

图6-3-27　绱袖子

◆ 公主线式连衣裙 ◆

图 6－4－1　公主线式连衣裙

设计

该款式是一种显示身形、展开下摆的公主线式连衣裙。这种款式比较容易显现体型，能够展示出自己所喜欢的轮廓及立体感。领子为立式单层领，袖子是袖山富有丰满感的收碎褶、肘下收紧的羊腿式造型。选择面料时要尽量避开极薄的面料，同时因为接缝处比较难对合图案，所以为了保险起见，最好不要选择图案较大的条纹、方格及其他花样的面料。

使用量

面　料：90cm 幅宽，350cm

（身长＋10cm）×2 ＋（袖长＋10cm）×2

140cm 幅宽，210cm

（身长＋10cm）×2

作图（图 6－4－2）

●衣片

公主线放在前肩宽1／2 的位置上，后片的公主线以前后对齐为原则进行绘制。制图时先画中片的公主线，然后再画侧片的公主线。收腰的位置要比原型的腰线提高 2cm，以便保持视觉平衡。将胸省由袖窿转移至肩线处，并与腰省相连形成公主线。袖子因为在袖山处抽碎褶而蓬起，所以肩宽外侧要减少 1cm，以取得协调、均衡。此外，为了保持裙子总体均衡对称，裙子下摆展开幅度的大小、前后左右也要大致相同。

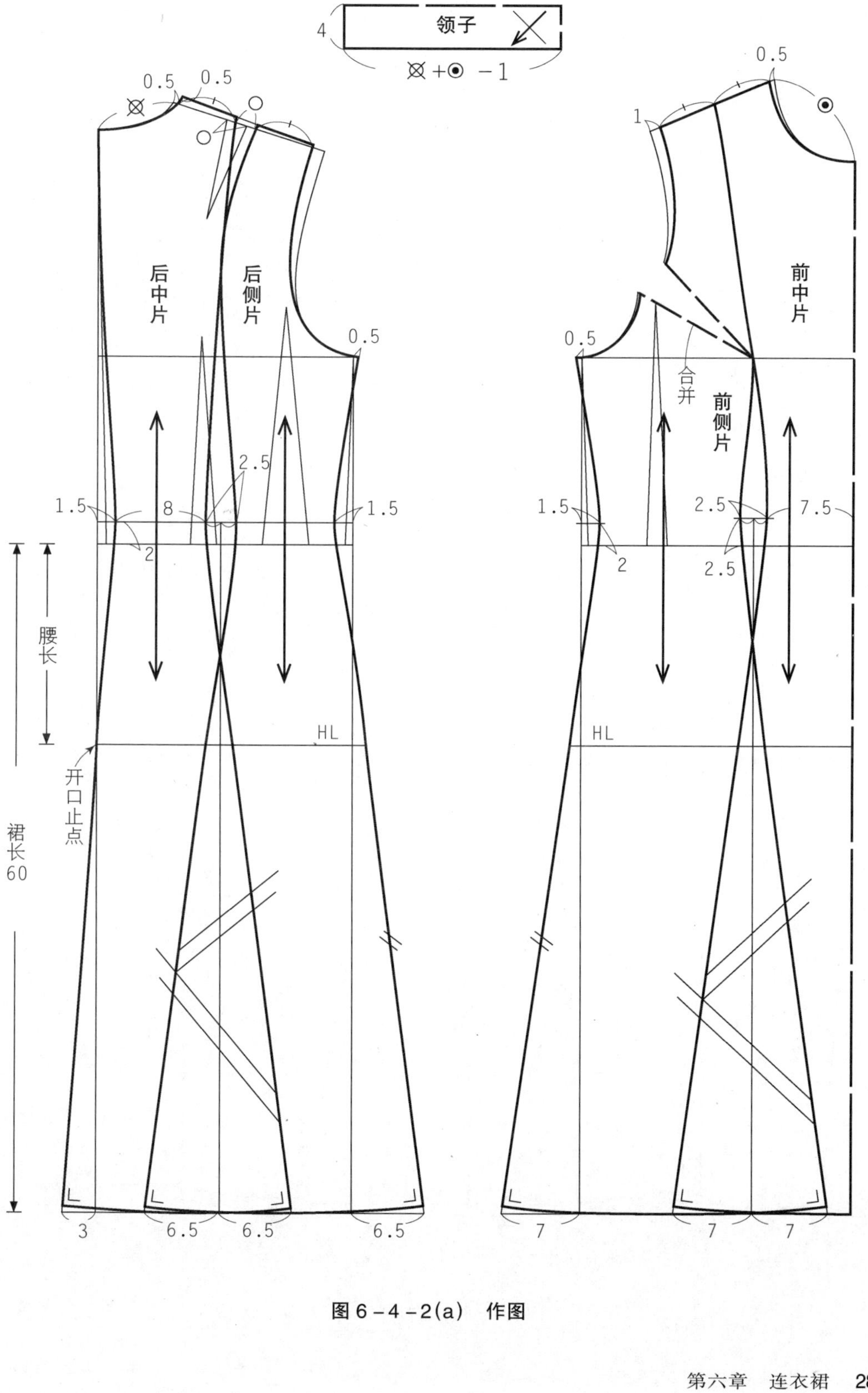
领子
4
⊗+⊙ −1
0.5
0.5
0.5
1
后中片
后侧片
前中片
前侧片
合并
2.5
1.5
8
1.5
2
2.5
7.5
2.5
腰长
HL
开口止点
裙长60
3
6.5
6.5
6.5
7
7
7

图 6-4-2(a) 作图

●袖子

先画出基础直筒袖，然后如图所示从袖口向上展开纸样，在袖山处加入碎褶量。

〈袖子制图前的袖窿弧线确定〉

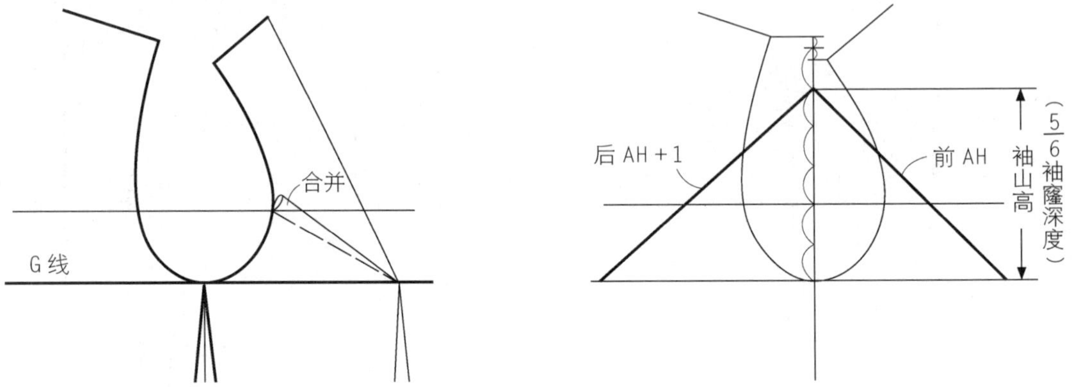

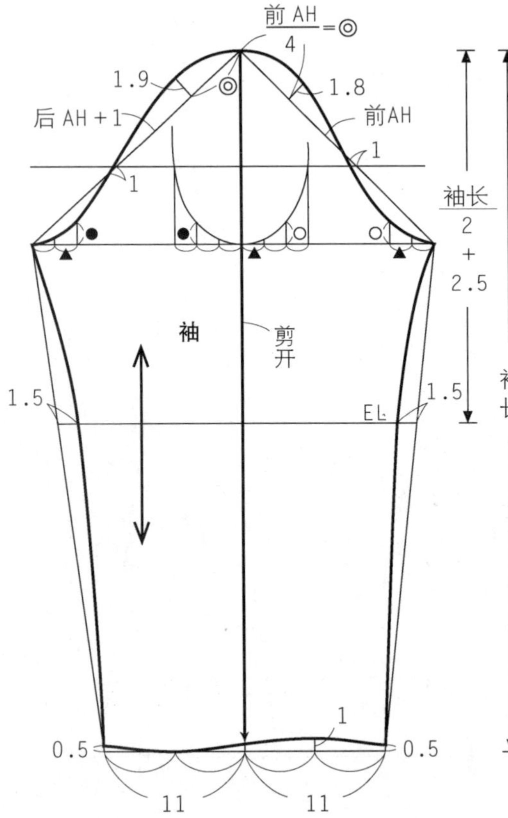

〈展开图〉

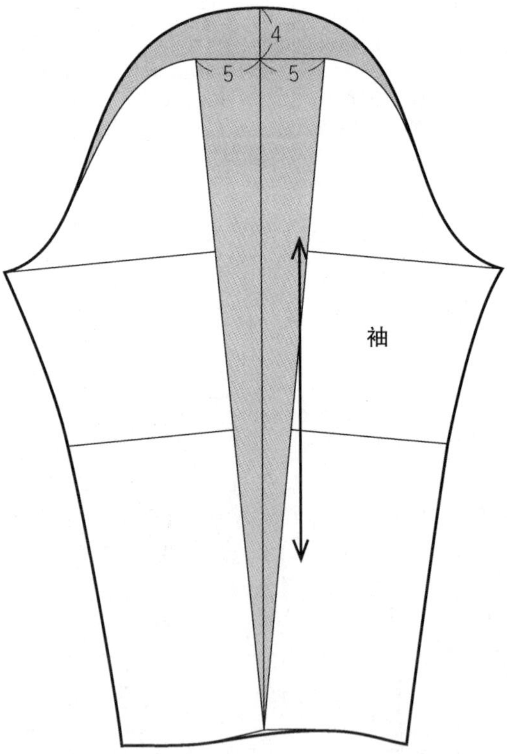

图 6－4－2(b)　作图

归拔

●衣片

有纵向分割线的连衣裙，需要根据体型对收腰部位进行归拔，这对于充分显示漂亮的造型是十分重要的。参照图 6－4－3 ①的归拔标记，用熨斗将面料拉伸拔开，改变布纹，如图 6－4－3 ②所示使曲线变成直线。

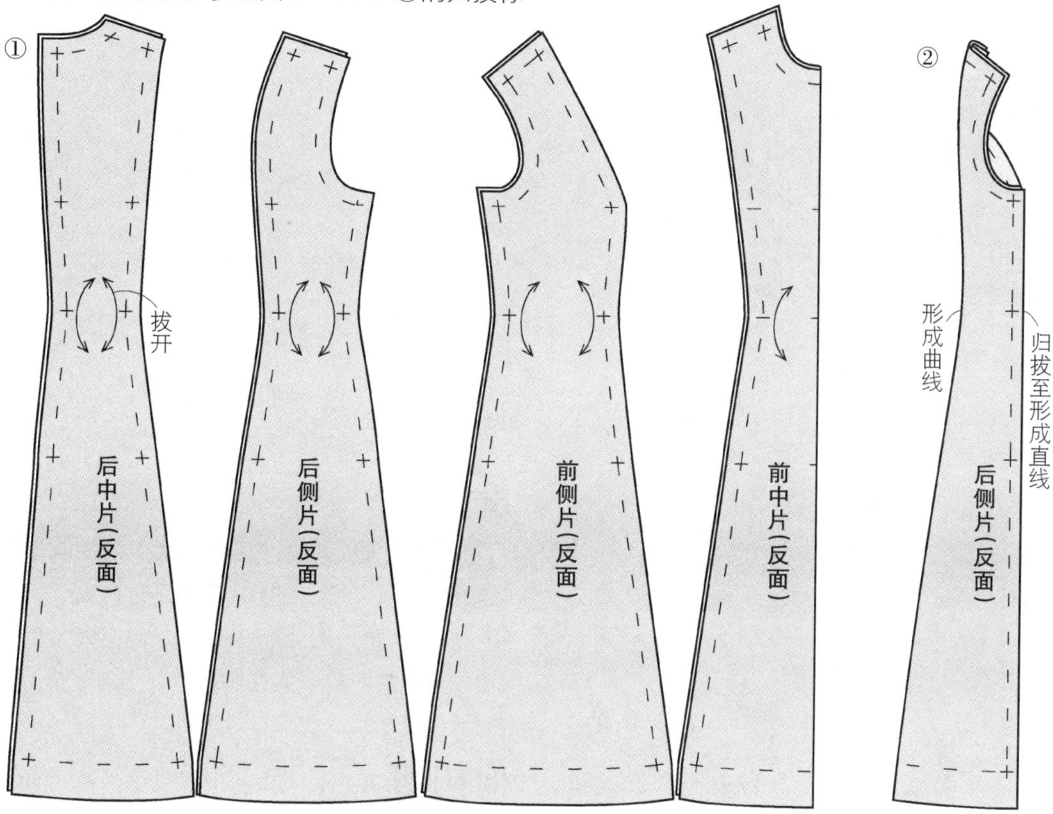

图 6－4－3　归拔衣片

●领子

为了使绱领尺寸合适，拉伸绱领线，缩小领外口（图 6－4－4）。

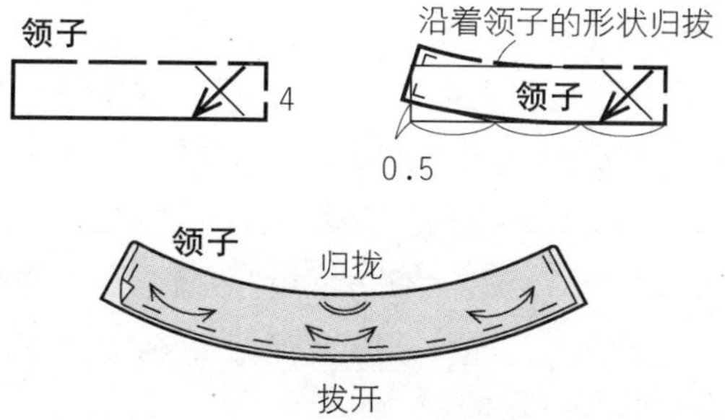

图 6－4－4　做领子

●袖子

根据归拔标记，采取拉伸的方法拔开袖肘（图 6－4－5）。

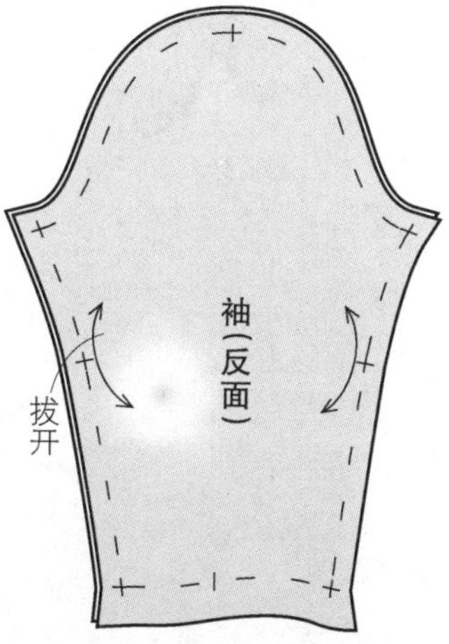

图 6－4－5　归拢袖子

A型连衣裙

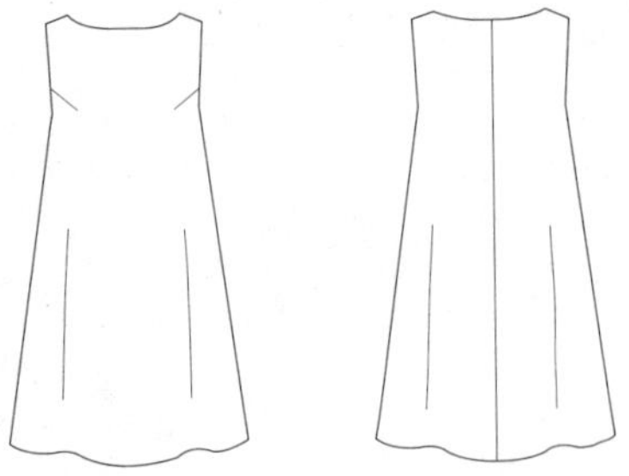

图6－5－1　A型连衣裙

设计

这是一种前后充分展开的连衣裙。浅挖的船底形领口、无袖简朴的设计更衬托出犹如帐篷一般的伞状轮廓。薄的、富有悬垂感的面料比厚的、挺实的面料更能优美地表现出波浪褶。

使用量

面　料:90cm幅宽,220cm

(身长+10cm)×2 + 20cm

140cm幅宽,120cm

(身长+10cm)+ 20cm

作图(图6－5－2)

由于是不收腰的设计，后身长度需要减短0.7~1cm。前后衣片纸样分别剪开，两处加入褶量，后片剪至肩省、前片至胸省处停止，在此基础上,在腋下缝两侧分别加入褶量。由于是无袖连衣裙,衣身的松量要比原型小些,袖窿底部也稍提高些为宜。

图6－5－3为展开图。

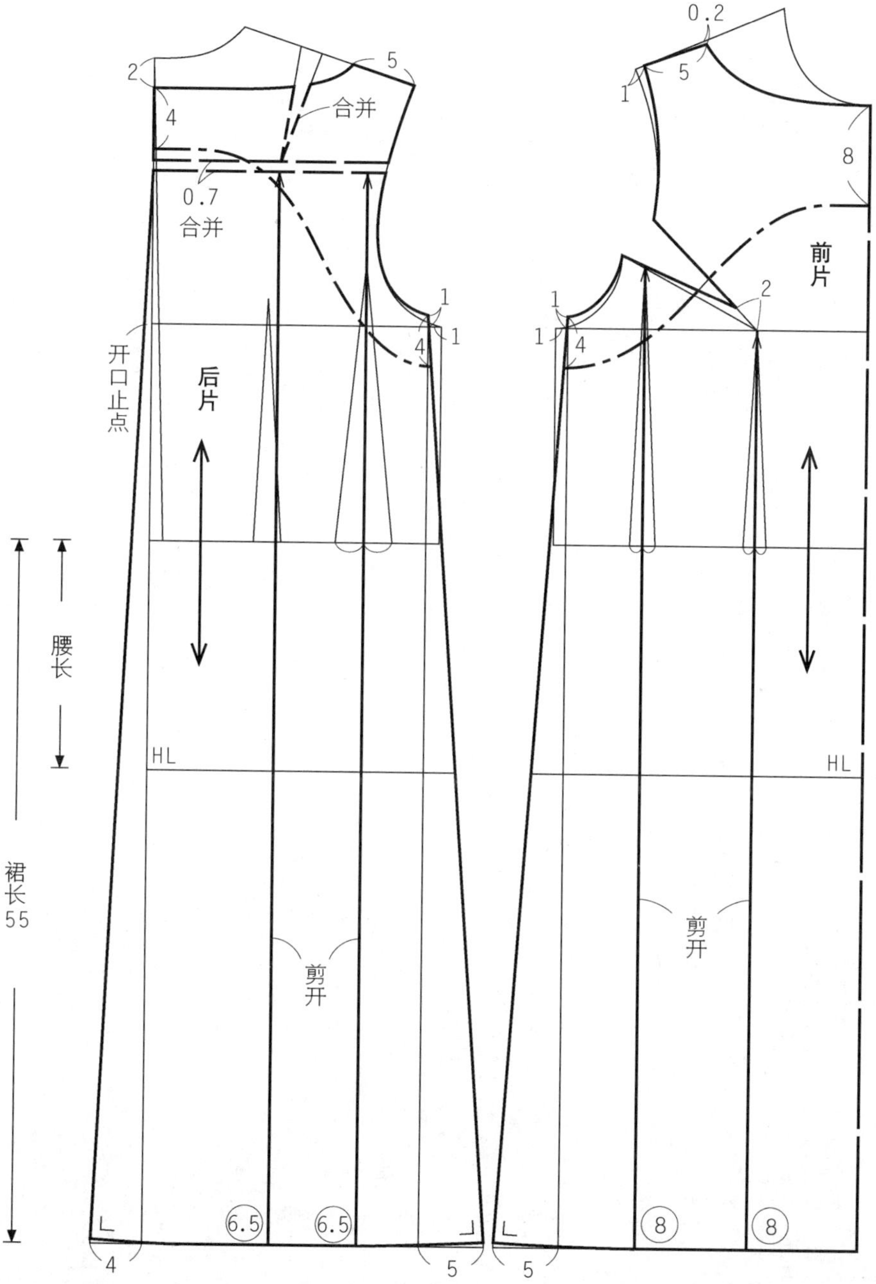

2
4
5
合并
0.7
合并
1
1
4
开口止点
后片
腰长
HL
裙长55
剪开
6.5
6.5
4
5
0.2
5
1
8
前片
2
1
1
4
HL
剪开
8
8
5

图 6－5－2　作图

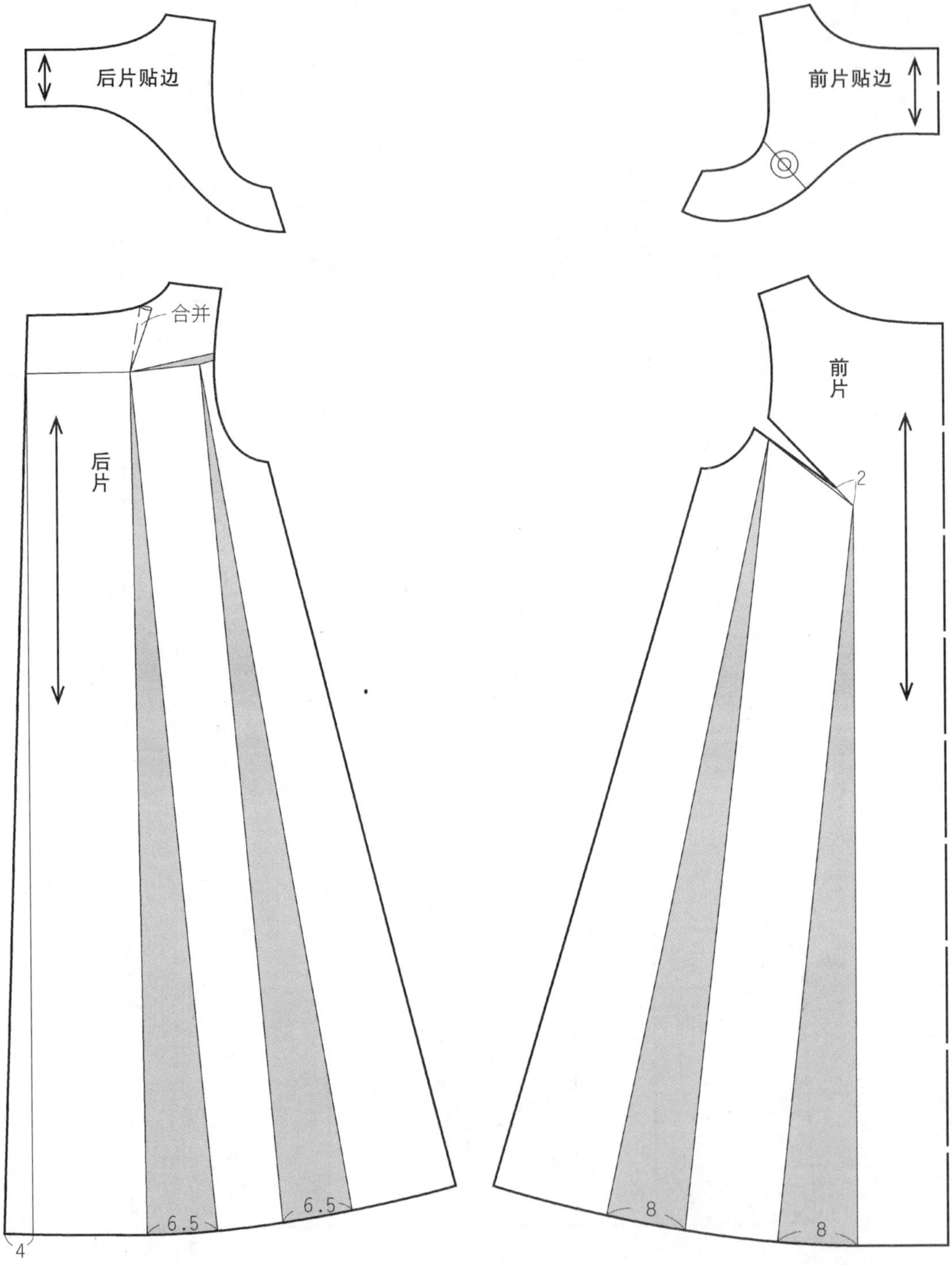

图 6－5－3　展开图

第七章

零部件缝制

下端不固定的长开襟
暗门襟 A
暗门襟 B
暗门襟 C
纽袢门襟
L 形前襟
切口开襟
腋下缝开衩
中心开衩
袖口开衩 A
袖口开衩 B
袖口开衩 C
袖口开衩 D
袖口开衩 E
筒状袖头
翻袖头
双层袖头
单嵌线口袋
连裁贴边的处理
V 字领的领尖处理
无袖贴边的缝制
裙腰处理
剪接腰围的处理
抽褶
叠褶
花边的缝制方法 A
花边的缝制方法 B
花边的缝制方法 C
绲条

下端不固定的长开襟

长条开襟的下端与前身分离，是一种缝制位置较低的细长形开襟(图 7－1－1)。

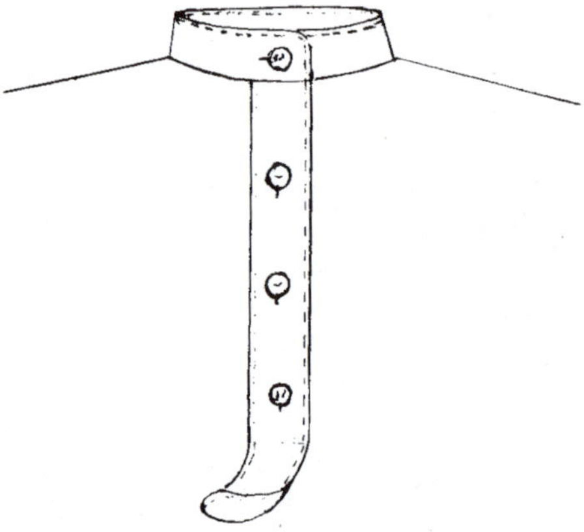

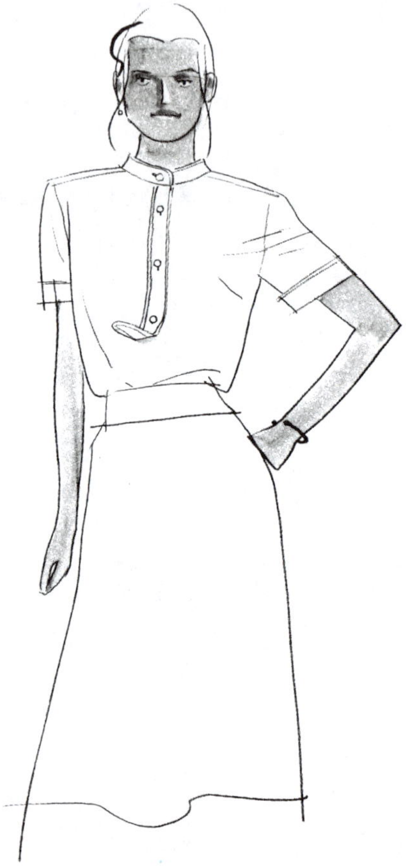

图 7－1－1　开襟上衣

①如图 7－1－2 所示裁剪右前片门襟和左前片里襟，在各自门襟、里襟的反面贴无纺衬，并将左片里襟的下端包缝。

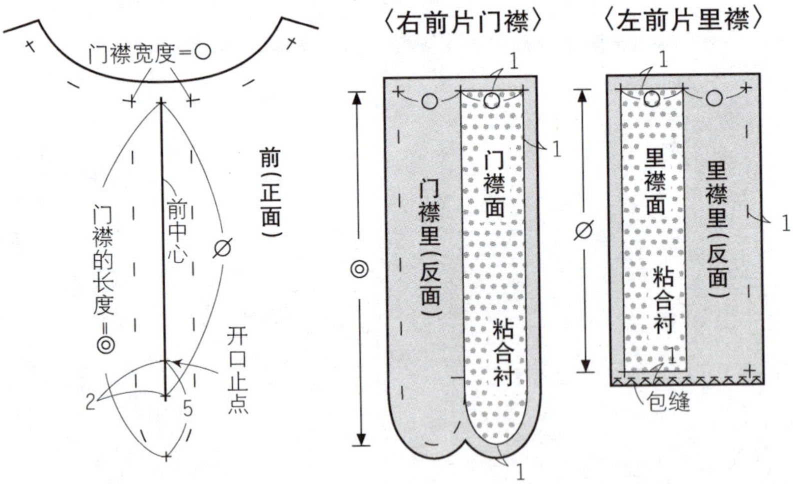

②缉缝右前片门襟的下端部分，并在门襟面的缝份上打剪口。将门襟翻至正面，扣烫缝份。

③衣身与门襟和里襟分别面对面缉缝。左前片里襟缝至开口止点，右前片门襟缝至开口止点以下 1cm。

④修剪衣身缝份，分别在门襟、里襟开口止点的缝份处打剪口，衣身缝份倒向开襟一侧。

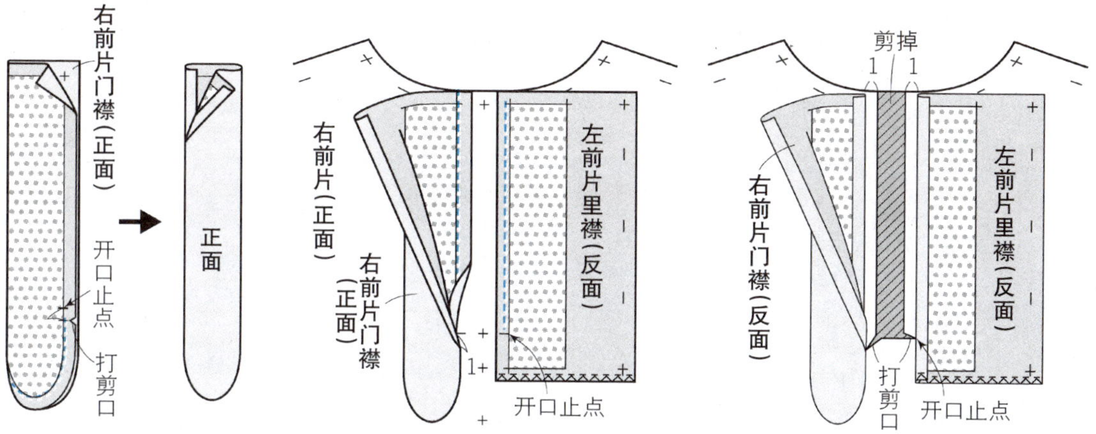

⑤整理左右的门襟、里襟，分别在门襟、里襟的周边缉上明线。左前片里襟的下端翻到衣身的里面，绷缝固定(图 7－1－2)。

⑥使门襟、里襟按完成状态重叠，用缝纫机缉缝固定开口止点。

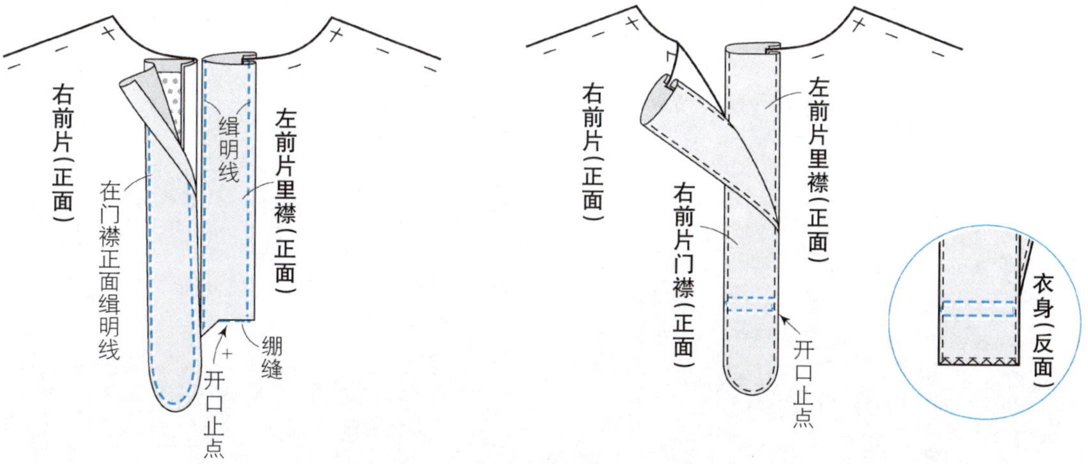

图 7－1－2 下端不固定的长开襟的制作

暗门襟 A

这是一种简单的长条开襟式暗门襟上衣。暗门襟兼具了门襟和贴边的功能，从衣片前端连裁(图 7－2－1)。

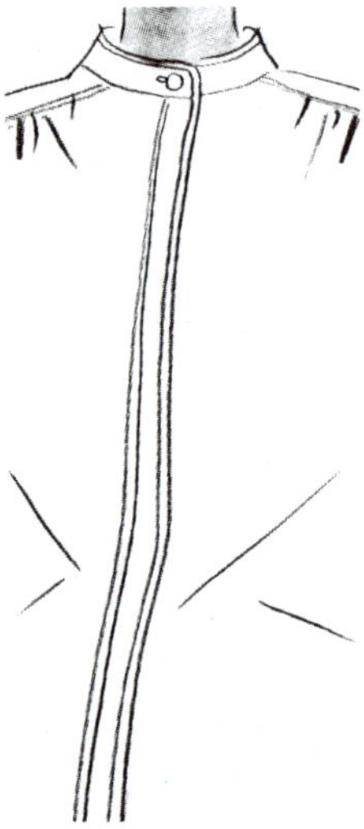

图 7－2－1　暗门襟 A

①如图 7－2－2 所示，裁出右前身的门襟布，粘贴粘合衬，有些材料只在粘贴边上粘贴粘合衬。左前身从前面裁出贴边量，在贴边上粘贴粘合衬。左右前身的贴边边缘均需包缝处理。

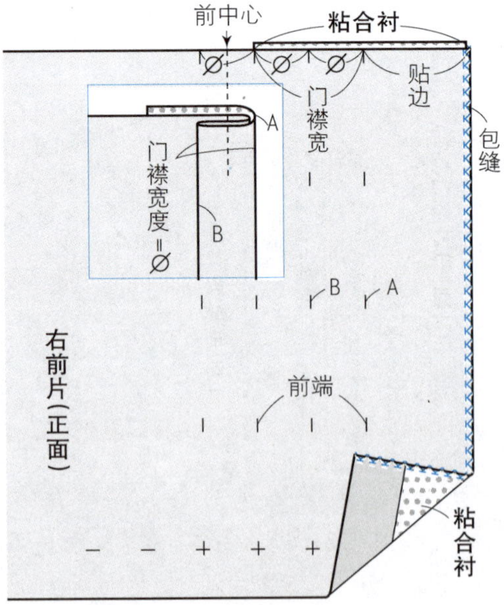

②如图所示折叠衣片的右前片，在门襟的正面一侧缉明线。剪掉下摆多余的缝份。

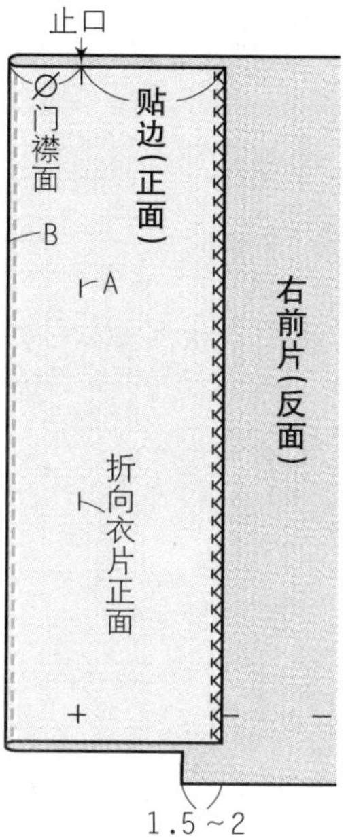

③按照净缝线折叠门襟，将贴边与衣身面与面相对夹住门襟，缉缝贴边的下摆。

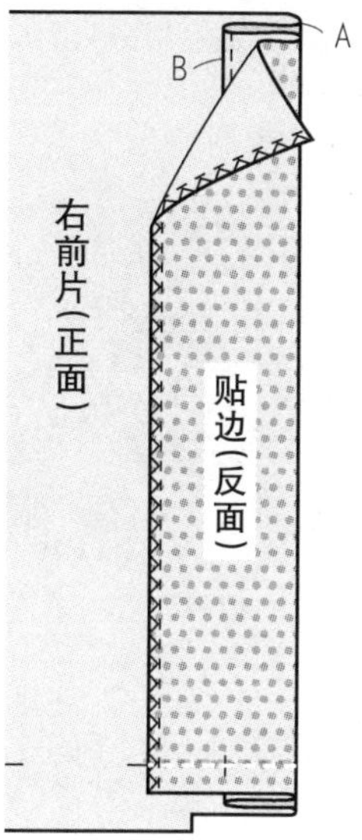

④翻至正面，掀开门襟，在暗襟正面的前中心位置上锁扣眼。下摆按照完成效果折好后缉明线。

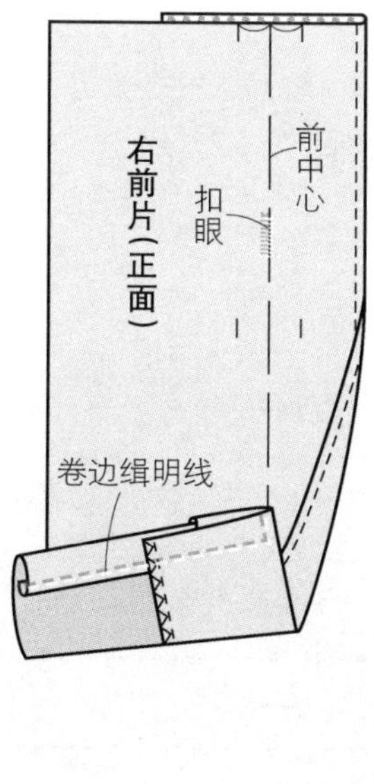

⑤按照完成效果整理好暗门襟，在前端止口处缉明线，并在左前片钉纽扣。应特别注意选择厚度较薄的纽扣。

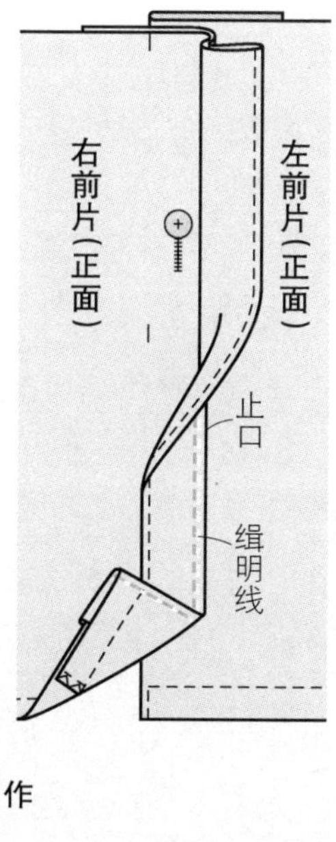

图 7－2－2　暗门襟 A 的制作

暗门襟 B

从右前身的止口开始连裁出暗门襟布的方法(图 7－3－2)。

图 7－3－1　暗门襟 B

①如图 7－3－2 所示，从右前身连裁出暗门襟布，在贴边的反面粘贴粘合衬。

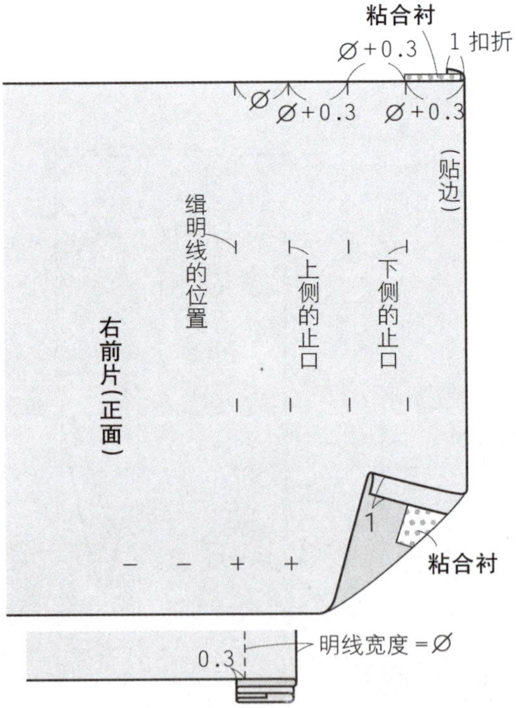

②从暗门襟下侧的止口处向内折出贴边，在前中心锁扣眼，并剪掉下摆多余的缝份。

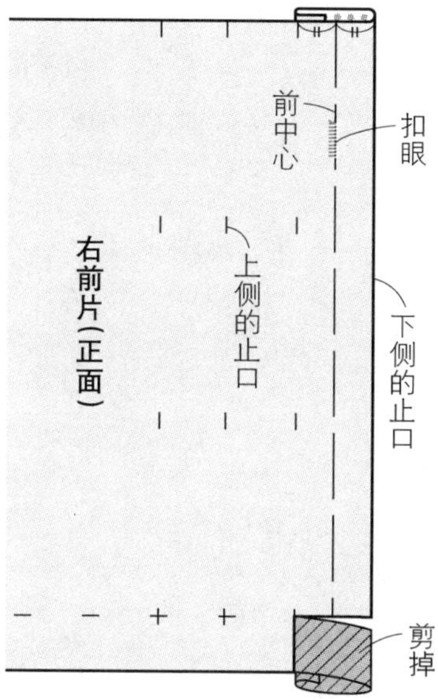

③按照净缝线折叠暗门襟，从衣身的正面缉明线固定暗门襟布。底摆扣折后缉明线固定。

④在衣片左前身钉纽扣。

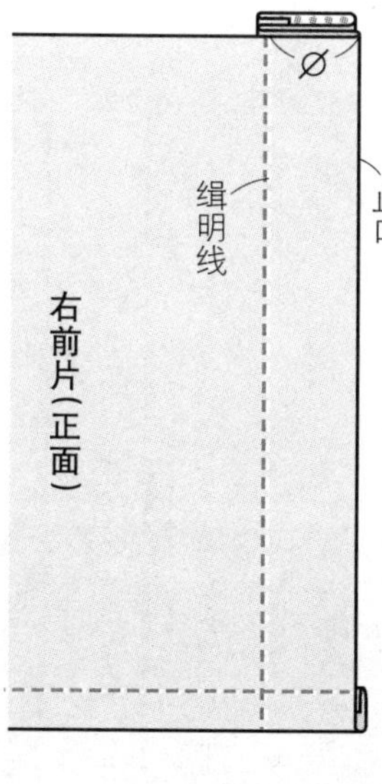

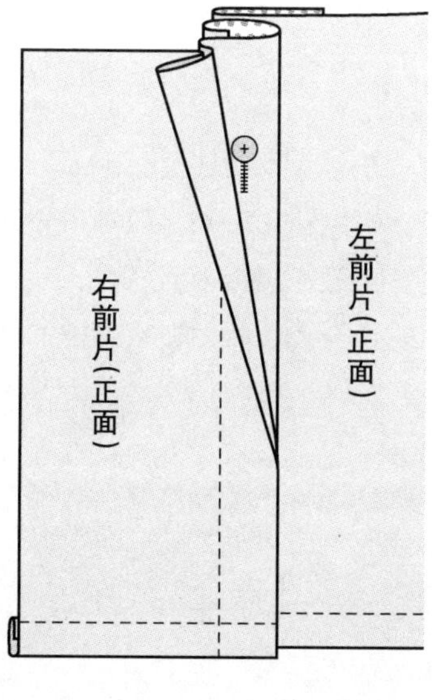

图 7－3－2　暗门襟 B 的制作

◇ 暗门襟 C ◇

这是贴边连至肩缝的暗门襟的做法，右前片的贴边单独裁剪。面料较薄时，暗门襟采用面料；面料为羊毛时，暗门襟使用里布(图 7－4－1)。

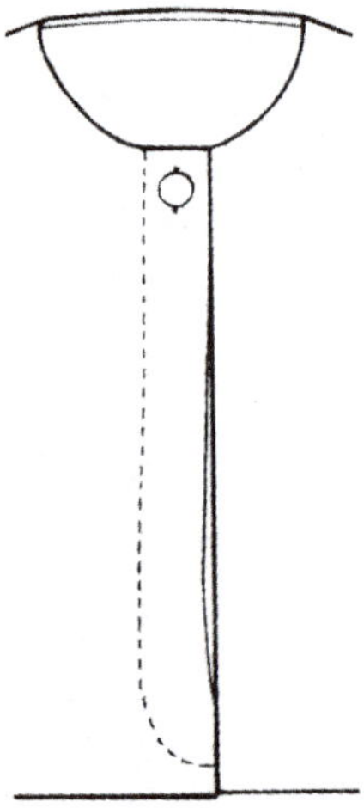

图 7－4－1　暗门襟 C

①在贴边的反面粘贴粘合衬，将门襟布分别与衣身和贴边正面相对。在门襟位置上缉线，两端打回针以防止开线，然后在暗门襟的缝合止点位置打剪口(图 7－4－2)。

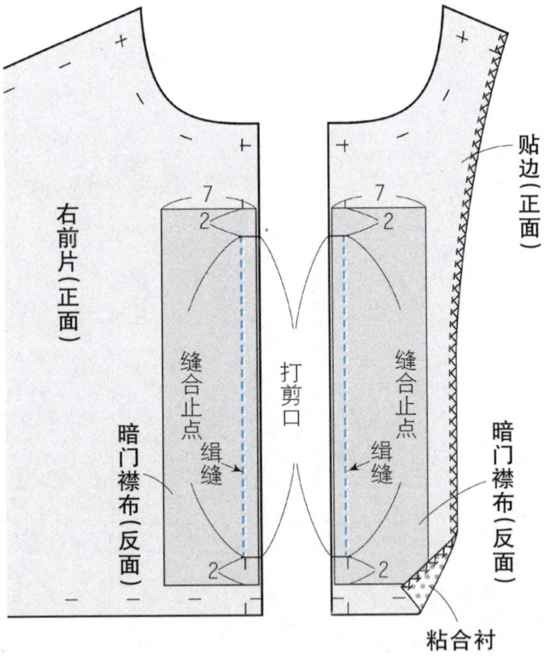

②整理各暗门襟布，分别将其翻至衣身和贴边的反面，绷缝固定。在门襟的贴边上锁扣眼。

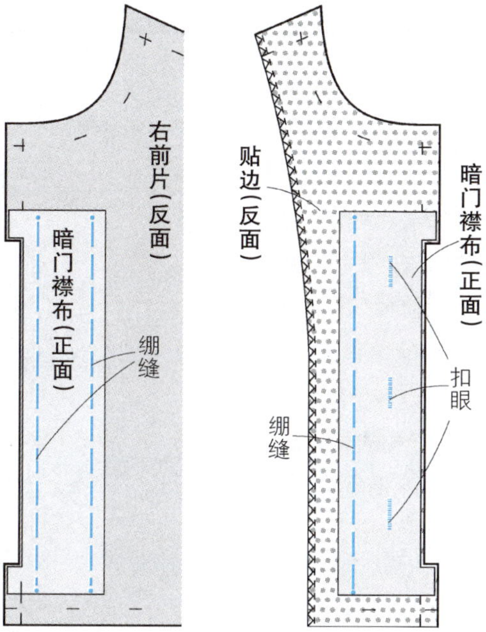

③分别缝合衣身的肩部和贴边的肩部，将衣身与贴边正面相对，缉缝前止口和领口弧线。

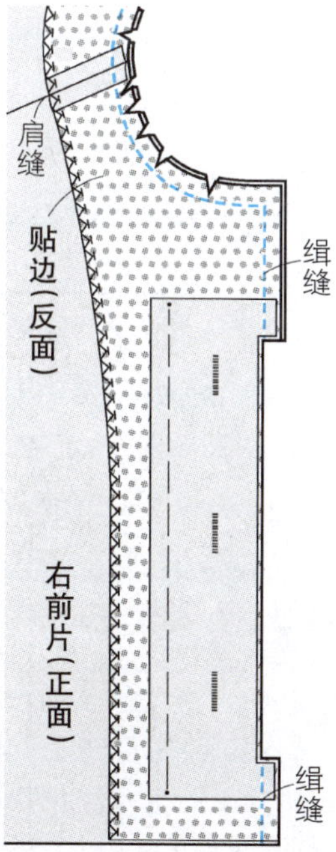

④翻至正面后缉明线，在扣眼之间拉线袢固定。

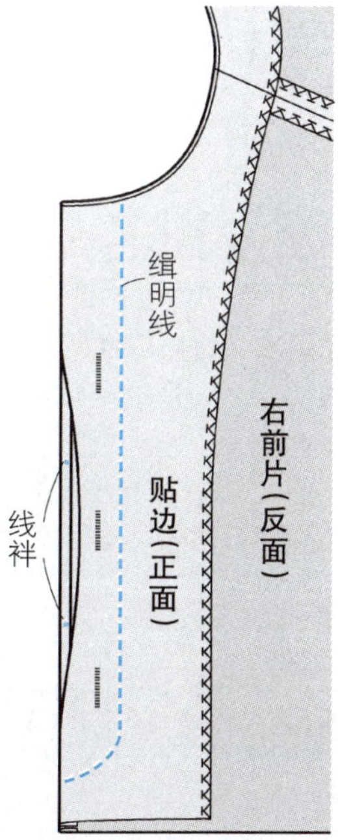

图 7－4－2　暗门襟 C 的制作

纽袢门襟

使用纽袢虽然不如使用拉链的封闭性好，但却具有装饰效果，多用于时髦服装（图7-5-1）。缝制方法包括将纽袢夹在缝份里的方法，或是嵌入连裁式折缝里的方法，可以根据材料选择适当的方法。在此介绍纽袢夹在缝份里的做法。纽袢夹在前门襟与贴边的缝头之间，袖口处纽袢则可夹在省道的缉缝线内。纽袢固定在右前片的前中心位置上，左前片则需留出里襟（重叠量）的量。纽袢的制作方法参照第68页。

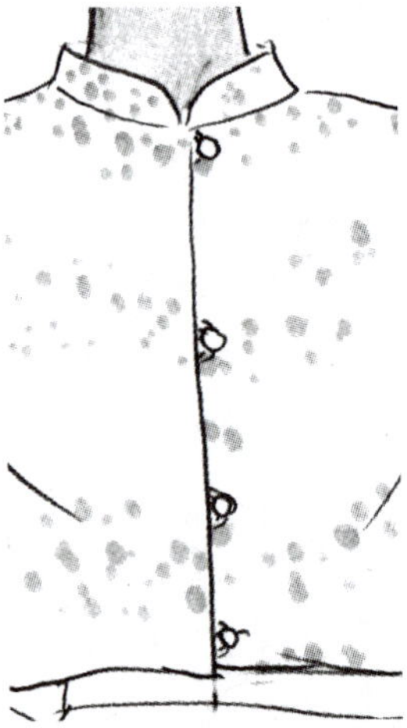

图7-5-1　纽袢门襟

①将纽袢的缉缝线迹调至内侧，放在对应的位置上，绷缝或缉缝固定(如图7-5-2)。

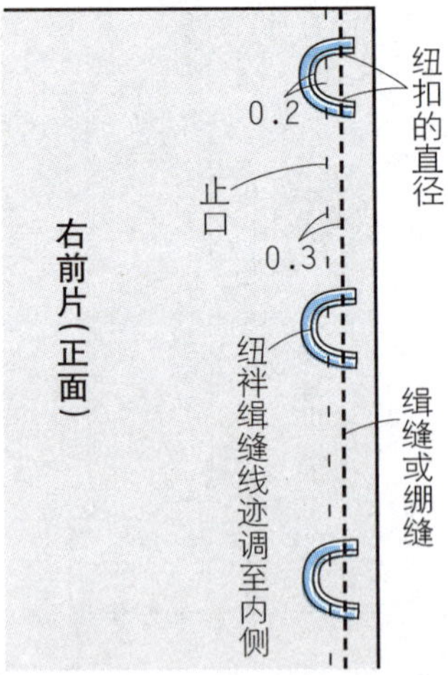

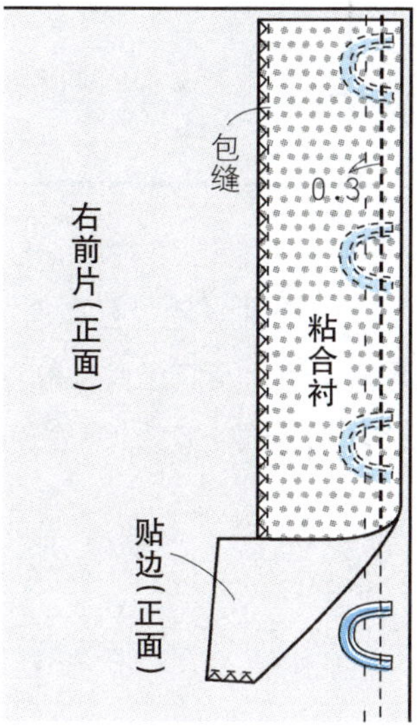

②在贴边的反面粘贴无纺衬，边缘包缝处理。将衣身与贴边正面相对，在距离止口 0.3cm 的缝份一侧缉缝。如此处理贴边后，钉上纽扣时止口的闭合效果较好。

③为了防止贴边浮起，在缝份边缘缉明线。

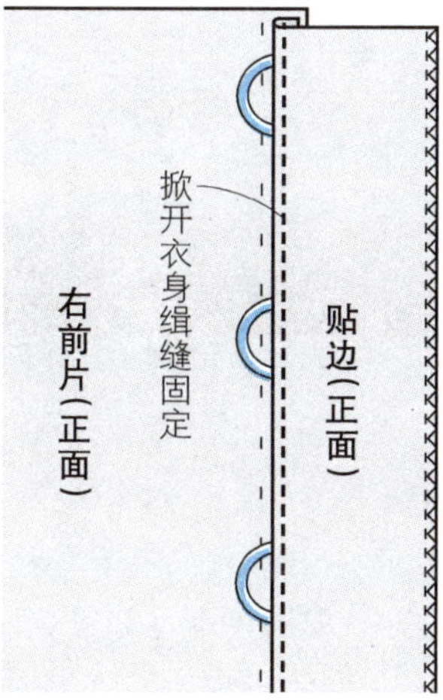

④在止口处折好贴边，用熨斗熨烫整理。

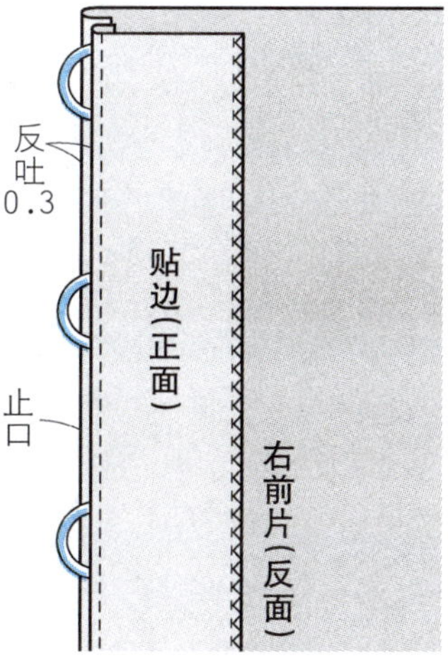

⑤在左前片确认钉纽扣的位置，钉上纽扣。如果纽扣的间隔较大，在其间钉上按扣。

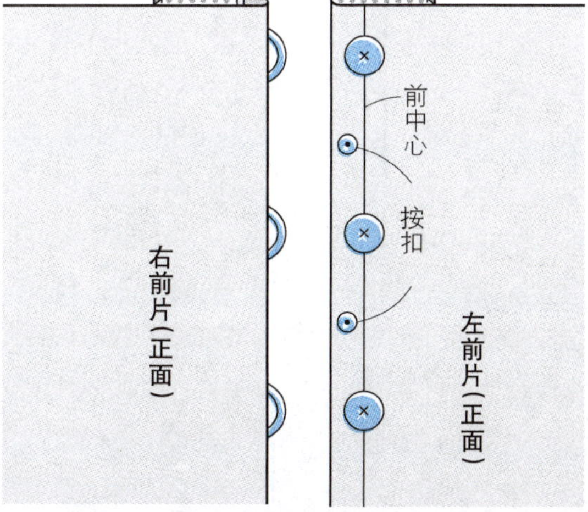

图 7－5－2　纽袢门襟的制作

L形前襟

L形前襟是衬衫和连衣裙使用的一种开襟形式。因为开口止点处是方形，贴边采用从衣身止口处连裁的方法（图7－6－2）。

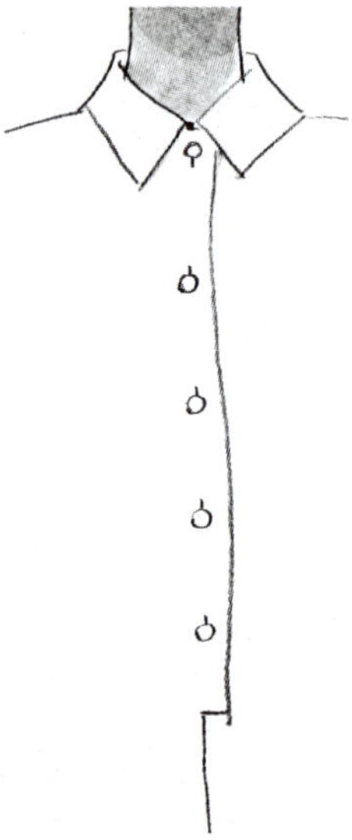

图7－6－1　L形前襟

①贴边部分从衣身止口处向外连裁，粘贴粘合衬并包缝。将左右前片面对面缝合，缉缝到前中心的开口止点，在缝份上斜向打剪口（图7－6－2）。

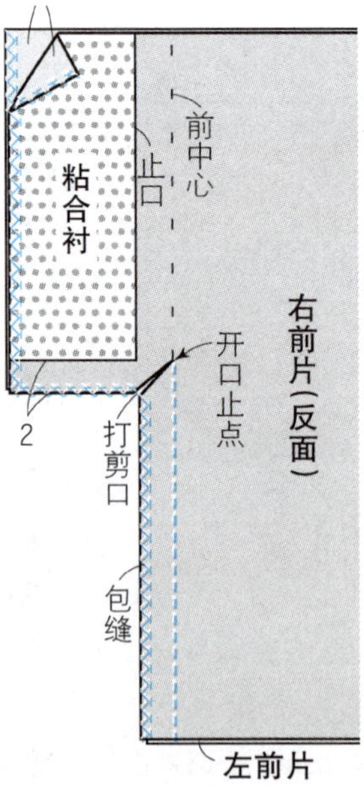

②分别把左右两片的贴边在止口处扣折整理。

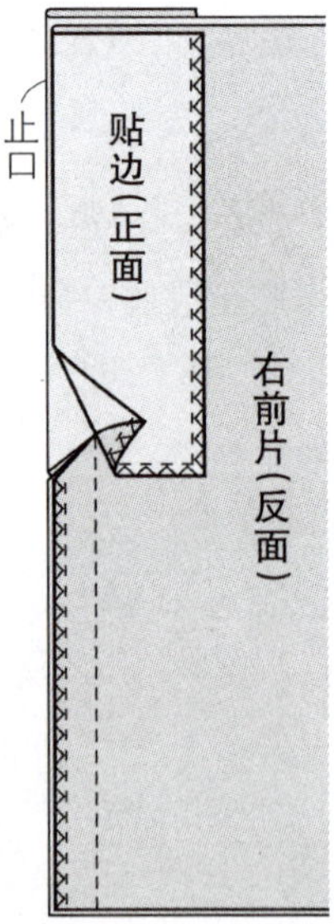

③前中心缝份劈缝后，将右前片向下翻，右前身的门襟如图所示，与左前身的贴边一起缉缝。修剪缝份并打剪口。

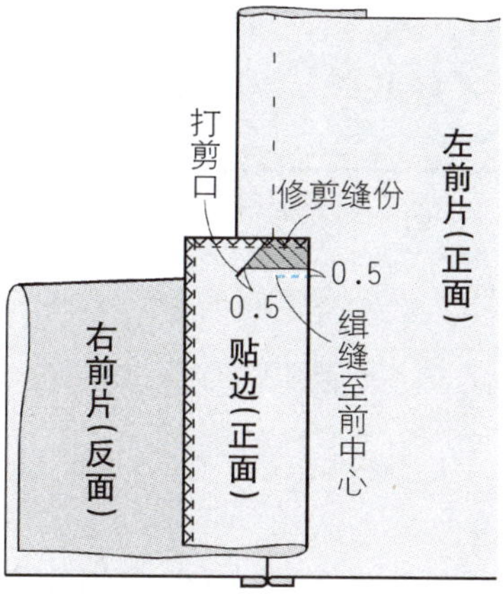

④整理剪口部分的缝份。

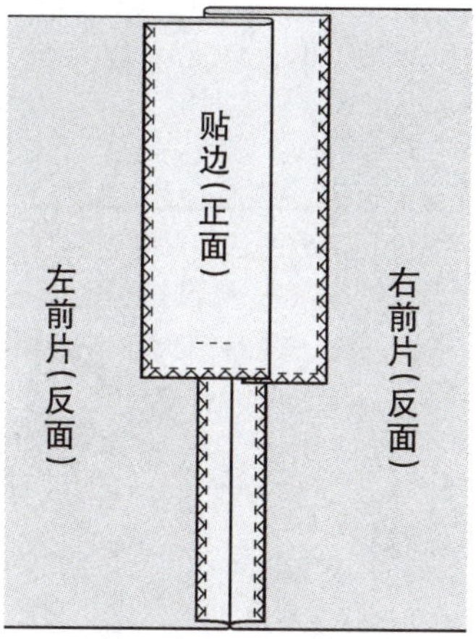

⑤再一次向下翻折右前身，将开口止点处的 0.5cm 缝边向内扣折后与左前片和贴边一起缲缝。

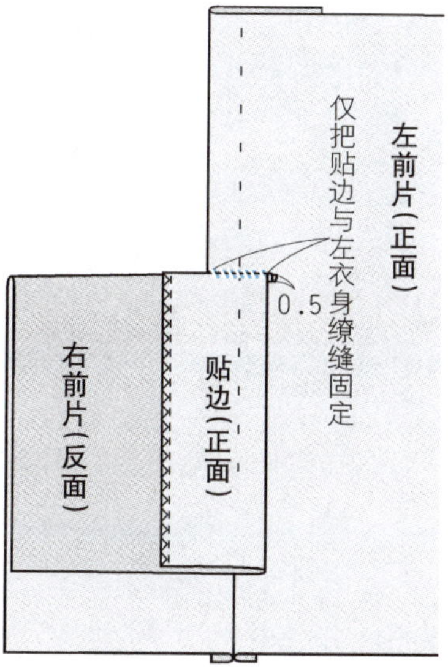

⑥缲缝固定贴边下端的缝头。

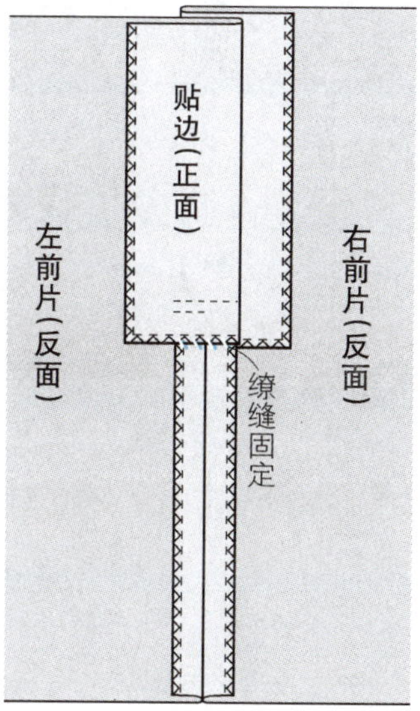

⑦有里料的时候，在贴边上加上里料后缲缝固定。

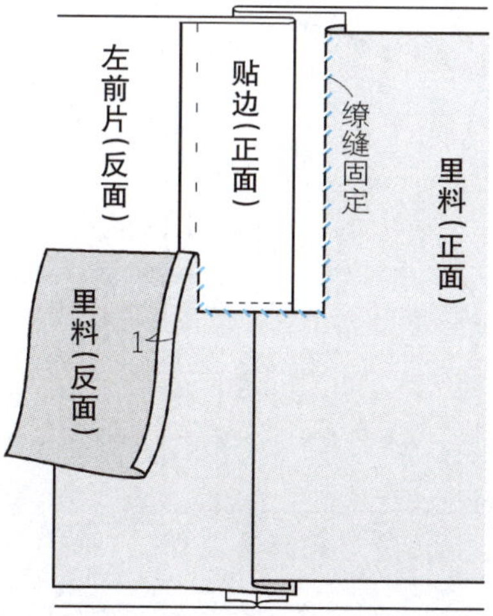

图 7－6－2　L 形前襟的制作

切口开襟

在领口处打剪口制作的开襟，是一种简单的设计(图 7 -7 -1)。

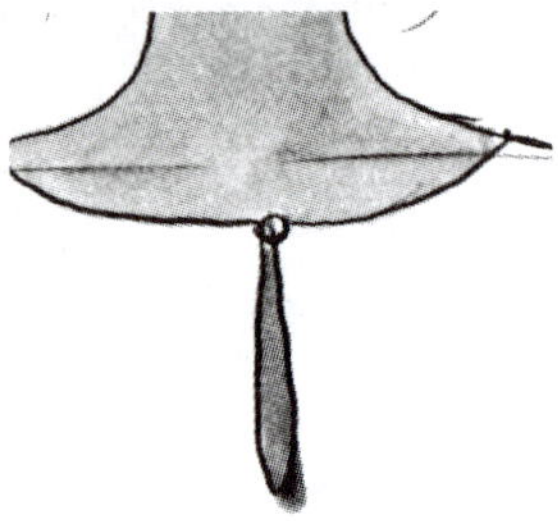

图 7 -7 -1　切口开襟

①由于在前中连裁处做开口，所以裁剪时，在开口的位置拉出 0.5cm 作为缝份(图 7 -7 -2)。

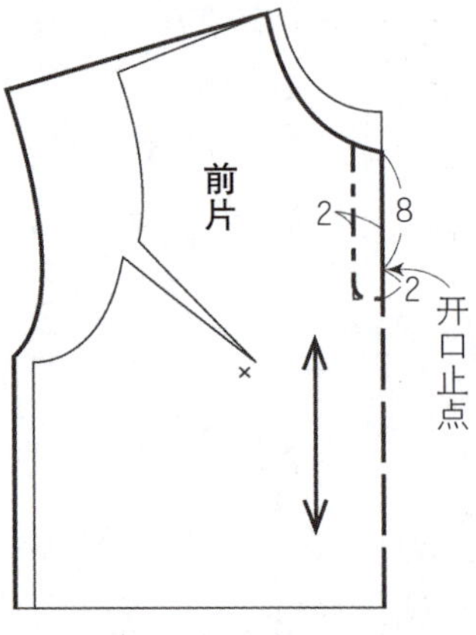

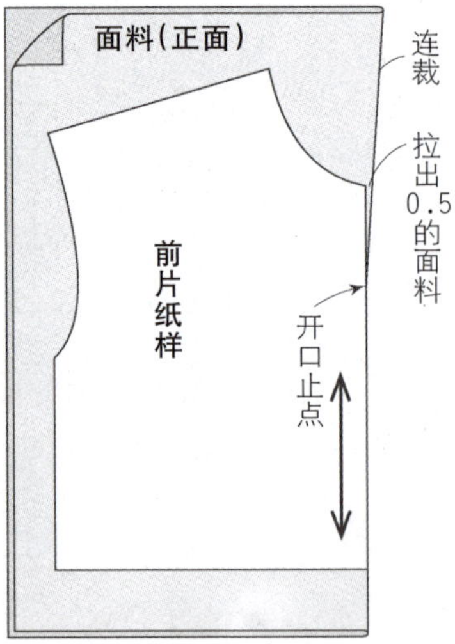

②在贴边的反面粘贴粘合衬，周围包缝处理。将衣身和贴边正面相对，在领口处放置斜纱绲条，沿领口至开襟部分缉缝。在开襟部位留出 0.5cm 的缝份，尖端部分尽量缝得窄一些。

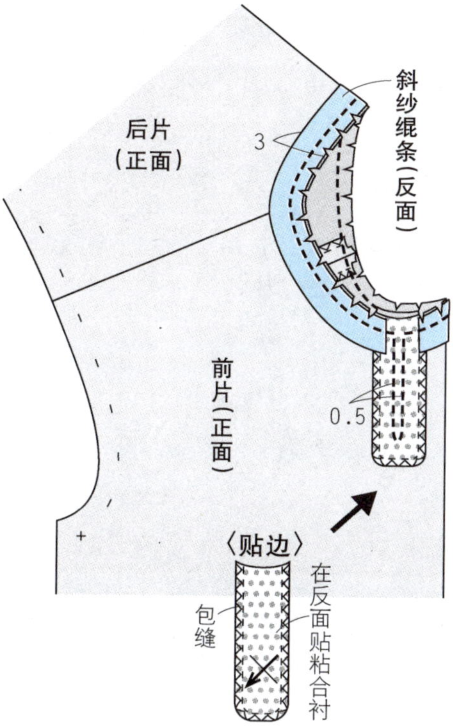

③开襟部分如图所示打剪口。

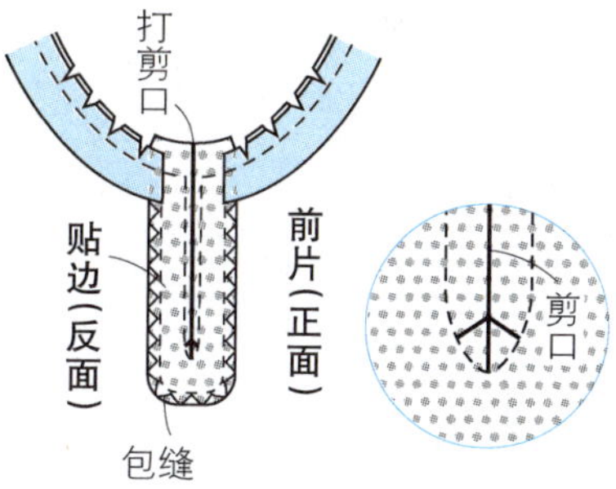

④翻扣贴边，用熨斗烫出 0.1cm 的里外拥量（使止口不外吐），用星点缝固定。领口绲条扣折成 0.7cm 宽，缭缝固定在衣身上。在开襟的上端钉挂钩。

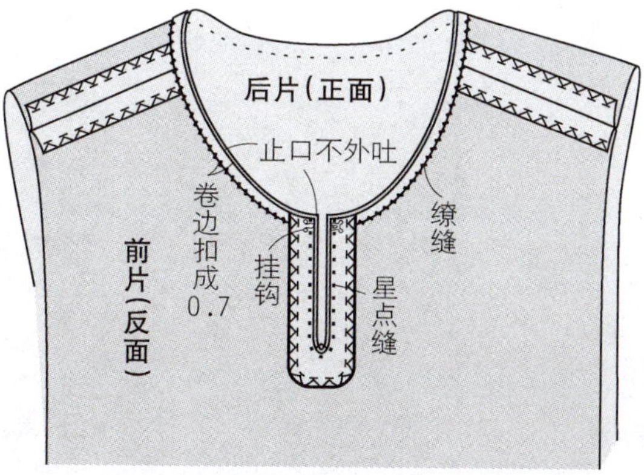

图 7－7－2　切口开襟的制作

腋下缝开衩

衬衫等服装利用腋下缝制作开衩。下摆角的缝份加放成四边形，反面处理成漂亮的框形结构(图 7－8－1)。

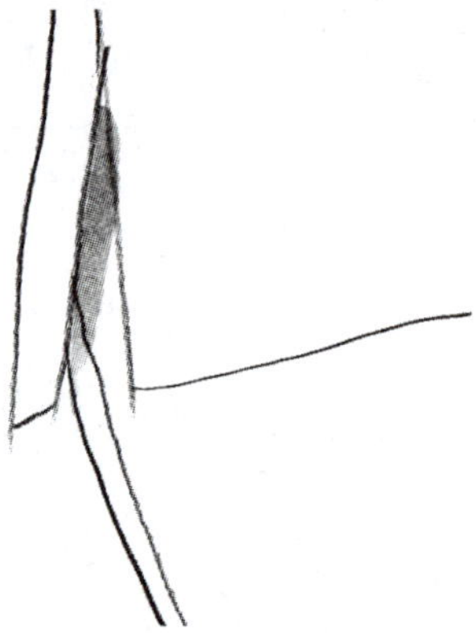

图 7－8－1　腋下缝开衩

①在缝份上包缝，将前后衣身正面相对，缉缝腋下缝至开衩止点，缝份劈开（图 7－8－2）。

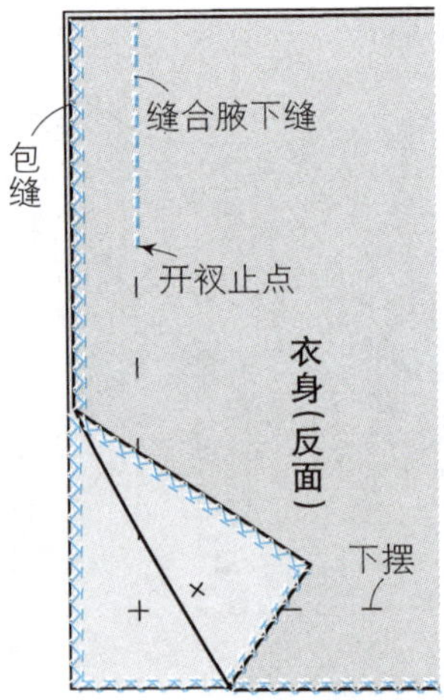

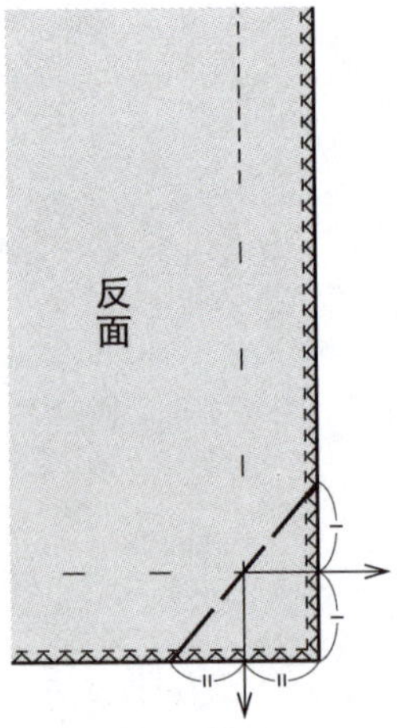

②为做出框形，按图示画出标记线。

③将下摆和腋下缝标记位置正面相对后缉缝，留0.4cm缝份，多余的部分剪掉。

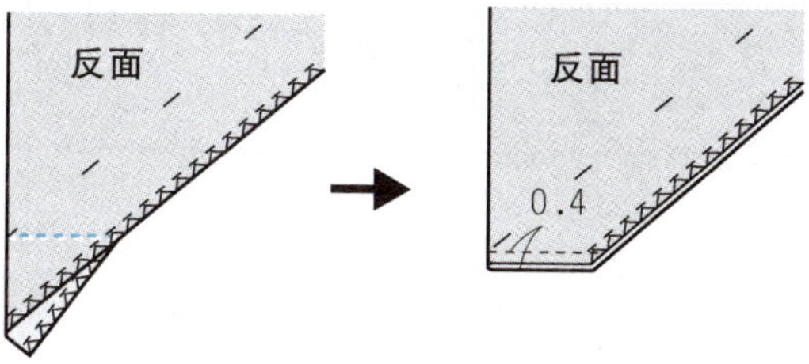

④劈开缝份，下摆角呈三角形，用熨斗烫好。

⑤翻至正面整形。

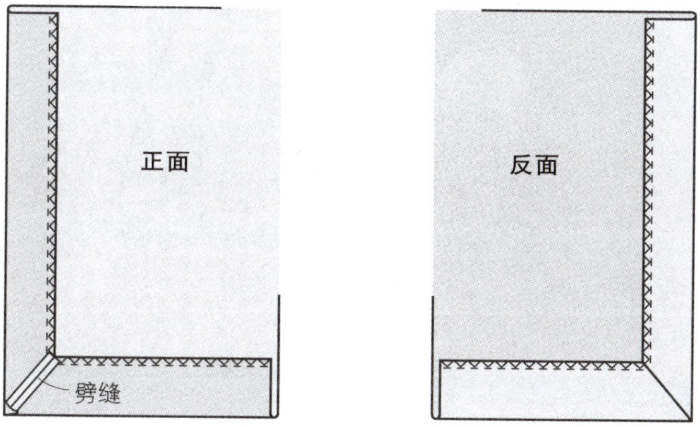

⑥从下摆到开衩以上一点点的地方暗缲缝固定缝头。开衩止点处做加固缝。

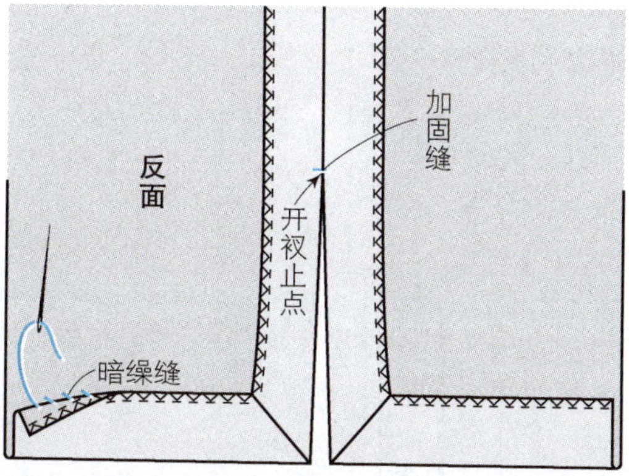

图 7－8－2　侧缝开衩的制作

中心开衩

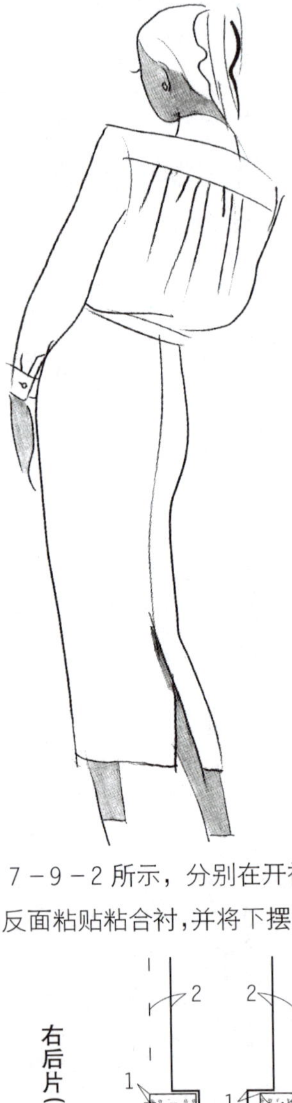

为了满足西服、大衣、女裙等服装的下摆功能而制作的开衩。别名为骑马式(图7－9－1)。

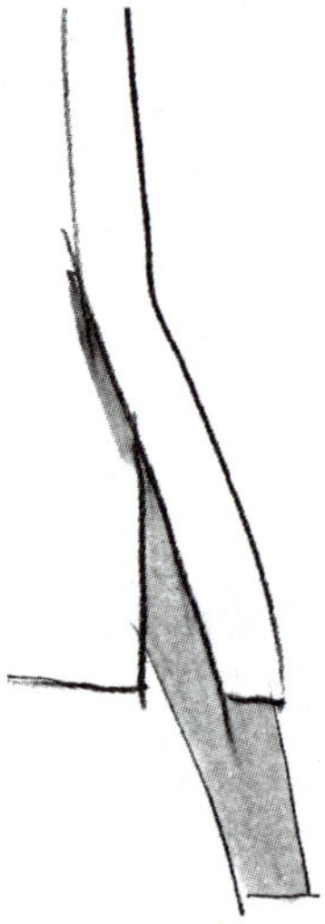

图7－9－1　中心开衩

①如图7－9－2所示，分别在开衩的里襟和贴边的反面粘贴粘合衬,并将下摆包缝。

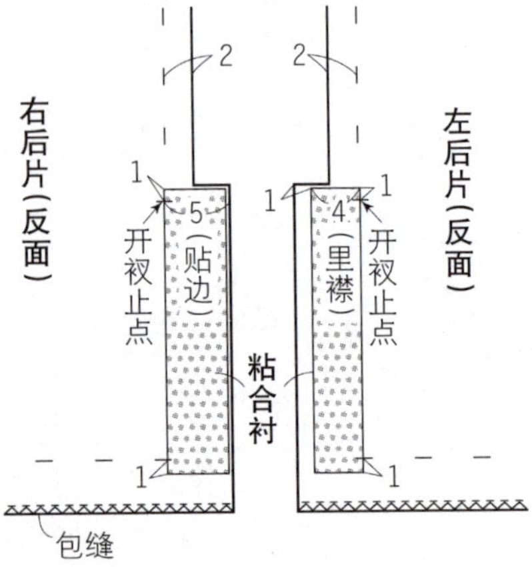

②将左里襟的缝份折进1cm,用三角针固定。沿后中心至开衩止点缉缝，衩口部位倾斜1cm缝合。

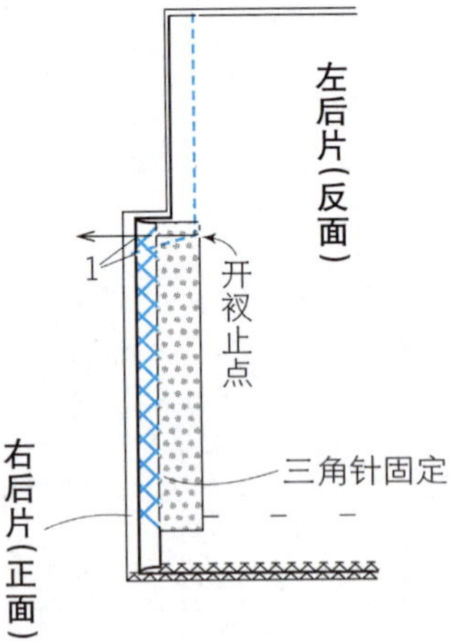

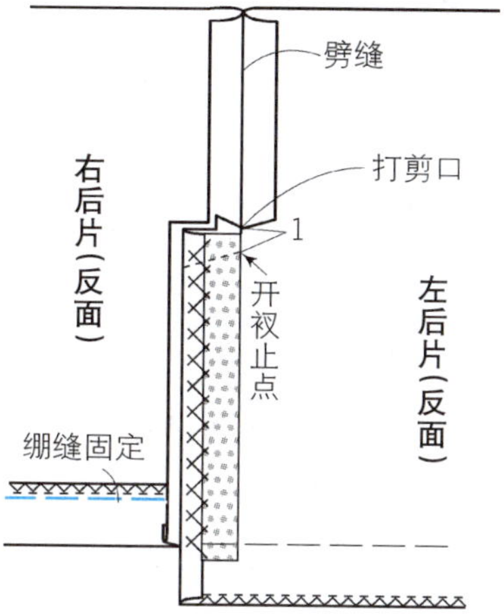

③在左后片缝份的开衩止点向上 1cm 处打剪口，后中心的缝份用熨斗劈缝熨烫。右下摆的贴边折好之后绷缝固定。

- 厚料时，下摆折角的缝份如图所示修剪掉。
- 后中心的缝份向一边倒时不需要打剪口。

〈厚料的情况〉

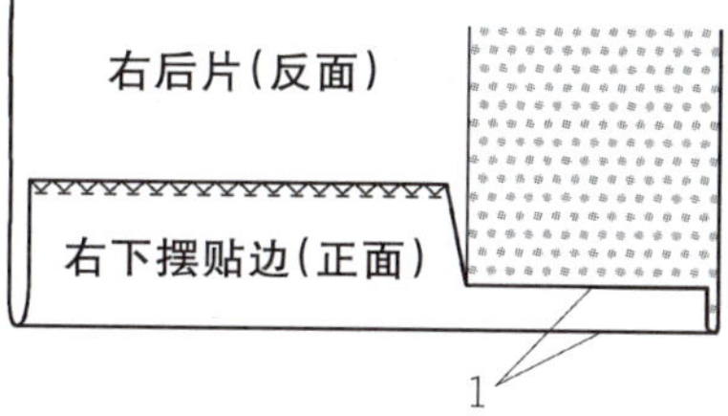

④与右下摆对合后，折叠左下摆贴边并绷缝固定。下摆暗缲。

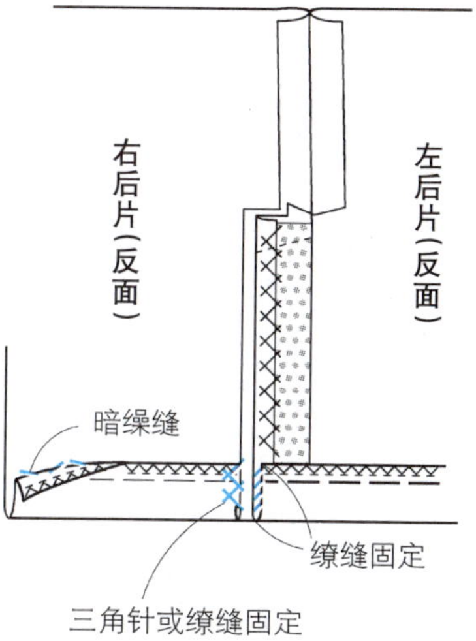

⑤缉缝里料的后中心线，在开口止点以上 0.5cm 处停止。缝份倒向里料的右后片。

⑥面料和里料的反面相对，衩口的周围绷缝固定，修剪里料的右后片。

⑦将衩口部分的里料缝份折好，转角处做星点缝(图 7－9－3)。

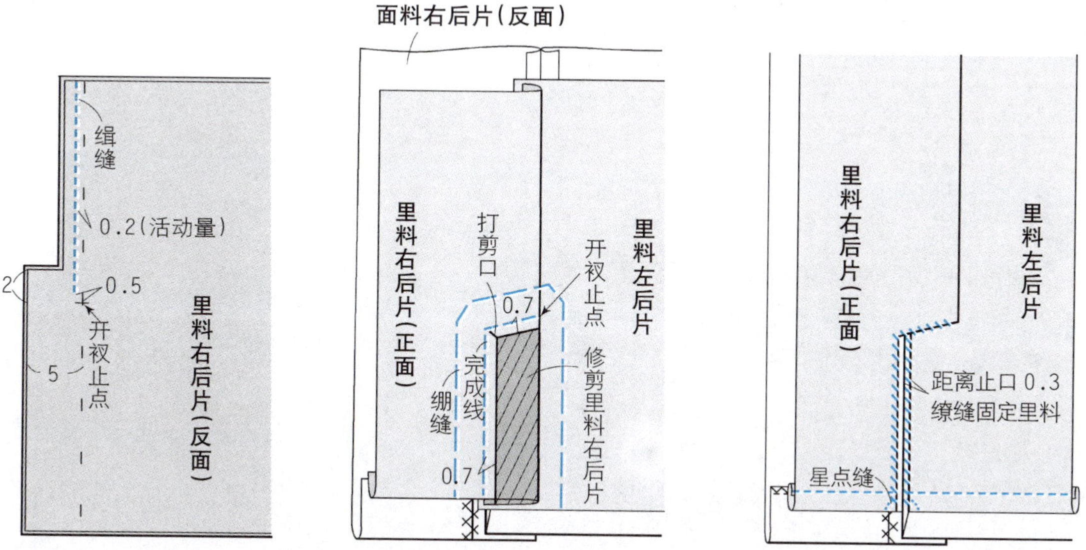

图 7－9－2　中心开衩的制作

袖口开衩 A

●利用缝份的方法

在此介绍利用袖下的缝份做开衩的方法(图 7－10－1)。

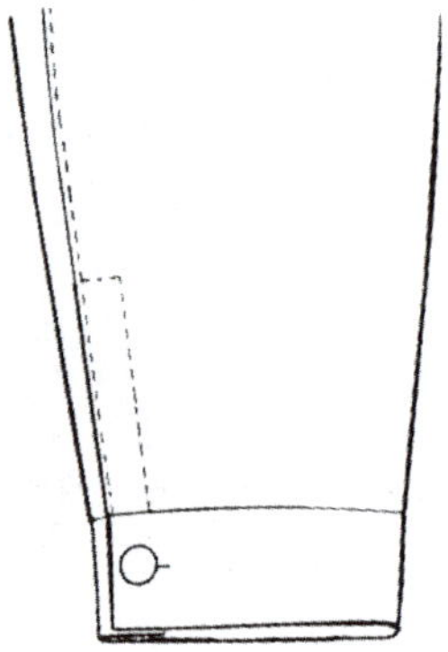

图 7－10－1　袖口开衩 A

①如图 7－10－2 所示，因为前袖下的开衩缝份兼做里襟，所以多裁出来一些。

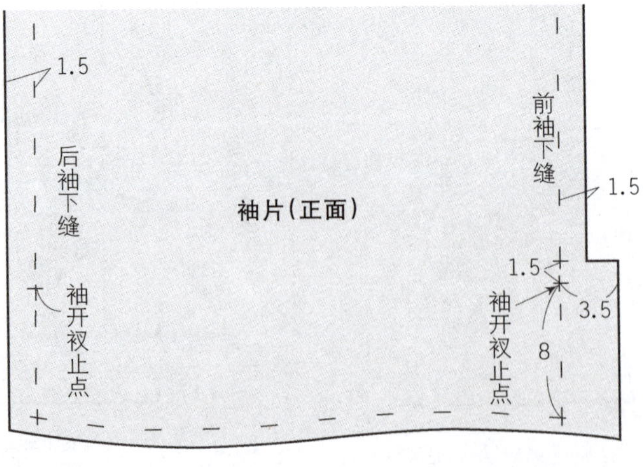

②包缝袖下缝份。将前袖下缝的开衩部位卷边缉缝。

③缝合袖下缝至开衩止点，缝份倒向后袖一侧。

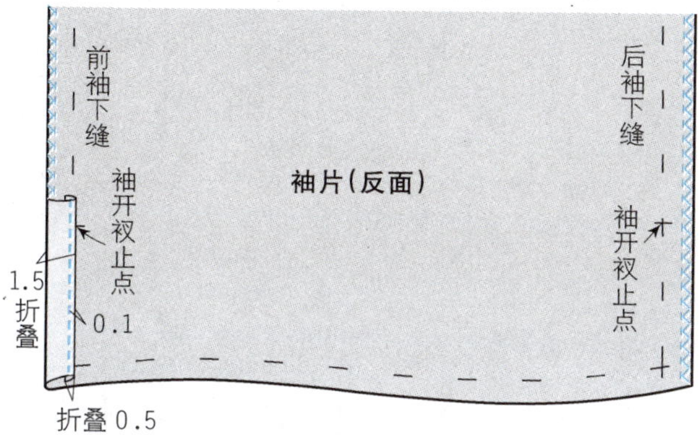

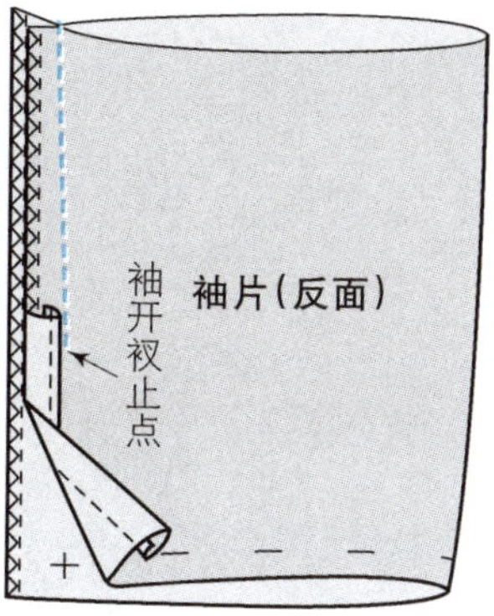

④在后袖下缝的开衩部位的缝份上缉明线。

⑤袖下缝份的边缘缉明线，在开衩止点处缉两道线。

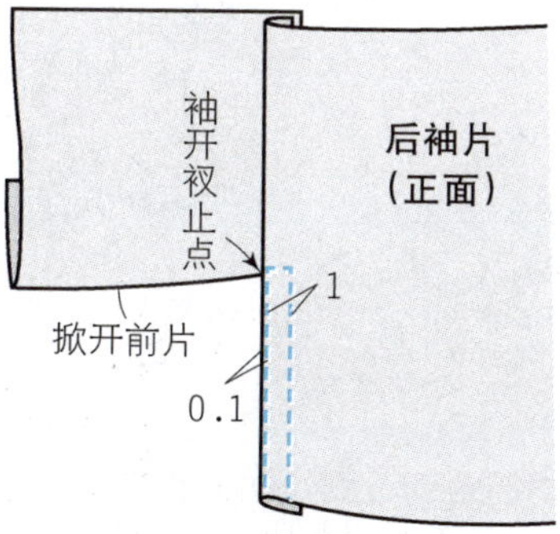

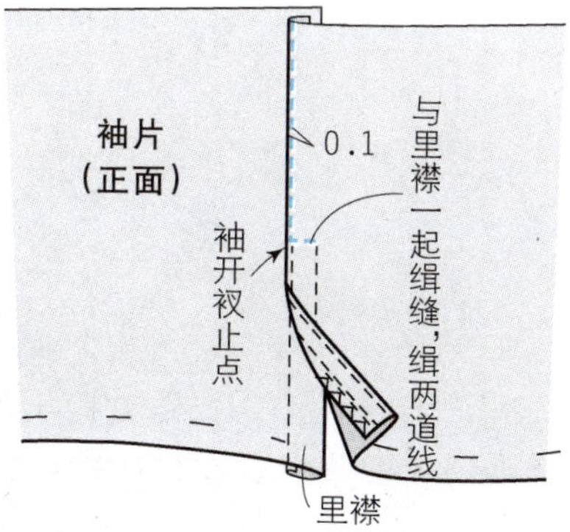

图 7－10－2　袖口开衩 A 的制作

袖口开衩 B

●利用叠褶做开衩的方法

在叠褶的隐蔽部分打剪口、做开衩，所以可隐藏开衩(图 7－11－1)。

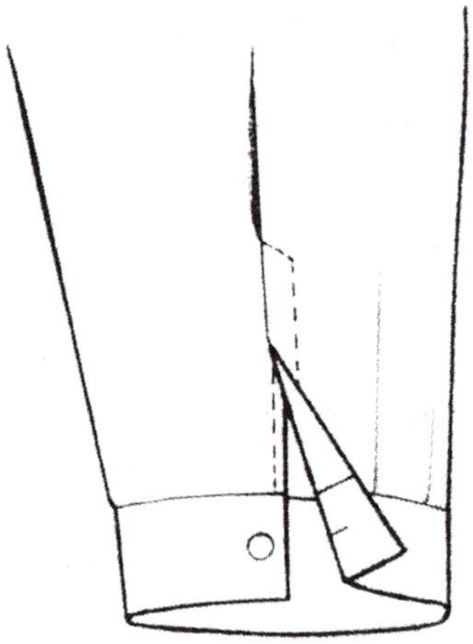

图 7－11－1　袖口开衩 B

①在褶的中间，剪 T 字形剪口(图 7－11－2)。

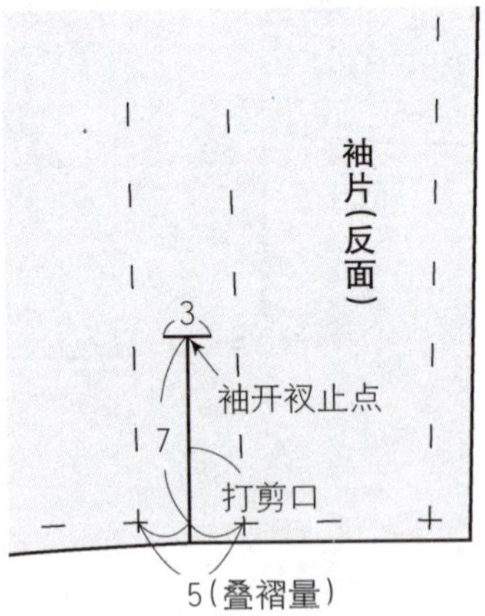

②剪口后侧的缝份卷边缉缝，
前侧的缝份折好、备用。

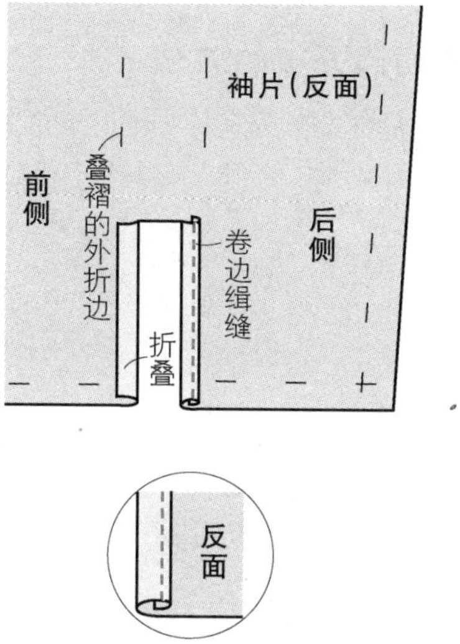

③前侧的叠褶折出外侧折
痕，从正面缉明线。

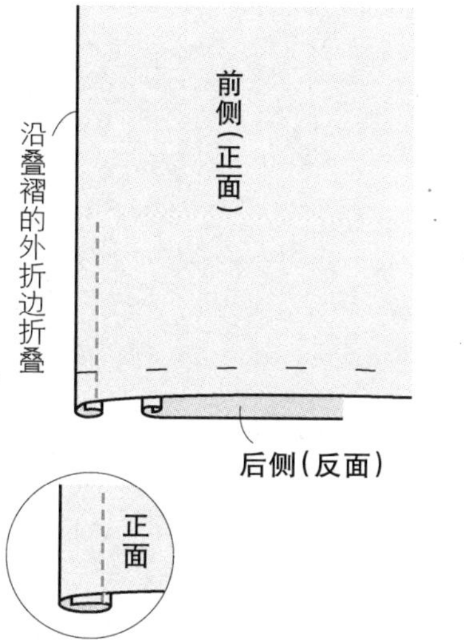

④折叠褶裥，与褶裥一起在开衩止点处缉两道
线，并打回针缉缝固定。

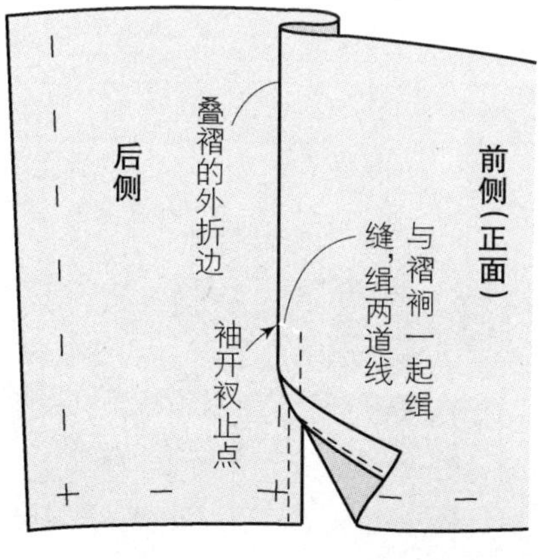

⑤从反面缭缝，锁光开衩止点处的缝份（图 7－11－2）。

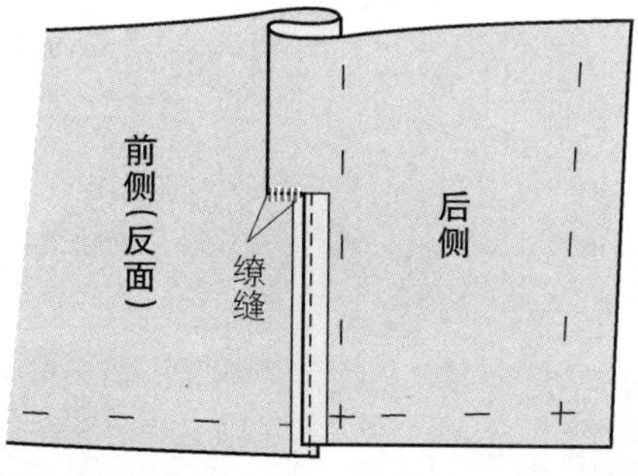

图 7－11－2　袖口开衩 B 的制作

袖口开衩 C

●切口开衩的方法

这是一种类似切口的朴素而又简单的袖口开衩处理(图 7－12－1)。

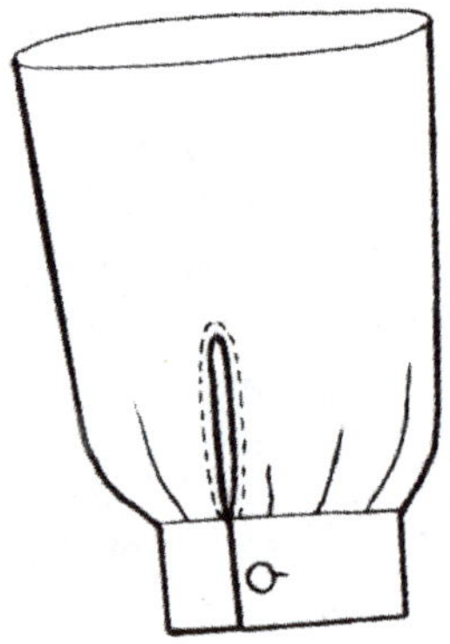

图 7－12－1　袖口开衩 C

①在贴边的反面粘贴粘合衬，周围用包缝机包缝(图 7－12－2)。

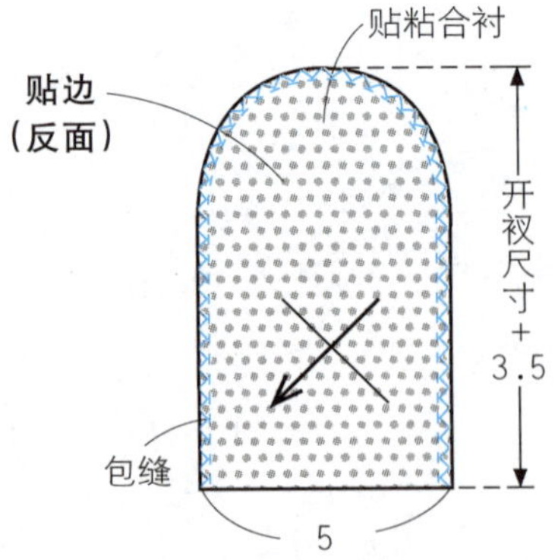

②将袖片与贴边正面相对，开衩的部位留出0.5cm的缝头后缉缝。

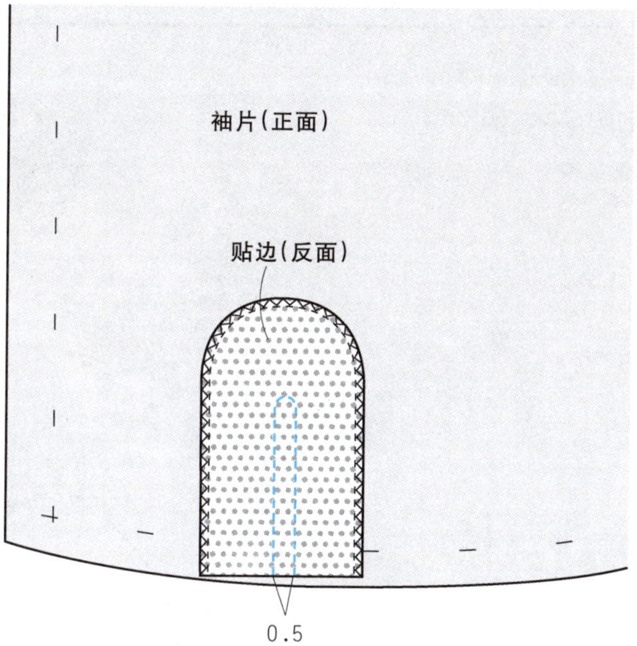

③沿线迹的中央打剪口。

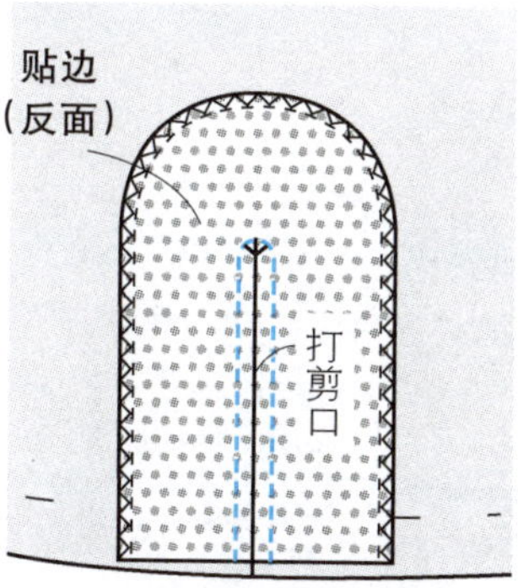

＊参考第303页的③

④将贴边翻至袖片的反面，调整里外拥量（止口不外吐），从袖片的正面缉明线。

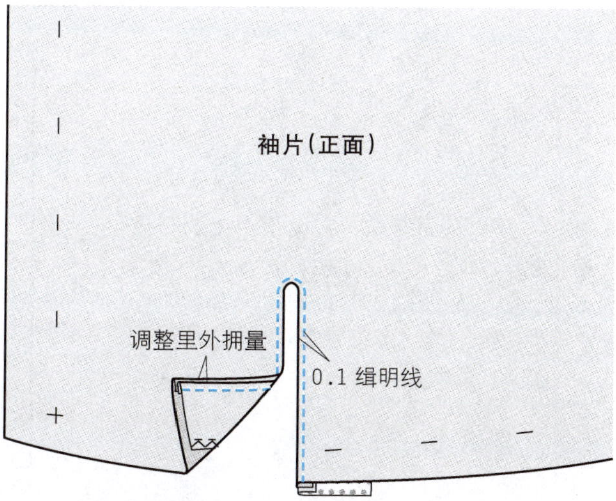

图7－12－2　袖口开衩C的制作

袖口开衩 D

●在叠褶里面做切口开衩的方法

其做法是在叠褶的隐藏处打剪口，做切口开衩(图 7－13－1)。

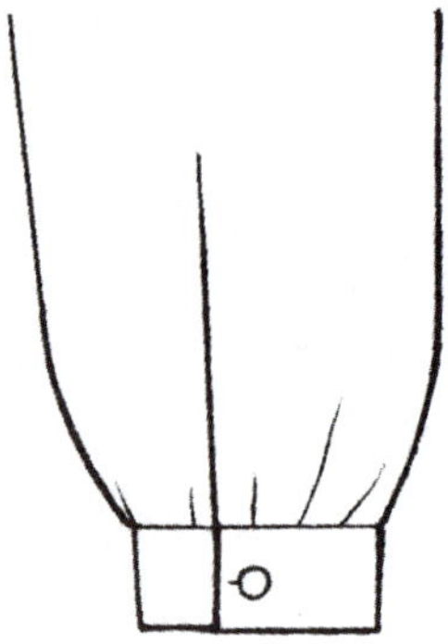

图 7－13－1　袖口开衩 D

①袖片与里料正面相对，在叠褶中央的开衩位置缉缝出间距 0.5cm 的线迹（图 7－13－2)。

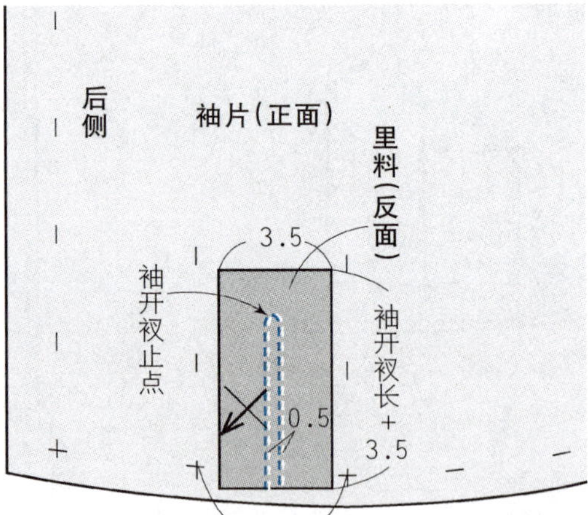

②在缉缝线迹的中央打剪口。容易脱丝的布料，为防止脱丝要在缝份处抹上薄糨糊。

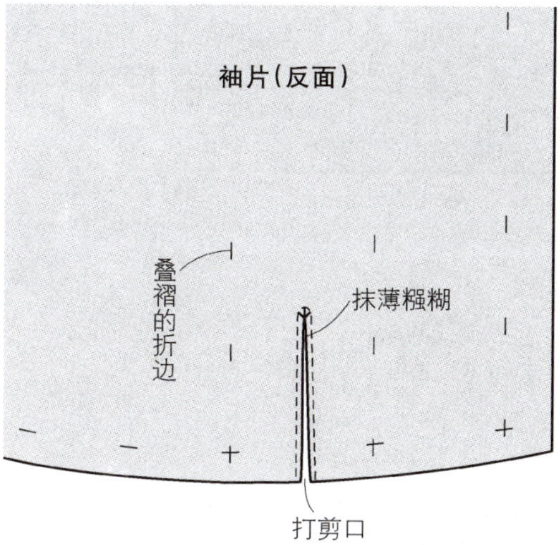

③将里料翻至袖片的反面，卷边扣折出 0.8cm 的宽度,在周边缭缝固定。

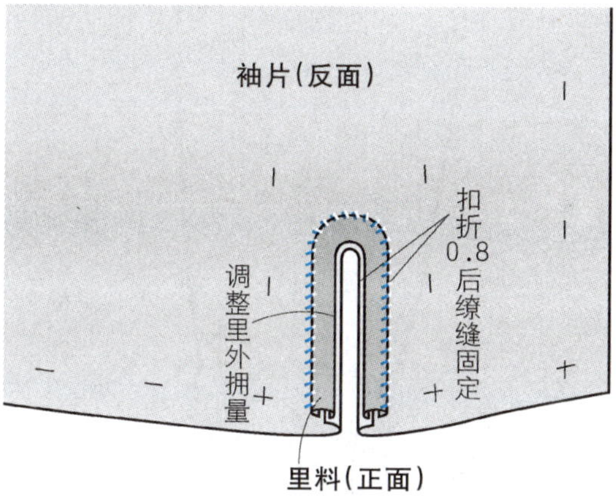

④沿开衩部位的周围,从正面缉明线。

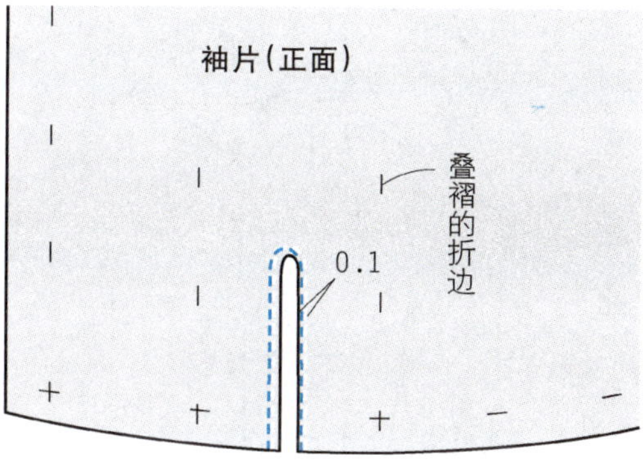

⑤沿叠裥的前侧外折边折叠，将袖口处的缝份绷缝固定。

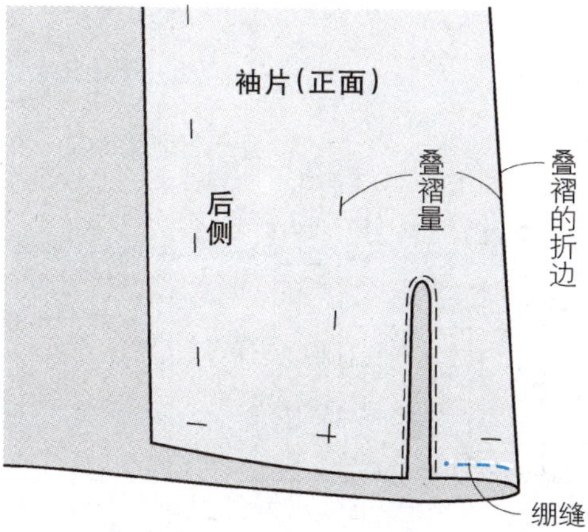

⑥缝合袖下缝,绱袖头。叠裥部位成为贴边和里襟。

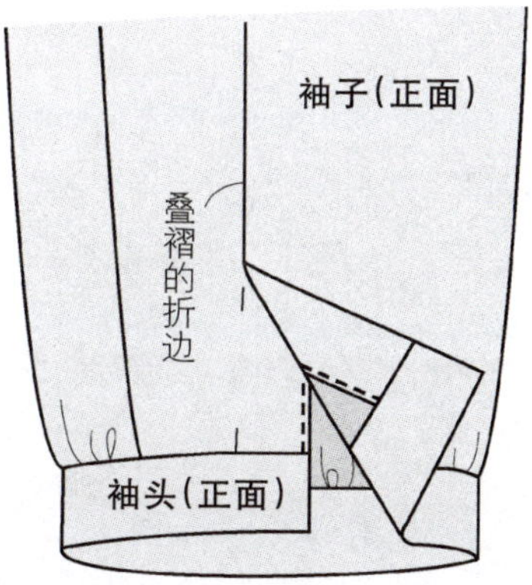

图 7－13－2　袖口开衩 D 的制作

袖口开衩 E

●长条开衩的做法

袖口的开衩做成长条型，具有男装的感觉。衬衣的袖口开衩是具有代表性的设计风格（图 7－14－1）。

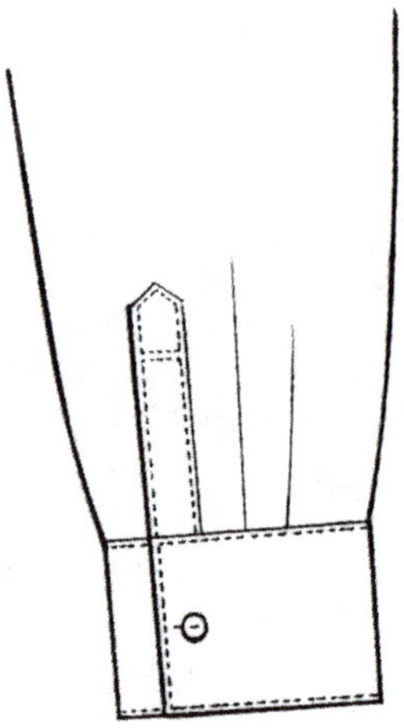

图 7－14－1　袖口开衩 E

①裁剪里襟和长条门襟。若是没有拉力的布，要在反面粘贴粘合衬（图 7－14－2）。

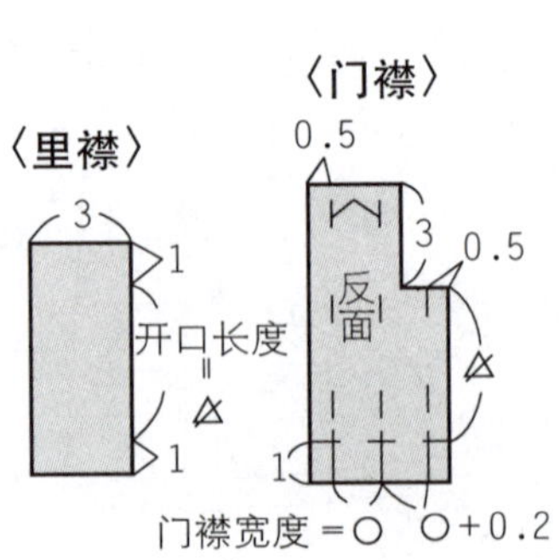

②按照净缝线折好里襟和长条门襟，在长条门襟的连折处缉明线。

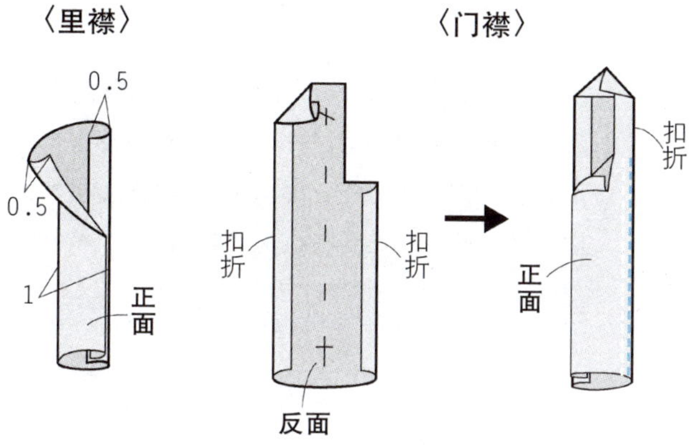

③在袖子长条开衩位置的中央处剪 T 字形剪口。

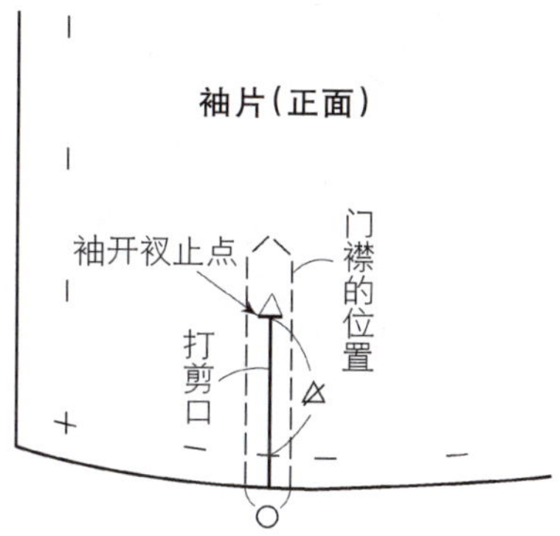

④用里襟夹住开衩后侧的缝份，从上端的剪口处把里襟布拉到袖子的反面，缉明线固定。

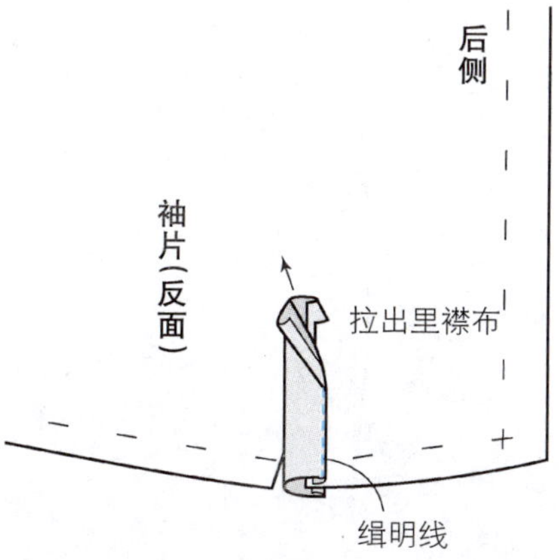

⑤用长条门襟夹住另一侧的开衩缝份，将里襟与长条门襟重叠，根据图示顺序缉明线。

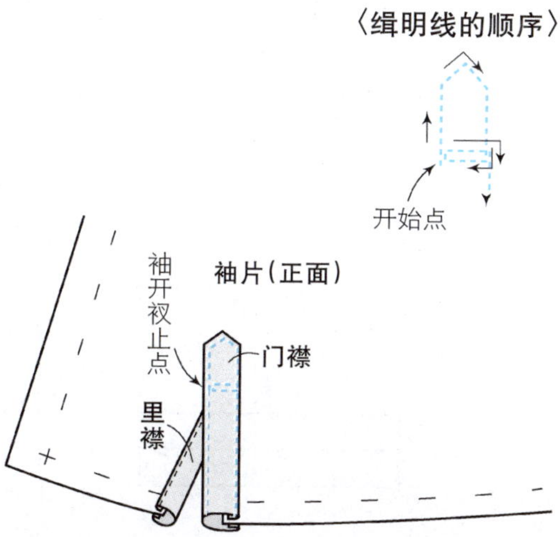

图 7－14－2　袖口开衩 E 的制作

筒状袖头

袖头是覆盖手腕的带状部分。可使用与衣身不同的材料或使用袖扣等，具有多种多样的变化。基本上有翻袖头和普通绱袖头两种类型。筒状袖头是后一种类型，可以说是一种设计效果很好的处理袖口的方法(图 7－15－1)。

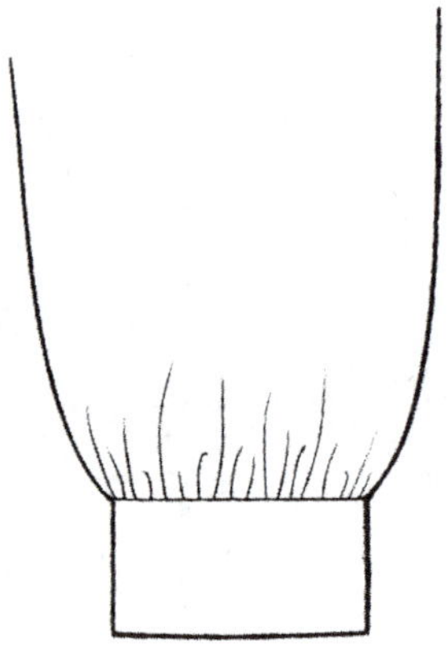

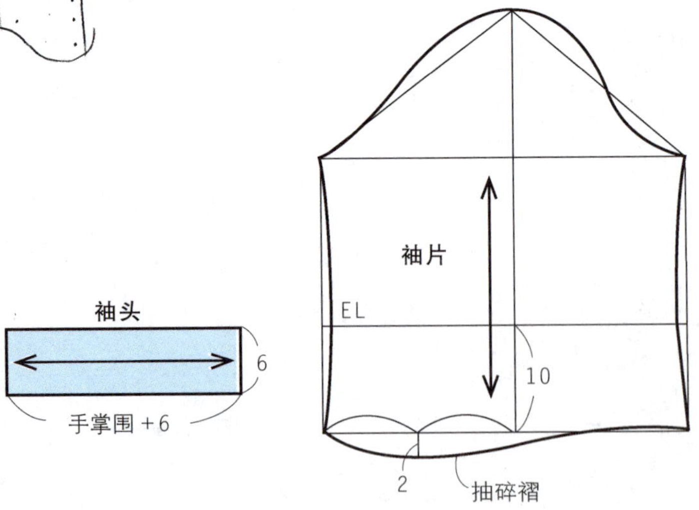

图 7－15－1　筒状袖头

①袖下缝份用包缝机包缝。袖口用拱针平缝后抽碎褶，距两端袖下缝 2cm 左右没有褶。袖口的缝份用熨斗烫好，以使碎褶平顺。

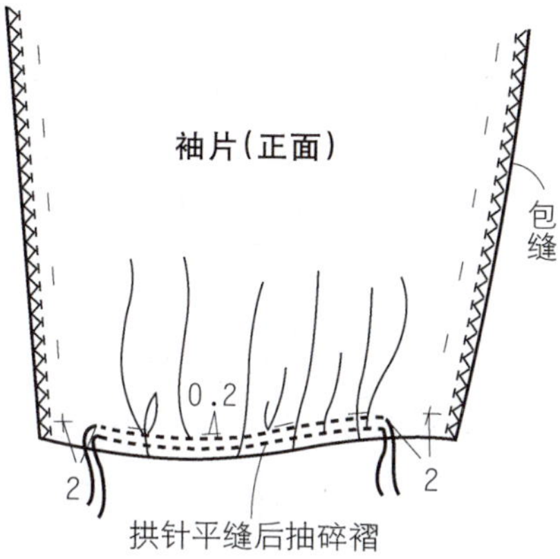

②袖头面和袖头里连在一起裁剪，在反面粘贴粘合衬。

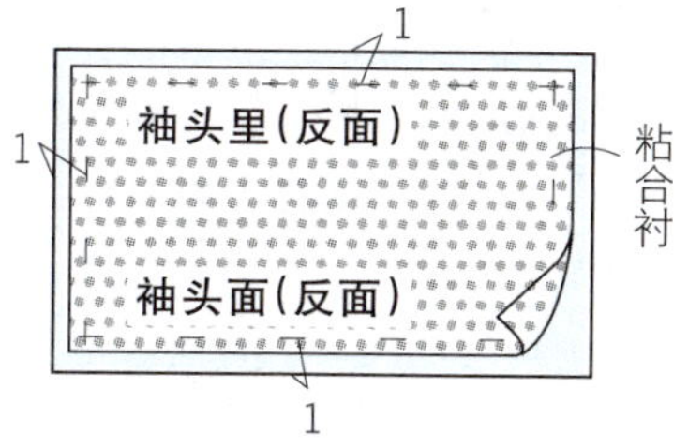

③将袖片和袖头正面相对缉缝，缝份倒向袖头一侧。

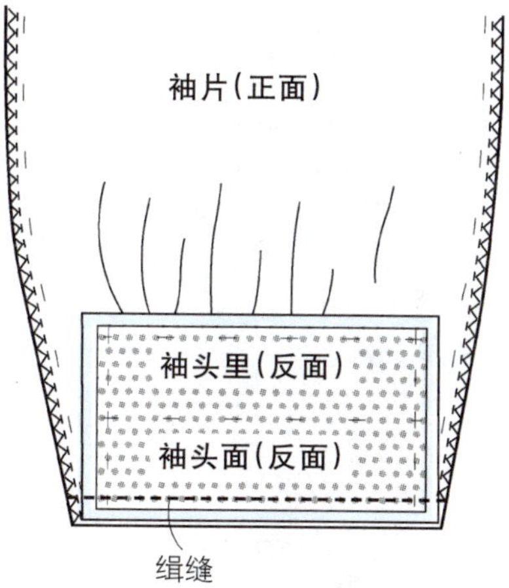

④将袖子的袖下缝和袖头一并缝合，劈缝熨烫。

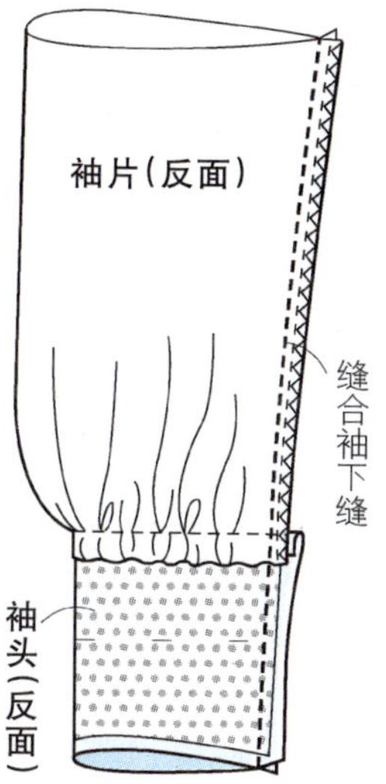

⑤按照完成线扣折袖头，将袖头里的缝份缭缝固定（图 7－15－2）。

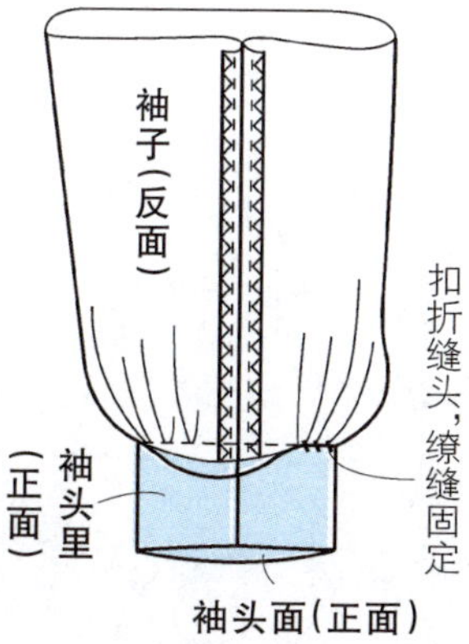

图 7－15－2　筒状袖头的制作

翻袖头

翻袖头是在做完袖子之后，用其他的布做袖头装在袖口上的一种方法。它与活领一样可以装上或取下，适用范围广，且带有一定的趣味性(图 7－16－1)。

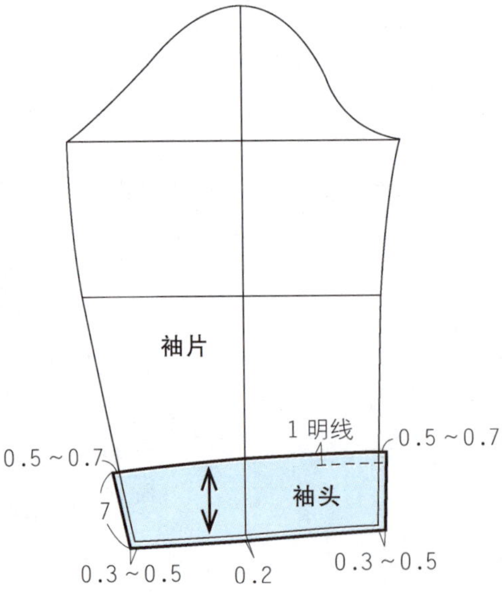

图 7－16－1　翻袖头

①裁剪袖头。袖头里不论是使用与面料相同的布，还是使用里料，袖口处的缝头都不用裁出。在袖头面的反面粘贴粘合衬。

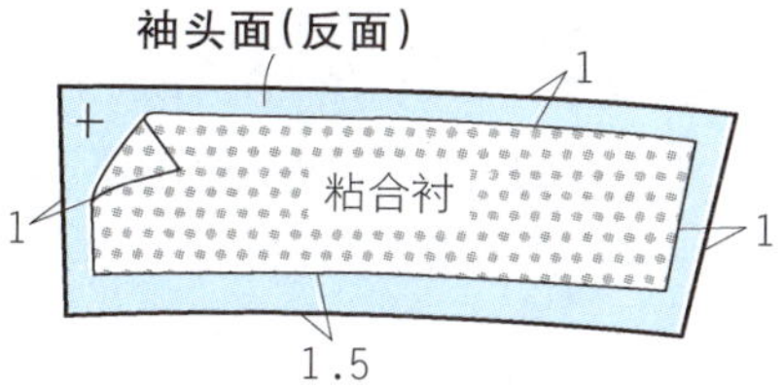

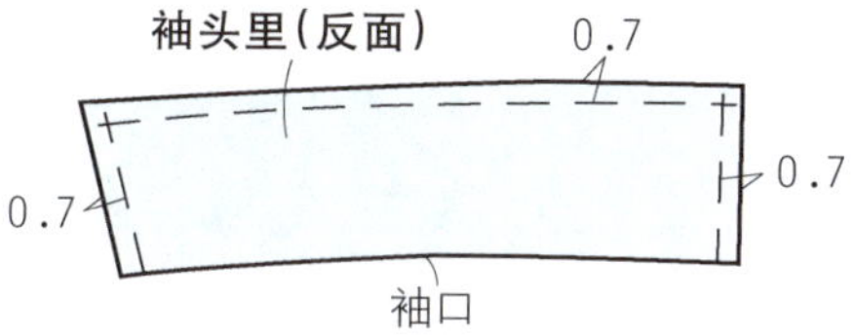

②袖头面、袖头里正面相对，有缝头的一端对齐，绢缝 0.7cm 左右。

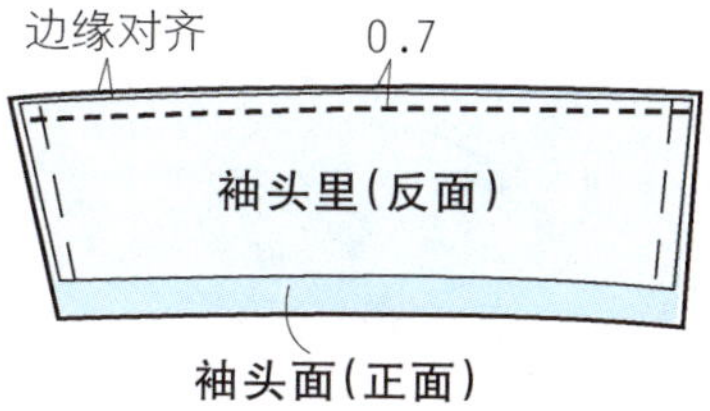

③翻至正面，调整止口，袖头里不要反吐，把袖头面的袖口按照完成线折好。

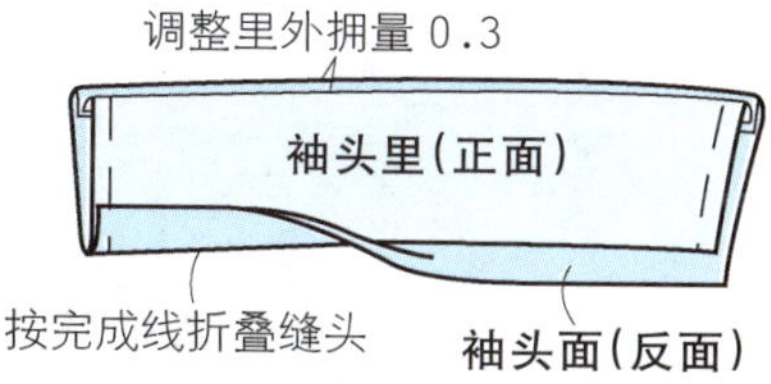

④打开袖头，再一次正面相对，缝合袖下缝，缝头劈开。

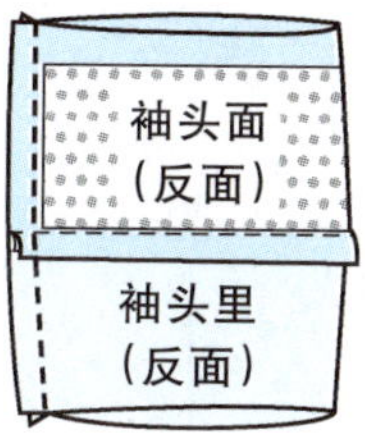

⑤按照净缝线的形状整理袖头，在上端从袖头正面一侧缉明线。袖口处将袖头面的缝份用三角针固定在袖头里上。

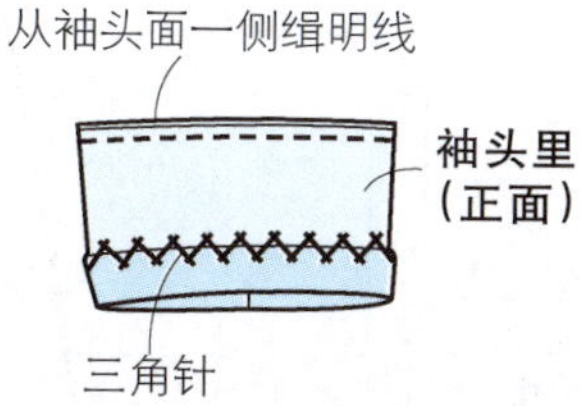

⑥在完成的袖口上，把袖头吐出 0.2cm 用线缭缝。在袖头上端用0.5cm 长度的线袢儿 1～2 个固定在袖子上（图 7－16－2）。

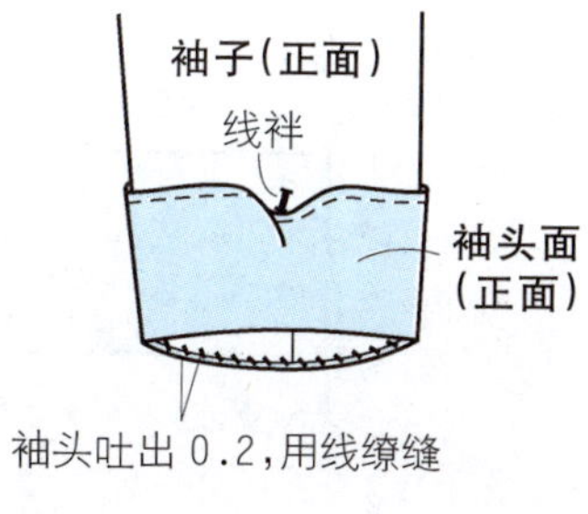

图 7－16－2　翻袖头的制作

双层袖头

在袖端缝上折为两层的袖头，配以鼓型纽扣。对合四个扣眼，钉一个袖头纽扣留作穿着时使用。在此要钉的是鼓型纽扣(图 7－17－1)。

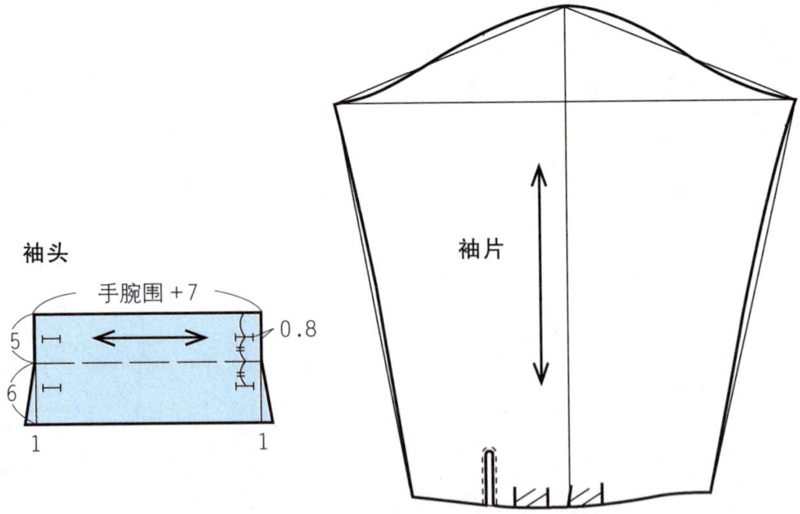

图 7－17－1　双层袖头

①将袖头面和袖头里在反面粘贴粘合衬。

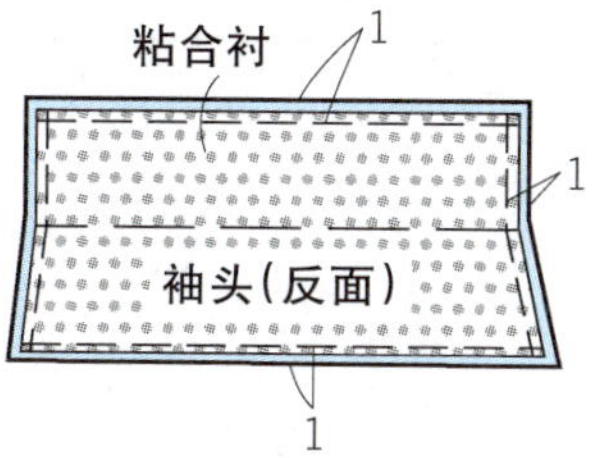

②袖头面、袖头里正面相对，袖头面向里错进 0.2cm,沿周围缉缝。

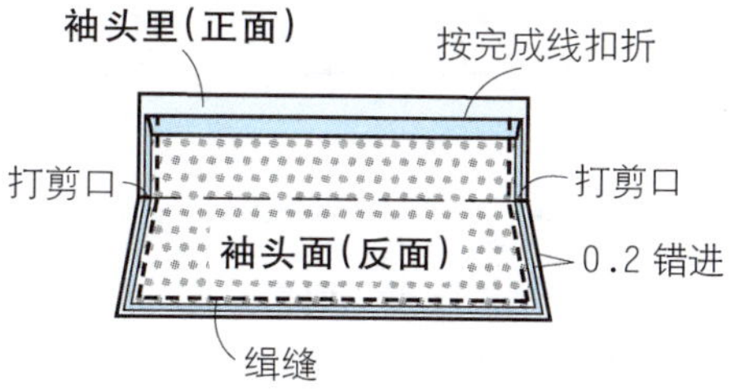

③翻至正面整理后,将袖头面缉在袖口上。

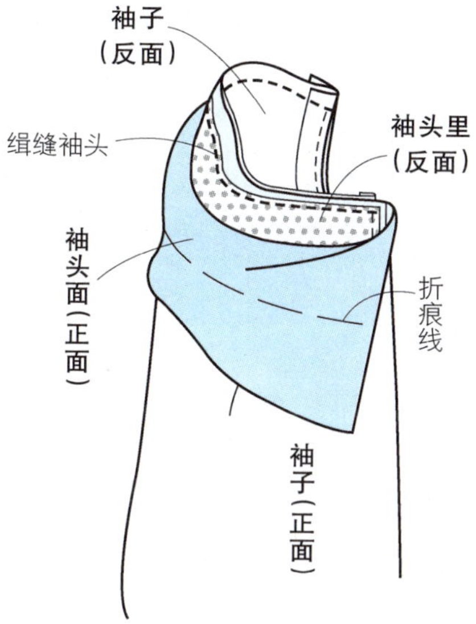

④袖头缝份剪成 0.5cm。将袖头一侧的缝头折进去,在袖头的周围缉明线,锁扣眼。

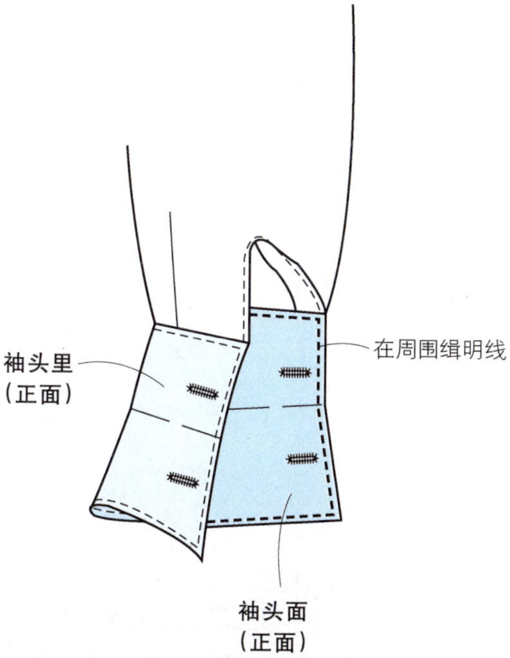

⑤在两个纽扣之间缝线柱，制成鼓形纽扣（图 7－17－2）。

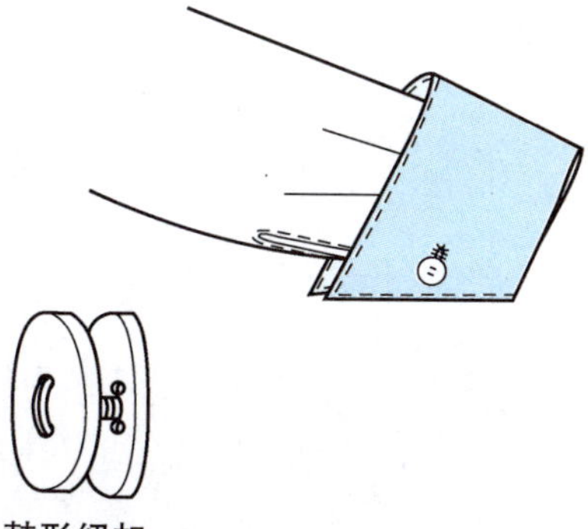

图 7－17－2　双层袖头的制作

单嵌线口袋

单嵌线口袋是一种广泛应用于裤子、连衣裙、西服、女裙等服装的口袋。因为袋布与衣身使用相同的布料制作，所以不适合于过厚的面料(图 7－18－1)。

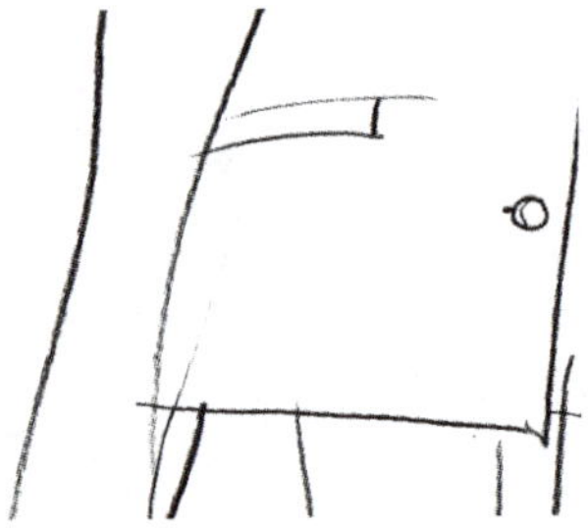

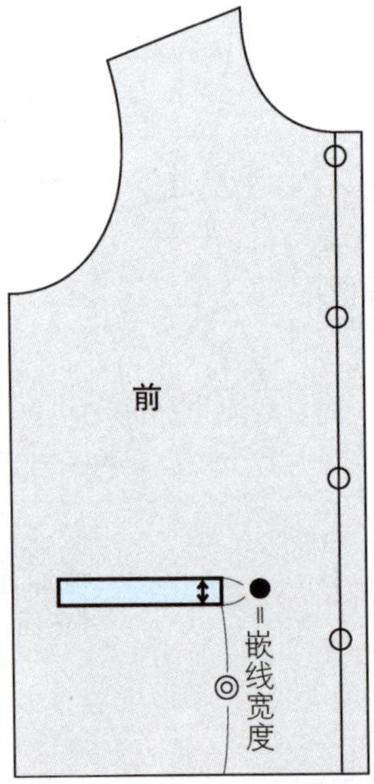

图 7－18－1　单嵌线口袋

①如图所示，袋布和袋口布裁成一片。袋口衬和承力衬（译者注：承力衬贴在衣身反面的袋口位置，起到使袋口结实的作用）采用薄型的粘合衬。

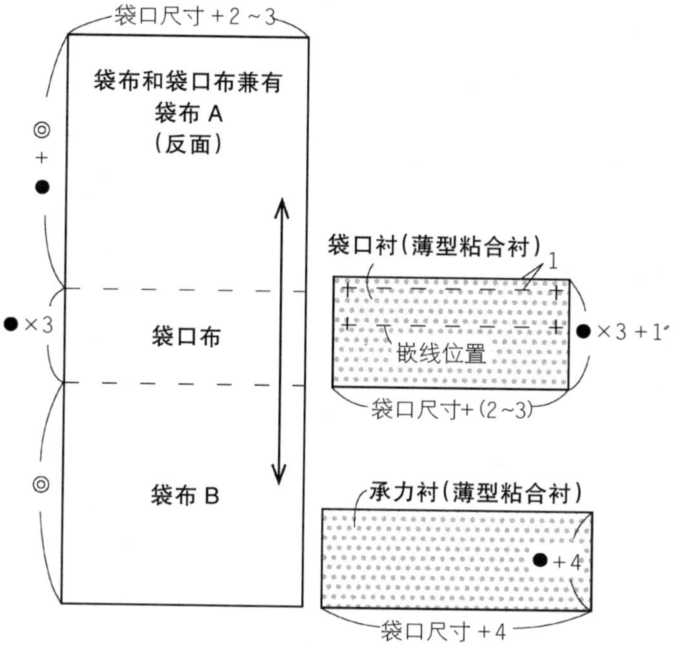

②在衣身反面的袋口位置粘贴承力衬。

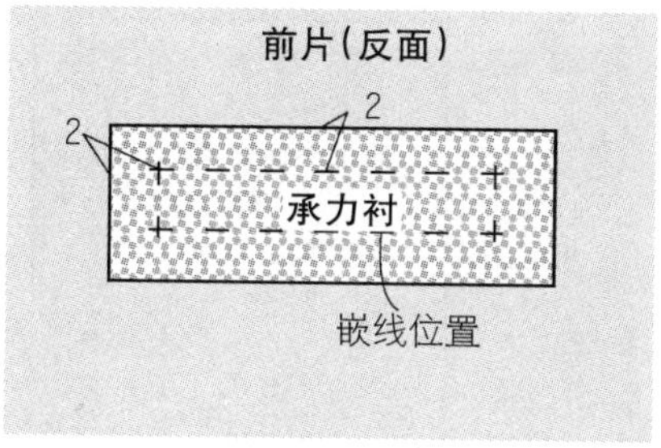

③在袋口布位置贴上袋口衬，将袋布与衣身的单嵌线位置对合，正面相对，在单嵌线位置的上侧缉缝，把袋布固定在衣身上。接着在袋口布的1/3位置上用熨斗烫折。

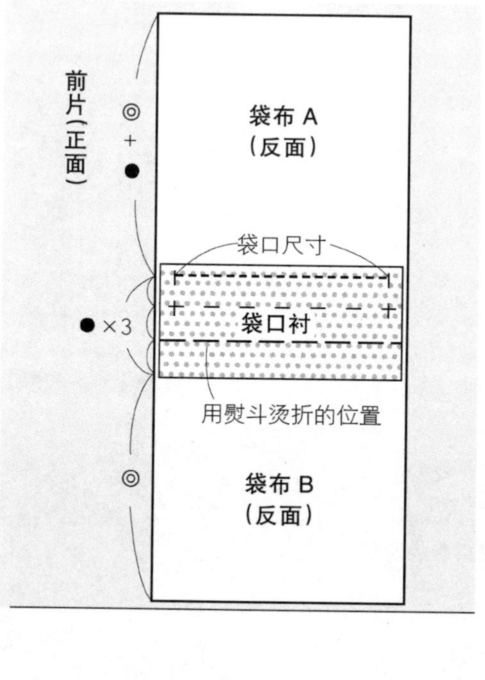

④从折痕位置向内取单嵌线的宽度，按照袋口尺寸缉缝到衣身上。

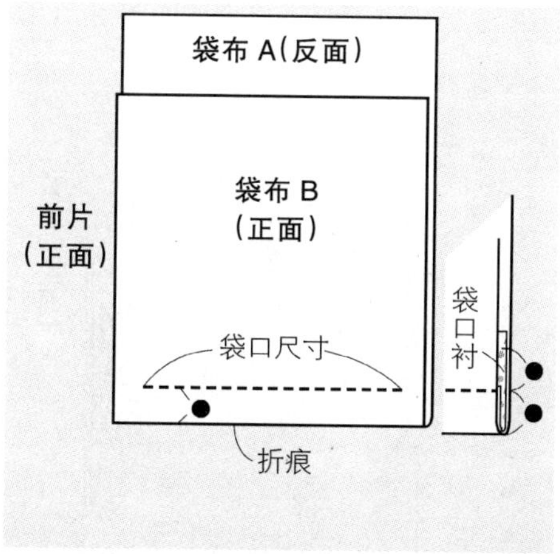

图7-18-2

⑤如图所示，在两条缉缝线的中央剪开袋布 A 和 B。

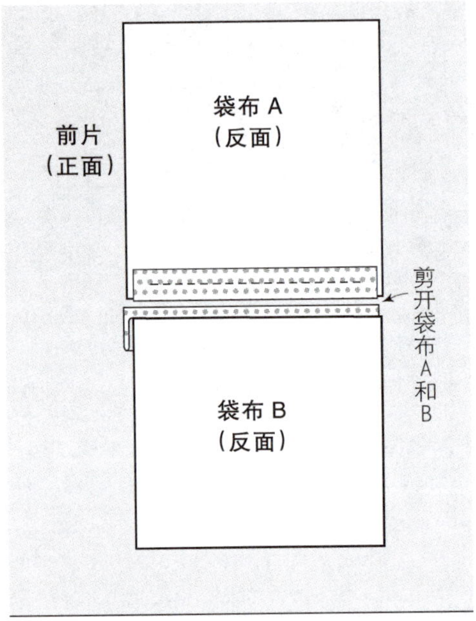

⑥将袋布 A 和 B 的缝头分别向两边折，在衣身上剪成箭羽形状。

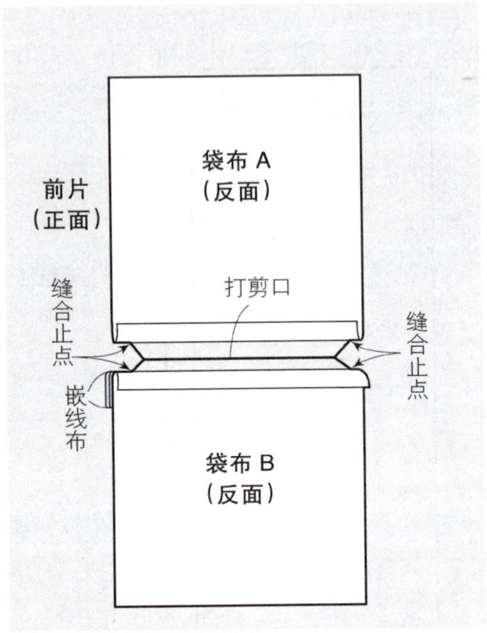

⑦将袋布 A 和 B 翻到衣身的反面，整理单嵌线。掀开衣身，两侧的三角布来回缉缝三次。

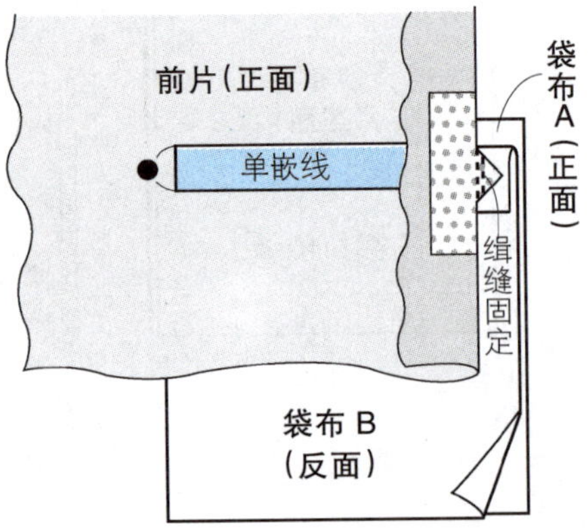

⑧在袋布的周围缉缝两道线，用包缝机处理袋布的边缘(图 7－18－2)。

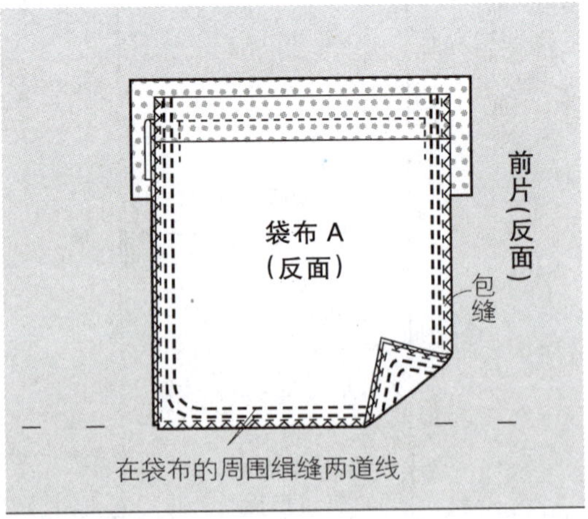

图 7－18－2　单嵌线口袋的制作

连裁贴边的处理

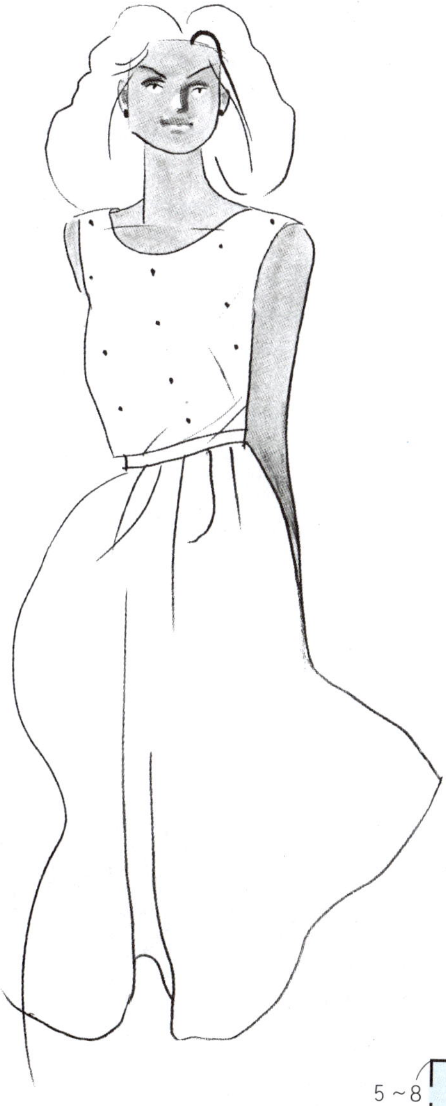

连裁贴边多用于无领、无袖、窄肩的服装，领口和袖窿的贴边连在一起裁剪，具有完整流畅的效果。在此，对有开口和无开口两种做法进行说明。

●大领口无开口的情况(图7－19－1)

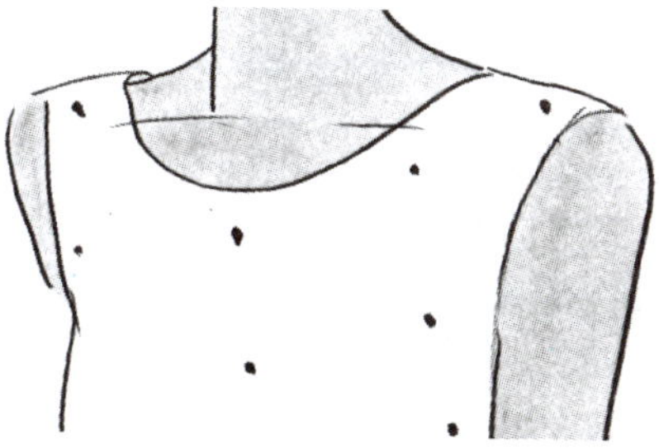

图7－19－1　大领口无开口

①领口及袖窿的贴边形状如图所示。

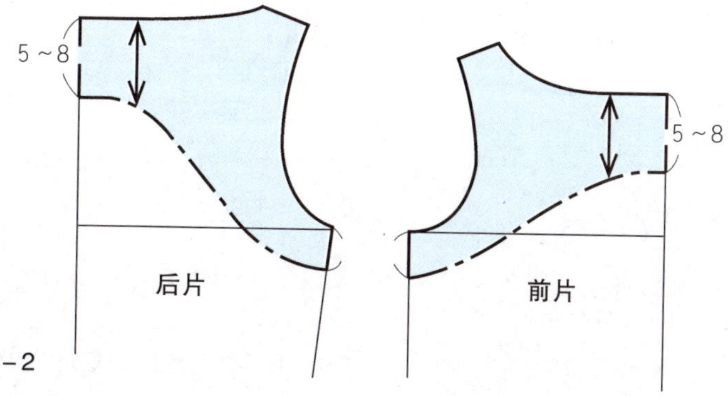

图7－19－2

②裁剪时衣身与贴边领口、袖窿处的缝份相差 0.1 ~0.2cm,贴边边缘包缝。

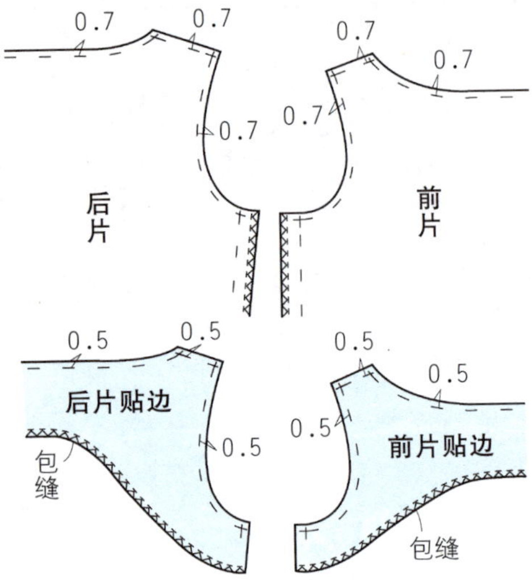

③分别将前后片衣身与贴边正面相对，缝份的边缘对齐，从衣身净缝线向缝头一侧移出 0.1cm 后缉缝。领口和袖窿均缝至距离肩线 2cm 处停止,在缝份上打剪口。

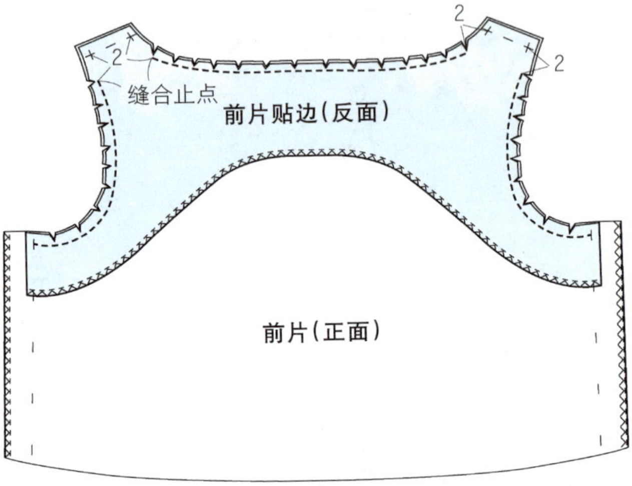

④翻至正面，用熨斗整理贴边的里外拥量及形状。首先缝合衣身的肩线,劈缝熨烫,按照完成线折好领口和袖窿,贴边的肩线对接缝合,也按照完成线折好。没缝完的领口和袖窿部分用手针缲缝完成。腋下缝与贴边同时缝合,缝份劈缝处理。

〈对接缝合〉

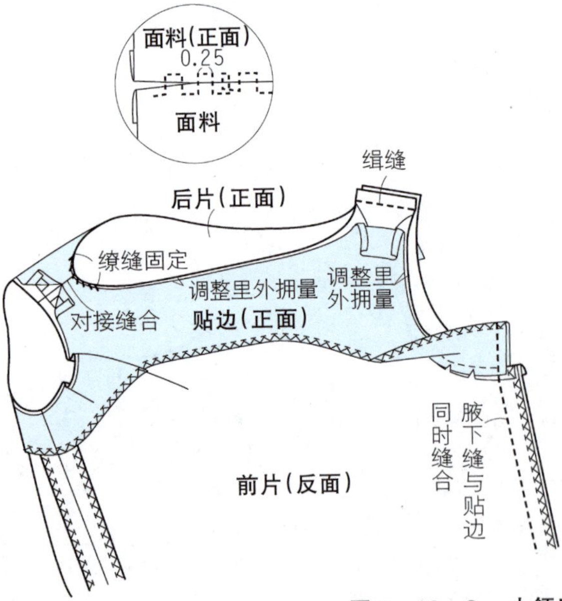

⑤把贴边固定在腋下缝上，领口和袖窿处做星点缝(图 7 -19 -2)。

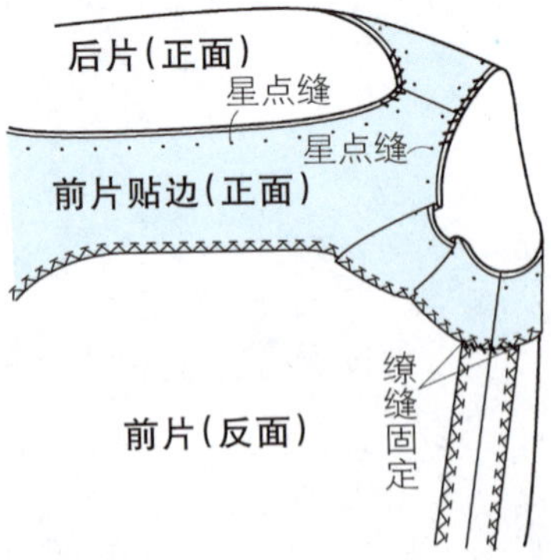

图 7 -19 -2　大领口无开口时的处理

●**前中心或后中心有开口的情况**

分别缝合衣身与贴边的肩线，缝头劈缝熨烫处理。将衣身与贴边正面相对，缉缝领口和袖窿弧线。缝头上打若干剪口后，从肩的空当之间翻出衣身的正面，用熨斗控制整理贴边的形状和里外拥量，绱拉链。腋下缝处衣身与贴边一道缝合，最后在领口和袖窿处做星点缝或缉明线(图 7－19－3)。

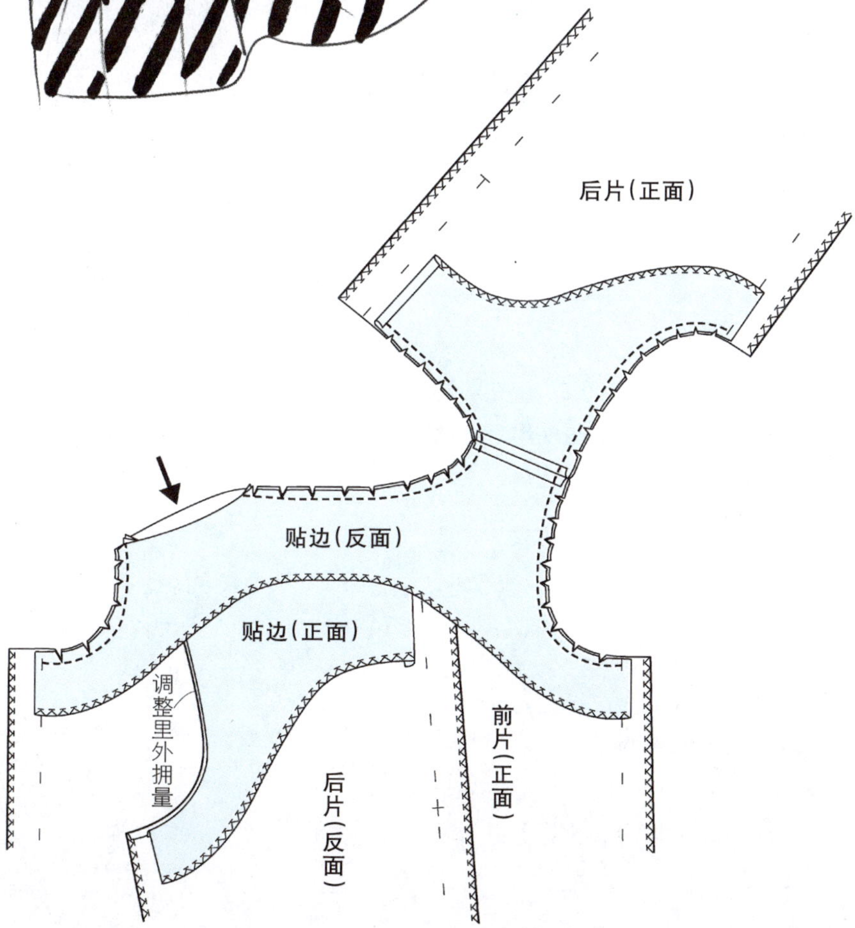

图 7－19－3　前中心或后中心有开口时的处理

V 字领的领尖处理

V 字领的领尖，如果未经处理很容易出现轻微的裂开现象，为了防止这个问题应使用垫布来处理领尖(图 7－20－1)。

图 7－20－1　V 字领

①裁剪衣身和贴边，缝份相差 0.2cm，在贴边的反面粘贴粘合衬。领尖的垫布使用不容易脱丝的同色薄料为好。

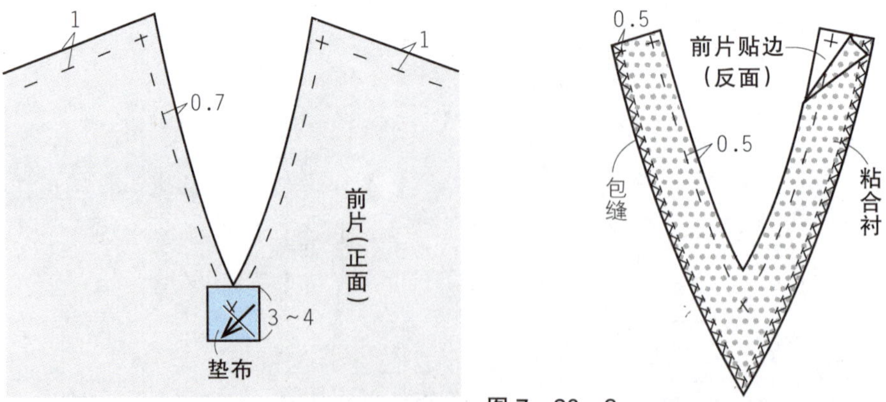

图 7－20－2

②在 V 字领的领尖处，将垫布与衣身正面相对，从净缝线向缝份方向移 0.2cm，用密针脚缉缝。在领尖中间打剪口。

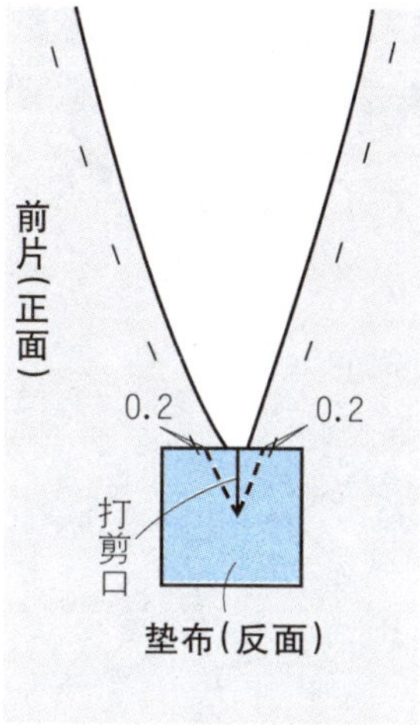

③将垫布翻至衣身的反面，控制好 0.2cm 的里外拥量。

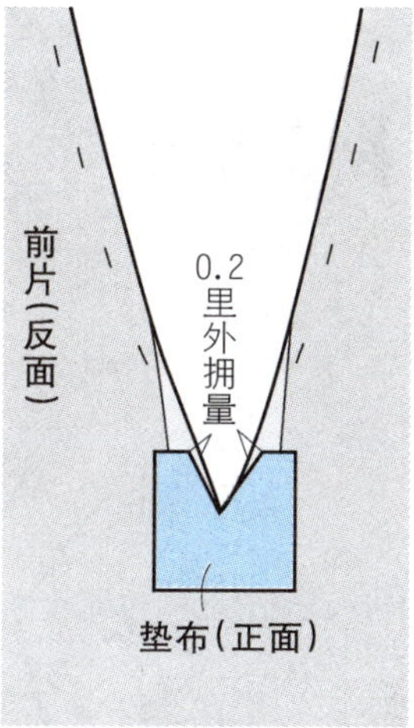

④将贴边和衣身正面相对，边缘对齐，掀起领尖垫布，在衣身净缝线外侧 0.1cm 处缉缝。翻至正面，整理贴边处里外拥量(图 7－20－2)。

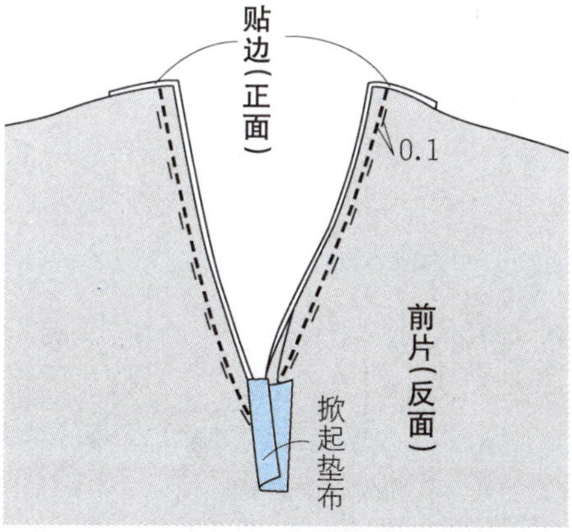

图 7－20－2　V 字领的领尖处理

无袖贴边的缝制

上衣、罩衫、连衣裙等的无袖服装，可采用绲边包裹方法进行处理(参照第 57 页)。在此说明使用贴边的方法(图 7－21－1)。

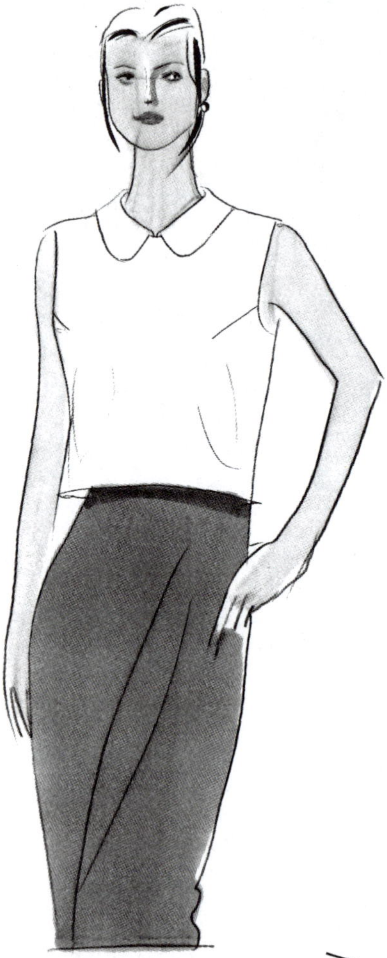

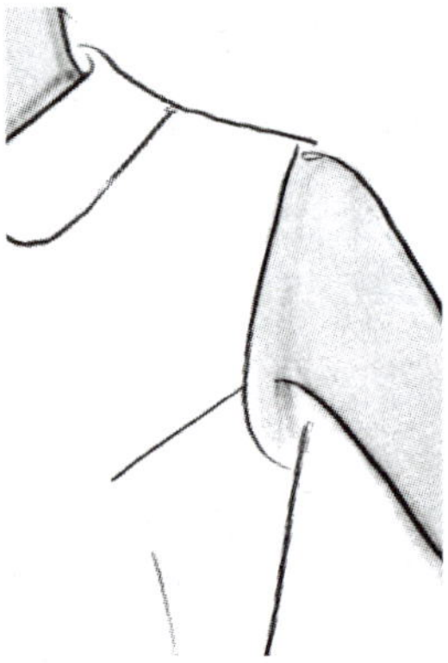

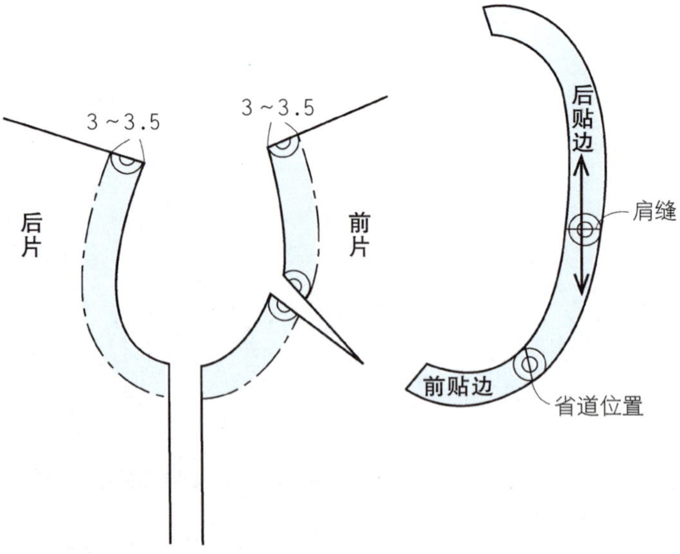

图 7－21－1　无袖贴边上衣

①衣身和贴边的袖窿缝份相差 0.1cm～0.2cm，分别进行裁剪。

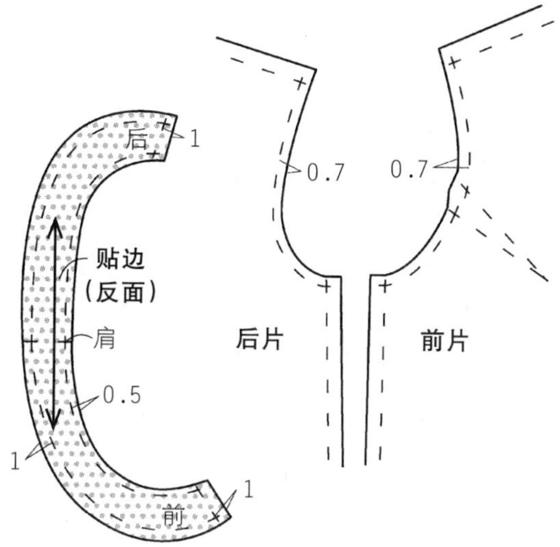

②贴边如图示包缝。

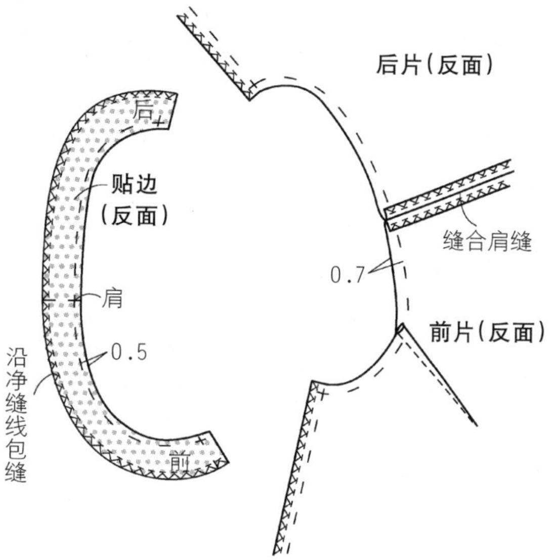

③将衣身与贴边正面相对，缝份的边缘对齐，沿衣身净缝线外侧 0.1cm 的位置缉缝。在缝头上打若干个剪口。

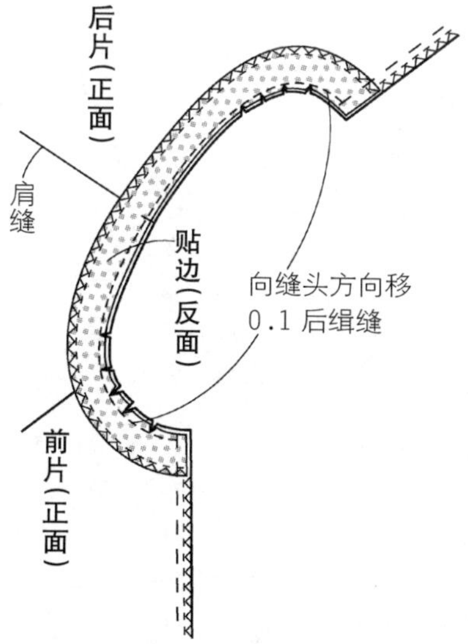

④掀起贴边，将腋下缝和贴边一道缝合。将贴边的正面翻出，用熨斗控制整理贴边的形状和里外拥量。在肩线和腋下缝处手缝固定贴边，沿袖窿做星点缝固定(图 7－21－2)。

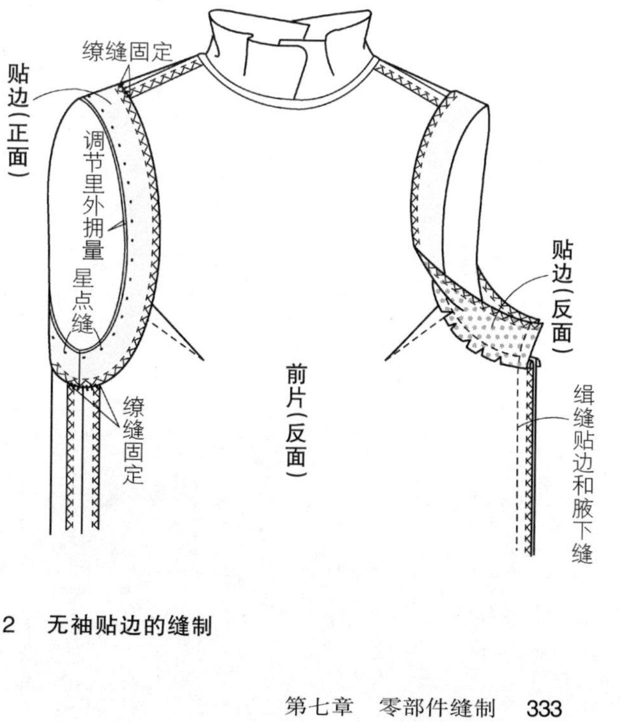

图 7－21－2　无袖贴边的缝制

裙腰处理

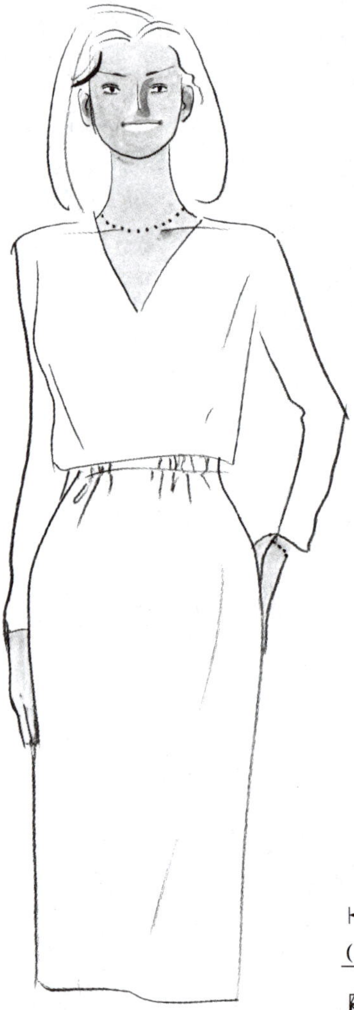

在腰头嵌入松紧带抽褶的女裙，腰围尺寸在一定范围内可以自由调节，适用面较大，容易穿着。制作时把腰省作为褶量，在腰头的两侧使用松紧带，同时将开口做在后中心处（图 7-22-1）。

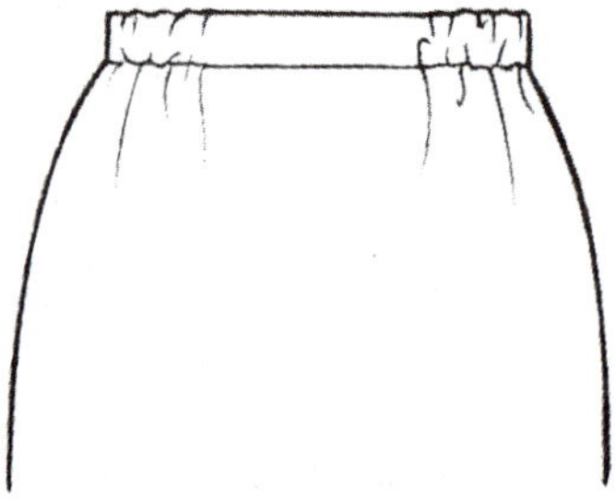

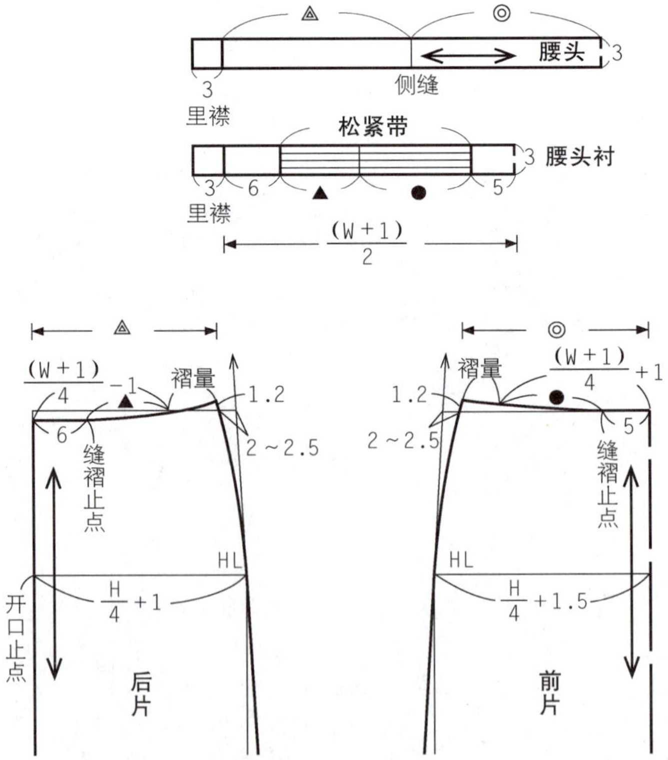

图 7-22-1 裙腰

①将松紧带与腰头衬重合 1～1.5cm 缉缝。

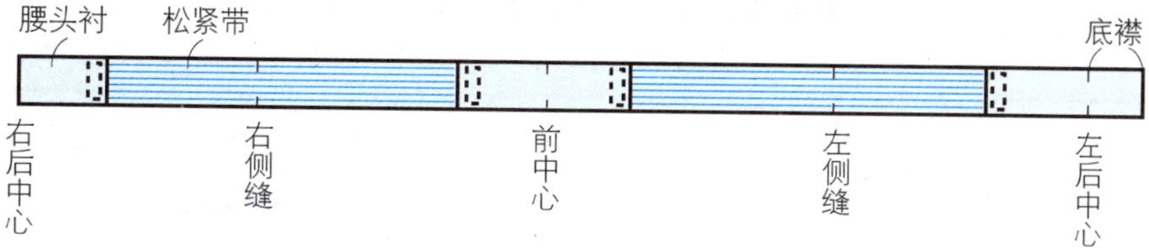

②裙子与腰头正面相对缉缝。

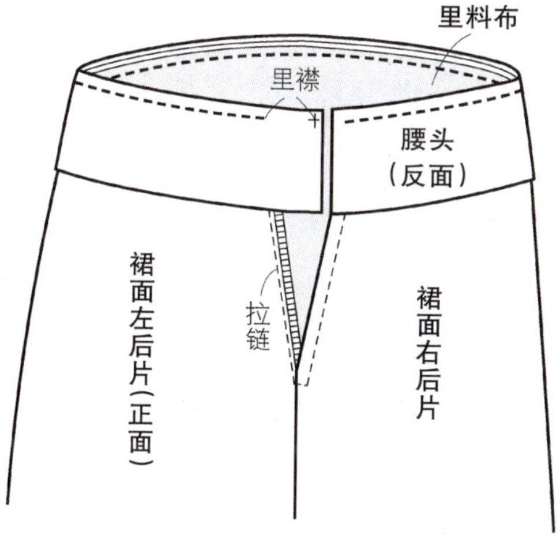

③按照缝合对位记号将腰头衬缉在腰头的缝份上。

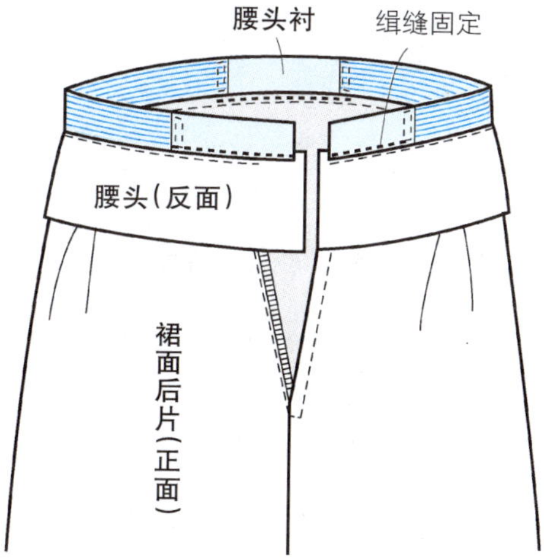

④用腰头包住腰衬，在保证腰头里侧平顺的前提下缭缝固定。

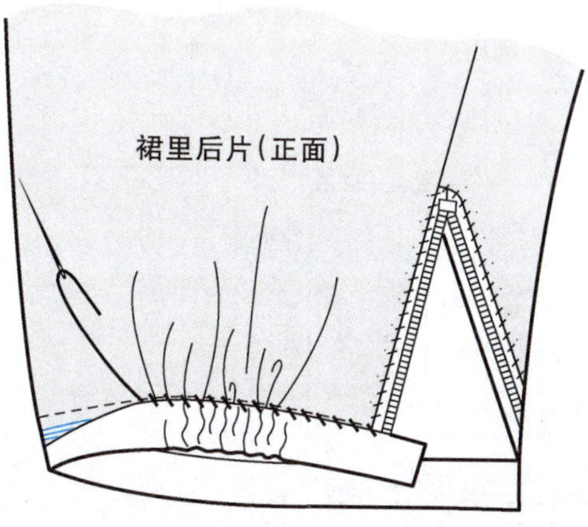

⑤从腰头正面，在松紧带和腰头衬缝合的位置缉缝固定(图 7－22－2)。

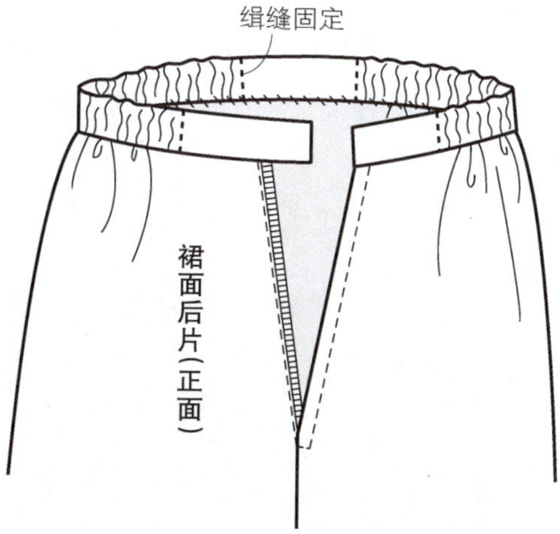

图 7－22－2　裙腰处理

剪接腰围的处理

在此介绍薄形面料情况下，前片开口、剪接腰围的处理方法(图 7－23－1)。

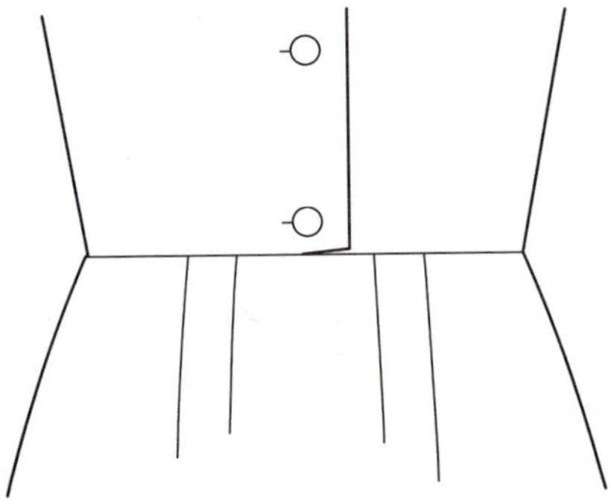

图 7－23－1　剪接腰围

①将左右衣身的前中心搭合，缉缝腰围剪接线，在贴边内侧位置对应的腰线缝份上打剪口。

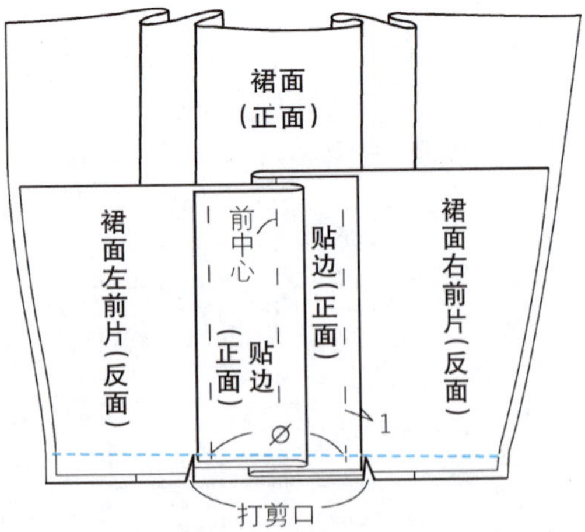

②贴边部位的缝份倒向裙子一侧，其他部位的缝份倒向衣身一侧。

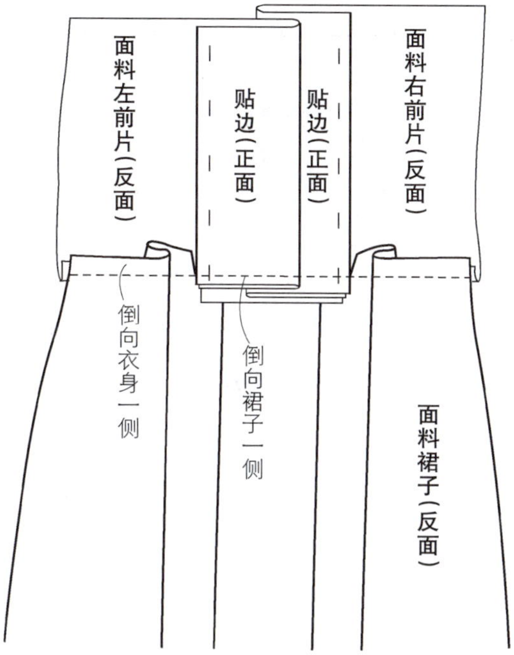

③缝合里料的腰围，只在裙子的缝份上打剪口。

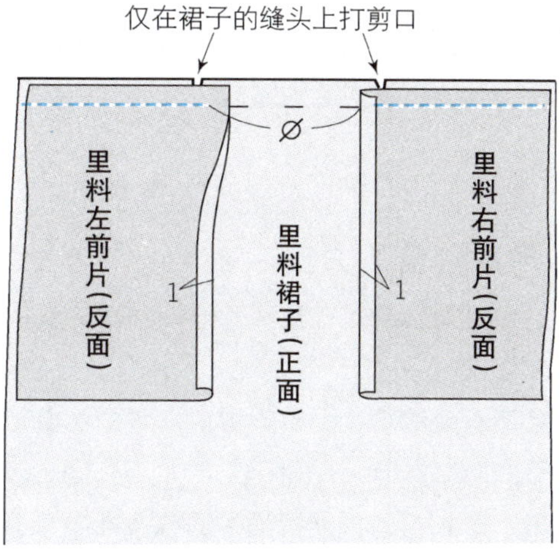

④里料的缝份也与面料衣身一样，只是贴边部位倒向裙子一侧。

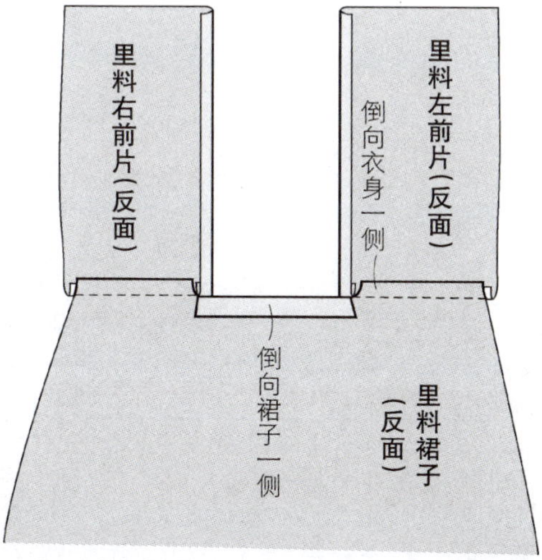

⑤把裙里和裙面正面朝外对合，从内部缝住腰围处的缝份，然后将里料分别与贴边内侧和下端缭缝固定。

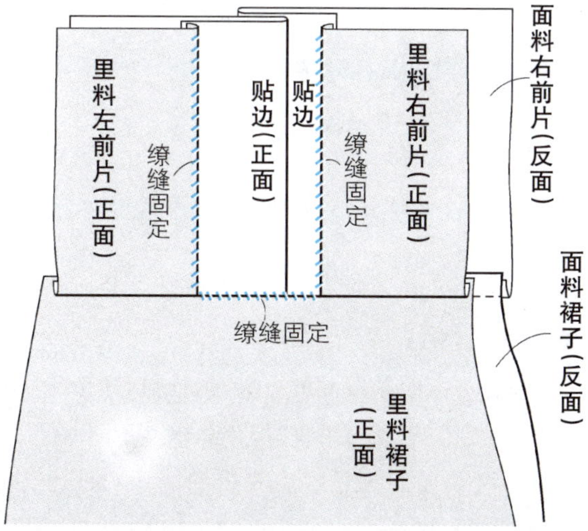

图 7－23－2　剪接腰围的处理

◇ 抽　褶 ◇

用缝纫机平缝或者拱针平缝，将薄而柔软的布料缩缝出等间距的皱褶，从而产生暗影的装饰技法(图 7 - 24 - 1)。

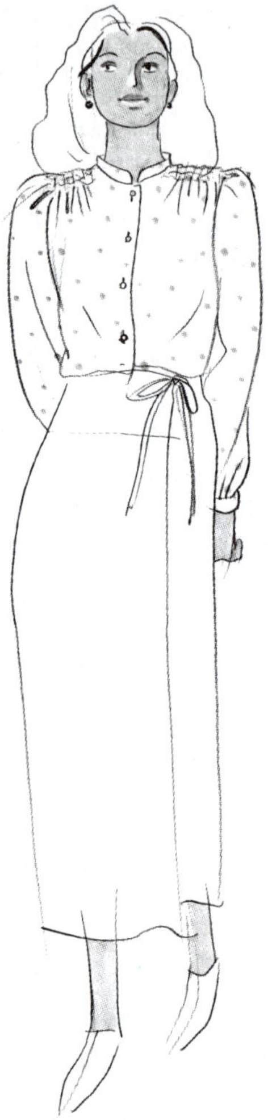

图 7 - 24 - 1　带抽褶的服装

●用抽褶带的方法

把根据成品尺寸裁剪好的抽褶带放在面料的反面，一边拉抻一边缉缝。分别在面料、抽褶带各四等分的位置上做标记，以其为基准抻着带子的两端缉缝。抽褶带较宽时，在中间也缉缝一道。这种方法根据抽褶带的拉拽程度调节褶的分布情况，可以很快地完成抽褶。抽褶带的宽度包括从三个编带(0.6cm)到九个编带(2.5cm)(图 7 - 24 - 2)。

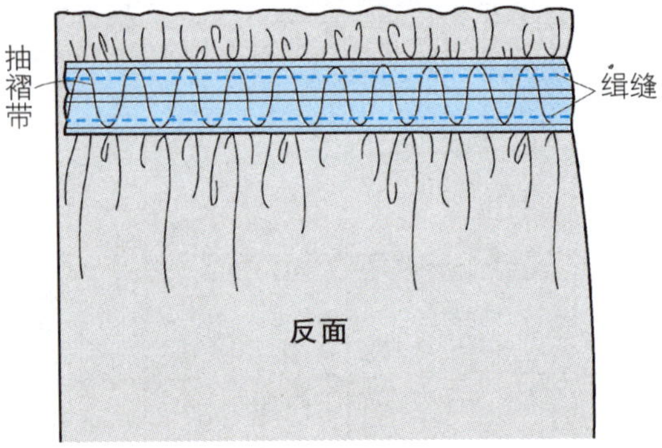

图 7 - 24 - 2　用抽褶带的方法

●穿松紧带的方法

首先在面料的反面放上垫布，比松紧带的宽度稍宽些等间距缉缝好，穿上松紧带。松紧带的两端要用缝纫机反复缉缝结实（图 7 - 24 - 3)。

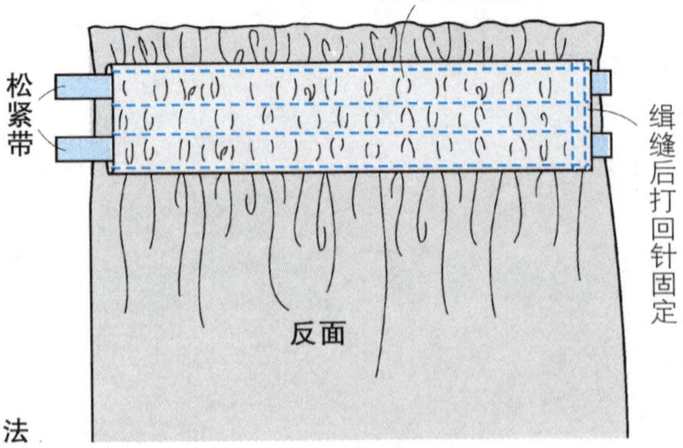

图 7 - 24 - 3　穿松紧带的方法

●松紧缝纫线的使用方法

底线使用松紧缝纫线，面线使用普通缝纫线，每1cm三针左右，用大针脚缉缝。松紧缝纫线卷入梭心时，稍稍把线拉紧平着卷。底线的调节是把螺丝稍微调松，根据线况调节平缝效果。需要缝若干根松紧线的时候，从第二根起一边把前面缝过的缝线拉开一边缉缝（图7－24－4）。

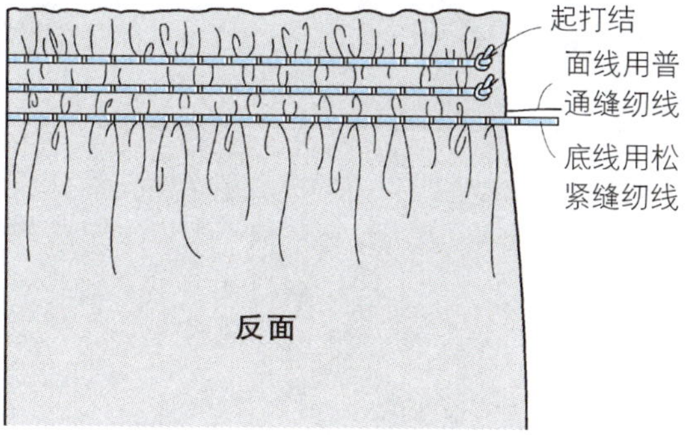

图7－24－4 松紧缝纫线的使用方法

●拱针平缝或用缝纫机平缝的方法

根据个人爱好、等间距用手针拱针平缝，或者机缝收拢底线，按照必要尺寸拉紧缝线产生碎褶，从反面用回针缝固定褶山。如果把平缝线放在一起同时拽的话，可产生漂亮的褶裥流动效果。另外，为了表现装饰效果，也可以选用配色漂亮的缝线从正面固定（图7－24－5）。

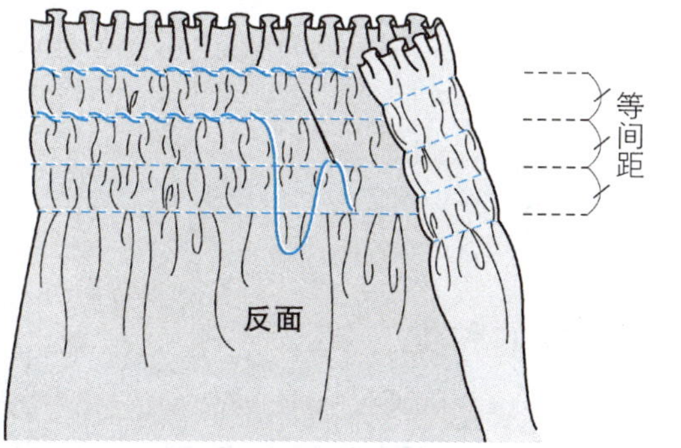

图7－24－5 拱针平缝或用缝纫机平缝的方法

叠褶

所谓叠褶就是打褶，捏出褶裥的意思，是将平面的布捏出褶子，创造立体装饰效果的一种装饰缝法。在此说明有一定间隔和深度的纵向叠褶的制作方法(图 7－25－1)。

图 7－25－1　带叠褶的上衣

●叠褶的种类

根据褶裥的宽度，有 5mm 褶、7mm 褶等叫法，0.1～0.15cm 左右宽的被称为细褶，从正面缉明线的叫作明褶，里面缉线的叫做暗褶（图 7－25－2)。

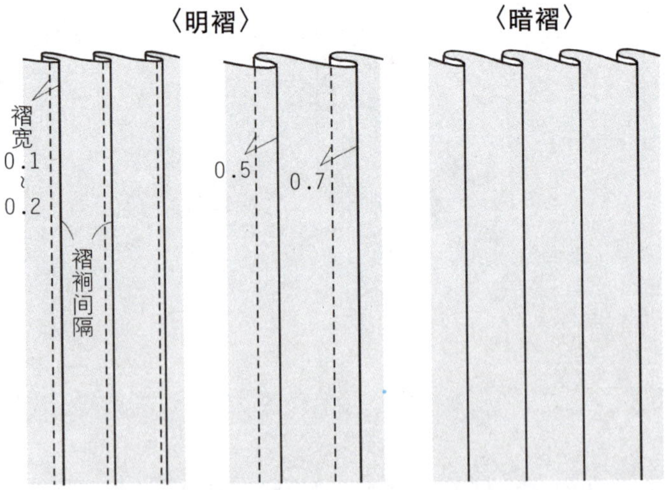

图 7－25－2　叠褶的种类

●叠褶的缝法(图 7－25－3)

①在纸样上画出褶裥的位置，估计褶裥的用量粗略裁剪。计算一个褶的用量方法是:褶的宽度×2＋(0.1～0.2cm)(面料的厚度量)。

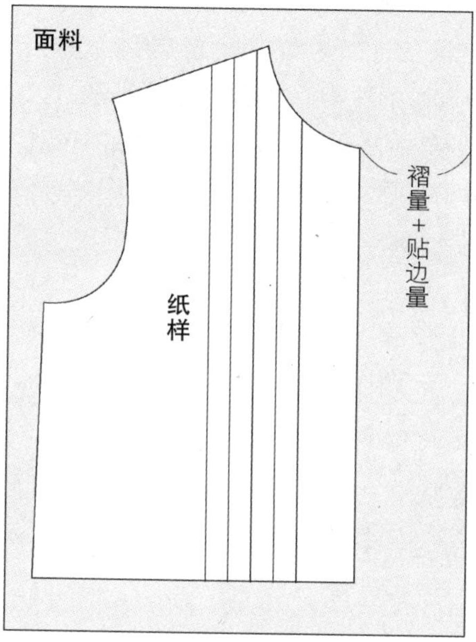

②褶裥的外侧折痕经过面料的经纱方向，每间隔褶宽的两倍＋面料厚度＋褶的间隔尺寸，用竹刀做记号。

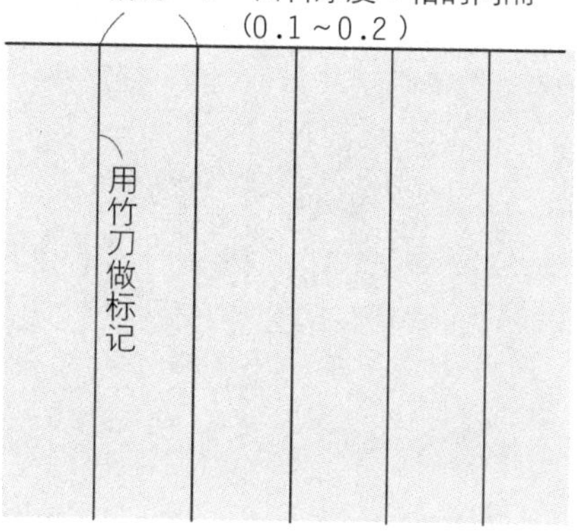

③用竹刀做完记号之后，用熨斗烫出褶裥的外侧折痕。

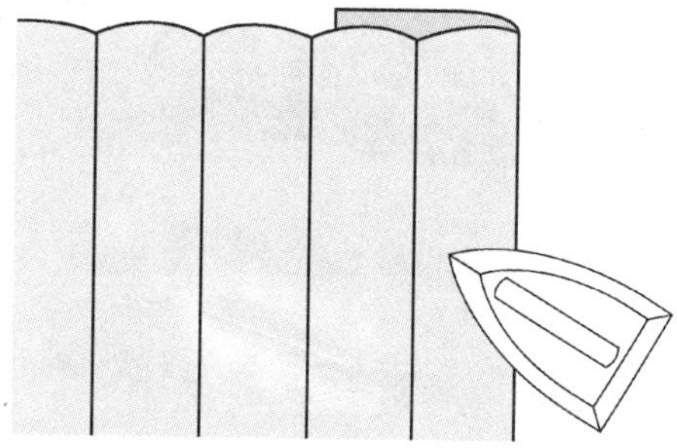

④在外折痕一侧缉明线，缉缝时注意调整线况，线迹不能抽缩。若使用打褶机件(缝纫机的附属器)，可以又快又好地制作叠褶。

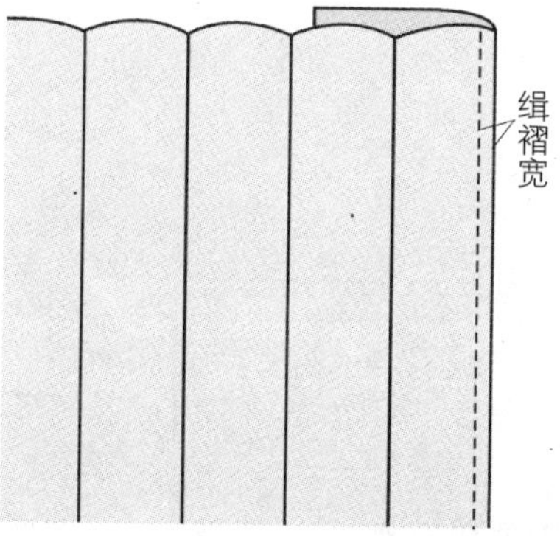

⑤缝完褶裥后用熨斗熨烫整理，注意不要拔开褶裥，将纸样附在衣片上，对衣片进行重新裁剪。注意褶裥的位置必须准确。

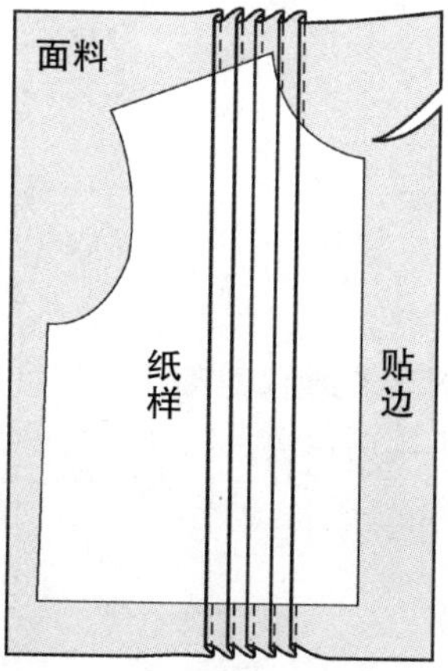

图 7－25－3　叠褶的缝法

花边的缝制方法 A

●蕾丝花边的缝制方法

只在局部使用花边也能产生很好的装饰效果。花边的种类各式各样，需要根据设计选择合适的样式。在此说明用在领口、袖口、下摆等边缘漂亮的蕾丝花边的两种做法（图 7－26－1、图 7－26－2）。

图 7－26－1　花边 A

〈方法 a〉

①面料与花边的边缘稍微错开一些缉缝。

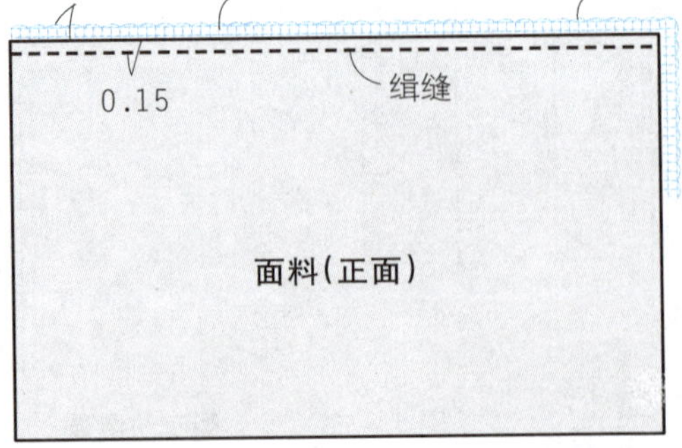

②缝份倒向面料一侧，沿折边连同蕾丝花边一起缉明线。

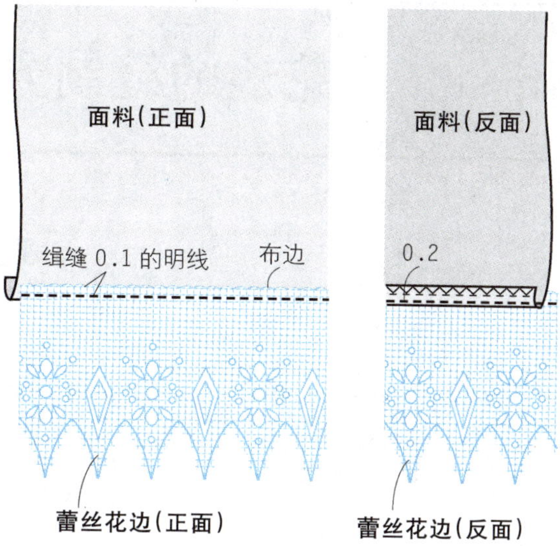

〈方法 b〉

①在面料的缝份上包缝，将缝份向正面扣折。

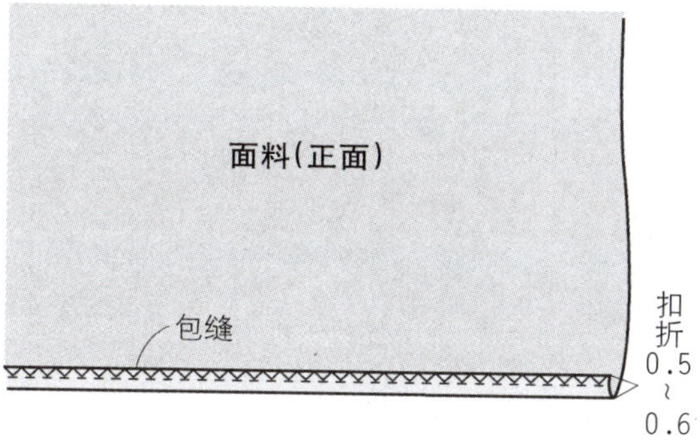

②将花边放在面料的正面，沿着边缘缉明线。

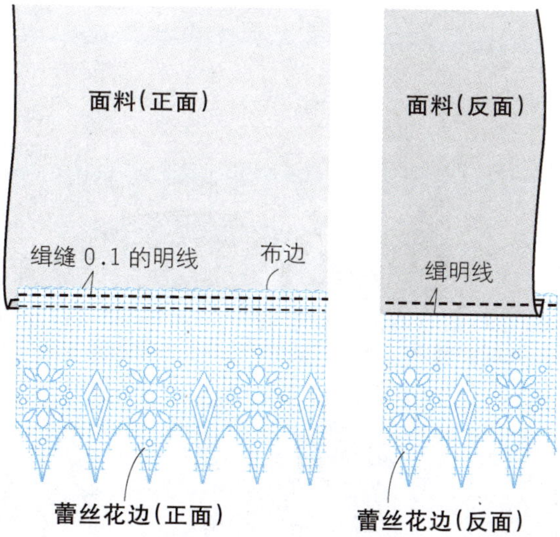

图 7－26－2　花边的缝制方法 A

花边的缝制方法 B

●领外口花边的缝制方法

在花边或饰边的一侧拱针平缝抽褶后，缝在领子外口的装饰方法（图 7－27－1、图 7－27－2）。

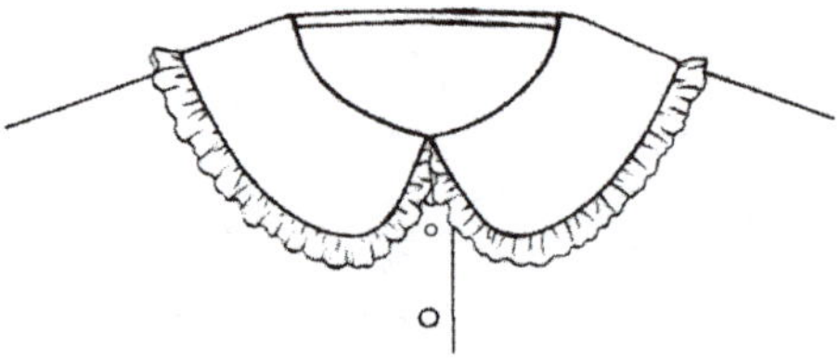

图 7－27－1　花边 B

①将花边与领面正面相对，绷缝固定（花边要缝在衣领的净缝线位置上）。

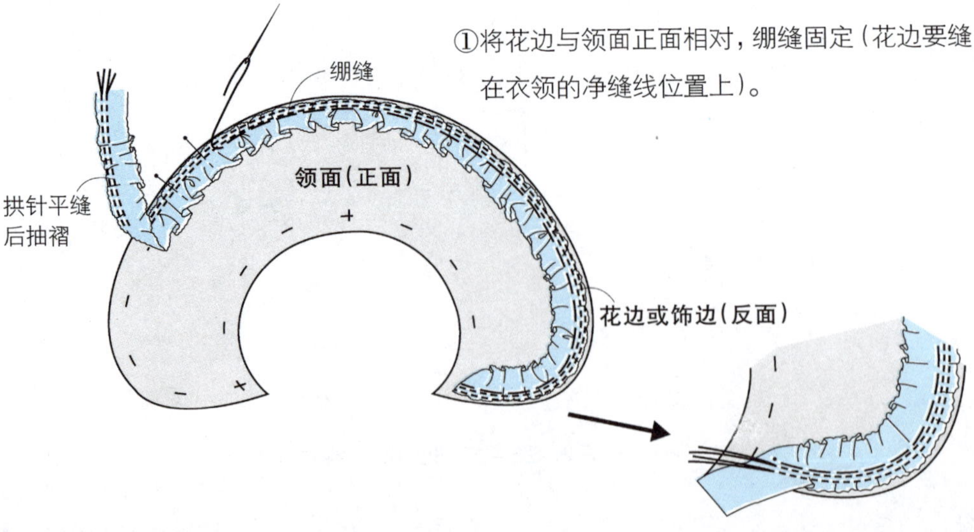

②将领底正面与之相对，缉缝领外口弧线。

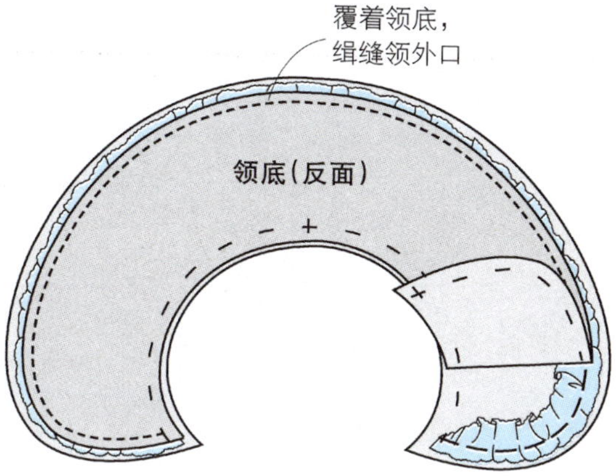

③整理缝份，沿缉缝线的边缘将缝份折向领底一侧，用熨斗烫好。

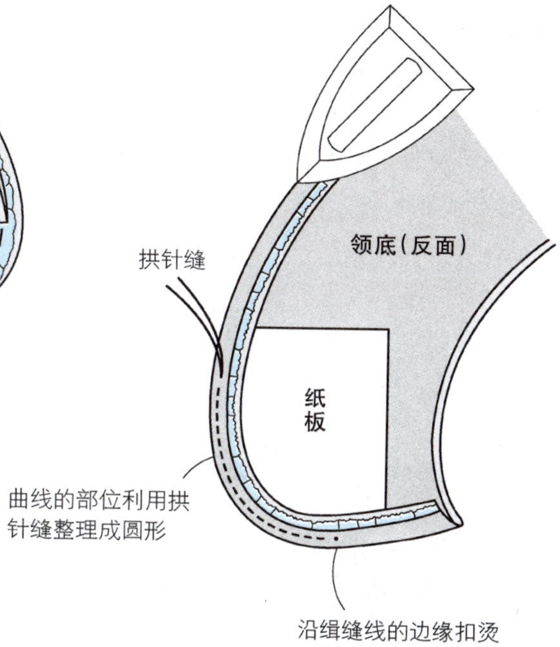

④将领子翻至正面，用熨斗整烫。

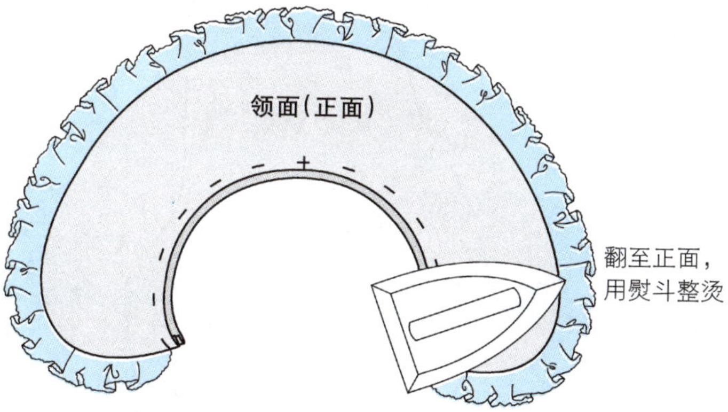

〈领尖角的情况〉

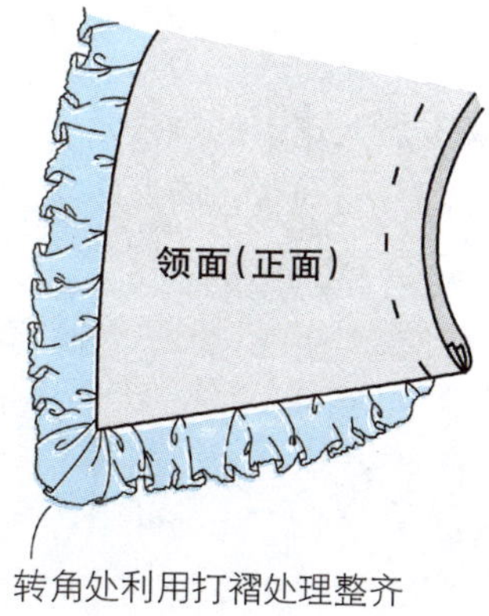

图 7－27－2　花边的缝制方法 B

花边的缝制方法 C

●梯形花边的缝制方法

在此针对两种方法进行说明，其一是利用接缝线，在其间插入花边的缝制方法，其二是在没有接缝线的情况下嵌入花边的方法（图 7－28－1、图 7－28－2）。

图 7－28－1　花边 C

〈在接缝线上加入花边的方法〉

①在衣身的缝份上包缝，用熨斗按照净缝线扣烫缝份。

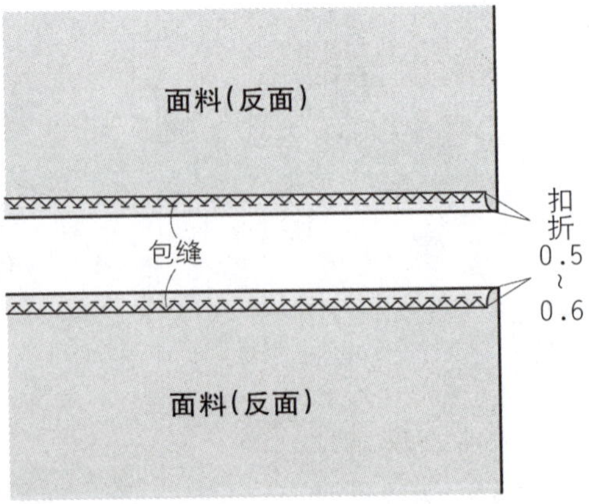

②梯形花边的缝份包缝处理，将衣身覆着在花边的上面，缉0.1cm明线。

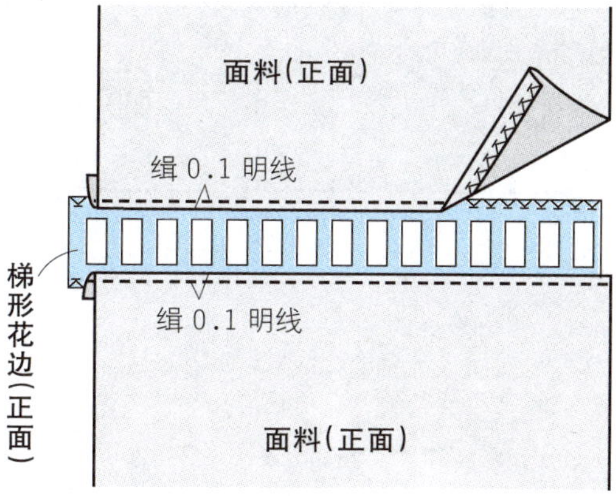

〈在没有接缝线的地方嵌入花边的方法〉

①在衣身的相关位置剪箭羽形切口，梯形花边的两侧包缝处理。

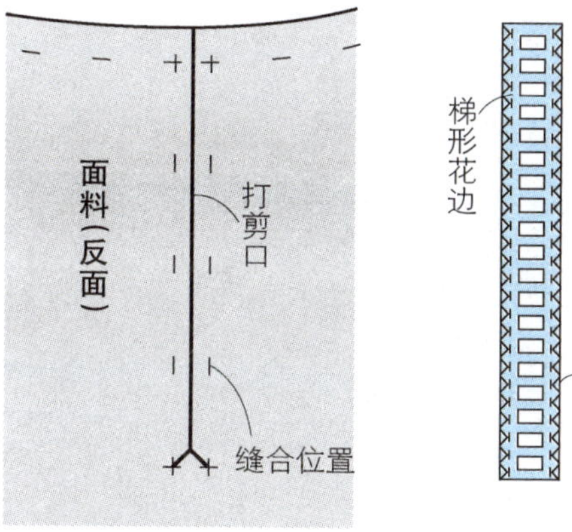

②缝合位置的缝份用熨斗向反面扣折。

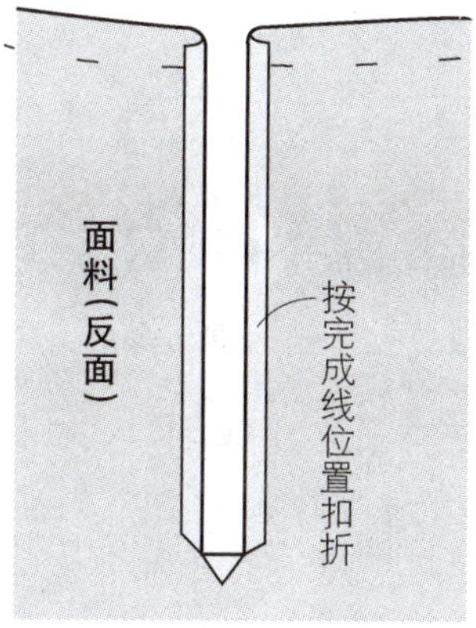

③将花边覆在下面，从衣身的正面沿着边缘缉明线。

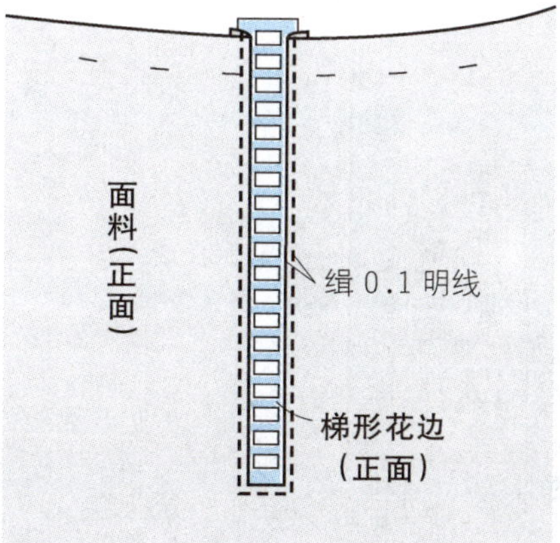

图7-28-2　花边的缝制方法C

绲　条

这是一种将斜纱布条嵌入接缝线、领口、下摆、袖头外围的装饰手法。绲条可选择相同的面料或者是配色效果好的其他面料。作为内衬放入的毛线和细绳，称为绲条带。市面上出售的绲条带由各种各样的材料制成，包括针织物、皮革、涂层面料等成品(图 7－29－1)。

图 7－29－1　带绲条的上衣

①制作绲条。方法 A：用细绳作内衬，利用单边压脚沿细绳的边缘缉线。方法 B：先缉缝，然后穿入细绳。

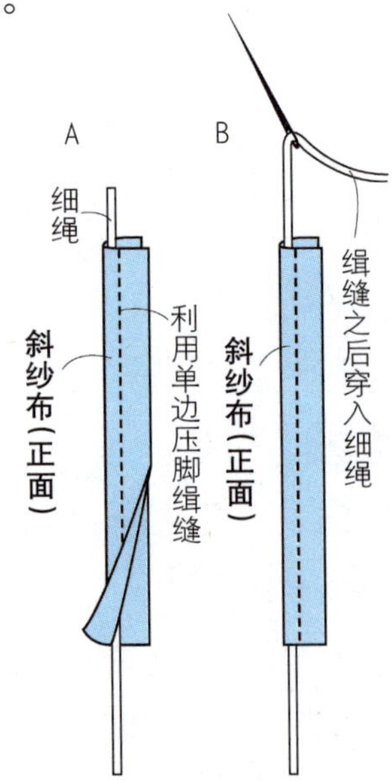

②在衣身的正面放上绲条，在完成线外侧 0.1cm 处绷缝固定。

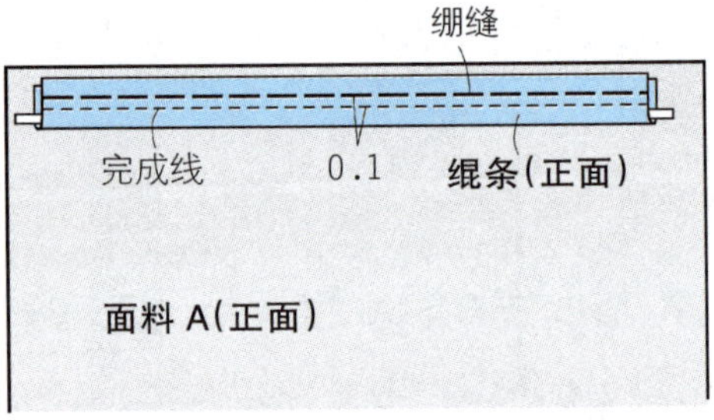

③将另一衣片按照完成线扣折好缝头覆着在绲条上后，沿细绳的边缘缉明线(图 7－29－2)。

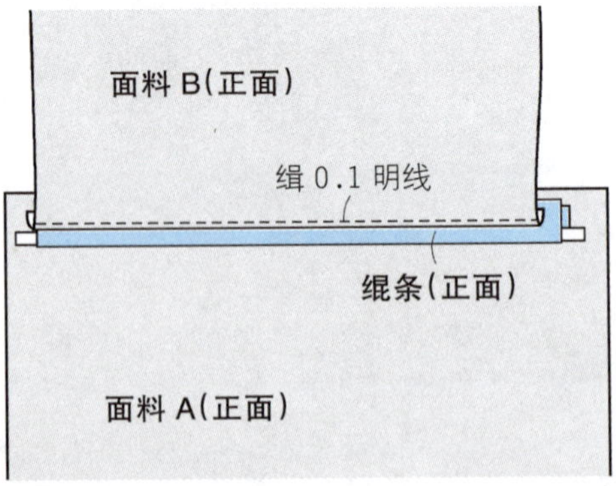

图 7－29－2　绲条的制作

第八章

部分作图

领口

船底形领口

U 形领口

方形领口

领

长方领

蝴蝶结领

荷叶边领

海军领

兜帽

袖

喇叭袖

灯笼袖

郁金香袖

插肩袖

和服袖（连袖）

育克袖

◆ 领 口 ◆

船底形领口

将领口横向加宽，用柔和的曲线描绘出船底形状的领口式样。由于横开领加宽，会使前片领口出现浮起的多余面料，所以需要如图 8－1－1 所示将前领口做得浅些。前领口横开领的所挖尺寸，根据锁骨的突出状况以及是否鸡胸体型等情况而有所不同(图 8－1－1)。

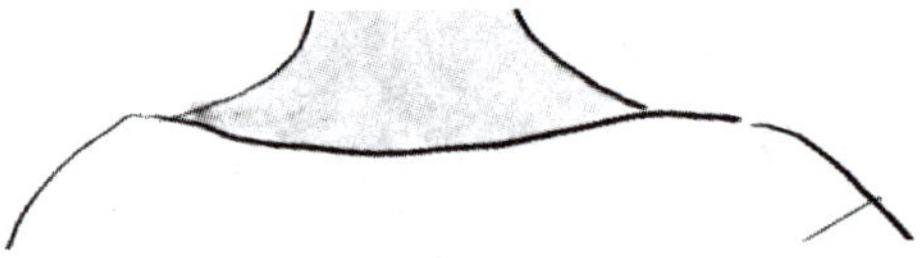

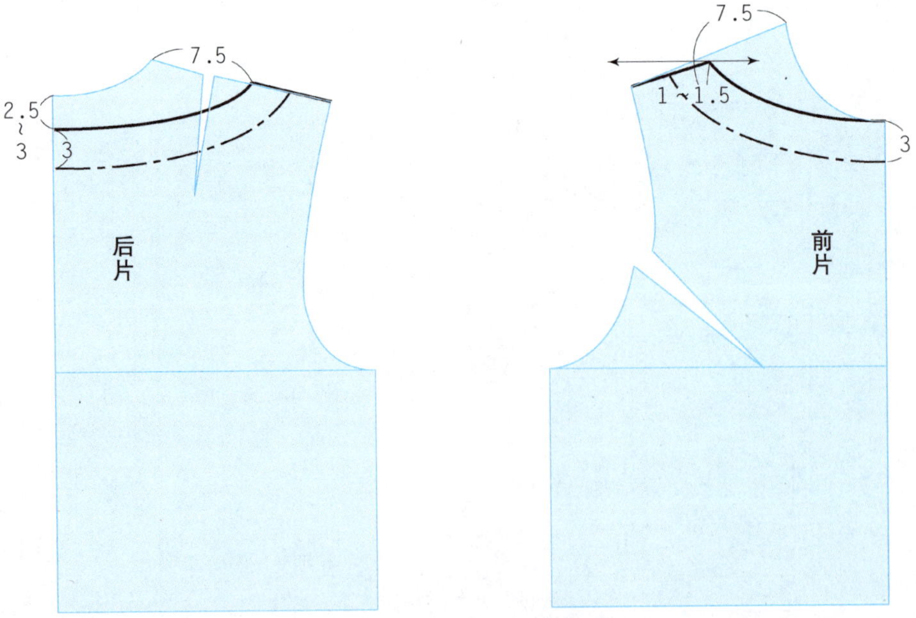

图 8－1－1　船底形领口

U 形领口

将前领口挖深呈 U 字形，要求前后领口对接圆顺。如果 U 形领的横开领加宽，与船形领相同，前领口就会浮起，需要将多余的部分去掉（图 8－1－2）。

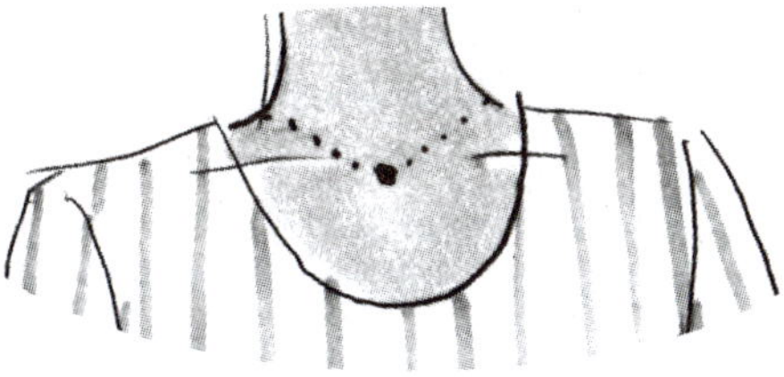

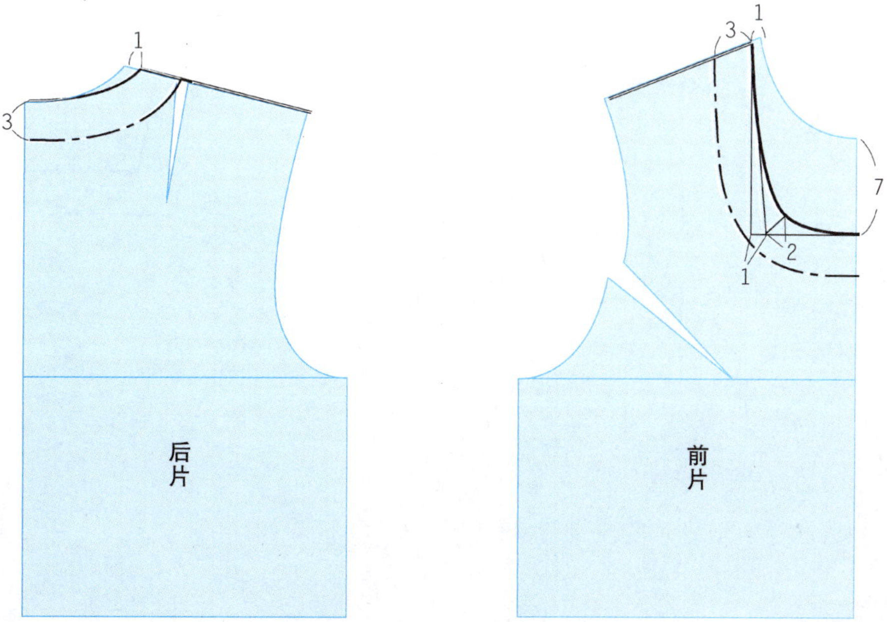

图 8－1－2　U 形领口

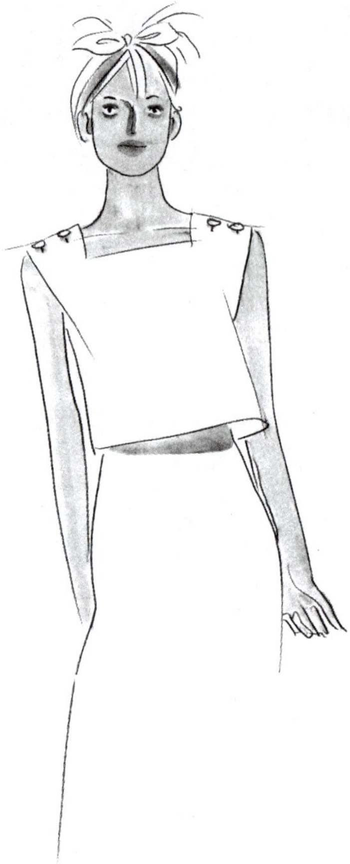

方形领口

方形领口是呈四方形的领口。为了使前领口在穿着时看上去笔直，前领口处理时从肩部向下的领口线在垂直的基础上略向前中的方向倾斜，至于后领口既可以处理成圆形也可保持棱角形。同样，当横开领加宽时，与船形领相同，前领口会浮起，需要将多余的部分去掉（图 8－1－3）。

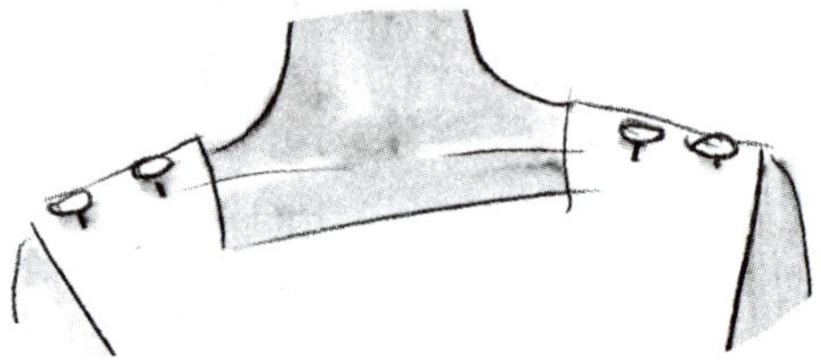

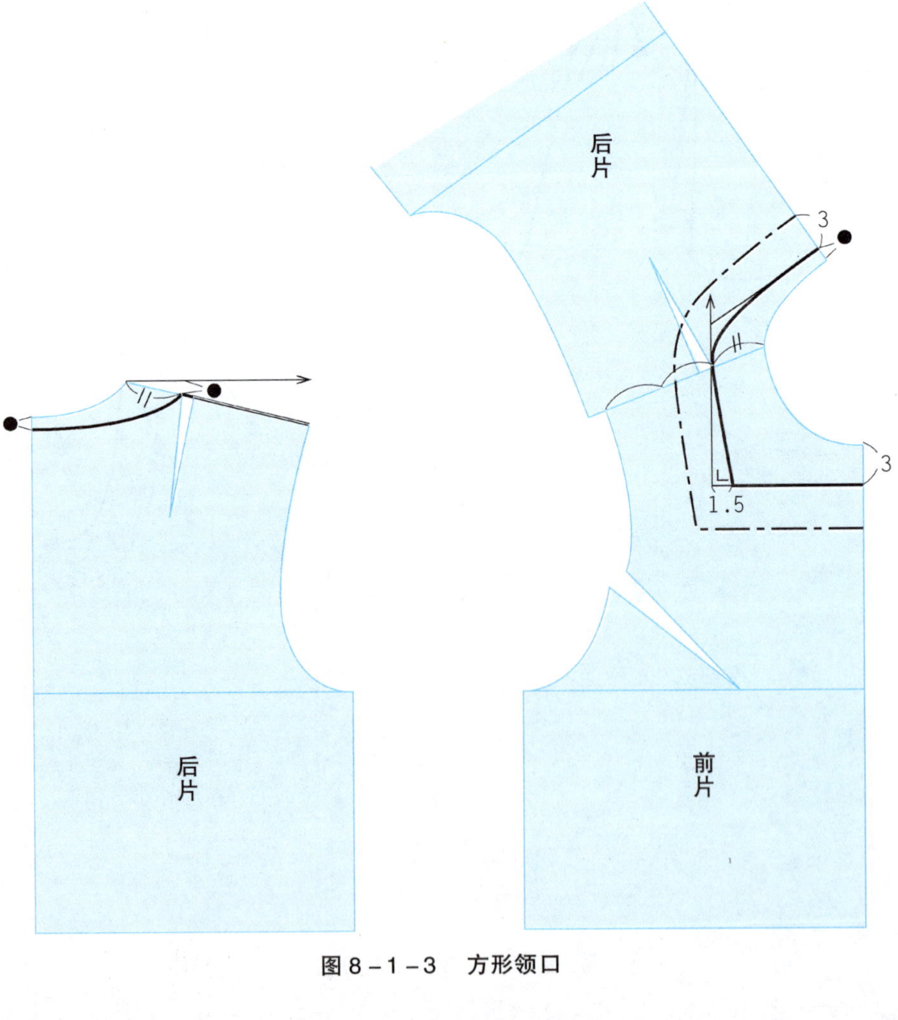

图 8－1－3　方形领口

领

长方领

长方领是领子上端近似于长方形的领型，且领子上端一直延伸至衣片的前端止口处。长方领具有运动感，多用于衬衫。由于领子的翻折线在穿着中呈变化状态，所以作图中没有表示出来(图8－2－1)。

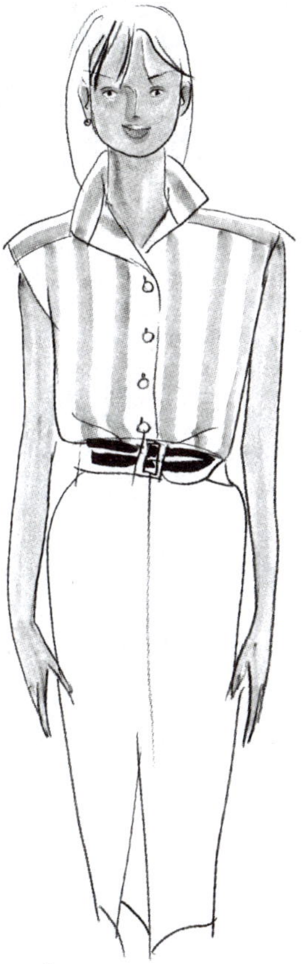

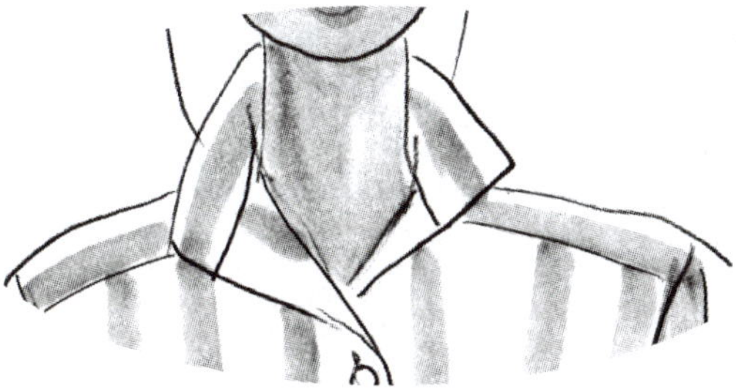

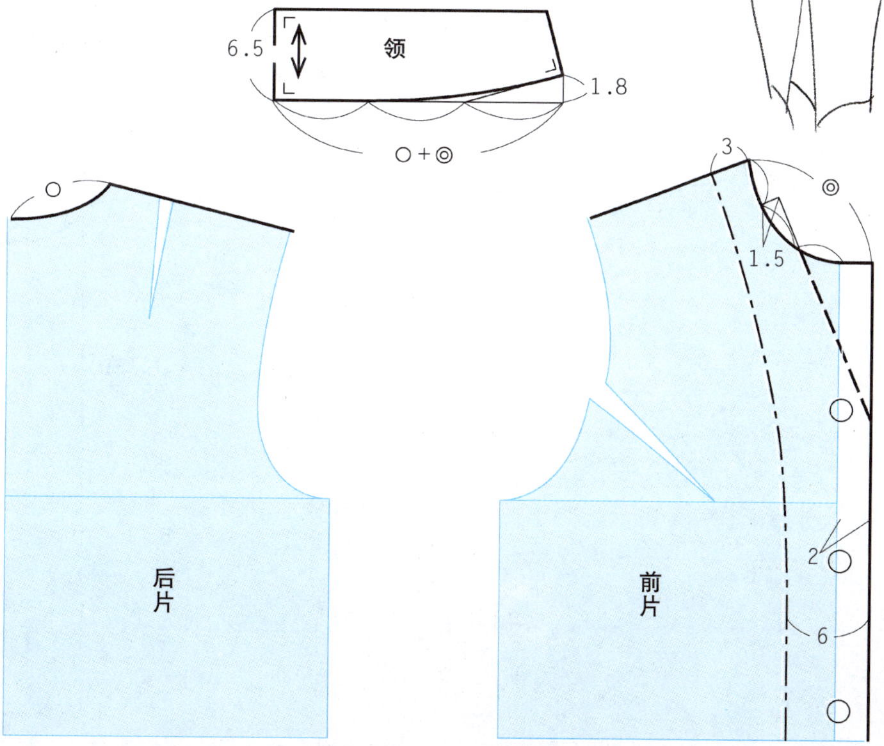

图8－2－1　长方领

蝴蝶结领

领子前端系有蝴蝶结、具有柔软感的领子，领子的宽度和长度可根据布料和喜好而定。面料可使用直纱或斜纱，使用斜纱时，应在粗裁后用熨斗将面料拔开，修正净缝线后再使用。如果不事先拔开面料，斜纱本身的特点会使领子产生斜向扭曲，影响美观。作图中把绱领止点由前中心往回挪进 3cm，主要是因为考虑到蝴蝶结占用的空间。作为应用，可将蝴蝶结部分的长度减短，从而形成领带式领(图 8－2－2)。

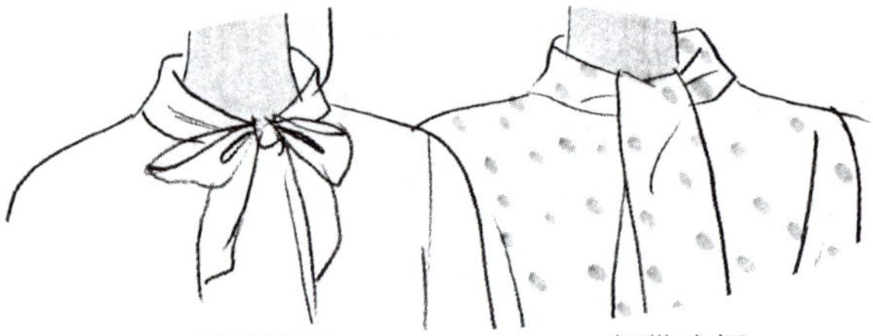

蝴蝶结领　　　　领带式领

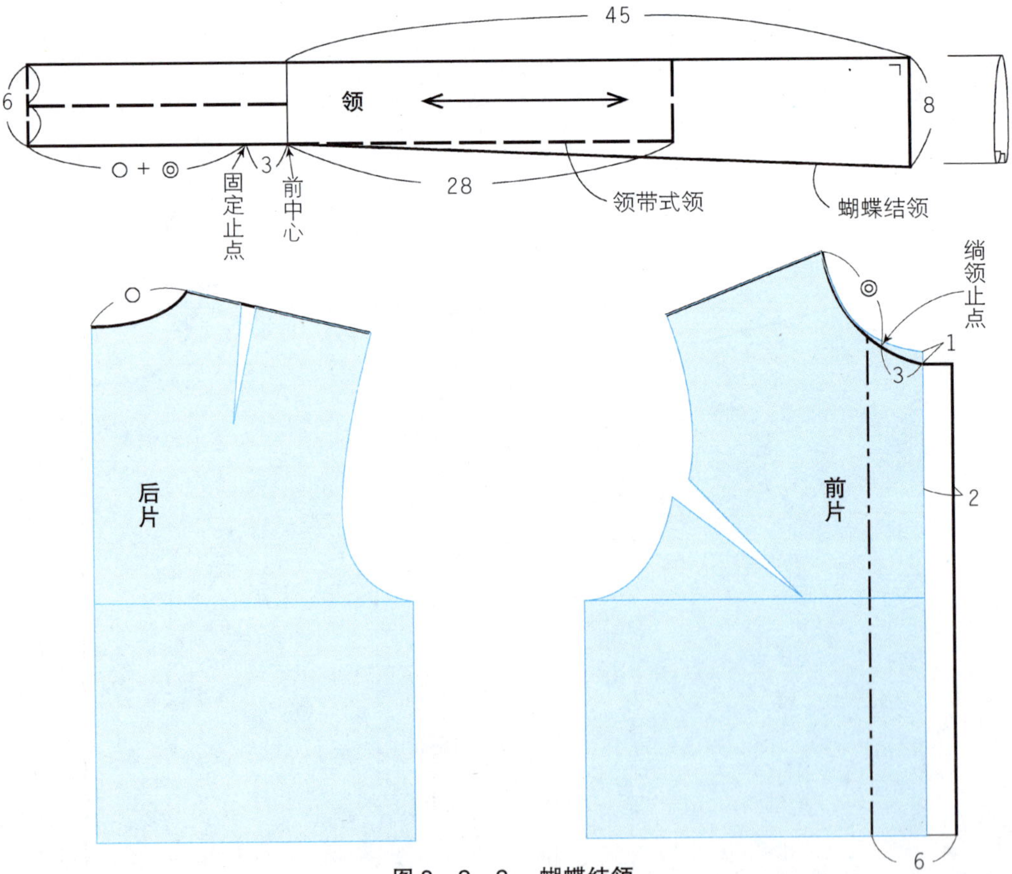

图 8－2－2　蝴蝶结领

荷叶边领

在领口周围装饰荷叶边的领子，也称波浪领或波形饰边领。褶量大小可根据领子宽度、纱向及面料风格而确定，以呈现不同的效果。这里利用长方形的面料进行抽褶，所以荷叶边的长度做成了领口尺寸的两倍，如果荷叶边宽度太宽，会使荷叶边的外围尺寸不足，从而影响到效果。对于荷叶边领来说，充分考虑荷叶边的长度与宽度的关系是十分重要的(图 8－2－3)。

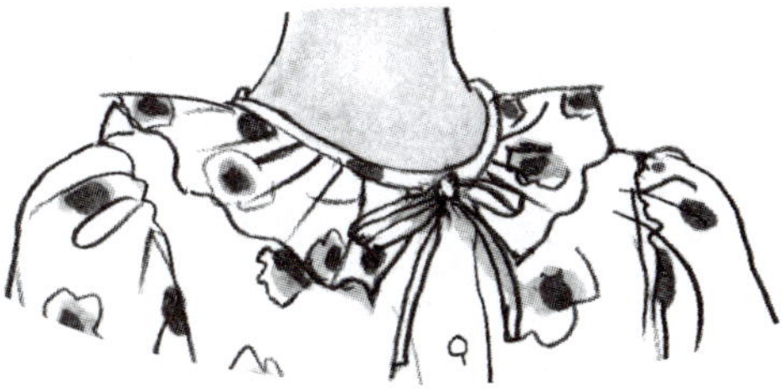

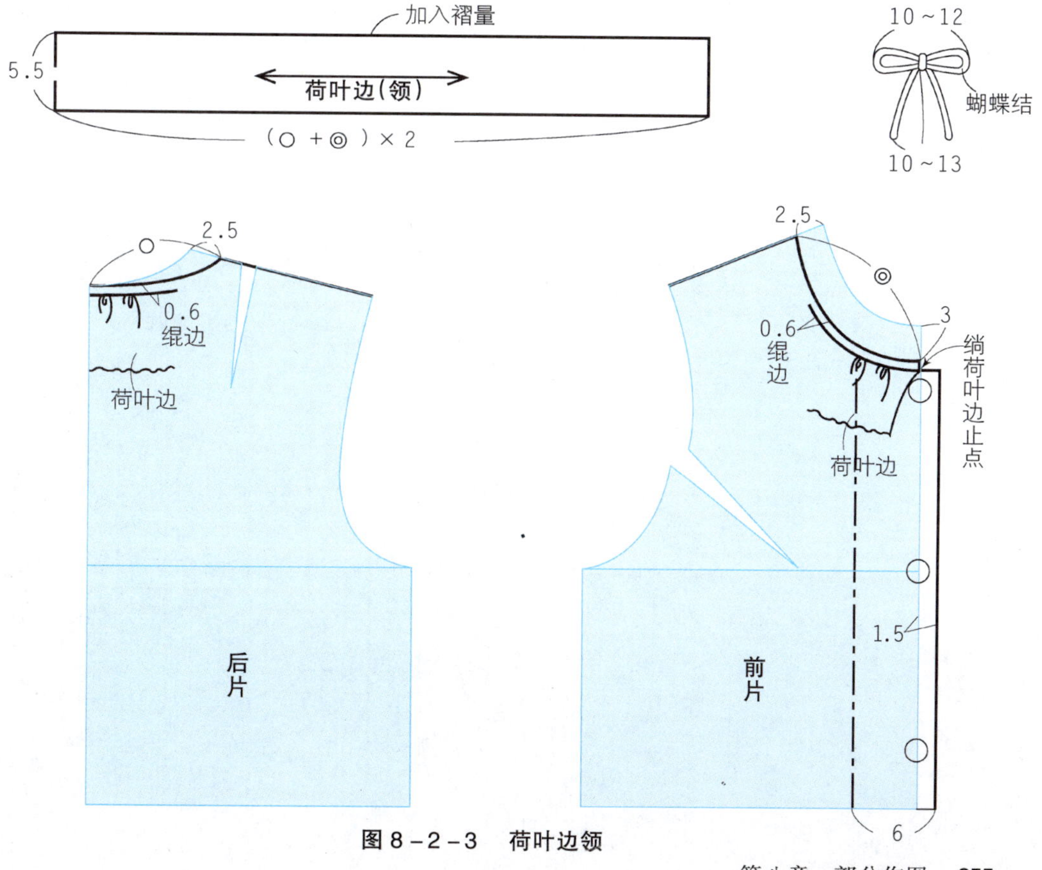

图 8－2－3　荷叶边领

海军领

底领较低，是平翻领的一种，因用于海军服而得名。海军领的领口呈 V 字形，领子覆盖肩部，在后面呈四方形垂下。领子纸样可通过前后衣身纸样的肩部重叠进行作图，领外口弧线处的重叠量为 1～1.5cm 较为合适，此时的底领高度为 0.7cm 左右。V 字形领口的开口深度可以自由设定，如果过深时应做挡胸，或在里面穿着 T 恤衫(图 8－2－4)。

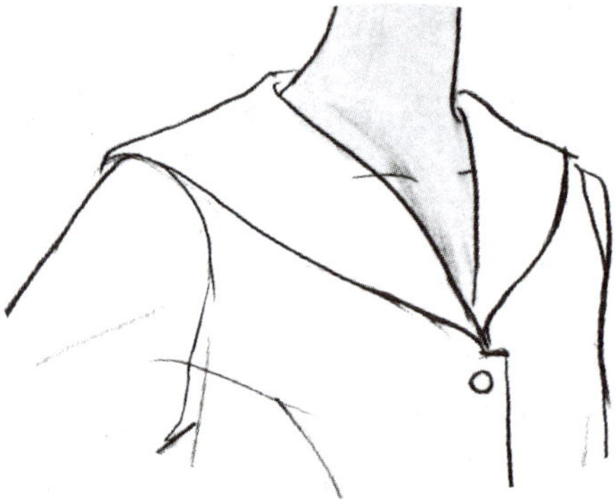

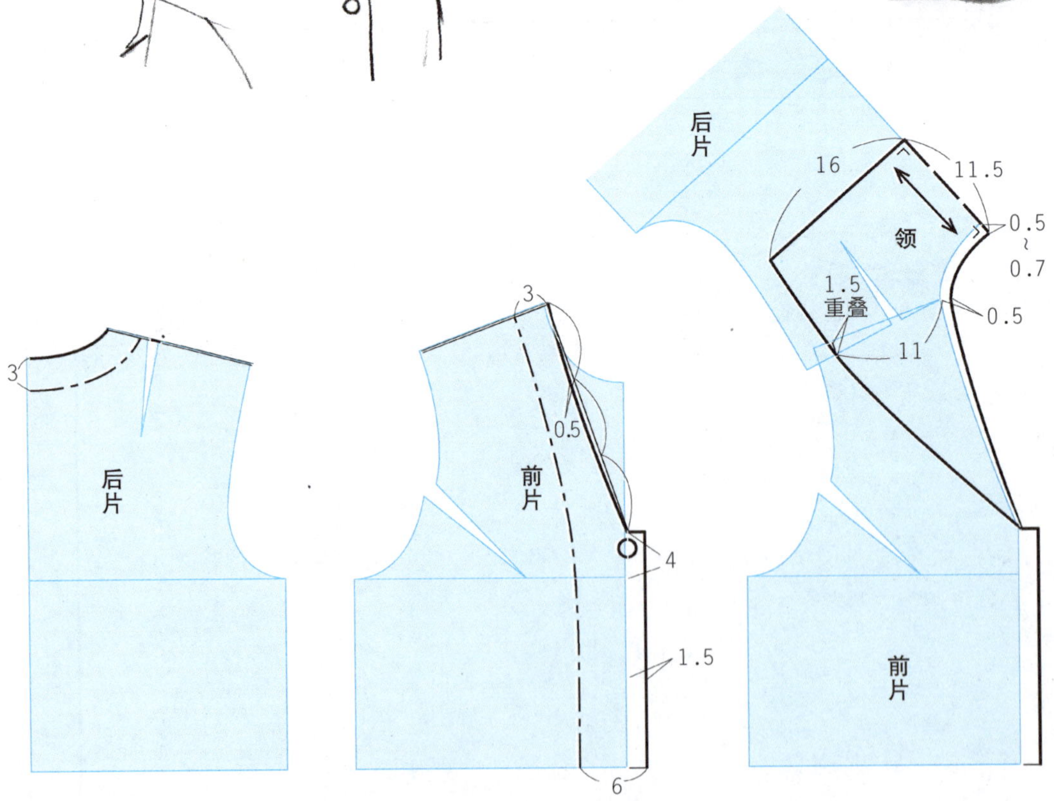

图 8－2－4　海军领

兜帽

兜帽是指能够舒适覆盖头部的具有头巾风格的盖头物。兜帽从 11 世纪开始使用，具有帽子的基本形态，如果代替领子安装在衬衫或罩衫上，会给服装带来休闲的气氛。同时如果在兜帽外缘穿入细绳，就会变成滑雪衫的风格（图 8－2－5）。

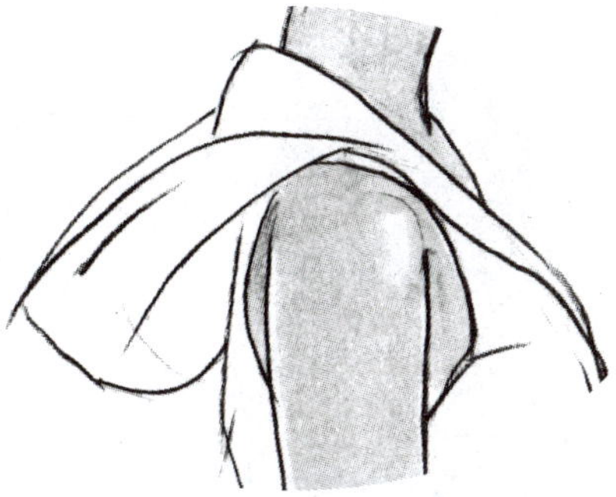

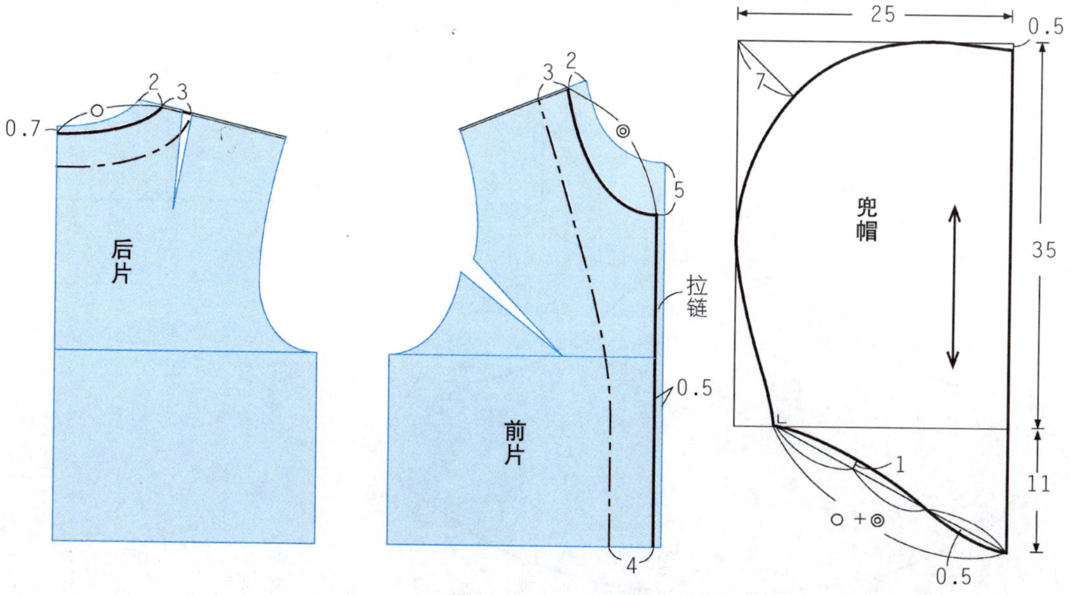

图 8－2－5　兜帽

袖

喇叭袖

喇叭袖是指从袖山到袖口呈喇叭形展开的袖子，具有优美华丽的感觉，多用于正式礼服。喇叭袖宜使用柔软且悬垂性好的面料，厚面料不太适合，同时纱向可使用正斜纱（图 8－3－1）。

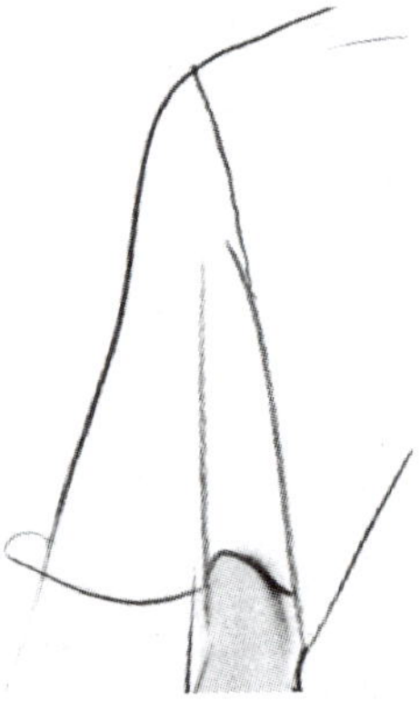

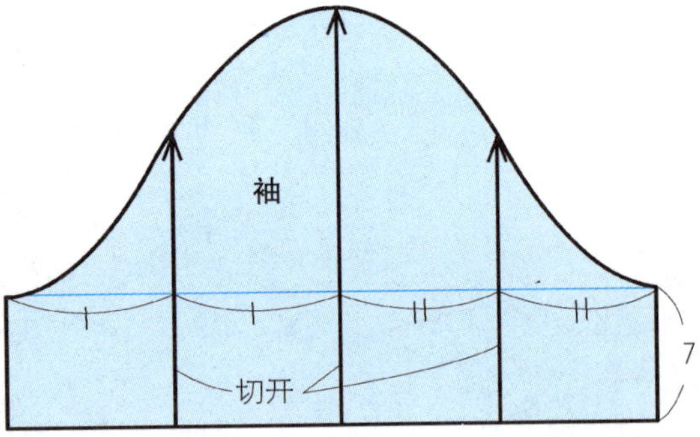

〈展开图〉

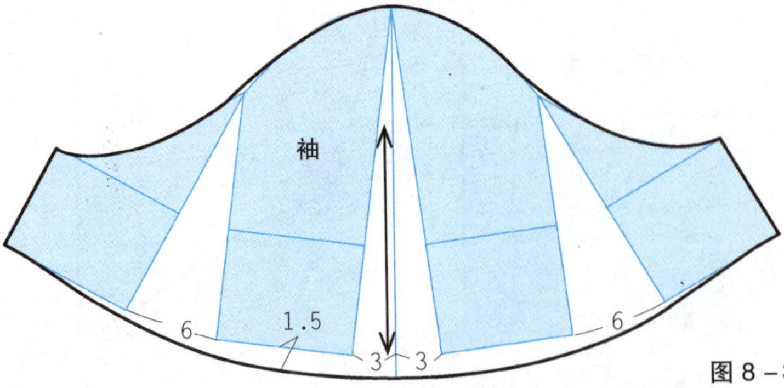

图 8－3－1　喇叭袖

灯笼袖

灯笼袖是在肩头或袖口处抽碎褶或打褶使其造型膨胀的袖子。这里的例子是切开袖山后加入褶量，并在袖口处打褶，使整个袖子呈现圆形，在袖口打褶止点处可加上装饰扣（图 8－3－2）。

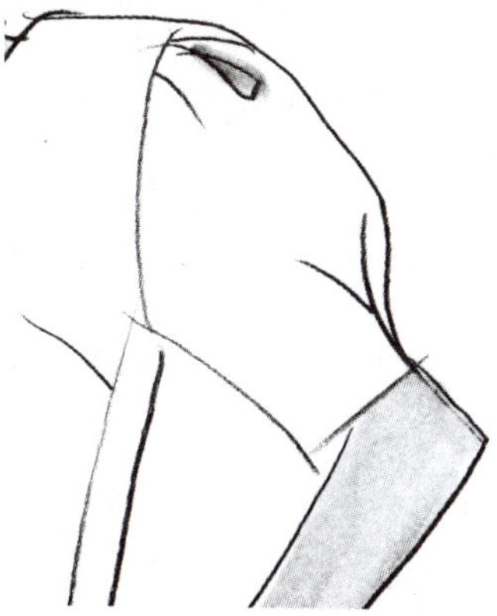

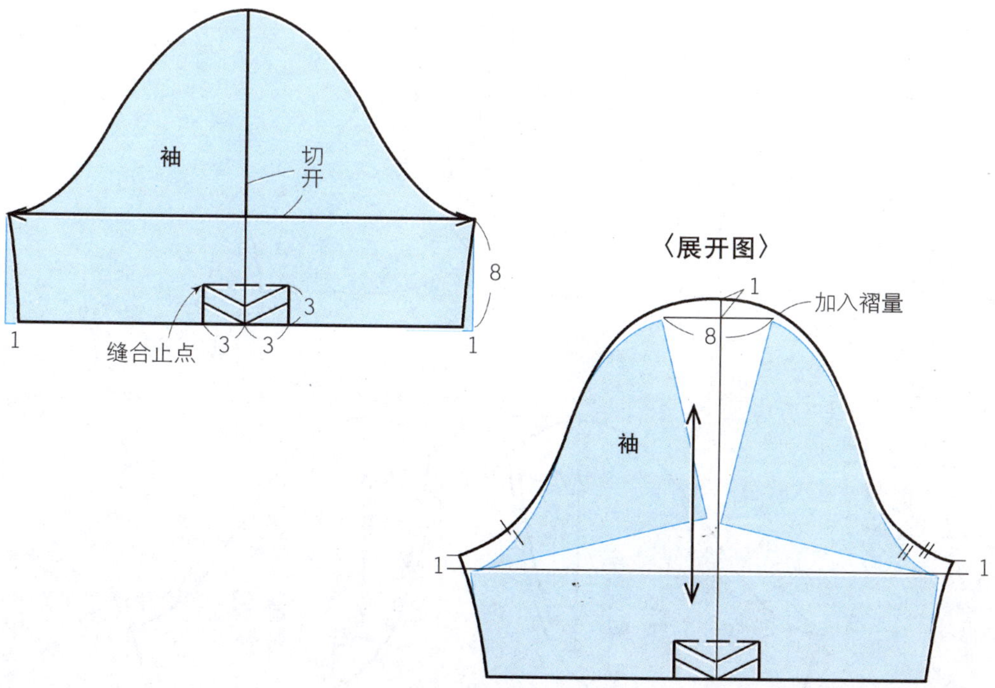

图 8－3－2　灯笼袖

郁金香袖

郁金香袖因形似郁金香而得名。纸样的制作如图 8－3－3 所示，以袖中线为中心将前后袖片分别重叠 5.5cm,从而形成优美的曲线。如果在袖子的外轮廓处饰以绲边，在袖山处加入碎褶或打褶会进一步增加袖子的华丽感。另外,如果面料柔软而不能保持形状时,可以在袖山处加入袖山条来保持袖子的饱满(图 8－3－3)。

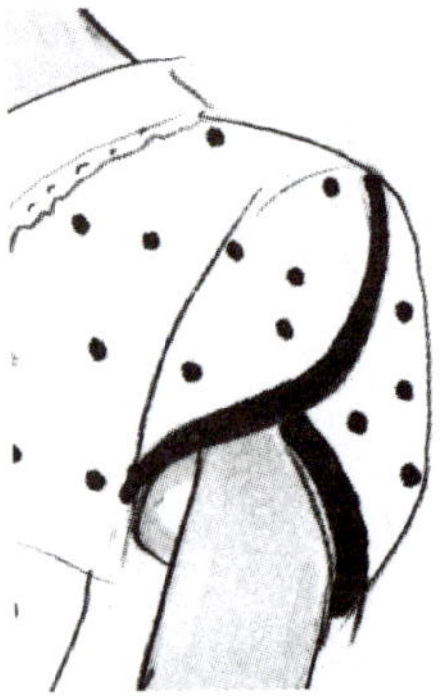

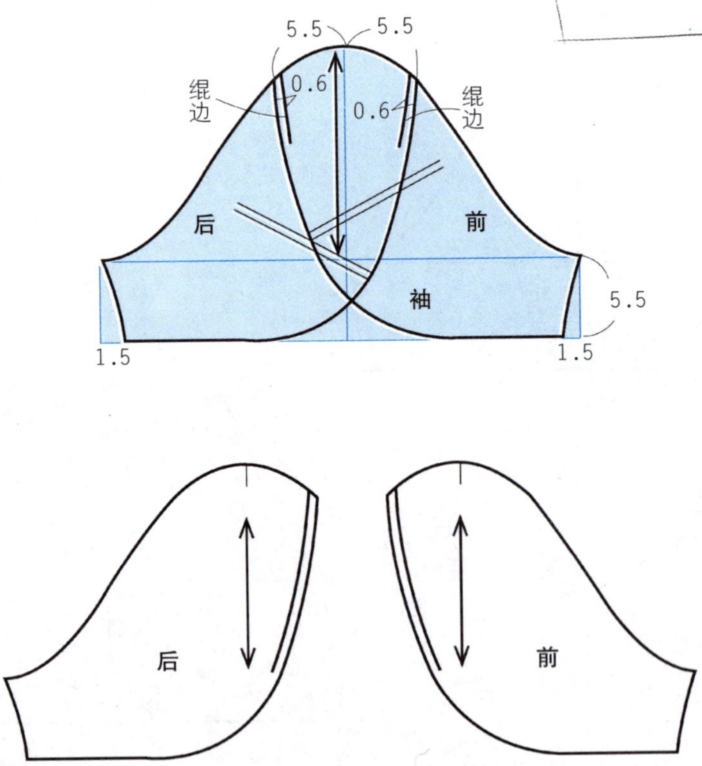

图 8－3－3　郁金香袖

插肩袖

插肩袖又叫拉格朗袖，是以克里米亚战争中活跃的英国将军拉格朗的名字而命名，其袖山弧线是从领口斜插至腋下。这里的插肩袖采用了多褶设计，面料采用薄的棉布或化纤织物较为合适(图 8－3－4)。

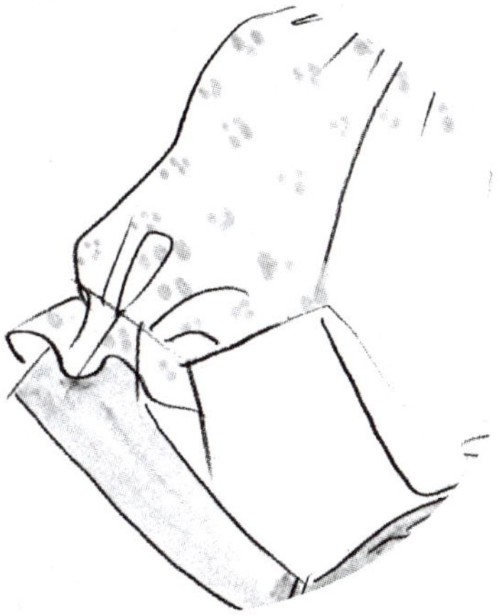

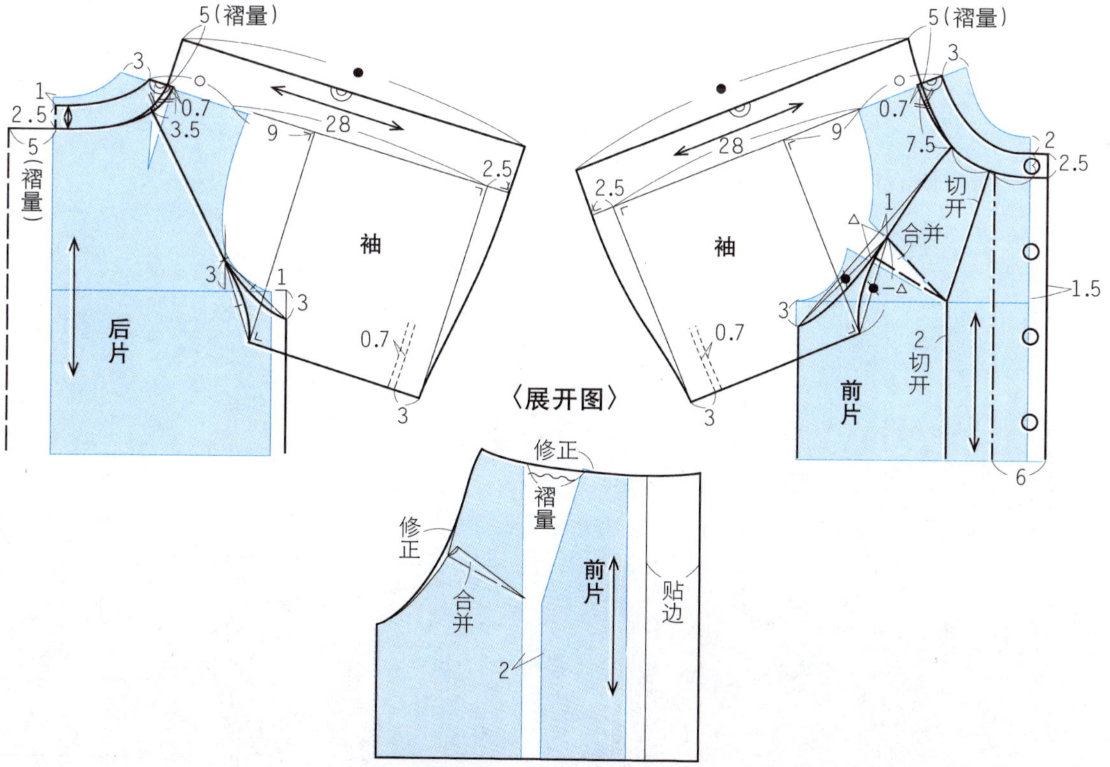

图 8－3－4　插肩袖

和服袖(连袖)

此名来自于日本的和服。和服袖的袖山倾斜度很重要，如果袖山倾斜度较大，袖下缝长度就会变短，从而使手臂上举困难，影响到袖子的功能性，此时，需要在袖下做插角，或做成在腰部抽褶的夹克衫式设计。对于和服袖来说，从功能性与美感两个角度出发，并在设计中充分考虑宽松量是十分重要的。该款式是袖山倾斜度小的设计(图 8－3－5)。

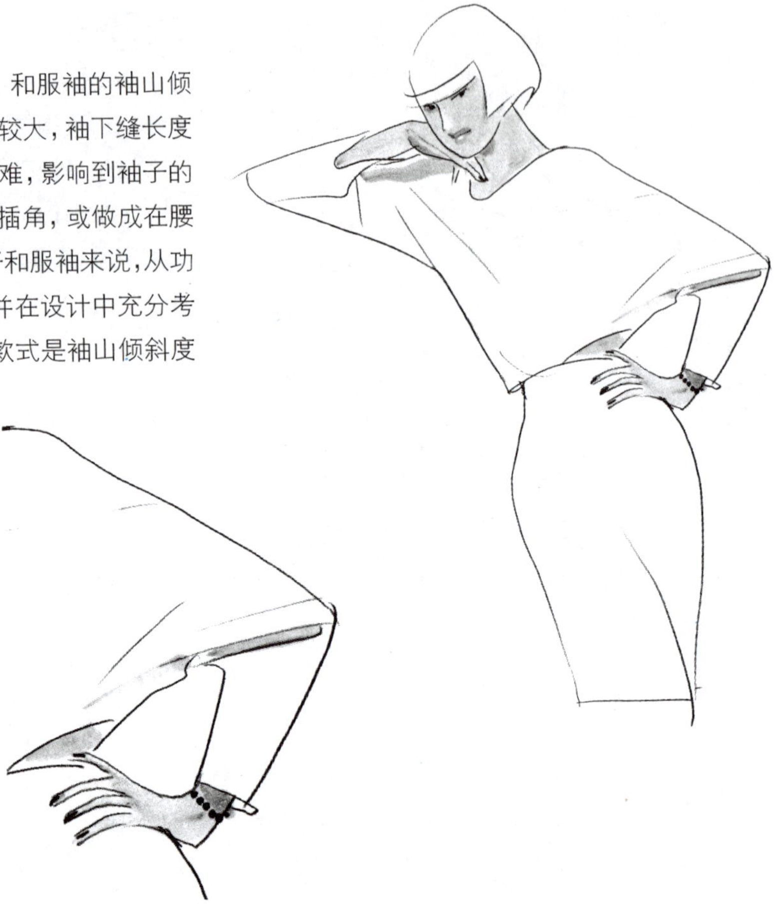

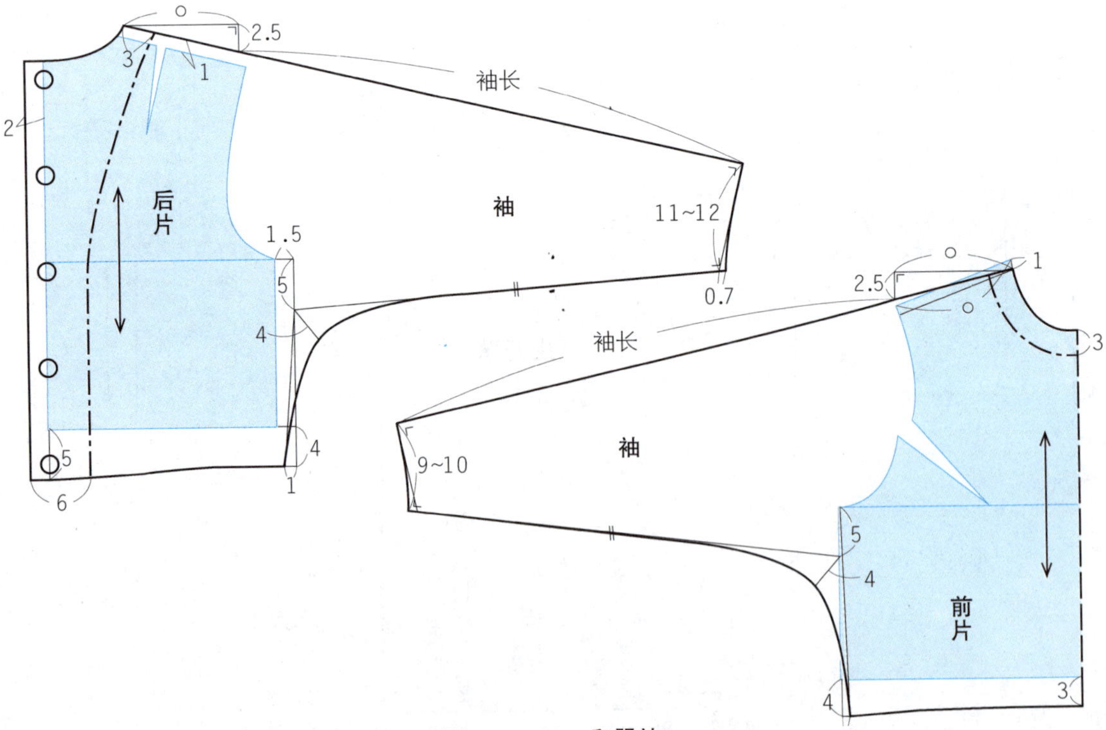

图 8－3－5　和服袖

育克袖

育克袖是将衣身部分的育克与袖子连成一体的一种袖型，当育克宽度变窄时看上去具有肩章风格。这里是一般性的纸样作图，如果把肩的倾斜度减小，同时降低袖山高，会使袖肥变大，使袖子更容易穿着(图 8－3－6)。

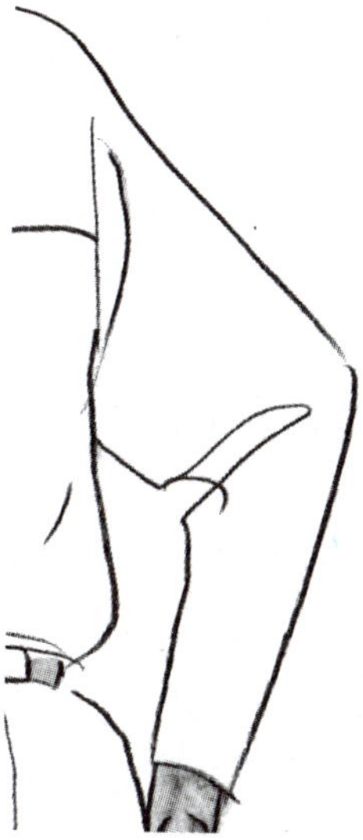

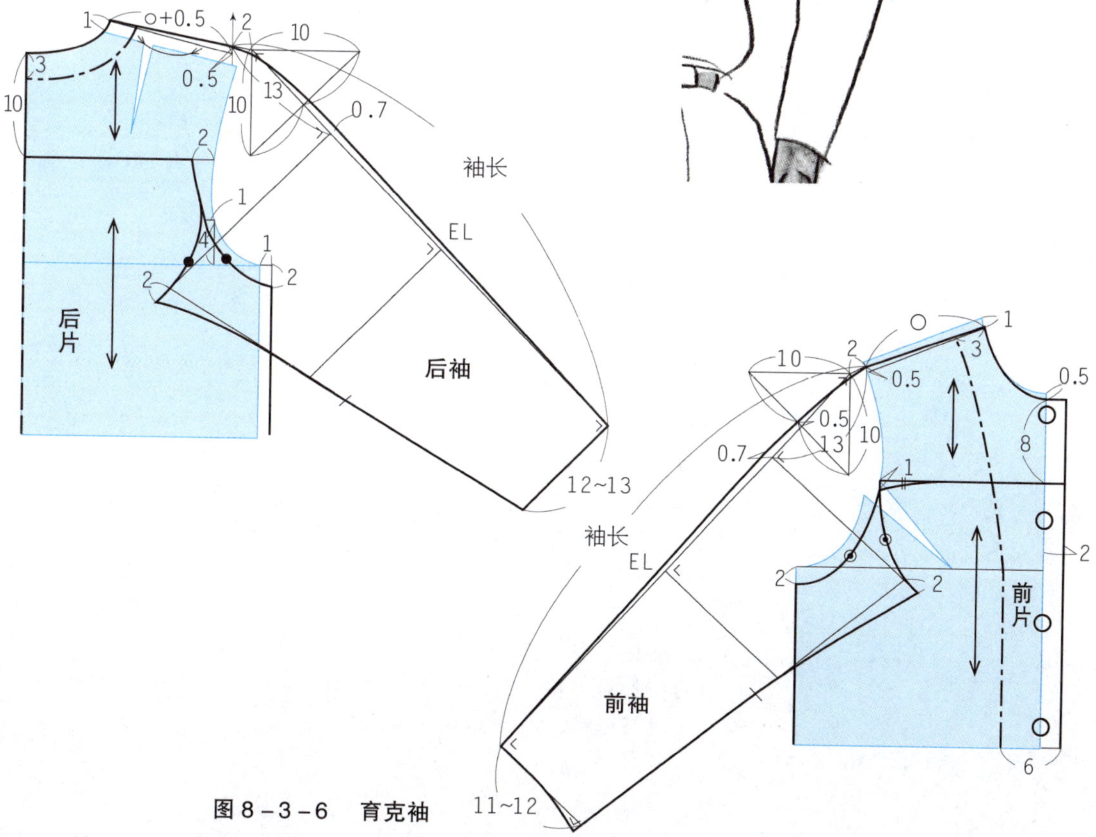

图 8－3－6　育克袖

后 记

本书第三章、第五章、第六章由孙兆全翻译，第二章、第四章、第七章由刘美华翻译，第5~16页、第24~26页、第一章、第八章由金鲜英翻译。

孙兆全、刘美华就职于北京服装学院，从事服装结构、纸样与工艺教学工作多年，金鲜英曾在北京服装学院攻读硕士学位。

译者对本书的翻译倾注了大量的心血，在翻译过程中也深深体会到了原作者们的敬业精神与一丝不苟的工作态度。书中详尽的文字和清晰的图示，把各种类型的服装讲解得淋漓尽致。不论读者的服装制作水平如何，只要从头开始认真钻研，保证能够学会制作各种款式的服装。

由于译者的日语水平有限，在翻译过程中得到了葛一鹏老师的大力帮助，在此表示特别的感谢。在统稿过程中，服装材料方面得到了史丽敏、郭风芝老师的指导；在专业方面，时常与赵欲晓、潘小江、张继红、王红伟等老师进行探讨；另外，中国纺织出版社黄崇芬编审为本书的编辑、审校付出了辛勤的工作，为本书的质量提供了可靠的保证，黄老师的能力使统稿者深感佩服；在此，对给予我们帮助的人一并表示衷心的感谢。

欢迎读者朋友提出书中存在的问题并与我们进行交流。

译 者

2004年8月30日